인 류 의 위 대 한 지 적 유 산

HANGIL
GREAT BOOKS
133

종의 기원

찰스 다윈 지음 | 김관선 옮김

한길사

Charles Darwin

On the Origin of Species

Translated by Kwan Seon Kim

Published by Hangilsa Publishing co., Ltd., Korea, 2014

『종의 기원』 초판이 출간된 지 22년 후인 1881년의 다윈

만각류에 대해, 헤엄치기 적합하도록 아름답게 만들어진 여섯 쌍의 다리,
한 쌍의 거대한 겹눈, 극도로 복잡한 더듬이를 갖고 있다고 한 다윈의 설명은
순진할 정도로 열정적이다. 이러한 열정, 즉 자연세계의 놀랄 만한 계획과
상호관계를 바라보는 거의 어린이 같은 순진한 경이감은 그의 작품들 속에
잘 나타나 있으며 『종의 기원』이 가진 매력 가운데 하나이다.

조류학자이며 화가인 존 오듀본이 그린 미국의 새들

우리는 『종의 기원』 덕분에 박물관이나 실험실이 아닌 자연에서 감각을 익히게 되었다.
생물과 자연의 관계, 동물과 식물의 상호관계에 대한 감수성을 얻게 된 것이다.
사실 이는 다윈이 본질적으로 추구했던 바이다.

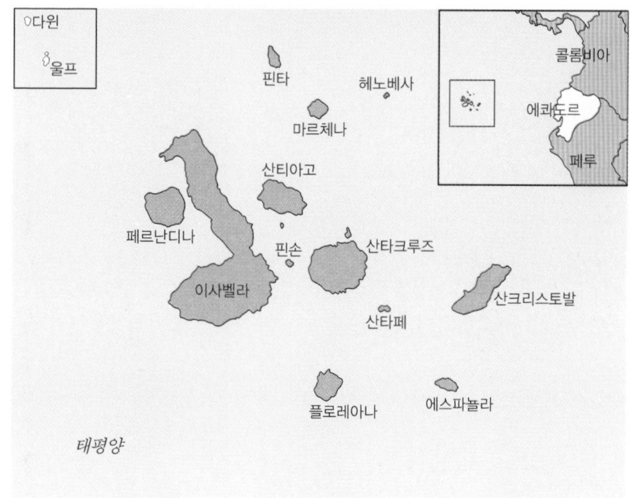

비글호(위)와 갈라파고스 제도(아래)

다윈은 1831년 12월 총 73명의 인원을 태운 비글호를 타고 플리머스를 떠나 항해를 시작한다. 1835년 9월 비글호는 갈라파고스 제도에 도착한다. 다윈은 이곳에서 남아메리카 대륙과 유사한 종들이 서로 다르게 변화되어 있는 것을 발견한다. 비글호는 1836년 10월 모든 탐험을 마치고 영국에 도착한다.

다윈의 사상에 영향을 준 학자들

다윈(왼쪽 아래)은 케임브리지 대학교에서 만난 식물학자 헨슬로(왼쪽 위)의 강의를 듣고
자연과학에 빠져들게 된다. 그는 지질학자 라이엘(오른쪽 위)의 『지질학 원론』을 읽으면서
지질학적 식견을 넓혔으며 그와 라이엘은 평생 절친한 친구이자 지지자가 된다.
다윈은 오랜 연구가 마무리될 즈음 말레이 반도에서 연구 중이던
월리스(오른쪽 아래)에게서 한 통의 편지를 받는다. 그는 자연선택설에 독자적으로 도달한
월리스의 논문에 큰 충격을 받았지만, 주위의 권유로 1858년 린네 학회에서
공동으로 논문을 발표한다.

HANGIL GREAT BOOKS 133

종의 기원

찰스 다윈 지음 | 김관선 옮김

한길사

종의 기원

일러두기

- 이 책의 번역에 사용한 텍스트는 *On the Origin of Species*(1859)이다.
- 본문에 병기한 〔 〕 안의 내용은 옮긴이 주이며, 따로 보충할 개념들에 대해서는 이 책의 뒷부분 용어 해설에 자세한 설명을 실었다.
- 독자들의 편의를 위해 긴 문장을 끊어주거나 짧은 문장을 이어주기도 했다.
- 원문에 구체적인 수치가 나온 야드·피트·마일 등의 도량형 단위는 미터법으로 환산했으며, 구체적인 수치가 없는 단위는 그대로 두었다.(예: 60야드→약 55미터, 수 마일→그대로)

실험실 밖 자연에서 발견한 생의 감수성

김관선 반스터블 아카데미 수학 · 과학 교사/페어리디킨슨 대학교 교수 · 생물학

자연세계를 바라보는 방법에 대한 가르침

대부분의 과학서적은 과학자들만이 이해할 수 있는 전문용어와 수학적 기호들로 채워져 있어 해당 분야의 전문가가 아니면 한 페이지를 읽기도 어려운 것이 대부분이다. 아인슈타인의 논문을 읽으며 상대성원리를 이해할 수 있고, 페르마의 정리가 증명되었다는 뉴스를 들으며 그 학자의 논문이나 책을 읽고 고개를 끄덕일 수 있는 독자가 얼마나 될까? 심지어 다윈과 동시대에 살았던 멘델이 발표해 후세에 유전학의 기초를 연 위대한 연구로 여겨지는 논문도 발표 당시에는 아무도 관심을 두지 않았다. 아니, 어쩌면 당시 생물학자들에게 익숙하지 않은 숫자와 통계로 가득 채워진 그의 논문은 전문가들도 읽기 쉬운 논문은 아니었을 것이다. 하물며 일반 독자들이 읽고 이해하기란 더욱 어려웠을 것이다.

물론 전문가들만이 다윈이 자신의 이론을 발전시키며 겪었을 어려움을 충분히 이해할 수 있겠지만, 다윈이 쓴 『종의 기원』은 전문용어로 채워져 있지도 않으며 더욱이 수학적 기호가 나열되어 있지도 않다. 다윈은 자기가 관찰하고 연구한 내용과 세계 각지의 학자들과 교류하면서 얻은 정보들을 하나씩 담담하게 풀어놓는다. 독자들은 다윈의 글을 읽어

가면서 이 위대한 학자의 세계로 빠져들게 된다. 다윈은 어느 한 구절에서도 자신의 이론을 독자들에게 강요하지 않는다. 그러나 그가 심오하게 세워놓은 논리 속에서 독자들은 스스로 생존경쟁과 자연선택을 거쳐 생물들이 진화한다는 믿음을 품게 된다.

다윈의 글은 침착하고 논리적이며 온후하면서 과장하지 않는다. 그러면서도 자신의 논리를 펼치기 위해 인용한 사례들은 더할 나위 없이 방대하면서도 적절해서, 그 시절에 그렇게 엄청난 자료와 정보를 모을 수 있었다는 사실이 놀라울 따름이다.

다윈은 언제나 자기가 관찰한 내용과 연구과정, 또는 번득이는 아이디어를 메모로 남겼다. 『종의 기원』이나 『인간의 유래』와 같은 저작에서 언급되지 않은 메모도 많았지만, 다윈은 언제나 자신의 메모에 애착이 있었다.

> 남자의 가슴에 있는 젖꼭지를 보면서 우리는 그것이 사용된다고 생각하지 않는다. 딱정벌레의 딱지날개 아래에 있으면서 기능을 하지 않는 날개는 어떠한가? 딱정벌레가 단순한 창조물이라면 이러한 쓸모없는 날개를 갖지 않고 태어났을 것이다.

만각류에 대해 '헤엄치기에 적합하도록 아름답게 만들어진 여섯 쌍의 다리, 한 쌍의 거대한 겹눈, 극도로 복잡한 더듬이를 갖고 있다'고 한 다윈의 설명은 순진할 정도로 열정적이다. 그러나 이러한 열정, 즉 자연세계의 놀랄 만한 계획과 상호관계를 바라보는 거의 어린이와 같은 순진한 경이감은 그의 작품들 속에 잘 나타나 있으며 『종의 기원』이 발산하는 매력 가운데 하나이다. 그러나 이것은 『종의 기원』에서 황량하고 삭막한 유물론적인 설명만을 찾아낸 사람들에게는 철저하게 무시당하는 특징 중의 하나이기도 하다.

다윈의 책은 이제까지 출판된 책 중에서 가장 혁명적이고 수많은 자료로 뒷받침된 책 가운데 하나이며, 새로운 것에 대한 계시였으며, 많은 사람들에게 자연세계를 바라보는 방법에 대한 소름 끼치는 가르침이었다. 『종의 기원』은 동시대 전문가들이 감히 고찰하기 어려워했던 분야들을 다루는데, 지질학, 고생물학, 동물학, 식물학, 가축 사육과 같은 생물과학 분야를 광범위하게 다루었다.

『종의 기원』을 쓸 무렵 다윈은 이미 산호초의 형성과 따개비에 관한 전문가로 알려져 있었다. 세계적인 생물학자로 널리 알려진 인생 후반부에도 다윈은 생애의 많은 부분을 난초의 수정과 지렁이의 활동 연구에 매진했다.

우리는 『종의 기원』 덕분에 박물관이나 실험실이 아닌 자연 속에서 감각을 익히게 되었다. 우리는 생물들과 자연의 관계 그리고 동물과 식물의 상호관계에 대한 감수성을 얻게 되었다. 사실 이러한 것들은 『종의 기원』이 본질적으로 추구했던 것이다. 그 후 생물학이 좀 더 직업적이 되고 실험실 안으로 퇴각하면서 이러한 감수성은 대부분 상실되었지만, 훗날 생태학이 새로운 관심사로 떠오르면서 다시 각광받았다는 것은 잘 알려진 사실이다. 그런 의미에서 본다면 『종의 기원』은 생태학의 개척자라고 할 수 있다.

독자들은 『종의 기원』이 19세기의 가장 중요한 책이고, 생물학 분야에서 새로운 시대를 열었을 뿐만 아니라 신과 인류에 대한 대중적인 감동을 주고 변형된 태도를 취하게 했으며, 자본주의자, 공산주의자, 국가적 사회주의자들이 자신을 정당화하는 데 이용되었다는 것뿐만 아니라 다윈이 한때 영국에서 가장 위험한 사람 중의 하나로 설명되었다는 것을 알기 때문에, 『종의 기원』을 처음으로 대하는 독자들은 『종의 기원』이 식물 열매의 상대적인 크기나 털과 같은 문제를 다루는 것을 보고는 당황했을 것이다. 『종의 기원』을 읽고 난 헉슬리는 "그것을 생각하지 않았던 것이 얼마나 어리석었던가!"라는 유명한 말을 남겼다. 즉 헉슬리는 다윈의 주장이 편견에 사로잡히지 않은 과학자들에게 즉각적인 확신을 줄 수 있다고 생각한 것이다. 자연선택에 따른 종의 기원을 다룬 다윈과 앨프리드 월리스의 논문이 학회에서 읽히던 1858년, 린네 학회의 회장이었던 토머스 벨은 "과학의 한 분야가 생겨날 정도로 단번에 대변혁을 일으킬 만한 두드러진 발견은 일찍이 없었다"고 발표했다.

『종의 기원』에는 풍자적인 표현도 없고 방법상 특별히 논쟁적인 부분도 없다. 그럼에도 『종의 기원』은 심오할 정도로 논쟁적인 작품이다. 『종의 기원』의 기본적인 논조는 매우 방어적이었다. 다윈은 종의 변화가 일어나며, 환경에 의해서 더 잘 적응하는 변이들이 보존되는 자연선택이 납득할 만한 것이라는 점과 이러한 설명이 다른 어떤 것보다 사실에 적합하다는 점을 보여주려 했다. 다윈은 그가 매우 예민한 주제를 다루고 있다는 사실을 잘 알고 있었음이 틀림없다. 전반적으로 다윈의 논조는 온건했고 도발적이지 않았으며 힘이 들어가 있지 않았다. 다윈은 불필요한 감정 대립이 일어나는 것을 원하지 않았으며, 인간의 기원과 관련해서는 명백한 토의를 하지 않았다. 나중에 다윈은 『인간의 유래』(1871)라는 책에서 이 문제를 자세히 다루었다.

다윈의 논조가 상당히 온건하더라도 『종의 기원』이 담고 있는 의미는 명백해서, 곧바로 비평가들을 사로잡았다. 그러나 다윈은 지극히 투쟁을 싫어하는 사람이어서 사회적 통설에 정면으로 도전하기보다는 지적인 정직성과 과학이론을 입증하려는 자세만을 보이려 했다.

19세기 중반의 사회적 배경

『종의 기원』과 다윈 이론의 진화적인 특성을 올바르게 인식하기 위해 우리는 19세기 중반 지식층의 분위기로 되돌아갈 필요가 있다. 그리스도의 시대가 시작된 이래 통상적인 사상을 크게 위협한 것으로 여겨지는 세 번의 커다란 지적 변혁이 있었다. 첫 번째는 12세기와 13세기에 아리스토텔레스의 철학을 재발견한 것이다. 이러한 발견을 밑거름 삼아 중세의 그리스도 사상은 당당하고 논리적이며 체계적인 지식을 얻을 수 있었다. 두 번째는 16세기와 17세기의 과학혁명이었다. 이 과학혁명 덕분에 지구는 우주의 중심이 아니라는 사실이 밝혀지고, 원인과 결과를 기준으로 하는 조사 모델이 확립되었다. 세 번째 사건은 19세기 중엽에 일어났으며, 이 시기에 인간의 기원과 자연세계에서 인간의 지위에 관한 문제가 대두되었다. 그리고 이 사건은 무엇보다 다윈, 즉 생존경쟁 속에서 우연적인 돌연변이의 선택에 따른 진화론과 관련되어 있었다.

19세기 초에는 신이 전제조건으로 보이는 영역이 뚜렷이 존재했다. 보이지 않는 중력의 끈에 의해서 행성들의 규칙적인 운행을 유지하는 신이 만약 냉담하고 비인간적이라면 나비 날개의 설계자는 틀림없이 인간의 기쁨을 보살폈을 것이다. 생물체의 모든 구조가 기능에 절묘하게 적응한 것은 자연계에서 너무나 명백했다.

1859년 『종의 기원』이 출간되었을 때, 3판까지 빠르게 팔려나갔다. 그리고 새로운 독자층이 생겨났다. 이들은 오늘날의 일반 독자층보다 더욱 잘 준비되어 있었다. 왜냐하면 당시 널리 유행하던 취향이 있었기 때문이다. 이러한 취향은 자연의 역사를 고무하고 종의 본질, 식물의 생활, 화석, 동물의 행동뿐만 아니라 선택적 교배의 효과 등에 관한 논쟁들을 장려했기 때문이다.

사실 다윈이 태어난 1809년의 영국은 그가 죽은 1882년의 영국보다 거칠고 위험스러운 사회였다. 그러나 지적인 측면에서 본다면 그 사회는 이후의 세대보다 아름답고 위안을 주는 사회이기도 했다. 그래서 사람들은 과거에 대해 편안함을 느꼈다. 과거에 대해 이렇게 친숙한 감정을 드러낸 한 가지 이유는 과거에 대한 당시의 개념이 너무 짧은 시간이었기 때문이다. 19세기 초 대부분의 사람들은 이 세상이 단지 6천 년전에 창조되었다고 생각했다. 심지어 17세기 케임브리지 대학의 부총장은 인간이 기원전 4004년 10월 23일 오전 9시에 삼위일체에 의해서 창조되었다고 발표하기도 했다.

이 시기는 여러 작가들의 작품이 쏟아지는 시기이기도 했다. 그중 많은 작품들이 인간과 자연은 전능한 목적으로 서로 연결되어 있다는 것을 당연하게 여기고 있었다. 그리고 자연사에 관한 연구는 인간이 추구할 수 있는 가장 고상한 것 중의 하나라는 것도 당연하게 받아들이고 있었다. 이러한 전통에서 하느님의 존재와 선함이 척추의 구조와 담낭의 기능 그리고 소의 등에 돋아난 혹이 그 동물에게 어떠한 유용성을 제공하는지를 논했다.

다음과 같은 질문들은 모두 올바른 것이었다. 즉 왜 귀의 분비샘은 통로를 방어하는 점액성 물질을 분비하는가? 왜 눈꼬리에 존재하는 샘은 눈물을 분비해 안구를 세척하는가? 왜 관절액은 미끈거리는가? 왜 위 속으로 들어간 주스는 모든 영양물질을 받아들이는 창자를 만드는 힘을 간직하고 있는가? 『종의 기원』은 여기저기에서 이러한 질문에 대한 대답으로 해석되었다.

19세기 전반에 빛을 내뿜기 시작한 고생물학적 증거에 따르면 종이 사라지는 현상은 '신의 뜻에 따른 조정의 결과'라고 언급할 수도 있을 것이다. 다윈은 『종의 기원』에서 "내가 생각하는 어떠한 사람도 종의 멸망에 대해서 나보다 더욱 경이롭게 생각하지는 않을 것이다"라고 말했다. 『종의 기원』뿐만 아니라 그의 첫 번째 작품인 『비글호의 여행』은 이것이 충분히 근거가 있다는 것을 보여준다.

『종의 기원』은 동일한 특징의 설명에 많은 부분을 할애했다. 즉 적응에 의한 특징, 기능이 다른 구조와 관심 대상인 동물이 얻게 되는 이득 사이의 관계 등을 자세히 다루었다. 다윈이 관심을 쏟은 것은 생존경쟁과 이에 따라 자연선택에 의해 일어나는 유용한 돌연변이의 축적이었다. 다윈은 어떠한 장기와 배열도 단지 인류의 미적 감각을 즐겁게 해줄 목적으로 보존된 것은 하나도 없다는 사실을 보여주는 것이 아주 중요하다고 생각했다. 물론 인간에 의해서 이루어진 가축들의 선택은 예외였다.

특별한 창조의 관점에서 본다면 해당 동물이나 식물에 아무 이득도 되지 않는 아름다움이란 신이 동식물을 창조했다는 증거로 여겨졌다. 다윈에 따르면 방울뱀의 방울처럼 자신에게는 해롭고 다른 생물에게 유리하게 발달하는 기관이란 존재하지 않았다. 개체 자신에게 무언가 유리한 점이 있게 마련이다. 물론 특별한 창조의 관점에서 본다면 방울뱀을 창조한 신이 왜 경고성 방울을 마련함으로써 잠재적인 희생자들을 향해 자비로운 마음을 베풀었는지에 대해서는 전혀 이유가 없었다. 그러한 예는 다윈의 이론에서는 장애물이었다. 다윈은 이 문제를 『종의 기원』(제4장)에서 다루고 있다.

비록 『종의 기원』이 어쩔 수 없이 논쟁적인 작품이기는 하지만 특별하게 반종교적인 적의나 종교적인 선입관을 품고 저술된 것이 절대 아님은 당연하다. 다윈이 자신의 이론을 전개하면서 다른 사람의 감정을 전혀 상하지 않게 할 수는 없었을 것이다. 다윈이 『종의 기원』을 쓰기 시작할 때까지 그는 모든 종교상의 믿음을 잃었다. 그리고 궁극적인 원인과 목적에 대한 해답은 해결할 수 없는 수수께끼라는 결론에 도달하게 되었다. 다윈은 이러한 생각을 그의 말년까지 마음속에 간직하고 있었다. 다윈은 어떠한 추상적인 토론 자리에도 참석하지 않았으며, 헉슬리와 달리 비과학적인 논쟁에는 전혀 참석하지 않았다. 그런데도 『종의 기원』의 저자가 거의 성직자가 될 뻔했으며 비글호 항해의 중요한 경험을 거의 잃을 뻔했다는 것은 아직도 아이러니하다.

다윈이 슈루즈베리 학교의 고전 학사과정보다 의료계통의 집안 직업에 더 이상 적성이 없음을 드러낸 후—에든버러에서 의과대 학생이었을 때 다윈은 그의 첫 번째 수술 시에 공포에 떨며 달아났다—, 슈루즈베리의 일류 내과의사였던 아버지는 아들을 의사로 만들겠다는 꿈을 접고 1827년에 케임브리지로 보냈다. 엄격하게 고전적이고 수학적인 정규 교육과정이 그의 관심을 끌지는 못했지만, 그래도 이곳에서 다윈은 과학 교육의 기본을 다질 수 있었고 그의 소년기를 자연의 역사에 관심을 기울이며 보낼 수 있었다. 특히 식물학 교수였던 헨슬로의 비정규적인 지도를 받았으며 케임브리지의 시골을 오랫동안 걸으며 그와 동료가 되었다. 그는 식물을 채집하는 빅토리아 시대의 또 한 명의 성직자가 될 운명인 것처럼 보였다. 그리고 1831년 영국의 해군본부가 지구 남반구의 항해조사를 목적으로 파견하는 비글호는 자연과학자 한 사람을 필요로 하고 있었다. 헨슬로는 다윈을 추천했고, 다윈은 어렵사리 아버지의 동의를 얻어 헨슬로의 제안을 받아들였다. 그는 5년 동안 항해를 했다.

다윈의 비글호 탐험

19세기 전반부의 과학은 세계를 여행하는 자연과학자 또는 과학적 흥미를 갖춘 사람들의 여행에서 막대한 이득을 얻었다. 이미 훔볼트 같은 사람이 이러한 일을 했는데, 그의 『신대륙 적도지방에 대한 개인적인 여행 이야기』는 다윈을 고무해 다윈도 여행을 통해 과학에 뭔가 기여하고 싶었다. 훗날 윌리스는 '래틀스네이크호'에, 다윈의 젊은 친구들인 헉슬리와 후커는 '에레부스호'에 올라 다윈과 비슷한 직책으로 여행을 했다.

다윈 자신에게 비글호 항해는 그가 말한 대로 경력의 전부였다. 이 여행을 통해 다윈은 과학자로서 명성의 기초를 다졌고 종이 변하지 않는다는 믿음이 흔들리게 되었다. 비글호를 타고 여행하는 동안 다윈은 배를 떠나 까다로운 지역을 거쳐 수백 마일을 탐험했다. 또한 채집하고 관찰하면서 남아메리카 대륙, 태평양과 남대서양 섬들의 동식물상과 지질학적 형성에 대해 밝히려고 했다. 오스트레일리아와 남아프리카도 방문했다. 약 6만 4,300킬로미터 거리의 항해를 통해 다윈은 브라질 정글 지방의 열대식물에서 안데스 산맥의 봉우리들에 이르는 자연세계에 대한 전반적인 식견을 얻게 되었다. 이것은 과학자로서 얻기 힘든 기회였다.

보통 『비글호의 항해』로 알려진 연구지는 다윈이 집에 돌아와 발간한 것으로, 한 자연과학자의 여행 기록이었다. 이 책에는 동식물 분포의 의문점들, 기관의 소멸과 이용처럼 『종의 기원』에 나오는 논의에 필요한 많은 결정적인 주제들이 자세하게 토의되어 있었다. 이러한 주제들은 유능한 자연과학자라면 누구라도 논의하고 싶어 하는 것들이었다. 물론 다윈처럼 집중적으로 하지는 못했겠지만 말이다. 그러나 종 문제에 대한 작가의 관심을 저버리는 산발적이고 암호 같은 인용문들이 어느 정도 있는 것도 사실이다. 이러한 것들이 현대 독자들의 흥미를 끈 것은 어쩔 수 없는 일이다.

예를 들어 장님 투코투코의 흔적 눈을 토의하면서 다윈은 진화론의 선두 주자인 라마르크에 대해서 다음과 같이 언급했다. "라마르크는 땅속에 사는 생물체가 점차 장님의 형질을 획득한다는 사실을 깊이 생각하고는 그가 알게 된 사실에 기뻐했을 것이다." 더 명백한 것은 남아메리카 대륙의 멸종한 종과 살아 있는 종의 관계에 대해서 다윈이 늘 놀라움을 표현한 것이었다. "죽은 종과 산 종의 이러한 놀라운 관계가 차후 이 지구상에 다른 어떤 종류의 사실보다 새로운 유기체의 출현과 소멸에 더 큰 빛을 던질 것이라고 나는 믿어 의심치 않는다." 다윈은 갈라파고스 제도의 조류와 거북에 대해 다음과 같이 언급한다. '이 안에 작은 세계'가 있으며 '새로운 생물체가 지구에 최초로 출현하는 수수께끼 같은 위대한 사실'에 우리는 접근해 있다.

비글호로 여행하는 과정에서 종의 고정성에 대한 다윈의 의심이 얼마나 진행되었는지는 명백하지 않다. 다만 다윈이 여행에서 돌아온 뒤에 공개한 항해일지는 종 문제를 다루는 그의 작업이 시작되었다는 것을 알려주고 있다.

다윈은 1837년 7월에 종의 변화에 관한 첫 번째 노트를 쓰기 시작했다. "남아메리카의 화석과 갈라파고스 제도에 서식하는 종의 특징에서 나는 큰 충격을 받았으며 이러한 충격은 내 모든 견해의 시작이었다." 다윈은 한 편지에서 다음과 같이 썼다.

> 비글호에 있을 때 나는 종의 영속성을 믿었다. 그러나 내가 기억하는 한 희미한 의구심이 내 마음을 스쳐갔다. 1836년 집으로 돌아오는 길에 나는 즉시 항해일지를 발간할 준비를 했다. 그때 나는 매우 많은 사실들이 종이 하나의 기원에서 유래되었음을 보여준다는 것을 알았다. 그래서 1837년 7월 나는 그러한 질문과 관계가 있을지도 모르는 사실들을 기록하기 위해 노트를 펼쳤다. 그러나 종이 변할 수 있다는 확신을 얻기까지는 2, 3년이 지나간 것으로 기억한다.

아마도 다윈은 자연과학자인 동료 헉슬리와 후커 등에 의해서 받아들여지기 전까지는 자신의 견해를 확신하지 못했을 수도 있다. 『종의 기원』이 발간되기 전 몇 해 동안 그는 종종 자기가 편집광이나 괴짜가 아닌지 궁금해했다. 다윈의 이름과 늘 같이 붙어다니는 '진화'와 '적자생존'이라는 용어는 둘 다 『종의 기원』 초기 판들에서 나타난다. 이 책들에서 다윈의 중심 생각은 '변이성'과 '자연선택'이라는 용어로 표현된다.

다윈은 그의 항해에서 관찰한 몇 가지 사실에 충격을 받았는데, 그것들은 개개의 종이 독자적으로 창조되었다는 관점에서 본다면 기이한 것들이었다. 다윈이 열정을 품고 그토록 열심히 연구하고 수집했던 생명체와 화석들은 여러 가지 단서들과 기이한 유사성을 보이고 있었다.

'우리가 서쪽으로 여행할 때면 아주 비슷한 동물들이 왜 차례로 나타나는가?'

'사라진 화석종은 살아 있는 동물들과 왜 구조적으로 밀접한 관련성을 보이는가?'

'갈라파고스 제도의 되새류와 거북류는 왜 섬마다 약간씩의 변이를 나타내는가?'

'아주 비슷한 종들은 이웃 간에 닮아 있으며 동일 지역에서는 시대별로 닮아 있다. 아마도 이들은 공통의 조상을 두고 있는 것 같다.'

'서로 다른 종이 서로 개별적으로 창조되었다는 가설은 그럴듯하지 않은 것 같다.'

다윈 이전의 박물학

다윈 이전 시대의 진화론에 대한 주요 반대는 지질학적인 시간이 매우 짧다는 것에 기초를 두고 있었다. 이러한 짧은 시간은 점진적인 진화가 일어날 정도로 충분하지 않다는 것이었다. 그리고 진화의 방법을 두고 순이론적이며 상상에 의한 설명들이 난무했다. 『동물철학』에서 라마르크는 한 개체는 새로운 것에 대한 필요성 때문에 어느 정도 새로운 기관을 만들며 이것은 후손에게 전달된다고 가정했다. 그리고 이러한 이론으로 모든 것을 설명하려고 했다.

이것은 초기 진화론이 간직했던 확실치 않은 특징이었다. 그래서 후커, 헉슬리 그리고 다윈과 같은 과학자들은 여기에 회의적이었다. 그리고 다윈의 전임자들은 중요한 점들을 지적했다. 일부 가축화한 동물과 식물들은 인위선택에 의해서 개량되었다. 이러한 점에 대해서는 다윈 자신도 그 중요성을 충분히 인식하고 있었다. 올챙이가 개구리로 변하고 애벌레가 나비로 변하는 배 발생 시기에 배의 형태가 다양한 종의 형태로 변해가는 방법은 그 전 단계에서 서로 비슷했다.

흔적기관은 한때 어떠한 기능을 했을 것으로 여겨지지만 지금은 아무 일도 하지 않는 기관을 말한다. 이러한 흔적기관을 토대로 현재의 종이 그들의 조상과는 극도로 다르다는 것을 알 수 있다. 이들 조상에게는 그러한 기관이나 흔적기관이 더욱 발달된 형태로 유용했을 것이다. 다윈의 할아버지인 이래즈머스 다윈 또한 생존경쟁을 언급한 적이 있었다. 또한 암컷을 차지하기 위한 경쟁도 언급했는데, 이것은 그의 손자 다윈이 진화를 일으키는 요인 가운데 '성선택'이라는 새로운 용어로 설명한 것이었다. 물론 종의 멸망을 나타내주는, 논란의 여지가 없는 증거인 화석기록들이 있었다.

화석을 재조합하고 연대를 추정하는 지질학과 고생물학은 진화론 논쟁에서 필수적이다. 그것들 없이 진화론은 설 수 없다. 그것들은 다윈이 지적인 학문 분야로서 과학에 처음으로 소개한 것들이었다. 다윈이 아직 아마추어적인 곤충채집을 하는 학부생이었을 때, 그는 '과학이 사실들을 집단화해서 그것으로부터 일반적인 법칙이나 결론을 이끌어내는 것이다'라는 사실을 처음 알아차렸다. 비글호 항해 후 몇 년 동안 다윈은 지질학자로서의 업적, 특히 산호초의 형성에 관한 이론으로 명성을 얻었다.

지질학과 고생물학은 18세기 후반과 19세기 초반에 과학으로서 성년이 되었다. 이 시대의 선두 권위자로는 프랑스의 유명한 해부학자 퀴비에와 다윈의 후원자인 지질학자 라이엘 경이 있었다. 18세기를 거치면서 화석이 과거에 살았던 식물과 동물의 잔존물이라는 것이 일반적으로 받아들여지기 시작했다. 이것은 비교해부학의 진보였다. 비교해부학은 화석에 관한 연구를 과학의 한 분야로 끌어들인 학문이었다. 사람들은 퀴비에가 단 하나의 뼈를 증거로 전체 동물을 재조립할 수 있는 사람이라고 말했다. 선사시대 생물체의 그림은 명백해졌다. 그러나 그것은 살아 있는 생물들과는 관련성이 없었다. 선사시대의 많은 종이 지금은 사라졌다는 것은 확실하다. 이와 같은 생각은 '연속적인 창조'의 이론을 불러일으켰다. 즉 지구나 지구의 일부는 조물주에 의해 처음에는 박탈당했다가 나중에 다시 살려졌다는 것이다.『성경』에 나타난 노아의 대홍수는 유용하고도 명백한 예였다. 퀴비에 자신은 종이 고정되어 있다고 믿었다. 그 증거로 고대 이집트의 무덤에 그려진 동물들이 현재의 종들과 근본적으로 다르지 않다는 점을 지적했다.

나중에 벌인 이 논쟁의 힘은 파라오 시대부터 오늘날까지의 시간이 지구와 그 서식자의 전체 역사에서 상당 부분을 차지한다는 가정에 크게 의지하고 있었다. 이러한 가정은 영국 '균일론 학파'의 도전을 받았다. 1830년대 이 학파의 대표주자는 라이엘이었다. 이 지질학자들은 지구가 갑작스럽고 엄청난 지질학적 대변혁, 홍수, 화산 폭발 등으로 이루어진 것이 아니며, 지질의 변화는 매우 느리고 균일하게 일어난다고 주장했다. 균일론 학자들은 지질학적인 형성이 현재 관찰될 수 있는 변화만으로도 설명될 수 있어야 한다고 주장했다. 여기에는 다윈의 이론과 유사성이 있다. 다윈은 그 이론에 주의를 기울이기를 좋아했다.

그러나 생물학적인 진화론에 대한 지질학적 균일론의 가장 중요한 특징은 그것이 엄청나게 큰 시간 척도를 제공한다는 것이다. 만약 지질층의 형성이 균일론으로 설명된다면, 지질층은 수천 년의 극적인 변화가 아니라 수백만 년의 시간에 의해 형성되어야만 한다. 그리고 종이 변화하는 것을 관찰하지 못하기 때문에 종이 고정되어 있어야만 한다는 반대이론은 힘을 잃는다. 왜냐하면 기록된 역사는 전체 지구의 역사에 견주면 아주 사소한 일부분이기 때문이다.

다윈은 정말 필요한 순간에 새로운 지질학을 이용할 수 있게 되었다. 다윈은 라이엘이 새롭게 출판한『지질학 원론』초판을 가져가 비글호에서 읽었다. 남아메리카의 식물상과 동물상을 그 지역의 지질학에 관련시켜 연구하고 사라진 종의 화석을 발굴할 수 있었던 것은 라이엘에게 훈련받은 덕분이었다. 이러한 도움이 없었다면 그가 관찰한 많은 사실의 중요성은 버려졌을지도 모른다.

그럼에도 다윈에게는 여전히 많은 어려움이 남아 있었다. 『종의 기원』에서 다윈도 인정했듯이 화석 기록은 불완전했다. 개인적으로는 라이엘도 진화론을 심각하게 생각하지 않았으며, 심지어 진화론에 반대하는 입장을 표명하기도 했다. 『지질학 원론』에서 라이엘은 힘주어 말했다. "동물과 식물이 가장 단순한 형태에서 가장 완전한 형태로 연속적인 발달을 한다는 이론에 대한 지질학적 근거는 없다." 다윈이 고려해야만 했던 어려움이 있었다. 그것은 1840년대 『창조의 흔적』의 저자가 크게 무시했던 것이었다. 다윈은 『창조의 흔적』을 하찮은 것으로 여겼다. 헉슬리도 이 저술을 통렬하게 비판했다. 그러나 단지 한 명의 진화이론가로 받아들여진다는 두려움 때문에 다윈은 견해를 발표하는 데 조심했으며 인내심을 갖고 증거들을 나열했다.

다윈은 20년이 넘도록 그의 명제를 비밀로 했으며 단지 몇 사람에게만 그 사실을 말했다. 이 시기에 다윈은 반대의견에 악전고투하며 사실을 축적하고 자신의 의견을 알아줄 한두 명의 친구를 사귀고 있었다. 1844년 다윈은 후커에게 다음과 같이 썼다.

> 나는 종이 불변하는 것이 아니라는 것을(살인을 고백하는 것 같군요) 거의 확신하게 되었습니다(초기의 내 의견과는 정반대입니다). 제가 라마르크처럼 '발달을 향한 경향' '느리지만 자발적인 동물의 의사에 따른 적응' 등과 같은 허튼소리를 하는 일이 절대 없기를 바랍니다. 그러나 내가 다다른 결론은 그의 의견과 크게 다르지 않습니다. 물론 변화의 수단은 크게 다르지만 말입니다.

1837년 다윈은 종이 변할 수 있다는 확신을 얻었지만, 그는 아직도 그것에 관한 설명을 필요로 했다. 즉 라마르크처럼 문제를 일으키지 않는 설명이 필요했던 것이다. 성체의 우연적인 변화가 아닌 유전될 수 있는 변화의 근거가 생식에 있다는 것을 다윈은 확신했다. 그러나 『종의 기원』에서 다윈은 우연적인 변화를 전적으로 부정하지는 않았다. 그러던 다윈은 1838년 말 자손에서 무작위적으로 일어났던 유리한 변이가 자연선택된다는 해답을 찾았다. 이러한 변이와 환경의 변화 그리고 자연은 안정적이지 않고 고정되어 있지 않으며 변화하기 때문에 '조금이라도 유리한 형질을 갖춘 개체들은 좀 더 유리한 자리를 차지할 것이고 종을 형성할 것이다.' 이것은 맬서스의 『인구론』을 읽고 다윈이 얻은 영감이었다. 맬서스는 『인구론』에서 집단의 성장이 전쟁, 기근, 질병 또는 의지적인 제한에 의해 저지되지 않는 한 언제나 식량 공급을 앞지른다고 주장했다. 맬서스의 원리는 생존경쟁에 초점을 맞춤으로써 진화적인 방향에서 생존경쟁이 일어나고, 누가 생존하고 왜 생존하는지에 대한 질문으로 확장될 수 있었다.

다윈이 말하는 '적합'이라는 말은 절대적인 척도가 아니라 항상 주어진 환경과 관계되어 있었다. 집단의 성장이 늘 식량의 증가를 앞지른다는 맬서스의 이론은 자손에서 나타는 변이가 명백한 무작위 출현이라는 생각과 함께 그에게는 종의 변화, 즉 자연선택의 원리를 설명하는 주요 근거가 되었다. 물론 옛날에도 생존경쟁이 종의 멸망을 일으키는 주요 요인이라는 것이 일반적으로 받아들여졌다. 그러나 다윈 이전에는 아무도 이 문제를 종의 형성과 관련지어 깊이 연구하지 않았다.

다윈은 그때까지 『종의 기원』에서 실제로 다루었던 문제보다 훨씬 더 방대한 종에 관한 연구를 계획하고 있었다. 그런데 월리스에게서 자연선택의 이론이 명백하게 담겨 있는 한 편의 논문이 전해진 뒤 충격에 빠진 다윈은 어쩔 수 없이 작업을 하게 되었다. 월리스도 맬서스의 책에서 영향을 받아 자연선택설에 독자적으로 도달했던 것이다. 과학사에는 우선 논쟁과 관련한 수많은 예가 있지만, 다윈은 이미 이 문제를 여러 학자들과 상의하고 논의하는 과정에서 그 문제를 먼저 연구했다는 것이 충분히 알려져 있었다.

결투의 두 장본인은 정말로 처신을 잘했다. 그들은 1858년 린네 학회에 공동으로 연구를 발표했다. 그것은 예민한 상황에 대한 만족할 만한 해결책이었다. 결국 이러한 상황은 다윈을 자극해 이듬해인 1859년에 『종의 기원』 초판을 인쇄한다. 그러나 다윈은 『종의 기원』 자체를 자기 작업의 초록에 불과하다고 여겼다. 다윈은 자신의 최종적인 연구에서 자신의 실험과 관찰, 또한 자연과학자, 여행가, 동물 사육가, 묘목상과 그 문제에 대해서 연구한 몇 년 동안의 왕래를 토대로 축적된 모든 증거를 나타내고자 했다.

『종의 기원』의 거대한 구조

『종의 기원』의 출판업자인 존 머리는 다윈이 제목에 '개요'라는 단어를 넣는 것에 반대했으며, 그 결과 이 단어는 제목에서 빠졌다. 머리는 『종의 기원』 원고를 미심쩍어했으며 아무런 열정 없이 출간했다. 그의 고문 중 한 명은 저자가 연구를 비둘기에 집중해야 한다고 충고했을 정도이다. 그런 망설임 속에 『종의 기원』 초판 1,250부가 인쇄되었다. 책은 출간 첫날 모두 팔렸다. 서둘러서 낸 두 번째 판은 1860년 1월에 나왔다.

『종의 기원』 제1장은 일반적으로 친숙하게 받아들여지는 논의로 시작된다. 인간에 의한 선택적인 교배에 따라 가축들에게 큰 변화가 일어났다는 사실은 명백했다. 물론 이 경우 전체적인 변이를 만들어내는 힘은 인간이다. 선택적인 교배자들의 손에서 자연은 그 형태가 다양하게 변해갔다. 그레이하운드와 블러드하운드의 차이점은 모든 사람들이 알고 있다. 사육가들에 의한 변화는 비교적 빠르게 일어날 수 있었기 때문에 쉽게 얻고 관찰될 수 있었다. 다윈은 일반인들에게 친숙한 소재로 이야기를 풀어가기 시작했다.

제2장은 자연에서 관찰되는 더욱 미심쩍은 변이를 다룬다. 종이 철저하게 분리되어 있다는 개념을 침식하기 위해서 다윈은 종의 개념에 관련된 어려움과 의심스러운 몇 가지 사례를 논의하고 종과 변종 사이에 명백한 구분은 존재하지 않는다고 결론을 내렸다. 다윈은 이제 변종과 새로운 종이 왜 발생하는지 고려할 준비가 되어 있었다. 가장 주요한 원인은 끊임없는 생존경쟁이었다. 이러한 생존경쟁 때문에 변종은 아무리 사소하더라도 그것이 다른 생물체와의 무한히 복잡한 관계에서 그 종의 한 개체에게 조금이라도 유리하다면 그 개체는 보존되려는 경향을 띨 것이다. 그리고 그러한 형질은 자손에게 전달될 것이다. 다윈은 생존경쟁이라는 용어를 포괄적이고 은유적인 의미로 사용했다. 투쟁의 기본적인 원인은 모든 유기체가 높은 빈도로 증가한다는 것이다. "이것은 모든 동물계와 식물계에 적용할 수 있는 맬서스의 원칙이다."

다윈은 생물들의 번식력이 엄청나다는 사실을 증명했다. 물론 그도 인정했듯이 주어진 종의 수를 조절하도록 작동하는 정교한 통제장치는 비록 기후, 포식자, 영양 섭취를 위한 경쟁이 주요한 요인이기는 하지만, 그래도 수수께끼가 많았다. 이 점에서 다윈의 생태학적 감각은 유감없이 발휘되어, "식물들과 동물들이 자연의 척도로는 꽤나 멀리 떨어져 있지만 복잡한 관계로 얽힌 그물에 의해 어떻게 결합되어 있는지"에 대해서 일련의 눈부신 실례들을 보여준다. 예를 들면 한 지역의 고양이의 수와 특정한 꽃의 빈도가 비록 중간 사슬이 멀기는 하지만 어떠한 관계를 맺고 있는지를 보여준다.

다윈은 이 지점에서 보조적인 개념으로서 성선택을 소개했다. 성선택은 암컷을 차지하기 위한 수컷들 사이의 투쟁을 말한다. 이 개념은 많은 어려움을 불러왔으며, 이러한 어려움에 대해서는 그 시점에서 다윈도 충분히 논의하지 못했다. 다른 이론들과 비교해 이러한 개념을 적용하는 것은 마지못해 하는 것 같았다. 특히 일부일처제의 경우 바람직하지 못한 수컷은 교배할 기회가 덜하기는 하겠지만 반드시 적은 수의 자손을 남긴다고는 할 수 없을 것이다. 그 이후로 이러한 제안은 특출한 성적 특징이 그 종의 다른 개체들에게 '인식 신호'로서 역할을 한다는 것으로 진보했다. 그럼으로써 그러한 특징을 지닌 개체들은 교배할 기회를 더 잘 잡는다는 것이다. 또한 수컷들 사이의 영역을 확보하기 위한 경쟁도 한몫을 차지하는 것 같다. 영역을 더 많이 차지한 수컷일수록 번식에 더 성공해서 더 많은 자손을 남길 것이다.

자연선택으로 되돌아와 다윈은 가장 자연스럽게 작동하는 조건을 논의했다. 그리고 명백한 반대가 있을 것을 예상하면서 그 과정이 극도로 느리다는 것과 작동하는 데 걸리는 시간이 매우 길다는 점을 다시 한 번 강조했다.

자연선택은 항상 아주 느리게 일어난다는 사실을 나는 잘 알고 있다. 자연선택의 작용은 나름대로의 변형을 겪는 생물들로 채워진 지역이 있어야만 가능하다. 그러한 지역의 존재는 대개 아주 느리게 일어나는 물리적 변화에 달려 있는 경우가 많으며, 유입이 저지되었던 개선된 생물들의 이주에 달려 있기도 하다.

그러나 자연선택의 작용은 여전히 느리게 변해가는 생물들에게 달려 있는 경우가 흔하다. 다른 많은 서식자들의 상호작용은 그로 인해 뒤엉킬 것이다. 유리한 변이가 일어나지 않는 한, 일어날 수 있는 것은 아무것도 없다. 그리고 변이는 분명하게도 아주 느리게 일어난다. 이 과정은 자유교배에 의해 종종 그 속도가 상당히 지체된다.

다윈은 유전학이라는 학문이 존재하기 전에 글을 썼다. 그는 "변이의 법칙에 대한 우리의 무지는 참으로 크다"고 인정했다. 그럼에도 그는 확신이 있었다. 기후의 직접적인 영향과 라마르크가 그렇게 큰 의미를 부여했던 기관의 용불용(用不用) 같은 다른 가능한 여러 요인들과 견주어보더라도 변이의 가장 주요한 원인은 번식의 과정에 있었다. 비록 그렇다 해도 라마르크식의 설명을 때때로 추측하듯이 전적으로 거부하지 않았다는 사실은 흥미롭다. 『종의 기원』에서는 용불용에 관한 효과와 획득형질의 유전에 관한 언급이 수없이 나타난다.

제6장에서 다윈은 중간형질에 관한 문제를 다루면서 아주 어려운 상황에 놓인다. 그러한 문제에 대해서 다윈은 이미 해답의 기초를 가지고 있었다. 즉 경쟁이라는 것은 매우 근연(近緣)한 종 사이에서 심각하게 일어나며, 종과 종 사이의 이행은 '이행형'의 형태를 만듦으로써 빠르게 사라진다는 초기 증거가 있었던 것이다. 또한 다윈은 수생동물과 육상동물 사이의 이행형과 비행포유류와 파충류 사이의 이행형 같은 몇 가지 이행형의 예를 제시할 수 있게 된다.

둘째로 다윈은 자신이 지극히 완전하고 복잡화된 기관이라고 일컬은 문제에 부딪친다. 예를 들어 눈처럼 복잡한 기관이 자연선택에 따라 보존되는 점진적이고 거의 인식할 수도 없는 변화에 의해 어떻게 만들어지는가? 여기에서 다윈은 자연신학주의자들과 특별한 창조를 주장하는 사람들과 맞서게 되었다. 영국의 성직자 페일리는 눈 하나만으로도 자연에 지적인 설계가 존재한다는 것을 증명하는 것이 가능할 것이라고 주장했다. 다윈도 눈과 관련해서 생각을 하면 어려움이 많다고 고백한 적이 있다. 사실 다윈은 눈의 원시적인 사례를 제시하는 데 매우 성공적이었다. 그는 눈의 진화과정에서 매우 초기 상태의 눈이라 해도 생존경쟁에서는 이득을 취할 것이라는 사실을 보여주었다.

다윈은 오히려 다른 경우에 더욱 어려움이 있다는 것을 인정했다. 특히 명백하게 쓸모가 없는 기관의 경우에도 어려움이 있었다. 이 점에서 자연신학주의자들과 다윈은 피할 수 없이 대립한다. 왜냐하면 다윈도 인정했듯이 "매우 다양한 구조는 인간의 눈에 아름다움을 주기 위해서 창조되었거나 단순히 다양성을 위해서 창조되었다는 견해가 사실이라면 이것은 내 이론에 완전히 치명적일 것"이기 때문이다. 마찬가지로 "만약 어떤 종의 신체 부분이 다른 종의 이익을 위해서만 창조되었다면 내 이론은 무용지물이 되고 말 것이다. 왜냐하면 그러한 것들은 자연선택을 통해서 만들어질 수 없는 것이기 때문이다."

제7장에서 다윈은 극도로 완전하고 복잡한 한 가지 예를 들고 있다. 이번에는 기관이 아니라 본능이다. 미세한 무작위 변이에 작용하는 자연선택의 이론으로 노예를 만드는 개미나 집을 짓는 벌과 같은 복잡하고 조화로우며 명백하게 계산적인 활동을 설명할 수 있을까? 본능으로 발전할 수도 있는 점진적 변화를 다룬 다윈의 가설적 설명은 『종의 기원』에서 가장 빛나는 업적 가운데 하나이다.

『종의 기원』에서 아주 매력 있는 특징 하나는 다윈이 자기 이론의 어려움을 흔쾌히 인정했다는 점이다. "자신의 의향에 따라 몇몇 사실에 대한 설명보다는 설명할 수 없는 어려움에 더욱 많은 비중을 두려 하는 사람은 틀림없이 내 이론이 틀렸다고 할 것이다." 그러나 다윈이 자신도 충분히 맞설 수 없는 대부분의 심각한 반대에 부딪치고 그것을 해결하려 했다는 점에서 『종의 기원』은 가장 매력적이라고 할 수 있다.

'이론의 어려움'이라는 제목의 제6장부터 제9장까지는 다윈의 방어활동을 보여주고 있다. 다윈은 복잡한 기관과 본능에 대한 설명이 어렵다는 이유를 내세운 반대 의견과 잡종은 불임이라는 사실에서 기인하여 제기된 '종은 변하지 않는다'는 근거 없는 주장 그리고 종의 변화에 대한 화석 기록의 단절 등에 관해서 솔직하면서도 강하게 응답하고 있다. 이것은 큰 열정과 정신을 갖고 싸운 방어활동이며, 대체로 놀랄 만한 성공이었다. 더욱이 그 뒤에 이루어지는 이 분야의 연구들은 다윈의 제안을 토대로 출발했으며 다윈의 견해를 강화해주었다.

제10장에서 다윈은 다시 공격적으로 바뀐다. 다윈은 화석 기록이 비록 단절되어 있긴 하지만 연속적인 창조설보다는 진화를 지지하는 것이라는 것을 증명한다. 차후의 많은 발견들이 다윈의 주장을 강화했으며 사슬들의 고리를 채워주는 데 기여했다. 종의 멸망과 새로운 종이 출현하는 것은 오랫동안 진화를 둘러싼 주요 논쟁거리였다. 이제 다윈은 유리한 위치에 서게 되었다. 다윈이 사라진 종과 현생종과의 연관성이나 그들의 지리적인 분포에 생각이 미치고 그의 시작점인 남아메리카 대륙과 갈라파고스, 즉 종은 변하지 않는다는 그의 생각을 뒤흔들어놓았던 관찰 내용으로 되돌아왔을 때, 『종의 기원』의 거대한 구조의 근간이 되는 20년 넘는 세월의 연구와 명상의 결과가 세워졌다.

나머지 장들은 정돈의 특징을 띠고 있다. 원시적이고 흔적적인 기관의 존재와 발생학에서 비롯된 부차적인 논쟁이 정렬되어 있다. 다윈은 만약 그의 견해가 받아들여지고 유사성이라는 것이 공통조상에 의한 결과로 여겨진다면 생물학적 분류 이론은 변형되어야 한다고 설명한다. 생물학의 발달과 자연세계를 바라보는 인간의 사고는 새롭고 결정적인 전환점을 맞는다.

『종의 기원』이 출간되면서 만들어진 즉각적인 격정은 그것이 창세기 첫 장의 문장 자체를 부인한다는 사실 때문만은 아니었다. 기독교 신자들은 이미 새로운 지질학을 마지못해 받아들이기 시작했다. 또한 '연속적인 창조설'의 교리와 창조에 할당된 7일을 은유적인 관념으로 해석하기 시작했다. '위험한' 서적과 종교적인 의혹은 빅토리아 시대의 특징적인 언짢음이었으며, 지식층 거의 대부분의 일반적인 특징이 되어가고 있었다. 이러한 경향은 『종의 기원』이 세상에 처음 나온 지 몇 달도 안 되어 절정에 달했다.

『종의 기원』에 나쁜 평판이 쏟아진 것은 주로 두 가지 이유 때문이었다. 무엇보다도 『종의 기원』이 영국 신교도의 새로운 변증법인 자연신학을 단 일격에 파괴해버렸기 때문이었다. 순수 이성주의적 기독교 신앙이 전능하신 시계 수리공의 자비로운 설계의 증거로서 설명했던 자연 속에 있는 아름답고 정교한 모든 장치를 다윈의 이론은 자연선택의 작동으로서 설명했다. 즉 후손에게 나타난 무작위한 변이를 보존하는 결과로서 나타난 생존경쟁이라고 설명한 것이다. 많은 독자들과 평론가들은 진화가 궁극적인 의도로서 해석되기만 한다면 진화를 그런대로 받아들일 수 있다는 것을 알았다. 그러나 자연선택은 도저히 받아들일 수 없다는 것도 알았다.

또한 『종의 기원』에서 주장하지는 않았지만 내포하고 있었을, 그래도 일부러 말한 적이 없는 사실 때문에 다윈은 평판이 특별히 나빠졌다. 즉 인간은 원숭이와 사촌 간이라는 것—종종 저질러지는 실수이지만 원숭이의 후손이라는 것이 아니다—때문이었다. 다윈은 그의 '노트'에 다음과 같이 썼다. "동물과 우리는 하나의 조상에서 유래되었는지 모른다. …… 우리는 모두 함께 묶일지도 모른다." 다윈은 이러한 관점을 나중에 『인간의 유래』(1871), 『사람과 동물에서 감정의 표출』(1872)에서 완성했다. 그러나 사람들은 이에 즉시 사로잡혔다. 아마도 다윈의 이러한 논점이 『창조의 흔적』이 발간될 즈음에 충분히 무르익었기 때문일 것이다.

『종의 기원』에서 원숭이를 특별히 다루지는 않았어도 다윈주의는 '원숭이 이론'이 되었다. 이러한 논점은 1860년 영국왕립협회 옥스퍼드 회합에서 윌버포스 주교와 헉슬리 사이에 벌어진 그 유명한 사건의 요점이었다. 이때 헉슬리는 주교의 빈정대는 질문에 유명한 응수를 했다. 윌버포스가 헉슬리에게 아버지와 어머니 중 어느 쪽이 원숭이 계열이냐고 묻자 헉슬리는 수사적이고 종교적인 편견 때문에 자신의 재능을 중요한 과학적 토의를 흐리게 오용하는 사람보다는 차라리 원숭이를 할아버지로 모시고 싶다고 응수한 것이다. 이러한 일화는 다윈주의가 왜 지식층 사이에서 그렇게 퍼져나갔는지를 알려주는 한 가지 사례였다. 그때까지는 물질주의라는 것이 대개 신앙이 없고 부도덕과 저속한 급진주의와 관련이 있는 것으로 받아들여지고 있었다.

그 후 『종의 기원』을 둘러싼 논쟁은 연구와 강의실의 범위를 넘어 응접실과 거리로 나와 오늘날까지 이어지고 있다. 이 이론의 운명은 궁극적으로 그것이 과학적인 견해에 의해 받아들여지느냐 아니냐에 달려 있었다. 이러한 인정이야말로 다윈이 진심으로 걱정했던 바였다. 여기에 영국의 선두적인 해부학자인 리처드 오언 경의 공격이 가해졌다. 그는 윌버포스를 지도하면서 자신도 『에든버러 평론』에서 『종의 기원』에 대해 불공평하고 현혹적인 비판을 신랄하게 퍼부었다. 과학적 타당성을 구실로 『종의 기원』을 공격했던 이 평론가들의 전술은 다윈이 말한 적도 없는 내용을 공격하고자 하는 것이었다. 이들은 라마르크와 『창조의 흔적』을 둘러싼 과거 논쟁의 수레바퀴를 돌리며 『종의 기원』이 '단순한 추측'이거나 '단순한 가설'이라고 주장했다. 다윈은 베이컨의 귀납법을 위반했다고 비난받았다.

그럼에도 불구하고 다윈이 『종의 기원』 마지막 부분에서 표현한 대로 젊은 과학자들이 정직하게 듣기를 바라는 희망은 다윈이 기성 과학세력에 실망한 만큼 젊은 과학자들에게는 과학적 기반이 잘 잡혀 있는 것으로 나타났다. 『종의 기원』이 출간된 지 10년도 안 되어 다윈주의는 과학적으로 훌륭한 것이 되었다. 영국뿐만 아니라 독일과 미국의 젊은 생물학자들 가운데 일부는 다윈의 이론을 받아들이기 시작했다.

일반 대중 사이에서도 다윈주의는 진척되었다. 어떤 사람들에게는 이 이론의 함축적인 의미가 부정적이고 황량하게 보였다. 역설적이기는 하지만, 인간의 고리가 다른 동물들과 매우 밀접하다는 것을 보이면서 다윈은 인간과 자연 사이의 감정적인 유대를 자른 것으로 보인다. 다윈에 따르면 자연은 맹목적인 우연과 투쟁의 산물이었다. 그리고 인간은 자신의 생계를 위해 다른 동물들과 투쟁하는 외롭고도 지적인 돌연변이였다. 어떤 이에게 이러한 상실감은 큰 것이어서, 마치 탯줄이 잘려나가고 '차갑고 냉정한 우주'의 한 부분으로서 자신을 발견하는 것 같았다.

19세기 후반에 들어서면서 다윈의 '적자생존'을 나름대로 받아들인 사람들은 다윈주의를 특별하게 해석하기 시작했다. 다윈은 적응을 언급했지 '진전'은 언급하지 않았다. 그러나 그들은 자연선택을 진전의 열쇠로 받아들였다. 경쟁 단위로서 개인 · 품종 · 계급 등 무엇을 선택하느냐에 따라 이 이론은 급진적으로 서로 다른 결과를 초래했다.

진화의 논쟁에서 자연선택설로 다윈이 크게 기여한 것은 사실이지만 다윈이 '적자생존'에 기초한 모든 이론의 기원인 것은 아니다. 가장 약한 것이 실패한다는 경쟁의 의미는 이미 잘 알려져 있었다. 그것은 여러 논집에서 신의 설계의 일부로 인식되고 있었다. 허버트 스펜서도 이 측면에서 영향력이 컸으며 그도 독자적으로 다윈의 이론에 도달해 있었다. 그럼에도 '생존경쟁'을 진화적 변화에 연결시킨 다윈의 업적은 대단했다. 마르크스나 엥겔스조차 계급전쟁의 생물학적 상대로서 다윈주의를 채택했다. 사람 사이의 관계에서 '적자생존'은 모든 사람에게 매우 중요한 것이 될 수 있었다. 심지어 그것은 학구적인 사회학에까지 침투해, 스펜서 · 배젓 · 서머 등이 그 영향을 받았다.

또한 적자생존의 학설은 루스벨트와 19세기 영국 제국주의자들의 호감을 사게 되었다. 전쟁이 '생물학적으로 필요하다'는 믿음은 제1차 세계대전 이전에 독일의 군사적이고 정치적인 사고를 형성하는 데 기여하기도 했다. 그것은 젊은 히틀러가 인종차별주의, 민족주의, 반유대주의의 핵심 재료를 형성하는 데 이용되었다. 해부학과 생리학 발달의 결과로서 인종주의는 다윈에 앞서 유럽의 사고 속으로 스며들었다. 다윈 자신은 자기 이론이 사회적인 관계에 적용되는 것을 보증하지 않았다. 사실 헉슬리는 이 점을 명백하게 거부했다. 그러나 어쩔 수 없이 그것은 일종의 가혹한 시련을 안겨주었으며, 시대의 공포와 미움으로 치달았다.

'사회적 다윈주의'가 절정에 이르렀던 19세기 말에 생물학자로서 다윈의 명성은 가장 낮았다. 이 시기에 비평가들은 다윈 이론의 두 가지 중대한 어려움에 주의를 기울이고 있었다. 첫째는 다윈의 이론이 세워진 중요한 기반, 즉 지질학적 시간을 매우 길게 보는 개념을 손상시키는 것이었다. 이와 같이 지질학적 시간을 길게 보는 관점은 캘빈의 도전을 받았다. 캘빈은 지각 온도의 냉각에 관한 추정을 바탕으로 한 계산에서 지구의 추정 역사를 『성경』에서 언급한 6천 년은 아니더라도 1억 년이나 그 미만으로 감소시킬 것을 제안했다. 이와 같은 추정은 우연적인 변이가 서서히 축적된다는 다윈의 가정에는 치명적이었다. 그리고 열의 근원으로서의 방사능을 이해하고 지구의 추정 나이가 크게 증가한 것은 20세기에 들어와서이다.

다윈은 라이엘이 제공한 시간척도에서 자신을 안전하다고 여기고 있었음에 틀림없다. 그러나 이 시기에 일어난 과학적 비평들은 다윈이 늘 커다란 문제로 인식하고 있던 한 요점으로 모아졌다. 즉 자손 내에서 변이가 어떻게 만들어지는가이다. 다윈이 알기만 했으면 좋았을 그 해답은 멘델에 의해 만들어지고 있었다. 그러나 멘델의 연구는 무시당했으며 당시에는 알려지지 않았다. 그 무렵 유행하고 있던 이론은 각 부모의 형질이 자손에서 '섞인다'는 것이었다. 공학교수였던 젠킨은 중요한 변이가 섞이면서 자손에게 지속적으로 전해질 확률이 매우 적다고 했다. 왜냐하면 부모 양쪽이 모두 변이형질을 갖고 있지 않다면 그것이 유전될 확률은 반으로 줄어들 것이며, 다음 세대에서도 계속 반으로 줄어들 것이기 때문이라는 것이다.

이러한 비평들은 모두 아주 작은 무작위 변이들이 자연선택에 의해 진화로 연결된다는 이론에 의구심으로 작용했다. 다윈 자신도 이들과 맞서

기 위해서 『종의 기원』의 나중 판본에서는 환경의 영향을 강조하고, 라마르크처럼 획득형질의 유전을 언급하기도 했다.

1900년에 멘델의 작은 입자 유전 개념이 재발견되었다. 이 개념은 생식을 조절하는 유전자들이 섞이지 않고 그대로 전달된다는 것이다. 그러나 이것은 다윈이 제안했던 것처럼 작고 누적적인 변이에 의해서가 아니라 갑작스럽고 비연속적인 돌연변이에 의해서 일어나는 것이었다. 이러한 갑작스럽고 비연속적인 돌연변이는 진화의 과정을 결정하는 데서 자연선택의 역할을 크게 감소시키는 것으로 여겨졌다. 그리고 1930년대에 이르러서야 멘델의 유전학과 다윈의 자연선택설이, 환경이 어떻게 유전자의 조성을 조절할 수 있는가에 대한 이론에서 합쳐졌다. 유전자의 효과는 대체로 통합적인 개념으로서의 유전자 복합체에 의해 조절되며, 이러한 유전자 복합체는 자연선택에 의해 조절된다는 것이다.

이러한 결합의 결과는 진화에 관한 다윈주의의 설명에 대한 생물학적 사고의 큰 흐름으로 회복되었다. 이러한 사실과 연관된 놀랄 만한 사례는 산업화한 지역에서 나방의 적절한 방어색이 발달하는 데서 찾을 수 있었다. 『종의 기원』의 획기적인 특징은 현대 생물학에서 충분히 인식되고 있으며 우리의 사고를 꾸준히 진보하게 하고 있다.

서론

박물학자 자격으로 비글호를 타고 항해하던 중 나는 남아메리카에 서식하는 동물의 분포 그리고 과거에 살았던 동물들과 현재 살고 있는 동물들의 지질학적 관계에 대한 일부 사실에 큰 충격을 받았다. 이러한 사실들은 종의 기원과 관련해 나에게 어떤 빛을 던져주는 것 같았다. 종의 기원은 이 시대의 아주 유명한 철학자 가운데 하나가 언급한 대로 신비 중의 신비였다.

집에 돌아온 이듬해인 1837년, 나는 관련성이 있다고 여겨지는 모든 사례들을 부지런히 모으고 숙고한다면 이 문제와 관련해 무엇인가를 얻을 수도 있겠다는 생각이 들었다. 5년 동안 나는 그 주제에 몰두하기 시작했고 몇 편의 짧은 수기를 작성했다. 그리고 이것들을 확장해 결론에 대한 초안을 마련한 것이 1844년이었는데, 그 당시 그것은 그럴듯해 보였다. 그때부터 오늘날까지 나는 동일한 대상을 꾸준히 추구했다. 한 가지 결론에 도달하기 위해 나는 결코 급하게 서두르지 않았다는 것을 보이고자 이러한 개인적인 사항을 언급한 것이니 여러분의 양해를 구한다.

내 작업은 이제 거의 끝났다. 그러나 완성하려면 아직도 2~3년이 더 걸리겠지만 건강상의 이유도 있고 해서 나 자신을 재촉한 끝에 이 이론을 세상에 내놓게 되었다. 특히 현재 말레이 반도에서 자연사를 연구하는 월리스가 종의 기원과 관련해 내가 갖고 있는 결론과 동일한 결론에 도달하게 되었다는 사실이 나를 더욱 재촉하게 했다. 작년에 그는 나에게 이 주제에 관한 연구 논문을 보내왔다. 그리고 그것을 찰스 라이엘 경에게 회송해달라는 부탁을 덧붙였다. 라이엘 경은 그것을 린네 학회에 보냈으며 그 논문은 린네 학회지 3권에 발표되었다. 라이엘 경과 후커 박사는 둘 다 내 작업을 알고 있었다. 특히 후커 박사는 1844년에 내 연구의 초안을 읽은 적이 있었다. 그래서 그들은 내게 영예를 주고자 내 원고의 일부에 월리스의 탁월한 연구보고를 보태어 발표하는 것이 좋겠다고 생각한 것이었다.

내가 지금 발간하는 이 이론은 필연적으로 불완전할 것임에 틀림없다. 일부 내용에는 참고문헌이나 근거를 댈 수가 없어 그 정확성에 대한 확신은 독자들에게 맡길 수밖에 없는 부분도 있다. 올바른 근거들만 이용하고자 늘 주의했지만 오류들이 슬며시 끼어들지 않았다고 장담할 수는 없다.

여기서 나는 실증을 위한 몇 가지 사실과 함께 내가 도달한 일반적인 결론만을 제시할 수밖에 없다. 그렇지만 대부분의 경우 그 정도면 충분할 것이다. 차후에 내 결론의 근거가 되는 참고문헌과 함께 모든 사실을 자세하게 발간할 필요성을 나는 누구보다 더 잘 알고 있다. 이것은 차후의 몫으로 남겨놓고 싶다. 왜냐하면 나는 이 책에서 한 가지 요점만 논의한 것이 아니었으며, 각각에 대한 모든 사실을 제시할 수 없었다는 점을 잘 알고 있기 때문이다. 일부 사실들 중에는 내가 도달한 결론과는 정반대의 결론으로 이끌 만한 것들도 있었다. 공정한 결과는 각각의 문제에 대한 양쪽의 사실과 주장을 충분히 언급하고 비교해야만 얻어질 수 있다. 그런데 이번에는 그것이 가능하지 않았다.

그동안 개인적으로 잘 알지도 못하는 박물학자를 포함해 실로 많은 이들의 도움을 받았다. 지면이 부족해서 그들의 고결한 도움에 대해 만족스러울 만큼 표현하지 못하는 것을 안타깝게 생각한다. 그렇더라도 후커 박사에게 깊은 감사를 표현하지 않을 수가 없다. 후커 박사는 그의 풍부한 지식과 탁월한 판단력으로 지난 15년 동안 가능한 모든 방법을 동원해 나를 도왔다.

종의 기원을 생각해보면서 생물들의 유연관계, 발생학상의 관계, 지리적 분포, 지질학적 천이 그리고 그 밖의 사실들에 대해 숙고한 박물학자가 각각의 종이 개별적으로 창조되지 않았으며 변종처럼 다른 종으로부터 유래되었다는 결론에 도달하는 것은 정말로 있을 수 있는 일이다. 그렇지만 이 세상에 살고 있는 수많은 종들이 어떻게 변형되어 감탄을 자아낼 만큼 완벽한 구조를 갖추게 되고 서로 적응하게 되었는지를 보여주지 못한다면, 이러한 결론은 그 기반이 옳다고 해도 결코 만족스러운 것이 될 수 없다.

박물학자들은 기후 · 음식물 등과 같은 외부요인이 변이를 일으키는 유일한 원인이라고 자주 언급한다. 이것은 우리가 앞으로 보게 될 매우 제한된 하나의 관점에서 옳을 수도 있다. 그러나 나무껍질 속에 들어 있는 벌레를 잡는 데 놀랄 정도로 적응된 딱따구리의 발, 꼬리, 부리, 혀와 같은 구조를 모두 외부환경 때문이라고 생각하는 것은 터무니없다. 겨우살이는 그 영양분을 특정한 나무에서 얻고, 특정한 새에 의해 씨앗이 운반되며, 암꽃과 수꽃이 있어 꽃가루를 옮기기 위해서는 특정한 곤충을 필요로 한다. 이와 같이 여러 생물과 관련된 이 기생식물의 구조를 그저 외부조건, 습성 또는 겨우살이 자체의 의지로 설명하는 것은 마찬가지로 터무니없다.

추측하건대 『창조의 흔적』의 저자는 긴 세대가 지난 뒤에는 일부 새들이 딱따구리를 낳게 된다고 말했을 것이다. 그리고 어떤 식물이 겨우살이가 되었고 또한 그것이 지금 우리가 보는 것처럼 완벽하게 만들어졌다고 말했을 것이다. 그러나 이러한 가정은 나에게 아무런 설명이 되지 못한다. 왜냐하면 이것은 생물들의 상호 적응과 생명의 물리적 조건을 언급하지도 설명하지도 않고 그대로 남겨두기 때문이다.

그러므로 변형과 상호 적응의 원리에 관한 명백한 식견을 얻는 것이 무엇보다 중요하다. 관찰을 시작할 즈음에 나는 가축과 작물을 자세히 연구해보면 이러한 모호한 문제를 해결할 가장 좋은 기회가 올 것 같다고 생각했다. 나를 실망시키지 않았던 것은 까다로운 모든 사례를 다루면서 가축화에 따른 변이에 관한 우리의 지식이 비록 불완전하기는 하지만 최고의 그리고 가장 안전한 단서를 제공한다는 것을 나는 늘 발견했다는 사실이다. 이러한 연구의 가치를 대부분의 박물학자들은 무시하고 있지만 나는 그것이 중요하다고 감히 말하고 싶다.

그래서 나는 이 책의 첫 장을 가축화에 따른 변이에 할애할 것이다. 우리는 상당히 많은 유전성 변형이 일어난다는 사실을 알게 될 것이다. 그리고 선택을 통해 가축의 미세한 변이를 연속적으로 축적하는 인간의 힘이 얼마나 대단한지도 알게 될 것이다. 유전성 변형보다는 인간의 선택이 더 중요할지도 모르겠다.

그다음에 자연 상태에서 종이 얼마나 쉽게 변할 수 있는지를 알아보도록 하겠다. 그러나 이 주제를 다루기 위해서는 수많은 사례를 제시해야만 하기 때문에, 안타깝지만 이 주제에 대해서는 지나치리만치 간단히 다룰 수밖에 없을 것이다. 그러나 우리는 변이를 일으키기에 가장 적합한 환경에 대해서 논의할 수 있을 것이다.

다음 장에서는 전 세계에 분포하는 모든 생물들이 기하급수적인 증가를 일으킬 때 필연적으로 수반되는 생존경쟁을 다룰 것이다. 이것은 모든 동물계와 식물계에 적용할 수 있는 맬서스의 원칙이다. 각각의 종에서 생존할 수 있는 개체보다 많은 개체들이 태어나고, 그에 따라 생존경쟁이 끊임없이 일어나며, 복잡하고 때로는 변화되는 환경에 어떠한 면에서건 조금이라도 유리한 형질을 갖춘 개체는 생존할 가능성이 높아질 것이다. 그 결과 "자연적으로 선택"되는 것이다. 이렇게 해서 선택된 변종은 강력한 유전 원칙에 따라 자신의 새롭고 변형된 형질을 전파하려 할 것이다.

자연선택에 대한 이러한 주요 주제는 제4장에서 좀 더 자세하게 다룰 것이다. 우리는 개량되지 않은 생물들이 멸망하는 과정에서 자연선택이 어떻게 작용하는지를 알게 될 것이다. 그래서 내가 "형질의 분기"라고 지칭한 원리에 도달하게 될 것이다. 다음 장에서는 복잡하고 거의 알려져 있지 않은 변이의 법칙과 성장의 상관관계를 논의할 것이다.

그 후 네 개의 장에서는 자연선택이 갖는 명백하고도 심오한 어려움에 대해서 논의하게 될 것이다. 즉 첫째, 변천의 어려움, 다시 말해 한 개체나 한 기관이 고도로 발달된 개체나 정교하게 설계된 기관으로 어떻게 변화해가는지를 이해하는 것이다. 둘째, 본능의 문제, 즉 동물의 정신력에 대해서 논의할 것이다. 셋째, 교잡, 즉 종간 상호교잡에 대한 불임성과 변종들 사이의 교잡에 따른 가임의 문제를 다룰 것이다. 그리고 넷째, 지질학적 기록의 불완전성에 대해서 논의할 것이다.

그다음 장에서는 시대에 따른 생물들의 지질학적 변천을 다룰 것이다. 제11장과 제12장에서는 그들의 지리적 분포에 대해서 논의할 것이다. 제13장에서는 성숙한 개체와 발생 시기의 개체를 대상으로, 분류와 친척관계에 대해서 살펴볼 것이다. 마지막 장에서는 전체 내용을 요약할 것이다. 그리고 결론적인 몇 마디를 언급할 것이다.

만약 우리 주변에 살고 있는 모든 생물들의 상호관계에 대한 원리를 모른다고 인정한다면 종과 변종의 기원과 관련해 아직도 설명되지 않고 남아 있는 많은 부분에 대해서 아무도 놀라지 않을 것이다. 어떤 종은 매우 넓은 지역에 분포하고 수도 많으며 또 다른 비슷한 다른 종은 분포지역이 좁으며 수도 적은 이유를 누가 설명할 수 있겠는가? 지금까지는 이러한 관계가 매우 중요하다. 왜냐하면 이러한 관계가 각 생물들의 현재 상황을 결정하기 때문이다. 그리고 나는 미래의 성공과 이 세상에 살고 있는 모든 생물의 변형도 바로 이러한 관계에 따라 결정된다고 믿고 있다.

우리는 과거의 지질학적 시대에 이 세계에 살았던 수많은 생물들의 상호관계에 대해서 아직도 너무 많은 것을 모르고 있다. 각각의 종이 개별적으로 창조되었다는 생각은 대부분의 박물학자들이 피력하고 있는 견해이며 나도 전에는 이렇게 생각했다. 비록 많은 것이 모호하고 앞으로도 오랫동안 모호하게 남아 있겠지만 내가 할 수 있는 신중한 연구와 냉정한 판단에 따르면 이 견해가 잘못되었다는 것에 대해서 이제 나는 아무런 의심도 품지 않는다.

나는 종이 변한다는 것에 충분한 확신을 품고 있다. 또한 한 종의 여러 변종들이 그 종의 후손이라는 원리와 마찬가지로 한 속의 여러 종들은 아마도 과거에 멸종한 종의 직계후손이라고 믿는다. 더욱이 나는 자연선택이 변형을 일으키는 주요한 원인이라고 생각하지만, 확신하건대 자연선택만이 변형을 일으키는 단 한 가지 수단이라고는 생각하지 않는다.

제1장 가축과 작물의 변이

변이의 원인 – 서식처 효과 – 성장의 상관성 – 유전 – 가축화한 변종들의 특징 – 변종과 종을 구별하는 어려움 – 하나 이상의 종에서 유래된 가축 변종들의 기원 – 집비둘기, 그들의 차이점과 기원 – 옛날부터 있어왔던 선택의 원리와 그 효과 – 조직적인 선택과 무의식적인 선택 – 가축과 작물의 알려지지 않은 기원 – 인간의 선택 능력에 우호적인 환경들

옛날부터 우리가 키워왔던 동식물들의 변종이나 아변종에 속한 개체들을 보면 자연 상태의 종이나 변종에 속한 개체들과 마찬가지로 그들이 서로 매우 다르다는 생각이 든다. 우리가 키우는 대부분의 동식물은 매우 다양하며 다양한 기후와 갖가지 처리로 인해 그들의 발생 단계에 따라 그 모습이 변한다. 이들 동식물을 곰곰이 생각해볼 때면, 이렇게 엄청난 변이성이 단순히 인간이 키우면서 생겨난 결과라는 결론을 얻을 수밖에 없다고 생각한다. 이들은 조상들이 자연에서 살았던 환경과는 다르고 균일하지도 않은 환경에서 길러진 것이다. 또한 이러한 변이는 과다한 먹이와 부분적으로 관련이 있다는 앤드루 나이트〔영국의 식물학자이자 원예가〕의 견해가 어느 정도 옳을 수도 있다고 생각한다.

감지할 수 있을 정도의 변이를 일으키기 위해서는 생물이 여러 세대 동안 새로운 생활환경에 노출되어야만 한다는 생각은 정말로 명백해 보인다. 또한 생물이 일단 변하기 시작했다면 여러 세대 동안 이러한 변이가 계속된다는 것도 옳은 것 같다. 변할 수 있는 생물이 인간에 의해 길러지면서 변이가 멈춘다는 보고는 기록된 바 없다. 밀처럼 아주 오랫동

안 재배된 식물은 아직도 종종 새로운 변종을 만든다. 우리의 오래된 가축들은 아직도 빠르게 개선되거나 변형될 수 있다.

변이의 원인이 무엇이든 간에 이러한 변이의 원인이 일생의 어느 시기, 즉 발생의 초기 또는 후기에 작용하는지, 아니면 임신의 순간에 작용하는지에 관한 논의가 계속되고 있다. 이시도르 제프루아 생틸레르〔프랑스의 동물학자〕의 실험은 배에 인위적인 처치를 가했을 때 기형이 출현한다는 것을 보여준다. 그리고 이러한 기형을 단순한 변이와 명확하게 구별할 수는 없었다.

그러나 나는 임신 전에 수컷과 암컷의 생식적인 요소가 받은 영향에 따라 변이가 가장 빈번히 일어난다고 생각하고 있다. 몇 가지 이유에서 나는 이것을 믿고 있다. 그러나 가장 주요한 원인은 감금과 재배가 생식계의 기능에 미치는 놀랄 만한 효과이다. 생식 기능은 신체의 다른 어떠한 기능보다 생활조건의 어떠한 변화에도 훨씬 더 영향을 잘 받는 것 같다. 동물을 길들이는 것보다 더 쉬운 일은 없으며, 감금해놓은 상태에서 동물들이 자유롭게 새끼를 낳아 키우게 하는 것보다 더 어려운 일은 거의 없을 것이다. 특히 암컷과 수컷이 접합하는 경우에는 더욱 그러하다. 자연 서식지의 공간을 어느 정도로 제한했을 때 꽤 오래 살기는 하지만 새끼를 낳지 않는 동물이 얼마나 많겠는가! 이것은 일반적으로 본능이 손상되었기 때문이다. 그러나 최대한의 생장력을 보이면서도 씨앗을 거의 맺지 못하거나 전혀 맺지 못하는 재배 작물이 얼마나 많은가!

일부 사례에서 다음과 같은 사실이 알려졌다. 즉 성장의 특정 시기에 물이 많은지 적은지와 같은 아주 사소한 변화도 그 식물이 씨앗을 맺게 하는지 아니면 맺지 못하게 하는지를 결정한다는 것이다. 나는 여기에서 그동안 내가 이 이상한 주제와 관련해서 모아온 많은 세부 항목까지 들어갈 수는 없다. 그러나 감금되어 있는 동물의 생식을 결정하는 법칙이 특이하다는 것을 보여줄 수 있다. 척행동물, 즉 곰 종류를 제외한 육식동물들은 그것이 열대지방에서 온 것이라 해도 이 나라에서 가두어진 채로도 새끼들을 잘 낳아 기르고 있다. 반면 육식성 조류는 약간의 경우를 제외한다면 이와 같은 상황에서 수정란을 거의 낳지 않는다.

많은 외래 식물들은 정확하게 똑같은 조건에서도 대부분의 불임성 잡종처럼 전혀 기능을 못하는 꽃가루를 만든다. 그러나 가축과 작물을 보면, 그들은 종종 약하고 병약해 보일지라도 가두어진 상태에서도 정말로 새끼를 잘 낳아 기를 수 있다. 그러나 자연 상태에서 어릴 때 잡힌 동물은 잘 길들여지고 오래 살며 건강하더라도(이 경우와 관련해 나는 많은 예를 들 수 있다) 그들의 생식계는 우리가 알지 못하는 원인에 의해 심하게 영향을 받아 제대로 된 번식과정이 이루어지지 않는다. 따라서 동물들이 감금되었을 때 생식계는 전혀 정상적으로 활동하지 않으며, 후손을 낳는다고 해도 부모나 자연 상태의 변종과는 완벽하게 동일하지 않다는 사실에 놀랄 필요가 없다.

사람들은 불임이 원예학을 파멸로 이끌 것이라고 한다. 그러나 불임성을 일으키는 원인에 의해 변이가 일어나는 것이며, 변이가 있어서 우리는 정원을 아름답게 꾸밀 수 있다. 나는 일부 생물들이 가장 비자연적 환경에서도 잘 번식하는 예를 보일 수 있다. 가두어 키우는 토끼나 흰족제비가 그 예가 될 수 있는데, 그들의 생식계는 가두어 키운다고 영향을 받는 것 같지는 않다. 따라서 가축화하거나 재배해도 자연에서 받는 변화보다 더 큰 변화를 받았다고 보기 어려울 만큼 그 영향이 미미한 동식물들도 있을 것이다.

우리는 아주 많은 '변이 식물' 목록을 쉽게 만들 수 있다. 원예가들은 식물의 싹이나 곁가지가 다른 부분과 아주 다를 때 변이 식물이라는 용어를 사용한다. 이러한 싹은 접목 등의 방법이나 때로는 씨앗에 의해서도 퍼뜨릴 수 있다. 자연에서는 이러한 변이 식물이 거의 발견되지 않지만 재배 작물에서는 그렇게 희귀한 것이 아니다. 재배 작물의 경우 부모

작물에 특정한 처리를 함으로써 밑씨나 꽃가루에는 영향을 주지 않으면서 싹이나 곁가지에 영향을 줄 수 있다.

그러나 싹이나 밑씨가 형성되는 초기에는 이들 사이에 근본적인 차이가 없다는 것이 대부분 생리학자들의 의견이다. 따라서 변이 식물은 내 의견을 뒷받침하는 것이다. 즉 수정 전에 부모 식물을 처리함으로써 밑씨나 꽃가루, 또는 이 둘에 영향을 끼치고 이로 인해 변이가 일어날 수 있는 것이다. 여하튼 이것은 일부 학자들이 주장했듯이 변이가 교잡 활동과 반드시 연결될 필요는 없다는 것을 보여준다.

뮐러[독일의 생리학자]가 언급했듯이 동일한 생활환경에서도 같은 씨앗에서 자란 묘목들이나 한배새끼로 태어난 어린 개체들은 때로는 서로 매우 다르다. 이것은 생활환경이 미치는 영향이 생식, 성장, 유전의 법칙이 미치는 영향보다 중요하지 않다는 것을 보여준다. 생활환경의 작용이 직접적인 영향을 끼쳤더라면 한 마리의 어린 개체가 특이한 구조를 보일 때, 한배에서 태어나 동일한 환경에서 살고 있는 다른 개체들도 모두 그러한 구조를 보였을 것이다. 어떠한 경우에도 열이나 습도·빛·음식물 따위가 변이를 일으키는 일차적인 요인으로 어느 정도 작용했는지를 판단하는 것은 매우 어렵다. 식물에서는 이들 요인이 웬만큼 작용하겠지만 동물의 경우에는 직접적인 작용을 거의 하지 않는다는 것이 내 생각이다.

이러한 관점에서 본다면 최근에 이루어진 벅먼[영국의 식물학자이자 지질학자]의 식물 실험은 매우 가치 있어 보인다. 특정한 환경에 노출된 거의 모든 개체들이 동일하게 영향을 받았을 때, 이들이 일으키는 최초의 변화는 이들 환경에 의해 일어나는 것 같다. 그러나 정반대의 조건이 비슷한 구조적 변화를 일으키는 경우가 관찰되기도 한다. 그럼에도 나는 일부 변화가 생활조건의 직접적인 작용 때문에 일어난다고 생각한다. 식량의 양에 따라 개체의 크기가 커진다든지, 식량의 종류나 빛에 따라 색깔이 달라진다든지, 기후에 따라 모피의 두께가 달라지는 것들이 그 예가 될 것이다.

생활습관도 결정적인 영향이 된다. 기후가 다른 곳으로 옮겨진 식물의 개화 시기를 보면 알 수 있다. 동물에서는 이러한 생활습관이 더욱 뚜렷한 효과를 낸다. 예를 들어 집에서 기르는 거위는 야생 거위보다 날개의 뼈는 가볍고 다리뼈는 무겁다. 나는 이것이 틀림없이 야생 거위에 견주어 가축 거위가 적게 날고 많이 걷기 때문에 일어난 변화라고 생각하고 있다. 소와 염소 암컷의 젖통은 다른 나라보다 평소 젖을 많이 짜는 나라에서 크게 발육하는데, 이러한 것도 사용의 효과를 보여주는 사례에 해당한다. 모든 가축의 귀는 축 늘어져 있으며, 귀가 늘어지는 것은 가축들이 위험에 자주 노출되지 않으면서 귀의 근육을 사용하지 않기 때문에 일어난 변화라는 일부 학자들의 견해는 가능성이 높아 보인다.

변이를 조절하는 많은 법칙이 있지만 어렴풋하게나마 알려져 있는 것은 몇 가지 사례에 불과하다. 이제부터 이들에 대해 간단하게 언급하도록 하겠다. 그러나 여기서는 단지 성장의 상호관계라고 불릴 수도 있는 사례만을 설명하겠다.

배아나 유충에게 어떠한 변화가 일어나면 개체가 성숙했을 때 그 결과가 반드시 나타날 것이다. 기형 동식물의 경우에 별개의 부위에서 상관성이 나타나는 것은 정말로 진기하다. 이 주제와 관련해서는 이시도르 제프루아 생틸레르의 위대한 작품 속에서 많은 예를 찾을 수 있다. 육종가들은 사지가 긴 동물이 항상 머리가 길게 신장되어 있다고 믿는다.

상호관계의 몇몇 사례는 정말로 기묘하다. 예를 들면 눈이 푸른 고양이는 틀림없이 귀머거리이다. 색깔과 체질상의 특징은 함께 표현되는데 동물과 식물 모두에서 놀라운 사례가 많이 알려져 있다. 호이징거〔독일의 비교병리학자〕가 수집한 사례를 보면, 하얀 양과 돼지는 특정 식물독소에 대한 반응이 색깔이 있는 양과 돼지와는 다르다는 점을 알 수 있다.

털이 없는 개는 이빨이 완전하지 못하다. 많은 학자들이 주장하듯이 털이 길고 거친 동물들은 뿔이 길거나 많은 경우가 있다. 다리에 털이 있는 비둘기는 바깥쪽 발가락 사이에 피부가 있다. 부리가 짧은 비둘기는 다리가 짧고 부리가 긴 비둘기는 다리가 길다. 따라서 만약 동물의 기이한 모양을 계속 선택해 증대시킨다면 성장의 상호관계에 대한 신비한 법칙에 따라 우리는 자신도 모르는 사이에 동물의 다른 구조를 변형시키게 될 것이 틀림없다.

변이의 법칙은 종류도 많고 그 기작이 거의 알려져 있지 않으며 그 결과가 아주 복잡하고 다양하다. 히아신스, 감자, 심지어는 달리아처럼 잘 알려진 작물에 대해서 발표된 논문 몇 편을 자세히 살펴보는 것은 매우 가치 있는 일이다. 이들의 변종과 아변종이 구조와 성분에서 서로서로 조금씩 다른 점이 무수히 많다는 것은 정말로 놀랄 정도이다. 이들 식물의 전체 구성에 변화가 생겨 가변성이 생긴 것 같다. 또한 그 때문에 그들의 부모와 어느 정도 차이를 보이는 경향이 있다.

자손에게 물려지지 않은 변이는 우리에게 중요하지 않다. 자손에게 전달되는 구조 변이는 하찮은 것일 수도 있고 생리적으로 중요한 것일 수도 있는데, 이들 변이의 종류와 다양성은 실로 끝이 없다. 프로스페르 뤼카 박사[프랑스의 내과의사]의 방대한 논문 두 편은 이 주제를 가장 자세하고 훌륭하게 다루고 있다. 유전의 힘이 강하다는 사실을 의심하는 육종가는 없다. 생물은 자기와 비슷한 자손을 만든다는 것이 그들의 신념이다. 이러한 원리에 의문을 제기하는 것은 이론적인 저술가들뿐이었다.

흔한 변이가 아버지와 아이에게서 나타난다면 우리는 동일한 원인이 아버지와 아이에게 각각 영향을 주어 일어난 것이 아니라고 단언하기 어렵다. 그러나 매우 독특한 조합의 상황에 의해서만 일어날 수 있는 희귀한 변이가 수백만 명 중 한 사람에게 나타나고 그것이 그의 아이에게서 다시 출현했다면, 확률적으로만 생각해도 우리는 이와 같은 현상이 유전에 의해 물려진 것이라고 생각할 수밖에 없다. 백색증, 도돌도돌한 피부, 털이 많은 신체 등이 한 가족의 여러 사람에게서 나타난다는 이야기는 들어보았을 것이다. 만약 이상하고 드문 구조 변이가 정말로 유전에 의한 것이라면 덜 이상하고 평범한 변이도 유전될 수 있다는 것을 당연히 받아들여야만 한다. 이 전체 주제를 바라보는 올바른 방법은 다음과 같을 것이다. 즉 형질과 관련한 모든 유전을 규칙으로 여기고, 유전되지 않는 상황은 예외로 취급하는 것이다.

유전을 지배하는 법칙은 전혀 알려져 있지 않다〔종의 기원은 1859년에 발간되었고, 멘델의 식물잡종 연구는 1865년에 발표되었다〕. 한 종 내의 여러 개체나 서로 다른 종의 개체들 사이에 나타나는 한 가지 특성이 왜 언제는 유전되고 왜 언제는 유전되지 않는지는 아무도 모른다. 왜 아이는 할아버지나 할머니 또는 그보다 먼 조상의 특성을 갑자기 띠게 되는가? 어떤 독특한 특성은 왜 한 성(性)에서 두 성으로 전달되기도 하고 어떤 때는 한 성으로만—늘 그런 것은 아니지만 대부분 같은 성으로—전달되는가?

가축의 수컷에게서만 나타나는 특징이 거의 대부분 수컷에게만 전달된다는 것은 우리에게 그렇게 중요한 문제가 아니다. 내가 생각하기에 더 중요한 규칙은 발육의 어떠한 단계에 나타나든 그것은 다음 세대에서도 비슷한 시기에—물론 약간 일찍 나타나는 경우도 있지만—나타난다는 것이다. 많은 경우 예외는 없는 듯하다. 따라서 소의 뿔이 보이는 유전적 특성은 그들이 거의 성숙했을 때만 출현하는 것 같다. 누에의 특정 시기에 나타나는 특성은 다음 대에서도 대응하는 애벌레나 번데기 시기에 나타난다.

그러나 유전성 질병이나 다른 몇 가지 사실을 보면 유전을 결정하는 규칙이 폭넓게 적용되고 있다는 것을 알 수 있다. 또한 한 가지 특징이 왜 어떤 시기에 출현하는지에 대한 뚜렷한 이유가 없을 때, 해당 특성이 부모에게서 나타난 여러 시기 중 가장 이른 시기에 해당하는 시기에 후손에게서 나타나는 경향이 있는 것 같다. 나는 이러한 규칙이 발생학의 법칙을 설명하는 데 아주 중요하다고 생각한다. 물론 이러한 언급은 해당 특성의 모습이 처음으로 나타나는 시기에 대한 것이지 이러한 특성을 일으키는 원인에 대한 것은 아니다. 주요 원인은 아마도 난핵포나 수컷 요소에 작용했을 것이다. 예를 들어 뿔이 짧은 암소와 뿔인 긴 황소 사이에서 태어난 송아지가 비록 늦게나마 뿔이 길어지는 것은 틀림없이 수컷 요소 때문으로 여길 수 있다.

형질이 과거의 상태로 복귀되는 상황을 말하고 싶다. 이쯤에서 박물학자들이 종종 언급하는 내용을 인용해도 될 것 같다. 즉 우리의 가축을 야생으로 돌려보내면 점차적이기는 하지만 반드시 원래 조상의 특징을 되찾는다는 것이다. 따라서 가축 품종을 보면서 자연 상태의 종을 연역하는 것은 불가능하다는 주장이 제기된다. 나는 어떠한 결정적인 사실 때문에 이러한 설명이 그렇게 종종 또한 대담하게 제시되었는지 알아보려고 했지만 뜻을 이루지 못했다. 그 진실을 증명하기란 너무 어려울 것 같다. 우리가 안전하게 내릴 수 있는 결론은 잘 알려진 가축의 대부분이 야생 상태에서는 살 수 없으리라는 것이다.

대부분의 경우 우리는 가축의 원래 조상이 무엇이었는지 모른다. 따라서 거의 완벽에 가까운 형질복귀가 일어날지 아닐지에 대해서 우리는 말할 것이 없다. 상호교잡의 결과를 막기 위해서는 단 한 종류의 변종만을 자기의 새로운 서식처에 풀어주는 것이 정말 필요할 것이다. 그럼에도 변종들이 조상의 일부 형질로 복귀되는 일은 종종 일어나는데, 예를 들어 양배추의 여러 품종을 척박한 토지에 옮겨서 여러 세대를 거쳐 새로운 환경에 적응시키는 데 성공할 수 있다면(그러나 이 경우 몇 가지 효과는 척박한 토지의 직접적인 작용에 기인하는 것 같다), 그들은 대부분 야생의 원래 상태로 복귀할 것이다.

실험의 성공 여부는 우리의 논의를 펴는 데 그렇게 중요한 것이 아니다. 왜냐하면 실험 자체에 따라 생활조건이 변하기 때문이다. 가축이나 작물 품종이 생활조건의 변화가 없는 상태에서 꽤 많은 개체들과 함께 생활하며 자유로운 교배를 거쳐 끊임없이 섞이면서 구조의 변이가 일어나는 것이 억제되는 상태에서도 획득형질을 잃어버리고 과거의 형질로 복귀하려는 경향이 강하다는 것을 보일 수만 있다면, 우리는 가축으로부터 종에 관해 아무것도 연역할 것이 없다는 점을 인정할 수밖에 없을 것이다.

그러나 이러한 견해를 지지해줄 만한 어떠한 증거도 없다. 마차를 끄는 말이나 경주마, 긴 뿔 소나 짧은 뿔 소, 여러 품종의 가금류, 식용식물을 그들의 특징을 유지하면서 아주 오랫동안 키울 수 없었다고 주장하는 것은 우리의 경험과 반대되는 것이다. 자연에서 생활조건이 변했을 때 형질의 변이나 복귀가 일어날 수 있다는 사실을 말하고 싶다. 그러나 새로운 형질이 보존될지 아닐지는 앞으로 설명하겠지만 자연선택에 따라 결정될 것이다.

가축과 작물의 변종이나 품종을 살펴보고 이들을 관련성이 있는 다른 것들과 비교해본다면 우리는 이들의 형질이 한결같지 않다는 사실을 알게 될 것이다. 또한 한 종에 포함되는 여러 가축 품종들은 다소 기이한 형질을 띠는 경우가 종종 있다. 나는 그들이 서로서로 또는 동일 속(屬)의 다른 종들과 몇 가지 면에서 거의 다르지 않은 경우가 있지만 어떤 부위에서만큼은 서로서로 또는 자연에서 아주 비슷한 종들과 비교해도 크게 다른 경우가 있다는 것을 말하고 싶다.

이러한 몇 가지 예외와 변종들이 완벽한 번식력을—이제부터 논의할 것이다—갖고 있다는 사실을 고려해볼 때, 한 종 내의 가축이나 작물 품종은 자연 상태에서 한 속 내의 비슷한 종들이 서로 다른 것과 같은 방식으로—대부분 그 정도가 약하기는 하지만—서로서로 다르다. 가축이나 작물 가운데 유능한 학자들에 의해 변종으로 분류되지 않거나 별개 종의 후손으로 분류되지 않는 경우가 거의 없다는 것을 보면 우리는 이 사실을 인정해야 할 것 같다. 만약 가축이나 작물의 품종과 종 사이에 뚜렷한 구별이 존재했다면 이러한 의구심이 계속해서 생기지는 않았을 것이다.

속을 구별 짓는 특징을 기준으로 볼 때, 사람들은 가축이나 작물 품종을 서로 다르다고 볼 수 없다고 말한다. 이 말이 옳지 않다는 것을 보일 수는 있을 것 같다. 그러나 어떤 특징을 속의 특징으로 보는지에 대한 박물학자들의 견해는 서로 크게 다르다. 현재 이루어지는 평가는 모두 경험적인 것이다. 이제부터 언급하겠지만, 속의 기원에 대한 관점에서 볼 때도 가축이나 작물에서 속의 차이를 찾을 수 있을 것 같지는 않다.

한 종에 속하는 가축이나 작물 품종들 사이에서 구조적인 차이가 얼마나 되는지를 추정하고자 할 때, 우리는 그들이 한 종에서 유래되었는지 여러 종에서 유래되었는지 모르기 때문에 곤란에 빠진다. 해결될 수만 있다면 이것은 흥미로울 것이다. 예를 들어 그레이하운드, 블러드하운드, 테리어, 스패니얼, 불독이 모두 단일 종의 후손이라는 사실을 보일 수 있다면 지구상의 서로 다른 장소에 서식하며 유연관계가 깊은 자연 상태의 많은 종들의—예를 들면 많은 여우 종류와 같은—불변성을 우리는 크게 의심할 수밖에 없을 것이다. 곧 살펴보겠지만, 나는 우리가 키우는 모든 개 종류가 단 하나의 야생종에서 유래되었다고는 생각하지 않는다. 그러나 일부 가축이나 작물의 품종에서는 이러한 견해를 뒷받침해줄 만한 잠정적인 증거들이 존재하며 아주 강력한 증거도 존재한다.

우리는 종종 인간이 동식물을 길들이고 순화하기 위해 변이성이 강하고 다양한 기후에 잘 견디는 동식물을 선택했다고 가정한다. 이러한 능력이 대부분의 가축이나 작물의 가치를 크게 높였다는 것을 논의하는 것이 아니다. 그러나 과거의 미개인들이 최초로 동물을 길들이면서 다음 세대에 동물이 변화할 수 있으며 다른 기후를 견뎌낼 수 있을지 알았겠는가? 당나귀나 뿔닭의 변이성이 미미하고, 순록이 따뜻한 기후에 적응하는 힘이 적고, 또한 일반 낙타가 추운 기후에 적응하기 힘들기 때문에 가축화가 이루어지지 않은 것인가? 만약 가축이나 작물만큼이나 많고, 여러 지역에 살고 있으며 여러 집단에 포함되어 있는 여느 동식물들이 자연 상태에서 선택되어 가축이나 작물로 동일한 세대만큼 길러진다면, 평균적으로 그들도 현존하는 가축이나 작물의 부모종만큼이나 크게 변할 것이라는 사실을 나는 의심하지 않는다.

옛날에 길들여진 대부분의 동식물들의 경우에는 그들이 하나의 종에서 유래되었는지 여러 종에서 유래되었는지를 판단할 어떠한 결론도 가능하지 않다고 생각한다. 가축과 작물의 다중성 기원을 믿는 이들이 주장하는 논거는 이집트 유적과 같은 대부분의 옛날 기록에서 다양한 품종을 발견할 수 있다는 것이다. 또한 이들은 이들 품종의 일부가 현존하는 품종들과 아주 비슷하거나 동일할 수도 있다고 주장한다.

이와 같은 논의가 생각보다 엄격하고도 보편적으로 진실인 것으로 밝혀지더라도, 품종의 일부가 그곳에서 4천~5천 년 전에 기원했다는 사실 외에 보여주는 것은 과연 무엇인가? 그러나 호너〔스코틀랜드의 지질학자〕의 연구에 의해 인류는 1만 3천~1만 4천 년 전 나일 강의 계곡에서 도기를 만들 만큼 충분한 문명화가 어느 정도 가능하다는 것이 알려졌다. 티에라델푸에고 제도나 오스트레일리아의 원주민 같은 미개인도 어느 정도 길들여진 개를 키우는데, 이집트의 과거 문명보다 훨씬 더 이전에 이러한 미개인이 살지 않았다고 누가 단언할 수 있겠는가?

내 생각에 모든 주제는 모호할 수밖에 없다. 그럼에도 나는 여기에서 세부적인 내용의 언급 없이 그냥 지리학과 그 밖의 여러 사항을 고려해서 우리가 키우는 여러 개 종류가 여러 야생종에서 유래되었다고 생각하고 싶다. 양과 염소에 대해서는 별로 내세울 만한 의견이 없다.

혹이 달린 인도 소의 습성·목소리·체질과 관련해 블라이드〔영국의 동물학자로 인도 콜카타에 있는 박물관의 관장으로 근무〕가 보내준 자료를 근거로 판단하건대, 이들은 우리 유럽 소와는 다른 혈통에서 유래된 것 같다. 많은 유능한 학자들이 유럽 소가 여러 혈통에서 유래되었다고 믿고 있다. 말의 경우는 여기에 이유를 제시할 수는 없지만 모두 하나의 혈통에서 유래된 것으로 막연하게나마 생각하는데, 이것은 다른 학자들과는 반대되는 견해이다. 나는 다른 누구보다도 블라이드의 견해를 소중하게 생각하는데, 방대하고 다양한 지식을 바탕으로 그는 가금류의 모든 종류가 인도의 평범한 야생 닭에서 유래되었다고 생각하고 있다. 오리와 토끼의 경우는 종류별로 그 구조가 서로 매우 다른데, 그들 모두가 보통의 야생 오리와 야생 토끼에서 유래된 것이 확실해 보인다.

일부 학자들은 여러 가축의 기원이 몇몇 원시 혈통에 있다는 학설을 터무니없는 극단으로 끌고 가고 있다. 그들은 새끼를 낳아 기르는 모든 품종의 경우 독특한 특징이 아주 적더라도 모두 나름대로 야생의 원형이 있다고 믿는다. 이렇게 생각한다면 야생 소나 야생 양은 적어도 각각 20종이 존재해야만 하고, 염소의 경우는 유럽만 생각해도 여러 종이 있어야 하며, 대영제국만 생각해도 몇몇 종은 있어야 한다. 학자 한 분은 특이하게도 과거 대영제국에 11종의 양이 존재했다고 믿고 있다.

영국에만 존재하는 포유류는 한 종도 되지 않으며, 프랑스와 독일에는 각 나라에만 있는 포유류가 아주 적다. 헝가리·에스파냐 등도 사정은 비슷하다. 그러나 각 나라에 소나 양과 같은 가축의 몇 가지 품종이 존재한다는 사실을 생각해보면서 우리는 가축의 많은 품종이 유럽에서 유래되었다는 사실을 인정해야만 할 것이다. 그렇지만 이들 나라에 조상들과 뚜렷하게 구별되는 특이한 종이 많지 않은 것으로 미루어볼 때 그들은 도대체 어디에서 유래되었단 말인가? 인도의 경우도 마찬가지이다.

전 세계에서 키우는 개의 경우에도 내 생각에는 여러 야생종에서 유래되었으며 유전성 변이가 엄청나게 많다는 사실은 의심의 여지가 없다. 이탈리아 그레이하운드, 블러드하운드, 불독이나 블레넘 스패니얼 등과 매우 닮은—즉 야생의 갯과 동물들과는 전혀 다른—동물들이 자연 상태에서 생존했다고 믿을 수 있는가?

개의 모든 품종은 몇몇 야생종의 상호교잡에 의해 태어나게 되었다고 말하는 경우도 있다. 그러나 교잡에 의해 우리가 얻을 수 있는 것은 부모 양쪽을 어느 정도 닮은 중간 모습일 뿐이다. 만약 우리가 개의 몇몇 품종을 이 과정에 따라 설명한다면, 야생 상태의 이탈리아 그레이하운드, 블러드하운드, 불독 등처럼 부모가 아주 극단적인 모습을 갖추었다고 가정해야만 한다. 더구나 교잡에 의해 별개의 품종을 만들 수 있다는 가능성은 너무 과장된 측면이 있다. 원하는 형질을 띠고 있는 잡종견들을 조심스럽게 선택한다면 간혹 교잡에 의해 품종을 변화시킬 수 있다는 것은 의심의 여지가 없다. 그러나 나는 서로 아주 다른 품종이나 종 사이에서 거의 중간형질을 띠는 품종이 얻어질 수 있다고는 거의 믿지 않는다.

세브라이트 경〔비둘기 육종 전문가〕은 이 문제를 밝히고자 실험에 매진했지만 실패했다. 순수한 두 혈통 간의 첫 교잡에 의한 후손은 꽤 건강하고 때로는 (내가 비둘기를 대상으로 실시한 실험에서 밝혀졌듯이) 균일한 모습을 나타내 모든 것이 아주 단순해 보인다. 그러나 이들을 몇 대에 걸쳐 교잡하면 서로 비슷한 개체는 거의 발견하기 어려워서, 우리가 밝혀야 할 상황은 아주 복잡해지고 거의 희망이 없어 보인다. 분명한 것은 철저하게 주의를 기울이고 오랜 기간에 걸친 선택이 없이는 서로 크게 다른 혈통의 중간 모습을 보이는 혈통은 얻어질 수 없다는 것이다. 나는 이러한 과정을 거쳐 얻어졌다는 불변의 품종에 관한 기록을 단 한 건도 발견한 적이 없다.

길들여진 비둘기의 혈통에 관해 특별한 집단을 연구하는 것이 항상 최선이라는 믿음에서 나는 숙고 끝에 길들여진 비둘기를 대상으로 연구했다. 나는 구입하거나 얻을 수 있는 혈통은 무엇이나 구했다. 그리고 고맙게도 전 세계에서 수집된 박제들을 얻게 되었다. 특히 인도에서 표본을 보내준 존경하는 엘리엇〔스코틀랜드의 박물학자〕과 페르시아〔지금의 이란〕에서 표본을 보내준 존경하는 머리〔영국의 작가이자 외교관〕의 도움이 절대적이었다. 비둘기에 관해서는 많은 논문이 여러 언어로 발간되었는데 이들 중 일부는 아주 오래된 것으로서 그 가치가 매우 크다. 나는 몇몇 저명한 애호가들과 교류했으며 두 군데의 런던 비둘기 클럽에 가입한 적도 있다.

비둘기 혈통의 다양성은 실로 놀랄 만하다. 영국의 전서구와 짧은 얼굴 공중제비 비둘기를 비교해보면 그들의 부리가 크게 다르며, 그 때문에 두개골의 모양도 많은 차이를 보인다는 것을 알게 된다. 전서구 수컷은 머리 부분에 노출된 피부인 육수(肉垂)가 놀라우리만치 잘 발달해 있다. 그리고 길게 늘어난 눈꺼풀, 매우 큰 콧구멍 그리고 입을 크게 벌릴 수 있는 것도 특징이다. 짧은 얼굴 공중제비 비둘기는 부리의 윤곽이 방울새와 거의 닮았으며 일반 공중제비 비둘기는 높은 공중에서 무리 지어 기묘하게 재주를 넘는 모습이 대를 이어 유전된다. 집비둘기는 덩치가 크고 부리는 길고 거대하며 발은 크게 발달해 있다. 집비둘기의 일부 혈통은 목이 아주 길고, 다른 종류는 날개와 꼬리가 매우 길며, 또 다른 종류는 꼬리가 아주 짧다. 수염 비둘기는 전서구와 비슷하지만, 긴 부리 대신 매우 짧고 넓은 부리를 갖고 있다. 파우터 집비둘기의 몸 · 다리 · 날개는 길게 늘어나 있으며, 모이주머니가 잘 발달해 있어서 이것을 팽창하면 그 모습이 놀랍기도 하고 우습기도 하다. 터빗 비둘기의 부리는 매우 짧고 원추형인데 가슴 아래쪽에는 반대 방향으로 돋아난 깃털이 있으며, 식도 윗부분을 계속해서 조금 팽창시키는 습성이 있다. 자코뱅 집비둘기는 목의 뒤쪽 깃털이 반대 방향으로 크게 뻗어 있어 후드 모양을 형성하며 크기에 비례해서 날개와 꼬리의 깃이 크게 신장되어 있다. 나팔수 집비둘기와 웃음 집비둘기는 이름에서 알 수 있듯이 다른 혈통들과는 매우 다른 꾸꾸 소리를 낸다. 거의 대부분의 비둘기 종류는 꼬리깃이 12~14개 정도이지만, 공작비둘기의 꼬리깃은 30~40개 정도로 많고 펼쳐진 상태로 세워져 있어서 좋은 공작비둘기의 경우 머리와 꼬리가 서로 맞닿아 있다. 기름샘은 전혀 발달되어 있지 않다. 특징이 뚜렷하지 않은 일부 혈통은 이곳에 언급하지 않았다.

몇몇 품종의 골격을 보면 얼굴뼈의 발육은 길이, 폭 그리고 굴곡에서 아주 큰 차이를 보인다. 하악지〔아래턱 양쪽에 있는 사각형 모양의 부위〕는 폭과 길이뿐만 아니라 그 형태도 아주 다양하다. 미추골과 천추골의 수는 다양하며, 갈비뼈의 수도 상대적인 폭이나 돌기의 유무와 함께 다양하다. 가슴뼈에 형성되어 있는 구멍의 크기와 형태도 매우 다양하다. 창사골〔새의 가슴뼈 앞쪽에 있는 Y자 형 또는 V자 형의 뼈〕 두 가지의 갈라진 정도나 상대적인 크기도 마찬가지이다. 크게 벌린 입의 상대적인 폭, 눈꺼풀 · 콧구멍 · 혀(부리의 길이와 항상 엄격한 상관관계가 있는 것은 아니다)의 비례적인 길이, 모이주머니의 크기와 식도 윗부분의 크기, 기름샘의 발달과 발육부전, 1차 날개와 꼬리깃의 수, 날개와 꼬리에 대한 개체 간의 상대적인 길이와 체구에 비례한 상대적인 길이, 다리와 발의 상대적인 길이, 발가락에 존재하는 각질 인편의 수, 발가락 사이에 형성된 피부의 발육 상태 등이 모두 차이를 보일 수 있는 구조들이다. 갓 부화한 새끼를 감싸고 있는 솜털의 상태도 다르고 완벽한 깃털을 갖추는 시기도 모두 다르다. 알의 모양과 크기도 다르다. 일부 종류에서는 목소리와 성질이 다른 것처럼 비행 방식도 크게 다르다. 마지막으로 어떤 품종은 암수가 약간의 차이를 보이기도 한다.

적어도 20종류의 비둘기가 선택되었는데, 이들을 조류학자에게 보여주며 모두 야생 조류라고 얘기해주었다면 조류학자는 이들을 모두 개별적인 종으로 분류했을 것이라고 나는 생각한다. 더구나 나는 어떤 조류학자도 영국 전서구, 짧은 얼굴 공중제비 비둘기, 집비둘기, 수염 비둘기, 파우터 집비둘기, 공작비둘기를 동일한 속에 넣을 것이라고는 생각하지 않는다. 특히 만약 위에 열거한 품종에 속하는 아품종들을 조류학자에게 보여주어도 그는 그들을 각각 종이라고 불렀을 것이다.

비둘기 품종 간에 큰 차이가 있기는 하지만 나는 박물학자들의 보편적인 견해가 옳다고 생각한다. 즉 이들 모두가 양비둘기에서 유래되었다고 나는 확신한다. 사소한 차이를 보이는 몇몇 지리적 품종, 즉 아종들도 모두 양비둘기에서 유래된 것 같다. 이러한 믿음에 대한 일부 근거는 다른 사례에도 확장해 적용할 수 있으므로 여기서 간단하게나마 언급하도록 하겠다.

만약 몇몇 품종이 변종이 아니고 양비둘기에서 유래된 것도 아니라면 그들은 적어도 7~8종류의 원시 혈통에서 유래되었음이 틀림없다. 왜냐하면 현생 사육 품종들은 단순 교잡으로써 만드는 것이 불가능하기 때문이다. 예를 들어 만약 어느 한쪽이 거대한 모이주머니를 갖고 있지 않다면 교배를 통해 어떻게 파우터 집비둘기를 만들 수 있단 말인가? 가상의 원시 혈통들은 모두 양비둘기 종류여야 한다. 즉 어떠한 개량이 가해지거나 스스로 나무횃대에 앉아서도 안 된다.

그러나 양비둘기와 그의 지리적 아종 외에 단지 두세 종의 양비둘기 종류가 알려졌는데, 이들에게서는 집비둘기 종류들이 보이는 특징이 전혀 나타나지 않는다. 따라서 가상의 원시 혈통은 그들이 원래 사육되었던 지역에 아직 서식하고 있거나 야생 상태에서 모두 절멸되었어야만 한다. 그들의 크기, 습성 그리고 현저한 특징으로 보아 그들이 아직 존재하면서 조류학자들에게 발견되지 않았을 가능성은 희박해 보인다. 그러나 절벽에 둥지를 틀며 비행능력이 우수한 조류가 절멸될 것 같지는 않다. 그리고 가축화한 비둘기와 습성이 같은 일반 양비둘기도 영국의 아주 작은 섬이나 지중해 연안에서조차 사라지지 않았다.

따라서 양비둘기와 습성이 비슷한 많은 종이 절멸된다고 가정하는 것은 너무 경솔한 것 같다. 더구나 위에서 언급한 여러 가축 품종은 세계 여러 곳으로 이동되었고, 그 후 다시 원래 고향으로 되돌아온 종류도 있었음에 틀림없다. 양비둘기와 아주 흡사한 도시 속의 비둘기가 몇몇 지역에서 야생의 상태로 되돌아간 예는 있지만 그 외에는 야생으로 되돌아간 사례가 보고된 적이 없다. 다시 언급하건대, 최근의 경험에 비추어 보면, 야생의 동물을 사육하면서 그들이 자유롭게 새끼를 낳아 기르게 하는 것은 아주 어렵다. 그러나 비둘기들의 근원이 다양하다는 가설에 입각해서 생각해보면 적어도 7~8종이 반쯤 문명화한 옛날 사람들에 의해 완벽하게 가축화되어, 가두어 키워도 완벽하게 번식능력을 갖추게 되었다고 생각할 수 있다.

내게는 아주 중요하게 생각하는 논의가 있다. 이것은 다른 사례에도 적용할 수 있는 것인데, 위에서 언급한 품종들은 체질, 습성, 목소리, 색깔 그리고 대부분의 구조가 거의 일치하기는 하지만 서로 크게 다른 일부 구조도 존재한다는 사실이다. 영국 전서구나 짧은 얼굴 공중제비 비둘기, 또는 수염 비둘기의 부리와 닮은 부리는 비둘깃과 전체를 뒤져도 다른 종류에서는 없을 것이다. 마찬가지로 자코뱅 집비둘기의 반대 방향으로 놓인 깃, 파우터 집비둘기의 모이주머니, 공작비둘기의 꼬리깃도 다른 종류에서는 찾기 힘들 것이다.

따라서 반쯤 문명화한 옛날 사람들이 몇몇 종을 완전히 가축화하는 데 성공했다는 사실뿐 아니라 그들이 의도적이든 우연이든 아주 특이한 종들을 선택했다고 가정해야만 할 것이다. 뿐만 아니라 바로 그들 종은 그 뒤에 모두 절멸해서 전혀 알려져 있지 않다고 가정해야만 할 것이다. 그러나 내게는 이와 같은 수많은 기묘한 우연이 발생한다는 것이 아주 불가능해 보인다.

비둘기의 색깔과 관련한 몇 가지 사례는 충분히 고려해볼 만하다. 양비둘기의 깃은 청회색을 띠며 둔부는 하얀색이다(스트릭랜드에 서식하는 인도의 양비둘기 아종은 푸른색을 띤다). 꼬리 끝은 짙은 막대기 모양이며 바깥쪽 깃의 뿌리 테두리는 하얀색이 감돈다. 날개에는 두 개의 검은색 막대기가 있으며, 반쯤 가축화한 일부 품종과 야생종에서는 날개에 두 개의 검은색 막대기 외에 검은색 체크무늬가 나타난다. 비둘깃과의 다른 종에서 이들 특징이 모두 함께 나타나는 경우는 없다.

하나하나의 가축화한 품종에서 잘 개량된 비둘기들을 철저하게 조사해보면 위에 언급된 모든 표지들이, 심지어 바깥 꼬리깃의 하얀색 테두리까지 완벽하게 일치하는 경우들이 있다. 더구나 푸른색을 띠지도 않고 위에 언급한 표지도 없는 별개의 품종에 속하는 두 새를 교배했을 때, 그 잡종의 자손들은 위의 특징들을 갑자기 획득하려는 경향이 강하다. 예를 들어 내가 순백색의 공작비둘기와 온몸이 검은 수염 비둘기를 교배했을 때, 갈색과 검은색 반점이 있는 자손들이 얻어졌다. 나는 이들을 다시 교배해서 2대 잡종을 얻었다. 이렇게 얻어진 순백색의 공작비둘기와 검은색의 수염 비둘기 손자 가운데 한 마리가 아름다운 푸른색을 띠며 흰색 둔부에 날개에는 두 줄의 검은색 가로무늬인 횡반이 나타나고 꼬리깃에는 줄무늬와 흰색 테두리가 나타났는데, 이 모든 것이 야생의 양비둘기가 보이는 특징이었다.

만약 길들여진 모든 가축 비둘기 품종이 양비둘기에서 유래된 것이 사실이라면, 조상의 형질로 돌아가는 형질복귀의 원리를 이용해 이 사실을 잘 이해할 수 있다. 그러나 만약 우리가 이것을 부정한다면 우리는 다음과 같은 있을 법하지 않은 두 가지 가정 가운데 하나를 해야만 한다. 첫째, 현존하는 어떠한 품종도 양비둘기와 같은 색깔과 무늬를 띠는 경우는 없지만 상상 속의 원시 품종들이 모두 양비둘기와 같은 색깔과 무늬를 띠고 있어, 각각의 품종에서 동일한 색깔과 무늬로 복귀했을 수 있다는 가정이다. 둘째, 각각의 품종들이 열두 세대 내로, 기껏해야 스무 세대 내에서 양비둘기와 교잡했다는 가정이다. 열두 세대나 스무 세대 내라고 말한 이유는 자손이 조상의 형질로 복귀하는 특징이 많은 세대를 거듭하면서 사라진다는 믿음을 지지해줄 만한 어떠한 사실도 없다는 것을 잘 알고 있기 때문이다.

다른 품종과 단 한 번 교잡했던 품종에서, 세대를 거듭하면서 외래의 특징은 점점 줄어들 것이기 때문에 교잡으로 인해 야기된 어떠한 형질로 복귀하려는 경향도 마찬가지로 점점 감소하는 것이 당연할 것이다. 그러나 별개의 품종과 교잡이 없었고 부모 모두 이전 세대에서 사라진 형질로 복귀하려는 경향이 있다면, 이러한 경향은 세대가 아무리 지나도 전혀 사라지지 않고 후손에게 전달된다는 것을 알 수 있다. 이 두 가지 사례는 유전에 관한 논문에서 종종 구별 없이 혼용되고 있다.

마지막으로 가축화한 모든 비둘기 품종 간의 상호교배로 태어난 잡종들은 완벽하게 번식능력을 유지한다. 이것에 관해서는 크게 다른 두 품종을 대상으로 의도적으로 내가 직접 관찰한 사례를 제시할 수도 있다. 서로 완전히 다른 생물 간의 자손이 완벽하게 번식능력을 유지하는 사례를 제시하기란, 어렵거나 아예 불가능하다. 일부는 불임성에 대한 강한 경향이 오랫동안 지속된 가축화 과정에서 제거되었다고 믿고 있다. 개의 역사를 통해 볼 때 아주 유사한 품종에 적용해본다면 이 가설이 어느 정도 확률이 있다고 생각하지만 실험으로써 지지된 것은 아니다. 그러나 이 가설을 확장해 전서구, 공중제비 비둘기, 파우터 집비둘기, 공작비둘기처럼 원래부터 서로 다른 별개의 종들이 완벽하게 번식력이 있는 자손을 낳는다고 생각하는 것은 너무 극단으로 치닫는 것 같다.

이러한 몇 가지 이유, 즉 과거에 인간이 7~8종의 비둘기를 사육하면서 자유롭게 교배하는 것이 불가능했고, 이들 상상의 종은 야생에서는 전혀 알려진 바 없고, 어디에서도 야생으로 돌아간 바도 없고, 양비둘기와는 많은 면에서 비슷하면서도 다른 비둘깃과와 비교하면 몇 가지 면에서 구조가 매우 비정상적이고, 순수혈통으로 유지하거나 다른 품종과 교잡을 했을 때 푸른색과 여러 가지 표지가 항상 나타나고, 교잡으로 인한 잡종들은 완벽하게 가임성을 유지하는 것으로 보아, 나는 우리가 가축화한 모든 비둘기 품종들은 양비둘기가 지리적 아종으로 갈라지면서 유래되었다는 사실을 전혀 의심하지 않는다.

이러한 견해에 보태어 나는 양비둘기가 유럽과 인도에서 가축화했다는 사례를 첫째로 말하고 싶다. 그렇게 가축화한 새로운 품종은 습성이나 대부분의 구조에서 현재의 모든 가축 품종과 비슷했다. 둘째로, 비록 영국의 전서구나 짧은 얼굴 공중제비 비둘기를 양비둘기와 비교하면 많은 면에서 서로 다르지만, 이들 품종 내에서, 특히 서로 다른 나라에서 온 아품종들을 서로 비교해보면 우리는 양극단의 구조를 연결하는 거의 완벽한 계열을 찾아낼 수 있다. 셋째로, 각각의 품종을 구별하는 형질들, 예를 들어 전서구의 늘어진 살갗이나 부리의 길이, 공중제비 비둘기의 짧은 부리, 공작비둘기 꼬리깃의 수는 각각의 품종에서 변이가 심하게 나타나는데, 이것들에 관한 설명은 우리가 선택에 대해서 논의할 때 더욱 분명해질 것이다. 넷째로, 비둘기는 많은 사람들이 관찰하고, 지극한 정성으로 돌보고 사랑했다는 사실을 고려해야 한다.

비둘기는 세계 곳곳에서 몇천 년에 걸쳐 가축화되었다. 렙시우스 교수〔프로이센의 이집트 학자〕가 내게 알려준 바에 따르면 비둘기에 관한 최초의 기록은 이집트 제5왕조 시기인 기원전 약 3000년경에 나타난다. 그러나 버치〔영국의 고고학자〕가 알려준 바에 따르면 이전 왕조에서 비둘기의 이름이 음식 메뉴로 거론되었다고 한다. 플리니우스〔로마 시대의 원로이자 박물학자〕의 말에 따르면 로마 시대에 비둘기의 값은 꽤 비쌌다. "아! 이제 비둘기 값에는 그들의 가계도와 품종에 대한 가치를 모두 더해야만 하는구나."

1600년경 인도의 아크베르 칸은 비둘기의 가치를 높이 평가해, 궁전에서 키우는 비둘기가 2만 마리 이하로 떨어진 적이 없었다. 그 궁전 역사가는 다음과 같이 말했다. "이란과 투란의 왕이 그에게 매우 귀한 새들을 보냈다. 대왕께서는 일찍이 시행된 바 없는 새로운 방법을 이용해 그 새들을 크게 개량했도다." 대략 같은 시기에 네덜란드 사람들은 옛 로마인들처럼 비둘기에 열광하고 있었다.

비둘기와 관련한 이러한 이야기의 중요성은 우리가 선택에 대해서 논의할 때 명백해질 것이다. 그때 우리는 품종들이 종종 기형적인 특징들을 띤다는 점을 알게 될 것이다. 비둘기 암컷과 수컷이 언제나 쉽게 짝짓기를 할 수 있는 상황은 새로운 비둘기 품종이 만들어지기 위한 최적의 조건이 될 것이다. 그렇게 된다면 서로 다른 품종들이 한 새장 안에서 함께 살아갈 수 있을 것이다.

크게 부족하기는 하지만 나는 사육 비둘기들의 기원에 대한 몇 가지 가능성을 어느 정도 논의했다. 내가 교배의 역사를 아는 몇몇 품종의 비둘기를 처음으로 기르며 관찰하기 시작했을 때, 그들이 모두 한 조상에서 유래되었을 것이라고 생각하기는 어려웠다. 이것은 자연에서 많은 종의 방울새를 관찰하거나 다른 조류 집단을 관찰한 어떠한 박물학자라도 마찬가지였을 것이다.

나에게 충격을 준 상황이 있었다. 즉 가축과 작물을 키우는 사람들 중 나와 대화를 나눈 사람들이나 내가 읽은 논문들은 모두 한결같은 신념이 있었는데, 그들이 다루었던 여러 품종이 모두 수많은 별개의 종에서 유래되었다는 것이다. 헤리퍼드 소를 사육하는 사람에게 그들의 소가 롱혼에서 유래되지 않았을지도 모른다고 물어본 적이 있다. 만약 여러분이 그들에게 똑같은 질문을 한다면 여러분은 비웃음만 듣게 될 것이다. 나는 비둘기나 가금류, 또는 오리나 토끼 사육가 가운데 각각의 대표적인 품종들이 별개의 종에서 유래되었다고 확신하지 않는 사람을 만난 적이 없다. 반 몬스〔벨기에의 화학자이자 식물학자〕는 배와 사과에 관한 그의 논문에서 립스톤 피핀 사과나 코들린 사과와 같은 몇몇 종류가 한 나무의 씨앗에서 만들어졌다는 사실을 도저히 믿을 수 없었다고 밝히고 있다. 다른 수많은 사례를 제시할 수 있다.

내 생각에 설명은 간단하다. 오랜 연구에서 그들은 여러 품종이 보이는 차이에 강한 인상을 받았다. 그리고 각각의 품종이 아주 약간의 차이만 있다는 사실을 알면서도, 그들은 그와 같은 미세한 차이를 선택함으로써 성공적으로 오늘에 이른 것이다. 그러나 그들은 일반적인 논의는 다 무시하고, 연속적인 많은 세대를 통해 미세한 차이가 축적되어 더해진다는 것을 받아들이지 않는다. 유전의 법칙에 관한 지식이 이 육종가보다 부족하고 유래의 긴 계열의 중간 연결에 대해서도 그 육종가 정도의 지식만 있는 박물학자들이 우리의 많은 가축 품종이 동일한 부모에게서 유래되었다는 사실을 인정할 것 같지는 않다. 자연 상태에서 한 종은 다른 종의 직계후손이라는 개념을 비웃는 그들을 보고 있노라면 그들은 신중함에 대한 교훈을 배우지 못한 듯하다.

선택 이제 가축 품종들이 하나의 종이나 여러 유사 종에서 어떠한 단계를 거쳐 만들어졌는지 간단하게 살펴보도록 하자. 어쩌면 일부 미세한 효과는 삶의 외부조건에 의한 직접적인 작용 때문일 수도 있다. 습성에 따른 효과도 있을 것이다. 그러나 짐마차를 끄는 말과 경주마, 그레이하운드와 블러드하운드 그리고 전서구와 공중제비 비둘기의 차이가 모두 이러한 외부조건이나 습성에 의한 것이라고 설명하려는 사람은 무모하다고 해야 할 것이다.

길들여진 품종들이 보이는 놀랄 만한 특징 가운데 하나는, 가축이나 작물이 자신에게 유리한 것이 아닌 인간의 소용이나 취향에 따라 형성되었다는 점이다. 인간에게 유용한 일부 변이는 아마도 갑자기 출현했을 것이다. 즉 단 한 번에 나타났을 것이다. 예를 들어 많은 식물학자들은 어떠한 기계장치보다 훌륭한 갈고리가 있는 산토끼꽃은 야생 산토끼꽃 속의 한 변종에 불과하다고 생각하고 있다. 그리고 이러한 차이는 묘목 시기에 갑자기 나타났을 것이다. 턴스피트종의 개[몸통이 길고 다리가 짧다]의 경우도 이러할 것이다. 앵콘 양[털이 잘 발달된 양의 한 종류]의 경우도 이와 같다는 것은 잘 알려져 있는 사실이다.

그러나 짐마차 말과 경주마, 단봉낙타와 쌍봉낙타 그리고 각각 다른 목적에 적합한 양모를 갖는 가축 양들과 산악지방의 양들을 비교해보자. 매우 다른 방식으로 인간에게 도움을 주는 수많은 개의 품종을 비교해보자. 싸움에서 지독하게 사나운 싸움닭과 다툼이라고는 거의 없는 품종들, 절대로 알을 품지는 않으면서 꾸준히 알을 낳는 품종, 또 아주 작고 우아한 벤담닭을 서로 비교해보자. 경작지의 작물, 요리용 식물, 과수원의 과일 그리고 화원의 꽃들은 갖가지 목적으로 갖가지 계절에 인간에게 최상의 유익함을 주거나 인간의 눈에 아름다움을 제공하는데, 이들을 서로 비교해보자. 이러한 비교를 토대로 나는 우리가 변이성을 넘어 무엇인가를 봐야 한다고 생각한다.

모든 품종이 지금 우리가 보는 것처럼 완벽하고 유용하게 갑자기 만들어졌다고 생각할 수는 없다. 실제로 일부 사례에서 우리는 이러한 사실을 벌써 알고 있다. 열쇠는 인간이 선택을 축적하는 능력에 있다. 자연은 연속적인 변이를 주고, 사람이 그것들을 특정한 방향으로 모아 인간에게 유용하게 만드는 것이다. 이러한 의미에서 본다면 인간이 인간에게 유용한 품종을 만들고 있다고 말할 수도 있을 것 같다.

이 위대한 선택의 힘은 가설이 아니다. 우리의 탁월한 육종가 중 일부는 단지 자기 생애 정도의 짧은 시기에 소와 양의 일부 품종을 크게 변형시켰음이 확실하다. 그들이 행한 것을 충분히 이해하기 위해서는, 이 주제를 다루는 많은 논문들 중 몇몇 편을 읽고 해당 동물들을 관찰해야 할 것 같다. 육종가들은 동물의 체제가 정말 가변적이어서 그들이 원하는 거의 모든 형상을 만들 수 있다는 말을 자주 한다. 공간만 허락된다면 근거가 충분한 사례들을 보탤 수도 있다.

농업 분야에서 누구보다 잘 알려진 유아트〔영국의 수의사〕는 동물 연구에 관해서는 거의 절대적인 존재이다. 그는 선택의 원리가 "농부에게 자기 가축의 특징을 변형시키게 할 수 있을 뿐만 아니라 완전히 바꿀 수 있게 해 준다"고 말했다. 그것은 마법사의 지팡이처럼 자기가 원하는 형태로 생물을 호출하는 것과 같다. 서머빌 경〔메리노종에 정통한 양 육종 전문가〕은 육종가들이 양에게 무엇을 행했는지 언급하면서 다음과 같이 말했다. "그들은 벽에 분필로 완벽한 형상을 그려놓고 그것을 만들어내는 것 같다." 가장 능숙한 육종가인 세브라이트 경은 비둘기를 언급하면서 깃털은 3년 안에 어떠한 형태로 만들 수 있지만, 머리나 부리의 원하는 모양을 얻으려면 6년 정도가 걸린다고 말했다.

작센 지방에서는 선택의 원리가 메리노종에게 얼마나 큰 영향을 끼쳤는지 잘 알려져 있어서 사람들이 양을 거래할 때는 그 원리를 따른다. 양을 테이블 위에 놓고 감정가가 그림을 평가하듯이 사람들은 양을 연구한다. 몇 달 간격으로 이 과정을 세 번 시행하는데, 그때마다 양에게 표시가 주어지고 분류되며, 가장 훌륭한 양이 육종을 위해 선택되는 것이다.

혈통이 좋은 동물들의 가격이 엄청나게 높은 것을 보면 영국의 육종가들이 실제로 행한 것이 무엇인지를 알 수 있다. 이들 품종은 이제 세계 곳곳으로 수출되고 있다. 서로 다른 품종들을 그냥 교배한다고 개량이 이루어지는 것은 절대 아니다. 아주 가까운 아품종 간의 교배는 예외가 되는 경우도 있지만, 최상의 육종가들은 이러한 무작위 교배에 강하게 반대한다. 교배가 이루어졌을 때는 정상적인 경우보다 더욱 면밀한 선택이 무엇보다 중요하다.

만약 선택이 서로 다른 변종들을 그저 분리하는 과정으로 이루어지고 그들에게서 후손을 만드는 과정으로만 이루어진다면, 그 원리는 너무 명백해서 거의 주의를 기울일 필요조차 없을 것이다. 그러나 중요한 것은 세대를 거듭하면서 문외한의 눈에는 절대로 차이가 나지 않는 미세한 변이를 한 방향으로 꾸준히 축적하는 것이다. 나도 한번 이러한 미세한 차이를 찾아보려 했지만 성공하지 못했다.

탁월한 육종가가 되기 위한 예리한 눈과 판단력을 갖춘 사람은 천 명에 한 명도 되지 않는다. 만약 이러한 재능을 갖춘 사람이 몇 년 동안 자기 분야를 연구하고 불굴의 인내심으로 자기 전 생애를 바친다면 그는 성공적으로 크나큰 개선을 이룰 것이다. 만약 이 가운데 어느 것도 없다면 성공은 기대할 수 없을 것이다. 유능한 비둘기 사육가가 되려면 선천적인 능력과 수년간에 걸친 훈련이 필요하다는 사실을 믿으려는 사람은 거의 없을 것이다.

원예가에게도 똑같은 원리가 적용된다. 그러나 이 경우 변이는 종종 갑작스럽게 일어나는 경우가 많다. 원예 분야의 여러 엄선된 산물이 토착 혈통에서 단 한 번의 변이로 만들어졌다고 상상하는 사람은 거의 없는 것 같다. 물론 예외적인 기록과 증거도 있다. 그러므로 아주 사소하기는 하지만 일반 구스베리의 크기가 꾸준히 증가된 것을 사례로 들 수 있을 것 같다. 오늘날의 꽃들과 그림에 담겨져 있는 2, 30년 전의 꽃들을 비교해보면 우리는 원예가들이 수많은 꽃들을 놀라우리만치 개량하는 것을 알게 된다. 식물의 품종 하나가 원하는 형질을 띠게 되면 원예가는 최상의 식물을 선택하는 것이 아니라, 그냥 묘상을 살펴보며 적당한 표준에서 벗어나는, 즉 발육이 불량한 씨앗들을 골라낸다. 동물에서도 이런 종류의 선택은 실제로 일어나고 있다. 왜냐하면 어느 누구도 가장 열등한 동물을 이용해서 육종을 하지는 않기 때문이다.

식물에서 선택의 축적 효과를 관찰할 수 있는 또 다른 방법이 있다. 즉 화원에서 한 종에 속하는 여러 변종을 관찰해보자. 텃밭에 있는 변종들의 꽃과 견주어보며 그들의 잎, 꼬투리, 땅속줄기〔감자처럼 땅속의 줄기가 영양분을 저장해서 뚱뚱해진 부위로, 덩이줄기 또는 괴경이라고도 한다〕나 그 밖에 인간들이 이용하는 어떠한 부위라도 서로 비교해보자. 과수원에서 같은 종의 변종들을 대상으로 잎, 꽃 그리고 과일들을 비교해보자. 양배추의 잎은 얼마나 서로 다르며 이들의 꽃은 또 얼마나 서로 비슷한가? 팬지의 꽃은 아주 다양하지만 그들의 잎은 서로 비슷한 것을 관찰해보자. 구스베리 열매의 크기는 색깔, 모양, 돋아난 털의 패턴이 아주 다양하지만 이들의 꽃은 매우 흡사하다는 것을 살펴보자.

한 부분에서 크게 다른 변종이 다른 모든 부분에서는 다르지 않다는 말이 아니다. 아마 이런 경우는 거의, 어쩌면 전혀 없을 것이다. 성장의 상호관계에 관한 법칙은 결코 가볍게 여길 수 없는 중요한 것으로서 일부의 차이를 만드는 데 기여한다. 그러나 나는 일반적으로 잎, 꽃, 또는 과일에서 일어나는 작은 변이를 꾸준히 축적함으로써 주로 이들 특징에서 차이를 보이는 품종들이 만들어진다는 사실을 의심할 수 없다.

사람들은 지난 75년 이상의 세월이 흐르면서 선택의 원리가 그저 방법론에 관한 것으로 격하되었다는 사실을 반대할지도 모르겠다. 최근 들어 선택의 원리가 많은 주목을 받아온 것은 사실이며 이 주제에 관한 논문도 많이 발간되었다. 그 결과는 그만큼 빠르게 진보되고 있으며 중요하다는 말을 보태고 싶다. 그러나 이 원리가 최근에 발견되었다고 생각하는 것은 전혀 옳지 않다. 나는 오래된 문헌 속에서 이 원리의 작용이 얼마나 중요한지 언급한 사례를 얼마든지 더 제시할 수도 있다.

영국이 야만적이고 미개했던 시절에 귀한 동물들은 종종 수입에 의존했으며, 이들의 수출을 막는 법령이 시행되었다. 일정한 크기에 미치지 못하는 말은 모두 제거하라는 명령이 내려졌는데, 이것은 종묘원에서 시원찮은 식물을 골라내는 과정에 비유될 만하다. 고대 중국의 백과사전에 선택의 원리가 실린 것을 분명하게 본 적이 있다. 로마의 몇몇 문필가도 명백한 규칙들을 세웠다. 창세기의 글을 보면 그 당시에도 사람들은 가축들의 색깔에 큰 정성을 기울였다. 미개인들도 그들이 키우는 개의 혈통을 개량하기 위해 야생의 갯과(科) 동물들과 교배한다. 플리니우스의 문헌을 보면 과거에도 이러한 일은 일어나고 있었다. 에스키모 사람들이 개를 고를 때 색깔을 이용하는 것처럼 남아프리카의 원주민들도 수레를 끄는 소를 색깔로 고른다. 리빙스턴〔스코틀랜드의 선교사〕은 유럽인과 전혀 관련성이 없는 아프리카 내륙의 흑인들이 가축들의 좋은 품종에 대해서 그 가치를 얼마나 인정하는지를 잘 설명해주었다.

이들 모두가 진정한 의미의 선택을 보여주는 것은 아니지만, 가축의 교배가 옛날에도 현재의 미개인 사회에서도 매우 정성을 들이는 일이라는 것을 보여준다. 사실 좋고 나쁜 형질의 유전이 너무나 명확한 상태에서 교배에 주의를 기울이지 않는다면 그것이 더 이상할 것 같다.

오늘날 탁월한 육종가들은 이 세상에 존재하는 그 어떤 것보다도 우수한 혈통이나 아품종을 만들기 위해 뚜렷한 목적을 세우고 방법론적 선택의 이론을 이용한다. 그러나 가장 훌륭한 동물들을 갖고 싶어 하고 그들에게서 후손을 얻으려고 노력하는 모든 사람들이 행하는 선택은 무의식적 선택이라고 일컬을 만한데, 우리의 목적상 이러한 선택이 더욱 중요하다. 그러므로 포인터를 갖고자 하는 사람은 당연히도 가능한 한 가장 훌륭한 개를 키우고자 하며 자기가 가진 가장 훌륭한 개로 번식시키겠지만, 품종을 영구히 바꾸겠다는 의지를 품고 있다고 볼 수는 없다.

그럼에도 나는 몇 세기 동안 계속되어온 이 과정이 베이크웰〔영국의 육종가로 소와 양의 품종을 개량했다〕, 콜린스〔다윈을 연구하는 많은 학자들은 다윈이 뿔이 짧은 소의 육종을 연구한 콜링(Charles Colling)을 콜린스(Collins)로 잘못 기재했다고 여긴다〕가 한 것처럼 어떠한 품종이라도 개량하고 변화시키리라는 사실을 믿어 의심치 않는다. 바로 이와 똑같은 방법으로, 다만 조금 더 방법론적으로 크게 개량해 심지어 자기 생애에 그들 소의 형태와 품질을 크게 개선했다. 이와 같이 감지할 수 없을 정도로 느린 변화는 옛날에 해당 품종을 실제로 계측한 자료나 그림이 남아 있다면 비교가 되겠지만 그렇지 않을 경우 그 변화를 알기는 불가능하다.

그렇지만 변화가 거의 없거나 미미한 품종들이 문명화가 덜 이루어진 지역에서 발견되는 경우가 있는데, 이것은 거의 개량이 이루어지지 않은 것이다. 찰스 왕의 스패니얼이 찰스 왕 시절부터 무의식적으로 아주 많이 변형되었다고 믿는 데에는 그럴 만한 이유가 있다. 이 분야의 권위자 몇 분은 세터〔사냥감을 발견하면 그 위치를 알려주도록 훈련받은 개〕가 스패니얼에서 직접 유래되었다고 확신하고 있는데, 아마 스패니얼에서 점진적으로 변형되었을 것이다. 영국의 포인터는 지난 세기에 크게 변형된 것으로 알려져 있다. 변화의 대부분은 아마도 폭스하운드와의 교배를 통해서 일어났을 것이다. 그러나 우리의 관심을 끄는 것은 그러한 변화가 의도하지 않은 상태에서 점진적이고 효과적으로 일어났다는 사실이다. 옛날의 스패니시 포인터는 에스파냐에서 온 것이 확실하지만 보로〔여행가이자 집필가〕는 에스파냐에서 우리의 포인터와 비슷한 개를 본 적이 없다고 했다.

이와 비슷한 선택과정과 정성 들인 훈련에 의해 영국의 모든 경주마들은 날렵함과 크기에서 조상 격인 아랍 혈통을 능가하고 있다. 그래서 아랍 혈통은 굿우드 경마장 규정에 따라 그들에게 부과되는 부담중량〔경주마가 기본적으로 얹고 달려야 하는 중량〕에서 혜택을 받고 있다. 스펜서 경〔영국의 철학자이자 생물학자〕을 비롯한 일부 사람들은 영국 소가 과거 이 나라에서 사육되었던 소와 비교할 때 무게와 조숙함에서 많이 개량되었다는 점을 밝힌 바 있다. 전서구와 공중제비 비둘기에 관해 언급한 옛날 논문들과 현재 영국 · 인도 · 페르시아에 살고 있는 비둘기 혈통을 비교해보면 양비둘기에서 시작해 오늘날에 이르기까지 미미한 변화가 모여서 드디어 큰 차이를 보이는 전 과정을 추적할 수 있을 것이다.

유아트는 선택과정에서 일어나는 효과의 탁월한 실례를 제시하고 있다. 서로 다른 품종의 교잡을 일으킬 기대도 하지 않고 원하지도 않았다고 한다면 그 효과는 깨닫지도 못하는 상태에서 얻어지는 것이다. 버클리〔영국의 식물학자〕와 버지스〔영국의 양 육종가〕가 키우는 두 종류의 레스터 양은 유아트가 언급한 것처럼 베이크웰이 갖고 있던 원래의 품종을 50년 가까이 육종한 결과로 얻어진 것이다. 버클리나 버지스는 어느 한순간도 자신들의 양이 베이크웰이 키우는 혈통에서 벗어난 적이 없다고 생각했지만, 이 두 분이 키우는 양은 이제 너무 달라서 완전히 별개의 품종으로 여겨질 만한 외모를 하게 되었다는 점에는 의심의 여지가 없다.

자신들이 키우는 가축의 유전에 대해서는 전혀 생각해본적도 없는 미개인도, 그들에게 나름의 목적으로 특히 쓸모가 있는 가축이 한 마리 있다면 기근이나 다른 사고로부터 그 개체를 보존하려 할 것이다. 이런 일은 미개인에게 흔하게 일어날 것이고, 그렇게 선택받은 동물은 그러지 못한 동물보다 대개 많은 후손을 남길 것이다. 따라서 이 경우에도 무의식적인 선택이 진행되고 있는 것이다. 우리는 이러한 행위를 티에라델푸에고 제도의 미개인들에게서 관찰할 수 있는데, 이들은 기근이 오면 자기들이 키우는 개보다 부족 내의 나이 든 여자들을 가치가 적다고 여겨 그들을 잡아먹는다.

우리는 식물에서도 최상의 개체를 보존하는 경우가 있다. 이러한 개체는 변종으로 여겨질 만큼 모양이 독특할 수도 있고 그렇지 않을 수도 있다. 두 개 또는 그 이상의 종이나 품종이 교잡에 의해 그러한 개체로 나타나는 경우도 있고 그렇지 않은 경우도 있을 것이다. 그렇지만 그러한 보존에 의해 점진적인 개선이 이루어질 수 있으며, 이러한 개선은 크기나 아름다움이 증가하는 것으로 쉽게 알 수 있다. 팬지, 장미, 양아욱, 달리아 그리고 그 밖에도 많은 식물을 야생종이나 부모종과 견주어보면 크기나 아름다움이 많이 증가했다는 것을 알 수 있다. 최상의 팬지나 달리아가 야생의 씨앗에서 얻어지리라고는 아무도 예상하지 못했을 것이다.

만약 과수원에서 옮겨 심은 보잘것없는 배 묘목 하나를 야생에서 봤다면 그것에서 최상의 배를 얻으리라 기대할 수도 있겠지만, 야생 배의 씨앗 하나를 심었다면 그것에서 최상품의 배가 얻어질 것이라고는 아무도 예상하지 않을 것이다. 배는 비록 오래전부터 재배되었지만 플리니우스의 설명에 따르면 그 품질이 형편없는 과일이었다. 나는 아름다운 원예학의 기술을 통해 보잘것없는 식물들에서 출발해 그렇게 놀랄 만한 결과를 만들어내는 엄청난 결과들을 보아왔다. 그러나 이러한 예술은 의심할 바 없이 단순한 것이며, 최종 결과만 놓고 본다면 우리가 관찰하는 바로 그 식물을 만들겠다는 계획이 원래부터 있었던 것이 아니다.

그 과정은 언제나 가장 잘 알려진 변종들을 재배하고, 씨앗을 뿌리고, 조금이라도 나은 변종이 우연히 나타나면 그것을 선택하는 과정을 반복하는 것이다. 그러나 옛날 정원사들은 그들이 할 수 있는 최선을 다해 최상의 배를 재배했지만, 우리가 먹게 될 놀랄 만한 과일에 대해서는 절대로 생각하지 못했다. 물론 이 최상의 과일이 자연스럽게 선택되고 그들이 찾을 수 있는 최상의 변종을 선택하는 과정에서 그들의 덕을 약간 본 것은 사실이다.

작물들이 보이는 엄청난 양의 변화는 모두 느리고도 알아차리지 못하는 상태에서 점진적으로 축적된 것들이어서 많은 경우 이들의 조상인 야생종들이 화원이나 텃밭에서 아주 오랫동안 재배되어왔다는 사실을 우리는 인식하지 못하는 것 같다. 만약 대부분의 작물들을 현재 인간에게 소용될 만큼의 기준으로 향상시키고 변형시키는 데 수 세기에서 수천 년이 걸린다면, 완전히 비문명적인 사람들이 살고 있는 오스트레일리아나 희망봉〔아프리카 남서쪽 끝을 이루는 암석 곶〕, 또는 그 밖의 지역에는 재배할 만한 가치가 있는 식물이 단 한 종도 없다는 사실을 이해할 수 있다. 이들 나라에는 그렇게 다양한 종이 있는데도 그곳이 원산지인 유용한 식물이 단 한 종도 없다는 사실을 이상하게 생각하지 말자. 고대 문명화한 나라에서 재배되던 식물과 비교해 이들 나라의 식물들은 지속적인 선택을 거쳐 완벽한 기준으로 향상되지 않았다고 보는 것이 타당하다.

문명화하지 않은 사람들이 키우는 가축을 생각할 때, 이 가축들이 적어도 특정한 계절에는 스스로 먹이를 찾아 항상 고군분투해야 한다는 사실을 간과해서는 안 된다. 환경이 서로 완전히 다른 두 나라에서 같은 종이지만 체질이나 구조가 약간 다른 개체들이 한 지역에서 더 성공한다면, 이제부터 더욱 자세하게 설명할 '자연선택'의 과정을 통해 두 개의 아품종이 만들어질 수도 있다. 이것은 일부 작가들이 지적한 대로 미개인이 키우는 변종들이 문명화한 나라에서 키우는 변종보다 종의 고유한 특징을 더 많이 띠고 있다는 사실에 대한 부분적인 설명이 될 수 있을 것 같다.

나는 여기에서 인간에 의한 선택이 어떻게 작용하는지 설명했다. 이제 인간이 키우는 품종들이 인간의 욕구나 기호에 따라 그들의 구조나 습성에서 어떠한 적응이 일어났는지 명백해진 것 같다. 더 나아가 가축에게서 종종 나타나는 비정상적인 특징은 이해할 수 있으리라 생각한다. 마찬가지로 그들의 외부구조가 크게 다르면서도 상대적으로 내부구조는 그 차이가 작은 이유도 이해할 수 있으리라 생각한다.

육안으로 관찰되지 않는 구조의 변화를 선택하기란 아주 어려울 것 같다. 사실 사람들이 가축의 내부구조에 관심을 기울이는 경우란 거의 없다. 자연에 의해서 어느 정도 변이가 나타나기 전까지 사람들이 선택의 힘을 발휘하는 경우는 없다. 비둘기의 꼬리가 약간 특이한 모습을 보이기 전까지 아무도 공작비둘기를 만들 생각을 하지는 않았을 것이다. 모이주머니가 어느 정도 비정상적으로 큰 비둘기를 보기 전까지 파우터 집비둘기를 만들 생각은 아무도 하지 않았을 것이다. 마찬가지로 어떠한 비정상적인 모양이나 특이한 모습도 그것이 처음으로 나타나서 사람들의 관심을 끌기 전까지는 선택의 힘을 받지 못했을 것이다. 그러나 공작비둘기를 만들려고 노력한다는 표현을 사용하는 것은 대부분의 경우 전혀 틀린 것이다.

처음에 꼬리가 약간 큰 비둘기를 선택한 사람은 어느 정도는 무의식적이고 어느 정도는 조직적인 선택의 과정에서 그 비둘기의 후손들이 갖게 될 모습에 대해서는 전혀 꿈도 꾸지 못했을 것이다. 자바 공작비둘기나 이와 비슷한 다른 혈통들은 약간 길어진 17개의 꼬리깃을 갖고 있다. 아마 모든 공작비둘기의 조상은 단지 14개의 약간 긴 꼬리깃을 갖고 있었을 것이다. 현생 터빗 비둘기는 식도의 윗부분을 부풀릴 수 있는데, 이러한 습성은 품종의 특징이 되지 못하기 때문에 사육자들의 관심을 끌지 못하고 있다. 최초의 파우터 비둘기는 그들의 모이주머니를 터빗 비둘기처럼 많이 부풀리지는 못했을 것이다.

엄청난 구조의 변화가 애호가의 눈을 사로잡을 것이라고 생각할 필요는 없다. 애호가는 극히 작은 차이를 인식할 수 있으며, 그 차이가 미미하더라도 새로운 것에 가치를 두는 것이 우리 인간의 본성이다. 과거에 한 개체의 미세한 차이에 부여되었던 가치가 이미 여러 품종이 만들어진 오늘날까지 동일할 필요도 없다. 많은 미세한 차이점이 비둘기들 사이에서 나타날 수도 있으며 실제로도 일어나고 있지만, 각 품종의 완벽한 기준에서 벗어나는 결함이나 변이로 취급되어 무시되고 있을 뿐이다. 일반 거위는 이제까지 특기할 만한 변이가 일어난 적이 없다. 대개 동물의 색깔은 분류에서 중요하게 다루어지는 특징이 아니지만, 단지 색깔에서만 차이를 보이는 툴루즈 거위와 일반 거위가 최근 열린 가금류 쇼에서 서로 다른 별개의 종으로 전시된 적이 있다.

이러한 것을 보면 우리는 가축의 품종에 대한 기원이나 역사를 아직도 거의 모르고 있는 경우가 다반사인 듯하다. 그러나 사실 품종은 언어의 방언처럼 그 기원을 딱 꼬집어 말하기는 어려울 것 같다. 인간은 모양이 약간 다른 개체를 보존하고 번식시킬 수 있으며, 자기가 키우는 동물 중에서 최상의 개체를 선택해 교배함으로써 그들을 향상시킬 수 있으며, 이렇게 향상된 개체들은 가까운 이웃에게로 서서히 퍼져나갈 수 있다.

그러나 아직도 그들이 새로운 이름을 얻기 힘든 것처럼, 또 그 가치가 크지 않은 탓에 그들의 역사는 거의 무시될 것이다. 이들이 마찬가지 방식으로 느리고 점진적인 과정을 거쳐 더욱 향상되었을 때 그들은 더 널리 퍼질 것이며, 그렇게 되면 그들도 독특하고 가치가 있는 것으로 인식될 날이 있을 것이며, 그렇게 되면 그들에게도 지역적이기는 하겠지만 새로운 이름이 생길 것이다.

자유로운 이동이 거의 일어나지 않는 반(半)문명화한 나라에서 새로운 아품종의 확산은 느리게 일어나며, 이들에 관한 지식도 매우 느리게 습득될 것이다. 일단 새로운 아품종의 가치가 충분히 알려지면 무의식적 선택의 원리는—나는 계속 원리라는 표현을 써왔다—품종의 번성과 쇠락에 따라 차이가 날 수도 있고 주민들의 문명화 상태에 따라 지역 간 차이는 있겠지만, 나름대로의 특징이 그 품종 고유의 것으로 서서히 추가될 것이다. 그러나 이렇게 감지하지 못할 만큼 느린 변화가 기록으로 남을 확률은 지극히 낮을 것이다.

이제 나는 인간이 발휘하는 선택의 힘이 잘 작용할 수 있는 유리한 상황과 그렇지 못한 상황에 대해서 몇 마디 덧붙이고자 한다. 변이성이 크다는 것은 선택을 위한 재료를 공짜로 주는 것이니 틀림없이 유리한 상황이다. 그러나 단순한 개체 간의 차이는 아무리 세밀하게 다룬다고 해도 원하는 방향으로 변화를 다량으로 축적시키기에 충분하지 않다. 그렇지만 변이가 인간에게 소용되거나 인간을 즐겁게 하는 것이었다면 그것이 드물게 출현하는 것이더라도 키우는 개체수가 많을 경우 그들의 출현을 늘릴 수 있을 것이다. 따라서 이러한 것이야말로 성공의 중요한 열쇠가 된다. 이 원리에 대해서 마셜〔영국의 농학자〕은 요크셔 지방의 양을 대상으로 "가난한 사람들이 적은 규모로 키우는 양들은 절대로 향상될 수 없다"고 말했다.

반면에 종묘원 주인은 한 종류의 식물을 다량으로 키우는 관계로 아마추어보다 새롭고 가치 있는 변종을 얻을 확률이 훨씬 높다. 한 종의 개체를 다량으로 키운다는 것은 어느 곳에서건 그 종에게 최적의 조건을 유지한다는 의미이니 자유로운 교배가 일어날 것이다. 어떤 종의 개체수가 적어 그들의 자질 여부를 떠나 모든 개체에게 교배의 기회가 주어진다면 선택은 효과적으로 저지될 것이다. 그러나 무엇보다도 가장 중요한 것은 동식물이 인간에게 매우 유용하거나 가치가 높다는 인식을 갖고 각 개체의 특징이나 구조에 일어나는 약간의 변화에도 크나큰 관심이 주어져야 한다는 것이다. 이러한 관심이 없다면 아무것도 이루어지지 않는다.

나는 정원사들이 딸기에 관심을 기울일 즈음 운이 좋게도 딸기에 변이가 많이 생겼다는 말을 많이 들었다. 인간이 딸기를 재배하기 시작한 이래 딸기에는 항상 변이가 많이 있었지만 대수롭지 않은 변종들은 무시되었다. 그렇지만 정원사들이 조금 더 크고 조금 더 일찍 열매를 맺고 조금 더 맛이 좋은 식물을 고르고 그들에게서 받은 씨앗에서 다시 싹을 틔우고 다시 가장 좋은 묘목을 골라 그것을 키우는 과정을 반복하고 (서로 다른 종끼리의 교배도 시도해) 지난 30~40년 사이에 그렇게 놀라울 만큼 많은 딸기 품종들이 나타난 것이다.

암수가 별개인 동물의 경우에는 이종교배를 막는 장치가 새로운 품종의 형성에 중요한 요소가 되고 있다. 적어도 이미 여러 품종을 갖고 있는 나라의 경우에는 그러하다. 이러한 점에서 고립된 땅은 역할을 할 수 있다. 개활지에 살고 있는 미개인들이 한 종의 생물을 두 품종 이상으로 갖고 있는 경우는 거의 없다.

비둘기들은 한번 맺어진 짝을 바꾸지 않고 평생을 함께 살아가는데, 이것이 사육가들에게는 아주 편리하다. 왜냐하면 많은 품종의 비둘기들을 한 새장 안에 넣고 키워도 자기들의 혈통을 유지하기 때문이다. 그리고 이와 같은 환경은 개선과 새로운 품종의 형성에 아주 유리하게 작용함이 틀림없다. 비둘기는 매우 빠른 비율로 그 수가 증가한다는 점을 덧붙이고 싶다. 따라서 열등한 개체들은 먹이경쟁에서 이기지 못하기 때문에 자연스럽게 제거될 것이다. 반면 고양이는 밤에 돌아다니는 습성이 있어서 인간이 원하는 대로 짝짓기를 시킬 수 없으며, 비록 여성들과 아이들이 고양이를 많이 좋아하기는 하지만 특별한 품종이 격리되어 키워지는 경우가 거의 알려져 있지 않다. 간혹 보게 되는 그러한 품종은 대부분 다른 나라, 종종은 섬나라에서 수입된 것이다.

일부 가축이 다른 가축들보다 다양성이 적다는 사실을 의심하는 것은 아니지만 고양이 · 당나귀 · 공작 · 거위 등의 경우 품종이 다양하지 못한 까닭은 선택의 힘이 영향을 끼치지 못했기 때문일 것이다. 고양이의 경우에는 짝짓기를 인위적으로 시킬 수 없고, 당나귀의 경우에는 가난한 사람들만이 키워서 그들의 품종에 별다른 주의가 기울여지지 않고 있으며, 공작의 경우에는 쉽게 길들여지지 않을 뿐만 아니라 다수의 개체를 얻기가 힘들고, 거위의 경우에는 식량과 깃털의 목적으로만 가치가 있고, 특히나 인간이 별개의 품종에 대한 어떠한 즐거움도 느끼지 못하기 때문인 것 같다.

가축과 작물의 기원에 대한 요약. 생식 체계에 영향을 주는 생활조건은 변이성을 일으키는 데서 아주 중요하다고 나는 믿고 있다. 일부 저자들이 말하는 것처럼 모든 생물의 변이성이 늘 다음 세대로 전달되는 것은 아니라고 생각한다. 변이성의 효과는 유전이나 형질복귀 등에 따라 다양한 방식으로 영향을 받는다. 변이성은 알려지지 않은 다양한 법칙에서 영향을 받으며, 특히 성장의 상호관계에 따른 법칙에서 많은 영향을 받는다. 일부는 생활조건의 직접적인 영향 때문에 일어날 수도 있다. 일부는 기관을 사용하느냐 사용하지 않느냐, 즉 용불용 탓일 수도 있다. 따라서 최종적인 결과는 극도로 복잡하다.

나는 원래부터 서로 다른 별개의 종 사이에서 이루어지는 종간 교배가 가축이나 작물의 기원에 중요하게 기여한 사례가 있다는 사실을 의심하지 않는다. 어떠한 나라에서건 몇몇 품종이 만들어지면 선택의 도움으로 이루어지는 그들 사이의 교배가 새로운 아품종의 형성에 크게 기여한다는 사실에는 의심의 여지가 없다. 그러나 나는 일부 동물과 씨로 번식하는 식물의 경우에는 변종 간의 교배가 크게 과장되었다고 생각한다.

일시적이라도 가지를 잘라 심거나 싹 등으로 번식하는 식물에서 서로 다른 종 사이의 교배나 변종 사이의 교배가 지니는 중요성은 실로 크다. 왜냐하면 잡종에서 나타나는 극단적인 변이성은 경작자에 의해서 제거될 수 있고 잡종이 불임일 때도 자연스레 제거되는 효과가 있기 때문이다. 그러나 씨앗으로 번식하지 않는 식물은 우리에게 별로 중요하지 않다. 왜냐하면 그들 식물이 지속되는 기간은 영구적일 수 없기 때문이다. 이와 같은 모든 변화의 원인에 대해서 나는 선택의 누적된 작용을 믿으며, 조직적으로 빠르게 적용되든 효과적이기는 하지만 무의식적으로 느리게 적용되든 간에 모두 엄청난 힘을 발휘한다는 것을 확신하고 있다.

제2장 자연 상태에서 나타나는 변이

변이성 – 개체 간의 차이 – 의심스러운 종 – 광범위한 분포를 보이는 가장 일반적인 종이 가장 많이 변한다 – 어떤 나라에서건 규모가 큰 속(屬)의 종이 규모가 작은 속의 종보다 변이가 크다 – 규모가 큰 속의 많은 종은 변종들과 비슷하다. 왜냐하면 정도의 차이는 있지만 이들은 매우 친밀한 유연관계를 맺고 있으며 분포지역이 제한되어 있기 때문이다.

지난 장의 마지막 부분에서 도출한 원리를 자연 상태의 종에게 적용하기 전에 우리는 자연 상태의 종들에게도 어떠한 형태로든 변이가 일어나는지 일어나지 않는지를 간단하게나마 논의해야 한다. 이 주제를 제대로 다루기 위해서는 수많은 사실이 나열되어야 하겠지만 이것은 다음으로 미루도록 하겠다. 그렇다고 여기에서 종이라는 용어에 대해 여러 가지 정의를 논의할 생각도 없다. 어떠한 정의도 모든 박물학자들을 만족시키지는 못한다. 그러나 박물학자들은 종이라는 말을 사용할 때, 그가 무엇을 뜻하는지를 막연하게나마 모두 알고 있다.

일반적으로 종이라는 용어는 개별적인 창조 행위의 알려지지 않은 요소를 포함하고 있다. '변종'이라는 용어도 마찬가지로 정의를 내리기가 어렵다. 그러나 여기에서는 후손들로 이루어진 집단을—물론 그것을 증명하기는 어렵겠지만—뜻하는 것으로 사용하겠다. 기형의 경우도 있지만 이것은 변종의 한 형태로 취급될 것이다. 나는 기형이 하나의 신체 구조에서 생겨난 큰 변이라고 가정한다. 그것은 개체에게 해가 될 때도 있고, 그렇지 않더라도 유용하지는 않으며, 일반적으로 자손에게 전달되지도 않는다.

일부 학자들은 '변이'라는 용어를 전문적인 개념으로 사용한다. 그렇게 함으로써 그들은 이러한 구조가 물리적인 생활환경 때문에 생기는 변형이라는 생각을 나타내려고 한다. 이러한 의미에서 '변이'는 자손에게 유전되는 것이 아니다. 그러나 발트 해의 바닷물에 사는 패류의 왜소한 크기나 알프스 정상에 서식하는 키 작은 식물이나 북쪽에 살고 있는 동물의 두꺼운 모피가 적어도 여러 세대를 거쳐 유전되지 않는다고 누가 말할 수 있단 말인가? 이 경우에 나는 이러한 형태를 변종이라고 말하고자 한다.

한 부모에게서 태어난 새끼들이 서로 다른 것처럼 개체 간의 차이라고밖에 볼 수 없는 미세한 차이도 많다. 격리된 한 지역에 사는 한 종의 모든 개체는 이런 식으로 서로 차이를 보이는 것으로 여겨진다. 한 종의 개체라고 해서 모두 틀에서 찍어내듯이 동일하리라고 기대할 수는 없다. 이러한 개체변이는 우리에게 매우 중요하다. 왜냐하면 그것들은 자연선택을 위한 재료를 축적시킬 수 있기 때문이다. 이것은 인간이 가축이나 작물에 대해서 개체변이를 특정한 방향으로 축적시키는 것과 마찬가지이다.

일반적으로 박물학자들은 이러한 개체변이를 중요하게 다루지 않는다. 그러나 나는 생리적인 관점에서도 분류적인 관점에서도 중요한 것이 틀림없는 개체변이들을 긴 목록으로 제시할 수도 있다. 대부분의 저명한 박물학자들은 내가 그랬던 것처럼 그들이 몇 년 내로 중요한 신체 부위에서 일어나는 변이를 포함해 꽤 많은 개체변이를 수집할 수 있다는 사실을 알면 매우 놀랄 것이다. 신체의 중요한 구조에서 나타나는 변이는 계통분류학자들을 난처하게 만든다는 사실을 기억해야 할 것이다. 또한 수많은 표본을 대상으로 신체 내부의 주요 장기를 고생스럽게 관찰하며 동일 종의 여러 표본을 대상으로 그 기관들을 비교한 사람은 많지 않을 것이다.

나는 곤충의 중심신경절 근처에 존재하는 신경들이 가지를 치며 뻗어 나간 모양이 한 종 내에서 서로 다르리라고는 생각하지 못했었다. 나는 이러한 변화가 아주 미세하게도 일어날 수 있으리라는 것을 안타깝게도 생각하지 못했었다. 최근에 러복〔영국의 정치가이자 곤충학자〕은 연지벌레에서 나타나는 이 신경들의 변이성에 대해 보고했는데, 그것은 나무에서 뻗어나는 불규칙한 가지에 비교될 만큼 불규칙한 것이었다. 바로 이 냉철한 박물학자는 아주 최근에 일부 곤충 유충의 근육이 일정한 것과는 아주 거리가 멀다는 점을 보고했다는 사실을 덧붙이고 싶다.

때때로 학자들은 순환논법을 이용해 중요한 기관은 절대로 변이를 보이지 않는다고 말한다. 그러나 (일부 박물학자들이 정직하게 고백했듯이) 이 박물학자들은 변화하지 않는 구조를 중요한 특징으로 여기고 있다. 이러한 관점에서 본다면 변화하면서 중요한 구조의 사례는 일찍이 발견된 적이 없다는 것이 당연하다. 그러나 다른 관점에서 본다면 틀림없이 많은 사례가 제시될 수 있다.

개체변이와 연결되어 있는 것 가운데 내게는 아주 혼란스러운 것이 하나 있다. 이것은 '다형성'이라고도 알려져 있는 것인데, 한 종의 개체들이 엄청난 변이를 보이는 것이다. 따라서 어떠한 박물학자도 어느 개체가 종의 전형이고 어느 개체가 변종의 전형이라는 기준에 의견의 일치를 보기가 어려운 경우이다. 식물 사이에서는 산딸기속 · 장미속 · 조팝나물속 등이 그 사례가 될 수 있으며 곤충의 몇몇 속과 완족동물의 몇몇 속이 이에 해당한다.

형태가 다양한 대부분의 속에 포함되는 일부 종들은 고정되고 뚜렷한 특징을 띠고 있다. 한 지역에서 다형성을 보이는 속들은 일부 예외가 있기는 하지만 다른 지역에서도 다형성을 보이는 경향이 있다. 그리고 완족동물로 판단하건대, 옛날에도 그랬던 것 같다. 이러한 사례들은 우리를 매우 당황스럽게 만든다. 왜냐하면 이러한 종류의 변이는 삶의 조건과는 무관한 것처럼 보이기 때문이다. 나는 이렇게 다양한 변이에서 종에게 전혀 기여하는 바가 없고, 그러기에 자연선택에 의해 특별히 선택될 일도 효과를 발휘할 일도 없는 구조가 존재하는 이유를 설명할 수 있어야 한다고 생각한다.

대부분의 박물학자는 종의 특징을 아주 많이 갖고 있지만 다른 개체들과도 매우 비슷하거나 점진적인 단계로 연결되어 있는 개체들을 별개의 종으로 취급하고 싶어 하지 않는데, 이것은 몇 가지 점에서 우리에게 매우 중요한다. 애매하지만 유사한 이들 형태가 마치 종이 그러는 것처럼 그들 고유의 서식지에서 그들의 특징을 오랫동안 간직했으리라는 믿음에는 나름대로의 근거가 있다. 사실상 박물학자가 서로 다른 두 형태를 그들의 중간 특징들과 함께 모두 하나로 묶을 때, 박물학자는 가장 보편적인 것의 순위를 매겨 하나를 다른 하나의 변종으로 취급하지만, 때로는 먼저 발견된 것이 종 그리고 나중에 발견된 것이 변종이 되기도 한다.

그러나 여기에서 일일이 열거하지는 않겠지만, 하나가 다른 하나의 변종인지 아닌지를 결정하는 것은 그들이 여러 개의 연결고리로 밀접하게 연결되어 있어도 매우 어려운 일이다. 그렇다고 연결고리들이 보이는 혼혈적인 특징이 어려움을 없애주는 것도 아니다. 그러나 한 형태가 다른 형태의 변종으로 취급되는 경우는 아주 많은데, 이것은 중간 연결고리가 실제로 발견되었기 때문이 아니라, 이들이 서로 비슷한 탓에 관찰자가 그들이 어디에선가 존재하거나 과거에 존재했을 것이라고 생각하게 만들기 때문이다. 이 주제에 대한 의심이나 추측은 언제든지 가능하다.

따라서 한 형태를 종으로 취급하느냐 변종으로 취급하느냐를 결정하는 데서 건전한 판단과 폭넓은 경험을 갖춘 박물학자의 의견은 우리가 따라야 할 유일한 지침이라 생각된다. 그러나 어느 정도 타당한 판단에 따라 종이라는 이름을 부여할 수 없는, 뚜렷하고 잘 알려진 변종들에 대해 박물학자들은 무엇인가 결정을 내려야 한다.

이렇게 경계가 모호한 변종들이 적지 않다는 것은 논란의 여지가 없다. 여러 식물학자들이 지적한 것처럼, 대영제국이나 프랑스 또는 미국의 여러 식물상을 비교해보면 한 식물학자에 의해서는 완벽한 종으로 취급되지만 다른 식물학자에 의해서는 단순한 변종으로 취급되는 식물이 헤아릴 수 없이 많다는 사실을 알게 될 것이다. 나는 왓슨〔영국의 식물학자〕에게 모든 종류의 일과 관련해 큰 신세를 졌는데, 왓슨은 내게 영국에서 일반적으로 변종으로 취급되는 182개의 식물이 식물학자들에 의해서는 종으로 취급된다고 말해주었다. 그는 이 목록을 만들면서 사소한 변종의 이름을 많이 누락시켰지만, 일부 식물학자들은 자기가 누락시킨 목록의 식물들도 여전히 종으로 취급하고 있다고 했다. 더구나 그는 형질의 다형성이 심한 몇 개 속은 목록에서 전혀 고려하지도 않았다고 했다.

형질의 다형성이 가장 심한 속을 다룬 연구를 보면 바빙턴〔영국의 식물학자이자 곤충학자〕은 251종이 있다고 보고한 반면, 벤담〔영국의 식물학자〕은 단지 112종만이 있다고 보고했다—미심쩍은 것이 139개나 되는 것이다! 출산을 위해서는 모이지만 이동성이 강한 동물들 가운데 한 동물학자에 의해서는 종으로 취급되고 다른 동물학자에 의해서는 변종으로 취급되는 경우를 한 나라에서 찾아보기는 힘들어도, 다른 여러 나라를 대상으로 한다면 흔하게 관찰된다. 북아메리카와 유럽에 서식하는 조류와 곤충들 중에서 그 차이는 미미하지만 어느 저명한 박물학자에 의해서는 뚜렷한 한 종으로 취급되면서 또 다른 박물학자에 의해서는 변종, 또는 지리적 품종으로 취급되는 경우가 얼마나 많은가!

여러 해 전에 갈라파고스 제도의 여러 섬과 아메리카 본토에서 채집된 새들을 비교하면서, 또 다른 사람들이 비교하는 것을 보면서, 나는 정말로 모호하고 인위적인 것들이 종과 변종을 구별하는 기준이 된다는 사실에 놀랐다. 마데이라 제도〔북서아프리카 연안의 제도〕의 여러 섬에 서식하는 많은 곤충들은 울러스턴〔영국의 곤충학자〕의 훌륭한 논문에서 변종으로 다루어졌지만 많은 곤충학자들에 의해 별개의 종으로 여겨질 수 있음은 의심의 여지가 없다. 아일랜드에 서식하는 몇몇 동물도 지금은 변종으로 여겨지지만, 이제까지는 일부 동물학자들에 의해 종으로 취급되기도 했다. 경험이 풍부한 몇몇 조류학자는 우리 영국의 홍뇌조를 노르웨이 종의 한 품종으로 여긴다. 그렇지만 더 많은 조류학자들은 홍뇌조를 대영제국의 독특한 종으로 확신하고 있다.

확실하지 않은 두 형의 서식처가 아주 멀다는 사실 때문에 많은 박물학자들이 이들을 별개의 종으로 취급하지만, 사람들은 어느 정도의 거리가 기준이 되느냐고 종종 묻곤 한다. 만약 아메리카와 유럽 사이의 거리가 충분한 거리라고 한다면 유럽 대륙에서 아조레스 제도〔북대서양에 있는 화산 제도〕나 마데이라 제도, 카나리아 제도, 또는 아일랜드까지의 거리는 충분한가? 아주 훌륭한 학자들에 의해 변종으로 취급되는 많은 생물이 종의 특징을 아주 완벽하게 갖추고 있어, 다른 훌륭한 학자들에 의해서는 완벽한 종으로 취급되고 있다는 사실을 인정해야만 한다. 그러나 이들 용어에 대한 정의가 보편적으로 받아들여지기 전에, 그들을 종으로 부르는 것이 옳은지 변종으로 부르는 것이 옳은지를 논의하는 것은 공허할 것이다.

뚜렷한 변종이나 모호한 종의 많은 사례들이 고려해볼 만하다. 왜냐하면 지리적 분포, 유사한 변이, 교배 따위에 관한 흥미로운 논의가 그들의 순위를 결정할 수단으로 도입되었기 때문이다. 나는 여기에서 단 하나의 사례, 즉 베리스 흰앵초와 엘라티오르 앵초에 대해서만 설명하도록 하겠다.

이 두 종류는 그 모습이 상당히 다르다. 향이 다르고 내뿜는 냄새도 서로 다르다. 꽃이 피는 시기도 약간 다르다. 이들은 어느 정도 다른 서식지에서 살아간다. 서식할 수 있는 고도가 다르며 지리적인 분포도 다르다. 그리고 세밀한 관찰자인 게르트너〔독일의 식물학자〕가 최근 몇 년 동안 행한 수많은 실험에 따르면 이들을 서로 교배하는 것은 아주 어렵다. 이 두 종류가 서로 다르다는 것을 드러내기에 더 나은 증거를 찾기는 힘들 것 같다. 그러나 그들은 많은 중간형에 의해 서로 연결되어 있다. 또한 이들 연결형을 잡종으로 보기에는 의심스러운 점이 많다. 엄청나게 많은 실험적 증거에 따르면 이들 모두는 공통조상에서 유래되었다. 따라서 이들은 각각 변종들로 분류되어야 한다.

자세히 연구해보면 모호한 생물들을 어떻게 분류해야 할지 박물학자들 사이에서 대부분 일치된 결과가 얻어진다. 그러나 잘 알려진 나라에 분류하기 모호한 생물이 많다는 사실을 고백해야 할 것 같다. 나는 자연 상태의 동물이나 식물이 인간에게 크게 유용하거나 어떠한 이유에서건 인간의 관심을 끄는 경우 그들의 변종이 폭넓게 기록되었다는 사실에 놀랐다. 더구나 이들 변종은 일부 학자들에 의해 종으로 분류되는 경우도 흔할 것이다.

떡갈나무에 대해서는 지금까지 자세한 연구가 이루어졌다. 독일의 어떤 학자는 떡갈나무를 12개 이상의 종으로 발표했지만 대부분은 변종으로 취급되는 것들이었다. 나는 영국에서도 잎자루가 없고 꽃자루가 있는 오크 나무를 완벽한 종, 또는 단순한 변종으로 설명하는 저명한 식물학자나 식물 관계자들을 인용할 수 있다.

젊은 박물학자가 자신에게는 생소한 생물 집단을 연구하기 시작할 때, 그는 처음에 무엇을 종의 특징으로, 또 무엇을 변종의 특징으로 삼아야 할지 곤란을 겪을 것이다. 왜냐하면 그는 그 집단이 갖고 있는 변이의 양을 전혀 모르기 때문이다. 이것은 적어도 어느 정도의 변이가 존재함이 일반적이라는 것을 보여준다.

그러나 만약 그가 자기의 관심을 한 나라의 한 집단으로 국한해서 연구한다면 틀림없이 분류하기 애매한 대부분의 생물을 어떻게 다룰 것인지 곧 결정할 수 있을 것이다. 앞서 언급했던 비둘기 애호가나 가금류 사육가와 마찬가지로 이 젊은 학자는 감명을 받아 자신이 지속적으로 연구하는 생물의 차이점들을 제시하며 많은 종을 만들어낼 것이다. 이 학자는 다른 지역이나 다른 집단에서 얻어진 유사변이에 관한 자신의 첫인상을 보정해줄 만한 보편적인 지식을 갖추고 있지 못한 것이다. 학자가 자신의 관찰범위를 넓힌다면 어려움은 더욱 커질 것이다. 왜냐하면 학자는 매우 유사한 생물들을 더 많이 만나게 될 것이기 때문이다. 그러나 자신의 관찰을 크게 확장한다면 결국에 가서는 무엇을 변종으로 불러야 할지 무엇을 종으로 불러야 할지에 대한 자신만의 생각을 갖게 될 것이다. 학자는 많은 변종을 인정하면서 이러한 경지에 오를 것이다. 이러한 사실과 관련해서는 여전히 박물학자들 사이에 논란의 여지가 많다. 더구나 학자가 현재 멀리 떨어져 있는 나라에서 들여온 친척 생물들을 연구하게 되면 그는 분류하기 애매한 생물들을 연결하는 중간형을 발견하기가 거의 불가능할 것이고, 결국에는 생물의 유사성을 분류의 기준으로 절대적으로 신뢰할 수밖에 없을 것이며, 그의 난관은 극에 달할 것이다.

아직까지 종과 아종을 구별하는 명백한 구분은 존재하지 않는 것이 사실이다. 즉 일부 박물학자들의 의견에 따르면 종으로 분류될 만한 생물이 다른 박물학자에 의해서는 그렇지 않다는 것이다. 앞에서 언급했지만, 이러한 애매함은 아종과 변종 사이에서도 나타나고 변종보다 작은 규모의 변이와 개체 간의 변이 사이에서도 나타난다. 이들 차이점은 느끼지 못할 만큼 그 차이가 적은 계열에서 서로 섞이며, 계열은 실제 변천 과정에 대한 인식을 줄 것이다.

계통분류학자들은 별로 관심을 기울이지 않겠지만, 그런 이유에서 나는 개체 간의 차이가 아주 중요하다고 생각한다. 옛날 학자들은 미세한 변종을 박물학 연구에 기록할 만한 가치가 거의 없는 것으로 취급했던 것과 같은 이치이다. 또한 나는 조금이라도 더 뚜렷하고 영구적인 변종이 나중에 훨씬 더 뚜렷하고 영구적인 변종으로 가는 단계라 생각하기에 그들을 중요하게 여긴다. 이러한 변종은 결국은 아종으로, 더 나아가 종으로 변해갈 것이기에 그렇다.

첫 단계의 차이가 더 높은 다음 단계의 차이로 발전하는 과정에서 두 지역의 물리적 환경이 서로 다르기 때문에 그 효과가 오랫동안 누적되어 나타나는 경우가 있다. 그러나 나는 이 견해를 크게 신뢰하지 않는다. 나는 변이가 점점 쌓여가는 과정이, 구조의 차이를 특정한 방향으로 축적시키는 자연선택의 힘 때문에(이에 대해서는 지금부터 더 자세히 논의할 것이다), 부모와 아주 약간 다른 차이가 점차 더욱 큰 차이로 변해간다고 생각하고 있다. 그렇기 때문에 나는 뚜렷한 변종이 초기 종으로 불릴 수도 있다고 믿는 것이다. 그러나 이러한 믿음이 합당한 것인지의 여부는 여러 가지 사실과 이들에 대한 연구에서 얻어진 견해를 토대로 정당하게 평가되어야만 할 것이다.

모든 변종과 초기 종들을 종으로 분류해야 한다고 가정할 필요는 없을 것 같다. 이 초기 상태가 사라지려면 오랜 세월이 걸릴 것이다. 마찬가지로 이들은 오랫동안 변종의 상태로 남아 있을 수도 있다. 마치 울러스턴이 마데이라 제도에서 발견한 화석 조개류에서 나타나는 사례와 마찬가지로 말이다. 한 변종이 번성해서 부모종의 수를 초과하게 되면 새로운 종으로 분류되고 부모종이 변종으로 취급될 수도 있다. 또는 부모종의 자리를 완전히 빼앗아 부모종을 절멸시킬 수도 있을 것이다. 둘이 공존하면서 모두가 종의 지위를 가질 수도 있을 것이다. 이제부터 이 주제에 대해서 논의해야 할 것 같다.

사람들은 편의상 종의 개념을 서로 비슷한 개체들의 모임이라고 인위적으로 규정하고 있다. 그리고 조금 덜 뚜렷하고 조금 더 변이가 심한 것을 변종이라고 본다면 종의 개념과 변종의 개념은 근본적으로 다르지 않다. 나는 여기에서 종이라는 용어를 고찰해야 할 것 같다. 다시 언급하건대, 단순한 개체 간의 차이에 비해 변종이라는 용어는 편의상 다소 인위적으로 적용된다.

이론에만 이끌렸던 나는, 모든 변종을 잘 알려진 몇몇 식물상에 집어넣음으로써 갖가지 종의 본질과 관계에 대해서 흥미로운 몇몇 결과를 얻을 수 있으리라고 생각했다. 처음에 그것은 매우 단순한 일처럼 보였다. 그러나 왓슨은—나는 이 주제와 관련해 그에게 많은 신세를 졌다—그것이 많이 어렵다는 것을 내게 알려주었으며 나중에 후커 박사〔영국의 식물학자〕는 내게 그것이 어렵다는 것을 더욱 열심히 강조했다. 이러한 어려움에 대한 논의와 변화되는 종의 여러 비율을 요약한 표들은 미래의 작업으로 남겨놓을까 한다. 후커 박사는 내게 목록의 사용을 허락해주었으며 내 원고를 면밀히 읽고 목록을 검토한 뒤 다음에 제시될 설명이 아주 잘된 것이라고 생각했다. 그렇지만 여기에서 간단하게 다룬 모든 주제는 다소 까다롭지만 앞으로 언급할 '생존경쟁' '형질의 분기' 그리고 그 밖의 문제점들에 대한 암시를 내포하는 것들이다.

알퐁스 캉돌〔스위스의 식물학자〕을 비롯한 여러 식물학자들은 분포 범위가 넓은 식물에는 대개 변종이 있으며, 이것은 다양한 물리적 환경에 노출되고 다른 개체들과 경쟁하면서 당연히 그럴 수 있는 것이라고 했다. 다른 개체들과의 경쟁은 이제부터 살펴보겠지만 훨씬 더 중요한 요인이 된다. 그러나 내가 제시하는 목록은 일부 제한된 나라에서이긴 하지만 가장 보편적이고, 즉 가장 개체수가 많고, 또 자기 나라에서 가장 넓게 퍼져 있는(이것은 나라 밖의 더 넓은 범위와 보편성을 고려하는 것과는 조금 다른 문제이다) 종이 종종 뚜렷한 특징을 띠는 변종들을 많이 갖고 있다는 사실을 보여준다.

결국 이러한 종이 종종 우점종이라고도 불리는 가장 번성한 종이 되는 것이다. 이러한 종은 세계적인 분포를 보이며 원산국에서도 가장 넓게 퍼져 있고 개체수도 가장 많으며 뚜렷한 특징을 띠는 변종을 만드는 경우도 많다. 나는 이러한 변종들이 초기 종이라고 생각한다. 그리고 아마도 다음과 같은 상황이 일어날 것이다. 변종으로서 어느 정도 영구성을 갖추기 위해서는 같은 지역에 분포하는 다른 집단들과 경쟁해야만 할 것이므로, 이미 우세한 위치를 차지한 종은 약간 변형되면서도 여전히 자기를 다른 경쟁자들보다 우세하게 만들었던 이점을 물려받는 후손을 남기려 할 것이다.

만약 한 나라에 서식하는 식물들이 같은 크기의 두 집단으로 나누어졌다고 하자. 이때 한 집단에는 상대적으로 큰 속(屬)의 모든 개체들이 포함되어 있고 다른 집단에는 작은 속의 모든 개체들이 포함되어 있다고 한다면 보편적이고 널리 분포된, 즉 우점종의 개체가 많이 발견되는 것은 큰 속 편일 것이다. 다음과 같은 상황도 기대할 수 있을 것 같다. 한 나라에 한 속의 여러 종이 서식한다는 그 사실만으로 우리는 그 속에 유리한 생물학적 조건이나 비생물학적 조건이 존재하며 따라서 우리는 큰 속, 즉 많은 종을 포함하는 속에서 우점종의 상대적인 비율이 더 높을 것이라고 기대할 수 있다.

그러나 이러한 결과를 모호하게 만드는 원인은 수도 없이 많기 때문에 나는 내가 작성한 목록의 큰 속 쪽의 결과가 조금이라도 크게 나온다는 사실이 놀랍다. 여기에서는 모호함이 일어나는 두 가지 원인만 언급하도록 하겠다. 민물을 좋아하는 식물과 소금물을 좋아하는 식물은 일반적으로 그 범위가 크게 다르며 그 분포 또한 넓지만, 이것은 그들이 서식하는 장소의 성질과 연결되어 있는 것이지 해당 속의 크기와는 별로 관련성이 없어 보인다. 다시 언급하건대, 체계화의 단계가 낮은 하등식물은 체계화의 단계가 높은 고등식물에 견주어 대개 넓게 분포되어 있다. 이것도 역시 속의 크기와는 밀접한 관련성이 없다. 체계화가 낮은 식물이 넓은 분포를 보이는 원인에 대해서는 지리적 분포를 다룬 장에서 더 자세하게 논의될 것이다.

뚜렷한 특징을 갖추고 명확하게 정의된 변종만을 종으로 취급하면서 나는 각 나라에 서식하는 커다란 속의 종이 작은 속의 종보다 변종을 만드는 일이 더 흔하리라고 기대했다. 왜냐하면 한 속에 포함되는 많은 비슷한 종들이 형성된 곳에서 많은 변종, 즉 초기 종들이 형성되는 것이 일반적이었기 때문이다. 이것은 커다란 나무들이 많이 자라는 곳에서 묘목을 발견할 확률이 높은 것과 같은 원리이다. 변이를 거쳐 한 속에서 여러 종이 만들어진 곳의 환경이 변이에 유리했었다는 의미이니, 그 환경이 앞으로도 여전히 변이에 유리하게 작용할 것이라고 기대해도 될 듯하다. 그러나 만약 우리가 창조의 특별한 작용으로서 각각의 종을 바라본다면 많은 종을 갖고 있는 집단이 그렇지 않은 집단보다 특별히 더 많은 변종을 갖고 있는 이유를 설명할 뚜렷한 근거가 없다.

이러한 기대를 뒷받침하기 위해 나는 열두 나라에서 채집한 식물들과 두 지역에서 채집한 딱정벌레들을 비슷한 크기의 두 집단으로 나누었다. 이때 한쪽에는 큰 속의 종들을 넣었고 다른 한쪽에는 작은 속의 종들을 넣었다. 이때 작은 속의 종들이 포함된 쪽보다 큰 속의 종들이 포함된 쪽에서 거의 예외 없이 더 많은 변종이 관찰되었다. 더구나 변종을 갖고 있는 종들만 비교해보아도 큰 속에 포함되어 있는 종들이 보유한 변종의 개수가 항상 많았다. 이와 같은 결과는 다른 지역에서도 얻어졌다. 이때 1~4개의 종을 가진 작은 속은 목록을 만드는 과정에서 완전히 제외했다.

뚜렷한 특징을 띠는 영구적인 변종만을 종으로 여기는 견해에서 본다면 이러한 사실들은 아주 중요한 의미가 있다. 한 속 내에 여러 종이 형성될 때마다, 또 종 제작소의—이런 표현을 써도 되는지는 모르겠지만—작용이 활발한 곳에서 우리는 종이 만들어지는 과정이 여전히 일어난다는 사실을 발견해야만 하기 때문이다. 왜냐하면 종이 만들어지는 과정은 매우 느리다는 것을 우리는 잘 알고 있기 때문이다. 만약 우리가 변종을 초기 종으로 간주한다면 이것이 바로 이 사례에 해당한다. 왜냐하면 나의 목록에 따르면, 한 속 내에 많은 종이 형성되는 곳에서 많은 변종을 갖고 있는 종은 바로 초기 종이라는 사실을 보여주기 때문이다.

모든 커다란 속이 현재 변화하고 있으며 그 때문에 종의 개수가 증가하고 있다는 것은 아니다. 그리고 작은 속은 변화하지 않으며 종의 개수도 증가하고 있지 않다는 것 또한 아니다. 만약 이것이 사실이라면 이것은 내 이론에 치명적인 것이 될 것이다. 지리학 연구에 따르면 작은 속도 그 크기가 크게 증가하는 시기가 있으며, 커다란 속도 최대 크기에 도달한 뒤에는 그 크기가 감소해 사라지는 일이 종종 일어난다는 것을 알 수 있다. 우리가 보이고 싶은 것은 한 속의 많은 종이 형성된 곳에서는 평균적으로 여전히 많은 종이 지금도 형성되고 있다는 것으로, 이것은 꽤 타당한 것으로 여겨진다.

큰 속의 구성원인 종과 주목할 만한 가치가 있는 변종 사이에는 또 다른 관계가 있다. 우리가 아는 한 종과 변종을 구별하는 절대적인 기준은 존재하지 않는다. 의심스러운 생물들 사이를 연결하는 중간형태가 발견되지 않은 경우, 박물학자들은 그들 사이의 차이에 대한 목록이 얼마나 많은지를 기준으로 둘 중 어느 하나를 또는 둘 다를 종의 수준으로 결론을 내리는 데 필요한 충분한 양의 자료가 수집되었는지 그렇지 않은지를 비교하며 결정을 내리려 할 것이다. 따라서 두 생물이 종이나 변종으로 등급이 매겨지기 위해서는 이들이 보이는 차이의 양이 매우 중요한 기준이 된다.

프리스〔스웨덴의 식물학자〕는 식물에 관한 연구에서, 또 웨스트우드〔영국의 곤충학자〕는 곤충에 관한 연구에서 큰 속에 포함된 종들 간의 차이가 종종 아주 작다고 언급한 바 있다. 나는 평균을 내어 이들을 수치상으로 검정해보려고 했다. 내 결과가 완벽한 것은 아니었지만 결과는 항상 이러한 견해를 뒷받침하는 것으로 나타났다. 또한 명석하고 관찰

경험이 풍부한 몇몇 사람에게 문의한 바에 따르면 그들은 모두 신중하게 숙고한 뒤 이러한 견해와 일치되는 의견을 내주었다.

따라서 이 점에서 본다면 큰 속의 종들은 작은 속의 종들보다 변종과 닮은 점이 많았다. 다른 각도에서 생각해볼 수도 있을 것 같다. 즉 큰 속에서는 평균보다 많은 변종이나 초기 종들이 현재 만들어지고 있으며, 이미 만들어진 많은 종들도 여전히 변종들과 어느 정도 닮았다고 생각할 수도 있다. 왜냐하면 그들은 비교적 적은 양의 차이에 따라 서로 구별되기 때문이다.

더구나 큰 속의 종들은 한 종의 여러 변종이 서로 연관되어 있는 것과 동일한 방식으로 서로 연관되어 있다. 한 속의 모든 종이 서로 똑같은 정도로 차이를 보인다고 생각하는 박물학자는 없을 것이다. 이들 종은 일반적으로 아속이나 그보다 작은 집단으로 나뉘어 분류가 이루어질 것이다. 프리스가 분명하게 언급했듯이 종들의 작은 집단이 다른 종의 집단 주변에 마치 위성처럼 무리지어 존재하는 경우가 흔하다. 유연관계도 균일하지 않으며 부모종 주위에서 집중적으로 발생하는 생물 집단에 불과한 변종은 과연 무엇인가?

의심할 것도 없이 변종과 종 사이에는 아주 중요한 차이점 한 가지가 있다. 즉 변종과 변종 사이의 차이나 변종과 부모종 사이의 차이는 동일 속에 포함된 종들이 보이는 차이보다는 작다는 것이다. 나는 형질의 분기라는 용어를 사용했는데, 이 원리를 논의할 때가 되면 이것이 설명될 수 있을 것이다. 또한 변종 사이의 작은 차이가 종 사이의 큰 차이로 증가하려는 경향이 있다는 것을 알게 될 것이다.

주목할 만한 가치가 있는 것이 한 가지 더 있다. 일반적으로 변종은 서식범위가 훨씬 더 좁다. 이러한 언급은 어느 정도 자명하다. 오히려 한 변종이 부모종보다 서식범위가 더 넓다면 그들의 명칭 자체를 바꾸어야만 할 것이다. 그렇지만 다른 종과 아주 많이 유사한 종은 유사한 변종의 경우와 마찬가지로 그 범위가 매우 제한적일 것이라는 믿음에는 나름대로의 근거가 있다.

예를 들어 왓슨은 훌륭한 런던 식물 카탈로그(4판)를 인용해 별개의 종으로 분류된 63종의 식물이 몇몇 부분에서 서로 아주 유사한 것으로 여겨진다고 내게 알려주었다. 왓슨은 대영제국을 나름대로의 기준에 따라 여러 개 지역으로 나누었는데, 이들 종으로 알려진 63개 식물은 평균 6.9지역에 분포하고 있었다. 또한 이 카탈로그에는 53개의 잘 알려진 변종이 기록되어 있는데, 이들 변종의 분포는 7.7지역에 달했으며 이들 변종이 속한 종은 14.3지역에 걸쳐 분포되어 있었다. 즉 잘 알려진 변종들의 분포범위는 왓슨이 내게 말했던 의문의 여지가 있는 종들과 마찬가지로 거의 동일한 것을 알 수 있다. 물론 이 종류들은 영국의 식물학자들에 의해서는 진짜 종으로 여겨지는 것들이다.

결국 변종과 종은 구별할 수 없기 때문에 변종과 종은 동일한 특징을 띤다고 할 수 있다. 예외가 있다면 첫째, 중간적인 연결형의 발견과 이들 연결형이 그들이 연결하는 두 형의 실제적인 특징에 영향을 주지 못한다는 사실이다. 그리고 둘째, 두 형이 보이는 차이의 정도가 만약 아주 작다면 연결형이 발견되지 않았다 해도 두 형은 대부분 변종으로 취급된다. 그러나 두 형을 종의 등급으로 여기기에 필요한 것으로 여겨지는 차이의 정도는 정말로 막연하다.

나라를 불문하고 평균 이상의 종을 보유하고 있는 속에서, 이들 종은 평균 이상의 변종을 보유하고 있다. 커다란 속의 종은 특정한 종 주변으로 집단을 형성하며 균일하지 않게 함께 몰리는 경향이 있다. 다른 종과 매우 비슷한 종은 그 범위가 매우 좁은 것이 명백하다. 이 모든 것을 종합해보면 큰 속의 종은 변종과 아주 많이 비슷한 것을 알 수 있다. 만약 종이 과거 한때 변종의 신분으로 존재했고 그 변종을 기원으로 오늘에 이르렀다고 한다면, 우리는 이러한 유사성을 이해할 수 있다. 만약 각각의 종들이 개별적으로 창조되었다면 이러한 유사성은 도저히 설명될 수 없는 것이다.

또한 우리는 큰 속의 집단에서 가장 번성하고 우세한 종은 평균적으로 가장 변이가 심하다는 사실을 살펴보았다. 그리고 우리는 변종이 새로운 종으로 변해간다는 사실을 살펴보게 될 것이다. 따라서 큰 속은 더욱 큰 속이 될 것이고, 자연에서 현재 우수한 형은 변형되고 우수한 자손을 많이 남김으로써 미래에는 그 우수성이 더욱 증가할 확률이 높다. 그러나 앞으로 살펴볼 특별한 과정을 거쳐 커다란 속이 작은 속으로 나누어지려는 경향도 있다. 따라서 전 세계에 살고 있는 모든 생명의 형태는 집단 안에 작은 집단을 두는 식으로 나뉠 수 있는 것이다.

제3장 생존경쟁

자연선택 – 넓은 의미로 사용되는 용어 – 기하급수적 증가 – 한 지역에 귀화된 동식물의 급격한 증가 – 증가의 저지에 대한 본질 – 보편적인 경쟁 – 기후의 영향 – 개체수로 인한 보장 – 자연 속에서 모든 동식물의 복잡한 관계 – 동일 종의 개체나 변종 사이에서 일어나는 가장 치열한 삶의 경쟁, 종종은 동일 속의 종들 사이에서 일어나는 심한 경쟁 – 모든 관계 중에서 가장 중요한 개체와 개체 간의 관계

이번 장의 주제로 들어가기 전에 자연선택에서 생존경쟁이 어떻게 일어나는지 보이기 위해 예비적으로 몇 가지를 언급해야겠다. 지난 장에서 우리는 자연 상태의 생물들이 개체 간의 변이를 보인다는 것을 알았다. 아마도 이것은 과거에 논의된 적이 없을 것이다. 의문의 여지가 있는 많은 생물을 종, 아종 또는 변종으로 취급하는지의 여부는 우리에게 중요한 것이 아니다. 예를 들어 어떠한 뚜렷한 변종을 인정해서 영국에 서식하는 구분이 애매한 200~300종류의 식물을 어떠한 등급으로 취급하느냐는 큰 의미가 있는 것이 아니다.

개체의 변이성이 존재한다는 사실과 약간의 뚜렷한 변종이 존재한다는 사실은 연구를 위한 기초로서 필요하긴 하지만 그 자체로서 종이 자연에서 어떻게 형성되는지에 대한 우리의 이해를 크게 돕지는 못한다. 생물의 한 부분이 다른 부분에 적응하는 과정과 생활조건에 적응하는 과정 그리고 하나의 생물이 다른 생물에 적응하는 모든 과정이 어떻게 그렇게 절묘하게 이루어질 수 있는 것인가?

우리는 이렇게 아름다운 상호 적응의 사례를 딱따구리와 겨우살이를

통해 명백하게 알 수 있다. 그리고 약간 불분명한 점은 있지만 네발짐승의 털이나 조류의 깃털에 붙어 사는 기생충들도 그 예가 될 수 있다. 그 밖에도 물속으로 잠수하며 살아가는 딱정벌레의 구조, 미세한 산들바람에도 가볍게 날아가는 깃털이 달린 씨앗 등이 이러한 상호 적응의 예가 될 것이다. 간단히 말해 우리는 생물계의 모든 장소와 모든 부위에서 아름다운 적응의 사례를 볼 수 있는 것이다.

앞에서 나는 분명한 종으로 바뀌게 되는 변종의 특별한 경우를 초기 종이라고 지칭한 적이 있는데, 이 경우에 대한 질문이 나올 수 있을 것이다. 대부분의 경우 종들은 변종들보다 서로 뚜렷한 차이를 보인다. 종들은 모여서 속을 이루는데, 속들 간의 차이는 동일 속에 포함되어 있는 종들 간의 차이보다 크다. 그런데 이러한 속은 어떻게 만들어지는 것인가?

다음 장에서 더 자세히 살펴보겠지만 이러한 모든 결과는 생존경쟁에서 불가피하게 일어난다. 생존경쟁이 있기에 변이는 그것이 아무리 사소하고 그 발생 원인이 무엇이든 다른 생물이나 그들이 서식하는 자연과의 무한히 복잡한 관계 속에서 해당 개체에게 보존되고, 대개는 후손에게 물려질 것이다. 또한 후손은 그로 인해 생존을 위한 더 나은 기회를 얻을 것이다. 왜냐하면 어떠한 종이든 많은 개체가 주기적으로 태어나지만 단지 일부만이 생존하기 때문이다.

나는 이러한 원리를 약간의 변이라도 유용하다면 보존된다는 자연선택이라는 용어로 표현했다. 자연선택이라는 용어를 사용하게 된 까닭은 인간들의 선택 작용인 인위선택과의 관계를 보이고 싶었기 때문이다. 우리는 선택의 힘을 이용해 인간이 엄청난 결과를 얻을 수 있다는 것을 살펴보았다. 우리는 자연이 인간에게 제공한 미세하지만 유용한 변이들을 축적함으로써 생물을 인간에게 유용한 방향으로 변화시킬 수 있다는 사실을 논의했다. 그러나 앞으로 계속 살펴보겠지만, 자연선택은 끊임없이 작용할 준비가 되어 있는 힘이며 인간의 미미한 노력과는 비교도 할 수 없을 만큼 엄청난 것이다. 예술작품이 아무리 훌륭해도 자연작품과는 비교할 수 없는 것과 마찬가지이다.

이제 생존경쟁에 대해서 조금 더 자세히 논의하기로 하자. 이 주제는 충분히 자세하게 다루어질 만한 가치가 있는 것이기 때문에 나의 다음 작품 속에서 다루어질 것이다. 오귀스탱 캉돌〔스위스의 식물학자로 알퐁스 캉돌의 아버지〕과 라이엘〔영국의 지질학자이자 박물학자로 다윈과 절친했다〕은 모든 생물이 치열한 경쟁 아래 놓여 있다는 것을 명백하게 보여주었다. 식물을 대상으로 이 주제에 대해 맨체스터 대학 학장 허버트〔영국의 박물학자〕만큼 열정과 능력을 갖고 연구한 이는 없을 것이다. 그의 위대한 원예학 지식은 아무도 넘볼 수 없는 것임에 틀림없다.

생존경쟁이 모든 곳에서 일어난다는 사실을 인정하는 것보다 더 쉬운 일은 없을 것이다. 그러나 경험에 의하면 이러한 원리를 계속해서 마음속에 간직하는 것만큼 어려운 일도 없는 것 같다. 이러한 생각이 철저하지 않은 한, 분포 · 희귀함 · 풍부함 · 사라짐 · 변이 등에 관한 모든 것을 포함하는 자연의 섭리는 잘 보이지 않을 뿐만 아니라 완전히 다른 방향으로 해석되기도 한다.

우리는 기쁜 마음으로 자연의 밝은 면을 본다. 우리는 종종 식량의 풍족함을 보지만 한가로이 나뭇가지에 앉아 노래 부르는 새가 대부분 곤충이나 씨앗을 먹고 살아가면서 끊임없이 생명을 파괴한다는 사실을 간과하거나, 알더라도 잊고 지낸다. 또한 우리는 이들 새나 알 또는 어린 새끼들이 다른 새나 짐승들에 의해 먹이로서 끊임없이 죽음을 당한다는 사실을 잊고 있다. 지금은 식량이 풍부하지만 다른 계절에는 그렇지 못하다는 사실을 우리는 종종 잊고 살아간다.

생존경쟁이라는 용어를 광범위하고 비유적으로 사용하기로 약속을 해야겠다. 즉 한 생물은 다른 생물에 종속되어 있다는 의미를 포함하고 있으며, 더욱 중요한 것은 한 개체의 생명뿐만 아니라 후손을 남기는 문제에서도 그렇다는 것이다.

기근이 들었을 때 두 종류의 갯과 동물은 식량을 얻고 살아가기 위해 진정한 의미에서 서로 경쟁한다고 말할 수 있을 것이다. 사막 가장자리에 서식하는 식물도 습기에 의지한다고 말할 수 있긴 하지만 가뭄을 극복하기 위해서 생존경쟁을 한다고 볼 수도 있다. 해마다 수천 개의 씨앗을 내지만 평균적으로 하나 정도만이 성숙되는 식물도 이미 땅에 떨어져 씨앗을 묻은 다른 식물과 진정한 의미에서 경쟁한다고 말할 수 있는 것이다.

겨우살이는 사과나무나 그 밖의 몇몇 다른 나무에 의지해서 살아간다. 그러나 겨우살이가 이 나무들과 경쟁한다고 말하는 것은 조금 억지일 것 같다. 왜냐하면 이들 기생식물이 한 나무에 너무 많이 자라면 그 나무는 쇠약해져서 결국은 죽을 것이기 때문이다. 그러나 어린 겨우살이들이 하나의 나뭇가지에서 살아가는 경우, 이것은 진정한 의미에서 겨우살이들끼리 서로 경쟁하고 있다고 말할 수 있을 것이다. 겨우살이가 새들에 의해 퍼져나가니 겨우살이의 생존은 새들에게 의지하는 것이다. 은유적으로 표현한다면 겨우살이는 새들을 유혹해 자신의 씨앗을 먹게 하고 그것을 퍼뜨리게 한다는 의미에서 특히 과일이 열리는 식물들과 경쟁한다고 생각할 수도 있을 것이다. 이러한 여러 가지 관점은 서로 연관되어 있다. 나는 이 모든 것을 편의상 생존경쟁이라는 용어를 사용해 표현하도록 하겠다.

생존경쟁은 모든 생물이 보이는 높은 출산율을 고려해보면 필연적으로 일어나게 된다. 모든 생물은 평생 많은 알이나 씨앗을 만들어내지만 상황에 따라서는 파괴되는 시기도 있는 것이다. 그러지 않으면 이들은 기하급수의 원리에 따라 몇 계절 또는 몇 년 만에 엄청난 수로 늘어나 어떤 곳에서도 먹이를 구하며 살아갈 수 없을 것이다. 따라서 생존할 수 있는 개체보다 더 많은 개체가 태어나는 한, 어디에서나 생존경쟁은 필연적으로 일어날 수밖에 없을 것이다. 이러한 생존경쟁은 한 종의 개체들 사이에서나 서로 다른 종의 개체들에 사이에서, 또는 물리적인 환경과도 일어날 수 있을 것이다.

자연에서 우리는 맬서스〔『인구론』을 저술한 영국의 철학자〕의 이론을 모든 동식물에게 훨씬 강력하게 적용할 수 있다. 왜냐하면 자연에서는 인위적으로 식량을 증가시키는 일도 일어나지 않으며 분별력 있게 결혼을 자제하는 일도 일어나지 않기 때문이다. 일부 종이 그 수에서 현재 어느 정도 빠르게 증가할지라도 세상이 그들 모두를 수용하지 못하니 이러한 증가가 항상 일어날 수는 없을 것이다.

이러한 사실에 예외는 있을 수 없다. 만약 그렇지 않다면 한 쌍의 생물에서 유래된 자손들이 지구를 모두 덮어버릴 것이기 때문이다. 아주 느리게 번식하는 인간조차도 25년 만에 그 수가 두 배로 늘어날 것이다. 그리고 이러한 비율이라면 불과 몇천 년 만에 지구는 인간들로 발 디딜 틈도 없어질 것이다.

린네〔스웨덴의 식물학자〕의 계산에 따르면 일 년에 단 두 개의 씨앗을 만들어내는 일년생 초본도—물론 이렇게 번식력이 낮은 식물은 없지만—이듬해에 그들의 후손이 각각 다시 두 개의 씨앗을 만들어내는 과정을 반복한다면 20년 만에 100만 개체로 늘어날 것이다. 코끼리는 번식률이 가장 느린 동물로 알려져 있다. 나는 예전에 자연 상태에서 코끼리가 30세에 번식을 시작해 90세까지 암수 3마리씩 모두 6마리의 새끼를 낳는다는 것을 전제로 최소 증가율을 계산해본 적이 있는데, 한 쌍의 코끼리에서 출발해 500년 후에는 1,500만 마리가 살아가는 것으로 계산되었다.

그러나 우리는 이 주제에 대해서 한낱 이론적인 계산보다 더 훌륭한 증거를 갖고 있다. 즉 자연 상태에서 환경이 2~3계절 동안 특정한 동물들에게 유리해졌을 때 개체수가 급격하게 증가한 여러 기록이 바로 그것이다. 우리의 가축 중에는 세계의 다른 곳에서는 야생 상태로 살아가는 경우가 있는데 이들에게서 놀라운 증거들이 얻어진다. 번식률이 낮은 소와 말이 남아메리카와 오스트레일리아에서 그 번식률이 증가했다는 보고가 검증되지 않았더라면 그것은 정말로 믿을 수 없었을 것이다.

이것은 식물의 경우도 마찬가지이다. 섬에 유입된 식물들이 10년도 안 되어 섬 전체에서 흔하게 발견된다는 사례들을 얻을 수 있다. 현재 라플라타[아르헨티나의 지명]의 평원에는 유럽에서 흘러들어온 몇몇 식물 종이 아주 흔하게 분포하는데, 수 평방리그[거리를 나타내는 단위로, 1평방리그는 약 4.8킬로미터]의 표면을 덮으며 다른 식물들을 거의 다 몰아낸 상태이다. 팰커너 박사[스코틀랜드의 식물학자이자 고생물학자]에게 들은 바에 따르면, 아메리카 대륙이 발견된 후 그곳에서 인도로 유입된 식물들이 있는데, 이들은 현재 코모린 곶[인도 대륙의 최남단]에서 히말라야까지 매우 폭넓은 분포를 보인다고 한다.

인용하려 들면 끝도 없을 것이다. 아무도 이들 동물이나 식물의 번식력이 유의적인 차이를 보일 만큼 갑자기 일시적으로 증가했다고 생각하지는 않는다. 그것보다는 생활조건이 아주 우호적이어서 나이를 떠나 모든 개체의 사망률이 매우 낮아졌고, 모든 젊은 개체도 쉽게 번식할 수 있었다고 설명하는 것이 타당해 보인다. 이러한 기하급수적인 증가의 경우 그 결과는 참으로 놀라워서, 그들의 새로운 정착지에 빠르고 폭넓게 자리 잡았다고 설명하는 것이 가장 단순명료한 답이 될 것 같다.

자연 상태에서 거의 모든 식물들은 씨앗을 만들어낸다. 동물 가운데 일 년 단위로 짝짓기를 하지 않는 종류는 드물다. 따라서 우리는 모든 동식물이 기하급수적으로 증가하려는 경향이 있어 어떠한 종류도 전 세계의 모든 곳을 빠르게 채울 수 있는 잠재력이 있지만, 실제로는 삶의 어떤 시기에 이들이 죽음을 당함으로써 그렇지 못하다는 것을 알 수 있다. 덩치가 큰 가축에 대한 친숙함이 우리를 잘못 생각하게 만드는 경향이 있다. 우리는 그들 가축에게 엄청난 파괴가 일어나는 현장을 알지 못한다. 그리고 우리는 수천 마리의 가축이 해마다 식량으로 도축된다는 사실을 잊고 있다. 자연 상태에서도 그 정도의 수가 비슷한 운명을 맞이할 것이다.

해마다 수천 개의 알이나 씨앗을 생산하는 생물과 아주 적은 수의 알이나 씨앗만을 생산하는 생물의 유일한 차이점이 있다면 그것은 느리게 번식하는 종류가 우호적인 환경에서 몇 년의 시간을 더 필요로 한다는 것뿐이다. 콘도르〔아메리카 대륙의 독수리〕는 두세 개의 알을 낳으며 타조는 20개 정도의 알을 낳지만, 조사해보면 콘도르의 수가 타조보다 더 많을 것이다. 풀마바다제비〔극지방에 서식하는 바다새〕는 단 하나의 알을 낳는다. 그렇지만 이 새는 세상에서 가장 흔한 새인 것으로 여겨지고 있다. 보통의 파리는 한 번에 100여 개의 알을 낳지만 이파리〔주로 유럽에 분포하는 파리의 종류〕는 알을 단 하나만 낳는다. 그러나 이러한 알의 개수 차이만을 이용해 한 지역에서 어떤 파리가 흔하게 관찰될 것이라고 예상할 수는 없다.

알을 많이 낳는다는 사실은 일부 종에게는 중요하다고 볼 수 있는데, 변동이 심한 식량 공급에 의지하는 종들이 이에 해당된다. 따라서 그들은 상황이 좋을 때 빠르게 개체수를 늘리는 것이다. 그러나 알이나 씨앗의 개수가 많다는 것은 생의 어느 한 시기에 죽은 꽤 많은 수의 개체를 보충한다는 의미에서 진정으로 중요한 의미가 있다. 그리고 대부분의 경우 이러한 대량 죽음의 시기는 어렸을 때이다.

만약 동물이 자신의 알을 보호할 수 있는 경우, 이들이 낳는 알의 수는 대개 적다. 그러나 이 경우에도 역시 전체 개체군을 채워줄 만큼의 알은 된다. 만약 평균 천 년을 사는 식물이 천 년에 씨앗 하나를 만든다면 그것으로 충분한 것이다. 물론 이 경우 씨앗은 절대로 파괴되지도 않고 적당한 장소에서 확실하게 싹이 튼다는 것을 전제로 한다. 따라서 이 모든 사례를 종합해보면 모든 동식물의 평균 개체수는 그들의 알이나 씨앗의 개수와는 간접적으로만 연관되어 있는 것 같다.

자연을 관찰해보면 앞서 말한 내용을 항상 마음에 간직할 필요가 있다는 것을 알게 된다. 즉 우리 주변의 모든 개체는 매 세대마다, 또는 간헐적으로라도 그 수를 증가시키기 위해 애쓰고, 삶의 특정 시기에는 투쟁하며 생활하고, 대량 파괴가 어린 개체나 다 자란 개체에게 필연적으로 일어난다는 사실을 잊어서는 안 될 것이다. 저지력이 약화되고 파괴가 조금이라도 줄어든다면 개체의 수는 거의 즉각적으로 엄청나게 증가할 것이다. 자연은 1만 개의 날카로운 쐐기가 촘촘히 박혀 있는 면에 비유될 수 있을 것 같다. 이 쐐기들은 끊임없이 안쪽으로 두드려지는 상황이다. 한 번은 하나의 쐐기가 두드려지고, 다음에는 다른 쐐기가 더 강하게 두드려지는 양상이다.

각 종의 개체수가 증가하려는 자연적인 경향을 저지하는 힘은 눈에 잘 띄지 않는다. 가장 격동적인 종을 관찰해보자. 그들이 떼로 몰려 있는 것으로 보아 이들 종의 증가하려는 경향은 더욱 증가할 것이다. 우리는 단 하나의 사례에서 일어나는 저지작용이 무엇인지 정확하게 알지 못한다. 이 주제에 대해 우리가 얼마나 무지한가를 생각해보면 놀랄 일도 아니다. 우리는 다른 동물과 견주어 인간에 대해서도 별로 아는 바가 없다.

이 주제는 벌써 여러 학자들이 다루었다. 따라서 나는 앞으로의 논의를 위해 몇몇 저지작용에 대해서 심도 있게 논의하도록 하겠다. 특히 남아메리카의 야생동물들을 집중적으로 다루도록 하겠다. 여기에서는 독자들에게 중요한 점 몇 가지를 상기시키는 의미에서 몇 마디만 하겠다.

대부분의 경우 알이나 어린 새끼들이 가장 큰 위험에 놓이는 것이 보통이지만 예외가 없는 것은 아니다. 식물의 경우에는 씨앗이 대량으로 사라진다. 그러나 내가 관찰한 바에 따르면 이미 다른 식물들이 밀집한 지표를 뚫고 발아하는 어린 묘목이야말로 가장 큰 고통을 겪는다고 생각한다. 또한 묘목은 여러 적에 의해 엄청난 수가 파괴된다. 예를 들어 나는 길이 90센티미터, 폭 60센티미터로 땅을 파고 다른 모든 식물들을 제거해 식물로 인한 저지작용을 제거한 뒤, 그곳에서 자라기 시작하는 야생 잡초들의 목록을 순서대로 작성해보았다. 그 결과 357개체에서 295개체가 파괴되어 사라지는 것으로 조사되었다. 주요 원인은 민달팽이와 곤충이었다. 오랫동안 다듬은 잔디를 방치하면 거친 식물들이 그렇지 못한 식물들을 죽인다. 약한 식물은 다 자랐어도 죽음을 당한다. 이런 일은 초식동물이 떠난 잔디에서도 마찬가지로 일어난다. 90센티미터 폭, 120센티미터 길이의 잔디에 처음에는 20종의 식물이 살고 있었지만, 방치한 뒤에는 9종의 식물이 사라지고 나머지 종이 그 자리를 차지했다.

물론 각각의 종을 위한 식량의 양도 그들이 성장하는 데 극도의 제한 요소가 된다. 그러나 식량을 얻는 문제보다는 다른 동물의 먹이가 되는 문제가 해당 종의 개체수를 결정하는 데 더 흔하게 작용한다. 따라서 넓은 토지에 서식하는 자고새 · 뇌조 · 토끼의 수는 그곳에 있는 해충을 얼마나 제거하느냐에 달려 있다는 의견에는 거의 의심의 여지가 없다. 해마다 수십만 마리의 동물이 사냥으로 죽어간다. 만약 20년 동안 영국에서 단 한 마리의 동물도 사냥하지 않고 동시에 해충도 그대로 방치한다면, 모든 가능성을 종합해볼 때, 현재보다 사냥용 동물들의 수는 줄어들 것이다. 반면 코끼리나 코뿔소처럼 다른 맹수에게 잡아먹히지 않는 경우도 있다. 인도의 호랑이조차 무리에 의해 보호받고 있는 어린 코끼리를 감히 공격하지 않는다.

기후는 한 종의 평균 개체수를 결정하는 데 중요한 역할을 한다. 주기적으로 나타나는 극단적인 추위와 가뭄이야말로 모든 저지력 중에서 으뜸인 것으로 나는 믿고 있다. 1854~55년 겨울에 내 정원의 새 중에서 거의 5분의 4가 죽은 것으로 조사되었다. 인간이 전염병에 의해 10퍼센트가 죽었다고 할 때 그것이 아주 심한 사망률임을 고려하면 새들의 이러한 죽음은 엄청난 파괴에 해당한다.

얼핏 생각하면 기후의 작용은 생존경쟁과는 무관해 보인다. 그러나 기후가 주로 식량을 감소시킨다는 사실을 생각해보면 이것이야말로 개체간의 가장 심각한 경쟁을 유발하는 것이다. 이것은 한 종의 개체들 사이에서도 마찬가지이고, 서로 다른 두 종의 개체들이 동일한 종류의 식량에 의지해서 살아간다면 서로 다른 종 사이의 경쟁도 유발할 것이다. 예를 들어 극한의 추위도 직접적으로는 영향이 크지 않을지라도 다가올 겨울에 줄어들 식량과 관련되어 있다면 그 영향은 실로 클 것이다.

우리가 남에서 북으로 여행하거나 습지에서 건조지역으로 여행해보면 일부 종이 점점 희귀해지다가 결국에는 완전히 사라지는 현상을 관찰할 수 있다. 이때 기후의 변화가 뚜렷하다면 이 모든 현상을 기후의 직접적인 영향 때문에 일어나는 것으로 생각하고 싶을 것이다. 그러나 이것은 잘못된 생각이다. 한 지역에 아무리 풍부하게 분포하는 종이라고 해도 삶의 특정한 시기에는 적에 의해 또는 장소와 식량을 차지하기 위한 경쟁자들에 의해 많은 개체가 죽는다는 사실을 잊지 말자. 만약 이러한 적이나 경쟁자가 아주 조금이라도 변화된 기후에 따라 우호적인 영향을 받는다면 그들의 수는 증가할 것이고, 이미 서식자들에 의해 채워진 지역에서 다른 종들은 감소할 것이다.

우리가 남쪽으로 여행하면서 그 수가 감소하는 종을 관찰할 때, 우리는 그 환경이 해당 종에게는 고통을 주면서 다른 종에게는 호의적으로 작용한다는 사실을 알 수 있다. 우리가 북쪽으로 여행할 때도 정도가 심하지는 않지만 모든 종의 수나 그에 따른 경쟁자의 수가 함께 줄어든다. 따라서 우리는 남쪽으로 가거나 산을 내려갈 때보다 북쪽으로 갈 때나 산을 올라갈 때 기후의 직접적인 영향으로 발육이 저지된 생물들을 더 자주 만나게 된다. 북극지역이나 눈이 덮인 산의 정상 또는 완전한 사막에 도달하면 살아가기 위한 경쟁은 거의 전적으로 무생물적 요소와의 경쟁이 된다.

다른 종에게 기후가 우호적으로 작용함으로써 간접적이지만 주요한 역할을 하는 과정은 정원에 있는 수많은 식물에서 잘 관찰된다. 이들 식물은 우리의 기후를 완벽하게 견뎌내지만 자연 상태로 귀화된 경우는 없다. 왜냐하면 그들은 자연의 식물들과는 경쟁할 수도 없고 토착 동물들에 의한 파괴를 견뎌낼 힘도 없기 때문이다.

아주 유리한 환경 때문에 한 종의 수가 좁은 지역에서 터무니없이 증가하게 되면 전염병이—적어도 사냥용 동물들에게 이런 일은 일반적으로 일어나는 것 같다—뒤따라 일어난다. 이 상황에서 우리는 삶을 위한 경쟁과 무관한 몇몇 저지력을 얻게 된다. 그러나 이러한 이른바 전염병이 기생충에 의해 일어나는 경우 어떤 이유에서인지 이들은 밀집된 집단에서보다 빠르게 퍼져나가는데, 이 경우 우리는 기생충과 이들의 숙주 사이에 투쟁이 일어난다고 생각할 수 있다.

반면, 적보다 많은 수의 개체수는 해당 종의 보존을 위해 절대적으로 필요하다. 따라서 우리는 들판에 옥수수와 평지〔유채과에 속하는 식물〕의 씨앗을 대량으로 키울 수 있는 것이다. 왜냐하면 이들 곡식의 양이 이들을 먹고 사는 새와 비교해 엄청나게 많기 때문이다. 한 계절에 곡물의 양이 엄청 많다고 하더라도 그에 따라 새의 개체수가 증가하는 것은 겨울을 거치면서 저지를 받는다. 밭에서 얼마 안 되는 씨앗을 모아본 사람은 그것이 얼마나 귀찮은 일인지 잘 알 것이다. 나는 이 경우 낱개로 떨어진 씨앗은 전혀 찾지 못했다.

한 종의 보존을 위해서는 많은 개체가 필요하다는 이러한 견해는 희귀한 생물이 일부 지역에서는 매우 흔하게 관찰될 수 있다는 것을 설명해줄 수 있다. 일부 군락을 이루는 식물의 경우 그들의 분포가 극단적으로 제한되어 있음에도 불구하고 특정 지역에서 엄청나게 많은 개체수가 관찰되는 것에 대한 설명도 될 수 있을 것이다. 이것을 보면 식물은 다른 종류의 식물에도 유리한 보편적인 조건이 형성되어야만 잘 자란다고 할 수 있다. 그래서 서로서로 파괴로부터 보호하는 것이다. 종간 교배가 긍정적인 효과를 낳고 근친교배가 나쁜 영향을 주는 경우가 있다는 것을 언급해야겠지만, 이 문제는 아주 복잡하기 때문에 여기에서 크게 확장하지는 않겠다.

동일한 지역에서 경쟁을 해야만 하는 생물들 사이에서 일어나는 복잡하고 예상치 못한 저지와 관계를 보여주는 많은 사례가 있다. 단순하지만 내게는 매우 흥미로웠던 단 한 가지 사례만을 제시하도록 하겠다.

스태퍼드셔〔잉글랜드 중서부의 주〕는 내가 방대한 조사를 했던 지역이다. 이곳에는 인간의 손을 탄 적이 없는 히스라는 관목이 엄청나게 많이 서식했었는데, 25년 전 환경이 똑같은 땅 수백 에이커에 울타리를 치고 유럽 소나무를 심었다. 히스로 뒤덮여 있던 지역의 식물상이 변한 것은 놀랄 만한 일이었다. 더욱 놀라운 사실은 토양의 성질이 완전히 변한 것이었다. 히스 식물이 비례적으로 바뀌었을 뿐만 아니라 12종의 식물(풀과 잡초는 제외)이 번성했는데, 이들은 히스 군락에서는 발견되지 않는 식물들이었다. 이곳 식물상에 곤충을 잡아먹고 사는 6종류의 식충 조류가 흔한 것으로 보아 곤충에게 미치는 영향이 지대함은 틀림없다. 그러나 이 새들이 히스 군락에서는 발견되지 않지만 역시 두세 종의 식충 조류가 이곳을 찾곤 한다. 여기서 우리는 단지 한 종류의 나무가 유입됨으로써 비롯되는 영향이 얼마나 큰지 알아보았다. 물론 소들이 들어가지 못하게 울타리를 친 것은 예외로 하자.

나는 서리〔잉글랜드 남부의 주〕에 있는 파넘 근처에서 울타리의 효과를 확실하게 관찰한 바 있다. 그곳은 언덕 꼭대기에 유럽 소나무들이 조금씩 무리 지어 있기는 했지만 히스가 엄청난 군락을 형성한 지역이었다. 지난 10년 동안 이곳의 많은 지역들에 울타리가 세워진 뒤 유럽 소나무가 자생적으로 뿌리를 내리기 시작했는데, 그 수가 얼마나 많은지 모두 다 자라기가 힘들 정도였다. 나는 이들 어린 나무가 인위적으로 파종하거나 묘목을 옮겨 심은 것이 아니라는 사실을 확인하고는 그 수가 너무 많아 놀랄 지경이었다. 물론 울타리가 없는 히스 군락에서는 수백 에이커를 조사해도 오래전에 사람들이 심어놓은 것 말고는 단 한 그루의 유럽 소나무도 발견할 수 없었다.

그러나 나는 히스 사이사이에서 다수의 유럽 소나무 묘목을 관찰할 수 있었는데, 소들이 이 묘목들을 끊임없이 먹어치우고 있었다. 유럽 소나무에서 몇백 야드 떨어진 곳에서 1평방야드를 조사한 결과 나는 32그루의 어린 묘목을 발견할 수 있었다. 이들 묘목 가운데 하나는 나이테로 보아 26년 동안이나 히스 줄기 위로 머리를 내밀려 했지만 실패한 것이었다. 따라서 울타리가 세워진 땅이 엄청난 성장력을 보이는 어린 유럽 소나무들로 채워지는 것은 전혀 놀랄 일이 아니다. 그러나 히스가 영양가도 없고 그 수도 엄청나게 많아서, 소들이 그것을 먹이로 이용하고 있었으리라고는 아무도 상상하지 못했다.

여기서 우리는 소들이 유럽 소나무의 생존을 절대적으로 결정한다는 것을 살펴보았다. 그렇지만 다른 지역에서는 곤충이 소의 생존을 결정하는 경우가 있다. 이와 관련한 가장 신기한 사례는 아마도 파라과이에서 찾을 수 있을 듯하다. 이곳에서는 소 · 말 · 개 들이 야생 상태에서 방목되긴 하지만 야생으로 돌아간 적이 없다. 아사라〔에스파냐의 군 장교이자 박물학자〕와 렝거〔스위스의 박물학자〕는 이것이 파라과이에 존재하는 특정한 파리의 엄청나게 많은 수 때문이라는 것을 보여주었다. 이들 파리는 태어난 소들의 배꼽에 알을 낳는다.

이 파리의 개체수가 어느 정도 이상으로 늘어나는 것은 종종 새들에 의해 끊임없이 저지된다. 따라서 만약 파라과이에서 식충 조류(이들의 개체수는 아마도 매나 그 밖의 포식자에 의해 조절될 것이다)가 늘어난다면 파리의 개체수는 줄어들 것이다. 그렇게 되면 소나 말들은 야생으로 돌아갈 것이고, 이것은 틀림없이 (내가 남아메리카 일부 지역에서 관찰했듯이) 식물상을 크게 변화시킬 것이다. 그리고 이것은 다시 곤충에게 영향을 끼칠 것이고, 그렇게 되면 우리가 방금 전 스태퍼드셔에서 살펴본 것처럼 다시 식충 조류에게 영향을 끼치는 복잡한 고리가 이어질 것이다. 우리는 이 고리를 식충 조류에게서 시작했는데, 다시 식충 조류에게로 돌아온 것이다.

실제로 자연에 존재하는 관계는 이처럼 단순한 것이 아니다. 전투 속의 전투는 다양한 성공을 보여주며 계속해서 일어나는 과정이다. 그리고 장기적으로 세력은 멋지게 균형을 이루어 자연의 얼굴은 오랫동안 변하지 않는 것으로 보인다. 물론 정말로 사소한 것에 의해서 어느 한쪽이 승리를 거두는 것이 확실하지만 말이다. 그럼에도 우리의 무지는 실로 크고 우리의 추측은 극단적이어서, 자연에서 한 생물이 절멸되었다는 이야기를 들으면 우리는 놀란다. 그 이유를 알 수 없는 우리는 세상을 황폐화하는 대격변을 불러내거나 생물이 생존하는 기간에 관한 법칙들을 만들어내는 것이다.

자연계에서 아주 멀리 떨어져 있는 동물과 식물들이 복잡한 관계의 그물을 통해 어떻게 서로 연결되어 있는지를 보여주는 사례를 한 가지 더 제시하고 싶다. 나는 지금부터 숫잔대꽃 속의 일종인 외래종 로벨리아 풀겐스를 영국으로 옮겨 재배했을 때 그 독특한 구조 때문에 어떠한 곤충도 이들을 찾지 않아 결국은 씨앗을 맺지 못했다는 것을 보여주겠다. 우리의 난초과 식물들이 꽃가루 덩어리를 옮겨 식물을 수정시키기 위해서는 나방의 방문이 절대적으로 필요하다.

나는 또한 뒤영벌이 팬지의 수정에 절대적으로 필요하다는 근거를 갖고 있다. 왜냐하면 다른 벌들은 이 꽃을 찾지 않기 때문이다. 내가 했던 실험에서 나는 클로버의 수정에 벌들의 방문이 꼭 필요하지는 않을지라도 적어도 상당히 유익하다는 것을 발견했다. 그러나 붉은 토끼풀을 찾는 것은 뒤영벌이 유일하다. 다른 벌들은 화밀에 접근하지 못한다. 만약 뒤영벌속(屬)의 모든 벌이 영국에서 전멸하거나 아주 희귀해진다면 팬지와 붉은 토끼풀은 매우 귀해지거나 모두 사라지고 말 것이다.

지역을 불문하고 뒤영벌의 수는 뒤영벌의 집과 둥지를 파괴하는 들쥐의 수에 달려 있다. 뒤영벌의 행동을 오랫동안 연구한 뉴먼〔영국군 장교〕에 따르면 뒤영벌의 3분의 2 이상이 그런 식으로 죽는다고 한다. 또한 모두 알겠지만 들쥐의 수는 고양이의 수에 따라 결정된다. 뉴먼은 "마을과 작은 도시 주변에서는 다른 지역에서보다 뒤영벌의 둥지가 더 많이 발견되는데, 이것은 들쥐를 잡아 죽이는 고양이가 많기 때문이다"라고 말했다. 따라서 한 지역의 고양잇과 동물의 수는 들쥐와 벌의 단계를 거쳐 해당 지역의 특정한 꽃의 빈도를 결정한다는 이론은 꽤 믿을 만한 것이다.

모든 종에게도 수많은 종류의 저지작용이 삶의 서로 다른 시기와 다른 계절 또는 다른 해〔年〕에 영향을 줄 것이고, 일부의 작용은 다른 것보다 훨씬 더 강력하겠지만 결국에는 이 모든 것들이 그 종의 평균적인 수나 존재를 결정할 것이다. 때에 따라서는 한 종에게 가해지는 저지작용이 지역에 따라 크게 다른 경우도 있다. 강기슭을 복잡하게 덮고 있는 나무들과 수풀을 보노라면 그들의 종류와 수가 우연에 의해 결정된다고 말하고 싶을 것이다. 그러나 이것은 얼마나 잘못된 견해인가!

아메리카의 삼림이 벌목되었을 때 전혀 새로운 식물들이 자라기 시작했다는 이야기를 모두 들어보았을 것이다. 그러나 옛날 인디언들이 살았던 미국 남부의 산악지방은 오늘날 그 주변의 벌목된 적이 없는 처녀림과 똑같은 멋진 다양성과 식물의 분포를 보여준다. 이곳에서는 여러 종류의 나무들이 해마다 수천 개의 씨앗을 퍼뜨리며 오랫동안 투쟁하고 있고, 곤충들도 다른 곤충과 전쟁을 벌이며, 곤충 · 달팽이 그리고 그 밖의 다른 동물들은 다시 그들을 잡아먹는 포식조류나 포식동물들과 끊임없이 전쟁을 벌이고 있지 않은가! 이들은 모두 서로를 잡아먹거나, 나무나 씨앗, 또는 어린 묘목 그리고 한 지역을 일차적으로 덮어서 다른 식물의 성장을 저해하는 식물들을 먹이로 삼아 결국은 자기 집단의 개체수를 증가시키고자 투쟁을 벌이고 있는 것이다.

깃털 한 줌을 공중에 뿌린다면 이들은 뚜렷한 법칙에 따라 모두 바닥으로 떨어질 것이다. 그러나 이것은 수많은 동물과 식물 사이에서 일어나는 작용과 반작용에 견준다면 아주 간단한 문제에 불과할 것이다. 인디언 유적지에 서식하는 나무의 종류와 빈도는 동물과 식물의 수백 년에 걸친 작용과 반작용으로 이루어지는 것이다!

한 생명체의 다른 생명체에 대한 의존성은 숙주와 기생충의 관계처럼 자연의 척도로 보아 꽤 멀리 떨어져 있는 두 생명체를 연결하고 있다. 이것은 메뚜기와 초식동물의 경우처럼 생존을 위해 서로 경쟁하고 있는 것이다. 그러나 가장 치열한 경쟁은 같은 종의 두 개체 사이에서 일어난다. 왜냐하면 그들은 동일한 지역에 서식하고 동일한 먹이를 필요로 하며, 동일한 위험에 노출되기 때문이다.

한 종의 변종들도 위와 비슷할 정도로 심한 경쟁을 한다. 그리고 가끔은 그 결과가 아주 빨리 나타나기도 한다. 여러 품종의 밀을 함께 심으면 토양과 기후에 가장 적합하거나 가장 씨앗을 많이 생산하는 품종이 다른 품종들을 억압할 것이고, 그 결과 가장 많은 씨앗을 낼 것이다. 그리하여 몇 년 만에 다른 품종들은 거의 자취를 감추게 될 것이다. 갖가지 색깔의 스위트피〔콩과의 덩굴식물〕 품종들처럼 아주 가까운 품종들을 함께 재배하려면 그들을 해마다 따로 수확한 다음 비율대로 씨앗을 혼합해야 한다. 그러지 않으면 약한 종류는 꾸준히 그 수가 감소해 마침내는 사라지게 된다.

양의 품종도 마찬가지이다. 일부 산악 품종은 다른 산악 품종을 굶겨 죽이기 때문에 한 지역에서 함께 키우지는 못하는 것으로 보고되었다.

약용 거머리도 한곳에서 두 품종을 함께 키우지 못하는 것으로 조사된 바 있다. 가축이나 작물 품종들이 생존능력 · 습성 · 체질에서 모두 동일한 정도의 능력을 갖추고 있다고는 생각하지 않는다. 그래서 이 품종들이 자연 상태에서처럼 서로 투쟁한다면 해마다 씨앗이나 어린 새끼들을 구분하고 가려내야만 그 비율이 유지될 것이다.

한 속에 포함된 종들은 대부분 구조 · 습성 · 체질이 어느 정도 비슷하기 때문에 별개의 속에 포함된 종들 사이의 경쟁보다 동일 속에 포함된 종들 사이의 경쟁이 대부분 더 심할 것이다. 미국의 한 지역에서 조사한 바에 따르면 제비의 한 종류가 다른 종류의 개체수를 감소시키는 작용을 한다는 사실이 밝혀졌다. 최근 스코틀랜드 일부 지방에서 큰개똥지빠귀의 개체수가 증가했는데, 이것이 지빠귀의 개체수를 감소시킨 것으로 밝혀졌다. 기후에 따라 한 종의 쥐가 다른 종의 쥐를 대체한다는 소리를 우리는 많이 듣지 않았던가! 러시아에서는 작은 아시아산 바퀴가 거의 모든 곳에서 덩치 큰 바퀴들을 몰아냈다. 갓〔겨자과의 식물〕의 한 종이 다른 종을 몰아내는 경우가 있었고, 그 반대의 사례도 있다. 자연계에서 거의 동일한 장소를 채우는 비슷한 생물들끼리의 경쟁이 왜 그렇게 심한지 우리는 이제 어렴풋하게나마 알 수 있을 것이다. 그러나 생명의 거대한 전투에서 왜 한 종이 다른 종보다 우세한 위치를 차지하는지 우리는 자세하게 알지 못한다.

지금까지 논의한 것에서 얻을 수 있는 아주 중요한 결론은 모든 생물의 구조가 아직 완전하게 알려지지는 않았지만 다른 생물과 서로 관련되어 있다는 것이다. 그것은 먹이나 서식처를 위한 경쟁일 수도 있고, 잡아먹고 잡아먹히는 관계일 수도 있을 것이다. 호랑이의 이빨과 발톱을 보면 투쟁이라는 상황을 명백하게 떠올릴 수 있을 것이다. 호랑이의 털에 붙어 사는 기생충도 그들의 다리와 발톱을 보면 역시 투쟁을 하고 있는 것이다.

그러나 아름다운 깃털 장식을 단 민들레의 씨앗이나 고른 술 장식이 있는 물방개의 다리를 보면, 이들 구조의 관련성이 공기나 물과 관련된 것으로 보인다. 그렇지만 깃털이 달린 씨앗이 이미 다른 식물들에 의해 빼곡하게 채워진 땅과의 관계에서 유리하다는 것은 의심의 여지가 없다. 깃털이 달린 씨앗은 더 넓게 날아 다른 식물이 자리 잡지 않은 새로운 땅을 차지하게 될 것이다. 물방개의 경우 다리의 구조물은 잠수에 아주 잘 적응되어 있는 구조인데, 먹잇감을 사냥하거나 다른 포식자에게 잡아먹히지 않고 빠르게 피할 수 있게 해줌으로써 다른 수서곤충과의 경쟁을 가능하게 해준다.

많은 식물들이 씨앗 속에 영양분을 쌓아놓는데, 이것은 얼핏 다른 식물들과 전혀 관련성이 없어 보인다. 그렇지만 (완두나 일반 콩처럼) 그렇게 영양분이 풍부한 씨앗이 무성한 풀밭 한가운데에 뿌려져도 어린 식물이 잘 자라는 것을 보면 씨앗의 영양분은 성장력이 우수한 다른 식물들과의 투쟁에서 어린 식물에 우호적으로 작용하는 것으로 여겨진다.

여러 식물이 뒤엉켜 살고 있는 곳에서 하나의 식물에 주목해보자. 왜 그들의 개체수가 2배나 4배가 되지 않는 것인가? 한 식물이 조금 더 덥거나 춥거나, 습하거나 건조한 지역에 사는 것을 보면서 우리는 이들 식물이 약간의 더위나 추위 · 습도 · 건조함을 아주 잘 견뎌낼 수 있다는 것을 알 수 있다. 이 경우 우리가 만약 상상 속에서 한 식물에게 그들의 개체수를 증가시키는 힘을 주고자 한다면, 우리는 그들의 경쟁자나 그들을 먹고 사는 동물보다 약간 더 우수한 이점을 주면 될 것이다.

지리적인 제약을 고려해보자. 기후에 대한 그들의 체질을 변화시킬 수 있다면 그것은 장점으로 작용할 수 있을 것이다. 그러나 우리는 동식물 가운데 극히 일부만이 그렇다는 것을 알고 있다. 대부분의 경우 이들 식물은 기후의 변화 때문에 죽고 만다. 북극이나 척박한 사막의 가장자리에서는 극단적인 삶의 경계에 도달할 때까지 경쟁이 사라지지 않을 것이다. 이곳의 기후는 극도로 춥거나 건조할 것이고, 서로 다른 종이나 한 종의 여러 개체들은 조금 더 따뜻하고 조금 더 습한 지점을 차지하기 위한 경쟁을 벌일 것이다.

따라서 하나의 동물이나 식물이 새로운 경쟁자들로 둘러싸인 새로운 지역에 놓이게 되면 먼저 살던 곳과 기후가 같더라도 이들의 생활조건은 근본적으로 변화되는 것이다. 만약 새로운 지역에서 이들의 평균 개체수를 증가시키고 싶으면 우리는 그들이 원래 서식하던 지역에서 행하던 방식과는 다른 방식으로 그들을 변화시켜야 할 것이다. 왜냐하면 이전과는 달라진 그들의 경쟁자나 적들에 견주어 유리한 무엇인가를 그들에게 제공해야 하기 때문이다.

그러므로 한 종류의 생물에게 다른 종류에 비해 더 이득을 주기 위해서는 상상력을 발휘하는 것이 좋을 듯하다. 아마도 우리는 단 한 번의 실행으로 성공할 수 있는 방법을 알기는 어려울 것이다. 이런 것을 보면 우리가 자연계에 존재하는 모든 생물들의 상호관계에 대해 얼마나 무지한지 깨닫게 된다. 얻기 힘든 만큼 꼭 필요한 깨달음이다.

우리가 할 수 있는 일은 각각의 생물이 그들의 개체수를 기하급수적으로 증가시키고자 투쟁하고 있다는 사실을 잊지 않고 마음속에 간직하는 것이다. 또한 특정한 계절이나 각 세대의 특별한 시기 등, 삶의 특정한 시기에 생존경쟁으로 인해 엄청나게 많은 개체가 죽게 된다는 점을 명심하자. 우리가 이러한 투쟁을 곰곰이 생각해보면, 자연의 전쟁이 끊임없이 일어나고 있으며, 어떠한 두려움도 느낄 수 없고, 죽음이 따라오며, 강력하지만 건전하고 행복한 생존과 번식이 일어나고 있다는 사실에 나름대로의 위안을 느낄 수 있을 것이다.

제4장 자연선택

자연선택 – 인위선택과 자연선택의 비교 – 별로 중요하지 않은 특징에 미치는 자연선택의 작용 – 모든 연령층과 암수 모두에게 미치는 자연선택의 작용 – 성선택 – 한 종의 개체들 사이에서 이루어지는 교배에 관한 일반론 – 자연선택에 우호적인 상황과 비우호적인 상황들, 즉 상호교배 · 격리 · 개체수 – 느린 작용 – 자연선택에 따라 일어나는 절멸 – 좁은 지역에 사는 생물의 다양성이나 귀화와 관련된 형질의 분기 – 형질의 분기와 절멸을 통해 동일 부모에서 유래된 후손들에게 미치는 자연선택의 작용 – 모든 생물의 분류에 관한 설명

지난 장에서 우리는 생존경쟁에 대해 너무 간단하게 논의한 감이 없지 않지만 이러한 생존경쟁이 변이에 미치는 작용은 무엇인가? 인간의 선택이 얼마나 강력한 것인지 우리는 알고 있다. 이러한 선택의 원리가 자연계에도 적용되는가? 자연계에서는 이러한 작용이 훨씬 더 효과적으로 일어나고 있다는 것을 우리는 곧 알게 될 것이다. 특이한 가축이나 작물이 얼마나 많은지 생각해보자. 그 정도가 덜하기는 하지만 자연에도 특이한 생물은 얼마든지 있다. 그리고 이러한 특이함은 후손에게 그대로 물려진다. 가축화가 이루어지면서 생물의 모든 구성이 어느 정도 가변적으로 변하는 것 같다. 모든 생물들이 서로서로 또 주변의 물리적인 조건과도 한없이 복잡하면서도 밀접하게 관련되어 있다는 사실을 명심하자.

그렇다면 우리는 인간에게 유용한 변이가 반드시 일어나고 있는 상황을 보면서, 위대하고 복잡한 삶의 전투 속에서 생물 상호 간에 유용할 수 있는 변이가 수천 세대를 거치면서 언젠가는 일어날 수 있다고 생각하는 것이 타당하지 않은가? (생존할 수 있는 개체보다 훨씬 더 많은 개체가 태어난다는 사실을 기억한다면) 이러한 변이가 일어났을 때, 그 변

이가 아무리 사소하더라도 그것이 해당 개체에게 이득을 주기만 한다면 그들이 생존해서 자기와 닮은 후손을 남길 수 있는 아주 좋은 기회가 된다는 사실을 부정해야만 하는가? 바꿔 말한다면 아무리 사소하더라도 개체에게 해로움을 끼치는 변이는 곧 사라질 것이라고 생각할 수 있다. 유리한 변이가 보존되고 해로운 변이가 제거되는 것을 나는 자연선택이라고 부른다. 유리하지도 해롭지도 않은 변이는 자연선택에 의한 영향을 받지 않을 것이기에, 구성원들의 구조가 서로 다른 종에서 볼 수 있는 것처럼 그냥 이리저리 변동하는 요인으로 남아 있을 것이다.

기후와 같은 물리적인 변화를 겪고 있는 나라의 사례를 연구해보면 자연선택의 과정을 가장 잘 이해할 수 있을 것이다. 그 지역에 살고 있는 생물들의 상대적인 비율은 매 순간 변하고 있으며 일부 종은 사라질 수도 있을 것이다. 각 지역의 생물들은 밀접하고도 복잡한 방식으로 서로 관련되어 있다는 것을 이해할 때, 우리는 기후변화와 상관없이 생물들의 상대적인 비율이 변화했을 때 그것이 다른 많은 생물들에게 큰 영향을 끼친다고 결론을 내릴 수 있을 것이다.

한 지역의 테두리가 닫혀 있지 않는 한 새로운 생물들이 이주해오는 일은 반드시 일어날 것이고, 이것 역시 기존에 살고 있는 일부 생물들의 관계를 크게 교란시킬 것이다. 한 종의 나무나 포유류가 유입되었을 때의 그 영향이 아주 강력하다는 사실을 명심하자.

그렇지만 섬이나, 장벽에 의해 부분적으로 둘러싸인 지역에는 더 나은 적응을 보이는 생물들의 자유로운 유입이 쉽지 않을 것이고, 우리는 자연계의 질서에 따라 기존의 서식자 중에서 유리하게 변형된 것이 그 지역을 채울 것이라고 확신할 수 있다. 왜냐하면 이러한 자리는 유입이 자유로울 경우 침입자들에 의해 탈취되는 곳이기 때문이다. 그러한 경우, 여러 연령층에서 일어날 수 있는 모든 사소한 변형이 어떠한 종에서건 어떠한 방식이라도 유리하게 작용한다면 변화된 조건에 더 잘 적응함으로써 보존되려 할 것이다. 따라서 자연선택은 그렇게 개선 작업을 수행하는 것이다.

제1장에서 언급한 것처럼, 생활조건의 변화는 특별하게 생식계에 작용함으로써 변이의 가능성을 높일 수 있다는 사실에는 근거가 있다. 또한 앞에서 설명한 것처럼 생활조건은 변해가고 있으며 이러한 변화는 유리한 변이가 일어날 수 있는 기회를 높여줌으로써 틀림없이 자연선택이 일어나기 쉬운 상황을 만든다. 물론 유리한 변이가 일어나지 않는다면 자연선택은 아무런 역할도 하지 않을 것이다.

엄청나게 많은 변이가 필요한 것은 아니라고 생각한다. 마치 우리가 가축이나 작물을 대상으로 개체 간의 작은 차이를 이용해 큰 결과를 얻어내는 것처럼 자연도 그렇게 할 수 있는 것이다. 아니, 자연은 우리 인간보다 비교할 수 없을 정도의 긴 시간을 갖고 있으니 더 쉽게 그렇게 할 것이다. 자연선택이 여러 서식자 가운데 일부를 변형시키고 개선해 빈 곳을 채우려면 새롭고 선점되지 않은 지역이 필요하겠지만, 그렇다고 그런 지역을 만들기 위해 기후변화와 같은 커다란 물리적 변화나 이주를 저지할 만한 유별난 정도의 격리가 필요하다고는 생각하지 않는다.

모든 지역의 모든 생물은 멋진 균형을 유지하며 서로 경쟁하고 있기 때문에 한 구성원의 아주 작은 구조변화나 습성변화는 해당 생물에게 이점을 줄 수 있고, 이러한 변형이 심화되면 될수록 이점은 많아질 수 있다. 원래부터 서식하고 있는 생물들은 상호 간에 또는 그들 주변의 물리적인 조건에 완벽하게 적응되어 있기 때문에 더 나은 적응이 앞으로는 일어나지 않는다고 단언할 수 있는 지역은 없을 것이다. 왜냐하면 모든 지역에서 토착종은 외래종에게 계속 정복되었으므로 언제든지 외래종이 들어와 그들의 땅을 차지할 수 있는 것이다. 이런 식으로 외래종은 모든 장소에서 토착종을 밀어내고 있기 때문에 우리는 만약 토착종이 좋은 방향으로 변했다면 외래종에 훨씬 잘 대항할 수 있지 않을까 생각하는 것이다.

인간이 미래에 대한 예측 없이 그저 조직적인 선택의 수단을 이용해 엄청난 결과를 얻고 있는데 자연이 그러지 말라는 법이 있겠는가? 인간은 눈에 보이는 외부형질에만 관심을 기울이지만, 자연은 외양이 어떠한 방식으로든 유리하게 작용하지 않는 한 외양에는 아무런 관심도 두지 않는다. 자연은 모든 내부 장기, 체질적인 차이 그리고 삶의 모든 장치에 힘을 미칠 수 있다. 인간은 자신의 취향만을 위해 선택을 하지만 자연은 자신이 돌보는 생물의 이득만을 위해 선택을 한다. 모든 선택된 형질은 자연에 의해 충분히 연습이 이루어지기 때문에 그 형질을 갖춘 생물은 더 나은 삶의 조건에 놓이는 것이다.

인간은 여러 가지 기후에 살고 있는 토착종들을 한 지역에서 키운다. 인간은 각각의 선택된 특징에 대해서 특별하거나 그에 맞추어진 방식으로 이들 생물을 대하지 않는다. 인간은 부리가 긴 비둘기에게도 부리가 짧은 비둘기에게도 똑같은 먹이를 준다. 인간은 등이 길거나 다리가 긴 네발짐승을 뭔가 특별한 방식으로 대하지 않는다. 인간은 털이 긴 양도 짧은 양도 모두 같은 기후에 놓고 기른다. 인간은 강한 수컷이 암컷을 차지하기 위해 경쟁하도록 허용하지 않는다. 인간은 열등한 모든 동물을 엄격하게 죽이는 것이 아니라 변화하는 계절에 따라 열과 성을 다해 그들을 보호한다. 인간은 종종 절반쯤 기형을 보이는 생물을 선택하기도 한다. 즉 적어도 그의 눈을 끌 만한 변형이나 인간에게 유용한 형질을 띤 것이라면 선택하는 것이다.

자연에서는 아무리 사소한 구조의 차이나 체질의 차이도 생존경쟁에 중요하게 작용할 수 있으면 그러한 차이가 보존된다. 인간의 소망과 노력은 얼마나 무상한 것인가! 인간의 시간은 얼마나 짧은 것인가! 인간이 만든 것은 모든 지질학적 시기를 거치며 자연에 의해 축적된 산물과 비교해볼 때 또 얼마나 보잘것없는 것인가! 그렇다면 우리는 자연의 산물이 인간의 산물에 견주어 훨씬 더 '진짜'일 수밖에 없다는 사실을 의심해야만 하는가? 자연의 산물이 복잡한 삶의 조건에 훨씬 더 잘 적응할 수밖에 없고, 훨씬 더 훌륭한 솜씨의 특징을 간직하고 있다는 사실을 믿지 않을 수 있는가?

자연선택은 전 세계에 걸쳐 아무리 사소한 변이라도 그것을 하루 단위, 시간 단위로 조사해서 나쁜 것은 제거하고 좋은 것은 보존해 축적하는 과정이라고 말해도 될 것 같다. 기회만 주어진다면 각각의 생명체가 다른 생명체와 또 생활환경과의 관계를 개선시키는 방향으로 언제 어디서라도 조용하면서도 강력하게 작동하고 있는 것이다. 긴 세월이 흐르기 전까지 우리는 이 느린 변화의 과정을 볼 수가 없다. 또한 과거의 기나긴 지질학적 세월에 대한 우리의 지식이 완전하지 못하기 때문에 우리는 단지 현재 살고 있는 생물들의 모습이 과거의 생물들과 어떻게 다른지 볼 수 있을 뿐이다.

비록 자연선택이 각 개체에 이득이 되는 방향으로 작용하기는 하지만 우리가 아주 사소한 것으로 여기는 경향이 있는 일부 특징과 구조들도 동일한 방식으로 자연선택의 작용을 받고 있다. 나뭇잎을 먹고 사는 곤충이 초록색을 띠고, 나무껍질을 먹고 사는 동물이 얼룩무늬 회색을 띠며, 고산지대의 뇌조는 겨울에 흰색을 띤다. 또한 홍뇌조가 분홍색을 띠고 멧닭이 검은 흙색을 띠는 것을 볼 때, 우리는 이들 색조가 새나 곤충을 위험에서 지켜주는 역할을 한다고 믿을 수밖에 없다. 만약 뇌조가 삶의 일정한 시기에 죽지 않는다면 그 수가 엄청나게 늘어날 것이다. 뇌조는 육식 조류에게 사냥 당하는 것으로 잘 알려져 있다. 매는 시력을 이용해서 사냥감을 찾는다. 그래서 유럽 대륙에서 사람들은 흰색 비둘기를 키우지 말라고 경고한다. 흰색 비둘기가 훨씬 더 죽을 확률이 높다는 것이다.

따라서 나는 자연선택이 여러 종류의 뇌조에게 가장 적합한 색깔을 부여하고 일정하게 유지하는 데 가장 효과적이었을 것이라고 생각하지 않을 수 없다. 특정한 색깔의 동물이 간혹 죽는 경우가 있는데, 그 효과가 거의 없다고 생각할 수는 없다. 흰색 양의 무리에서 조금이라도 검은 색조를 띠는 양을 골라내 죽이는 것이 얼마나 필요한 일인지 생각해야 할 것이다.

식물학자들은 과일에 돋은 털과 과육의 색깔이 전혀 중요하지 않은 특징이라고 생각하고 있다. 그러나 탁월한 원예학자인 다우닝〔미국의 원예학자〕에게 들은 바에 따르면 미국에서 털이 없는 과일은 털이 있는 과일보다 바구미의 공격을 훨씬 더 많이 받는다고 한다. 또한 자주색 서양자두는 노란색 서양자두보다 특정한 질병에 훨씬 더 잘 걸린다고 한다. 반면 과육의 색깔이 노란 복숭아는 과육의 색깔이 다른 복숭아보다 특정한 질병에 훨씬 더 잘 걸린다고 한다.

만약 자연계에서 이러한 작은 차이점이 여러 품종의 수확에 큰 차이를 일으키는 것이 맞다면 나무도 다른 나무들이나 다른 적들과 투쟁을 벌이고 있는 것이고, 털이 있는 것과 없는 것 중에 어느 것이 유리한지, 노란 과육과 자주색 과육 중에 어느 것이 투쟁에 이길지를 결정하는 데서 위에 살펴본 차이점들이 크게 기여할 것이다.

종들 사이에 존재하는 작은 차이점들을 논의하는 데서 우리는 너무 무지한 까닭에 이들을 하찮은 것으로 판단하겠지만, 기후나 식량 등이 사소하지만 직접적인 영향을 끼칠 수 있다는 사실을 잊지 말자. 그러나 아직 알려지지는 않았어도 성장의 상호관계에 관한 많은 법칙이 존재한다는 사실만큼은 명심하자. 예를 들어 몸의 한 부분이 변이에 의해 변해서 그것이 그 생물에게 유리하기 때문에 자연선택에 따라 축적된다면 그것이 다른 부분의 변화를 일으킬 수 있다는 것이다. 그런데 이러한 경우 그 2차적인 변화는 종종 전혀 예상 밖의 결과를 불러올 수도 있다.

가축에 대해 살펴본 것처럼 이러한 변화는 삶의 특정한 시기에 국한되어, 후손이 동일한 연령에 도달했을 때 후손에게서도 나타나게 된다—이를테면 많은 식용 식물의 씨앗이나 누에의 애벌레 또는 번데기, 가금류의 알이나 새끼들의 솜털 색깔, 거의 성체로 자란 양이나 소의 뿔 등이 그 예가 될 수 있을 것이다—따라서 자연계에서 자연선택은 해당 연령층에 이득이 되는 변이를 축적시킴으로써, 또 상응하는 나이로 같은 형질이 물려지는 규칙에 따라 생물의 모든 연령층에 걸쳐 작용할 수 있고 그들을 변화시킬 수 있는 것이다. 만약 목화의 씨앗을 바람의 힘을 이용해 더 멀리 퍼뜨리는 유익한 변이가 있었다면 그것이 자연선택을 통해 효과를 발휘하리라고 믿어 의심치 않는다. 목화를 재배하는 사람이 꼬투리의 털을 선택함으로써 그것을 증가시키고 개선하는 것과는 비교가 되지 않는다.

자연선택은 곤충의 유충을 성충과는 전혀 다른 모습으로 우연히 변형시키고 적응시킬 수도 있다. 이러한 변형은 의심할 것도 없이 상관의 원리에 따라 성충의 구조에 영향을 줄 것이고, 이들 곤충의 경우 전혀 먹지도 않고 단지 몇 시간 동안만 생존하는 성충의 많은 구조가 이들 유충의 구조 변화의 연속적인 변화와 관련되어 나타나는 것이다. 반대로 성충에서 일어난 변이가 유충의 구조에 영향을 줄 수도 있다. 그러나 한 구조의 변화가 다른 시기의 구조 변화를 일으키고 그 변화가 해롭게 작용하지 않는다면 이 과정에 항상 자연선택이 관여하게 된다. 만약 해롭게 작용했다면 종의 절멸이 있었을 것이다.

성체에게 작용한 자연선택은 새끼의 구조를 변화시킬 것이고 새끼에게 작용한 자연선택은 성체의 구조를 변화시킬 것이다. 사회적 동물의 경우 각 개체가 변화 때문에 이득을 얻는다면 자연선택은 전체 집단의 이득을 위해 각 개체의 구조를 변화시킬 것이다. 만약 한 종에게 일어난 변화가 해당 종이나 다른 종에게 이득이 되지 않을 때, 자연선택은 일어나지 않는다. 이러한 사례와 관련된 박물학 기록이야 존재하겠지만 조사해볼 만한 사례는 찾을 수가 없다.

한 동물의 전 생애를 통해 단 한 번만 아주 유용하게 사용되는 구조가 있다면, 이러한 구조는 자연선택을 거쳐 꽤 많이 변형될 수도 있다. 예를 들어 일부 곤충의 경우 그들의 커다란 턱은 고치를 열 때 사용되며, 어린 새들의 부리 끝은 아주 딱딱한데 이것은 알을 깨고 나올 때 사용된다. 부리가 짧은 공중제비 비둘기는 다른 비둘기에 견주어 알 속에서 많이 죽는 것으로 보고된 바 있다. 그래서 사육가는 부화할 때 이들을 돕는다. 만약 자연이 다 자란 비둘기의 이득을 위해서 그들의 부리를 짧게 만들어야만 했다면 그 과정은 매우 느렸을 것이며, 동시에 알 속에 있는 어린 새끼들 중에서 부리의 끝이 딱딱한 개체들은 아주 특별한 자연선택의 혜택을 받았겠지만 부리가 약한 새끼들은 살아남기 힘들었을 것이다. 아니면 약하고 깨지기 쉬운 알이 선택되었을 것이다. 다른 모든 구조와 마찬가지로 알 껍질의 두께도 변이가 많은 것으로 알려져 있다.

성선택 우리는 동물을 사육하면서 종종 한쪽 성에 독특한 특징이 나타나 같은 성에게로만 유전되는 경우를 많이 본다. 아마 자연계에서도 이와 똑같은 일이 벌어질 것이다. 만약 그렇다면 자연선택은 한쪽 성을 변형시켜 다른 쪽 성에 대한 기능적인 관계가 원만히 이루어지게 할 것이다. 그리고 일부 곤충에서 발견되는 것처럼 전혀 다른 생활습성 때문에 한쪽 성이 변형될 수도 있을 것이다.

나는 이러한 과정을 성선택이라는 용어로 부르고 싶다. 이것은 생존을 위한 투쟁에 따르는 것이 아니라 암컷을 차지하기 위한 수컷들 사이의 투쟁에 따른 것이다. 또한 그 결과는 성공하지 못한 개체가 죽는 것이 아니라 후손을 남기지 못하거나 덜 남기는 결과로 나타난다. 따라서 성선택은 자연선택보다 덜 가혹한 편이다. 일반적으로 가장 강한 수컷이 자연에서 그들의 위치를 차지하는 과정에서 가장 적합한 개체이며 가장 많은 후손을 남길 것이다.

그러나 승리가 언제나 일반적인 힘이나 세기로 결정되는 것은 아니다. 수컷에게만 나타나는 특별한 무기에 따라 승리가 결정되는 때도 많다. 뿔이 없는 수사슴이나 며느리발톱이 없는 수탉은 후손을 남길 확률이 적다. 단지 승리자만이 후손을 남길 수 있다면 성선택은 틀림없이 불굴의 용기, 며느리발톱의 길이 그리고 며느리발톱이 있는 다리를 휘두를 수 있는 강한 날개를 만들어낼 것이다. 이것은 마치 싸움닭을 키우는 사람들이 최고의 수탉을 신중하게 선택함으로써 후손을 개량하는 것과 같은 원리이다.

자연계에서 얼마나 하등한 동물까지 이러한 전투의 법칙을 따르고 있는지 나는 알지 못한다. 악어 수컷들은 마치 전쟁 춤을 추는 인디언들처럼 싸우고 소리치며 암컷의 주위를 빙빙 돈다. 연어 수컷들은 하루 종일 싸운다. 사슴벌레 수컷들은 다른 수컷들의 거대한 위턱에 상처를 입기도 한다. 아마도 일부다처제 동물의 수컷들 사이에서 이러한 전쟁은 가장 치열할 것이다. 그리고 특별한 무기로 무장되었을 경우에 이러한 전쟁은 더 흔하게 일어나는 것 같다. 육식성 동물의 수컷은 이미 잘 무장되어 있다. 이들은 성선택을 통해 특별한 방어수단을 획득하게 되었다. 예를 들어 사자의 갈기, 수퇘지의 두툼한 어깨, 수컷 연어의 갈고리 턱 등이 있다. 승리를 위해서는 칼이나 창뿐만 아니라 방패도 필요하기 때문이다.

새들 사이에서는 경쟁이 더욱 평화스럽게 일어난다. 이 주제를 연구한 모든 사람들은 암컷을 유인하기 위해 노래를 부르는 수컷들의 경쟁이 아주 치열하다고 생각하고 있다. 기아나〔남아메리카 북동부의 해안지방〕의 직박구리, 극락조 그리고 다른 몇몇 새들은 함께 모여 수컷들이 암컷 앞에서 그들의 아름다운 깃털을 전시하며 기묘한 춤을 춘다. 암컷은 마치 방관자처럼 구경하다가 가장 매력적인 수컷을 파트너로 선택한다. 새장 속의 새들을 주의 깊게 관찰해본 사람은 새들이 개체마다 좋아하는 것과 싫어하는 것이 있다는 점을 잘 알고 있다. 헤론 경〔영국의 정치가이자 농학자로 동물의 육종을 연구했다〕은 얼룩무늬의 수컷 공작이 암컷 모두에게 매력적이었다고 보고했다.

이러한 모든 상황이 미치는 효과가 별것 아니라고 주장하는 것은 유치해 보인다. 여기에서 이러한 견해를 뒷받침하기 위해 세부적인 설명을 할 수는 없다. 그러나 만약 인간이 자신의 미의 기준에 따라 벤담닭에게 우아한 장식과 아름다움을 아주 짧은 시간에 줄 수 있다면 암컷 새가 그들 자신의 미의 기준에 따라 노래를 잘하거나 색깔이 아름다운 수컷을 수천 세대를 거치며 선택함으로써 놀랄 만한 효과를 거둘 수 있다는 사실을 의심할 근거가 없어진다. 새들의 경우 어린 새끼의 깃털과 다 자란 새의 수컷과 암컷의 깃털이 다른 것은 아주 잘 알려진 사실이다. 이러한 차이도 번식기를 맞이한 적정한 연령의 새들 사이에 일어나는 성선택으로 설명될 수 있다고 생각한다. 그렇게 해서 얻어진 변형은 같은 계절, 같은 나이의 개체들에게 물려지는 것이다. 그렇지만 여기에서 그것을 자세하게 설명하지는 않겠다.

나는 모든 동물의 암수가 동일한 생활습성을 갖고 있으면서 구조나 색깔 또는 장식이 다를 때, 이것이 성선택 때문이라고 믿고 있다. 즉 세대를 거치면서 일부 수컷들이 다른 수컷보다 무기나 방어 또는 매력에서 조금이라도 유리한 점이 생기고 그것을 그들의 수컷 후손들에게 물려주는 것이다.

그렇지만 암수 간의 모든 차이가 성선택 때문이라고 생각하는 것은 아니다. 일부 가축의 수컷에게서만 나타나는 구조들(예를 들어 수컷 전서구 눈 근처의 깃털 없는 살갗, 일부 가금류 수컷에게서 나타나는 뿔과 같은 구조 등)은 전투에 유리할 것 같지도 않고 암컷에게 매력적으로 보이는 것 같지도 않다. 자연계에서도 비슷한 사례를 찾아볼 수 있다. 예를 들어 칠면조 수컷의 가슴 부위에 돋아난 털 뭉치는 유용할 것 같지도 않고 장식이 될 것 같지도 않다. 사실 이러한 장식이 가축화 과정에 나타났다면 기형이라고 일컬어졌을 것이다.

자연선택의 작용을 보여주는 사례들 자연선택이 어떻게 작용하는지를 명확하게 하기 위해서 한두 가지 가상적인 설명을 해야겠다. 여러 가지 동물을 잡아먹는 늑대를 예로 들어보자. 이들은 솜씨나 힘 또는 민첩성으로 먹이를 확보한다. 이제 다음과 같이 상상해보자. 늑대가 먹이를 구하기 어려운 계절에 무슨 이유에서인지 사슴과 같은 아주 민첩한 먹이동물의 개체수가 증가하거나, 민첩하지 않은 먹이동물의 개체수가 줄어들었다고 가정해보자.

이러한 상황에서 빠르고 꾀가 많은 늑대들이 생존 확률이 높다는 사실을 나는 의심할 수 없다. 그렇게 해서 이러한 계절이나 다른 동물을 잡아먹을 수밖에 없는 다른 계절에 이들 늑대가 먹이를 차지할 수 있는 능력을 유지할 수 있다면 그들은 보존되고 선택될 것이다. 인간이 세밀하고 조직적인 선택으로써 그레이하운드의 민첩성을 향상시킬 수 있듯이, 또한 인간이 품종을 개선하겠다는 생각을 하지 않으면서도 그저 가장 훌륭한 개를 선택함으로써 그들을 개량할 수 있는 것을 생각해보면 자연의 힘이 이보다 못할 이유가 없다.

우리가 논의한 늑대의 먹이가 되는 동물들의 개체수 변화가 없다고 해도 새끼 늑대는 특정한 먹이를 추적하는 본능적인 성향을 띠고 태어날지도 모른다. 이러한 가능성이 아주 희박한 것은 아니다. 왜냐하면 가축을 보더라도 개체 간의 큰 차이를 종종 발견할 수 있기 때문이다. 예를 들어 어떤 고양이는 쥐를 사냥하고 어떤 고양이는 생쥐를 사냥한다. 존〔영국의 박물학자〕에 따르면 어떤 고양이는 날개가 달린 새를 잡아오는 경우도 있고, 또 어떤 고양이는 토끼를 잡아오기도 하고 습지에서 사냥하며 밤에 도요새를 잡아오는 경우도 있다. 생쥐가 아닌 쥐를 잡으려는 고양이의 성향은 타고난 것으로 알려져 있다.

각각의 늑대에게 유리한 습성이나 구조의 아주 작은 차이가 물려지면 생존의 확률은 높아질 것이고 후손을 남길 확률도 높아질 것이다. 그들 새끼 가운데 일부는 부모와 동일한 습성이나 구조를 물려받을 것이고 이러한 과정이 반복되면서 새로운 변종이 형성되어 기존의 늑대를 몰아내거나 그들과 공존하게 될 것이다. 만약 어떤 늑대들은 산악지대에 살고 다른 늑대들은 저지대를 주된 생활 근거지로 삼고 살아간다면, 그들은 당연하게도 서로 다른 먹이를 사냥하게 될 것이고 두 지역에 각각 가장 적합한 개체들이 계속 선택됨으로써 서서히 두 변종이 형성될 수도 있을 것이다. 이들 변종은 집단의 경계를 넘어 다른 집단과의 교배가 이루어져 섞일 수도 있다. 이러한 상호교배에 대해서는 앞으로 다시 살펴보도록 하겠다.

피어스〔미국의 지질학자이자 박물학자〕에 따르면 미국의 캣스킬 산맥에는 두 변종의 늑대가 서식하고 있는데, 하나는 주로 사슴을 사냥하며 그레이하운드를 닮은 날렵한 형이고, 다른 하나는 몸집이 크고 다리가 짧으며 양 떼를 자주 공격한다고 한다.

이제 조금 더 복잡한 경우를 살펴보자. 일부 식물들은 달콤한 분비물을 내는데, 이것은 수액에서 무언가 해로운 것을 제거하기 위해 분비하는 것이 틀림없다. 이 분비샘은 콩과식물의 경우에는 탁엽 기저부, 월계수의 경우에는 잎 뒷면에 자리 잡고 있다. 이 수액은 매우 소량이지만 곤충들이 아주 좋아한다.

꽃잎의 안쪽 기저부에서 약간 달콤한 수액, 즉 화밀이 분비된다고 상상해보자. 이 경우 화밀을 찾는 곤충들은 꽃가루에 범벅이 될 것이고, 결국 꽃가루를 한 꽃에서 다른 꽃의 암술머리로 옮길 것이다. 이렇게 해서 한 종 내 두 개체의 꽃은 교배를 하고, 그리하여 원기 왕성한 묘목을 만들어낼 것이고, 그리하여 이들 묘목은 번성과 생존에 더욱 유리한 기회를 얻게 될 것이다. 이렇게 말하는 데에는 충분한 근거가 있으며 앞으로 다시 언급하도록 하겠다.

이들 묘목 가운데 일부는 아마도 화밀을 생산하는 능력을 자손에게 물려줄 것이다. 가장 큰 분비선, 즉 밀선을 갖고 있어 가장 많은 화밀을 만들어내고, 그 결과 더 많은 곤충을 유혹해 교배의 기회가 더 많았던 꽃은 결국 우위의 입장에 서게 될 것이다. 또한 수술과 암술이 자리 잡은 꽃은 그 꽃을 찾는 곤충의 크기와 습성과 관련해 꽃가루를 이 꽃에서 저 꽃으로 조금이라도 더 잘 전달할 수 있는 방향으로 선호되고 선택될 것이다.

화밀이 아니라 꽃가루를 수집할 목적으로 꽃을 찾는 곤충의 사례를 고려해볼 수도 있다. 꽃가루가 수정이라는 단 하나의 목적으로 생성되는 것을 생각해보면 식물의 처지에서 곤충에게 꽃가루를 잃는 것은 손실로 보인다. 그러나 꽃을 찾아다니며 꽃가루를 게걸스럽게 먹는 곤충에 의해 처음에는 가끔 꽃가루가 운반되다가 나중에 조금 더 습관적으로 자주 꽃가루가 운반되어 교배가 일어난다면, 비록 10개의 꽃가루 중에서 9개의 꽃가루가 손실된다 하더라도 식물에게는 큰 이득이 될 수 있다. 그리고 꽃가루를 많이 생산하는 커다란 꽃밥이 선택되었을 것이다.

더욱 매력적인 꽃이 계속해서 보전되는, 즉 자연에 의해 선택되는 이러한 과정을 거쳐 우리의 꽃들이 곤충에게 아주 매력적인 모습을 보여준다면, 그들은 자신의 꽃가루를 이 꽃에서 저 꽃으로 훨씬 효과적으로 옮길 수 있다. 나는 이들이 얼마나 이 일을 잘할 수 있었는지 보일 수 있다. 여기에서 나는 단 한 가지 사례만 제시할 텐데, 그렇게 놀랄 만한 것은 아니지만 식물의 암수를 분리시키는 하나의 단계를 잘 보여준다.

일부 호랑가시나무는 수꽃만을 피운다. 이들 수꽃에는 비교적 적은 양의 꽃가루를 만들어내는 4개의 수술이 있고 암술은 퇴화해 흔적만 남아 있다. 또 다른 호랑가시나무들은 암꽃만 피우는데, 암꽃의 암술은 완벽하게 발육되어 있지만 4개의 수술은 발육이 제대로 이루어지지 않아 꽃가루를 만들어내지 못한다.

한 그루의 수컷 나무에서 55미터쯤 떨어진 곳에 위치한 암컷 나무를 발견한 나는 암컷 나무의 여러 가지에서 20개의 꽃을 추출해 암술머리를 모아 현미경으로 관찰한 결과, 예외 없이 모든 암술머리에 꽃가루가 붙어 있는 것을 알 수 있었으며, 꽃가루가 아주 많이 붙어 있는 암술머리도 있었다. 며칠 동안 바람이 암컷 나무에서 수컷 나무 쪽으로 불었기 때문에 꽃가루가 바람을 따라 이동될 수는 없었다. 날씨도 춥고 거칠었기 때문에 벌이 활동하기에도 적당하지 않았다. 그럼에도 불구하고 내가 관찰한 모든 암꽃은 화밀을 찾아 이 꽃 저 꽃을 찾아다니는 벌들이 흘린 꽃가루에 의해 수정되었던 것이다.

그러나 상상 속의 사례로 돌아가보자. 식물이 곤충에게 매력적인 꽃을 피워 이 꽃에서 저 꽃으로 꽃가루를 규칙적으로 실어 나르기 시작하면서 또 다른 일이 벌어졌을 수도 있다. 박물학자 가운데 이른바 '노동의 생리학적 분할'이 갖는 이점을 부정하는 사람은 없다. 따라서 식물이 자기가 피우는 꽃의 일부에 수술만을 만들고 다른 꽃에는 암술만을 만들거나, 한 나무의 모든 꽃을 암술로만 채우고 또 다른 나무는 모든 꽃을 수술로 채우는 것이 유리할 수도 있다고 생각할 수 있다.

경작되면서 새로운 조건에 놓이게 된 식물에서 수컷 기관이나 암컷 기관의 어느 하나가 약해지는 경우가 있다. 만약 자연에서도 이와 비슷한 일이 아주 약한 정도라도 일어난다면 이미 꽃가루가 이 꽃에서 저 꽃으로 운반되고 있는 상황이므로, 식물의 성별이 완벽하게 분리되는 것이 노동 분할의 원리에 따라 유리할 수도 있을 것이다. 식물이 이러한 경향을 발전시킬수록 그들은 더욱 유리해지고 더욱 선택되어 결국에는 암수가 완벽하게 분리될 것이다.

이제 상상의 나래를 화밀을 먹는 곤충에게로 돌려보자. 계속된 선택에 따라 화밀의 양이 서서히 증가한 식물이 점점 그 개체수를 늘려 일반 식물이 되었고 일부 곤충들이 이들 나무의 화밀을 주요 식량 공급원으로 삼고 있다고 상상해보자. 나는 시간을 절약하려고 애쓰는 벌들에 관한 사례를 여럿 보일 수 있다. 예를 들어 그들은 일부 꽃의 아래쪽에 구멍을 내어 화밀을 빨아 모은다. 꽃의 입구를 통해 화밀을 얻으러 들어가는 행위가 아주 약간의 노력만을 더 필요로 하는데도 말이다.

이러한 사실을 염두에 둔다면 곤충의 신체가 크기나 구조, 또는 주둥이의 길이나 휘어진 정도가 우연히 변했을 때, 그 변화가 너무 사소해서 우리의 눈에는 별로 차이가 없을 수도 있겠지만, 그 변화를 겪은 벌이나 해당 곤충에게는 유리해서 먹이를 좀 더 빨리 얻게 할 수 있었고 생존과 번식의 확률을 좀 더 높일 수도 있었을 것이다. 또한 이들의 후손도 마찬가지로 변화의 경향을 물려받을 수 있을 것이다.

붉은토끼풀과 크림슨토끼풀의 화관[꽃잎을 함께 일컫는 말]과 연결된 아래쪽 관의 길이는 얼핏 보면 차이가 없는 것 같다. 그렇지만 꿀벌은 크림슨토끼풀의 화밀은 빨 수 있어도 붉은토끼풀에서는 쉽게 화밀을 빨지 못한다. 대신 뒤영벌만이 붉은토끼풀의 화밀을 찾아 날아든다. 따라서 들판에 붉은토끼풀이 가득 덮여 있어도 꿀벌은 이곳에서 전혀 화밀을 얻지 못한다. 그러므로 꿀벌의 주둥이가 조금 길어지거나 그 구조가 약간 변한다면 그것은 매우 유리할 수도 있을 것이다.

한편 내가 실험한 바에 따르면 토끼풀의 번식력은 꽃을 찾아 화관을 옮겨다니며 꽃가루를 암술로 운반하는 벌에게 크게 의존한다. 그러므로 만약 뒤영벌이 어떤 지역에서 매우 희귀해졌다고 가정한다면 붉은토끼풀의 화관 아래쪽에 자리 잡은 관의 길이가 짧아지거나 더 깊은 곳에서 화관으로 나뉘는 변화는 붉은토끼풀에 크게 유리했을 것이다. 왜냐하면 그렇게 되어야만 꿀벌들의 방문이 가능했을 것이기 때문이다. 따라서 나는 꽃과 벌이 거의 같은 시기에 어떻게 서서히 변형되어 상대에게 조금이라도 유리한 구조의 변화를 갖는 개체를 보존함으로써 서로 완벽한 방식으로 적응되었는지를 이해할 수 있다.

찰스 라이엘 경이 '지질학에 나타난 지구 변화의 현대적인 의미'에 관한 자신의 고귀한 견해를 처음 발표했을 때 많은 반대 의견이 있었다. 상상 속의 사례를 토대로 설명한 자연선택의 원리에도 많은 반대가 있을 것이다. 그러나 거대한 계곡이나 내륙 지방에 길게 형성된 절벽을 언급하면서 해안가의 파도가 보잘것없다든지 중요하지 않다는 이야기는 거의 듣지 못한다.

자연선택은 해당 개체에게 유리하게 작용하는 사소하고 작은 유전성 변이가 보존되고 축적되면서 작용할 수 있다. 현대 지질학에 따르면 거대한 계곡이 단 한 번의 홍수로 형성된다고는 아무도 생각하지 않는 것처럼 자연선택도 마찬가지이다. 만약 자연선택의 이론이 옳은 것이라면, 자연선택은 새로운 생명체가 계속해서 창조된다든지 그들의 구조에 엄청나고 갑작스러운 변형이 생긴다는 생각을 배제한다.

이종교배에 대해서 여기서 잠시 옆길로 새야겠다. 암수의 구별이 있는 동식물의 경우 새로운 탄생을 위해 두 개체가 하나로 융합하는 것은 틀림없이 명백하다. 그러나 자웅동체의 경우에는 이것이 명백하지 않다. 그렇지만 나는 모든 자웅동체 동물의 경우 두 개체는 간혹, 또는 자주 자손을 낳기 위해 서로 협력한다고 굳게 믿고 있다. 이러한 견해는 앤드루 나이트에 의해 최초로 제시되었다는 것을 덧붙여 말하고 싶다. 여기에서 우리는 그 중요성을 살펴볼 것이다. 이 주제와 관련해서는 방대하게 논의할 만한 자료를 갖고 있지만 여기에서는 아주 간단하게만 언급하도록 하겠다.

모든 척추동물과 모든 곤충 그리고 그 밖에도 대부분의 동물이 번식을 위해 짝을 이룬다. 자웅동체로 추정되었던 생물들이 근래의 연구의 의해 자웅이체로 밝혀지는 경우가 많다. 실제 자웅동체 생물들도 짝을 이룬다는 것이 알려졌다. 즉 두 개체가 번식을 위해 규칙적으로 융합한다는 것으로, 이것이 바로 우리가 관심을 두는 부분이다. 그렇지만 습관적으로 짝을 이루지 않는 것이 확실한 자웅동체 생물도 여전히 많다. 대부분의 식물도 자웅동체이다. 이 경우 번식과정에 왜 두 개체가 협력하는지에 대한 질문이 나올 수 있다. 여기에서는 세밀하게 논의하는 것이 불가능하므로 보편적인 상식에 의존할 수밖에 없을 것 같다.

첫째로 나는 방대한 양의 사실을 수집했는데, 이것들은 대부분의 육종가들의 믿음과 일치하는 것들이다. 즉 동식물에서 한 종의 서로 다른 변종 사이에 일어나는 교배나 한 변종의 서로 다른 혈통 사이에 일어나는 교배로 태어나는 새끼들은 활력도 있고 번식력도 우수하다. 그러나 아주 가까운 사이의 근친교배는 활력과 번식력을 모두 감소시킨다. (나는 자연의 법칙에 대해 아주 무지하기는 하지만) 이러한 사실만을 보면 어떠한 생물도 세대의 영구한 존속을 위해 자가수정을 실행하지는 않으며, 종종—아마도 아주 가끔—다른 개체와의 교배가 필요한 것이 자연의 법칙인 듯하다.

이것이 자연의 법칙이라는 믿음에 따라 다른 견해로는 도저히 설명될 수 없는 사실들을 이해할 수 있다고 생각한다. 모든 육종가들은 꽃의 수정에서 비에 젖는 것이 얼마나 바람직하지 못한 일인지 잘 알고 있다. 그러나 얼마나 많은 꽃들이 그들의 꽃밥과 암술머리를 거친 날씨에 노출시키고 있는가! 간헐적인 교배가 필요한 것이라면 다른 개체로부터 꽃가루가 전혀 유입되지 않는 상황이 이렇게 비에 대한 노출을 설명할 수 있을 것이다. 식물의 꽃을 살펴보면 꽃밥과 암술머리가 대개 아주 가까이 있는 것으로 미루어 자가수정은 불가피해 보인다.

한편 콩과식물에서 볼 수 있듯이 많은 꽃들의 과실기관은 매우 가까이 모여 있다. 그러나 이들 꽃의 일부 또는 전부에서 꽃의 구조와 벌이 화밀을 빠는 방식은 서로 아주 독특하게 적응되어 있다. 왜냐하면 꽃의 구조와 벌의 행동은 자신의 꽃가루를 암술머리에 닿지 않도록 배척하고 다른 꽃의 꽃가루를 가져오기 때문이다. 벌이 콩과식물을 찾는 것은 필요한 일이므로 만약 벌의 방문이 저지된다면 콩과식물의 산출력은 크게 감소할 것이다. 나는 이 실험 결과를 다른 곳에 발표한 적이 있다.

벌이 이 꽃에서 저 꽃으로 이동하면서 식물에 유리한—나는 그렇게 믿고 있다—꽃가루 운반 업무를 수행하지 않을 수는 없다. 벌은 작은 붓과 같은 역할을 한다. 꽃의 꽃밥을 건드린 붓으로 다른 꽃의 암술머리를 가볍게 건드려주는 것으로써 수정은 충분히 일어난다. 그러나 벌이 이와 같은 붓의 역할을 하면서 서로 다른 종 사이의 수많은 잡종을 만드는 경우가 있어서는 안 될 것이다. 만약 여러분이 해당 식물의 꽃가루와 다른 식물의 꽃가루를 함께 묻혀놓으면, 게르트너가 보인 것처럼, 해당 식물의 꽃가루는 이방인 꽃가루 기능을 거의 철저하게 파괴한다.

한 꽃의 수술이 암술을 향해 움직이거나 서서히 기울어지는 경우를 보면 이것은 자가수정을 도와주는 장치이며, 의심할 것도 없이 이 목적에 유용하다. 매자나무를 대상으로 쾰로이터[독일의 식물학자]가 연구했듯이 수술의 움직임도 종종 곤충의 도움을 받는다. 매자나무속(屬) 식물들을 보면 이상하게도 자가수정을 도와주는 장치를 갖고 있는 것 같다. 이 식물들의 유사한 변종들을 가까이 심어놓았을 때 그들의 순수 혈통이 거의 유지되는 경우가 없는 것으로 보아, 자연에서 이들은 서로 교배를 한다는 것을 알 수 있다.

그 밖의 다른 많은 경우에는 자가수정을 일으키도록 유도하는 도움이 아니라 암술머리가 자기 자신의 꽃으로부터 꽃가루를 받지 못하게 저지하는 효율적인 장치들이 있다. 여기에 슈프렝겔[독일의 식물학자]의 연구 결과나 내가 관찰한 결과를 제시할 수도 있다. 예를 들어 로벨리아 풀겐스의 꽃밥은 융합되어 있는데, 자신의 암술머리가 이 꽃가루를 받기 전에 꽃가루를 쓸어내는 아름답고도 정교한 장치가 있다. 내가 정원에

이 꽃을 키우며 곤충의 접근을 차단했더니 씨앗을 맺는 경우가 전혀 없었다. 그렇지만 인위적으로 한 꽃의 꽃가루를 다른 꽃의 암술머리에 묻혀 수많은 씨앗을 얻을 수 있었고, 아주 가까운 곳에 키우면서 벌의 접근을 허용했던 다른 종의 로벨리아가 많은 씨앗을 맺었음은 물론이다.

모든 식물에 암술머리가 자기 꽃의 꽃가루를 받아들이지 못하게 하는 특별한 기계장치가 있는 것은 아니다. 그렇지만 슈프렝겔이나 내 결과를 보면 꽃가루가 준비되기 전에 암술머리는 이미 수정할 준비를 완성함으로써 실제로 이들 식물은 성이 분리된 것처럼 다른 개체와 교배를 하는 것이다. 얼마나 이상한 사실들인가! 한 꽃의 꽃가루와 암술머리가 그렇게 가까이 놓여 있어서 마치 자가수정을 위한 장치인 것 같지만, 사실은 상호 간에 소용이 없다니 얼마나 이상한 일인가! 서로 다른 개체와의 교배가 유익하거나 꼭 필요하다는 견지에서 본다면 얼마나 간단명료한 설명인가!

양배추, 무, 양파 그리고 그 밖의 일부 식물 변종들의 씨앗을 가까이에 심어놓으면 많은 수의 잡종이 만들어진다는 것을 발견했다. 예컨대 서로 다른 변종 양배추를 가까이에 심어 233개체의 새로운 양배추를 얻었는데, 부모와 같은 혈통은 단지 78개체에 불과했고, 나머지 개체는 모두 부모와 다른 잡종으로 나타났다. 그렇지만 각 양배추 꽃의 암술은 6개의 수술에 둘러싸여 있을 뿐만 아니라 동일 식물의 다른 많은 꽃들에 둘러싸여 있다. 이런 상황에서 어떻게 그렇게 수많은 개체가 잡종으로 만들어질 수 있었겠는가?

나는 다른 변종의 꽃가루가 자신의 꽃가루보다 우세한 효과가 있어야만 가능하다고 생각한다. 또한 한 종 내의 서로 다른 개체 간 교배에서 얻어지는 장점이 있기 때문이라고 생각한다. 서로 다른 종 사이의 교배는 전혀 반대의 상황이 된다. 왜냐하면 같은 종의 꽃가루는 다른 외계 꽃가루보다 언제나 우세하기 때문이다. 그렇지만 이 주제는 다음에 다시 다루도록 하겠다.

수없이 많은 꽃으로 뒤덮여 있는 큰 나무의 경우 서로 다른 개체의 나무에서 꽃가루가 운반되는 일은 거의 일어나지 않으며 기껏해야 동일한 나무의 서로 다른 꽃에서 꽃가루가 운반될 것이고, 동일한 나무의 여러 꽃은 제한된 의미에서 서로 다른 개체로 생각할 수도 있다는 의견도 가능할 것이다. 이러한 견해도 가치 있는 것이지만, 자연은 이미 이런 일이 일어나지 않도록 나무에 따라 서로 다른 성의 꽃이 피게 하는 경향이 강하게 생겨났다. 성이 분리되면 비록 수꽃과 암꽃이 동일한 나무에 피더라도 꽃가루는 한 꽃에서 다른 꽃으로 끊임없이 운반되어야 한다. 따라서 이러한 상황은 서로 다른 나무로부터 꽃가루가 운반될 수 있게 하는 더 나은 기회를 부여함은 물론이다.

이 나라에서 모든 목에 속하는 나무들이 다른 식물보다 성이 분리되는 경우가 더 흔하다는 사실을 나는 알고 있다. 그리고 내 요청에 따라 후커 박사는 뉴질랜드의 식물 목록을 만들었고 아사 그레이 박사[미국의 식물학자로 다윈과 많은 편지를 주고받으며 다윈을 지지했다]는 미국의 식물 목록을 작성했는데, 결과는 내가 예상한 것과 동일했다. 반면, 최근에 후커 박사는 오스트레일리아의 식물들이 이 규칙을 따르지 않는다는 사실을 발견했다고 내게 알려주었다. 내가 여기에 나무의 성과 관련해 이와 같이 언급한 이유는 단지 이 주제에 대한 주의를 환기하고 싶었기 때문이다.

동물에게로 잠시 얘기를 돌려보면, 육상동물 가운데 육상 달팽이나 지렁이는 자웅동체 동물이지만 이들은 모두 짝을 짓는다. 나는 아직도 육상생물 중에서 자가수정을 하는 동물을 발견하지 못했다. 식물의 경우와는 너무 다른 이러한 놀랄 만한 동물의 사례는 다른 개체와의 교배가 꼭 필요하다는 견지에서, 또 육상동물들이 살아가는 환경과 수정을 일으키는 여러 요소를 고려해보면 쉽게 이해될 수 있다. 식물에서 곤충과 바람의 작용과 비슷한 작용이 동물에게서도 일어나, 두 개체가 한자리에 있지 않은 상태에서 가끔 다른 개체 간의 교배가 일어날 수 있었는지 모를 일이다. 수서동물 중에는 자가수정이 이루어지는 자웅동체가 많이 있다. 그렇지만 여기에서도 물의 흐름은 간혹 다른 개체와의 교배를 가능하게 하는 수단으로 작용한다.

정말 위대한 학자인 헉슬리 교수〔영국의 동물학자로 『종의 기원』이 발간된 이후 다윈의 이론을 철저하게 지지했다〕에게 자문을 구한 뒤, 나는 자웅동체의 생식기관이 체내에 완벽하게 포장되어 있어 다른 개체의 접근이 물리적으로 불가능하다는 것을 보여줄 만한 사례를 찾으려 했지만 식물과 마찬가지로 동물에서도 실패했다〔다윈과 헉슬리는 자웅동체인 동물이나 식물도 다른 개체와 생식이 가능하다는 확신을 품고 있었다〕. 이 견해에 따르면 만각류〔굴이나 따개비를 일컫는다〕는 정말로 풀기 어려운 숙제라고 나는 생각했었다. 그러나 비록 자가수정을 하는 자웅동체인 이들 만각류가 가끔 서로 교미한다는 사실을 증명할 기회를 다른 곳에서 찾을 수 있었다.

동물이든 식물이든 같은 과, 심지어는 같은 속에 속하는 서로 다른 종이 전반적인 구성은 거의 비슷하면서도 어떤 종은 자웅동체이고 어떤 종은 자웅이체라는 사실은 많은 박물학자들에게 충격을 줄 것임에 틀림없다. 그러나 모든 자웅동체인 생물이 가끔 다른 개체와 교배하는 것이 사실이라면 자웅동체이건 자웅이체이건 그 기능만을 놓고 볼 때는 그 차이가 아주 작은 것이 된다.

이러한 몇 가지 논의와, 여기에 모두 제시할 수는 없지만 그동안 내가 수집한 많은 사례를 볼 때, 나는 식물계이든 동물계이든 서로 다른 개체가 간혹이라도 서로 교배하는 것이 자연의 법칙이라는 강한 믿음을 갖고 있다. 물론 이러한 견해에는 많은 어려움이 있다는 것을 나는 잘 안다. 나는 현재 이들 몇몇 사례를 연구하고 있다. 이것들을 종합해볼 때,

우리는 많은 생물에서 일어나는 두 개체 간의 교배는 자신들의 혈통을 위해 반드시 필요한 것이라는 결론을 내려도 될 것 같다. 물론 다른 일부 집단에서는 교배가 아주 오랜 간격을 두고 가끔 이루어지기도 하지만, 영원히 자가수정만을 지속하는 생물은 없을 것이라고 생각한다.

자연선택이 일어나기에 유리한 상황 이것은 정말로 복잡한 주제이다. 정말로 많고 다양한 유전성 변이성이 유리하겠지만, 나는 그저 두 개체 사이의 차이만으로도 충분하리라고 믿는다. 많은 개체들은 유리한 변이가 일어나는 특정한 시기에 더 나은 기회를 부여함으로써 적은 변이성에 대한 보상을 받을 수 있으며 이것이야말로 성공을 위한 아주 중요한 요소라고 나는 믿는다. 비록 자연은 자연선택이 일어날 수 있는 아주 긴 시간을 부여하지만, 그렇다고 자연이 무한정의 시간을 주는 것은 아니다. 모든 생물은 노력을 하고 있기에, 자연계의 질서[자연계는 낭비가 없이 효율적으로 맞물려 돌아간다는 뜻이다]라는 관점에서 볼 때 한 생물이 경쟁자에 견주어 상대적으로 변형되지 않고 개선되지 않는다면 그것은 곧 사라져버리기 때문이다.

인간이 행하는 조직적인 선택에서 육종가들은 나름대로의 뚜렷한 목적을 위해 선택하기 때문에 자유로운 교배는 절대로 허용하지 않는다. 그러나 사람들이 품종을 변화시키고자 하는 의도 없이 보편적인 완벽함에 대한 기준을 세우고 그저 최고 좋은 동물을 이용해 교배를 시키며 더 좋은 동물들을 얻으려고 한다면 우수하지 못한 동물들과의 교배가 꽤 많이 일어남에도 불구하고 느린 속도의 개선과 변화가 반드시 일어나게 되어 있다.

따라서 이러한 상황은 자연에서도 일어날 것이다. 좁은 지역의 한 부분이 그렇게 완벽하게 채워지지 않았다면 자연선택은 정도야 다르겠지만 항상 모든 개체를 한 방향으로 변화시키려고 할 것이다. 그렇게 함으로써 채워지지 않은 공간을 그들로 더 잘 채울 수 있기 때문이다. 그러나 만약 지역이 넓다면 지역에 따라 틀림없이 서로 다른 생활조건이 존재할 것이고, 만약 자연선택이 여러 지역에서 한 종을 변형시키고 개선했다면 이들은 각각의 지역에서 개선되지 않은 다른 개체들과 교배를 할 것이다.

이 경우 이러한 교배로 인한 효과가 각 지역에서 모든 개체를 일정한 방향으로 변화시키려는 자연선택의 효과를 상쇄하지는 못할 것이다. 왜냐하면 연속적으로 연결된 지역에서의 조건은 대부분 점진적인 변화를 보이고 한 지역에서 다른 지역으로 가면서 변화하지만, 그 변화는 거의 감지할 수 없을 만큼 미미하기 때문이다. 새끼를 낳을 때만 짝을 이루는 동물이나 넓은 지역을 헤매는 동물 그리고 아주 빠른 속도로 번식하지 않는 동물에게 이러한 상호교배의 영향은 아주 클 것이다.

따라서 나는, 새와 같이 이러한 특징을 띠는 동물의 경우 변종들이 서로 다른 지역에 국한되어 살고 있는 이유가 바로 그 때문이라고 믿는다. 아주 가끔씩만 교배를 하는 자웅동체의 경우, 또 번식할 때 짝을 짓지만 좁은 지역에 살며 아주 빠른 속도로 번식하는 동물들에게는 새롭고 개선된 변종이 어느 한 지역에서 빠르게 만들어질 수 있고 그곳에서 그 집단이 유지될 수도 있으므로 이제 새로운 변종 내에서 개체들 간의 교배가 더 많이 일어날 수도 있는 것이다. 이렇게 해서 한 지역에서 형성된 변종은 차후에 다른 지역으로 서서히 뻗어나갈 수도 있다. 위에서 논의한 원리에 따라 종묘원 주인은 늘 같은 변종이라도 더 큰 집단에서 씨앗을 얻으려고 한다. 그렇게 하는 것이 다른 변종 간의 상호교배 기회를 줄일 수 있기 때문이다.

번식기에만 짝을 지으며 느리게 번식하는 동물의 경우에도 상호교배가 자연선택을 지체시키는 효과를 너무 과대평가해서는 안 된다. 나는 한 종에 속하는 서로 다른 변종들이 동일한 지역에서 오랫동안 서로 섞이지 않고 살아가는 여러 가지 사례를 제시할 수 있다. 이들은 출몰지역이 다르고 번식기가 조금씩 다르거나 짝을 찾는 취향이 달라서 서로 섞이지 않았던 것이다.

상호교배는 종의 구성원이나 변종의 구성원이 균일한 특징을 띠게 하는 아주 중요한 역할을 수행한다. 따라서 번식기에만 짝을 짓는 동물들에게서 그 효과가 더욱 극대화할 것임은 명백하다. 그러나 모든 동물과 식물에서 상호교배가 종종 일어난다는 사실은 이미 논의한 바 있다. 이러한 사건들이 아주 긴 시간 간격을 두고 일어난다 해도 그렇게 해서 태어난 어린 개체들은 오랫동안 지속된 자가수정으로 태어난 개체들보다 훨씬 더 강한 활력과 번식력을 갖출 것이고, 그렇기 때문에 그들은 생존 확률이 높아지고 그들과 닮은 자손을 번식시킬 기회가 많아질 것이다. 따라서 장기적으로 볼 때 상호교배는 아주 간혹 일어나더라도 그 영향이 클 것이다.

만약 전혀 교배를 하지 않는 생물이 존재한다면 삶의 조건이 동일하게 유지되는 한 모든 개체가 균일한 형질을 유지할 것이다. 이것은 유전의 원리와, 적절한 유형에서 벗어나는 개체를 파괴하는 자연선택의 원리에 따라 이루어진다. 그러나 만약 삶의 조건이 변하면 그들에게도 변형이 일어날 것이고, 형질의 균일성은 유리한 변이를 보존하는 자연선택에 따라 그들의 후손들에게도 그대로 전달될 것이다.

격리도 자연선택 과정에서 중요한 요소로 작용한다. 격리된 지역이 그렇게 넓지 않다면 삶의 생물적 조건이나 무생물적 조건은 대개 아주 균일한 경우가 많다. 따라서 자연선택은 해당 지역에 살고 있는 한 종의 개체들을 같은 방식으로 변형시키려 할 것이다. 그러지 않았다면 한 종의 개체들은 주변의 다른 지역에서 생활했을 것이고, 이들 사이의 상호교배는 억제되었을 것이다.

그러나 기후나 육지의 융기 같은 물리적 환경의 변화 때문에 일어나는 격리는 잘 적응된 개체들의 유입을 효과적으로 저지했을 것이다. 그래서 자연의 질서 속에서 새로운 장소가 기존 생물들의 생존경쟁을 위한 터전으로 남겨졌고, 기존의 생물들은 구조와 체질을 변형시킴으로써 적응하게 된 것이다.

마지막으로, 유입을 억제해 그로 인한 경쟁도 일어나지 않게 된다면 격리로 인해 새로운 변종은 서서히 개선될 시간의 여유를 얻게 될 것이다. 그리고 이러한 상황은 새로운 종이 만들어지는 데 종종 중요할 것이다. 그러나 만약 격리된 지역이 장벽에 둘러싸여 있거나 매우 특이한 물리적 조건 때문에 아주 좁다면, 그 지역에서 살 수 있는 개체수도 마찬가지로 아주 적을 것이다. 유리한 변이가 출현할 기회가 줄어드는 탓에 소수의 개체만으로 자연선택을 거쳐 새로운 종이 형성되는 일은 아주 더뎌질 것이다.

이러한 논의에 대한 진위를 검증하기 위해 자연으로 눈을 돌려 대양에 놓인 섬처럼 규모가 아주 작은 격리된 지역을 찾는다면, 지리적 분포를 다룬 장에서도 곧 살펴보겠지만, 그곳에 서식하는 전체 종의 수는 적을 것이다. 또한 그들 종의 대부분은 다른 지역에서는 발견되지 않는 그 지역 고유종인 경우가 많다. 따라서 얼핏 대양의 섬은 새로운 종의 형성을 위한 최적의 장소로 여겨지기도 한다. 그러나 이러한 비교는 상당히 어려울 수 있다. 왜냐하면 격리된 작은 지역과 대륙처럼 넓고 열린 장소 가운데 어느 쪽이 새로운 종의 출현에 적합한지를 확인하려면 동일한 시간대에서 두 지역을 비교해야만 하는데, 이러한 비교는 가능하지 않기 때문이다.

격리가 새로운 종의 형성에 무척 중요하다는 사실을 의심하는 것은 아니지만, 나는 오랜 기간을 견뎌낼 수 있고 넓은 지역에 퍼져나갈 수 있는 종의 형성에는 넓은 지역이 훨씬 중요하다고 생각한다. 넓고 광활한 지역에는 한 종의 많은 개체들이 살고 있으므로 유리한 변이가 출현할 기회도 많을 뿐 아니라 기존에 살고 있는 다른 종들이 많아서 삶의 조건이 거의 무한히 복잡할 것이다. 그러니 이들 많은 종의 일부가 변형되고 개선된다면 다른 종들도 같은 정도로 개선되어야만 할 것이다. 개선되지 않은 종은 모두 절멸될 것이기 때문이다.

각각의 새로운 생명체는 개선되자마자 넓고 광활한 지역을 통해 퍼져나가 다른 많은 종과 경쟁하게 될 것이다. 따라서 격리된 좁은 지역이 아닌 넓은 지역에서 새로운 장소가 많이 만들어질수록 그것을 차지하기 위한 경쟁은 더욱 치열할 것이다. 더구나 넓은 지역은 현재 모두 연결되어 있을지라도 지각변동으로 나누어질 수 있어 격리에 따른 효과가 매우 큰 경우가 흔하다.

일부 격리된 작은 지역이 새로운 종의 형성에 아주 유리한 경우도 있는 것이 사실이지만, 나는 넓은 지역에서 변형이 더 빠르게 일어난다고 결론을 내리고 싶다. 그리고 더욱 중요한 점은, 넓은 지역에서 형성된 새로운 생물은 이미 다른 많은 경쟁자를 제치고 승리한 것이기 때문에 더 빠르게 퍼져 새로운 변종이나 새로운 종이 탄생할 수 있으며, 그로 인해 생물계의 역사를 변화시키는 데 중요한 역할을 할 수 있다는 사실이다.

지리적 분포에 관한 장에서도 다시 언급하겠지만 우리는 이러한 견해를 바탕으로 몇 가지 사실을 이해할 수 있을 것이다. 예를 들어 오스트레일리아 같은 작은 대륙의 생물들이 유럽-아시아 지역의 생물들보다 더 먼저 형성되었고, 지금도 여전히 새로운 생명체가 만들어지고 있음이 틀림없다는 사실이다. 또한 대륙에 살고 있는 생물들은 섬을 포함한 거의 모든 지역에 적응해 서식하고 있다는 사실이다. 작은 섬에서 일어나는 삶을 위한 경주는 덜 심각할 것이기에 변형도 덜 일어나고 절멸도 덜 일어나게 된다. 따라서 오스발트 헤어〔스위스의 고생물학자〕가 보고한 마데이라 제도의 식물상은 아마도 절멸한 유럽의 제3기 식물상과 비슷할 것이다.

모든 민물 지역은 바다나 육지에 견주면 모두 작은 지역에 해당한다. 따라서 민물 지역에 사는 생물들 사이의 경쟁은 다른 지역에 비해 그 정도가 심하지 않다. 새로운 생물도 더 느리게 만들어질 것이고 오래된 종도 더 느리게 사라질 것이다. 경린어 7개 속(屬)을 발견한 것은 민물에서였다. 이들은 한때 우세한 목(目)에 속했다. 또한 민물에서 우리는 오리너구리와 듀공처럼 아주 이상한 생물을 발견했다. 이들은 화석종처럼 현재 널리 분포하는 몇몇 목을 자연스럽게 연결하고 있었다. 이 기이한 생물들은 살아 있는 화석이라고 불린다. 이들은 격리된 지역에서 서식하다가 오늘에 이른 것 같기도 하고, 그렇게 경쟁이 치열하지 않은 상태에 놓여 있었던 것 같기도 하다.

자연선택과 관련한 복잡한 상황을 인정하는 범위에서 자연선택에 유리한 환경과 불리한 환경에 대해 요약하기 위해 나는 미래를 생각하면서 다음과 같은 결론을 내렸다. 많은 변동을 겪으며 그 결과 오랫동안 격리된 커다란 대륙이야말로 육상생물에게는 새로운 생물의 출현과 이들의 지속적인 생존과 넓은 지역으로 퍼지기 위한 최적의 조건이 된다는 것이다. 대륙으로 처음 형성된 지역에서 그 시기에 살았던 생물들은 그 개체수나 종류가 많은 탓에 매우 치열한 경쟁을 벌였을 것이기 때문이다.

주변의 땅이 가라앉아 커다란 섬들이 만들어지는 경우 각각의 섬에는 동일한 종의 개체가 다수 존재할 것이다. 섬들이 격리됨에 따라 서로 다른 섬에 사는 개체들 간의 교배는 저지될 것이다. 물리적인 환경이 변하면 이주는 차단될 것이다. 결국 각 섬들의 새로운 지역은 조상들과는 다른 개체들로 채워질 것이다. 그리고 충분한 시간이 흐르면서 각각의 변종은 충분히 변형되고 점점 완벽하게 변할 것이다.

섬들이 솟아올라 대륙에 다시 편입되면 심각한 경쟁이 다시 벌어질 것이고, 가장 우수한 형질을 갖추거나 개선된 변종들이 결국 퍼질 것이다. 개선되지 않은 많은 생물이 사라질 것이고, 결국 새로운 대륙의 거주자들의 상대적인 비율은 다시 변할 것이다. 또한 생존경쟁의 공정한 장이 펼쳐지면서 거주자들은 개선될 것이고, 드디어 새로운 종이 형성될 것이다.

자연선택은 항상 아주 느리게 일어난다는 사실을 나는 잘 알고 있다. 자연선택의 작용은 나름대로의 변형을 겪는 생물들로 채워진 지역이 있어야만 가능하다. 그러한 지역의 존재는 대개 아주 느리게 일어나는 물리적 변화에 달려 있는 경우가 많으며, 유입이 저지되었던 개선된 생물들의 이주에 달려 있기도 하다.

그러나 자연선택의 작용은 여전히 느리게 변해가는 생물들에게 달려 있는 경우가 흔하다. 다른 많은 서식자들의 상호작용은 그로 인해 뒤엉킬 것이다. 유리한 변이가 일어나지 않는 한, 일어날 수 있는 것은 아무것도 없다. 그리고 변이는 분명하게도 아주 느리게 일어난다. 이 과정은 자유교배에 의해 종종 그 속도가 상당히 지체된다.

많은 사람들은 이러한 여러 원인이 자연선택의 작용을 충분히 멈추게 할 수 있다고 주장할지도 모른다. 그러나 나는 그렇게 생각하지 않는다. 그와 반대로 나는 자연선택이 느린 속도이지만 언제나 일어나고 있으며, 흔히 아주 느린 간격으로 일어나고, 동일한 시기에 동일한 지역에 사는 생물들 중에서도 대체로 극히 일부분의 생물들에게만 일어난다고 생각한다. 게다가 이 느리고 간헐적인 자연선택의 작용이 지구상 생물의 변화 양상과 그 속도를 보여주는 지질학적 기록과 완벽하게 일치한다고 나는 믿고 있다.

비록 선택의 과정은 느리지만 연약한 인간이 인위선택의 힘으로 많은 것을 할 수 있다는 점을 생각해보면 자연선택으로 일어나는 변화의 끝을 가늠하기란 쉽지 않을 것이다. 또한 생물들이 보이는 아름다움과 모든 생물이 물리적 환경과의 사이에 보이는 연관성이나 생물 사이에 존재하는 상호적응의 그 무한한 복잡성을 파악하기란 거의 불가능하다. 이들은 모두 엄청나게 긴 시간 동안 자연선택의 작용으로 이루어졌을 것이다.

절멸 이 주제에 대해서는 지질학을 다룬 장에서 더 자세하게 논의될 것이다. 그러나 절멸이 자연선택과 본질적으로 연결되어 있다는 것을 여기에서 어느 정도 언급해야겠다. 자연선택은 살아남을 유리한 변이를 보존하는 과정을 통해서만 작용한다. 그러나 모든 생물이 기하급수적으로 증가한다는 사실을 이해한다면 각각의 지역이 이미 생물들로 가득 채워져 있으며, 선택되고 유리한 형질을 갖춘 생물들은 그 수가 늘어날 것이고 유리한 형질을 갖추지 못한 생물들은 그 수가 줄어들 것이다.

지질학에서 우리가 배운 사실은 희귀한 것은 절멸의 전주곡이라는 사실이다. 또한 우리는 개체수가 적을 경우 계절이 바뀌는 동안이나 적의 개체수가 변할 때 절멸의 확률이 높아진다는 사실을 알고 있다. 그러나 우리는 여기에서 한 단계 더 나아갈 수 있다. 새로운 생물들이 느리지만 꾸준하게 만들어지고 있기 때문에, 특정한 생물이 무한히 생존하며 그 수가 무한하게 증가하지 않는 한, 일부 종류는 어쩔 수 없이 절멸할 수밖에 없을 것이다.

지질학 기록을 토대로 우리는 어떠한 생물도 무한히 증가한 적은 없다는 사실을 알고 있다. 사실 우리는 왜 그들이 그렇게 증가할 수 없는지 그 이유를 알 수 있다. 왜냐하면 자연계에 생물이 살아가는 장소가 무한히 많을 수 없기 때문이다. 우리가 아는 한 어떠한 장소도 무한히 많은 종을 수용하는 경우는 없다. 아마도 생물들로 가득 채워진 장소는 없을 것이다. 희망봉에는 세계의 어떤 곳보다도 많은 식물이 모여 있는데, 일부 외래종이 다른 토착종을 절멸시키지 않고 귀화된 경우도 알려져 있다.

더구나 개체수가 많은 종은 주어진 시간 내에 유리한 변이를 만들어낼 기회가 많을 것이다. 우리는 이것과 관련한 증거들을 갖고 있다. 제2장에서 언급한 것처럼 기록에 따르면 가장 많은 변이를 만들어냈던 종은 가장 일반적인 종이거나 초기 종이라는 것을 알 수 있다. 따라서 희귀한 종은 주어진 기간 내에 변형되거나 개선될 기회가 적으며, 삶의 경주에서 다른 일반 종의 변형된 후손들에게 패배할 것이다.

이러한 여러 가지를 고려하면서 나는 자연선택 과정을 거쳐 새로운 종이 나타나고, 그에 따라 다른 종들은 점점 더 희귀해지다가 결국은 절멸되는 것이 아닌가 생각하게 되었다. 현재 변형과 개선이 이루어지고 있는 생물들과 비슷해서 이들과 경쟁을 벌이는 생물들은 가장 큰 변화를 겪고 있을 것이다. 생존경쟁을 논의한 장에서 살펴본 대로 같은 종에 속하는 변종 또는 같은 속이나 비슷한 속에 포함되어 있는 종은 그 구조나 체질이 비슷하기 때문에 대개의 경우 서로 가장 치열한 경쟁을 벌인다. 결과적으로 각각의 새로운 변종이나 종은 그들이 만들어지는 과정에서 그들의 인척에게 힘든 시간을 안겨주고 있는 셈이며 그 결과 그들을 절멸시키려고 하는 것이다.

가축들의 경우 개선된 가축을 선택하는 것이 인간이기는 하지만 이와 같은 절멸의 과정은 동일하게 일어난다. 소나 양 또는 그 밖의 동물과 여러 품종의 꽃에서 새로운 품종이 오래되고 열등한 품종들의 자리를 얼마나 빠르게 차지하는지를 보여주는 기묘한 사례를 얼마든지 보탤 수 있다. 요크셔 지방의 기록에 따르면 고대의 검은 소들이 뿔이 긴 소에 의해 대체되었으며, 이들은 "마치 지독한 전염병이 한 지역을 휩쓸듯이 다시 뿔이 짧은 소로 대체되었다"는 기록이 있다. 이 내용은 농업에 관한 어느 기고가의 글에서 인용한 것이다.

형질의 분기 이 용어를 통해 내가 말하려 한 원리는 내 이론에서 아주 중요하며 몇 가지 중요한 사실에 대한 근거가 된다는 것이 나의 믿음이다. 첫째로, 뚜렷한 특징을 띠는 변종들조차도 종의 특징을 웬만큼 보유하고 있으면서도, 그들의 분류에 대한 모호함이 말해주듯이, 아직은 별개의 종으로 분류될 정도의 차이는 보여주지 못한다. 그럼에도 내 견해에 따르면 변종은 종이 만들어지는 과정이며, 나는 초기 종이라는 용어로 이들을 일컫고 있다.

그렇다면 변종들 사이에서 나타나는 이러한 작은 차이가 어떻게 종의 차이처럼 크게 증폭되는 것인가? 이러한 일이 자주 일어나는지의 여부는 자연에서 살며 뚜렷한 차이를 보이는 수많은 종으로부터 유추해야 할 것 같다. 자연 속에서 변종은 미래에 만들어질 뚜렷한 종에 대한 가상의 원형이자 부모인데, 이 변종들의 차이는 미세하고 뚜렷하지 않을 때가 많다. 단순한 우연에 의해 한 변종이 생겨서 일부 형질이 부모와 달라지고, 이들의 후손이 다시 그 부모와 그 형질이 더욱 달라질 수 있다. 그러나 이것만으로는 한 종의 변종이나 한 속의 종 사이에서 자주 나타나는 큰 차이를 설명할 수가 없다.

늘 하던 방식대로 가축에서 이에 대한 원리를 찾아보자. 여기에서 무언가 유사점을 찾을 수 있을 것이다. 어떤 사육가는 부리가 짧은 비둘기에게 끌릴 것이고 또 어떤 사육가는 오히려 약간 부리가 긴 비둘기에게 매력을 느낄 수 있을 것이다. 어떠한 사육가도 보통의 평범한 개체보다는 극단으로 치우친 개체에 감탄한다는 것은 잘 알려진 사실이다. 공중제비 비둘기의 경우처럼 그 방향은 양쪽 모두가 될 수 있어, 긴 부리를 계속해서 선택해 교배하기도 하고 짧은 부리를 선택적으로 계속 교배하기도 한다.

다른 예를 든다면 과거 말이 처음으로 길들여지면서 누군가는 빠른 말을 선호했을 것이고 다른 누군가는 강하고 튼튼한 말을 선호했을 것이다. 초기의 차이는 매우 사소했을 것이다. 그러나 시간이 흐르면서 누군가는 계속해서 빠른 말을 선택하고 다른 누군가는 계속해서 강한 말을 선택했다면, 그 차이는 점점 커졌을 것이고 결국은 두 개의 혈통으로 발전했을 것이다. 이렇게 다시 몇백 년이 지나면서 뚜렷하게 다른 품종으로 발전했을 것이다. 시간이 흘러 차이가 점차 커지면서 그렇게 빠르지도 않고 그렇다고 그렇게 강하지도 않은 그저 중간적인 형질을 띠는 열등한 말들은 사라졌을 것이다. 여기에서 우리는 인간이 행하는 선택의 과정을 통해 형질 분기의 원리를 볼 수 있다. 즉 처음에는 실로 미세한 차이이지만 서서히 증가해 서로서로 또한 그들의 조상에서 점점 더 멀어지는 것이다.

그러나 이와 비슷한 원리가 어떻게 자연 속에 적용될 수 있는지에 대한 질문이 제기될 수 있다. 나는 이 원리가 적용될 수 있으며 실제로 아주 효과적으로 적용되고 있다고 믿는다. 하나의 종으로부터 파생되어 구조나 체질 또는 습성에서 좀 더 다양한 후손이 자연의 다양하고 폭넓은 장소에 더 잘 적응해 그 수가 늘어나는 단순한 상황이 일어난다고 나는 믿고 있다.

아주 간단한 특징을 띠는 여러 동물의 사례에서 우리는 이와 같은 현상을 명백하게 볼 수 있다. 육식성 네발짐승의 경우를 생각해보자. 한 지역에서 살아갈 수 있는 네발짐승의 수는 벌써 오래전에 충분한 수치에 도달했다.

개체수를 증가시키는 자연의 힘이 작용하고 한 지역의 조건이 변하지 않고 유지된다면 개체수는 다른 동물들이 차지한 장소를 빼앗을 수 있는 후손들에 의해서만 증가할 것이다. 이들 중 일부는 산 것이든 죽은 것이든 새로운 먹이를 먹기 시작할 것이고, 일부는 새로운 서식장소를 찾거나 나무에 오르거나 물을 자주 찾을 수도 있을 것이며, 또 일부는 육식성 식습관이 감소할 수도 있을 것이다. 육식성 동물 후손들의 습성과 구조가 다양화해질수록 그들은 더 넓은 장소를 차지했을 것이다. 만약 동물들이 변화한다면 한 동물에게 적용할 수 있는 것은 항상 다른 동물에게도 적용할 수 있을 것이다. 그러지 않았다면 자연선택은 아무 일도 하지 못했을 것이다.

이와 같은 일은 식물에게도 일어날 것이다. 한 구획에 한 종류의 풀씨를 뿌리고 다른 유사한 구획에는 다른 여러 속의 씨앗을 뿌리면 건중량(乾重量)이 큰 많은 수의 식물들이 자라게 되는 것이 실험으로 밝혀졌다. 마찬가지 방법으로 밀을 심어보면 처음에는 하나의 변종만 자라다가 나중에는 여러 변종이 함께 자라는 현상이 관찰되었다. 그러므로 한 종의 풀이 계속 변화해 여러 변종이 만들어지고, 다른 종이나 다른 속의 개체들이 선택되는 것과 동일한 방식으로 이들 변종이 계속 선택되었다면, 변형된 후손을 포함해 이 종의 많은 개체들이 한 장소에서 성공적으로 살아남았을 것이다.

우리는 풀의 여러 종이나 변종이 해마다 엄청난 양의 씨앗을 뿌린다는 사실을 잘 알고 있다. 따라서 이들은 수를 늘리기 위해 최선의 노력을 다하고 있다고 해도 될 것 같다. 결과적으로 수천의 세대를 거치며 가장 뚜렷한 특징을 띠는 풀 변종이 그 수를 늘리는 데서 가장 성공적인 기회를 잡을 것이고, 그 결과 뚜렷하지 않은 특징의 개체들을 사라지게 할 것이며, 이들 중에서도 특히 뚜렷한 특징을 띠는 변종은 나중에 종의 지위를 차지하게 되리라는 사실을 믿어 의심치 않는다.

엄청나게 많은 생명의 형태는 엄청난 다양성에 의해 지지되고 있다는 이러한 원리는 자연계 내에서 얼마든지 찾을 수 있다. 출입이 자유롭게 일어나는 정말로 좁은 지역에서 개체들 간의 경쟁이 심하게 일어날 때 그곳에 서식하는 생물들이 다양한 모습을 보인다는 사실을 우리는 잘 알고 있다.

예컨대 나는 가로 120센티미터, 세로 160센티미터인 풀밭을 본 적이 있는데, 이곳은 오랫동안 일정한 환경에 노출되어 있었으며 20종의 식물이 살고 있었다. 이들 20종은 18개의 속에 포함되며, 8개의 목에 포함되어 있었다. 이것은 이곳의 식물들이 서로 얼마나 다른지를 보여준다. 이것은 균일한 환경의 작은 섬이나 작은 호수 같은 장소에 사는 식물들과 곤충들의 이야기인 것이다.

농부들은 유연관계가 멀어 서로 다른 목에 속하는 식물들을 번갈아 심어야 수확량을 늘릴 수 있다는 사실을 알고 있다. 동시 돌려짓기라고 표현될 수도 있는 이 방식을 자연이 따라 하고 있다. 좁은 지역의 땅에서 밀접하게 무리 지어 사는 대부분의 동물과 식물들은 그렇게 살아갈 수 있다(아주 특별한 경우를 말하는 것이 아니다). 그들은 그곳에서 살아가기 위해 최선을 다할 것이며, 그들이 서로 경쟁하게 될 경우에는 구조가 다양해서 얻게 되는 이득이 습성이나 체질이 달라서 생기는 이득과 함께 그렇게 서로 밀접한 관계를 맺으며 살아가는 서식자를 결정할 것이고, 이들은 대개 우리가 서로 다른 속이나 목이라고 부르는 집단의 구성원이 되는 것이다.

인간에 의해 외지로 옮겨진 식물들이 해당 지역에 자연스럽게 귀화되는 상황에서도 이와 동일한 원리가 발견된다. 한 지역에 성공적으로 귀화된 식물들은 그 지역에 사는 토착식물들과 밀접한 친척이라고 생각될 수 있다. 왜냐하면 이들도 그 지역에 맞게 특별하게 만들어지고 적응된 생물들이기 때문이다. 또한 귀화식물들은 그들의 새로운 정착지에 특별하게 잘 적응한 소수의 집단에 속한다고 할 수 있을 것 같다.

그러나 이 사례는 매우 다른 것이다. 알퐁스 캉돌은 위대하고 경탄할 만한 그의 작품에서 식물상은 토착 속과 종의 수에 비례해 외래식물이 토착화하면서 형성되는데, 새로운 종보다는 새로운 속에서 훨씬 더 많이 이루어진다고 했다. 한 가지 사례를 들어보자. 아사 그레이 박사는 자신의 『미국 북부지역 식물상에 관한 소책자』 마지막 판에서 260종류의 귀화식물을 보고했는데, 이들은 162개 속에 포함되어 있었다. 따라서 우리는 이 귀화식물들이 매우 다양한 성질을 띠고 있었다는 사실을 알 수 있다. 더구나 그들은 토착종들과 크게 달랐으며, 162개 속 가운데 100개나 되는 속이 토착식물의 속과 달랐다. 따라서 미국에 많은 속이 추가되었다고 할 수 있다.

어떤 나라에서건 토착종과의 경쟁에서 성공을 거두고 새롭게 토착화한 식물이나 동물의 성질을 고려해보면, 토착종보다 우수한 이점을 갖추기 위해 이들이 어떻게 변형되어왔는지에 대한 개념을 잡을 수 있다. 또한 구조의 다양화가 새로운 속의 차이가 될 정도의 구조적 다양성을 만들 것이라는 추측이 옳을 것이라고 나는 생각한다.

동일한 지역의 거주자들이 보이는 다양성의 이점은 한 개체의 체내에서 일어나는 여러 기관의 생리학적 분업화와 사실 동일하다. 이 주제는 밀네드와르스[무척추동물을 연구한 프랑스의 동물학자]에 의해 잘 밝혀졌다. 어떤 생리학자도 식물이나 육류, 이 둘 중 하나만을 소화하기 위해 적응된 위가 이들 물질에서 대부분의 영양분을 얻는다고 생각하지 않는다. 따라서 어떤 지역의 유기적 연계 속에서 더욱 폭넓고 완벽하게 적응한 동물과 식물들이 서로 다른 서식처에 적응할 수 있도록 다양화한 것이다. 그렇게 해서 그곳에서 더욱 많은 개체가 생존하게 될 것이다.

그 체제가 다양화하지 못한 동물들은 완벽하게 다양화한 동물들과 경쟁할 수 없을 것이다. 예를 들어 오스트레일리아의 유대류는 서로 약간씩의 차이를 보이는 집단으로 나뉘어 있는데, 워터하우스[영국의 동물학자]와 그 밖의 다른 연구자들에 따르면 이들 유대류는 잘 알려진 육식동물이나 반추동물 또는 설치동물과도 다른 집단으로, 유대류가 이들처럼 잘 알려진 집단의 동물들과 제대로 경쟁할 수 있을지 의심이 든다. 오스트레일리아의 포유류에 대해서 우리는 발생 초기의 불완전한 단계에서 다양화가 일어났음을 알 수 있다.

논의는 더 확장되어야겠지만, 지금까지의 논의를 바탕으로 우리는 한 종에서 유래된 변형된 후손은 그들의 구조를 다양화함으로써 더욱 성공할 수 있을 것이고 다른 종들이 차지하고 있는 지역을 더욱 성공적으로 빼앗을 수 있을 것이라고 생각할 수 있다. 자, 이제 형질이 다양해지는 것이 이렇게 큰 이득을 준다는 원리가 자연선택과 절멸의 원리와 함께 어떻게 작용할 것인지 살펴보도록 하자.

이 책에서 제시하는 그림은 이 복잡한 주제에 대한 우리의 이해를 도울 것이다. A부터 L을 한 지역에 살고 있는 커다란 속에 포함된 여러 종이라고 해보자. 이 종들은 자연의 종들이 늘 그러하듯이 그 정도의 차이는 있겠지만 서로 어느 정도 닮았으며 그 닮음의 정도는 그림에서 문자들의 거리가 서로 다른 것으로 표현되어 있다.

나는 커다란 속이라는 표현을 사용했다. 왜냐하면 우리는 제2장에서 큰 속의 종들이 작은 속의 종들보다 더욱 다양하고, 큰 속의 다양한 종들이 많은 수의 변종을 갖는다는 것을 살펴보았기 때문이다. 또한 우리는 좁은 지역에 분포되어 있는 희귀한 종보다 넓은 지역에 퍼져 있는 흔한 종들이 훨씬 더 다양한 구조를 취한다는 것을 알고 있다.

A를 보편적이고 넓은 분포를 보이며 변화되고 있는 종이라고 하자. 물론 이들은 해당 지역에 넓게 분포하는 속의 구성원이다. A로부터 길이가 다른 점선들이 분기하는 것이 보이는데, 이 작은 부채꼴 모양이 다양한 후손들을 나타낸다고 생각해도 좋다. 변이는 그 차이가 극히 미세하다고 여겨지지만 그 분기되는 성질은 큰 것이다. 이러한 변이가 모두에게서 동시에 나타난다고 가정할 수는 없지만 긴 세월을 고려하면 그래도 자주 나타나는 편이다. 또한 이들 변이가 동일한 기간 동안 나타난다고 가정할 필요도 없다.

어떤 점에서건 이득을 주는 변이만이 보존되고 자연에서 선택될 것이다. 형질이 다양해지면서 얻어지는 이득에는 중요한 원리가 숨어 있다. 매우 다르고 다양한 변이(바깥쪽 점선으로 표시된다)는 자연선택에 의해 보존되고 축적될 것이다. 점선이 수평선의 어느 하나에 이르면 그곳에는 작은 숫자 하나가 있는데, 그것은 충분한 정도의 변이가 축적되어 분류학에서 이용될 수 있는 개념인 뚜렷한 변종이 나타났다는 것을 뜻한다.

그림에서 수평선들 사이의 거리는 1,000세대 정도의 시간을 나타낸다고 볼 수 있다. 그러나 1만 세대를 나타낸다고 하면 더 좋을 수도 있다. 1,000세대 후에 종 A는 두 개의 뚜렷한 변종 a^1과 m^1을 만들어냈다고 가정하자. 일반적으로 이 두 변종은 그들의 부모를 변하게 만들었던 환경과 동일한 환경에 꾸준히 노출되어 있고 변이성의 경향은 그 자체가 유전성이 있으므로 그들은 그들의 부모들이 그랬던 것처럼 계속 변해갈 것이다.

더구나 약간만 변형되어 있는 이들 두 변종은 그들 조상 A가 갖고 있던 우수한 특징을—그 때문에 조상은 다른 종보다 개체수가 많았던 것이다—그대로 물려받으려는 경향이 있을 것이다. 또한 그들이 포함된 속이 그 지역에서 큰 덩치를 유지할 수 있게 한 일반적인 이점도 공유했을 것이다. 우리는 이러한 모든 상황이 새로운 변종의 출현에 우호적이라는 사실을 알고 있다.

만약 이들 변종이 변화될 운명이라면 이들 변이종보다 많이 변화된 것이 다음 1,000세대를 거치면서 더 잘 보존될 것이다. 또한 그 시기가 지나면 변종 a^1은 그림에서 변종 a^2를 만들어낼 것이고 이것은 분기의 원리에 따라 a^1보다 A에서 더 많이 다를 것이다. 변종 m^1이 공통조상 A에서 더욱 달라진 두 개의 변종 m^2와 s^2를 만들어냈다고 가정할 수 있다.

우리는 이러한 원리를 여러 기간에 대입해볼 수 있다. 변종 가운데 일부는 1,000세대가 지난 후 단지 하나의 변종만 만들어낼 수도 있지만 더욱 변화된 조건에서는 두세 개의 변종이 만들어질 수도 있다. 물론 전혀 새로운 변종을 만들어내지 못하는 경우도 있을 것이다. 따라서 공통조상 A에서 유래된 변종이나 변화된 후손들은 일반적으로 그 수가 늘어나고 그들의 형질은 다양해질 것이다. 그림에서 이 과정은 1만 세대에 걸쳐 나타나고 있으며, 축약되고 단순화한 형태에서는 1만 4,000세대에 걸쳐

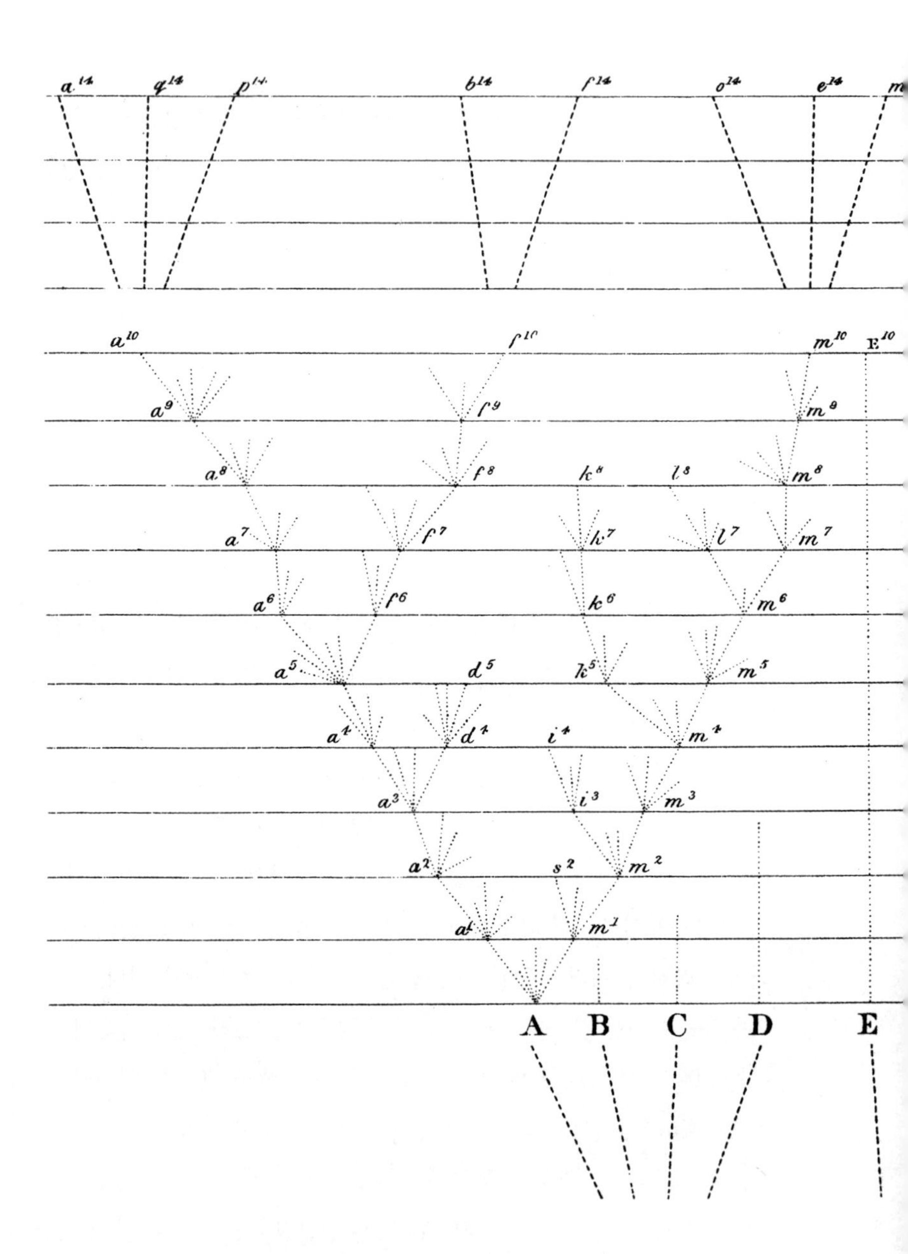

a^{14} q^{14} p^{14} b^{14} f^{14} o^{14} e^{14}
a^{10} f^{10} m^{10} E^{10}
a^{9} f^{9} m^{9}
a^{8} f^{8} k^{8} l^{8} m^{8}
a^{7} f^{7} k^{7} l^{7} m^{7}
a^{6} f^{6} k^{6} m^{6}
a^{5} d^{5} k^{5} m^{5}
a^{4} d^{4} i^{4} m^{4}
a^{3} i^{3} m^{3}
a^{2} s^{2} m^{2}
a^{1} m^{1}
A B C D E

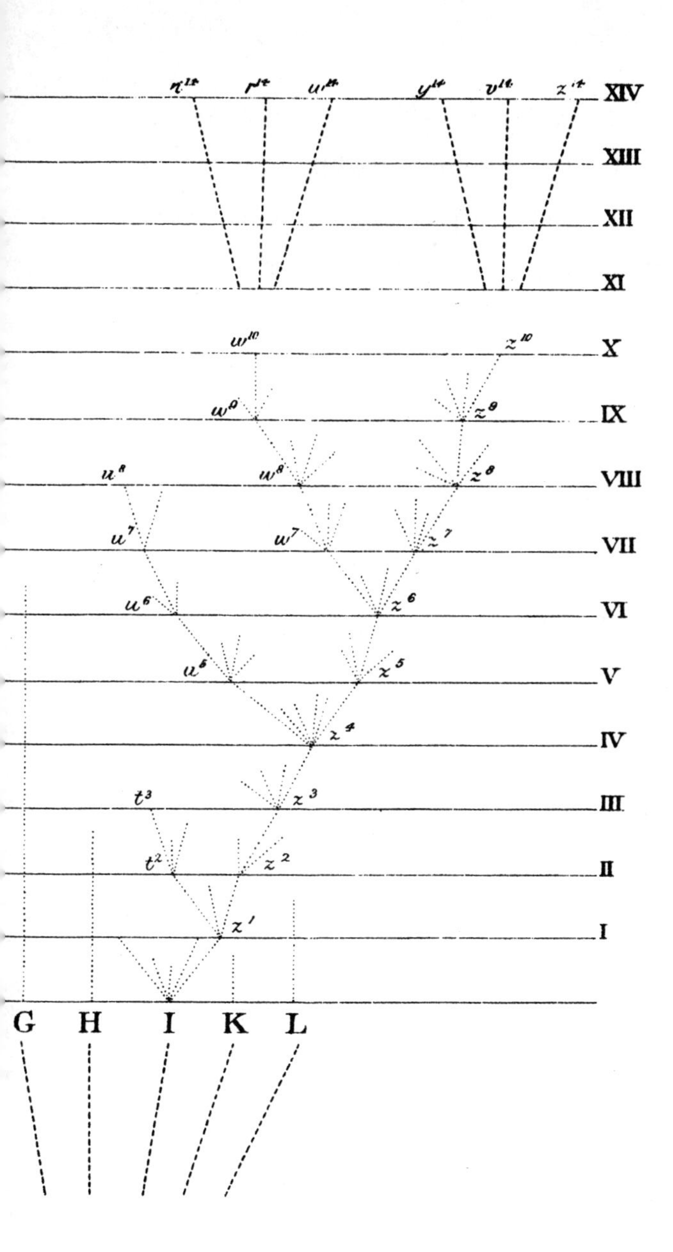

n^{14} r^{14} w^{14} y^{14} v^{14} z^{14}
XIV
XIII
XII
XI
w^{10} z^{10}
X
w^{9} z^{9}
IX
u^{8} w^{8} z^{8}
VIII
u^{7} w^{7} z^{7}
VII
u^{6} z^{6}
VI
u^{5} z^{5}
V
z^{4}
IV
t^{3} z^{3}
III
t^{2} z^{2}
II
z^{1}
I
G H I K L

나타나고 있다.

그러나 이러한 과정이 그림에서 보는 것처럼 그렇게 규칙적으로 나타난다고 생각하는 것은 아니다. 오히려 얼마간 불규칙하게 나타날 것이다. 가장 멀리 갈라져나간 변종이 반드시 우세하고 많은 자손을 낳는다고 생각하는 것은 절대 아니다. 중간 정도의 변종이 더 오랫동안 지속될 수도 있으며 변형된 후손보다 자손을 더 많이 낳을 수도 있고 그렇지 않을 수도 있다. 왜냐하면 자연선택은 항상 다른 개체들에 의해 채워지지 않았거나 부분적으로만 채워진 장소의 특징에 따라 작용하기 때문이다. 그리고 이것은 정말로 복잡한 관계에 달려 있는 것이다.

그러나 일반적으로 한 종에서 나온 후손들의 구조가 다양할수록 그들은 더 많은 지역에 적응할 것이고 변형된 후손들의 개체수는 더욱 증가할 것이다. 그림에서 연결되어 있는 선분은 작은 숫자와 함께 표시된 문자들에 의해 규칙적인 간격으로 잘라져 있는데, 이 문자들은 충분히 변종으로 기록될 만한 생물들의 연속을 나타낸다. 그러나 이러한 끊김은 가상의 것이며, 충분한 양의 변이가 축적되었다는 것을 보여주기 위한 곳이라면 어디에도 삽입될 수 있을 것이다.

널리 분포되어 있는 하나의 공통조상에서 유래된 모든 형태의 후손들은 그들의 조상을 성공적으로 만들었던 이점을 공유하려는 경향이 있다. 따라서 그들은 형질이 다양해지는 것뿐 아니라 그 개체수도 증가하는 것이 일반적이다. 이것은 그림에서 A부터 시작해 여러 갈래의 분지에서 나타나고 있다. 가지가 갈라지면서 형질이 개선되고 후반부의 가지에서 유래된 후손들은 미리 한 지역을 점령하고 있던 덜 개선된 가지들을 파괴하며 그 자리를 차지할 확률이 높아진다. 이것은 그림에서 아래쪽의 일부 가지들이 위쪽의 수평선에 도달하지 못하는 것으로 표시되어 있다.

대를 거듭하면서 다양해지는 변형의 수는 증가하지만 변형의 과정이 단 하나의 선분에 국한되고 후손들의 개체수도 증가하지 않는 사례도 있다는 것이 확실하다. 이것은 그림에서 A부터 출발한 선분들이 a^1에서 a^{10}에 이르는 선분을 제외하고는 모두 사라지는 것으로써 알 수 있다. 마찬가지로 영국산 경주마와 사냥개인 포인터는 그들의 원래 혈통으로부터 새로운 가지나 새로운 품종을 만들어내지 않고 단 하나의 가지를 유지하며 아주 느리게 분기되었음이 확실하다.

1만 세대 후에 종 A는 세 가지 생물 a^{10}, f^{10}, m^{10}을 만들어내는데, 이들은 계속되는 세대를 거치며 형질들이 조금씩 갈라져서 정도의 차이는 있을지언정 현재 아주 많이 다를 수 있다. 이러한 차이는 그들 사이에서도 나타날 수 있지만 그들의 원래 혈통과도 다를 것이다.

그림에서 각각의 수평선 사이의 변화량이 아주 적다고 가정한다면 이 세 가지 생물은 여전히 적당한 특징을 띠는 변종 정도로 취급될 수 있을 것이다. 또는 의심스럽기는 하지만 아종 정도에 도달했을지도 모른다. 그러니 이 세 집단이 뚜렷한 특징을 띠는 종이 되기 위해서는 훨씬 더 많은 단계를 가정하거나 더 많은 양의 변화가 일어난다고 인정해야만 할 것이다. 따라서 앞의 그림은 변종을 구별하는 작은 변화가 종을 구별하는 큰 변화로 변하는 단계를 보여주는 것이다.

그림처럼 농축하고 단순화해서 나타낼 수 있는, 그렇지만 엄청나게 긴 세대 동안 동일한 과정이 계속된다면 우리는 A에서 유래된 a^{14}와 m^{14} 사이의 8개 종을 얻을 수 있을 것이다. 그런 식으로 서로 다른 종의 변화가 누적되어 서로 다른 속이 형성될 수 있다고 나는 믿는다.

속의 크기가 크다면 하나 이상의 종이 변화를 겪을 수도 있다. 그림에서 나는 두 번째 종 I가 1만 세대 후에 비슷한 과정을 거쳐 뚜렷한 변종(w^{10}, z^{10})이 형성되거나, 또는 수평선들 사이가 나타내는 변화의 양에 따라서는 두 종이 형성되는 과정을 보여주고자 했다. 1만 4,000세대 후에 n^{14}에서 z^{14}로 표시된 6개의 새로운 종이 형성되었다고 상상할 수 있다.

각각의 속에서 벌써 뚜렷한 형질을 갖춘 종들은 변형된 후손들을 더욱 많이 만들어내는 경향이 있다. 그렇기 때문에 이들은 새롭거나 크게 다른 지역을 재빠르게 채우려는 확률이 높을 것이다. 그래서 나는 그림에서 극단적인 종 A와 I를 두었는데, 그것은 이들이 서로 크게 다르며 새로운 변종이나 종을 만들어낸다는 개념으로 사용한 것이다. 독창적인 속의 구성원인 다른 9개의 종(대문자로 표시)은 변형되지 않은 후손들에게 오랫동안 그들의 형질을 물려주려 할 것이다. 이것은 그림에서 공간이 부족해 위로 길게 그리지 못한 점선으로 보이고자 했다.

그러나 그림에서 볼 수 있듯이 생물이 변형되는 과정에서 또 다른 한 가지 원리, 즉 절멸의 원리가 매우 중요한 작용을 한다는 것을 알 수 있다. 생물들로 가득 채워진 한 지역에서 다른 생물보다 생존경쟁에 유리한 특징을 갖고 있는 개체에게 자연선택이 작용하는 것처럼, 개선된 후손들이 다른 집단이나 부모들을 대체하고 멸망시키는 과정에는 일정한 경향이 있을 것이다. 습성 · 체질 · 구조가 아주 비슷한 생물들 사이의 경쟁이 대개 가장 치열하다는 사실을 잊지 말아야 한다.

따라서 원래의 부모종뿐만 아니라, 개선의 정도가 이것도 저것도 아닌 중간 단계에 있는 생물들은 쉽게 멸망하는 경향이 있다. 그리하여 평행선을 그리며 나아가는 많은 후손들에서 이러한 일이 벌어질 것이다. 즉 이들은 더 개선된 이후의 후손들에게 정복당하는 것이다. 그렇지만 한 종의 변형된 후손이 다른 지역으로 진출했거나 새로운 서식지에 빠르게 적응했다면 부모와 후손이 경쟁하지 않고 모두 생존할 수도 있을 것이다.

그렇다면 앞의 그림은 상당한 정도의 변형을 보여주는 것으로 여겨져야 한다. 종 A와 초기의 많은 변종은 모두 절멸해 8개의 새로운 종(a^{14}부터 m^{14})으로 대체되었으며, 종 I는 6개의 새로운 종(n^{14}부터 z^{14})으로 대체되었다고 여겨져야 한다.

그러나 우리는 이보다 조금 더 나아갈 수 있다. 그림에서 종들은 모두 한 속의 구성원으로서 그 유사성이 서로 동일하지는 않다고 가정할 수 있다. 자연에서 일반적으로 관찰되는 것과 마찬가지이다. 즉 종 A는 다른 종보다 B · C · D와 더 큰 유연관계가 있으며 종 I는 다른 종보다 G · H · K · L과 유연관계가 깊다는 것이다.

이들 두 종 A와 I는 매우 보편적인 폭넓은 분포를 보이는 종으로 여겨지기에 속의 다른 종들에 견주어 무언가 이점이 있었음이 틀림없다. 1만 4,000세대에 숫자 14로 표시된 변형된 후손들은 동일한 이점을 갖고 있을 것이다. 그들은 후손으로 이어지는 각각의 단계에서 여러 가지 방법으로 변경되고 개선되었을 것이다. 그래서 그들이 살아가고 있는 지역의 질서에 따라 비슷한 많은 서식지에 적응되었을 것이다. 그러므로 그들은 그들의 조상인 A와 I를 절멸시켰을 뿐만 아니라 그들의 부모와 밀접하게 관련되어 있던 토착종의 일부도 함께 절멸시켰으리라는 것이 내 생각이다. 따라서 원래의 종 가운데 1만 4,000세대까지 변형되지 않고 후손으로 연결되는 경우는 극히 일부에 불과한 것이다. 처음 시작된 다른 9개의 종과 밀접했던 두 종 가운데 단지 F만이 마지막 단계까지 후손을 남겼다고 생각할 수 있다.

11개의 종으로부터 시작된 그림에서 이제 새로운 종은 15개가 되었다. 자연선택은 형질을 분기하려는 경향이 있으므로 종 a^{14}와 z^{14} 사이에서 나타나는 형질의 차이는 원래의 9개 종이 보였던 차이보다 훨씬 더 클 것이다. 더구나 이러한 새로운 종들은 훨씬 더 다양한 방식으로 연관되어 있을 것이다. A에서 유래된 8개의 집단 가운데 a^{14} · q^{14} · p^{14}는 비교적 최근에 a^{10}에서 갈라져나온 것들이다. 조금 더 이른 시기에 a^{5}에서 갈라져나온 b^{14}와 f^{14}는 앞에서 언급한 a^{14} · q^{14} · p^{14}와는 사뭇 다르다. 그리고 마지막으로 o^{14} · e^{14} · m^{14}는 서로서로 가까운 관계이기는 하지만 분기의 첫 단계에서 갈라졌기 때문에 다른 5개의 종과는 크게 다를 것이며, 독립적인 아속(亞屬)을 이룰 수도 있고 심지어는 별개의 속으로 구별될 수도 있을 것이다.

I에서 유래된 6개 집단도 두 개의 아속을 이룰 것이다. 심지어 두 개의 속으로 취급될 수도 있을 것이다. 그러나 아주 멀리 떨어져 있는 종 I와 A가 크게 다르므로 I에서 유래된 6개 집단은 그 유전으로 인해 A에서 유래된 8개 집단과는 크게 다를 것이다. 종 A와 I를 연결하는 중간적인 종들에 관한 논의도 아주 중요한데, 이들은 F를 제외하고는 모두 절멸해서 아무도 후손을 남기지 않았다. 따라서 I에서 유래된 6개의 새로운 종과 A에서 유래된 8개의 새로운 종은 전혀 다른 속으로 나뉘어야 할 것이다. 심지어는 서로 다른 아과(亞科)로 나뉠 수도 있을 것이다.

따라서 하나의 속에 포함된 둘 또는 그 이상의 종에서 변형되어 유래된 집단이 둘 또는 그 이상의 속을 만들 수도 있다는 것이 나의 믿음이다. 그리고 둘 또는 그 이상의 부모종은 과거에 하나의 종에서 유래되어 갈라져나왔다고 여길 수 있을 것이다. 그림에서 대문자 아래에 있는 끊어진 선들을 보면 이들이 모두 한 점으로 수렴하는데, 이 한 점은 다시 한 종을 나타내며 이 종은 우리의 여러 아속이나 속의 모든 집단에 대한 부모종이 되는 것이다.

새로운 종 F^{14}의 형질에 대해서 잠시 논의하는 것은 의미가 있다. 이 종은 형질의 분기가 많이 일어나지 않았고 F의 형태를 유지하고 있는 것으로 되어 있다. 변화가 거의 일어나지 않았거나 일어났다 해도 아주 조금만 일어난 것이다. 이 경우 F^{14}와 다른 14개의 새로운 종과의 유연관계는 기묘하면서도 모호한 점이 있다. 두 개의 서로 다른 부모종인 A와 I의 사이에 존재하는 한 종(현재는 절멸되어 아무런 정보도 없지만)에서 유래되었기에 이들은 종 A와 I에서 유래된 두 집단의 중간적인 형질을 어느 정도 띠고 있을 것이다. 그러나 이 두 집단이 그들의 부모가 갖고 있던 형질에서 점점 분기하는 형질이 있기 때문에 새로운 종 F^{14}가 이 두 집단을 연결하는 직접적인 중간 단계라고 보기는 어렵다. 그러나 두 집단의 중간적인 형질을 띠는 집단으로 볼 수는 있다. 아마도 모든 박물학자들은 이와 비슷한 사례들을 갖고 있을 것이다.

그림에서 각각의 수평선은 1,000세대를 나타낸다고 했다. 그러나 각각의 수평선이 100만 세대나 1억 세대를 나타낸다고 생각할 수도 있다. 또한 절멸된 화석을 갖고 있는 지각의 연속적인 단면으로 생각해볼 수도 있다. 지질학에 관해 논의할 장에서 우리는 이 주제를 다시 언급하게 될 것이다. 그곳에서 이 그림이 절멸된 집단 사이의 유연관계와 관련해 뭔가 알려주는 것이 있을 것이라고 생각한다. 절멸된 집단이 현재의 집단과 같은 목이나 같은 과 또는 같은 속에 포함되기는 하지만, 현재의 집단은 절멸된 집단의 어느 정도 중간적인 형질을 띠는 경우가 종종 있다. 왜냐하면 절멸된 종은 가지를 치고 나오는 후손들의 분기가 크지 않았던 아주 오래전에 일어났다는 사실을 우리가 잘 알고 있기 때문이다.

지금 설명한 것처럼 변형의 과정을 속의 형성으로 확장시키지 못할 이유가 내게는 없다. 만약 그림에서 분기되는 각 단계의 연속적인 집단이 보여주는 변화의 총량이 충분히 크다면 a^{14}부터 p^{14}까지의 집단과, b^{14}와 f^{14}로 이루어진 집단 그리고 o^{14}부터 m^{14}까지의 집단은 세 개의 독립적인 속을 이룰 수도 있는 것이다.

또한 I에서 유래된 집단을 두 개로 나누어 두 개의 속으로 구분할 수도 있을 것이다. 이 두 집단은 형질의 연속적인 분기와 형질이 다른 부모로부터의 유전에 의해 형성된 것이므로 A에서 유래된 세 개의 속과는 크게 다를 것이다. 따라서 이들 두 집단은 나중에 분기되어 축적되는 변화의 양에 따라 별개의 과나 목으로까지 분류될 수도 있을 것이다. 또한 이 두 과나 목은 원래 하나의 속에서 유래된 두 종으로부터 유래되었을 것이며, 이 두 개의 종은 다시 훨씬 더 옛날에 우리가 알지 못하는 한 속의 한 종에서 유래된 것으로 생각할 수 있다.

세계 여러 곳에서 이루어진 조사에 따르면 초기 종을 이루는 변종을 빈번하게 만들어내는 종은 커다란 속에 포함되는 종이라는 사실을 잘 알고 있다. 자연선택이라는 것이 생존경쟁에서 한 생물이 다른 생물보다 이점이 있을 때 작용하는 것이니, 어떤 이점을 미리부터 갖고 있는 집단에 주로 작용할 것이라고 기대할 수도 있을 것이다. 그리고 한 집단이 크다는 것은 그 집단의 종들이 그들의 나름대로의 이점을 공유하는 공통조상에서 유래되었다는 것을 보여주는 것이다.

따라서 새롭고 변형된 후손을 만들어내기 위한 투쟁은 주로 커다란 집단이 그들의 개체수를 불리기 위해 벌이는 것이다. 커다란 집단 하나가 다른 커다란 집단을 서서히 정복해 그들의 개체수를 줄이고 궁극에는 변이와 개선의 기회를 감소시키는 것이다. 이와 마찬가지로 커다란 집단 내에서 분기되어 새로운 지역을 점령하면서 더욱 완벽하게 변화된 한 집단은 이전의 덜 개선된 집단들의 자리를 차지하며 그들을 절멸시킬 것이다. 여기저기 산재하는 작은 집단들은 결국 사라지고 말 것이다.

이와 같은 상황은 미래에도 벌여질 것이다. 즉 오늘날 크고 성공적이며 그 나뉨이 적은 집단은 절멸의 위험을 거의 받지 않고 있으며, 미래에도 오랫동안 그 크기가 증가할 것이다. 그러나 과거에 크게 번성했던 생물이 이제는 모두 사라진 사례가 많기 때문에 미래에 어떠한 집단이 우세할지는 아무도 예측할 수 없다. 더 먼 미래를 생각해보자. 커다란 집단이 꾸준히 증가되었다면 아주 많은 소집단은 완전히 사라져 변형된 후손을 전혀 남기지 못할 것이며, 그 결과 어느 한 시기를 살고 있는 종 가운데 먼 미래까지 후손을 남기는 것은 극히 드물다고 우리는 예상할 수 있다.

이 주제는 분류를 다루는 장에서 다시 논의하도록 하겠다. 그러나 옛날의 종 가운데 극히 일부만이 후손을 남길 수 있다는 견해와 한 종에서 유래된 후손들이 하나의 강(綱)을 이룬다는 견해에 덧붙여, 동물계와 식물계의 주요 집단에서 아주 적은 일부의 강만이 존재한다는 사실을 말하고 싶다. 아주 먼 옛날에 살았던 종 가운데 극히 일부만이 오늘날까지 후손을 남기는 것이 사실이긴 하지만 오래된 지질학적 시기에도 오늘날과 마찬가지로 많은 속·과·목·강의 많은 종이 번성했다.

요약 오랜 시기에 걸쳐 변화되는 생활조건 아래에서 생물들은 구조의 여러 부위가 변해간다. 이것은 논란의 여지가 없을 것 같다. 각각의 종이 기하급수적으로 증가하기 때문에 특정 나이나 계절에 심각한 생존경쟁이 일어난다면—물론 이것도 논란의 여지가 없다—모든 생물들 상호간의 복잡한 관계와 생물들과 주변 생활조건 사이에 존재하는 무한히 복잡한 관계가 그들의 구조와 체질과 습성에 변화를 주어 이점을 준다는 사실을 고려해볼 때, 가축의 많은 변이가 인간에게 유리한 방향으로 일어났듯이 변이는 그들 자신에게 유리하게 작용했을 것이고, 만약 그렇지 않다면 그것은 아주 이상한 일일 것이다.

그러나 유리한 변이가 일어났다고 한다면 그 변이를 일으킨 개체들은 경쟁에서 생존해 보존될 수 있는 최상의 기회를 잡은 것이며, 강력한 유전의 법칙에 따라 그들은 자신과 닮은 후손을 낳으려는 경향이 있을 것이다. 이와 같은 보존의 원리를 나는 간단하게 자연선택이라고 했다.

유전은 해당하는 나이의 개체에게 물려진다는 원리에 따르면 자연선택은 성체를 변화시키는 것과 마찬가지로 알이나 씨앗 또는 어린 개체들도 변화시킬 수 있을 것이다. 많은 동물의 경우 성선택은 가장 강건하고 잘 적응된 수컷이 많은 수의 자손을 남기게 함으로써 자연선택에 힘을 보태는 경우가 있다. 성선택은 수컷이 다른 수컷과의 경쟁에 유리하게 사용할 수 있는 특징을 제공하기도 한다.

자연선택이 자연에서 여러 생물을 변화시키고 삶의 여러 조건과 여러 장소에 적응시키는 방식으로 작용하는지의 여부는 이후의 장에서 논의될 증거들에 근거해서 판단될 것이다. 그러나 우리는 이것이 어떻게 절멸에 이르게 하는지 알고 있다. 그리고 지질학은 대규모 절멸이 지구의 역사에서 어떻게 일어났는지 잘 보여준다.

자연선택은 또한 형질의 분기를 일으킨다. 왜냐하면 한 지역에서 살아가는 생물의 개체수가 늘어날수록 그들의 구조·습성·체질은 더욱 분기하기 때문이다. 우리는 자연계의 모든 곳에서 이것에 관한 증거들을 찾을 수 있다. 따라서 한 종의 후손에게 변형이 일어나는 과정에서, 또 모든 종이 그들의 개체수를 늘리고자 투쟁하는 과정에서 후손들이 다양해질수록 생존경쟁에서 성공할 확률은 높아지는 것이다. 그러므로 한 종의 변종들을 구별하는 작은 차이가 꾸준히 증가해 드디어는 한 속의 두 종, 또는 서로 다른 두 속의 종들을 구별하는 차이가 될 것이다.

우리는 분포 범위가 넓은 종들이 형질이 다양한 큰 속에 포함된다는 것을 살펴보았다. 그리고 이러한 종들이 이러한 우수성을 그들의 변형된 후손에게 물려주어 그 후손들은 오늘날 이 지역에서 우세한 지위를 차지하고 있는 것이다. 이제 막 언급한 바와 같이 자연선택은 형질의 분기를 야기하고, 덜 개선되고 중간적인 형질을 띠는 개체들에 대해서는 절멸을 일으키는 것이다.

나는 이러한 원리에 따라 모든 생물이 닮아 있는 현상을 설명할 수 있으리라 믿는다. 너무 익숙한 나머지 종종 간과되기는 하지만, 모든 동물과 식물이 모든 시기와 모든 장소에서 집단 안에 작은 집단을 두는 구조로 상호 연관되어 있다는 사실은 정말로 중요하다. 이러한 관련성은 우리가 어느 곳에서건 관찰할 수 있는 것들이다. 한 종 내의 변종들이 아주 가까이 관련되어 있고, 한 속의 종들은 조금 덜 관련되어 있으며, 그 관련성의 정도도 아속이나 그 밖의 다른 작은 집단을 형성하며 서로 다르게 나타난다. 서로 다른 속의 종들은 이보다 덜 가까울 것이다. 마찬가지로 속들은 아과·과·목·아강·강을 형성하며 다양한 친척관계를 이루고 있다.

하나의 강에 포함되는 하위 집단들이 모두 하나의 단위로 여겨질 수는 없다. 그것보다는 점들을 둘러싸고 모여 있는 것처럼 보이며 이것들이 다시 다른 점들을 둘러싸며 거의 끝없는 원들을 이루는 것 같다. 각각의 종이 독자적으로 창조되었다는 견해에 맞춰 생각한다면 이 모든 생물의 분류에 관한 이 엄청난 사실을 나는 도저히 설명할 길이 없다. 그러나 최선을 다해 판단하건대, 이것은 그림에서 자세하게 살펴본 바와 같이 절멸과 형질의 분기를 일으키는 자연선택의 복잡한 작용과 유전으로 설명될 수 있다.

하나의 강에 속하는 모든 생물들의 친척관계는 종종 커다란 나무로 나타내곤 한다. 나는 이 비유가 진리를 충분히 나타낸다고 믿고 있다. 푸르고 싹이 돋은 가지는 현존하는 종을 나타낸다고 볼 수 있으며, 작년과 재작년에는 싹이 돋았지만 올해는 그러지 못한 일련의 가지들은 절멸한 종들을 나타낸다고 볼 수 있다.

성장기의 모든 가지는 여러 방향으로 분기해 이웃의 가지들을 말라 죽게 하려고 한다. 이것은 종이나 그보다 큰 집단이 생존경쟁을 통해 다른 종들을 정복하려는 것과 같은 방식이다. 줄기는 큰 가지로 나뉘고 이 큰 가지는 작은 가지로 다시 나뉘지만 그 큰 줄기도 옛날에는 작은 나무의 새로 돋아난 가지에 불과했다. 분기를 통해 과거의 싹과 현재의 싹이 연결되어 있다는 개념은 한 집단에 포함되는 모든 절멸종과 현생종의 분류를 잘 보여준다고 할 수 있다.

나무가 작은 덤불에 불과할 정도로 작았을 때 번성한 많은 가지 중에서 세 개 가운데 두 개만이 현재 커다란 가지를 형성하고 있으며 여전히 살아남아 다른 가지들을 지탱하고 있다. 따라서 오래된 지질학적 시기에 살았던 종 가운데 극히 일부만이 변형된 후손의 형태로 살아남아 있는 것이다. 나무가 처음으로 성장하면서 크고 작은 가지들이 떨어지고 사라졌다. 이렇게 떨어진 다양한 크기의 가지들은 지금은 살아 있는 후손이 없어 화석으로만 만날 수 있는 목·과·속을 나타내는 것이다.

나무의 여기저기에서 뻗어나온 작은 가지들이 우연히 우세한 형질로 선택되고 그 나무의 꼭대기까지 자랐기에 우리는 오리너구리나 폐어 같은 동물들이 생물의 커다란 두 가지에 연결된 것을 볼 수 있다. 그들은 안전한 장소에 서식하면서 치열한 경쟁에서 보존될 수 있었던 것이다. 싹은 자라서 새로운 싹을 만들므로 싹이 강력하다면 이들은 가지치기를 통해 연약한 많은 가지를 능가하며 모든 면으로 자라 올라갈 것이다. 그리하여 세대가 지나면서 그것은 위대한 '생명의 나무'가 될 것이라고 믿는다. 이들은 죽고 잘라진 가지로 땅바닥을 덮고 더욱 다양하고 아름다운 가지를 위로 뻗어 지구를 덮을 것이다.

제5장 변이의 법칙

외부 조건의 효과 – 자연선택과 연결된 용불용; 비행기관과 시각기관 – 순응 – 성장의 상관관계 – 성장의 보상과 유기적 연계 – 그릇된 상관 – 배가되거나 흔적만 남거나 또는 구조화가 덜 이루어진 구조들 – 특별한 방식으로 발달한 부위는 변이성이 크다: 특별한 형질은 일반적인 형질보다 더욱 변이가 크다: 이차성징의 변이성 – 한 속에 포함된 종들은 유사한 방식의 변이를 보인다 – 오랫동안 잃었던 형질로의 복귀 – 요약

지금까지 나는 변이가 가축에게서 흔하고 다양하게 나타나며 자연에서는 그 정도가 덜하다고 했으며 이러한 변이는 우연히 일어나는 것이라고 했다. 물론 이것은 전적으로 틀린 표현이지만, 각각의 특별한 변이가 일어나는 원인에 대해 우리가 아는 것이 없다는 사실을 인정하는 것이었다. 일부 학자들은 개체 간의 차이나 부모 자식 간에 보이는 미세한 변이를 만들어내는 생식계의 기능에 대해서도 우리가 아는 것이 거의 없다고 믿고 있다.

그러나 자연 상태보다 가축화나 재배에 따라 훨씬 더 자주 발생하는 기형과 큰 변이성을 보면서 나는 생물의 구조에서 일어나는 변이가 어느 정도 삶의 조건에 달려 있다고 믿는다. 이러한 삶의 조건에 그들의 부모나 먼 옛 조상들이 몇 세대에 걸쳐 노출되었던 것이다. 나는 제1장에서 생식계가 생활조건 속에서 아주 민감하게 변화될 수 있다는 것을 언급한 바 있다. 여기에 그 긴 목록을 일일이 다 열거할 수는 없지만 진실을 위해서는 그렇게 하는 것이 필요할지도 모르겠다. 부모의 생식계에 교란이 일어나면 그 후손들의 변이나 가변성에 영향을 주는 것 같다.

수컷과 암컷의 성적인 요소는 새로운 개체를 만들기 위해 서로 융합되어야 하는데, 새로운 융합이 일어나기 전에 이들 요소가 영향을 받는 것 같다. '모험적인' 식물의 경우 싹은 삶의 초기 단계에서 밑씨와 크게 다르지 않은데, 온전히 영향을 받는 것은 바로 이 싹이다. 그러나 생식계의 교란이 왜 어느 부분에는 큰 영향을 끼치고 다른 부분에는 별로 영향을 끼치지 않는지 우리는 거의 모른다. 그럼에도 우리는 여기저기에서 희미하게나마 원리를 이해할 수 있다. 적어도 우리는 구조의 변이가 일어나는 데에는 그 변이가 아무리 작더라도 무엇인가 반드시 원인이 있어야 한다는 것을 분명히 느낄 수 있다.

기후나 먹이 등의 차이가 얼마나 큰 직접적인 효과를 일으키는지에 대해서는 지극히 회의적이다. 내 생각에는 그 효과가 동물에서는 극히 작은 것 같고 식물에서는 웬만큼 효과를 발휘하는 것 같다. 적어도 우리는 다음과 같이 결론을 내릴 수 있을 것 같다. 즉 이러한 영향이 서로 다른 두 생물 사이에서 나타나는 복잡하고 놀랄 만하며 자연계에서 두루 관찰되는 상호 적응의 구조를 만들어내지는 못했다는 것이다.

물론 기후나 먹이가 약간의 영향을 끼칠 수는 있다. 에드워드 포브스〔영국의 박물학자〕는 남부지역의 얕은 물에 사는 조개류가 북쪽의 깊은 물에 사는 같은 종보다 색깔이 밝다고 단언했다. 존 굴드〔영국의 조류학자〕는 같은 종의 새들도 섬이나 해안가보다는 맑은 대기에서 더욱 밝은 색깔을 띤다고 믿고 있다. 곤충의 경우도 마찬가지여서, 울러스턴은 바닷가 근처에 사는 곤충들은 색깔이 영향을 받는다고 확신하고 있다. 모캉-탕동〔프랑스의 박물학자〕은 해안가 가까이에서 성장할 경우 다른 곳에서 성장할 때보다 잎의 육질이 증가하는 식물들의 목록을 제시하고 있다. 이와 비슷한 다른 사례들을 더 제시할 수도 있다.

한 종의 변종들이 다른 종의 서식처에 함께 서식할 때 그 정도가 미미하긴 하지만 그들의 특징을 웬만큼 갖추는 경우가 있다. 이러한 사실은 종이 결국은 특징이 뚜렷하고 영구적인 변종에 불과하다는 우리의 견해와 일치한다.

따라서 열대지방의 얕은 바다에 사는 조개류는 춥고 깊은 바다에 사는 조개류보다 보통 밝은 색깔을 띠는 것이다. 존 굴드에 따르면 대륙에 사는 새들이 섬에 사는 새들보다 밝은 색깔을 띤다. 해안가에 서식하는 곤충류가 종종 놋쇠 색깔이나 그 밖의 다른 짙은 색깔을 띠는 경우가 흔하다는 것은 모든 채집가들이 알고 있는 사실이다. 바닷가 근처에 사는 식물들은 육질의 잎을 갖는 경향이 강하다. 각각의 종이 개별적으로 창조되었다고 믿는 사람은 예컨대 이들 조개류가 따뜻한 바닷가에서는 밝은 색깔을 띠는 형태로 창조되었다고 말해야만 할 것이다. 따뜻하고 얕은 바닷가에 살기 시작하면서 변이가 일어나 밝은 색깔을 띠도록 변했다는 생각을 그들은 하지 않을 것이다.

변이가 개체에게 미세하게만 사용될 때 우리는 그것이 자연선택의 축적 작용이나 생활조건에 얼마나 기여할지 알 수는 없다. 모피상들은 같은 종의 동물이라도 혹독한 환경에서 살아갈 때 더 두껍고 좋은 모피를 갖게 된다는 사실을 잘 알고 있다. 그렇지만 이러한 차이의 과연 어느 정도가 따뜻한 모피를 갖춘 개체들이 여러 세대를 거치며 선택되고 보존되었기 때문인지, 아니면 혹독한 기후의 직접적인 작용이 어느 정도 영향을 끼친 것인지 누가 알 수 있단 말인가? 왜냐하면 기후는 네발 가축들의 털에 어느 정도 직접적인 영향을 끼치는 것 같기 때문이다.

서로 다른 생활조건에 따라 동일한 변이가 만들어지는 경우에 관한 사례들도 있다. 또한 동일한 조건에 노출된 한 종에서 서로 다른 변이가 나타나는 경우도 있다. 이러한 사실들을 보면 생활조건들이 어떻게 간접적으로 작용하는지 알 수 있다. 다시 언급하건대, 정반대의 기후에서 살면서도 전혀 변하지 않는 종도 엄청나게 많은 것은 사실이다. 이와 같은 사실들을 고려하면서 나는 생활조건의 직접적인 작용에는 아주 작은 무게만을 싣고 싶다. 앞에서도 언급했듯이 간접적으로 그들은 생식계통에 중요한 작용을 해 변이를 유도하는 것 같다. 그리고 자연선택은 아무리 작더라도 모든 유용한 변이를 축적시켜 우리가 알아차릴 수 있을 만큼 뚜렷하게 발현되는 것이다.

용불용(用不用)의 효과 제1장에서 넌지시 언급했던 사실을 바탕으로 생각하건대, 가축에서 한 부위의 사용이 특정한 부위를 강화 · 확장시키고 사용하지 않는 부위는 축소되며, 이러한 변형이 다음 세대로 물려진다는 사실에는 거의 의심의 여지가 없어 보인다. 아무런 간섭이 없는 자연 속에서 오랜 기간에 걸친 용불용의 효과를 판단할 만한 비교의 표준이란 있을 수가 없다. 왜냐하면 부모형을 알 수 없기 때문이다. 그러나 불용의 효과에 따라 설명될 수 있는 기관들을 가진 동물들은 많다.

오언 교수〔영국의 비교해부학자로 다윈의 이론에 반대했다〕가 언급했듯이 자연에서 날지 못하는 새만큼 비정상적인 경우는 없다. 새가 날지 못하는 상태는 여러 단계가 있다. 남아메리카의 흰가슴오리는 수면을 따라 날개를 퍼덕거릴 뿐이며 이들의 날개는 가축인 에일즈베리 오리와 거의 비슷하다. 바닥에서 먹이를 찾는 커다란 새는 위험을 피하기 위한 경우 말고는 거의 날지를 않으며, 맹수가 없는 여러 대양의 섬에 살면서 불용에 의해 날지 못하게 되었다고 나는 믿는다.

타조는 대륙에 거주하면서 비행에 의해서는 피할 수 없는 위험에 노출되어 있다. 그렇지만 타조는 적을 차버림으로써 적이나 작은 네발짐승에게서 자신을 방어한다. 우리는 타조의 먼 조상이 느시〔아주 빨리 달리며 덩치가 큰 유럽산 새〕와 같은 삶을 살았으리라 상상할 수 있다. 이들은 자연선택에 의해 대를 거듭하면서 크기와 무게가 증가하게 되었다. 다리는 더욱 많이 사용하게 되었고 날개는 거의 사용하지 않으면서 마침내는 날지 못하는 새가 된 것이다.

커비〔영국의 박물학자〕는 쇠똥을 먹고 사는 많은 딱정벌레 수컷들의 앞다리 발목마디가 자주 부러진다고 했다. 나도 이와 동일한 내용을 관찰한 바 있다. 커비는 자기가 갖고 있는 17개의 표본을 조사했지만 흔적이나마 갖고 있는 것은 한 마리도 되지 않았다. 오니테스 아펠레스〔딱정벌레의 일종〕의 발목마디도 사라지는 경우가 흔해서, 한때 이 곤충은 발목마디가 없는 것으로 기술되기도 했다. 다른 일부 속에게는 발목마디가 존재하지만 그 상태가 흔적에 불과한 경우도 있다. 이집트인들이 신성한 딱정벌레로 여기는 아테우쿠스〔쇠똥구릿과의 한 속〕에게서는 발목마디가 전혀 관찰되지 않는다.

신체의 절단이 유전된다고 볼 수 있는 증거는 부족하다. 그보다는 아테우쿠스 앞다리의 발목마디가 전혀 존재하지 않고 다른 일부 속에서 발목마디가 흔적으로만 관찰되는 이유는, 그들의 조상이 발목마디를 오랫동안 사용하지 않았기에 그 효과가 장기간 축적되었기 때문이라고 나는 설명하고 싶다. 왜냐하면 쇠똥을 먹고 사는 많은 딱정벌레에게서 발목마디가 거의 손실되는 것으로 보아 이들 발목마디는 삶의 초기에 잃어버리는 것이 틀림없을 테고, 그래서 이 곤충들은 발목마디를 사용할 일이 없을 것이다.

가끔 우리는 자연선택 때문에 생긴 구조의 변형을 불용의 효과로 쉽게 생각할 수도 있다. 울러스턴은 마데이라 제도에 서식하는 550종의 딱정벌레 가운데 220종의 날개가 워낙 빈약해서 그들이 날 수 없다는 놀라운 사실을 발견했다. 심지어 23개에서 29개의 속은 그들의 모든 종이 하나도 날지 못했다.

딱정벌레들이 종종 바람에 실려 바다로 날려가 죽게 된다는 사실, 울러스턴이 관찰한 바와 같이 마데이라 제도의 딱정벌레들은 바람이 잔잔해지고 햇볕이 따뜻할 때까지 자신을 은폐한다는 사실, 마데이라 제도보다는 공해에 노출된 데제르타스 섬에 더 많은 비율의 날개 없는 딱정벌레가 서식한다는 사실, 특히 울러스턴이 강조했듯이 아주 특별한 사실은 특정 집단의 딱정벌레가 비행이 필요한 지역에는 꽤 많이 존재하지만 그 밖의 다른 지역에서는 거의 관찰되지 않는다는 사실 등, 이러한 모든 사실을 고려하면서 나는 마데이라 제도의 수많은 딱정벌레들이 날개를 갖추지 못한 상황이 불용에 의한 것이라기보다는 자연선택의 작용 때문이라는 믿음을 갖고 있다. 수천 세대를 거치면서 날개의 발달이 부족하거나 게으른 습성 탓에 덜 비행하는 딱정벌레들이 바다로 떠밀려 날아가지 않아 생존의 가능성을 높일 수 있었을 것이다. 그리고 더 자주 비행하려고 했던 딱정벌레들은 바다로 떠밀려 날아가 사라졌을 것이다.

바닥에서 먹이를 구하지 않는 마데이라 제도의 곤충들은 꽃에서 먹이를 구하는 딱정벌레목이나 나비목처럼 생존을 위해 날개를 습관적으로 이용해야만 한다. 울러스턴은 이들의 날개가 전혀 줄어들지 않았으며 오히려 확대되었다고 생각하고 있다. 이것은 자연선택의 작용과 완벽하게 조화를 이루는 것이다. 새로운 곤충이 마데이라 제도에 처음으로 도착했을 때, 날개의 크기를 확장시키거나 축소시키려는 경향은 많은 수의 개체가 바람과의 싸움에서 얼마나 성공적으로 살아남았는지 아니면 아예 시도 자체를 포기하고 비행하지 않았는지에 달려 있었을 것이다. 배가 해안가에서 가까운 곳에 난파된 경우의 선원들을 생각해보자. 수영을 잘하는 선원이라면 멀리까지 헤엄치는 것이 좋을 것이다. 반면에 수영을 못하는 선원이라면 헤엄치기를 포기하고 차라리 난파선의 잔해를 붙잡고 있는 편이 좋을 것이다.

두더지와 굴을 파고 사는 일부 설치류의 눈은 크기가 아주 작고 피부나 털에 덮여 있는 경우도 있다. 이런 상태의 눈은 아마도 불용에 따른 점진적인 감소 때문일 것이다. 그러나 자연선택의 도움도 있었을 것이다. 굴을 파고 사는 남아메리카의 설치류 투코투코는 일반 두더지보다 훨씬 더 심하게 땅속에서 살아간다. 이 설치류를 잡았던 경험이 있는 에스파냐 사람에게 들은 바에 따르면 투코투코는 종종 장님인 경우가 많다고 한다. 나도 전에 투코투코 한 마리를 갖고 있었는데, 그놈은 확실하게 장님이었다. 투코투코를 해부해서 얻은 결과에 따르면 그 원인은 눈꺼풀에 생긴 염증이었다.

눈에 염증이 자주 일어나는 것은 어떤 동물에게서도 해가 되었을 것이다. 또한 이들은 굴속에 살아서 눈이 꼭 필요하지 않기 때문에 눈꺼풀이 붙어 눈의 크기가 작아지고 털이 자라 눈을 덮으면서 이것이 오히려 그들에게는 이득이 되었을 것이다. 그럴 경우 자연선택은 꾸준히 불용의 효과에 도움을 주었을 것이다.

스티리아와 켄터키의 동굴에 사는 다양한 강에 속하는 여러 동물이 장님이라는 것은 잘 알려진 사실이다. 일부 게의 경우 눈을 지지하는 돌기는 존재하지만 눈은 사라졌다. 망원경을 지지하는 받침대는 남아 있지만 망원경은 렌즈들과 함께 사라진 것과 같다. 어둠 속에서 사는 동물들에게 설사 눈이 소용없을지라도 눈이 해가 되는 상황을 상상하기는 쉽지 않기 때문에, 나는 그들의 눈이 전적으로 불용에 의해 사라졌다고 생각한다.

동굴쥐 같은 장님 동물의 눈은 엄청나게 크다. 실리먼 교수〔미국의 화학자〕는 이들이 얼마 동안 빛에 노출되어 살았고 다시 약간의 시력을 회복하면서 생긴 현상이라고 생각했다. 마데이라 제도에서와 마찬가지로 일부 곤충의 날개는 확장되어 있으며 다른 일부 곤충의 날개는 축소되어 있는데, 이것은 용불용의 도움을 받은 자연선택에 의한 것이다. 따라서 동굴 쥐의 경우 자연선택은 빛의 손실과 투쟁을 벌여 눈의 크기를 확장시킨 것이다. 그렇지만 동굴에 서식하는 다른 동물들에게서는 불용의 효과만이 작용한 것 같다.

거의 비슷한 기후에 놓인 깊은 석회암 동굴보다 더 유사한 생활환경을 상상하기란 어렵다. 따라서 장님 동물들이 아메리카와 유럽의 동굴에 적합하게 개별적으로 창조되었다는 일반적인 견해를 따른다면 그들의 신체 구성과 유연관계에 매우 밀접한 유사성이 있으리라 기대할 수 있다. 이들 두 대륙의 곤충들이 대부분 비슷하다는 사실에 비추어볼 때, 동굴에 서식하는 곤충들도 비슷할 것이라고 기대했지만 그 정도로 유사하지는 않았다.

내 생각에는 유럽에서 동물들이 동굴 속으로 이주하는 과정과 마찬가지로 원래 시력을 갖고 있던 아메리카의 동물들이 세대를 거치며 바깥세상에서 점점 더 깊은 켄터키의 동굴 속으로 이주해 들어갔다고 가정할 수밖에 없을 것 같다. 이처럼 생활습성이 서서히 바뀐다는 증거가 있다. 쉬외테〔덴마크의 동물학자〕가 언급했듯이 "원래 형태에서 그렇게 많이 다르지 않은 동물들이 빛에서 어둠으로의 변화를 준비한다. 그들을 따르는 것은 옅은 빛에 적합한 구조를 갖춘 자들이며, 결국에는 완전한 어둠 속에서 살아갈 수 있는 자들이다."

수많은 세대를 거치며 동굴 깊숙한 곳에 도달하는 시간이 되어서야 불용은 더욱 완벽하게 눈을 사라지게 할 것이고 자연선택은 종종 다른 변화들을 일으킬 것이다. 이를테면 시력을 잃은 것에 대한 보상으로 더듬이가 길어지는 것이다. 이러한 변형에도 불구하고 아메리카의 동굴동물들에서 우리는 동일 대륙의 다른 곳에 서식하는 동물들과의 유연관계를 찾기를 기대하고 있다. 그리고 유럽에서는 유럽 대륙에 서식하는 동물들과의 유연관계를 찾기를 바라고 있다.

데이나〔미국의 지질학자〕 교수에게 들은 바에 따르면 아메리카 동굴동물의 일부가 이 경우에 해당하며, 유럽의 일부 동굴곤충들은 그 주변 지역의 다른 곤충들과 아주 밀접한 유연관계를 보이고 있다. 개별적인 창조의 견해를 이용해 두 대륙의 동물들과 동굴에 서식하는 장님 동물들의 유연관계를 이성적으로 설명하기는 아주 어려울 것이다. 구세계와 신세계의 여러 동굴에 서식하는 여러 동물과 다른 대부분의 동물들 사이의 잘 알려진 관계를 바탕으로 이들이 서로 밀접하게 관련되어 있다고 기대해도 될 것 같다.

아가시〔스위스 태생의 분류학자로, 나중에 미국으로 옮겨 하버드 대학에 비교동물학 박물관을 세웠다〕가 장님 물고기인 앰블리옵시스와 유럽의 장님 파충류인 프로테우스에 대해 언급한 것을 보면 우리는 동굴 동물들이 매우 기형적이어서 크게 놀랄 것이라는 기대를 품게 되는데, 이러한 기대와 달리 나는 많은 옛날 생물들이 보존되지 못했다는 것에 놀란다. 이것은 어둠 속에서 살고 있는 동물들에게 주어졌을 그렇게 심각하지는 않은 생존경쟁 때문이었을 것이다.

순응 식물의 습성은 물려받는 것이다. 개화 기간이나 씨앗이 발아하기 위해 필요한 강우량, 휴면 기간 등이 그렇다. 여기서 나는 순응에 관해 몇 마디 덧붙여야겠다. 한 속 내의 종들이 모두 매우 덥거나 매우 추운 지역에서 살아가는 것은 아주 흔한 일이다. 또 나는 한 속의 모든 종들이 모두 한 부모에게서 유래되었다고 믿기 때문에, 만약 이러한 견해가 옳다면 순응은 후대로 내려오면서 오랫동안 영향을 받았음이 틀림없을 것이다.

각각의 종이 자기가 살아가는 환경에 적응되었다는 것은 잘 알려진 사실이다. 북극지방에서 온 종은 물론 온대지방에서 온 종마저도 열대지방의 기후를 견디지 못한다. 물론 그 반대의 경우도 마찬가지이다. 즙이 많은 식물은 습도가 높은 기후를 견뎌내지 못한다. 그러나 기후에 대한 종들의 적응은 종종 과대평가되어 있다. 수입된 식물이 우리 기후에 적응할 수 있을지 적응하지 못할지 예견할 수 있는 능력이 우리에게는 없으며, 따뜻한 지역에서 영국으로 유입된 후 잘 살아가고 있는 동식물이 많기 때문에 그렇게 생각하는 것이다. 자연 상태의 종들은 특별한 기후에 적응하는 만큼이나 또는 그 이상으로, 다른 생물과의 경쟁에 의해 그들의 서식지가 상당히 제한된다고 믿을 만한 충분한 근거가 있다.

그러나 적응이 일반적으로 매우 잘 일어날 수도 있고 그렇지 않을 수도 있겠지만, 우리는 일부 식물이 어느 정도까지는 다른 기후에 자연스럽게 순응한다는 증거를 갖고 있다. 후커 박사는 히말라야의 서로 다른 고도에 서식하는 소나무와 철쭉에서 씨앗을 채취해 그것을 영국에서 발아시켜 키웠는데, 이 식물들은 영국의 추위에 버티는 체질적인 능력에 차이를 보였다. 스웨이츠〔영국의 식물학자이자 곤충학자〕도 실론〔오늘날의 스리랑카〕에서 비슷한 관찰을 했다고 내게 알려주었다. 왓슨도 아조레스 제도에서 영국으로 유입된 유럽 식물들에서 비슷한 관찰을 했다.

동물과 관련해서는, 따뜻한 위도에서 서늘한 위도로 또는 그 반대로 그들의 서식지가 확장되었다는 것을 보여주는 믿을 만한 사례들이 있다. 그러나 이 동물들이 그들의 원래 지역의 기후에 완벽하게 적응했는지는 확신하기 힘들며—물론 대부분의 경우 우리는 그렇다고 가정한다—서식지를 확장한 이후 새로운 지역에 순응하게 되었는지에 대해서도 우리는 알지 못한다.

우리의 가축들은 원래 미개인들이 유용한 동물들을 선택해 가두어 키우며 교배를 통해 만든 것이지 수송에 적합한 동물들이 순차적으로 발견된 것이 아니라고 나는 믿는다. 그래서 나는 가축들이 여러 기후를 버텨내는 능력과 그런 속에서도 완벽하게 자손을 낳아 번식할 수 있는 능력을 갖추었다는 사실이 다른 대부분의 동물에게도 적용되어 그들도 여러 기후를 쉽게 버텨낼 수 있을 것이라는 논의에 이용될 수 있다고 생각한다.

그렇지만 이러한 논의를 너무 멀리 진행시켜서는 안 될 것이다. 왜냐하면 가축들은 야생동물의 여러 혈통으로부터 유래된 것일 수도 있기 때문이다. 예를 들어 개는 열대지방의 늑대와 극지방의 늑대 또는 들개가 함께 섞여 만들어진 것일 수도 있다. 쥐와 생쥐를 가축이라고 여길 수는 없다. 그러나 그들은 인간에 의해 전 세계 여러 곳으로 유입되어 오늘날에는 다른 어떠한 설치류보다도 넓은 분포를 보이고 있다. 실제로 이들은 기후가 차가운 북쪽의 페로 제도(영국과 아이슬란드 사이에 있는 화산섬의 무리)와 남쪽의 포클랜드 제도(아르헨티나 남동쪽 바다의 제도)는 물론 엄청나게 더운 여러 섬에서도 살아가고 있다.

따라서 나는 여러 특별한 기후에 적응하는 것이 선천적으로 물려받은 체질상의 문제라고 생각하는데, 이러한 능력이 대부분의 동물에게 보편적이라는 것이다. 그러므로 이러한 관점에 따라 여러 기후를 견뎌내는 우리 인간 자신과 가축들의 능력 그리고 코끼리와 하마의 조상은 과거에 빙하의 기후에서도 살았지만 오늘날에는 모두 열대지방이나 아열대지방에만 서식한다는 사실을 비정상적인 기형으로 여겨서는 안 될 것이다. 이것들은 단지 특별한 상황에서 작용하게 된 매우 유연한 체질의 특별한 사례에 불과한 것이다.

특별한 기후에 순응하는 종의 능력에 동물의 습성이 어느 정도 작용하는 것인지, 선천적인 체질의 차이를 보이는 변종에 대한 자연선택의 힘이 어느 정도 작용하는 것인지, 아니면 이 두 가지가 어느 정도의 비율로 함께 작용하는 것인지 매우 모호한 문제가 아닐 수 없다. 나는 그러한 습성이 웬만큼 영향을 주고 있다고 믿는데, 이러한 나의 믿음은 유추와, 농업과 관련해 끊임없이 제시되는 여러 조언을 토대로 얻어진 것이다. 심지어 고대 중국의 백과사전에는 한 지역에서 다른 지역으로 동물을 이주시킬 때 주의해야 할 사항들이 세밀하게 서술되어 있다. 왜냐하면 체질적으로 한 지역에 특별하게 적응된 품종이나 아품종을 다른 지역으로 이주시켜 성공할 가능성은 거의 없기 때문이다. 결과는 습성에 달려 있다고 생각한다.

이와 반대로 해당 지역에 최고로 잘 적응하는 체질을 갖추고 태어난 개체들이 계속해서 자연선택되기 때문이라고 생각하면 안 되는 이유를 나는 모른다. 여러 종류의 작물에 관한 논문들을 통해 우리는 일부 변종이 다른 변종보다 특정한 기후에 잘 견딘다는 사실을 알고 있다. 이러한 사실은 미국에서 발간된 과수를 다룬 논문에 아주 잘 드러난다. 즉 일부 변종들은 북부의 주에 심는 것이 권장되고 다른 변종들은 남부의 주에 심는 것이 권장된다. 그리고 대부분의 이들 변종이 생성된 것은 최근의 일이므로 그들의 체질적인 차이가 습성 때문이라고 말하기는 어려울 것 같다.

국화과 식물인 뚱딴지는 절대 씨앗으로 전파되지 않는다. 따라서 뚱딴지의 새로운 변종이 만들어진 적이 없다. 이러한 뚱딴지는 오늘이 어제보다 유약할 수밖에 없으며 순응이 작용할 수 없다는 것을 보여주는 좋은 사례이다. 강낭콩의 사례도 비슷한 용도로 훨씬 비중 있게 인용되곤 한다. 누군가 20세대에 걸쳐 강낭콩을 아주 일찍 심어서 많은 개체가 서리에 얼어 죽게 한 뒤, 생존한 몇 안 되는 개체에서 씨앗을 받았다. 교잡이 일어나지 않게 주의하면서 동일한 방법으로 다음 세대에서 다시 씨앗을 받았다. 일찍이 아무도 시도해본 적이 없는 실험이었다. 일부 묘종이 다른 묘종에 견주어 내한성이 있다는 내용이 발표된 적이 있기 때문에 강낭콩 묘종에 체질 변화가 있으리라고 가정한 것은 사실이었다.

나는 습성과 용불용이 체질을 변화시키고 신체 여러 구조를 변형시키는 데서 큰 역할을 하는 경우가 있다는 결론을 내릴 수도 있다고 생각한다. 그러나 용불용의 효과는 선천적인 차이에 대한 자연선택의 작용과 통합되기도 하고 때로는 자연선택의 힘에 압도당하기도 한다.

성장의 상호관계 나는 생물의 전체 구성이 성장과 발달 과정을 거치면서 서로 매우 밀접하게 관련되어 있기 때문에 한 부위에서 일어난 미세한 변화가 자연선택을 통해 축적되면서 다른 부위가 변형된다는 의미로 이 용어를 사용한다. 이것은 아주 중요한 주제이지만 거의 알려진 것이 없다. 가장 명백한 사실은 어린 개체나 유생을 위해 축적된 유리한 변형이 성체의 구조에 영향을 준다는 것이다. 이것은 아주 옳은 결론이다. 초기 배아에 생겨난 기형이 성체의 전 생애에 심각한 영향을 주는 것과 같은 원리이다.

배아 시기에 비슷한 모습으로 관찰되는 신체의 여러 상응 구조는 함께 변하려는 경향이 있다. 예를 들어 신체의 왼쪽 부위와 오른쪽 부위는 이러한 방식으로 변한다. 앞다리와 뒷다리도 함께 변하는 경향이 있다. 심지어는 아래턱과 팔다리도 함께 변하려는 경향이 있는 것으로 보아 아래턱과 팔다리도 상응 구조인 것으로 여겨진다. 이러한 경향은 자연선택에 의해 다소 완벽하게 강화될 것이라고 확신한다. 따라서 한쪽에만 뿔이 돋아난 사슴 가족이 있었고 그 뿔이 그 사슴 가족에게 큰 이점이 되었다면, 그 뿔은 자연선택에 의해서 영구적인 것이 되었을 것이다.

여러 학자들이 지적했듯이 상응 부위들은 서로 유착하려는 경향이 있다. 이러한 현상은 기형적인 식물에서 종종 관찰된다. 정상적인 구조에서 상응 부위가 서로 융합하는 것이 가장 일반적인 현상일 것이다. 예를 들면 꽃잎들이 융합해 튜브 모양으로 나타나는 것이다. 딱딱한 부위는 인접하는 부드러운 부위의 모양에 영향을 주는 것 같다. 많은 학자들은 새의 골반 모양에 따라 다양한 모양의 콩팥이 결정된다고 믿고 있다. 사람의 경우에도 엄마의 골반 모양이 아이의 머리 모양에 영향을 준다고 믿고 있다. 슐레겔〔독일 출신 학자로, 네덜란드에서 파충류와 조류를 연구했다〕에 따르면 뱀의 신체 구조와 먹이를 삼키는 방식이 여러 내장기관의 위치를 결정한다고 한다.

상관의 본질은 정말로 애매한 문제이다. 이시도르 제프루아 생틸레르는 매우 흔한 기형과 그렇지 않은 기형이 있다고 강조했는데 그 이유를 알 수는 없다고 했다. 고양이의 푸른 눈과 귀머거리의 관계보다 더 기묘한 것이 있을 수 있을까? 마찬가지로 거북의 등껍질 색깔과 암컷의 관계, 비둘기의 바깥쪽 발톱들 사이의 깃털과 피부, 처음 부화했을 때 어린 새의 피부에 돋아난 솜털과 미래의 깃 색깔, 터키 개의 털과 이빨의 관계도 마찬가지이다. 이들에게도 상응기관의 원리를 적용할 수 있는 것인가? 이 마지막의 상관에 대한 예를 하나 들어보자. 포유동물에서 피부가 가장 이상한 두 가지 목인 고래류와 빈치류(이빨의 발달이 빈약한 포유동물의 한 집단으로, 아르마딜로 · 개미핥기 등이 포함된다)를 골라보자. 이들은 그 이빨도 매우 기이하다.

상관의 원리가 중요한 구조를 변형시킬 수 있다는 것을 잘 보여주는 사례는 일부 설상화〔꽃잎이 합쳐져서 한 개의 꽃잎처럼 된 꽃으로 혀꽃이라고도 한다. 국화과의 꽃에서 관찰되는 모양이다〕 식물과 산형화〔꽃대의 꼭대기 끝에 여러 개의 꽃이 방사형으로 달린 꽃〕 식물에서 나타난다. 이것은 해당 구조의 활용과는 관계없는 것이고 따라서 자연선택과도 관계가 없다. 예를 들어 데이지의 꽃잎에 나타나는 방사무늬는 잘 알려져 있다. 그리고 이러한 차이는 종종 꽃의 일부분에서 일어나는 발육부전 현상과 관련된 경우가 있다.

그러나 일부 설상화 식물의 씨앗은 모양과 파인 모양이 또한 다르다. 카시니〔프랑스의 식물학자〕는 이와 같은 차이가 씨방과 그 부속기관에서도 나타난다고 했다. 많은 학자들은 이러한 차이가 설상화 식물의 씨앗에서 형성되는 압력과 모양 때문이라고 말한다. 그러나 후커 박사는 꽃 모양이 아주 조밀하게 배열된 일부 산형화 식물은 안쪽 꽃과 바깥쪽 꽃이 서로 다른 경우가 종종 있다고 내게 알려주었다. 산형화 식물이 꽃을 피우려면 식물의 다른 부위에서 영양분을 가져와야 하기 때문에 기형이 생기는 것으로 생각할 수도 있다. 그러나 일부 산형화 식물에서는 안쪽 꽃과 바깥쪽 꽃의 씨앗에 차이가 있으면서도 화관〔꽃잎을 함께 일컫는 말〕에는 아무런 차이가 없는 경우도 있다.

이러한 차이는 어쩌면 안쪽 꽃과 바깥쪽 꽃으로 향하는 영양분이 서로 다르기 때문일 수도 있다. 우리는 부정형 꽃의 중심축에 위치한 꽃들에서 정화〔正化: 본래는 부정형인 꽃이 정형으로 피는 현상〕가 일어나 정상적인 꽃이 피는 현상을 알고 있다. 이것과 관련해서 나는 상관의 원리를 보여주는 아주 놀라운 사례를 들 수도 있다. 이것은 최근 양아욱을 키우는 밭에서 관찰한 것인데, 꽃송이의 중심부에 위치한 꽃들의 상부 두 개 꽃잎에서 짙은 색깔이 사라지며 꿀샘이 완전히 말라버리는 현상이었다. 두 꽃잎의 하나에서만 색깔이 사라지는 경우에는 꿀샘이 상당 부분 손실되긴 하지만 여전히 남아 있었다.

산형화의 머리 부분에 있는 중심부 화관과 바깥쪽 화관의 시각적인 차이에 대해 슈프렝겔은 설상화가 곤충을 유인해 이 식물들의 수정에 크게 유리하게 이용한다고 했다. 나는 슈프렝겔의 생각이 보기와는 달리 너무 억지스럽다는 의견에 동의하지 않는다. 그리고 그것이 유리했다면 자연선택이 작용했을 것이다.

꽃의 차이와 항상 관련되어 있는 것은 아니지만 씨앗의 안쪽 구조와 바깥쪽 구조에 대해서 그것이 식물에게 어떤 방식으로든 이득을 준다고 보기는 어려울 것 같다. 그러나 산형화에서 이러한 차이는 매우 중요하다. 이들의 씨앗은 껍질에 들어 있는데, 타우슈〔체코의 식물학자〕에 따르면 바깥쪽 꽃의 씨앗들은 과실의 방향과 나란히 배열되어 있으며 안쪽 꽃의 씨앗들은 속이 비어 있다. 오귀스탱 캉돌은 자기가 주로 연구하는 목에서 이와 비슷한 사실들을 발견했다. 따라서 계통분류학자들에게 아주 중요한 것으로 여겨지는 구조의 변형이 상호 연관된 성장의—종에게 전혀 기여하지 않는 것으로 알려진—미지의 법칙 때문에 전적으로 일어나는 것일 수 있다.

우리는 한 집단의 종들이 공통적으로 보유하는 구조와 단지 유전에 의해 물려지는 구조를 모두 성장의 상관 때문이라고 생각하는 경향이 있는데, 이는 잘못이다. 옛날의 먼 조상이 자연선택을 통해 특정한 구조를 갖추게 되었고, 수천 세대를 거치면서 다시 별도의 변형을 얻게 되었기 때문이다. 이러한 두 가지 변형은 습성이 다양한 모든 후손 집단에게 전달되어 이들 구조가 나름대로의 방식으로 서로 관련이 있다고 생각하는 것이다.

그렇다고 모든 목에 공통적으로 나타나는 일부 뚜렷한 상관이 모두 자연선택의 힘으로만 만들어졌다고 생각하는 것은 아니다. 예를 들어, 알퐁스 캉돌은 개방되지 않는 과일에서는 날개 달린 씨앗이 절대로 발견되는 법이 없다고 언급했다. 개방되지 않는 열매에서는 자연선택에 따라 씨앗이 서서히 날개를 갖추는 일은 있을 수 없다는 사실로 이 규칙을 설명해야 할 것 같다. 열매가 열리는 식물에서라면 조금 더 멀리 날아가는 씨앗을 만들어내는 식물이 그렇지 않은 식물보다 조금 더 유리했을 것이기 때문이다. 그러니 이러한 일이 개방되지 않는 열매에서 일어날 수는 없는 것이다.

에티엔 제프루아 생틸레르〔프랑스의 발생학자이자 비교해부학자로 이시도르 제프루아 생틸레르의 아버지〕와 괴테〔독일의 철학자이자 시인〕는 같은 시기에 성장의 보상 법칙 또는 성장의 균형이라 일컫는 법칙을 제안했다. 괴테의 표현에 따르면 자연은 한쪽에서 무엇인가를 소비하기 위해 다른 쪽에서 절약을 한다고 한다.

따라서 가축들의 경우에 나는 이것이 어느 정도 진실이라고 생각한다. 만약 신체 어느 한 부위의 영양이 과다하다면, 영양이 다른 부위로 흘러들어가는 일은 거의 일어나지 않는다. 따라서 우유도 많이 생산하고 살도 찐 소를 갖기란 어려운 것이다. 양배추의 동일한 변종들이 영양이 풍부한 잎사귀와 기름이 풍부한 씨앗을 동시에 갖추기는 힘들다. 과일의 씨앗이 발육부전일 때, 과일 자체는 크기와 질이 우수해진다. 가금류에서도 머리에 깃이 크게 발달하면 볏은 축소되고, 부리 밑동의 깃털이 발달하면 턱볏이 축소되는 것이 일반적인 현상이다.

자연 상태의 종에도 동일한 원리를 적용할 수 있을지에 대해서는 자신이 없다. 그러나 많은 학자들, 특히 많은 식물학자들이 이러한 사실을 믿고 있다. 그렇지만 여기에 예를 들지는 않겠다. 왜냐하면 자연선택을 통해 한 부위가 크게 확장되고 인접한 다른 부위는 불용의 효과로 축소되는 상황과 다른 부위가 확장된 탓에 영양분이 축소되어 일어나는 상황을 구별하기가 어렵기 때문이다.

나는 또한 보상의 몇몇 사례가 더욱 보편적인 원리, 즉 자연선택은 개체의 모든 부위를 경제적인 것으로 만들려고 꾸준히 작용한다는 원리 아래에 융합될 수 있는 것이 아닌가 의심하고 있다. 만약 생활환경이 바뀌면서 과거에 유용했던 구조가 덜 유용해진다면 어떠한 감소이건 그것은 발생에 아무리 하찮더라도 자연선택에 포착될 것이다. 왜냐하면 이것은 유용하지 않은 구조를 만드는 데 영양분을 소비하는 개체에게 아무런 도움도 되지 않을 것이기 때문이다.

내가 단지 이해할 수 있는 한 가지는 만각류를 관찰할 때 나를 놀래켰던 일인데, 만각류가 다른 생물에 기생하면서 들어가 살기 시작할 때 껍질을 거의 완전히 잃어버린다는 것이다. 이것은 아이블라〔만각류의 한 종류〕 수컷의 경우에서도 관찰되고 프로테올레파스〔만각류의 한 종류〕에서도 아주 특별한 방식으로 관찰된다. 왜냐하면 다른 모든 만각류의 껍질은 크게 발달한 아주 중요한 머리 쪽 세 마디로 이루어져 있기 때문이다. 그리고 여기에는 거대한 신경들과 근육들이 잘 분포해 있다. 그러나 기생생활을 하는 프로테올레파스는 머리의 앞쪽 부위가 크게 축소되어 안테나의 기저부에 붙어 있는 흔적에 불과할 정도로 작게 관찰된다.

프로테올레파스가 기생생활을 하면서 부담스러운 부위가 되어버린 크고 복잡한 구조가 사라지는 현상은 비록 느리게 진행되었지만 연속하는 세대에게 결정적인 이득이 되었을 것이다. 왜냐하면 모든 동물들에게 동일하게 작용하는 생존경쟁에서 프로테올레파스의 모든 개체들이 필요하지 않은 구조를 발달시키는 데에 영양분을 조금이라도 적게 사용함으로써 자신의 삶을 지탱할 조금 더 나은 기회를 얻게 되었을 것이기 때문이다.

따라서 자연선택은 신체의 한 부위가 필요 없어질 경우에 이를 축소시키고 사라지게 하는 과정을 느리지만 성공적으로 수행할 것이다. 이때 신체의 다른 부위가 이에 상응해 크게 발달하는 일은 절대로 일어나지 않는다. 반대로 말하면, 자연선택은 한 부위를 크게 발달시키면서 보상적으로 다른 인접한 부위를 축소시킬 필요가 없다는 것이다.

이시도르 제프루아 생틸레르가 언급했듯이, 변종이나 종 모두에서 동일 개체의 신체부위가 반복해서 나타날 때(뱀의 척추나 꽃의 많은 수술이 그 예가 될 것이다) 그 수는 서로 다를 수 있다. 그렇지만 그 수가 크지 않을 때는 동일한 구조의 개수가 일정하게 나타난다. 이시도르 제프루아 생틸레르와 일부 식물학자들은 반복해서 나타나는 구조가 변이성이 크다고 언급했다. 오언 교수가 사용한 용어인 '생장 반복'은 이처럼 하등한 생물에게서 나타나는 특징처럼 보인다. 이것은 자연계의 하등한 생물들이 고등한 생물들보다 훨씬 더 변이가 심하다는 대부분의 박물학자들의 의견과 연결되어 있는 것 같다.

여기에서 '하등하다'의 의미는 신체의 여러 부위가 특별한 기능을 수행하도록 거의 분화되어 있지 않을 때 사용한 것이다. 그리고 동일한 부위가 여러 기능을 수행하는 한, 우리는 왜 그 구조에서 변이성이 나타나는지를 알 수 있을 것이다. 즉 신체 구조가 한 가지 특별한 목적에 사용되기보다 여러 기능을 수행할 때, 왜 자연선택이 각각의 작은 변이들을 다소 무작위적으로 보존하거나 거절했는지 그 이유를 알 수 있을 것이다. 마찬가지로 만약 하나의 칼이 여러 종류의 물건을 자르는 목적으로 사용된다면 어떠한 형태라도 상관없겠지만, 특별한 목적에만 사용되는 도구라면 특별한 형태를 하고 있는 편이 나을 것이다. 자연선택은 이득이 되기만 한다면 생물의 각 부위에 홀로 작용할 수 있다는 사실을 잊어서는 안 될 것이다.

많은 학자들은 흔적기관이 변화무쌍하다고 말하며, 나 또한 그렇게 믿고 있다. 흔적기관과 퇴화기관에 대한 일반적인 주제로 되돌아가야 할 것 같다. 그렇지만 여기에서는 이들 기관의 필요성이 없기 때문에 변이성이 야기된 것이며, 따라서 자연선택은 이들 구조의 일탈을 저지할 만한 어떠한 힘도 없다는 것을 언급하는 정도로 그치겠다. 따라서 흔적기관에는 성장의 여러 법칙이 자유롭게 적용될 수 있다. 또한 흔적기관은 오랜 기간에 걸친 불용의 효과, 형질복귀에 의한 영향으로 설명할 수도 있을 것이다.

한 종에서 아주 특별한 방식으로 발달된 신체부위는 친척종들의 동일한 부위보다 변이가 아주 심한 경향이 있다 몇 해 전 나는 워터하우스가 발간한 논문에서 이러한 글을 읽고 큰 충격을 받았다. 나는 오랑우탄의 팔 길이를 비교 연구한 오언 교수도 거의 비슷한 결론에 도달했다고 추측하고 있다. 그동안 내가 수집한 방대한 양의 자료를 제시하지 않으면서 이 주장의 진실성을 납득시키기는 불가능하지만, 그 자료들을 여기에 제시할 수는 없는 노릇이다. 다만 이것은 크게 보편성을 띠는 규칙이라는 것이 내 확신이다. 몇 가지 오류의 가능성을 알고는 있지만, 합당한 범위에서 내린 확신이기를 바랄 뿐이다.

그렇지만 한 부위가 아무리 이상하게 생겼더라도 그것이 아주 가까운 친척종의 동일한 부위에 견주어 이상한 것이 아니라면 위의 규칙은 절대로 적용될 수 없다는 점을 이해해야 한다. 그러므로 박쥐의 날개는 포유강에서 가장 변칙적인 구조이지만 여기에 위의 규칙을 적용할 수는 없다. 왜냐하면 박쥐 집단은 모두 날개를 갖고 있기 때문이다. 만약 한 종의 박쥐가 동일 속의 다른 종들과 비교해 아주 특별한 방식으로 날개를 발달시켰을 때만 위의 규칙을 적용할 수 있다는 말이다. 특이한 방식으로 전시되는 이차성징이 있다면 위의 규칙은 아주 잘 적용된다.

헌터〔스코틀랜드의 해부학자〕가 사용했던 이차성징이라는 용어는 한쪽 성에 부착되어 있는 특징으로, 생식활동과 직접적인 관련은 없는 구조를 말한다. 이 규칙은 암수 모두에게 적용되지만 암컷이 뚜렷한 이차성징을 갖추는 일은 흔치 않으므로 이 규칙이 암컷에게 적용되는 경우는 드물다. 이차성징의 사례에 분명하게 적용할 수 있는 이 규칙은 아마도 이들 구조의 변이성이 크기 때문일 것이다. 이것은 거의 의심의 여지가 없어 보인다. 이들 구조가 특이한 방식으로 전시되느냐 그러지 않느냐는 별개의 문제이다.

그러나 우리의 규칙이 이차성징에만 국한되지 않는다는 사실은 자웅동체 만각류에서 뚜렷이 나타난다. 나는 만각류를 관찰하면서 특히 워터하우스의 주장에 주의를 기울였는데, 만각류의 경우 이 규칙을 아주 잘 적용할 수 있었다. 앞으로의 연구에서 나는 더욱 뚜렷한 사례들을 제시하도록 하겠다. 다만 여기에서는 활용도가 꽤 높은 것으로 보이는 한 가지 사례만 간단히 언급하겠다.

고착성 만각류(따개비)의 덮개 판막은 모든 의미에서 아주 중요한 구조인데, 여러 속의 따개비들이 아주 비슷한 덮개 판막을 갖고 있다. 그러나 피르고마속(屬)의 여러 종에서 이들 판막은 놀라울 만큼 다양한 변이를 보여준다. 서로 다른 종의 상동성 판막은 종종 그 모양이 너무 다르다. 때로는 한 종의 여러 개체 사이에도 너무 큰 차이를 보이기 때문에 서로 다른 두 속에 속하는 종들의 판막보다 그 변이성이 더 크다고 말하는 것이 절대 과장이 아니다.

한 지역의 새들은 놀라우리만치 비슷하므로 나는 특별히 더 주의를 기울였다. 이 강에서도 이 규칙은 잘 들어맞는 것 같다. 이 규칙을 식물에 적용하지는 못하겠다. 그것은 이 규칙의 진실성에 대한 나의 믿음을 크게 흔들 것이다. 그리고 식물에서 큰 변이성이 나타나지 않기 때문에 식물의 상대적 변이성을 비교하기가 특히 힘들었다.

어떠한 종에서건 상당히 발달된 구조를 관찰하면 우리는 자연스럽게 그 구조가 매우 중요한 역할을 하리라고 가정하게 된다. 그렇지만 이러한 부위는 크게 변이성을 보이는 것이 사실이다. 그 이유는 무엇인가?

각각의 종이 개별적으로 창조되었다고 보는 견해를 이용해 이제까지 설명한 모든 구조를 설명할 방법은 없다. 하지만 그러한 여러 종의 집단이 다른 종에서 유래되었으며 자연선택을 통해 변형되어왔다는 견해를 이용한다면 무엇인가 우리에게는 등불이 있다고 생각한다. 가축에서 어떤 부위나 동물 전체에 일어난 변화가 무시되고 선택이 이루어지지 않는다면, 그러한 부위(예를 들면 도킹 닭의 볏)나 혈통 그 자체는 거의 일정한 특징을 갖추기를 그만둘 것이다. 그리고 그 혈통은 퇴화한다고 할 수 있을 것이다.

흔적기관, 존재하기는 하지만 특별한 목적을 위해 분화되지 않은 기관 그리고 다양한 형태를 보이는 기관들을 통해 우리는 거의 유사한 자연의 사례를 본다. 왜냐하면 이러한 경우에 자연선택은 충분히 작용하지도 않으며, 충분히 작용할 수도 없다. 따라서 조직화는 심한 변동을 보이는 것이다. 그러나 여기에서 무엇보다 우리의 관심을 끄는 것은 가축들이 계속된 선택에 의해 오늘날에도 급격한 변화를 겪고 있으며 여전히 변이를 일으키기 쉽다는 것이다.

비둘기의 여러 혈통을 보자. 공중제비 비둘기 집단의 여러 종류는 그 부리 모양에서 엄청난 차이를 보인다. 전서구의 여러 종류도 부리와 눈 근처의 늘어진 살갗이 크게 다르다. 공작비둘기의 자세와 꼬리도 마찬가지이다. 이러한 것들은 현재 영국 동물 애호가들의 주요 관심사가 되고 있는 항목들이다. 짧은 얼굴 공중제비 비둘기의 사례처럼 아품종의 경우에도 그들을 거의 완벽하게 교배시키기는 극히 어렵다. 심지어 태어나는 개체들은 표준에서 크게 벗어나는 경우가 흔하다.

한편으로는 변형을 일으키려는 선천적인 경향뿐만 아니라 변형이 덜 된 상태로의 형질복귀를 하려는 경향과 다른 한편으로는 품종을 전형적인 형태로 유지하려는 꾸준한 선택의 힘 사이에서 일정한 줄다리기가 지속되고 있다고 말하는 것이 옳을 수도 있겠다. 길게 본다면 결국에는 선택이 힘을 얻을 것이고 짧은 얼굴 혈통에서 보통의 공중제비 비둘기와 같은 새를 만들어내는 상황도 전혀 불가능하지는 않을 것이다. 그러나 선택이 빠르게 일어나고 있는 한, 변화를 일으키는 구조가 다양하리라는 것은 쉽게 예상할 수 있는 일이다. 인위선택에 따라 형성된 변이성 특징들이 우리가 전혀 알지 못하는 이유로 인해 한쪽 성에 더 자주 출현한다—전서구의 늘어진 살갗이나 파우터 집비둘기의 확장된 모이주머니처럼 대부분 수컷에게서 흔하게 관찰된다—는 사실은 특히 주목할 만하다.

이제 다시 자연으로 돌아가보자. 한 종의 한 부위가 동일 속의 다른 종들에 견주어 아주 특별한 방식으로 발달되었을 때, 우리는 이 종이 그들 속의 공통조상에서 떨어져나올 때부터 이 부위가 상당한 양의 변형을 일으키는 중이라고 결론을 내리려 할 것이다. 이 기간이 매우 길다고만 할 수는 없다. 왜냐하면 종이 지질학에서 말하는 하나의 기(紀)보다 더 오래 생존하는 경우는 거의 없기 때문이다. 변형이 아주 많이 일어났다는 말은 변이가 오랫동안 지속되고 그 양도 많다는 뜻이며, 종에게 도움이 되는 방향으로 작용한 자연선택에 의해 이러한 변이들이 꾸준히 축적되었다는 뜻이다.

그러나 엄청나게 발달한 부위나 기관의 변이성이 그렇게 오래되지 않은 시기에 지속적인 작용으로 이루어진 것이기 때문에 우리는 아주 오랜 기간 동안 비교적 일정하게 유지된 구조와는 다른 변이성이 심한 구조를 발견할 수 있으리라 예상하는 것은 자연스럽다. 그리고 이것이 그 사례라고 나는 확신한다. 한편으로는 자연선택과 다른 한편으로는 형질복귀나 변이의 경향 사이에서 일어나는 경쟁이 언젠가는 사라질 것이라고 나는 믿어 의심치 않는다. 또한 가장 기이하게 발달된 기관들이 꾸준히 만들어질 것이라는 사실도 확실해 보인다.

따라서 비정상적으로 보이는 하나의 기관이 박쥐의 날개처럼 여러 변형된 후손에게 거의 동일한 상태로 전달된 것이라면, 내 이론에 따라 거의 동일한 상태로 엄청나게 긴 기간을 지내온 것이 확실하며 이제는 다른 구조에 비해 더 이상 가변적이라고 말할 수 없게 된다. 뚜렷하게 존재하는 생성 변이〔generative variability: 비교적 최근에 꽤 진화적인 변화가 일어나고 있는 구조에서 관찰되는 변이〕를 발견하고 싶다면 비교적 최근에 과도하게 변형이 일어난 사례에서 찾아야 할 것이다. 이 경우 개체간의 요구와 그 정도가 달라서 선택에 의한 고정이 아직까지는 거의 일어나지 않을 것이다. 만약 이들이 계속해서 거절된다면 과거의 덜 변형된 상태로의 형질복귀가 일어나는 경향이 있다.

이러한 언급에 내포된 원리는 확장될 만하다. 종의 형질이 속의 형질보다 변이성이 크다는 사실은 잘 알려져 있다. 간단한 예를 들어 설명해 보자. 식물의 한 속이 구성원이 많은 상태에서 일부 종이 파란색 꽃을 피우고 다른 일부 종이 빨간색 꽃을 피운다면 색깔은 종의 특징이 될 것이다. 만약 파란색을 피우는 한 종의 꽃 색깔이 파란색에서 빨간색으로 변하거나 그 반대 방향으로 변한다고 해도 사람들은 놀라지 않을 것이다. 그러나 모든 종이 파란색 꽃을 피우고 이 색깔이 속의 특징일 때 만약 이 색깔이 변한다면 이것은 좀 더 특별한 상황으로 취급될 것이다.

내가 이것을 사례로 삼은 이유는 종의 특징이 속의 특징보다 변이성이 크다는 박물학자들 대부분의 의견을 이 사례에는 적용할 수 없었기 때문이다. 왜냐하면 이러한 특징이 속을 분류할 때 보통 사용되는 부위보다 생리적으로 덜 중요한 부위에서 얻은 특징이기 때문이다. 나는 이 설명이 부분적으로 그리고 단지 간접적으로만 옳다고 믿고 있다. 이 주제는 분류를 다루는 장에서 다시 논의할 것이다.

종의 특징이 속의 특징보다 변이성이 크다는 언급을 지지하기 위한 증거를 제시할 필요는 없을 것 같다. 그러나 박물학 연구에서 학자들이, 여러 종에 걸쳐 일정하게 나타나는 중요한 기관이 매우 유사한 다른 종과 비교해 꽤 다르다고 발표할 때, 일부 종에서는 이들 기관이 개체 간에도 큰 차이를 보인다는 사실을 나는 자주 관찰했다. 그리고 이러한 사실은 속의 특징인 형질이 그 가치가 감소하고 단지 종의 특징으로 변할 때, 생리적인 중요성은 동일하게 유지되면서도 변이가 일어나는 경우가 종종 있다는 것을 보여준다. 기형 동식물도 비슷한 논리로 설명될 수 있다. 적어도 이시도르 제프루아 생틸레르는 하나의 기관이 비슷한 두 종에서 차이를 보이면 보일수록 이 기관은 개체 간에도 큰 차이가 나타난다고 생각한 것 같다.

각각의 종이 개별적으로 창조되었다고 생각하는 통상의 견해에서 본다면, 한 속에서 역시 독자적으로 창조된 다른 종과 다른 모양을 띠는 구조가 여러 종에서 아주 비슷하게 나타나는 구조보다 왜 더욱 변이성이 크단 말인가? 나는 이것에 대한 어떠한 설명도 불가능하다고 생각한다. 그러나 종이 단지 뚜렷하고 고정된 변종이라는 견해에 따라 우리는 비교적 최근에 구조의 일부분을 여전히 변화시키며 다른 모습을 띠는 종을 찾을 수 있다고 기대한다.

이 사례를 다른 방식으로 설명해보자. 한 속의 모든 종은 서로 비슷하며, 다른 속의 종들과는 서로 다른 것이 속의 특징이라고 불린다. 이러한 특징은 공통조상에게서 물려받은 것이다. 왜냐하면 자연선택이 다소 차이를 보이는 습성에 맞게 적응된 여러 종을 완전히 동일한 방식으로 변형시키지는 않을 것이기 때문이다. 또한 이른바 속의 특징은 먼 옛날부터 유래된 것이고 그 이후에 종들이 그들의 공통조상에서 갈라져 나온 후 어느 정도 변형이야 일어났겠지만 오늘날 그들이 서로 크게 다를 것 같지는 않기 때문이다.

반면에 한 속의 종들을 서로 구별하는 특징은 종의 특징이라고 하는데, 이러한 특징은 종들이 공통조상에서 갈라져 나온 뒤에 변형을 일으킨 것들이다. 따라서 이들은 여전히 어느 정도의 변이성을 갖고 있을 것이다—적어도 아주 오랫동안 일정하게 유지되어온 부위에 견주면 변이성이 크다고 해야 할 것이다.

이 주제와 관련해 딱 두 가지만 더 언급하도록 하겠다. 이차성징이 매우 변이성이 크다는 사실은 자세하게 설명하지 않아도 받아들여질 수 있는 내용이라고 생각한다. 한 집단의 종들은 다른 신체 부위보다 이차성징에서 더욱 두드러진 차이를 보이는 것이 틀림없어 보인다. 예를 들어 순계류 수컷들은 이차성징이 강하게 나타나는 것으로 유명한데, 이 수컷들이 보이는 차이와 암컷들이 보이는 차이를 비교해보면 위에 언급한 주장이 옳다는 것이 뒷받침될 것이다.

이차성징에 변이성이 나타나는 원인은 확실하지 않다. 그러나 우리는 이들 특징이 자연선택보다 엄격하지도 않은 성선택에 따라 축적되는 그 이유를 알고 있다. 성선택은 생사가 걸린 문제도 아니고 다만 호감도가 덜한 수컷에게는 후손의 수가 약간 적다는 차이만을 주는데도 말이다. 이차성징의 변이성이 나타나는 이유가 무엇이든 이차성징은 변이성이 큰 것이기에 성선택의 작용범위는 넓다. 그 때문에 한 집단의 여러 종에게 다른 구조보다 훨씬 더 많은 성적 특징이 나타난다.

한 종의 암컷과 수컷이 보이는 이차성징의 차이는 동일 속의 다른 종들이 차이를 보이는 부위와 정확하게 동일한 부위에서 나타난다. 이 점과 관련해 두 가지 사례를 제시하도록 하겠다. 첫째 사례는 내 목록에 있는 것인데, 이 사례의 차이가 매우 특이해서 그 관계를 우연이라고 보기는 도저히 힘들 것 같다.

발목마디 관절의 개수는 딱정벌레의 여러 집단에서 동일하게 나타나는 특징이다. 그러나 웨스트우드가 언급했듯이 엔지데속(屬)〔딱정벌레목 수시렁잇과의 한 속〕의 경우 관절의 개수가 매우 다양하게 나타난다. 마찬가지로 동일 종의 암컷과 수컷도 관절의 개수가 다르다. 굴을 파고 사는 벌의 날개에 나타나는 시맥의 모양은 아주 중요한 형질의 하나이다. 왜냐하면 시맥은 큰 집단에서 모두 동일한 양상으로 나타나는 것이 일반적이지만 일부 속의 경우에는 종마다 시맥의 모양이 다르게 나타나기 때문이다. 마찬가지로 한 종의 암컷과 수컷도 시맥의 모양이 다르게 나타난다.

이러한 관계는 내가 보기에 명백한 의미를 담고 있다. 어떠한 종도 암컷과 수컷이 있듯이, 동일 속의 모든 종이 모두 동일한 조상에게서 유래된 것이 틀림없다고 나는 생각한다. 결과적으로 공통조상이나 이들의 초기 후손의 특정한 구조가 변이성을 띠게 되면 그것이 어떠한 구조이든 이 부위에서 일어나는 변이는 자연계의 질서 속에서 여러 종이 여러 장소에 적응해가는 과정에서 자연선택과 성선택을 통해 이득을 얻게 되리라 예상된다. 마찬가지로 한 종의 암컷과 수컷도 서로에게 어울리는 과정, 또는 서로 다른 습성에 적응하는 과정, 또는 수컷들이 암컷을 차지하기 위해 다른 수컷과 경쟁하는 과정에서 변이는 이득이 되었을 것이다.

종과 종을 구별하는 종의 형질에서 나타나는 변이성이 모든 종이 보유한 속의 형질에서 나타나는 변이성보다 크다는 사실, 한 종에서만 특이하게 나타나는 형질은 그 변이성이 크지만 아무리 특이한 형질이라고 해도 그것이 모든 종에서 나타나는 형질일 경우에는 변이성이 크지 않다는 사실, 이차성징은 그 변이성이 클 뿐만 아니라 아주 비슷한 종 사이에서도 그 차이가 크다는 사실 그리고 이차성징과 종 고유의 형질이 생물의 동일한 부위에서 일어난다는 사실이 모두 서로 연관되어 있다는 것이 나의 결론이다.

이 모든 것은 한 집단 내의 모든 종이 하나의 공통조상에게서 많은 형질을 공유하며 유래되었기 때문이고, 최근에 크게 변한 부위들이 오래전에 물려받아 거의 변하지 않은 부위보다 여전히 쉽게 변하려 하기 때문이며, 시간이 지남에 따라 자연선택이 형질복귀의 경향이나 더 많은 변이의 경향을 압도했기 때문이다. 또한 성선택이 자연선택보다 그 엄격함이 덜했기 때문이고, 동일한 부위에서 일어난 변이가 자연선택과 성선택을 통해 축적되면서 이차성징이나 원래 종의 목적에 적합하게 적응되었기 때문이다.

별개의 종이 유사한 변이를 보이고 한 종의 변종이 친척종의 형질을 띠거나 초기 조상의 일부 형질을 띠는 경우가 있다 이러한 주장은 인간에게 길들여진 여러 품종을 살펴보면 쉽게 이해할 수 있다. 멀리 떨어진 두 나라에 서식하는 서로 다른 비둘기 혈통에 머리와 다리의 깃털이 반대 방향을 향하는 특이한 모양의 아품종이 포함되는 경우가 있다. 물론 이러한 형질은 토착 양비둘기에서는 나타나지 않지만 서너 가지의 서로 다른 품종이 지니고 있는 유사한 형질이다.

파우터 집비둘기의 꼬리깃은 14개에서 16개까지 관찰되는데, 우리는 이것을 변이로 여기지만 공작비둘기의 경우에는 이것이 정상으로 여겨진다. 이와 비슷한 모든 변이는 여러 비둘기 품종들이 그들의 공통조상에게서 미지의 영향에 작용하는 동일한 체질과 변이의 경향을 물려받았기 때문이라는 사실을 아무도 의심하지 않을 것이다.

식물계에서도 비슷한 변이가 관찰된다. 그것은 스웨덴 순무와 루타바가[순무의 한 종류]의 확장된 줄기, 즉 일반적으로 뿌리라고 불리는 구조에서 나타난다. 여러 식물학자들은 이들이 재배에 의해 공통조상에서 유래된 변종이라고 생각하고 있다. 그렇지 않으면 이 사례는 서로 다른 두 종에서 나타나는 유사한 변이의 하나일 것이다. 일반 순무도 세 번째 사례로 추가할 수 있을 것 같다. 만약 우리가 각각의 종이 개별적으로 창조되었다는 통상적인 견해를 따른다면, 세 가지 식물의 확장된 줄기는 이들이 유사한 기원을 갖고 있고 비슷한 방식으로 변하려는 경향이 있기 때문이 아니라 개별적이지만 밀접하게 관계있는 창조 활동 때문이라고 여겨야만 할 것이다.

그렇지만 비둘기와 관련한 또 다른 사례가 있다. 모든 혈통의 청회색 비둘기는 두 개의 검은색 막대 모양이 있는 날개와 꼬리 끝에 막대 모양이 있는 흰색 둔부와 그 주위에 흰색 기부를 갖는 깃털이 나타나는 경우가 간혹 있다. 이러한 모든 표시는 이들의 조상인 양비둘기의 특징이기 때문에 이것이 여러 품종에서 새롭고 유사한 변이가 나타나는 것이 아니라 형질복귀의 사례라는 사실을 누구도 의심하지 않는다고 생각한다.

나는 우리가 이러한 결론에 도달할 수 있다고 확신한다. 지금까지 살펴본 바와 같이 이러한 색깔 표시는 서로 다른 색깔을 띠는 별개의 품종을 교배시켰을 때 종종 나타나는 현상이기 때문이다. 그리고 이 사례의 경우 이러한 여러 표시를 갖는 청회색을 다시 출현시킬 만한 외적 조건은 없었다. 모두 유전의 법칙에 따라 일어나는 교배의 작용만으로 이러한 결과가 나타난 것이다.

사라진 지 몇백 세대가 지난 형질들이 갑자기 다시 나타나는 현상은 정말 놀랄 만하다. 그러나 한 혈통이 다른 외래 혈통과 단 한 번 교배를 했을 때, 후손에서 종종 외래 혈통의 형질이 여러 세대에 걸쳐 나타나는 경우가 있다. 일부 학자들은 이러한 현상이 12세대에서 심지어 20세대에 걸쳐 나타나기도 한다고 했다.

생물이 12세대를 거치며 남아 있는 어느 한 조상과 혈연관계를 맺는 비율은 2048분의 1에 불과하다. 그러나 지금까지 살펴본 바와 같이 이렇게 적은 비율로 남아 있는 혈연관계에서도 옛 외래 조상의 형질로 복귀하려는 경향은 그대로 남아 있다. 외래종과의 교배가 없었지만 양쪽 부모가 그들의 조상이 갖고 있던 형질을 잃어버린 경우, 잃어버린 형질이 다시 나타나는 경향은 강할 수도 있고 약할 수도 있지만 전에 논의한 것처럼 거의 모든 세대에 걸쳐 전달될 수 있다.

한 혈통에서 사라졌던 형질이 수많은 세대가 지난 후 다시 나타날 때, 이에 대한 가장 그럴듯한 가설은 한 개체의 후손이 몇백 세대나 멀리 떨어진 조상을 갑자기 닮았다고 보는 것이 아니다. 그보다는 오히려 각각의 세대에 문제의 형질을 출현시킬 경향이 꾸준히 존재해왔으며, 그것이 우리가 알지 못하는 우호적인 상황에서 다시 작동하게 되었다고 보는 편이 타당할 것이다. 예를 들어 수염 비둘기는 푸르고 검은색 줄무늬가 나타나는 경우가 극히 드물지만 각 세대마다 이 무늬를 띠려는 경향이 존재한다.

이러한 견해는 가설에 불과하지만 이 견해를 지지하는 사실들도 있다. 나는 수많은 세대를 거치면서도 물려지는 형질을 발현시키는 경향에서 다들 쓸모없는 흔적기관이라고 알고 있는 기관이 그렇게 유전되는 상황보다 더 난해한 경우를 알지 못한다. 실제로 우리는 가끔 물려받은 흔적기관을 만들어내는 단순한 경향을 발견하곤 한다. 예를 들어 금어초[현삼과의 다년초로 꽃모양이 금붕어 입처럼 생겼다]는 다섯 번째 수술의 흔적이 아주 자주 나타나는 것으로 보아 이 식물은 이 기관을 만들어내는 유전적 경향을 띠고 있음이 틀림없다.

내 이론에 따르면 한 속의 모든 종은 하나의 공통조상에서 유래된 것이다. 그러므로 그들에게는 비슷한 방식의 변이가 있을 것이라고 기대할 수 있다. 따라서 한 종의 변종이 그 형질에서 다른 종을 닮을 수 있는 것이다. 이 경우 그 다른 종은 단지 뚜렷하고 영구적인 변종에 불과하다는 것이 내 생각이다. 그러나 그렇게 얻어진 형질은 중요하지 않을 확률이 높을 것이다. 왜냐하면 모든 중요한 형질의 존재는 자연선택의 지배를 받을 것이고, 종의 갖가지 습성에 따라 삶의 조건과 유전적 체질 측면에서 중립적으로 행동한다고 볼 수 없기 때문이다. 더 나아가 한 속의 여러 종이 잃어버린 조상의 형질로 종종 복귀하는 상황을 기대할 수도 있다.

그러나 우리는 한 집단의 공통조상이 갖고 있던 정확한 형질을 알 수 없다. 따라서 우리는 이 두 가지 경우를 구별할 수 없다. 예를 들어, 만약 양비둘기가 발에 깃털이 돋았거나 굽은 볏을 갖고 있었다는 사실을 몰랐더라면, 우리는 사육하는 비둘기들에게서 나타나는 이러한 형질이 형질복귀에 의한 것인지 그저 유사한 변이인지 구별하지 못했을 것이다. 그렇지만 우리는 푸른 색조와 관련된 여러 표지와 단순한 변이에 의해 동시에 일어날 것 같지 않은 모양들을 보면서 푸른색이 형질복귀의 예라는 것을 추측할 수는 있을 듯하다. 다양한 색깔의 서로 다른 혈통이 교배했을 때 푸른 색깔과 표지가 종종 나타난다는 사실에서 우리는 특히 이러한 추측을 할 수 있을 것이다.

따라서 자연 상태에서도 어떠한 사례가 옛날에 존재했던 형질로의 복귀인지 아니면 새롭고 유사한 변이가 일어난 것인지 파악하기란 매우 어려울 것이다. 그러나 내 이론에 따르면 우리는 동일 집단의 다른 구성원들이 이미 갖고 있는 형질(형질복귀에 의한 것이든 유사한 변이에 의한 것이든)을 띠는 여러 후손을 한 종 내에서 발견해야만 할 것이다. 그리고 이것은 의심할 바 없이 자연에서 늘 일어나는 상황이다.

우리가 생물을 분류할 때 변화무쌍한 종을 알아내는 것은 어려운데, 그 이유는 대부분 이 변종들이 동일한 속의 다른 종들과 비슷하기 때문이다. 또한 변종으로 취급하기도 어렵고 종으로 취급하기도 어려운 서로 다른 두 가지 생물형의 중간형으로 간주할 수 있는 목록도 꽤 많다. 이 모든 생물들이 개별적으로 창조된 종으로 여겨지지 않을 수 있다면, 이러한 상황은 변화를 겪고 있는 한 생물이 다른 형의 형질 일부를 띰으로써 중간형을 만든다는 것을 보여주는 것이라고 할 수 있다.

그러나 최고의 증거는 아주 중요하고 일정한 성질을 띠는 부위나 기관이 종종 변화되어 친척종의 동일한 부위나 기관의 형질을 어느 정도 띠게 된다는 것이다. 나는 이와 관련한 많은 목록의 사례를 수집했다. 그러나 이들에 대한 사례도 여기에 제시하지는 않겠다. 나는 단지 그러한 사례들이 확실히 일어나고 있으며, 그것들이 내게는 매우 주목할 만한 것으로 보인다는 점을 말하고자 한다.

그러나 중요한 어떤 형질에도 영향을 주지는 않지만 기이하고 복잡한 사례 한 가지를 제시하도록 하겠다. 이것은 한 속에 포함된 가축에게서 나타날 수도 있고 자연 상태의 종에게서 나타날 수도 있는 것이다. 이것은 명백히 형질복귀의 사례이다.

얼룩말의 다리에 줄무늬가 있는 것처럼 당나귀의 다리에 매우 뚜렷한 가로줄무늬가 나타나는 경우가 드물지 않은데, 이러한 줄무늬는 특히 당나귀의 어린 새끼에게서 뚜렷이 나타나는 것으로 알려져 있다. 조사를 마친 나는 이것이 사실이라고 믿고 있다. 일부 학자들은 양쪽 어깨의 줄무늬가 두 겹으로 나타나는 경우도 있다고 주장했다. 이 어깨의 줄무늬는 그 길이와 윤곽에서 매우 변이가 심하다. 백색증은 아니지만 흰색을 띠었던 당나귀 한 마리는 등과 어깨에 줄무늬가 없는 것으로 보고된 적이 있었다. 그리고 짙은 색깔의 당나귀에게서 이러한 줄무늬는 매우 불분명하거나 완전히 사라지는 경우도 있다.

팔라스 야생 당나귀는 두 줄의 어깨 무늬가 나타나는 것으로 알려져 있다. 몽골 야생 당나귀는 어깨 줄무늬가 없지만 블라이드와 여러 학자들은 간혹 줄무늬의 흔적이 관찰되는 경우가 있다고 했다. 풀 대령〔영국의 군인으로 인도에 근무하며 다윈과 여러 차례 서신을 주고받았다〕은 이들 종의 새끼들이 대개 다리에 줄무늬가 나타나며 어깨에도 흐리게 줄무늬가 나타난다고 내게 일러주었다. 콰가〔얼룩말의 한 아종으로 한때 남부 아프리카에 다수 서식했지만 지금은 멸종했다〕는 얼룩말처럼 몸통에 명백한 줄무늬가 있지만 다리에는 줄무늬가 없다. 그러나 그레이 박사는 뒷다리 무릎 부근에 얼룩말처럼 뚜렷한 줄무늬를 보이는 표본을 관찰한 적이 있었다.

나는 영국에서 대부분 품종의 말에서 색깔과 상관없이 등에 줄무늬가 나타나는 사례들을 수집했다. 다리의 가로줄무늬는 희귀한 것이 아니어서 회갈색 · 암회갈색 · 적갈색 말에서 모두 나타난다. 회갈색 말의 어깨에서 간혹 희미한 줄무늬가 나타나기도 하며, 나도 적갈색 말에서 희미한 무늬를 직접 관찰한 적이 있다. 내 아들은 마차를 끄는 벨기에산 회갈색 말의 양쪽 어깨에서 두 겹의 줄무늬와 다리의 줄무늬를 세밀하게 관찰하고 그려서 내게 준 적이 있다. 신뢰할 만한 한 사람은 나를 위해 회갈색의 작은 웨일스 말을 관찰한 뒤 양쪽 어깨에 각각 세 개의 짧은 평행선 무늬가 존재한다고 내게 알려주었다.

인도 북서부의 캐티워 혈통의 말은 줄무늬가 흔하게 나타나는데, 인도 정부의 요청으로 이 혈통을 조사한 풀 대령에 따르면 줄무늬가 나타나지 않는 말은 순수 혈통으로 여겨지지 않는다고 한다. 등에는 항상 줄무늬가 나타나며 다리의 가로무늬도 흔한 편이다. 어깨 부위의 줄무늬는 간혹 두 겹이나 세 겹으로 나타나기도 한다. 심지어 얼굴 양쪽에도 줄무늬가 나타나는 경우가 있다. 어린 새끼일 때는 줄무늬가 아주 뚜렷하다가 늙으면 줄무늬가 완전히 사라지는 경우도 있다. 풀 대령은 회색 캐티워 말과 적갈색 캐티워 말의 새끼가 처음 태어날 때 줄무늬가 있음을 직접 관찰했다. 에드워즈[다윈의 지인으로 경주마에 대한 지식이 풍부했다]가 내게 준 정보에 따르면, 영국산 경주마도 성체보다는 어린 새끼의 등에서 줄무늬가 자주 관찰된다고 한다.

여기에서 더 자세히 들어가지 않고 나는 이미 영국부터 중국의 동쪽까지, 북쪽으로는 노르웨이부터 남쪽으로는 말레이 반도에 이르는 여러 나라에서 혈통이 매우 다른 말에게서 다리와 어깨의 줄무늬와 관련된 사례들을 수집했다고 말할 수 있을 것 같다. 세계의 여러 곳에서 이러한 줄무늬는 회갈색과 암회갈색 말에게서 더 자주 나타난다. 사실 여기서 회갈색이라는 용어는 아주 폭넓게 사용한 것인데, 갈색과 검은색의 중간 색깔부터 크림색에 이르기까지 다양한 색깔을 나타내려고 사용한 용어이다.

이 주제에 대해 기록한 해밀턴 스미스 대령〔영국의 군인으로 동물학에 관한 저서를 여러 권 남겼다〕은 말의 몇몇 혈통이 몇몇 토착종—그중 하나인 회갈색 말에는 줄무늬가 나타난다—에서 유래되었으며, 이러한 특징은 과거에 회갈색 말 혈통과 교배가 이루어졌다는 사실을 보여주는 것이라고 믿고 있다. 그러나 나는 이 이론에 전혀 만족하지 않으며, 완전히 다른 지역에 서식하는 여러 혈통의 말, 즉 마차를 끄는 대형 벨기에산 말, 웨일스 말 그리고 홀쭉한 캐티워 품종에 이르는 서로 다른 여러 혈통에 이 이론을 적용하고 싶지 않다.

동일한 속에 포함되는 말의 여러 종이 교배되었을 때 일어나는 효과로 눈을 돌려보자. 롤랭〔프랑스의 박물학자〕은 당나귀와 말의 교배로 태어난 노새의 다리에 줄무늬가 나타나는 경향이 있다고 주장한다. 나도 전에 특이한 노새를 본 적이 있는데, 그 노새는 다리에 줄무늬가 많아서 그것을 처음 본 사람이라면 누구나 그것이 얼룩말의 후손이라고 생각할 정도였다. 마틴도 말에 관한 그의 훌륭한 논문에서 노새의 비슷한 그림을 제시했다. 나는 네 가지 색깔로 당나귀와 얼룩말의 잡종들을 그린 그림을 보았는데, 그 그림에서 몸통의 다른 부위보다 다리 부위에 더욱 많은 줄무늬가 나타나고 있었다. 그중 한 마리는 어깨에 두 겹의 줄무늬가 있었다. 모어턴 경〔스코틀랜드의 박물학자〕의 유명한 잡종 말은 적갈색 암말과 콰가 수말 사이에서 얻어졌는데, 이 잡종 말뿐만 아니라 이들 암컷과 검은색 아라비아 종마에서 얻어진 후손들은 순수 콰가보다 다리에 더욱 뚜렷한 줄무늬가 있었다.

마지막으로 제시한 사례는 가장 놀랄 만한데, 그레이 박사에 의해 알려진 한 잡종(그는 내게 다른 사례 한 가지가 더 있다고 알려주었다)은 당나귀와 야생 당나귀에서 얻어졌다. 당나귀는 다리에 줄무늬가 있는 경우가 드물었고 야생 당나귀는 다리와 어깨에 줄무늬가 존재하지 않았지만, 이 둘의 잡종은 회갈색 웨일스 말처럼 네 다리에서 모두 줄무늬가 나타났으며 어깨에도 짧은 줄무늬 세 개가 나타났을 뿐만 아니라 얼굴 양쪽으로 얼룩말과 같은 무늬가 일부 나타났다.

나는 이 마지막 사실에 강한 확신을 품고 있다. 그래서 우연히 생겨난 줄무늬라고 말할 수 있는 상황에서도 나는 당나귀와 몽골 야생 당나귀 사이에서 태어난 잡종의 얼굴에 줄무늬만 나타나면, 원래부터 줄무늬가 잘 발달된 캐티워 혈통에서도 동일한 무늬가 존재하는지 풀 대령에게 문의했으며, 이제껏 살펴본 바와 같이 풀 대령은 긍정적인 답을 주었다.

이러한 여러 가지 사실에 대해 우리는 이제 무엇을 말해야 하는가? 우리는 매우 다른 여러 종의 말들이 단순한 변이에 의해서 얼룩말처럼 다리에 줄무늬가 나타나고 당나귀처럼 어깨에 줄무늬가 나타난다는 것을 관찰하고 있다. 말의 경우 회갈색의 색조가 나타날 때마다 이러한 경향이 강해진다는 것을 알고 있다. 이 색조는 여러 종의 말에서 보편적으로 나타나는 색조와 비슷한 것이다. 줄무늬의 출현이 다른 형태의 변화나 새로운 형질과 동반되는 경우는 없다. 우리는 서로 유연관계가 먼 종 사이의 잡종에서 줄무늬가 더 잘 나타나는 경향이 있다는 사실을 알고 있다.

이제 몇몇 혈통의 비둘기를 살펴보자. 이들은 모두 하나의 비둘기에서 유래되었는데(두세 개의 아종, 즉 지리적 품종이 포함된다), 이 조상 비둘기는 푸른빛을 띠고 있었고 줄무늬와 여러 표지를 갖고 있었다. 이들 비둘기의 혈통이 단순한 변이에 의해 푸른빛 색조를 띠게 되었을 때, 다른 형태나 특징의 변화는 일어나지 않아도 줄무늬와 여러 표지는 반드시 함께 나타난다. 진정한 혈통으로 오랫동안 굳어진 여러 색깔의 혈통들을 교배할 때, 우리는 그들의 잡종이 푸른빛 색조, 줄무늬 그리고 여러 표지를 띠는 경향이 강하다는 점을 알고 있다.

나는 아주 오래된 형질이 다시 출현하는 현상을 설명하기 위한 가장 가능성이 높은 가설을 언급한 적이 있다. 즉 각 세대의 어린 개체들은 오랫동안 잃어버린 형질을 취하려는 경향이 있으며 이러한 경향이 미지의 원인에 의해 효력을 나타내는 경우가 간혹 있다는 것이다.

지금까지 우리는 말의 여러 종에서 줄무늬가 명백하게 나타나는 경우도 보았고, 성체보다는 어린 새끼에게서 더 잘 나타나는 경우도 살펴보았다. 비둘기의 여러 혈통을 생각해보자. 일부 혈통은 몇 세기 동안 그들의 혈통을 유지해온 종이며 이것은 말의 여러 종에서 일어나는 현상과 정확하게 동일한 것이다! 수천 세대를 거슬러 올라간 나는, 줄무늬는 얼룩말과 닮았지만 그 설계는 아주 다른 한 동물을 볼 수 있다고 감히 말하고 싶다. 이것이 바로 우리가 가축으로 키우는 모든 말의 조상인 것이다. 말이 당나귀, 몽골 야생 당나귀, 콰가, 얼룩말과 같은 야생의 혈통 하나에서 유래되었는지 아니면 여러 혈통이 섞인 것인지는 중요한 문제가 아니다.

말의 여러 종이 개별적으로 창조되었다고 믿는 사람들은 각각의 종이 자연 상태에서건 길들여진 가축 상태에서건 지금까지 살펴본 방식으로 변화하려는 경향을 갖춘 상태로 창조되었기 때문에 종종 다른 종의 줄무늬를 갖고 태어난다고 주장할 것이다. 또한 지구상의 멀리 떨어진 지역에 서식하는 종과 교배했을 때 자기 부모가 아닌 다른 종의 줄무늬와 닮은 줄무늬를 나타내는 잡종이 만들어지는 경향이 강하다고 주장할 것이다.

이러한 견해를 받아들이는 것은 진실이 아닌—적어도 밝혀지지 않은—원인을 위해 진짜 원인을 거부하는 것으로 보인다. 이것은 신의 작품을 모방과 속임수에 지나지 않는다고 폄하하는 것이다. 나는 우주 생성을 주장하는 늙고 무지한 사람들과 함께 화석 조개가 옛날에 생존했던 것이 아니고 현재 바닷가에서 살고 있는 조개들을 모방하기 위해 돌로 만들어진 것이라고 거의 믿을 뻔했다.

요약 변이의 규칙에 대한 우리의 무지는 실로 크다. 신체 구조가 부모의 동일한 구조와 조금씩 다른 이유가 백 가지라고 할 때, 우리는 그중 단 한 가지라도 그 이유를 제대로 댈 수 있을 것 같지가 않다. 그러나 우리가 어떠한 비교 연구의 방법을 사용하더라도 한 종의 여러 변종이 보이는 작은 차이를 만드는 법칙과 한 속의 여러 종이 보이는 큰 차이를 만드는 법칙은 동일할 것이다. 기후와 식량 같은 삶의 외적인 조건들은 어느 정도 변형을 일으키는 것으로 보인다. 체질적인 차이를 일으키는 습성, 기관을 강화시키는 용(用), 기관을 약화시키는 불용(不用)이 그 효과 면에서 더욱 강력해 보인다.

닮은 부위는 동일한 방식으로 변하고 서로 유착하려는 경향이 있다. 딱딱한 부위와 바깥 부위에서 일어난 변형은 종종 안쪽의 부드러운 부위에 영향을 준다. 한쪽 부위가 크게 발달했을 때 이 부위는 주위에서 영양분을 빨아들이려 할 것이고 각 개체를 손상시키지 않고 보존될 수 있었던 부위는 보존될 것이다.

삶의 초기에 한 부위에서 일어난 변화는 그 이후에 생겨나는 부위에 영향을 끼치는 것이 일반적이다. 이 밖에도 성장에는 수없이 많은 상관관계가 존재하며, 그 본질을 우리는 전혀 이해하지 못하고 있다. 반복적으로 나타나는 부위는 그 수와 구조에서 변이가 심하다. 이러한 부위에서 일어나는 변화는 특별한 기능과 별 상관이 없으므로 그들의 변형이 자연선택에 따라 집중적인 저지를 받지 않았을 것이다.

자연계에서 복잡하고 고등한 생물보다 하등한 생물이 더욱 큰 변이성을 보이는 것도 아마 같은 이유에서일 것이다. 흔적기관은 쓸모가 없기에 자연선택에 의해 보잘것없는 기관으로 변했고 아마도 그 때문에 변이성이 더욱 커진 것 같다. 한 속의 여러 종이 공통의 부모에게서 가지를 치며 갈라져 나온 이래 달라진 특별한 형질들은 속의 형질, 즉 훨씬 더 오래전에 물려받아 긴 시간 동안 변하지 않고 전달된 형질보다 변이성이 크다.

이러한 논의를 펴면서 우리는 오늘날까지도 변이성을 간직한 특별한 부위나 기관들을 언급했다. 왜냐하면 그들은 최근에 변화를 일으켜 달라진 것이기 때문이다. 그러나 우리는 제2장에서 동일한 원리를 전체 개체에 적용했다. 왜냐하면 한 속의 많은 종이 발견된 지역은 초기 변이와 분화가 많은 지역이고 새로운 종이 활발하게 만들어지는 지역이기 때문에 우리는 평균적으로 많은 변종, 즉 초기 종을 발견하는 것이다.

이차성징은 변이성이 심해서 한 집단의 종들 사이에도 다양한 형질을 보인다. 체계화 과정에서 동일한 부위에 일어나는 변이성은 한 종의 암컷과 수컷이 이차성징을 만드는 데 이득이 될 수 있으며 한 속의 여러 종이 종의 특징을 만들 때도 이득이 될 수 있다. 친척종의 해당 부위나 기관과 비교했을 때, 놀랄 정도의 크기와 방식으로 발달한 부위나 기관은 그것이 무엇이든 속이 형성된 이후에 만들어진 변형의 정도가 무척 다양하다. 따라서 우리는 왜 이들 부위가 다른 부위보다 여전히 변이성이 큰지 이해할 수 있다. 변이는 느리고 장시간에 걸친 과정이며 이 경우 자연선택은 계속해서 일어날 변이성이나 덜 변형된 상태로의 형질복귀를 극복할 만큼 충분한 시간을 갖지 못하게 된다.

그러나 고도로 발달된 기관을 갖춘 한 종이 변형된 여러 후손의 조상이 되었을 때—물론 이것은 매우 느린 과정으로, 꽤 많은 시간을 필요로 한다고 생각한다—자연선택은 고정된 형질을 그 기관에 성공적으로 부여했을 것이다. 해당 기관이 어떠한 특별한 방식으로 발달하느냐는 별개의 문제이다. 공통조상에게서 거의 동일한 체질을 물려받고 비슷한 환경에 놓인 종들이 비슷한 변이를 보이는 경향이 있다는 것은 자연스러워 보인다. 그리고 이 종들은 종종 그 옛날 선조의 일부 형질로 복귀하려 할 것이다. 비록 새롭고 중요한 변형이 형질복귀와 비슷한 변이에 따라 일어나지는 않더라도 그러한 변형이 자연의 아름답고 조화로운 다양성에 더해지는 것이다.

부모에게서 태어난 자손들이 서로 조금씩 다른 차이를 일으키는 원인이 무엇이든—각각에 대한 원인은 존재해야 한다—그러한 차이는 그것이 개체에게 유리할 때 자연선택을 거쳐 꾸준하게 축적됨으로써 더욱 중요한 구조 변형을 만들어내고, 이를 통해 지구상의 수많은 생물들은 서로서로 경쟁하고 최고로 잘 적응한 개체가 생존하게 되는 것이다.

제6장 이론의 어려움

변형을 일으키며 유래된다는 이론의 어려움 – 변천 – 중간 단계의 변종이 없거나 희귀함 – 생활습성의 변천 – 동일한 종 내의 다양한 습성 – 친척종들과는 크게 다른 습성을 갖는 종 – 완벽한 기관들 – 변천의 수단 – 어려운 사례들 – 자연은 비약하지 않는다 – 별로 중요하지 않은 기관들 – 전혀 완벽하지 않은 기관들 – 자연선택에 따라 강화된 기준 유형의 통일성과 생활환경에 관한 법칙

이곳에 이르기 오래전부터 온갖 어려움이 독자들에게 있었을 것이다. 그중 몇몇은 너무 어려워서 오늘날까지도 나는 논의에 큰 어려움을 느낀다. 그러나 최선으로 판단하건대 어려움 중에서 많은 것이 바로 해결될 수 있는 것이고, 정말로 어려워 보이는 어려움도 내 이론에 치명적으로 작용하지는 않으리라는 것이 내 생각이다.

이러한 어려움과 반론은 다음과 같은 항목으로 나눌 수 있을 것 같다. 첫째, 만약 한 종이 느끼지 못할 만큼 미세한 단계에 따라 다른 종에서 유래되었다면 왜 우리 주변에는 수없이 많은 중간 단계의 생물이 존재하지 않는가? 왜 모든 자연이 현재처럼 잘 정의된 종으로 채워지는 대신 큰 혼란 속에 놓이지 않았는가?

둘째, 예를 들어 박쥐의 구조와 습성을 지닌 동물이 전혀 다른 습성을 지닌 다른 동물로부터 변형을 거쳐 만들어질 수 있는 것인가? 우리는 자연선택이 파리를 쫓아버리는 용도로 사용되는 기린의 꼬리처럼 별로 중요하지 않은 기관을 만들 수 있다고 믿어야 하는가? 또 우리는 자연선택이 훌륭한 기관을—예컨대 눈은 우리가 아직 그 완벽함을 제대로 이해

하지도 못하고 있다—만들 수 있다고 믿어야 하는가?

셋째, 본능이 자연선택에 의해 획득되고 변형될 수 있는가? 벌이 집을 짓도록 유도하는 것과 같은 놀라운 본능에 대해 우리는 무슨 말을 할 수 있는가? 실제로 벌집은 심오한 수학자의 발견을 앞지르는 구조가 아닌가?

넷째, 어떤 종은 이종교배가 되지 않고, 어떤 종은 이종교배는 되지만 불임인 자손을 낳고, 또 어떤 종은 이종교배를 해서 태어난 자손이 그 번식력을 여전히 보존하는 경우에 대해서 우리는 무슨 설명을 할 수 있는가?

처음 두 개 항목은 여기에서 논의할 것이고, 본능과 잡종 형성에 관해서는 별개의 장에서 논의할 것이다.

중간 단계의 변종이 없거나 희박한 이유 자연선택은 오로지 이득이 되는 변형을 보존함으로써 작용하는 것이기 때문에, 개체수가 충분한 지역에서는 개선된 형질을 갖고 태어난 생물이 그러지 못한 그들의 부모나 경쟁자들의 자리를 차지하고 마침내는 그들을 절멸시킨다. 따라서 지금까지 살펴본 바와 같이 절멸과 자연선택은 함께 가는 것이다. 따라서 만약 우리가 각각의 종이 다른 미지의 생물에서 유래되었다고 생각한다면 부모와 모든 중간 단계의 변종들은 완벽함을 갖춘 후손들에 의해 대개 사라질 것이다.

그러나 이 이론에 따라 수없이 많은 중간 단계의 생물들이 존재했어야 한다면, 우리는 땅속에 묻힌 수많은 생물을 왜 발견하지 못하는 것인가? 이 문제에 대한 논의는 지질학적 기록의 불완전함을 다룬 장에서 논의하는 것이 편리할 것이다. 여기에서는 지질학적 기록이 일반적으로 우리가 생각하는 것보다 불완전하다는 것이 가장 큰 이유라는 사실만을 언급하고 싶다. 기록이 불완전한 주된 이유는 생물들이 바닷속 깊은 곳에 살지 않았기 때문일 것이다. 또한 이들의 유해가 묻혀 먼 미래까지 보존되는 상황은 미래의 암석 붕괴를 견뎌낼 정도로 이들 유해가 아주 두꺼운 퇴적층에 묻혀야만 가능하다. 그리고 화석을 함유한 지층은 얕은 바다에서 다량의 퇴적이 일어나면서 지반이 서서히 가라앉는 곳에서만 형성될 수 있는 것이다.

이러한 우연성은 아주 긴 시간을 고려한다고 해도 아주 드물게 일어날 것이다. 바다의 바닥이 정지해 있거나 솟아오르는 동안, 또는 퇴적물이 거의 쌓이지 않을 때, 우리의 지질학 역사에는 공백이 있을 것이다. 지구의 지각은 거대한 박물관이지만 자연의 표본들이 얻어지는 것은 아주 먼 간격을 두고 이루어지고 있다.

그러나 몇몇 유연관계가 가까운 종들이 한 영역에서 살아갈 때, 여러 중간 단계의 생물들을 발견해야만 한다는 주장이 나올 수도 있을 것이다. 한 가지 간단한 사례를 들어보자. 대륙을 따라 북에서 남으로 이동한다면 우리는 연속적인 간격으로 분포된 유연관계가 가까운 종들을 만날 수 있다. 이들은 자연계의 질서에 따라 거의 동일한 지역을 채우고 있는 것이 분명하다. 이들 종은 서로 만나기도 하고 맞물려 연결되기도 한다. 한 종의 개체수가 줄어들수록 이웃하는 다른 종의 개체수는 점점 늘어나서 결국에는 그 자리를 차지할 것이다. 그러나 만약 우리가 그들이 함께 서식하는 장소에서 그들을 비교한다면 그들의 모든 구조는 주요 서식지에서 얻어진 표본처럼 서로 명백한 차이를 보인다.

내 이론에 따르면 유연관계가 가까운 종들은 모두 하나의 공통조상에서 유래된 것이다. 그리고 변형과정에서 각자는 지역의 생활조건에 적응하면서 원래부터 그 지역에 살고 있던 부모종 그리고 과거와 현재를 연결하는 중간 단계의 변종들을 대체하며 그들을 전멸시키는 것이다. 따라서 각 지역에는 과거에 수많은 생물들이 살았고 현재 화석의 형태로 묻혀 있겠지만, 오늘날 다수의 중간 단계 생물을 그곳에서 발견하리라는 기대는 품지 말아야 한다.

그러나 중간 단계의 생활환경을 갖춘 중간지역에서 우리는 왜 유연관계가 가까운 중간 단계의 변종들을 발견하지 못하는 것인가? 이러한 어려움 때문에 나는 오랫동안 좌절을 겪었다. 그러나 이제 나는 그들의 상당 부분이 설명될 수 있으리라 생각한다.

첫째, 우리는 참고자료를 선택할 때 매우 조심해야 한다. 왜냐하면 어떠한 지역이든 그곳은 오랫동안 그리고 오늘날까지도 끊어지지 않고 이어져 있기 때문이다. 지질학을 바탕으로 우리는 거의 모든 대륙이 제3기 후기에 여러 섬으로 쪼개져 있었다고 믿는다. 따라서 그러한 섬에서는 중간지역에서 형성되는 중간 단계의 변종이 만들어지지 않고 서로 다른 종이 형성되었을 것이다. 땅의 모양과 기후가 변하면서 지금은 하나의 큰 바다인 지역이 연속적이지도 않고 생활조건도 일정하지 않았던 시기가 최근까지도 종종 존재했을 것이다.

이 이론은 어려움을 벗어나는 수단이 되겠지만 나는 이것을 생략하도록 하겠다. 왜냐하면 나는 완벽하게 정의되는 많은 종들이 끊어짐이 없는 연속적 지역에서 형성된다고 믿기 때문이다. 물론 과거에 나누어졌던 지역이 나중에 하나로 연결될 경우 이것도 새로운 종이 형성되는 중요한 원인이라는 사실을 의심하지 않는다. 특히 활동적이고 상호교배가 가능한 동물의 경우가 그러하다.

넓은 지역에 분포하는 종을 보면 그들의 넓은 영역에 걸쳐 개체수가 상당히 크지만 갑자기 그 수가 급격하게 줄어들면서 결국에는 사라진다는 것이 알려져 있다. 그러므로 두 대표종 사이의 중립 세력권은 각자 고유의 영역보다 좁은 것이 일반적이다.

산의 고도에 따라서도 동일한 현상이 나타난다. 알퐁스 캉돌이 관찰했듯이 산에 사는 일반적인 종이 갑자기 사라지는 현상은 정말로 주목할 만하다. 포브스는 저인망을 이용해 바다의 깊이를 측정하면서 똑같은 사실을 발견했다. 기후와 삶의 물리적인 조건이 생물 분포의 가장 중요한 요소라고 생각하는 사람들에게 이러한 사실은 놀랄 만한 것이다. 왜냐하면 기후·고도·깊이는 모두 점진적으로 변하는 것이기 때문이다.

그러나 거의 모든 종은 그들의 주요 서식지를 포함한 모든 지역에서 경쟁하는 다른 종이 없을 경우 그 개체수가 무한히 증가한다는 사실을 고려해볼 때, 거의 모든 생물이 다른 생물을 잡아먹거나 잡아먹히는 것을 고려해볼 때, 간단히 말해 각각의 생물은 삶의 가장 중요한 방식에서 직간접적으로 다른 생물들과 연관되어 있다는 것을 고려해볼 때, 우리는 어떠한 지역의 생물들도 오직 점진적으로 변하는 물리적인 조건에 따라 그 분포가 결정되는 것은 아니라는 점을 알아야 한다. 그것보다는 다른 생물에 따라 새로운 분포가 생길 수도 있고 다른 생물과의 경쟁 때문에 기존의 분포가 사라질 수도 있다는 것을 알아야 한다. 그리고 이들 종은 이미 잘 정의된 대상으로서 다른 종들과 섞여 점진적인 변화를 보이는 것이 아니므로 한 종의 분포는 다른 종과의 분포에 서로 영향을 주면서 뚜렷하게 한정되는 경향이 있다. 더구나 개체수가 줄어든 상태로 자기 서식지에 국한해 살아가고 있는 각각의 종은 포식자나 먹이의 개체수, 또는 계절이 바뀔 때 완전히 절멸하는 경우가 흔하다. 이러한 현상도 종의 지리적인 범위를 뚜렷하게 한정하는 요인이 될 것이다.

나는 광활한 지역에 사는 친척종들이 각자 넓은 서식 범위를 차지하고 이들 사이의 중립 세력권은 넓지 않으며 중립 세력권 안에서 종의 개체수가 갑자기 줄어들 수 있다고 했다. 이러한 내 믿음이 옳다면 변종과 종이 기본적으로 다를 것이 없으므로 동일한 원리를 이들 모두에게 적용할 수 있을 것이다. 우리가 여러 변종을 보유한 하나의 종을 매우 넓은 지역에 순응시킨다고 상상해보자. 그렇다면 우리는 두 변종을 두 곳의 넓은 지역에 순응시키고 세 번째 변종을 좁은 중간지역에 순응시켜야만 할 것이다. 결과적으로 중간형의 변종은 좁은 지역에 서식하는 관계로 그 개체수도 적을 것이다. 내가 판단하건대, 이 규칙은 자연 상태에서도 잘 지켜지고 있다.

나는 뚜렷한 두 변종 사이에 존재하는 중간 변종에 관련된 놀라운 사례를 따개비의 한 속인 발라누스에서 만난 적이 있다. 그리고 왓슨과 아사 그레이 박사, 울러스턴이 내게 알려준 바에 따르면 변종들이 서로 다른 두 형의 중간에 놓일 때 이들 변종은 양쪽의 두 형보다 그 개체수가 훨씬 감소하는 것 같다. 만약 이러한 사실과 추리를 신뢰하고 이에 따라 서로 다른 두 변종을 연결하는 변종들은 양쪽의 변종들보다 개체수가 적다고 결론을 내릴 수 있다면 우리는 중간형의 변종들이 오랜 시간 지속되지 못한다는 사실을 이해할 수 있다. 즉 왜 그들이 양쪽의 두 변종보다 더 빨리 절멸되어 사라지는지 그 이유를 알 수 있다.

이미 언급한 것처럼 개체수가 적은 생물 집단은 개체수가 큰 생물 집단보다 쉽게 사라질 수 있는 것이다. 이 중간형은 양쪽에 있는 친척형의 침략을 받기 쉽다. 그러나 더욱 중요한 것은 계속되는 변형과정에서 양쪽의 두 변종은 내 이론에 따라 이제 완벽한 두 종으로 발달하며, 이들은 넓은 지역에 분포하고 개체수도 많기 때문에, 여전히 좁은 지역에 서식하고 개체수도 적은 중간형의 변종보다 훨씬 더 유리해진다.

개체수가 많으면 개체수가 적은 경우보다 유리한 변이를 더욱 많이 발생시켜 자연선택의 영향을 더 많이 받게 된다. 그러므로 보편적인 생물이 희귀한 생물보다 유리하고 그들의 자리를 차지할 수 있는 것이다. 왜냐하면 희귀한 생물에서는 변형이나 개선이 매우 느리게 일어나기 때문이다. 제2장에서 논의했듯이 평균적으로 소수의 종을 보유한 지역보다는 다수의 뚜렷한 변종을 보유한 지역에서 공통으로 발견되는 종을 설명할 수 있는 것은 이와 동일한 원리이다.

다음의 사례를 토대로 내 생각을 도해할 수 있다. 양의 세 변종에 대한 다음과 같은 상황을 가정해보자. 첫 번째 변종은 철저하게 산악지대에 적응되었고 두 번째 변종은 비교적 그 범위가 좁은 언덕 같은 지역에 적응되었으며 세 번째 변종은 넓은 평야지대에 적응되어 있다. 그리고 각 지역 사람들은 동일한 선택의 기술을 꾸준히 이용해 그들의 양을 개선시키려 하고 있다. 이 경우 산악지대나 평야지대에 사는 사람들은 양의 개체수가 많은 관계로 양의 개체수가 적은 언덕의 사람들보다 양의 품종을 빠르게 개선시킬 수 있다. 그 결과 산악지대나 평야지대의 개선된 양은 그렇지 못한 언덕의 양이 차지했던 자리를 빼앗아, 결국에는 언덕에 서식했던 중간형태의 변종 없이 이 두 변종이 서로 접촉하게 된다.

요약하자면, 나는 종이 매우 잘 정의된 대상이라고 믿는다. 첫째 이유는 다음과 같다. 그들은 가변적 중간형을 띠며 뒤엉킨 혼란의 소용돌이 속에 놓인 적이 한 번도 없었을 것이다. 왜냐하면 새로운 변종은 매우 느리게 형성되고 변이도 느리게 일어나며 유리한 변이가 한 지역에 어느 정도 채워지기 전까지 자연선택은 아무 작용도 하지 않을 것이기 때문이다. 그리고 그러한 새로운 장소의 형성은 느리게 변화하는 기후에 달려 있을 것이고 종종 새로운 생물들이 유입될 것이다. 또한 기존에 거주하는 생물들의 느린 변형에 따라 새로운 생물이 만들어지고 그들이 기존의 생물들과 영향을 주고받는 상황도 아주 중요하다. 따라서 어느 지역에서건 우리는 미세하더라도 어느 정도 영구적인 구조의 변화가 일어난 종들을 항상 고려해야 하는 것이다.

둘째, 오늘날 연속적으로 이어진 지역도 가까운 옛날에는 서로 단절되어 있었으며 각각의 지역에서 여러 생물이 서로 다른 변화를 겪으며 서로 다른 종으로 발달하게 되었을 것이다. 이 경우 여러 대표 종들 사이의 중간 변종들과 이들 대표 종의 조상들은 과거에 각각 단절된 지역에 서식했을 것이다. 그러나 이러한 연결고리는 자연선택의 과정에서 빼앗기고 사라져, 현재 그들은 더 이상 존재하지 않게 된 것이다.

셋째, 연속적인 지역의 여러 곳에서 두 개 이상의 변종이 형성되었을 경우, 중간형의 변종은 처음에 중간 지역에서 형성되겠지만 대부분 단기간에 사라지고 만다. 왜냐하면 이러한 중간형의 변종들은 이미 언급한 이유 때문에—매우 가까운 종들이 보이는 실질적인 분포와 잘 알려진 변종들의 분포에 관한 우리의 지식으로부터—두 변종이 직접 접촉하는 경우보다 중간 지역에 서식하는 경우 개체수가 더 적기 때문이다. 이 한 가지 원인으로부터 중간형의 변종은 우발적으로 갑자기 절멸할 수 있으며, 자연선택을 통한 차후의 변형과정에서 이들이 연결하는 양쪽의 생물들에 의해 자리를 빼앗기는 것이 거의 확실하다. 왜냐하면 이들 양쪽의 집단은 개체수가 많은 관계로 전체적으로 변이가 더 많이 출현하고 자연선택을 통해서 더욱 이득을 얻을 것이기 때문이다.

마지막으로, 어느 한 시기가 아닌 긴 역사를 바라보자. 만약 내 이론이 옳다면 동일한 집단 내의 거의 모든 비슷한 종들을 연결하는 무수히 많은 중간 변종들이 틀림없이 존재했어야만 한다. 그러나 지금까지 언급한 것처럼 자연선택의 과정은 부모 생물과 중간 고리들을 계속 제거하는 역할을 했을 것이다. 결과적으로 과거에 존재했던 생물들에 관한 증거는 단지 화석상으로만 나타난다. 앞으로 살펴보겠지만 화석의 기록은 극도로 불완전하며 끊어진 부분이 많다.

기이한 습성과 구조를 갖는 생물의 기원과 변천에 관해 내 견해에 반대하는 사람들이 다음과 같은 질문을 한 적이 있다. 예를 들어 육지에 사는 육식동물들이 어떻게 수서생물로 바뀔 수 있느냐에 대한 질문이었다. 즉 변천과정에 있는 중간형 생물이 어떻게 살아갈 수 있었는지에 대한 물음이었다. 진정한 수중 생활과 완벽한 육상 생활 사이의 모든 중간형을 띠고 있는 육식동물들이 모두 한 집단 내에 존재하는 경우는 쉽게 볼 수 있다. 이 생물들은 모두 생존경쟁의 과정을 거쳐 존재하는 것이므로 이들 모두 각자의 습성을 그 서식지에 잘 적응시켰음은 명백하다.

북아메리카의 족제비를 생각해보자. 이들은 발에 물갈퀴가 있으며 모피, 짧은 다리, 꼬리의 모양이 수달을 닮았다. 여름 동안 족제비는 물속에서 물고기를 사냥한다. 그러나 긴 겨울에 이들은 얼어붙은 물가를 떠나 다른 족제비 종류처럼 생쥐나 육상동물들을 사냥한다. 만약 다른 사례를 들어 벌레를 잡아먹고 사는 네발짐승이 어떻게 날아다니는 박쥐로 변했는지를 질문한다면 이것은 훨씬 더 어려운 문제이다. 사실 내가 제시할 수 있는 대답은 아무것도 없다. 그러나 나는 이러한 어려움이 그렇게 중요한 것이라고 생각하지 않는다.

이 시점에서 나는 크게 불리한 상태에 있다. 왜냐하면 내가 수집한 많은 인상적인 사례 가운데 동일한 속(屬)의 밀접한 종들 중에서 중간적인 습성이나 구조를 갖는 사례는 단지 한두 가지에 불과하기 때문이다. 동일한 종에서 상시적이든 일시적이든 습성이 다양한 경우도 드물었다. 이러한 사례의 방대한 목록이 박쥐의 날개와 같은 기이한 사례에 대한 어려움을 줄여준다고는 생각하지 않는다.

다람쥐과(科)를 보자. 여기에는 꼬리가 약간 납작한 모양, 리처드슨 경〔스코틀랜드의 박물학자〕이 언급한 몸의 뒷부분이 넓고 옆구리의 피부가 가득 찬 것과 같은 구조 그리고 이른바 날다람쥐의 구조까지 다양하다. 날다람쥐는 팔다리와 심지어 꼬리의 기저부까지 피부가 확장되어 연결되어 있다. 바로 이 구조가 낙하산 구실을 해서, 날다람쥐가 공기 중을 미끄러져 한 나무에서 다른 나무로 꽤나 긴 거리를 이동하는 활공을 가능하게 한다. 우리는 각 지역에 사는 다람쥐들이 이 구조를 잘 활용해 맹금류나 동물 포식자에게서 도망치기도 하고 더 빨리 먹이를 모으기도 하며 나무를 타다가 종종 일어나는 낙상의 위험을 줄일 수 있다는 사실을 믿어 의심치 않는다.

그러나 이러한 사실을 받아들이더라도 각각의 다람쥐들의 구조가 자연 조건에서 생겨날 수 있는 최상의 구조라고 생각하기는 어렵다. 기후와 식물상이 변했거나, 경쟁관계의 설치류나 새로운 포식자가 이주해왔거나, 또는 다른 다람쥐들이 변형되었다고 가정하자. 이와 비슷한 모든 상황이 일어나면 다람쥐들이 같은 방식으로 변형되고 구조를 개선시키지 않는 한 그들의 개체수가 감소하거나 절멸할 것이다.

그러므로 나는 생활조건이 변화되는 상황에서 옆구리의 피부막이 꾸준히 발달하는 개체들이 삶에 유리해지면서 이들이 연속적으로 보존되고 널리 퍼지는 과정을 거쳐 보존되는 상황을 어렵지 않게 짐작할 수 있다. 결국 자연선택의 과정이 누적효과를 발휘함으로써 드디어 완벽한 날다람쥐가 만들어졌던 것이다.

이제 활강하는 여우원숭이인 갈레오피테쿠스를 살펴보자. 이들은 예전에 박쥐로 잘못 분류되기도 했다. 이들의 옆구리 막은 아주 잘 발달되어, 턱의 모서리에서 시작해 사지는 물론 긴 발톱을 지나 꼬리까지 퍼져 있다. 더구나 이 옆구리 막에는 펴짐근〔관절을 펴는 근육으로 신근이라고도 한다〕까지 발달되어 있다. 비록 활강에 적응된 연속적으로 이어진 구조는 존재하지 않지만 갈레오피테쿠스와 다른 여러 여우원숭이를 연결해보자. 나는 과거에 이들을 연결하는 고리가 존재했다고 가정하는 것이 그렇게 어렵게 여겨지지는 않는다. 또한 이들은 날다람쥐의 사례에서 본 것과 동일한 단계를 거쳐 형성되었다고 할 수 있다. 그리고 각 단계의 구조는 해당 생물에게 나름대로 유리하게 작용했던 것이다.

또한 나는 갈레오피테쿠스에서 막으로 연결된 발가락과 앞발이 자연선택에 의해 크게 신장될 수 있다고 믿는다. 그리고 비행기관으로만 국한한다면 이러한 과정은 날다람쥐를 박쥐로 만들 수 있었을 것이다. 날개막이 어깨 끝부터 뒷다리를 거쳐 꼬리까지 확장된 박쥐에서 우리는 이 구조가 초기에 비행이라기보다는 활강을 하기 위해 만들어진 장치라고 볼 수도 있을 것이다.

만약 10여 개 속의 새가 절멸하거나 아예 처음부터 알려지지 않았더라면 흰가슴오리처럼 날개를 지느러미처럼 사용하는 새가 존재할 수도 있다는 추측을 누가 감히 하겠는가. 물에서는 지느러미가 되고 육지에서는 앞발이 되는 펭귄은 또 어떠한가. 타조처럼 돛으로 사용되는 경우도 있다. 그리고 무익조처럼 그 기능이 전혀 없는 경우도 있다. 그렇지만 치열한 경쟁을 통해 살아야 하는 새들에게 이들이 갖고 있는 구조는 생활환경에서 나름대로 이점이 있다. 그러나 이들 구조가 모든 가능한 삶의 조건에서 최상일 필요는 없다. 여기에 언급한 각 단계의 날개 구조는 모두 기관을 사용하지 않는 불용(不用)의 정도에 따라 얻어진 결과라고 생각된다. 이것을 새들이 완벽한 비행을 획득하는 과정으로 여기면 곤란하다. 다만 이들 각 단계의 날개는 변천의 각 단계에서 적어도 다양하게 기여했을 것이다.

갑각류나 연체류처럼 물속에서 호흡하는 동물들의 일부가 육상생활에 적응하는 사례를 생각해보자. 하늘을 나는 새가 있으며 하늘을 나는 포유류, 또 과거에는 하늘을 나는 파충류가 있지 않았던가. 이들을 함께 보고 있노라면 공기 중을 미끄러져 날며 지느러미를 퍼덕거려 방향을 바꾸는 물고기도 언젠가는 공중을 완벽하게 비행하는 동물로 변형될지 모른다는 생각이 든다. 만약 이러한 일이 실제로 일어났다면 공해상에 서식했던 물고기가 초기 변천과정에서 초기의 비행기관을 이용해 다른 포식 물고기를 피해 탈출하는 상황을 누가 상상이나 했겠는가?

습성의 종류와 상관없이 특정한 습성에 완벽하게 적응된 구조, 예를 들어 새의 날개와 같은 구조를 보노라면 변천과정을 겪고 있는 초기 구조를 지닌 동물들이 오늘날까지 존재할 것이라고 여기기는 어려울 것이다. 왜냐하면 자연선택을 통해 완벽함으로 나아가는 바로 그 과정에 따라 그들은 꾸준히 대체되었을 것이기 때문이다. 더구나 우리는 매우 다른 생활 습성을 위한 구조들을 연결하는 과도기의 생물이 많은 개체수로 늘어나거나 그것으로부터 여러 생물로 파생되어 발달하는 경우가 거의 없다는 결론에 도달할 것이다.

하늘을 나는 상상 속의 물고기로 되돌아가보면, 진짜로 비행하는 물고기들이 여러 파생 집단으로 발달할 것 같지는 않다. 왜냐하면 육지에서건 물에서건 어떤 기관이 완벽한 단계에 접어들어 생존경쟁에서 다른 것보다 유리한 이점을 주기 전까지의 동물들은 다양한 방법으로 다른 동물들에게 잡아먹히기 때문이다. 따라서 과도적인 단계의 구조를 갖춘 생물들은 충분히 발달된 구조를 갖춘 생물들보다 개체수가 적었기 때문에 화석으로 발견될 가능성이 적어진다.

한 종의 개체들이 살고 있는 다양하고 변화된 생활습성과 관련한 두세 가지 사례를 들기로 하겠다. 어떤 경우든 습성이 변하거나 서로 다른 여러 습성의 어느 하나가 변했을 때, 자연선택이 동물의 신체구조를 변형시켜 적응시키기는 쉬웠을 것이다. 그러나 습성이 먼저 변하고 구조가 나중에 변하는지 아니면 약간의 구조 변형이 습성의 변형을 가져오는지 구별하기는 어려우며 별로 중요해 보이지도 않는다. 아마도 두 변화는 거의 동시에 일어났을 것이다. 습성의 변화에 관한 사례로는 영국의 많은 곤충들이 오늘날 외래식물이나 인공 먹이만 먹고 살아간다는 사실을 언급하는 정도로 그치겠다.

수없이 많은 사례가 보고된 다양한 습성 가운데, 나는 남아메리카에서 아메리카딱새를 여러 번 관찰했는데, 이 새는 황조롱이처럼 한 지역을 배회하다가 다른 지역으로 옮기곤 한다. 때로는 물가 위에 거의 정지된 모습으로 떠 있다가 물고기를 향해 물총새처럼 돌진하기도 한다. 영국에서는 박새가 나뭇가지를 기어 올라가는 모습이 관찰되기도 하는데, 이들이 종종 때까치처럼 다른 작은 새들의 머리를 쪼아 죽이기도 하며 동고비처럼 주목의 가지에 매달린 씨앗을 쪼아 씨앗을 깨뜨리는 모습을 여러 번 관찰하기도 했다. 북아메리카에서 히어니〔영국의 탐험가〕가 관찰한 바에 따르면, 흑곰이 크게 입을 벌리고 여러 시간 수영을 하면서 마치 고래처럼 물속에서 곤충들을 잡아먹기도 했다고 한다.

이처럼 극단적인 경우에도 곤충의 공급만 일정하고 더 잘 적응된 경쟁자가 북아메리카에 존재하지 않았더라면 자연선택의 힘으로 구조와 습성이 수서생활에 적합한 하나의 품종이 만들어질 것이라고 생각한다. 입은 점점 커질 것이고, 고래와 같은 괴물이 탄생할 것이다.

가끔 같은 종의 다른 개체나 한 속의 다른 종에 견주어 습성이 크게 다른 개체들을 보면서 내 이론에 따라 우리는 다음과 같이 생각할 수도 있다. 즉 이들 개체는 종종 비정상적인 습성을 보이는 새로운 종을 만들어낸다는 것이다. 그들의 구조는 조상과 약간 다르기도 하고 많이 다른 경우도 있다. 이러한 사례들이 바로 자연에서 관찰된다는 것이다.

나무를 기어오르며 나무껍질의 갈라진 틈 사이에서 벌레를 잡아먹는 딱따구리보다 더 멋진 적응 사례를 찾기는 힘들 것이다. 북아메리카에는 주로 과일을 먹고 사는 딱따구리도 있고 긴 날개를 이용해 곤충을 추적해서 잡아먹고 사는 딱따구리도 있다. 아르헨티나의 라플라타 평원에는 나무들이 자라지 않는데, 그곳에도 딱따구리 한 종이 살고 있다. 이 딱따구리는 색깔이나 거친 울음소리, 파동 치듯 비행하는 모습까지 거의 모든 구성이 영국의 보통 새들과 비슷하다. 그들이 나무를 기어오르는 일은 없지만 이 종은 엄연히 딱따구리이다.

바다제비는 대양에 살며 비행능력이 훌륭한 새이지만 남아메리카 남단 티에라델푸에고 제도의 조용한 해협에 사는 푸피누리아 베라르디는 일반 습성, 놀라운 잠수능력, 헤엄치는 방식, 마지못해 비행하는 듯한 방식 탓에 오랫동안 바다쇠오리나 논병아리 종류로 여겨졌다. 그렇지만 이 새는 분명히 바다제비이며 여러 부위가 꽤 많이 변형된 것이다. 이와 반대로 물까마귀의 사체를 면밀히 조사한 사람이라면 어느 정도 물에 적응한 이들의 습성을 의심하는 일은 없을 것이다. 그러나 이 기이한 조류는 완전한 육상 조류인 개똥지빠귀의 일종으로, 물속에서 발로 돌멩이를 움켜잡고 날개를 이용해 잠수를 하며 살아간다.

각각의 생물이 지금 우리가 보고 있는 형태대로 창조되었다고 믿는 사람은 습성과 구조가 전혀 일치하지 않는 동물들을 관찰하며 당혹스러움을 느낄 것이다. 오리와 거위 발의 물갈퀴가 헤엄 때문에 만들어졌다는 사실보다 더 명백한 것이 또 있을까? 그렇지만 고산지대에서 살아가며 물가에는 전혀 접근할 기회조차 없는 거위에게도 물갈퀴가 있다. 오듀본〔미국의 조류학자〕은 네 개 발가락 모두에 물갈퀴가 있는 군함새가 그것을 이용해 바다 위에 착륙하는 모습을 관찰한 적이 있다고 했다. 반면 논병아리와 검둥오리는 발가락이 단지 막으로 둘러싸여 있을 정도이지만 수서생활에 적응한 것은 명백해 보인다. 습지를 걷거나 물 위에 떠 있는 식물을 밟고 걷는 섭금류에게 보행의 목적으로 긴 발가락이 형성되었다는 사실보다 더 명확한 것은 쇠물닭이 검둥오리처럼 거의 수서생활을 하며 흰눈썹뜸부기가 메추라기나 자고새처럼 거의 육상생활을 한다는 것이다. 더 많은 사례가 추가될 수도 있다.

이러한 사례를 토대로 우리는 구조의 변화 없이도 습성의 변화가 일어날 수 있다는 것을 알 수 있다. 고산지대 거위의 발가락 구조에는 여전히 물갈퀴가 있지만, 기능적인 면에서 흔적에 해당한다고 말할 수 있을 것이다. 군함새에서 발가락 사이에 국자로 파낸 것과 같은 막이 존재하는 것은 구조가 변화되기 시작했다는 것을 보여주는 것이다.

수없이 많은 개별적 창조가 일어났다고 믿는 사람은 한 가지 유형의 생물이 다른 유형의 생물의 자리를 대신하는 것이 창조주를 기쁘게 한다고 말하겠지만, 내게는 이것이 단지 동일한 사례를 고상한 언어로 고쳐 말한 것에 불과한 것으로 보인다. 생존경쟁과 자연선택의 원리를 믿는 사람들은 모든 생물이 끊임없이 그들의 개체수를 늘리려고 노력한다는 사실을 알 수 있을 것이다. 또한 한 개체의 습성이나 구조가 조금이라도 변해서 다른 개체보다 유리한 점이 생긴다면 그들의 서식처가 자신들의 서식처와 얼마나 다르건 간에 결국에는 그 자리를 차지하게 되리라는 것을 알 수 있다.

따라서 건조한 육상에 살며 물에는 아주 드물게 내려앉는 거위나 군함새에게 물갈퀴가 있다는 사실이 그렇게 놀랄 일은 아니다. 또한 흰눈썹뜸부기가 긴 발을 갖고 있으면서도 습지가 아닌 초원에 살 수도 있는 것이다. 나무에서 살지 않는 딱따구리도 있고, 잠수를 하는 개똥지빠귀도 있으며, 바다쇠오리의 습성을 갖고 있는 바다제비도 있는 것이다.

아주 완벽하고 복잡한 기관들 시각기관인 눈이 비길 데 없이 완벽한 장치로서 서로 다른 거리의 초점을 조절하고, 들어오는 빛의 양을 조절하며, 구면수차와 색수차를 보정한다는 것을 생각해보면 눈이 자연선택에 의해 형성된다고 가정하는 것이 내게는 아주 터무니없어 보인다고 고백해야 할 것 같다. 그러나 완벽하고 복잡한 눈에서부터 아주 불완전하고 단순한 눈으로 연결되며 해당 생물에게 나름대로의 이득을 주는 수없이 많은 단계가 존재한다는 것을 보일 수만 있다면, 또 눈이 아주 약간이라도 변화될 수 있고 이러한 변이는 다음 세대로 전달되며(물론 이것은 분명한 사실이다) 그리고 기관의 변이나 변형이 그 어떠한 것이라도 생활환경이 변화하는 과정에서 생물에게 유리하게 작용할 수 있다면 완벽하고 복잡한 기관이 자연선택에 의해 형성될 수 있다고 믿는 것이, 우리가 상상하기는 쉽지 않지만 그렇게 불가능하지는 않을 것이다. 어떻게 하나의 신경이 빛에 민감해졌는지에 대한 질문은 생명이 어떻게 기원되었는가에 대한 질문처럼 우리의 주의를 끌지는 못하지만, 몇 가지 사실을 바탕으로 나는 일부 민감한 신경이 빛에 반응할 뿐만 아니라 소리를 만드는 공기의 진동에도 반응한다고 언급하고 싶다.

어떠한 종에서도 한 기관의 완벽한 변화 단계들을 알려면 우리는 그들의 직계조상을 살펴봐야 하지만 이것은 현실적으로 거의 불가능하다. 따라서 어떠한 단계가 가능할지를 가늠하기 위해서 우리는 동일 집단 내의 여러 종을 살펴볼 수밖에 없다. 이들 종은 모두 동일한 조상에게서 유래되었으며 일부 단계는 그들의 초기 조상으로부터 전달되어 크게 변화되지 않고 오늘에 이르렀을 것이다.

현존하는 척추동물의 눈은 모두 이미 잘 발달되어 우리가 관찰할 수 있는 단계는 그렇게 많지 않으며, 화석을 발견한다 해도 화석의 머리 부분에서 우리가 관찰할 수 있는 것은 아무것도 없다. 이 거대한 척추동물 강[당시 척추동물은 강으로 분류되었다]에서 눈이 완벽하게 형성된 단계를 찾기 위해 우리는 아주 초기의 화석층으로 내려가야 할 것 같다.

색소로 단순하게 덮여 있고 별다른 장치를 갖추지도 않은 체절동물의 시신경에서 우리의 시리즈를 시작해야 할 것 같다. 이 하등한 단계에서 그 근본이 다른 두 줄기의 가지가 갈라지고 수많은 단계를 만들어내며 어느 정도 완벽한 단계에 이르게 된다. 예를 들어 일부 갑각류에는 이중으로 된 각막이 있는데, 안쪽 각막은 여러 작은 면으로 이루어지며 각각의 내부에는 렌즈 모양의 융기부가 들어 있다. 다른 갑각류에는 색소로 덮인 투명한 원뿔체가 존재하는데, 측면에서 접근하는 빛을 제거했을 때만 제대로 작용하며 위쪽 면이 볼록해서 빛을 수렴시켜 작동함이 틀림없다. 그리고 아래쪽 면에는 불완전한 투명 물질이 형성되어 있는 것 같다.

여기에서는 너무 간략하고 불완전하게 제시했지만, 이러한 사실을 통해 우리는 현존하는 갑각류의 눈이 다양한 여러 단계를 보인다는 것을 알 수 있다. 또한 현존하는 생물의 수가 과거에 살았던 생물의 수보다 극히 적다는 것을 생각해보면 (다른 많은 구조에서는 그렇지 않지만) 단순하게 색소로 덮여 있고 투명한 막에 박혀 있는 단순한 시신경 장치가 자연선택에 따라 수많은 체절동물 구성원들이 갖고 있는 완벽한 시각장치로 변화한다고 믿는 것이 그렇게 어려워 보이지는 않는다.

그렇게 생각을 확장하고 이 책을 끝까지 읽으면 다른 방법으로는 설명되지 않는 많은 사실들이 유래의 원리를 토대로 설명될 수 있다는 사실을 알게 될 것이다. 더 나아가 독수리의 눈처럼 완벽한 구조가 비록 그 중간적인 단계들이 현재 알려져 있지는 않지만 자연선택에 의해 설명될 수 있다는 점을 주저 없이 인정하게 될 것이다. 자연선택의 원리를 그 정도로 확장하기가 망설여질 정도로 어려움이 있다는 것은 알겠지만, 이성이 상상력을 극복해야만 한다.

눈을 망원경에 비교하지 않을 수가 없다. 우리는 이 도구가 인간의 높은 지성이 오랫동안 작용함으로써 완벽하게 개선되었다는 것을 알고 있다. 따라서 눈도 이와 비슷한 과정을 거쳐 형성되었다고 유추하는 것은 자연스럽다. 그러나 이러한 추론이 너무 지나친 것은 아닌가? 창조주가 인간의 지성과 비슷한 지적 능력을 갖고 일한다고 가정할 권리가 우리에게 있는 것인가?

만약 우리가 눈을 광학장치에 견주어야만 한다면 빛에 민감한 신경이 분포한 두꺼운 투명층이 있어야만 한다. 이 층의 모든 부위는 밀도가 연속적으로 달라서 밀도와 두께가 다른 여러 층으로 나눌 수 있으며 각 층의 표면은 형태가 서서히 변화된다. 더 나아가 우리는 투명한 층에서 일어나는 미세하고 우연스러운 변화를 의도적으로 항상 주시하면서 여러 환경 아래서 어떤 방식이든 어떤 정도이든 조금 더 선명한 상을 만들어내는 변화를 신중하게 선택하는 힘이 있다는 사실을 가정해야만 한다.

새로운 장치는 수없이 증식하고 더 우수한 것이 보존되고 그렇지 못한 것이 사라지는 상황을 가정해야만 한다. 생물에서 변이는 미세한 변화를 일으키고, 세대를 거치면서 이러한 변화는 거의 무한히 증식될 것이다. 이 과정에서 자연선택은 작은 개선들을 실수 없이 골라낼 것이다. 이 과정이 수억 년에 걸쳐 계속되고 해마다 서로 다른 수백만의 개체들이 존재한다면, 사람들이 망원경을 만들어내듯이 살아 있는 광학장치가 유리보다 훨씬 더 훌륭하게 형성될 수 있다고 믿으면 안 되는 것인가?

만약 현존하는 복잡한 기관이 무수히 연속적이고 미세한 변형에 의해 만들어질 수 없다는 것이 증명된다면 내 이론은 완전히 무너질 것이다. 그러나 나는 그와 같은 사례를 찾지 못하겠다. 많은 신체기관에 우리가 모르는 중간 단계가 있다는 것은 의심의 여지가 없다. 특히 내 이론에 따라 많은 절멸이 일어난 한 지역에 고립된 종을 살펴보면 더욱 그러하다. 규모가 큰 강의 모든 구성원에게 공통으로 나타나는 기관을 살펴보면, 이들이 강의 모든 구성원에게 발달된 것으로 미루어 이들 기관은 꽤 오래전에 처음으로 형성된 것이 분명하며, 기관이 전달된 초기의 과도적인 단계를 발견하기 위해서는 우리는 오래전에 절멸한 고대의 조상종을 살펴보아야만 한다.

과도적인 단계에 따라 한 기관이 형성될 수 없다고 결론을 내리려면 매우 신중해야 한다. 우리는 하등동물에서 한 기관이 동시에 여러 가지 기능을 수행하는 사례들을 많이 알고 있다. 잠자리 유충이나 얼룩미꾸라지의 소화관은 호흡 · 소화 · 배설의 기능을 모두 수행한다. 히드라는 안과 밖이 뒤집혀질 수 있는데, 그렇게 되면 바깥쪽 벽이 소화를 하고 위가 호흡을 하게 된다. 이러한 경우 이득이 된다면 자연선택은 기관이나 부위를 쉽게 특화시킬 수 있을 것이다. 그 결과 두 가지 기능을 수행하던 기관이 단 하나의 기능만을 수행하게 될 수 있으며, 그들의 특징은 수없이 많은 며세한 단계에 의해 완전히 변화할 것이다.

한 개체의 두 기관이 동시에 한 기능을 수행하는 경우가 있다. 예를 들어 어떤 물고기는 아가미를 통해 물속에 녹아 있는 공기로 숨을 쉬면서 부레 속의 공기로도 호흡을 한다. 부레는 공기관[인두와 부레를 연결하는 관]을 통해 공기를 공급받으며 잘 발달된 관상 구조로 나뉘어 있다. 이 경우에 두 기관 중 하나는 모든 작업을 수행할 수 있도록 완벽하게 변형되었을 것이다. 또한 변형과정에서 나머지 다른 기관의 도움을 받았을 것이다. 그러면서 이 다른 기관은 전혀 다른 목적을 위해 변형되거나 완전히 사라졌을지도 모른다.

물고기 부레의 자세한 모습은 한 기관이 처음에는 물고기에게 부력을 제공하는 목적으로 만들어졌지만 나중에는 호흡과 같은 전혀 다른 목적으로 변환된다는 것을 보여주는 아주 좋은 사례라고 할 수 있다. 또한 일부 물고기에서 부레는 다른 기능을 하는 것으로 알려져 있는데, 어느 견해가 옳은지 확신은 없지만 부레가 청각에 보조적인 역할을 한다는 견해도 있고 청각기관의 일부가 부레의 보조적인 역할을 한다는 견해도 있다. 모든 생리학자는 물고기의 부레가 그 위치나 구조에서 고등한 척추동물의 허파와 상동기관이라는 사실을 인정하고 있다. 따라서 자연선택이 부레를 허파, 즉 호흡을 전담하는 기관으로 변환시켰다고 믿어도 될 것 같다.

사실 나는 허파를 갖고 있는 모든 척추동물이 하나의 고대 원형에서 유래되었다고 믿는데, 이 원형에 대해서 우리가 아는 바는 없지만 몸을 떠 있게 하는 부레를 갖고 있었을 것이다. 이 부위에 대한 오언 교수의 흥미로운 설명을 듣고 추측하건대, 음식과 음료는 기관의 입구 위를 지나가는데 음식이 허파로 떨어지는 상황을 생각해보면 그 성문〔후두부에 있는 발성장치〕이 아름다운 장치로 덮여 있긴 하지만 위험할 수 있는 상황이다.

고등한 척추동물에서 목의 양옆에 있는 아가미는 완전히 사라졌으며, 고리 모양의 동맥은 배아 시기에는 여전히 제 위치에 존재하지만 역시 성체에서는 사라졌다. 그러나 지금은 완전히 사라진 아가미가 과거에 전혀 별개의 목적을 위해 자연선택에 따라 서서히 작용했을 수도 있을 것이다. 환형동물의 아가미와 등 쪽 비늘은 곤충의 날개와 날개 덮개와 상동기관이라고 생각하는 박물학자들도 있다. 따라서 아주 오래전 호흡에 관여했던 기관이 비행을 위한 기관으로 변하는 것이 가능한 것이다.

기관의 기능이 변화된다는 사실을 생각하면서, 하나의 기능에서 다른 기능으로 변천되는 가능성이 있다는 사실을 꼭 명심해야겠기에 여기서 한 가지 사례를 더 들기로 하겠다. 자루형 만각류에서는 두 개의 미세한 피부주름이 관찰되는데 나는 이것을 포란소대(ovigerous frena)라고 했다. 이 구조는 끈적끈적한 분비물을 내어 알들이 주머니 속에서 부화할 때까지 보관하는 역할을 한다. 이들 만각류는 아가미가 없지만 피부 전체 표면과 주머니 그리고 작은 포란소대가 호흡 기능을 수행한다. 이와 반대로 착생형 만각류인 따개비에게는 포란소대가 없으며 잘 닫힌 껍질 속의 주머니 바닥에 알들을 성글게 낳아놓지만 이들에게는 크게 주름진 아가미가 존재한다. 이제 한 집단의 포란소대가 다른 집단의 아가미와 완벽한 상동기관이라는 사실에 이의를 제기할 사람은 없을 것 같다. 정말로, 이 둘은 여러 점진적인 단계로 이어져 있다.

따라서 나는 피부의 작은 주름이 처음에는 포란소대로 작용하면서 호흡에 아주 약간의 도움을 주었지만 자연선택의 작용에 따라 서서히 아가미로 바뀌었다는 사실을 의심하지 않는다. 이 과정에서는 단지 그 크기가 증가하고 점액 분비샘이 사라지는 일이 일어났을 뿐이다. 만약 모든 자루형 만각류가 멸종했고 그들이 착생형 만각류보다 훨씬 오래전부터 멸종 위기에 놓여 있었다고 한다면, 착생형 만각류의 아가미가 원래는 주머니에서 알이 씻겨나가지 않게 해주는 기관이었다는 사실을 누가 상상할 수 있었겠는가?

한 기관이 연속적인 변천의 과정을 통해 다른 기관으로 도저히 변화할 수 없다고 결론을 내리기 위해서는 매우 주의해야겠지만, 그러한 결론에는 중요한 난관들이 따르며 이것에 대해서는 다음 작품에서 논의하도록 하겠다.

아주 큰 난관 가운데 하나는 생식능력이 없는 곤충의 경우인데, 이들은 수컷이나 생식능력이 있는 암컷과는 아주 다르게 만들어진다. 이 사례는 다음 장에서 다루도록 하겠다. 물고기의 전기기관은 논의하기가 몹시 어려운 주제이다. 어떤 단계를 거쳐 이렇게 놀라운 기관이 만들어졌는지 알아내기는 불가능하다. 그러나 오언과 여러 학자들이 언급했듯이 이들 기관의 본질적인 구조는 일반적인 근육과 매우 닮았으며, 최근 밝혀진 사실에 따르면 가오리는 이 전기장치와 매우 비슷한 기관을 갖고 있지만 전기를 발생한 적은 없다고 마테우치[이탈리아의 물리학자이자 신경생리학자]는 주장했다. 우리는 우리의 지식이 너무 짧아서 어떠한 변천도 불가능하다고 주장할 수 없다는 사실을 인정해야만 할 것이다.

전기기관은 훨씬 더 중대한 어려움을 야기하는데, 그 이유는 이들 기관이 단지 열서너 종의 물고기에만 존재하며 그중 일부는 유연관계가 매우 멀다는 사실 때문이다. 일반적으로 동일한 기관이 한 강의 여러 구성원에게서 나타나고 이들 구성원의 생활환경이 매우 다를 때 우리는 이들 기관이 하나의 공통조상에서 유래된 것이라고 여길 것이다. 또한 이들 기관이 없는 구성원들에 대해서는 기관을 사용하지 않아서 자연선택에 의해 사라진 것이라고 생각할 것이다.

그러나 만약 전기기관이 해당 기관을 갖춘 한 조상에게서 전달되었다면 모든 전기 물고기는 서로 연관되어 있어야 한다고 기대할 수 있을 것이다. 더구나 지리적인 분포를 봐도 과거에 대부분의 물고기가 전기기관을 갖고 있다가 거의 모든 후손이 그 기관을 잃었다고 보기는 어렵다. 서로 다른 과나 목에 속하는 곤충들이 보유한 발광기관 또한 논의하기가 어렵다. 다른 사례도 있다. 예를 들어 식물에서 아주 기이한 장치인 꽃가루덩어리는 긴 꼭지의 끈적끈적한 끝에 달려 있다. 이 구조는 현화식물이면서도 유연관계가 아주 먼 난초와 금관화에서 모두 동일하게 나타난다.

이 모든 사례에서 우리는 유연관계가 아주 먼 두 종이 동일한 변칙기관을 가진 경우를 살펴보았다. 그러나 이들 기관의 일반적인 모양과 기능이 같을지라도 몇 가지 근본적인 차이가 나타난다. 때로 두 사람이 독자적으로 동일한 발명을 이루듯, 자연선택에서도 유사한 변이들한테서 이득을 얻는 작용이 똑같이 작용해 공통조상으로부터는 물려받은 것이 거의 없는 개체들을 아주 흡사한 방식으로 변형시키는 일이 가능하다고 나는 생각한다.

비록 한 기관이 어떠한 변천과정을 거쳐 오늘날의 상태에까지 도달했는지를 추측하는 것은 대부분 아주 어려운 일이지만, 우리에게 알려진 현존하는 생물의 종류가 절멸된 미지의 생물의 종류보다 아주 적다는 것을 생각해보면, 한 기관이 변천과정이 알려지지 않은 단계로 빠지지 않는다는 사실이 놀라울 뿐이다. 이 말의 진실성은 자연사의 오랜 법규인 '자연은 비약하지 않는다'[자연의 작용은 연속적이다]라는 말에서 잘 나타난다. 우리는 명망 있는 많은 박물학자들의 작품 속에서 그들이 이 점을 인정하고 있다는 것을 알 수 있다. 밀네드와르스가 잘 표현한 것처럼, 자연은 변이에는 인자하지만 쇄신에는 인색하다.

창조론에 따른다면 이것을 어떻게 설명해야 하는가? 자연의 적당한 장소에 맞춰 개별적으로 창조되었다고 생각한다면 독자적인 많은 생물의 구조와 기관이 어떻게 그렇게 점진적인 단계로 모두 연결되어 있는 것인가? 왜 자연에서는 한 구조에서 다른 구조로의 도약이 일어나지 않는 것인가? 자연선택의 이론을 따른다면 우리는 자연에서 왜 이러한 일이 일어나지 않는지 명백하게 이해할 수 있다. 자연선택은 미세한 연속적 변이의 장점을 취하면서 작용하고, 커다란 도약은 절대 일어나지 않으며, 짧고 느린 단계를 거쳐 전진하고 있기 때문이다.

뚜렷한 중요성이 없는 기관들 자연선택은 삶과 죽음, 즉 유리한 변이를 지닌 개체들을 보존함으로써 작용하기 때문에 나는 일부 기관이 어떻게 생겨났는지를 이해하는 데 아주 큰 어려움을 느낀다. 이들 기관이 해당 개체를 연속적으로 보존하기에는 충분히 중요한 것으로 여겨지지 않기 때문이다. 눈처럼 완벽하고 복잡한 기관과는 전혀 다른 종류이긴 하지만, 나는 이 주제에 대해 논의하기가 마찬가지로 어렵다.

첫째로, 우리는 하나의 생물에 대한 모든 질서에 관한 지식이 너무 부족하다. 이를테면 미세한 변형이 중요할지 아닐지 우리는 전혀 알 수가 없다. 앞 장에서 나는 아주 하찮은 특징들을 소개한 적이 있다. 예를 들어 과일의 솜털이나 과육의 색깔 등은 곤충의 공격 여부를 결정하거나 체질적인 차이와 상관되어 있어 자연선택의 영향을 받을지도 모른다.

기린의 꼬리는 사람이 만든 파리채처럼 보인다. 처음에는 이것이 미세한 연속적 변이에 의해 오늘날의 목적에 적응되었다는 것이 믿기 힘들어 보인다. 왜냐하면 파리를 쫓아내는 데에 그 변이가 너무 하찮아 보이기 때문이다. 그러나 이 경우에도 섣불리 결론을 내리지 말아야 한다. 왜냐하면 남아메리카에서 소와 그 밖의 동물들의 분포는 전적으로 곤충의 공격을 막아내는 능력에 달려 있기 때문이다. 이 작은 공격자에게서 자신을 지켜낼 수 있는 개체들은 새로운 목축지로 퍼져나감으로써 큰 이득을 얻을 수 있다. 일부 드문 경우를 제외한다면 거대한 네발짐승이 파리에 의해 사라지지는 않겠지만, 이들이 파리 때문에 끊임없이 괴롭힘을 당하고 체력이 떨어질 것이고 이 때문에 쉽게 질병에 걸릴 수도 있고 식량이 부족한 시기에 식량을 잘 확보하지 못할 수도 있다. 물론 포식자에게서 탈출하지 못할 수도 있다.

지금은 그 중요성이 하찮은 기관도 초기 조상들에게는 매우 중요했을 가능성도 있다. 그리고 과거에 아주 서서히 완벽함에 이르렀듯이 비록 지금은 거의 사용되지 않지만 꾸준히 그 상태가 유지되고 있는 것이다. 물론 실질적인 해를 끼치는 구조 변이가 일어난다면 그것들은 항상 자연선택에 의해 저지될 것이다.

물속에 사는 동물에게 꼬리가 이동기관으로서 아주 중요하듯이 다양한 육상동물에게서 다양한 목적에 사용되는 꼬리의 존재와 그 이용은 허파, 즉 변형된 부레가 그들의 수서생활에 대한 기원을 벗어나게 해준 것처럼 설명될 수 있을지도 모르겠다. 물속에서 살아가는 동물들에게 형성된 잘 발달된 꼬리는 파리채나 무엇인가를 잡는 장치, 또는 몸의 운동 방향을 바꾸는 데 도움을 주는 기관 등, 여러 가지 목적으로 사용되었을 가능성이 충분히 있다.

둘째로, 간혹 우리는 실제로는 거의 중요하지 않으며 자연선택과는 전혀 다른 이차적인 원인에 따라 만들어진 기관을 매우 중요하다고 생각할 수도 있다. 우리는 기후·음식 등이 생물에 끼치는 직접적인 영향이 크지 않다는 사실을 기억해야 한다. 또한 형질복귀에 따라 일부 형질들이 다시 나타나기도 하고, 성장의 상호관계는 여러 기관을 변형시키는 가장 중요한 요소이며, 마지막으로 성선택은 수컷이 다른 수컷과의 전투에 유리하거나 다른 암컷을 유혹하는 데 유리한 방향으로 외부 형질을 크게 변형시킬 수 있다는 사실 역시 명심해야 한다. 더구나 위에서 언급한 이유 또는 미지의 다른 이유에 의해 구조 변형이 일어날 때, 그것은 처음에 종에게 아무런 이득도 주지 못할 수 있지만 차후에 새로운 생활환경과 새로 개척한 습성과 함께 그 후손들에게는 유리하게 작용할 수도 있다.

이 논의에 대한 이해를 돕고자 몇 가지 사례를 제시하겠다. 만약 초록색 딱따구리들만이 존재하며 다른 색깔의 검고 얼룩덜룩한 종류가 많이 있었다는 사실을 우리가 몰랐다면, 감히 말하건대, 사람들은 초록색이야말로 나무를 자주 찾아드는 딱따구리가 적을 피해 자신을 숨기기에 적당한 최적의 적응이라고 생각할 것이고 결과적으로 초록색은 아주 중요한 형질이며 자연선택을 통해 얻어졌다고 생각할 것이다. 그러나 나는 이 초록색이 전혀 다른 원인, 아마도 성선택에 의해 생겨났다는 사실을 조금도 의심하지 않는다.

말레이 제도에 서식하는 덩굴 대나무는 가지 끝에 절묘하게 달려 있는 갈고리를 이용해 높은 나무를 기어오른다. 물론 이 장치는 의심할 것도 없이 식물에 크게 유리하게 작용한다. 그러나 기어오르는 기능이 없는 많은 식물의 가지 끝에도 비슷한 갈고리가 형성되어 있다. 이것을 보면 덩굴 대나무의 갈고리는 알지 못하는 성장 법칙에 따라 만들어진 것이며 나중에 식물이 변형을 더 일으키면서 기어오르는 덩굴 대나무가 된 것이다.

독수리 머리의 벗겨진 피부는 부패된 사채에 머리를 들이박는 습성에 의해서 생긴 직접적인 적응의 결과로 여겨진다. 또는 부패된 먹이에 의한 직접적인 작용의 결과일 수도 있다. 그러나 부패하지 않은 먹이를 먹는 칠면조 수컷의 머리도 마찬가지로 벗겨진 것을 보면, 어떠한 추리를 하기 위해서 우리는 매우 조심해야 한다.

어린 포유류의 두개골 봉합은 분만을 돕는 멋진 적응의 결과라고 제안된 적이 있었다. 두개골 봉합이 분만을 쉽게 해준다는 사실에는 이견이 없으며 분만에 꼭 필요한 구조일 수도 있다. 그러나 알을 깨고 나오는 어린 조류나 파충류의 두개골에도 봉합이 존재하는 것으로 보아 우리는 이러한 구조가 성장의 법칙에 따라 만들어진 것이고, 그것이 고등한 동물에서 분만에 유리하게 작용했다고 추측할 수 있을 뿐이다.

우리는 미세하고 중요하지 않은 변이가 만들어지는 원인에 관한 지식이 너무 부족하다. 특히 서로 다른 나라에 서식하는 가축 품종의 차이, 문명화가 덜 되어 인위선택이 거의 없었을 지역의 가축 품종들도 차이를 보이는 점을 생각하면 우리의 지식이 보잘것없다는 사실을 바로 알 수 있다. 주의 깊게 관찰한 사람이라면 높은 습도의 기후가 털의 성장에 영향을 주며 이러한 털은 다시 뿔과 연관되어 있다고 확신할 것이다.

산악지대에 사는 품종들은 저지대에 사는 품종들과 항상 다르다. 아마도 산악지대에서는 동물들이 뒷다리와 골반을 더욱 많이 사용하게 되어 상동 변이의 법칙에 따라 앞다리와 머리에도 영향을 받았을 것이다. 자궁 속 새끼들의 머리 모양도 자궁의 모양에 따른 압력의 변화로 영향을 받았을 것이다. 고산지대에서는 호흡이 쉽지 않은데, 이것 역시 흉곽의 크기를 증가시키는 데 일조했을 것이라고 믿을 만한 근거가 있다. 또한 여기에는 성장의 상관원리가 작용했을 것이다.

세계 여러 곳의 미개인들이 키우는 동물들은 생존을 위해 투쟁을 벌여야 하는 경우가 흔해서, 어느 정도 자연선택에 노출되었을 것이다. 따라서 약간 체질이 다른 개체들이 다른 기후에서는 최고의 성공을 거두었을 것이다. 체질과 색깔이 상관되어 있다는 믿음에는 근거가 있다. 또한 면밀히 관찰해본다면 소에 파리가 모이는 것은 그 색깔과 관련이 있다는 점을 알 수 있다. 식물의 색깔과 독이 관련이 있는 것과 마찬가지이다. 따라서 색깔도 자연선택의 작용을 받았을 것이다.

그러나 알려지거나 알려지지 않은 여러 변이의 법칙에 담긴 상대적 중요성을 사색하기에는 우리의 지식이 너무 미미하다. 따라서 보통의 세대를 통해 발현되는 가축들의 특징적인 차이를 설명할 수 없다면 자연계의 여러 종에서 나타나는 비슷한 차이의 정확한 원인에 대해서도 우리의 무지는 그대로 드러날 것이다. 같은 이유에서 나는 전에 인종 간의 아주 큰 차이를 제시한 적이 있다. 이제 이러한 차이의 기원에 작은 등불을 비출 수 있을 것 같다. 일부 종류에서는 성선택이 주요한 원인이 되었을 것이다. 그러나 여기에서 방대한 자료를 제시하지 않는 한, 나의 이러한 주장은 경솔해 보일지도 모르겠다.

최근 일부 박물학자들은 모든 구조가 해당 생물의 이익을 위해 만들어졌다는 원리에 반대하고 있는데, 이제부터 나는 이들에게 몇 가지를 제시하도록 하겠다. 그들은 많은 구조가 인간의 눈에 즐거움을 주기 위해 만들어졌거나 아니면 그저 단순한 변이라고 믿고 있다. 만약 이들의 주장이 맞다면 내 이론은 치명타를 입을 것이다. 나도 많은 구조들이 해당 생물에게 직접적인 이익을 주지 않는다는 사실을 충분히 인정한다. 물리적인 조건들도 구조에 어느 정도 영향을 끼쳤을 것이다. 그것은 이전에 논의된 이익과는 전혀 별개의 것이다.

성장의 상호관계는 의심할 것도 없이 가장 중요한 역할을 했다. 즉 신체 한 부위의 유용한 변형은 다른 부위에 영향을 주어 직접적인 소용이 없는 다양한 변화를 일으켰을 것이다. 다시 말하건대, 과거에 유용했거나 성장의 상호관계에 따라 형성되었거나 다른 미지의 원인에 의해 형성된 특징들은 지금 아무 쓸모가 없을지라도 형질복귀의 원리에 따라 다시 나타나는 일이 가능할 것이다. 암컷을 유혹하기 위한 아름다움을 전시하는 성선택의 효과는 조금 억지스럽긴 하지만 유용했을 것이다.

그러나 가장 중요하게 고려할 점은 모든 생물의 가장 주요한 부위의 구성은 모두 그들의 조상에게서 물려받았다는 사실이다. 따라서 각각의 개체는 그들이 살아가는 환경에 잘 맞춰져 있기는 하지만, 오늘날 많은 구조들이 그들의 생활습성과는 직접적인 관련이 없는 것으로 나타나고 있다. 그러므로 우리는 고산지대에 사는 거위나 군함새의 물갈퀴 발이 이들 새에게 특별한 이득을 준다고 믿을 수가 없다. 우리는 원숭이의 팔, 말의 앞다리, 박쥐의 날개 그리고 바다표범의 지느러미 발의 동일한 뼈가 이 동물들에게 특징적인 이득을 준다고 믿을 수 없다. 그보다는 이 구조들을 단지 조상에게서 물려받았기 때문이라고 보는 편이 나을 것 같다.

그러나 고산지대 거위와 군함새의 조상에게 물갈퀴 발은 오늘날 물에서 사는 조류의 경우와 마찬가지로 그 당시에 매우 유용했을 것임에는 의심의 여지가 없다. 따라서 우리는 바다표범의 조상은 지느러미 발이 아닌 보행과 물건을 쥐기에 적합한 발을 갖고 있었으리라고 믿을 수 있을 것이다. 더 나아가 우리는 원숭이 · 말 · 박쥐의 앞다리의 여러 뼈가 모두 하나의 공통조상에게서 물려받은 것이라고 생각해도 될 것 같다. 이들 뼈는 오늘날 다양한 생활습성에 맞춰 이 동물들에게 다양하게 이용되고 있지만, 옛날 조상들에게 이 뼈들은 지금과는 다른 특별한 목적에 이용되었을 것이다.

따라서 우리는 이 뼈들이 모두 자연선택을 거치면서 획득되었으며 과거에도 유전, 형질복귀, 성장의 상호관계와 관련된 여러 가지 법칙을 따랐을 것이라고 추측할 수 있다. 따라서 모든 생물의 모든 구조는—물리적 조건의 직접적인 작용도 일부 존재하겠지만—여러 가지 복잡한 성장의 법칙을 통해 직간접적으로 그들의 조상에게 특별한 기여를 했거나 현재의 후손들에게 특별한 기여를 하고 있다고 여겨야 할 것이다.

자연에서는 한 종이 다른 종의 구조를 통해 계속 이득을 얻는 경우가 존재하는 것이 사실이지만, 한 종의 변형이 다른 종의 이득만을 위해 자연선택으로 만들어질 것 같지는 않다. 그러나 다른 종에게 해악을 끼치는 구조가 자연선택으로 만들어질 수는 있다. 독사의 독니 그리고 다른 곤충의 몸속에 알을 낳을 때 사용되는 맵시벌의 산란관이 그 예가 될 것이다. 한 종의 신체 일부가 다른 종의 이득만을 위해 형성되었다는 것이 증명될 수 있다면 내 이론은 치명타를 입을 것이다. 왜냐하면 이러한 구조는 자연선택을 통해서는 만들어질 수 없기 때문이다. 박물학에서 이 효과를 언급한 많은 문헌이 있겠지만 내가 보기에 중요한 것은 단 한 편도 없는 것 같다.

방울뱀이 독니를 갖고 있는 이유는 자신을 방어하고 먹이를 죽이기 위해서라는 사실은 인정되고 있다. 그러나 어떤 학자들은 방울뱀의 방울이 먹잇감이 도망갈 수 있도록 작용함으로써 방울뱀 자신에게는 손해라고 주장한다. 그렇다면 우리는 고양이가 도약하기 전에 꼬리 끝이 말리는 것이 생쥐에게 경고를 주기 위해서라고 믿어야 할 것이다. 그러나 이 사례와 다른 비슷한 사례들을 여기에서 모두 살펴보기에는 지면이 부족하다.

자연선택은 자신에게 해가 되는 구조를 절대로 만들어내지 않을 것이다. 왜냐하면 자연선택은 오로지 각자의 이익을 위해 작용하기 때문이다. 페일리〔영국의 성직자이자 신학자〕가 언급했듯이 어떠한 기관도 자신에게 고통을 주거나 해를 끼칠 목적으로 형성되지는 않는다. 각 부위에 의해 야기되는 이익과 손해 사이에서 공정한 균형이 깨진다면 각 부위는 대체로 이익을 주는 것으로 나타날 것이다. 시간이 흐른 뒤 생활환경이 바뀌어 신체의 한 부위가 손해를 끼치게 된다면, 이 부위는 변형될 것이다. 만약 손해를 끼치지 않는다 해도 수많은 종들이 사라지는 것처럼 그 종도 절멸될 수 있다.

자연선택의 역할은 각각의 생물들을 그저 완벽하게 변화시키는 것이다. 즉 동일한 지역에 살면서 생존경쟁을 벌여야 하는 다른 거주자들보다 조금이라도 완벽하게 만들고자 할 것이다. 그리고 지금까지 살펴보았듯이 이것이 바로 자연에서 얻어지는 완벽함의 정도이다. 예를 들어 뉴질랜드 토착종들은 다른 것들과 견주면 완벽하다. 그러나 오늘날 유럽에서 흘러들어온 수많은 동식물들 앞에서 그들은 빠르게 사라지고 있다. 자연선택이 절대 완벽을 만들어내지는 못할 것이다. 또한 판단하건대, 우리도 자연에서 이 높은 정도의 기준을 만날 수는 없을 것이다.

눈처럼 가장 완벽한 기관에서도 광행차의 보정은 완벽하게 일어나지 않는다는 주장이 꽤나 설득력 있게 제기되고 있다. 만약 우리가 이성에 따라 자연에 존재하는 수없이 많은 독특한 장치들을 열성적으로 칭송한다면, 비록 우리가 양쪽에서 실수를 저지를 수는 있겠지만 우리는 마찬가지로 일부 다른 장치들이 덜 완벽하다고 말하는 것일 수도 있다. 말벌이나 꿀벌의 침이 공격자로부터 자신을 방어하기 위해 사용될 때 그 모양이 뒤로 향한 톱니 모양이어서 빠지지 않는 탓에 결국 내장을 파괴해 자신을 죽이는 필연적인 원인이 되는데, 그럼에도 우리는 벌의 침이 완벽한 기관이라고 여겨야 하는가?

만약 우리가 꿀벌의 침이 원래 먼 조상에게서 구멍을 뚫는 톱니 모양의 장치로 존재했으며—이것은 거대한 벌목의 수많은 종들이 오늘날 사용하고 있는 기능이다—구멍을 뚫은 뒤 식물의 혹을 부풀릴 목적으로 사용되었던 독이 침과 함께 현재의 목적을 위해 완벽하지는 않지만 변형되었다고 여긴다면, 우리는 침의 사용이 벌 자신을 종종 죽음으로 유도할 수 있다는 사실을 이해할 수도 있을 것이다. 왜냐하면 일반적으로 침의 사용이 집단에 이익을 준다면, 그것이 소수의 구성원을 죽게 하긴 하지만 이것은 자연선택의 모든 조건을 충족시킬 것이기 때문이다.

만약 우리가 많은 곤충의 수컷들이 암컷을 찾기 위해 사용하는 향기의 놀라운 능력을 진정으로 이해한다면 이 하나의 목적을 위해 수천의 수벌이 태어나는 것을 감탄해야 하는가? 수천의 수벌은 집단의 이익을 위해 전혀 쓸모없는 일이고 결국에는 근면하고 불임성인 자매들에 의해 모두 살육당하지 않는가? 어렵겠지만, 여왕벌의 야만적이고 선천적인 증오심은 우리가 경탄해야 할 대상이다. 여왕벌은 자신의 딸인 어린 여왕벌들이 태어나자마자 전투를 벌여 모두 죽이거나 자신이 죽임을 당한다. 의심할 것도 없이 이것은 집단의 이익을 위한 행위이기 때문이다. 어머니의 사랑이나 증오는—다행히 증오가 훨씬 더 드물기는 하지만—자연선택의 냉혹한 원리에서 볼 때는 모두 동일한 것이다.

만약 우리가 난초나 그 밖의 여러 식물의 꽃이 곤충의 도움을 받아 수정을 가능하게 해주는 여러 교묘한 장치들에 감탄한다면, 먼지와 같이 무수히 많은 꽃가루를 만들어내 약간의 미풍에서도 꽃가루를 밑씨로 날려 보내려고 하는 전나무의 역작도 마찬가지로 완벽함으로 봐야 하지 않을까?

요약 우리는 이번 장에서 내 이론의 어려움과 맞은편에서 제기되고 있는 여러 반대 이론들을 논의했다. 이들 중에는 실로 중대한 것도 많았지만 논의를 통해 독자적인 창조론에서는 정말로 모호했던 여러 가지 사실에 새로운 등불을 비추었다고 생각한다. 우리는 종이 언제라도 변화의 막연한 대상이 아니고, 많은 중간 단계에 의해 연결되어 있지 않다는 사실을 살펴보았다. 이러한 연결고리의 부재는 부분적으로 자연선택의 과정이 항상 매우 느리고 극히 일부 형에만 작용하기 때문이며, 부분적으로는 자연선택의 바로 그 과정이 필연적으로 선행 중간형들의 자리를 탈취해 그들을 절멸시키기 때문이다.

현재 한 지역에 살고 있는 아주 가까운 친척종들은 생활환경이 제법 다른 연결되지 않은 지역에서 각각 형성되었어야만 한다. 연결된 두 지역에서 두 개의 변종이 만들어질 때는 중간지역에 적합한 중간형의 변종이 만들어지는 경우가 종종 있는데, 지금까지 논의된 여러 이유로 인해 중간형은 대개 양쪽의 두 형보다 개체수가 적으며, 개체수가 많은 양쪽의 형은 그 이상의 변형을 거쳐 개체수가 적은 중간형보다 더 큰 이익을 얻을 것이고 대부분의 경우 중간형의 자리를 차지하면서 중간형을 절멸시키게 된다.

우리는 이번 장에서 아주 상이한 생활습성이 점진적인 단계로 연결될 수 없다는 결론을 내리려면 매우 신중해야 한다는 점을 살펴보았다. 예를 들어 박쥐가 초기에 공기를 가로질러 단지 활공하는 동물에서 자연선택을 거쳐 만들어질 수 없다고 결론을 내리려면 우리는 매우 신중해야 할 것이다.

우리는 종이 새로운 생활환경에서 자신의 생활습성을 변화시키거나 여러 생활습성을 가질 수 있다는 사실을 살펴보았다. 일부 습성은 그들의 가까운 친척과 비교해 매우 다를 수도 있다. 따라서 모든 생물이 자신이 살아갈 수 있는 곳에서 살아가기 위해 노력한다는 사실을 명심한다면 우리는 고산지대 거위들의 물갈퀴, 바닥에 사는 딱따구리, 물속을 잠수하는 개똥지빠귀, 바다쇠오리의 습성을 지닌 바다제비를 이해할 수 있게 된다.

눈처럼 완벽한 기관이 자연선택을 통해 만들어질 수 있다는 믿음에 동요할 사람들이 있을 것이다. 그러나 어떠한 기관이라도 그 소유자에게 이익을 주는 길고 복잡한 각각의 단계를 이해한다면 변화되는 생활환경에서 자연선택을 통해 우리가 생각할 수 있는 완벽함의 획득이 논리적으로 불가능한 것은 아니다.

중간 단계나 전이적인 상태가 알려지지 않은 경우도 있지만, 그렇다고 그 단계가 존재할 수 없었을 것이라고 결론을 내리기는 매우 조심스럽다. 왜냐하면 여러 기관과 그들의 중간 상태에 대한 상동성을 통해 적어도 기능의 놀라운 변화가 가능하기 때문이다. 예를 들어 부레가 공기 호흡을 하는 허파로 변한 것은 명백하다. 한 기관이 동시에 매우 다른 기능을 수행하며 하나의 기능에 맞춰 특수화한 경우, 또 서로 완전히 다른 기관이 동시에 같은 기능을 수행하는 경우, 다른 기관의 도움을 받아 완벽하게 변하는 기관은 종종 그 변천이 크게 촉진될 것이다.

하나의 기관이 종의 이익에 별로 중요하지 않기 때문에 자연선택을 거쳐 구조의 변형이 서서히 축적되지 않을 것이라고 주장하기에는 우리의 지식이 너무 짧다. 그러나 우리가 확실하게 갖고 있는 믿음은 성장의 법칙에 따른 많은 변형과 처음에는 종에게 어떠한 이익도 되지 않았던 구조가 더욱 변형된 후손들에게는 이익을 주게 되었다는 사실이다. 또한 우리는 과거에 아주 중요했던 기관이 사라지지 않고 유지될 수 있다고 믿고 있다(수서동물의 꼬리가 육상에 사는 후손들에게도 남아 있는 경우처럼). 물론 현재 상태에서는 별로 중요한 것이 아니기 때문에 생존경쟁에서 유리한 변이를 보존하는 것이 유일한 작용인 자연선택을 통해 획득될 수는 없는 것이다.

한 종의 기관이 다른 종의 이득이나 해악만을 위한 목적으로 만들어지는 법은 자연선택에 존재하지 않는다. 물론 자연선택에 따라 만들어지는 부위나 기관 또는 분비물이 다른 종에게 매우 유용하거나 더 나아가 없어서는 안 될 경우도 있고 해악을 끼치는 경우도 있지만, 이러한 구조는 언제나 원소유자에게도 이익을 준다. 생물이 풍부한 나라에서의 자연선택은 주로 거주자들 사이의 생존경쟁을 통해서만 일어나고, 결과적으로 해당 지역의 기준에서만 적용될 수 있는 완벽함과 생존경쟁의 무기를 제공하게 되는 것이다.

따라서 작은 나라의 거주자들은 더 큰 나라의 거주자들에게 굴복할 것이고, 실제로 우리는 이러한 사례를 많이 보고 있다. 왜냐하면 큰 나라에서는 더 많은 개체들, 더 다양한 개체들이 존재할 것이고 생존경쟁도 치열할 것이며, 따라서 완벽함의 기준이 한층 더 높을 것이기 때문이다. 그렇다고 자연선택이 절대적인 완벽함을 만들어낼 필요는 없다. 우리의 능력이 제한되어 있기는 하지만 이 세상 어떤 곳에서도 절대적인 완벽함은 발견되지 않는다.

자연선택의 이론을 바탕으로 우리는 '자연은 비약하지 않는다'라는 자연사의 오랜 법규에 담긴 충분한 의미를 명백하게 이해할 수 있다. 만약 우리가 이 세상에서 현재 살고 있는 거주자들만을 고려한다면 이 법규가 완벽하게 옳은 것은 아니지만, 과거에 살았던 생물들을 모두 고려한다면 이 법규는 내 이론에 따라 완벽한 진실이 된다.

모든 생물은 두 가지 위대한 법칙인 '동일 기준유형'의 법칙과 '생활조건'의 법칙에 맞춰 형성된다고 보는 견해가 지배적이다〔모든 생물이 동일한 기준유형을 갖추고 있다는 견해는 창조주가 기준유형을 설계했고 변형은 2차적인 것이라고 보는 것이다. 다른 한쪽의 견해는 생활조건에 따른 변형에 더 무게를 두는 견해이다. 다윈은 이 법칙을 '공통조상'과 '변이 수반 유래설'의 개념으로 확장해 그의 이론을 완성한다〕. 동일 기준유형은 구조의 기본적인 합치를 의미하는 것으로, 생활습성이 전혀 다르지만 동일한 강에 포함된 동물들에게서 이러한 통일성을 볼 수 있다. 내 이론에서는 기준유형의 통일성이 후손의 통일성으로 설명될 수 있다.

생활조건이라는 표현은 저명한 조르주 퀴비에〔프랑스의 저명한 박물학자〕가 자주 주장한 것인데, 자연선택의 이론에 완벽하게 들어맞는다.

왜냐하면 자연선택은 생물의 여러 부위를 생활의 생물적 조건이나 무생물적 조건에 옛날부터 지금까지 계속 적응시키면서 작용했기 때문이다. 이러한 적응은 어떤 경우에는 용불용에 의해 영향을 받았고, 외적인 생활조건의 직접적인 작용에 의해서도 약간 영향을 받았으며, 성장에 관한 여러 법칙도 모두 이러한 적응에 영향을 끼쳤다. 사실 생활조건의 법칙은 아주 중요한 법칙이다. 과거의 적응을 다음 대에 물려줌으로써 동일 기준유형에 관련한 법칙을 포함하고 있기 때문이다.

제7장 본능

습성은 비슷하지만 그 기원이 다른 본능 – 여러 등급의 본능 – 진딧물과 개미 – 변하기 쉬운 본능 – 가축들의 본능과 그 기원 – 뻐꾸기 · 타조 · 기생벌의 자연적인 본능 – 노예를 만드는 개미 – 꿀벌과 벌집을 만드는 본능 – 본능에 관한 자연선택설이 안고 있는 어려움 – 생식능력이 없는 곤충들 – 요약

본능에 관한 주제는 이전의 장을 논의하면서 그 속에서 다루었어야 했을지도 모르겠다. 그러나 나는 이 주제를 별개의 장으로 빼어 설명하는 편이 편리할 것이라고 생각했다. 특히 벌집을 만드는 꿀벌들의 놀라운 본능은 별도의 장에서 설명하고 싶었다. 많은 독자들은 이들의 놀라운 본능이 내 이론을 뒤엎을 만큼 충분히 곤란한 문제라고 생각했을 것이다. 생명의 기원과 비교해볼 때, 나는 기본 지적 능력의 기원을 논의할 만한 어떠한 지식도 없다는 것을 미리 말해야 할 것 같다. 우리는 동일한 강에 속하는 여러 동물들의 본능과 지적 능력의 다양성에 관심을 두고 있다.

본능에 대한 어떠한 정의도 내리려 하지 않겠다. 몇 가지 정신 활동이 일반적으로 본능에 따라 이루어진다는 것은 쉽게 보일 수 있다. 뻐꾸기는 본능에 따라 이주를 하고 다른 새의 둥지에 알을 낳는다는 말을 들으며 독자들은 이것이 무엇을 뜻하는지 모두 이해할 것이다. 우리 인간이 행하기 위해서는 경험을 필요로 하는 활동이 아무런 경험도 없는 동물, 특히 어린 동물에 의해 행해질 때, 또 그들의 활동이 어떤 목적을 갖는지

알지도 못하면서 많은 개체들이 동일한 행동방식을 보일 때, 우리는 그것을 본능이라고 말한다. 그러나 나는 이러한 본능의 여러 특징 가운데 보편적이고 일반적인 것은 없다는 것을 보일 수 있다. 피에르 위베르[스위스의 곤충학자]가 말한 것처럼 약간의 판단과 이성은 매우 하등한 동물에서도 작용하는 경우가 종종 있다.

프레데리크 퀴비에[프랑스의 박물학자로, 저명한 조르주 퀴비에의 동생]와 저명한 형이상학자 몇 분이 본능과 습관을 비교했다. 이러한 비교는 본능의 기원에 관한 것을 밝히지는 못했지만 본능적인 활동이 이루어지는 정신의 틀에 대한 놀랄 만큼 정확한 개념을 제공했다고 생각한다. 많은 습관적인 행동은 우리의 의지와는 정반대 방향으로 행해지는 경우도 드물지 않지만 의지와 이성에 따라 변형되기도 한다.

이러한 습관적이고 무의식적인 행동은 어떻게 일어나는 것인가? 습관은 다른 습관과 쉽게 연결될 수 있고 특정한 시기에만 일어날 수도 있으며 신체의 특정한 상태에서만 일어나기도 한다. 한번 습득된 행동은 종종 평생 동안 유지된다. 이것 말고도 본능과 습관의 여러 가지 유사점을 열거할 수 있다. 익숙한 노래를 반복하듯이 본능에서는 하나의 행동이 리듬처럼 다른 행동을 유발한다. 노래를 부르거나 기계적으로 무엇인가를 반복하는 도중에 방해를 받으면 사람들은 습관적인 일련의 사고를 되찾으려 한다.

위베르는 매우 복잡한 해먹을 만드는 애벌레를 이용해 이것을 보였다. 위베르는 6번째 단계의 해먹을 만들고 있는 애벌레를 들어내 3번째 단계까지만 완성된 해먹에 내려놓았다. 그러자 애벌레는 바로 해먹 건설의 4번째, 5번째, 6번째 단계를 다시 밟았다. 그러나 예를 들어 3단계 전까지 완성된 해먹에서 애벌레를 들어내 벌써 상당 부분이 완성되어 6단계 들어간 해먹에 옮겨놓으면 애벌레에게는 무척 이익이 되겠지만, 애벌레는 이것에는 아랑곳하지 않고 해먹을 완성하기 위해 다시 3단계부터 일을 시작함으로써 이미 마친 작업을 다시 완성하려 한다.

만약 우리가 어떤 습관적인 행동이 선천적인 것이라고 여긴다면—이러한 일은 가끔 일어난다는 것을 보일 수 있을 듯하다—습관으로 일어난 행동과 본능으로 일어난 행동의 유사성은 너무 밀접해서 구별하기가 어려워진다. 만약 모차르트가 세 살에 아주 약간의 연습으로 피아노를 연주하는 대신 전혀 연습 없이 노래를 불렀다면 그것은 본능에 의한 것이라고 말할 수 있을지도 모르겠다. 그러나 많은 본능이 한 세대의 습관에 의해 획득되어 다음 세대로 전달된 것이라고 가정하는 것은 가장 심각한 오류가 될 것이다. 꿀벌이나 많은 개미들의 본능처럼 잘 알려지고 가장 놀라운 본능들이 이와 같은 방식으로 획득된 것이 아니라는 점을 분명하게 보일 수 있다.

현재의 생활조건에서 본능이 각 종의 이득을 위해 신체의 구조만큼이나 중요하다는 것은 모두가 인정할 것이다. 생활조건이 변하면 본능의 미세한 변화가 해당 종에게 이득이 될 가능성은 약간이라도 있을 것이다. 그리고 본능이 아주 조금이라도 변한다는 것을 보일 수 있다. 따라서 나는 자연선택이 변이를 계속 축적하고 보존해 이득이 되게 하는 과정이 어렵지 않게 일어난다고 생각한다.

이러한 방식으로 복잡하고 훌륭한 본능들이 형성되었다고 나는 믿는다. 신체구조의 변화가 사용과 습성으로 인해 일어나서 증가하고 사용하지 않음으로 인해 줄어들거나 사라지는 것처럼, 본능에서 이러한 현상이 일어난다는 사실을 나는 의심하지 않는다. 신체구조의 미세한 변이를 만들어내는 미지의 원인에 의해 변이가 만들어진다. 이와 마찬가지로 우연히 일어났다고 볼 수 있는 본능의 변이를 선택한 자연선택의 효과는 습성에 따른 효과보다 훨씬 더 중요하다고 나는 믿는다.

자연선택이 복잡한 본능을 만들어낼 수 있는 유일한 방법은 미세하지만 이득이 되는 수많은 변이를 느리고 점진적으로 축적하는 것으로, 그 외에는 달리 방법이 없다. 따라서 신체구조의 사례와 마찬가지로 자연계에서 우리는 각각의 복잡한 본능이 획득된 실제적인 전이단계가 아니라—왜냐하면 이것은 각 종의 직계 조상에게서만 발견될 수 있는 것이기 때문이다—현존하는 생물에서 그러한 단계의 증거들을 찾아야만 한다. 아니면 적어도 일부 종류의 단계가 가능하다는 것을 보여야 한다. 물론 우리는 틀림없이 이것을 할 수 있다.

유럽과 북아메리카를 제외한 다른 지역에서 동물의 본능에 관한 관찰이 많지 않았고 절멸한 종에 관한 본능은 알지 못하지만, 나는 아주 복잡한 본능에 이르는 매우 보편적인 단계들이 발견되는 과정을 보면서 매우 놀랐었다. 신체구조에서와 마찬가지로 본능에 대해서도 '자연은 비약하지 않는다'는 격언을 동일하게 적용할 수 있다. 삶의 다른 시기, 다른 계절, 또는 서로 다른 환경에 놓였을 때 종이 서로 다른 본능을 나타냄으로써 본능의 변화가 촉진될 수 있다. 이때 어떤 하나의 본능이 자연선택에 의해 보존될 수도 있다. 한 종에게서 이와 같이 다양한 본능의 사례들이 자연에서 관찰될 수 있다.

역시 신체구조의 경우와 마찬가지로 그리고 내 이론과 부합되는 것은 각 종의 본능이 자신에게 이롭다는 것이고, 우리의 지식이 허용하는 범위에서 볼 때 다른 종만의 이득을 위해서 본능이 만들어지는 것은 절대로 불가능한 일이다. 다른 동물의 이득만을 위해 일어나는 것이 분명한 동물의 행동은 최근에 알려진 진딧물과 개미의 관계로, 진딧물은 달콤한 분비물을 개미에게 제공한다. 진딧물의 이러한 행위는 자발적으로 일어나며 다음과 같은 일들이 일어날 수 있다.

나는 참소리쟁이 식물 위에서 10여 마리의 진딧물 집단과 함께 있던 모든 개미들을 제거한 뒤 서너 시간동안 접근하지 못하게 했다. 한참 지난 후, 나는 진딧물들이 분비물을 내려고 할 것이라고 확신했다. 렌즈로 한참을 들여다보았지만 분비물을 내는 진딧물은 없었다. 그래서 나는 개미들이 더듬이로 진딧물을 자극하는 것처럼 털을 이용해 진딧물을 간질이고 찔러봤지만 한 마리도 분비물을 내지 않았다.

나중에 나는 개미 한 마리를 풀어 진딧물들에게 다가가게 했다. 개미는 이리저리 돌아다니다 곧 한 무리의 진딧물을 발견했다. 그러고는 더듬이를 이용해 진딧물 한 마리의 복부를 자극하고 다시 다른 진딧물을 자극했다. 그러자 각각의 진딧물은 더듬이의 자극을 느끼자마자 복부를 수축해 달콤하고 맑은 분비물 한 방울을 내었고 개미는 그것을 정신없이 받아 마셨다. 아주 어린 진딧물조차도 이렇게 행동하는 것으로 보아 이러한 행동은 본능에 따른 것이지 경험에 따른 결과는 아니었다. 그러나 이들의 분비물이 아주 끈적거리는 것을 생각해보면 분비물을 제거하는 것이 진딧물에게도 편리할 것이다. 따라서 진딧물이 본능적으로 단지 개미만을 위해 분비물을 내는 것은 아닐 것이다.

이 세상에서 어떤 동물도 다른 종의 이익만을 위해서 행동하지는 않으리라고 믿지만, 각각의 종은 다른 종의 약한 신체부위에서 이득을 얻어내듯이 다른 종의 본능에서 이득을 얻으려 한다. 따라서 일부 사례에서 보듯이 특정한 본능을 아주 완벽한 것으로 여길 수는 없지만, 그것을 상세히 논의하는 것이 꼭 필요하지는 않으므로 여기서는 그냥 넘어가도록 하겠다.

자연 상태에서 본능에서 일어나는 어느 정도의 변이가 자연선택의 작용에 꼭 필요하기 때문에 여기에서 가능한 한 많은 사례를 제시해야겠지만, 그러기에는 공간이 부족하다. 다만 나는 여기에서 본능이 반드시 변이를 보인다는 점을 강조하고 싶다. 예를 들어 동물들의 이주본능은 그 정도와 방향에서 변이가 나타나고 완전히 사라지기도 한다.

새의 둥지도 마찬가지이다. 둥지의 모양은 상황, 그들이 살아가는 자연과 온도, 또는 우리가 전혀 모르는 원인에 의해 부분적인 변이를 보인다. 오듀본은 미국 북부와 남부에 사는 한 종의 새가 얼마나 다른 둥지를 짓는지를 보여주는 여러 가지 탁월한 사례를 제시한 바 있다. 특정한 적에 대한 공포는 본능적인 것임에 틀림없다. 둥지를 짓는 새에게서 이러한 현상을 관찰할 수 있는데, 이들 새는 적에 대한 경험이 늘어나도 공포감이 줄어들지 않는다. 다른 동물들도 마찬가지여서, 동일한 적에게 항상 공포를 느끼는 것을 알 수 있다.

내가 다른 곳에서도 설명했지만, 사람이 살지 않는 섬에 사는 동물들이 인간에게 품는 공포는 서서히 획득된다. 이것을 보여주는 사례는 영국에서도 찾을 수 있는데, 덩치가 큰 새들은 작은 새들보다 더욱 야생적이다. 덩치가 큰 새들이 인간에 의해 더 자주 사냥되고 박해를 받았기 때문이다. 덩치가 큰 새가 더욱 야생적인 이유를 이 때문이라고 말하는 것이 괜찮을 듯하다. 왜냐하면 사람이 살지 않는 섬에 사는 커다란 새들은 작은 새들보다 인간을 더 두려워하지는 않았다. 영국의 까치는 경계심이 많지만 노르웨이의 까치는 이집트의 두건 까마귀처럼 유순하다.

자연 상태에서 한 종의 개체들이 보이는 일반적인 선천성 기질이 아주 다양하다는 사실은 여러 사례에서 잘 나타난다. 또한 일부 종의 특별하고 기이한 습성이 해당 종에게 이익이 된다면 자연선택을 통해 전혀 새로운 본능으로 발달할 수 있다는 것을 보여주는 몇 가지 사례를 들 수도 있다. 그러나 사실에 대한 면밀한 제시 없이 이와 같은 일반적인 진술만 늘어놓는 것은 독자들에게 미약한 효과만 줄 뿐이라는 것을 나는 잘 알고 있다. 훌륭한 증거 없이는 말하지 않는다는 내 확신을 반복할 뿐이다.

자연 상태에서 본능의 변이가 다음 세대로 전달될 가능성이 있다는 사실은 가축들이 보이는 몇 가지 사례를 살펴보면 간단히 알 수 있다. 그렇게 함으로써 우리는 습성과 이른바 우연적인 변이의 선택이 가축의 지적 능력이 변화를 일으키는 데 기여했다는 점을 알 수 있을 것이다. 기질과 취향의 미묘한 차이가 어떻게 유전되는지를 보여주는 기이한 사례가 많이 있다. 기질이나 취향은 기이한 마술과도 같이 기분이나 시간과 관련되어 있는 것이다.

그러나 우리에게 익숙한 몇 가지 품종의 개를 생각해보자. 어린 포인터는 사냥에 처음 데리고 나갔을 때부터 가끔 사냥감의 위치를 알려주기도 하고, 심지어는 다른 포인터들의 행동을 따라 하기도 했다[포인터는 냄새를 이용해 사냥감의 위치를 알려주는데, 이 경우 어린 포인터가 사냥감의 냄새를 맡지 못했으면서도 사냥감의 위치를 벌써 알고 그 방향을 가리키고 있는 다른 포인터들의 행동을 따라 한다는 의미이다]. 레트리버가 사냥감을 물고 돌아오는 능력은 어느 정도 선천적으로 물려받는 것 같다. 양치기 개들이 양 무리를 향해 돌진하지 않고 그 주변을 돌며 달리는 성향도 선천적인 것 같다. 경험도 없는 어린 새끼들에게서 거의 같은 방식으로 나타나는 행동, 동물들이 안달을 내며 하고 싶어 하는 행동 그리고 알려진 뚜렷한 목적도 없는 행동들이—흰나비가 알을 왜 양배추 잎사귀에 낳는지 모르는 것처럼, 어린 포인터는 그들이 사냥감의 위치를 알려주는 행동이 자기 주인에게 어떠한 도움을 주는지 모를 것이다—본능과 근본적으로 무엇이 다른지 나는 모르겠다.

만약 어리고 훈련을 받은 적도 없지만 사냥감의 냄새를 맡자마자 동상처럼 동작을 멈추고는 그 특이한 걸음으로 사냥감에게 살금살금 다가가는 한 종류의 늑대를 봤다면, 또 한 무리의 사슴에게로 직접 돌진하는 것이 아니라 그 주변을 맴돌며 사슴들을 한 지점으로 모으는 다른 종류의 늑대를 봤다면, 우리 모두는 이러한 행동을 본능이라고 불렀을 것이다. '가축의 본능'은—만약 우리가 이렇게 불러도 된다면—자연에서 관찰되는 본능보다 훨씬 덜 고정되어 있으며 가변적이다. 그러나 이들 가축이 보이는 본능은 훨씬 덜 엄격한 선택에 따라 영향을 받았고 자연에 견주면 아주 짧은 시기에 이루어진 것이며 생활조건도 덜 고정된 것이었다.

이러한 가축의 본능, 습성 그리고 체질이 다음 세대로 얼마나 강하게 전달되는지, 또 얼마나 기이한 방식으로 섞이는지는 서로 다른 품종의 개를 교배해보면 잘 나타난다. 예를 들어 불독과 교배한 그레이하운드의 경우, 몇 세대 동안 용기와 고집을 간직한 후손들이 태어난다. 그레이하운드와 교배한 양치기 개의 새끼들은 토끼를 사냥하려는 습성을 나타낸다. 교배를 토대로 조사한 이들 가축의 본능은 자연 상태에서 나타나는 본능과 비슷하다. 즉 기이한 방식으로 섞이는 것이 비슷하고, 부모 양쪽의 본능이 오랫동안 나타나는 것도 비슷하다. 르로이〔프랑스의 박물학자〕는 증조부가 늑대인 개에 대해서 설명한 적이 있는데, 이 개는 야생의 흔적을 단 한 가지 방식으로 보였다. 자기를 부르는 주인에게 다가서는 방식이 언제나 직선이 아니었다.

가축의 본능은 오랫동안의 억압된 습성 때문에 전달되는 작용으로 설명되기도 하지만 나는 그렇게 생각하지 않는다. 공중제비 비둘기에게 재주넘기를 훈련시킬 생각을 한 사람은 없을 것이며 실제로 그러한 훈련을 시킬 수 있는 사람도 없었을 것이다. 내가 목격한 바에 따르면 다른 비둘기가 재주넘기를 하는 모습을 본 적도 없는 어린 비둘기들도 이러한 재주넘기를 한다. 옛날에 한 비둘기가 이 기이한 행동에 대한 약간의 경향을 보였으며, 대를 거듭하면서 최상의 개체를 계속 선택함으로써 오늘날 우리가 알고 있는 공중제비 비둘기가 만들어졌다고 믿는 편이 나을 것 같다. 브렌트〔영국의 비둘기 사육가〕에게 들은 바에 따르면, 글래스고〔스코틀랜드의 지명〕 근처에서 키우는 공중제비 비둘기는 곤두박이로 하강하는 과정 없이는 약 45센티미터 이상을 날 수 없다고 한다.

어떤 개가 한 지점을 응시하는 경향을 보이지 않는 상태에서는 아무도 개에게 한 지점을 응시하도록 훈련시킬 생각을 했을 것 같지 않다. 물론 개가 어쩌다 한 지점을 응시하는 일은 가끔 일어나는 것으로 알려져 있다. 나도 전에 테리어 순종이 한 지점을 응시하는 것을 본 적이 있다. 이러한 첫 번째 경향이 나타났을 때, 체계적인 선택과 엄한 훈련의 효과가 여러 세대를 거쳐 나타남으로써 작업은 완성될 것이다. 그리고 사람들이 품종을 개량하겠다는 목표 없이도 그저 한곳을 잘 응시해 사냥을 잘하는 개들을 선택하는 과정을 거쳐 무의식적인 선택이 여전히 이루어지고 있는 것이다.

이와 달리 습관만으로 충분한 작용이 이루어지는 경우도 있다. 어린 야생 토끼처럼 길들이기 어려운 동물도 없지만, 길들여진 어린 토끼처럼 길들이기 쉬운 동물도 없다. 그러나 나는 집토끼가 길들이기 위한 목적으로 선택되었다고는 생각하지 않는다. 나는 긴 세대를 거쳐 완전한 야생에서 완전한 가축으로의 변화가 습성의 변화와 좁은 공간에서 오랫동안 사육하면서 일어날 수 있다고 생각한다.

자연 상태에서 지녔던 본능은 가축이 되면서 사라진다. 이러한 변화는 일부 품종의 닭에서 잘 나타나는데, 이들은 알을 품으려 하는 경향이 줄어들거나 사라진다. 우리에게 가축들이 익숙하기 때문에 잘 알아차리지 못하긴 하지만, 가축들은 가축화 과정을 거치면서 그들의 성향에 엄청난 변화를 겪었다. 인간을 향한 사랑이 개의 본능이 되었다는 사실을 의심하지는 못할 것이다.

늑대, 여우, 자칼 그리고 고양이속의 종들은 길들여지더라도 대부분 닭, 양 그리고 돼지를 공격하지 못해 안달을 한다. 그리고 이러한 경향은 티에라델푸에고 제도와 오스트레일리아 같은 지역에서 강아지 때부터 데려와 키운 개에게서도 도무지 사라지지 않고 나타난다. 물론 이들 지역의 원주민들은 개를 가축으로 키우지 않는다. 그러나 우리의 문명화한 개들은 어릴 때부터 이미 유순하여, 가금류 · 양 · 돼지를 공격하지 못하게 하는 교육이 필요한 경우가 거의 없다. 물론 그들도 가끔 공격을 감행했다가 두드려 맞기도 하는 것이 사실이다. 그렇게 해서 고쳐지지 않을 경우 이 개들은 살해된다. 따라서 유전에 의해 우리의 개들이 문명화함으로써 어느 정도 선택의 힘으로 이러한 습성이 얻어지는 것이다.

반면 어린 공작들이 개와 고양이에게 본능적인 두려움을 품고 있는 것으로 보아 어린 가금류 내부에는 원래 개와 고양이에 대한 두려움이 본능적으로 존재했음이 틀림없지만, 전적으로 습성에 따라 이러한 두려움이 사라졌다. 어린 가금류가 모든 두려움을 다 잃은 것은 아니다. 개와 고양이에 대한 두려움만 잃었다는 것이다. 왜냐하면 어미가 위험을 알리는 소리를 내면 어린 새끼들은 어미 아래에 있다가 재빠르게 달려(특히 어린 칠면조가 빠르다) 인근 풀밭이나 덤불 속에 자신을 숨기기 때문이다. 이러한 현상은 본능적인 행위로, 지면에 둥지를 트는 야생의 새에게서 볼 수 있듯이 새끼 새들이 숨은 후 어미 새가 날아서 위험을 피할 수 있게 해준다. 그러나 가금류들이 보유한 이러한 본능은 가축화 과정에서 쓸모없어져버렸다. 왜냐하면 어미 가금류는 기관을 사용하지 않은 탓에 비행 능력을 거의 상실했기 때문이다.

따라서 우리는 가축의 새로운 본능이 획득되고 자연의 본능이 사라지는 현상이 일부는 습성에 의해 그리고 일부는 여러 세대에 걸쳐 선택과 축적을 수행하는 인간에 의해 일어났다고 결론지을 수 있을 것 같다. 특히 지적 습성이나 지적 활동의 경우가 이에 해당하는데, 이러한 지적 습성이나 지적 활동이 처음으로 출현하는 것은 우리가 무지한 까닭에 그저 우연이라고 부를 수밖에 없을 것 같다. 가축들의 억압받는 습성만으로도 그러한 지적 변화가 생겨나는 경우가 있다. 물론 이러한 습성이 전혀 영향을 끼치지는 못하면서 조직적인 선택이나 무의식적인 선택만으로 이러한 변화가 일어나기도 한다. 그러나 대부분의 경우에는 습성과 선택이 함께 작용할 것이다.

몇 가지 사례를 토대로 우리는 자연 상태에서 선택에 의해 본능이 어떻게 변형되는지를 가장 잘 이해할 수 있을 것이다. 이러한 사례에 대한 자세한 논의는 다음으로 미루고, 여기에서는 세 가지 사례만 들기로 하겠다. 하나는 다른 새의 둥지에 알을 낳는 뻐꾸기의 본능, 다른 하나는 일부 개미들이 다른 개미를 노예로 만드는 본능 그리고 마지막으로 꿀벌들이 집을 만드는 본능이 그것이다. 대부분의 박물학자들은 위의 세 가지 본능 가운데 특히 마지막 두 가지를 아주 놀라운 본능으로 생각하고 있다.

뻐꾸기가 본능을 획득한 직접적이고 결정적인 원인과 관련해서는 어느 정도 일치된 의견이 있다. 뻐꾸기는 알을 매일 낳는 것이 아니고 2, 3일 간격으로 낳는데, 이럴 경우 만약 뻐꾸기가 자기 둥지를 스스로 만들고 알도 품어야 한다면 처음에 낳은 알을 품지 못하고 노출되는 일이 벌어질 것이다. 또는 한 둥지에 서로 다른 나이의 어린 새끼들과 알들이 함께 존재할 것이다.

만약 이러한 일이 일어난다면 알을 낳고 부화하는 과정은 불편할 정도로 길어질 것이다. 특히 뻐꾸기가 아주 이른 시기에 이주해야 하는 경우에는 더욱 그러할 것이다. 따라서 첫 번째 부화한 새끼를 수컷 뻐꾸기 혼자서 키워야 하는 일이 벌어질 수도 있을 것이다. 아메리카 뻐꾸기는 바로 이러한 곤경에 놓여 있다. 암컷이 스스로 둥지를 짓고 알을 낳고 부화하는 일이 모두 동시에 일어난다. 아메리카 뻐꾸기가 다른 새의 둥지에 자신의 알을 낳는 경우가 있다는 주장이 있었지만 저명한 브루어 박사〔미국의 의사이자 조류학자〕에게 들은 바에 따르면 이것은 오류라고 한다. 그렇기는 하지만 나는 다른 새의 둥지에 알을 낳는 것으로 알려진 여러 새들의 사례를 들 수 있다.

자, 그러면 유럽 뻐꾸기의 먼 조상이 아메리카 뻐꾸기의 습성을 가지고 있었다고 가정해보자. 그러면서도 그들은 다른 새의 둥지에 자신의 알을 낳는 경우가 종종 있었다. 만약 그들이 이렇게 남의 둥지에 알을 낳는 행위를 통해 이득을 얻었거나, 어미가 서로 다른 시기에 알을 낳고 서로 다른 나이의 새끼들을 보살펴야 하기에 일률적일 수 없었던 자기 어미의 보살핌보다 다른 새의 모성을 이용해 이득을 취함으로써 더욱 강건해졌다면, 뻐꾸기 조상은 이득을 얻었을 것이다. 마찬가지로 그렇게 길러진 어린 뻐꾸기는 어미에게서 간혹 나타나는 이상한 습성을 물려받아 그들의 어미와 닮아질 수 있었을 것이다. 그래서 자기가 자라서도 자기 알을 남의 둥지에 낳아 자기 새끼를 성공적으로 키울 수 있었을 것이다. 이러한 일련의 과정이 계속되어 뻐꾸기의 기이한 본능이 생겨날 수 있었고, 그렇게 생겨났다고 나는 믿는다. 그레이 박사나 다른 관찰자들의 보고에 따르면 유럽 뻐꾸기들이 모성을 완전히 잃은 것은 아니며, 자기 새끼들을 돌보는 경우도 있다고 한다.

새가 때때로 다른 새의—이 경우 같은 종일 수도 있고 다른 종일 수도 있다—둥지에 자신의 알을 낳는 습성은 순계류〔닭 · 메추라기 · 꿩 등〕에서 그렇게 드문 일도 아니다. 그리고 이것은 친척 집단인 타조의 기이한 본능의 기원에 관한 실마리를 제공할 수도 있다. 왜냐하면 적어도 아메리카 타조의 경우 몇 마리의 암컷들이 연합해서 처음 몇 개의 알을 한 둥지에 낳고 그다음에는 다른 둥지에 몇 개의 알을 낳는다. 이러한 알들은 수컷들에 의해 부화한다. 이러한 본능은 암컷이 많은 수의 알을 낳는다는 사실로 설명될 수 있을 것이다. 그러나 뻐꾸기의 경우는 2, 3일 간격으로 알을 낳는 것이다. 그렇지만 아메리카 타조의 이러한 본능은 아직 완벽한 것이 아니어서 놀랄 만큼 많은 수의 알들이 평원에 그대로 버려진다. 나는 단 하루에 20개나 되는 알을 모은 적도 있었다.

많은 종류의 벌이 기생 생활을 하며 이들은 늘 다른 종류의 벌집에 자기 알을 낳는다. 이것은 뻐꾸기의 경우보다 훨씬 더 놀랄 만한 일이다. 왜냐하면 이 벌들은 자신의 본능뿐만 아니라 구조까지도 그들의 기생 생활에 맞게 변형시켰기 때문이다. 이들은 자기 새끼를 위한 식량 저장고인 꽃가루 수집장치를 갖고 있지 않다. 스페기데(말벌처럼 생긴 곤충)의 일부 종들도 다른 종에 기생한다. 최근에 파브르〔프랑스의 박물학자〕는 타키테스 니그라〔기생벌의 일종〕가 굴을 파고 그 속에 자신의 애벌레를 위한 식량으로 마취된 먹이를 저장하지만, 다른 벌이 파놓고 먹이가 저장된 굴을 발견하면 그것을 탈취하고 임시로 기생성이 된다고 했다. 뻐꾸기의 경우와 마찬가지로 이 사례에서 나는, 기생 생활이 종에게 이득이 되고 굴과 먹이를 빼앗긴 곤충이 그렇게 해서 사라지지 않는다면, 자연선택에서 임시적인 습성이 영구적인 것으로 변하는 것을 어렵지 않게 볼 수 있다.

노예를 만드는 곤충 이 놀라운 본능은 피에르 위베르가 무사개미에서 처음으로 발견했는데, 피에르 위베르는 그 유명했던 그의 아버지〔프랑수아 위베르〕보다도 더 훌륭한 관찰자이다. 이 개미들의 삶은 전적으로 노예들에게 의지하고 있는데, 만약 노예들이 없다면 이 개미는 일 년 만에 모두 사라지고 말 것이다. 수컷들과 생식 암컷들은 전혀 일을 하지 않는다. 일개미인 불임성 암컷들은 노예를 잡아오는 데는 매우 정열적이고 용감하지만 그 밖의 다른 일은 하지 않는다. 그들은 자신들의 집을 지을 수도 없으며 자기 애벌레에게 먹이를 주지도 못한다. 오래된 둥지가 불편해져서 다른 곳으로 이주해야 할 때 이주를 결정하는 것은 노예개미들이며, 이 노예개미들이 주인개미들을 물어 나른다.

주인개미들은 스스로는 아무것도 할 수 없다는 것을 보여주는 사례가 있다. 위베르가 이들 개미 30마리를 노예 없이 격리하면서 그들이 좋아하는 먹이를 충분히 공급했다. 그리고 일을 할 수 있도록 자극을 주기 위해 애벌레와 번데기도 함께 두었지만 그들은 아무것도 하지 않았다. 심지어는 스스로 먹이를 먹을 수도 없어 여러 마리가 굶어 죽고 말았다. 그럴 즈음에 위베르는 단 한 마리의 노예(Formica fusca)를 넣어주었다. 그러자 노예는 즉시 일할 준비를 마친 뒤, 살아 있는 주인개미들에게 먹이를 먹여 그들을 살려냈다. 그러고는 몇 개의 방을 만든 후 애벌레들을 돌보았다. 모든 것이 정상으로 돌아간 것이다. 이렇게 명확하게 잘 알려진 사실보다 더 기이한 것이 있을 수 있는가?

노예를 부리는 다른 종류의 개미에 대해서 우리가 알지 못했다면 이러한 놀라운 본능이 어떻게 완벽하게 변화했는지를 조사한다는 것은 절망적이었을 것이다.

분개미(F. sanguinea)도 위베르에 의해 노예를 부리는 개미라는 것이 처음으로 밝혀졌다. 이 종은 영국 남부에 서식하는데, 이들의 습성은 대영박물관의 스미스〔대영박물관의 곤충학자〕가 자세히 조사했으며, 나는 이분에게서 이 주제와 그 밖의 다른 주제에 관한 많은 정보를 얻었다. 위베르와 스미스의 서술을 충분히 신뢰하면서도 나는 이 주제에 비관적인 마음으로 접근하고자 노력했다. 노예를 부리는 본능처럼 기이하고 밉살스런 본능을 의심스러운 눈으로 보는 것은 어쩌면 당연한 일이었다. 따라서 나는 내가 직접 관찰한 내용을 조금 자세히 설명하도록 하겠다.

나는 14개의 분개미 둥지를 열어보았지만 노예개미가 발견된 것은 몇 개에 불과했다. 노예개미 종의 수컷과 가임성 암컷은 자신들의 집에서 발견되었으며 분개미 집에서 발견되는 경우는 없었다. 노예개미들은 검은색을 띠고 있었고 그 크기는 그들의 붉은색 주인개미의 절반에 지나지 않았다. 따라서 그들의 외모는 아주 명확한 대조를 이루었다. 둥지를 약간 망가뜨렸을 때, 노예개미들이 밖으로 나와 그들의 주인개미들과 마찬가지로 매우 동요하며 집을 지키고자 하는 모습을 보였다. 집이 더 많이 파괴되어 애벌레나 번데기가 노출되면 노예개미들은 주인개미와 함께 아주 열심히 애벌레와 번데기를 안전한 장소로 옮겼다. 따라서 노예들이 주인의 집을 자기 집처럼 여기는 것은 분명했다.

나는 연속해서 3년을 6월과 7월에 서리와 서식스〔영국 남동부의 주〕 지방에서 여러 시간 동안 여러 개미집을 관찰했지만, 단 한 마리의 노예개미도 집으로 들어가거나 집에서 나오는 것을 본 적이 없다. 이 시기에 노예개미의 수는 매우 적었기 때문에 나는 그들의 수가 많을 때 그들이 다르게 행동할지도 모른다고 생각했다. 그러나 스미스는 5월, 6월, 8월에 서리와 햄프셔〔영국 남해안의 주〕 지방에서 개미집을 여러 시간 동안 관찰한 결과 집을 드나드는 노예개미는 단 한 마리도 관찰하지 못했다고 했다. 물론 8월이면 개미집에 상당수의 노예개미들이 존재하는데도 말이다. 그래서 그는 이들을 철저한 가사 전담 노예개미라고 여기고 있다. 반면에 주인개미들은 여러 종류의 식량을 집으로 나르는 모습이 꾸준히 관찰된다. 그렇지만 최근 7월에 나는 아주 많은 수의 노예개미를 거느린 집단을 우연히 발견했는데, 주인개미와 함께 집을 나선 일부 노예개미들이 주인개미들과 함께 23미터쯤이나 떨어져 있는 큰 유럽소나무를 향해 같은 길을 걸어가는 것이 관찰되었다. 나무를 함께 오른 이들은 아마도 진딧물이나 연지벌레를 찾고 있었을 것이다.

관찰할 기회가 풍부했던 위베르에 따르면, 스위스에서 노예개미들은 개미집을 만들 때 주인개미들과 함께 일하는 경우가 많았다. 그리고 아침저녁으로 노예개미들은 스스로 문을 열고 닫았다. 위베르는 이 노예개미들의 주된 임무가 진딧물을 찾는 것이 분명하다고 했다. 두 나라에서 관찰된 주인개미와 노예개미의 일반 행동양식의 차이는 잡힌 노예개미의 수가 스위스에서 훨씬 더 많기 때문에 생기는 것 같다.

언젠가 나는 운 좋게도 한 개미집에서 다른 집으로 이사하는 무리를 본 적이 있다. 이미 위베르도 설명한 바 있듯이, 주인개미들이 노예개미들을 조심스럽게 물고 이사하는 광경은 그야말로 놀라웠다. 또 언젠가 관찰한 광경도 놀라웠는데, 노예를 부리는 개미 약 20마리가 한곳에 모여 무언가에 몰두하고 있었지만 먹이를 찾는 것은 분명 아니었다. 그들은 독자 집단인 한 무리의 곰개미(F. fusca)들에게 계속 거절당하면서도 접근하고 있었다. 심지어 3마리의 노예개미가 노예를 부리는 분개미의 다리에 매달려 있는 경우도 있었다. 분개미들은 이 작은 대항자들을 무자비하게 죽인 뒤, 그 사체를 식량으로 사용하고자 약 27미터나 떨어진 그들의 집으로 물어 날랐다. 그러나 번데기를 키워 노예개미로 삼는 경우는 없었다. 나는 다른 개미집에서 한 덩어리의 곰개미 번데기를 모아서 전투가 벌어지고 있는 장소 가까운 곳에 쌓아두었다. 그러자 이들을 차지하기 위한 쟁탈전이 벌어져, 이 번데기들은 폭군들에 의해 운반되었다. 이 폭군들은 이 나중의 전투에서 승리한 것을 좋아하는 것처럼 보였다.

동시에 나는 같은 장소에 다른 종인 노랑가시방패개미(F. flava)의 번데기들과 이들에게 여전히 매달려 있는 작고 노란 개미를 함께 쌓아두었다. 스미스에 따르면 이 종도 드물긴 하지만 간혹 노예로 부려지는 경우가 있다고 한다. 이 개미는 비록 덩치는 작아도 매우 용맹스러워서, 나는 이들이 다른 개미들을 잔인하게 공격하는 모습을 본 적이 있다. 언젠가 나는 노예를 부리는 분개미의 집 아래에 위치한 돌 밑에서 노랑가시방패개미가 독립적으로 살아가는 놀라운 광경을 관찰한 적이 있다. 나는 우연히 이 두 집단의 집을 망가뜨리게 되었는데, 이 작은 개미 집단은 커다란 덩치의 이웃을 아주 용맹스럽게 공격했다.

나는 한때 분개미가 노예로 부리는 곰개미의 번데기와 노예로 부리지 않는 작고 사나운 노랑가시방패개미의 번데기를 구별할 수 있는지 궁금했지만, 분개미가 이들을 한 번에 구별할 수 있는 것은 분명하다. 왜냐하면 분개미는 곰개미의 번데기는 바로 포획하는 반면, 노랑가시방패개먹의 번데기를 마주친 분개미는 놀라며 회피하기 때문이다. 심지어 노랑가시방패개미의 집 근처에만 도달해도 이들은 놀라서 바로 도망친다. 그러나 15분쯤 지나 작은 노란 개미가 사라진 후, 그들은 용기를 내어 번데기들을 차지했다.

어느 날 저녁 나는 분개미의 또 다른 집단을 찾은 적이 있다. 그때 나는 이들 분개미가 죽은 곰개미와 많은 번데기를 물고 집으로 들어가는(즉 이주하는 것은 아니었다) 모습을 관찰했다. 나는 노획물을 물어 나르는 약 37미터에 이르는 개미 열을 역으로 추적했는데, 그들이 나온 곳은 히스 덤불이 무성한 곳이었다. 내가 관찰한 마지막 분개미는 번데기를 나르고 있었지만 나는 그 무성한 히스 덤불에서 망가진 개미집을 찾지는 못했다. 그러나 개미집은 가까운 곳에 있는 것이 분명했다. 왜냐하면 두세 마리의 곰개미가 크게 동요를 일으키며 허둥거렸는데, 그중 한 마리는 번데기를 입에 문 채 파괴된 집 위에 있는 히스 가지 끝에서 꼼짝 않고 있었기 때문이다.

노예를 부리는 놀라운 본능은 내가 확인하지 않았다 해도 엄연한 사실이다. 분개미의 본능적인 습성과 무사개미의 습성이 어떠한 대비를 보이는지 관찰한다고 해보자. 무사개미는 자기 집을 직접 짓지도 않고, 자신의 이주를 결정하지도 않으며, 자신이나 어린 새끼가 먹을 식량을 모으지도 않는다. 심지어 스스로는 먹지도 못한다. 이 개미는 수많은 노예개미들에게 전적으로 의지하고 있다. 반면에 분개미는 그렇게 많은 노예개미를 필요로 하지 않으며 초여름에는 특히 노예개미들의 수가 아주 적다. 주인개미는 언제 어느 곳에 개미집을 지을지, 또 언제 이주하고 노예개미를 운반할지를 결정한다.

스위스와 영국에서 노예개미들이 유충을 전적으로 맡아 돌보는 동안 주인개미들은 노예개미를 찾는 여행을 떠난다. 스위스에서 보고된 바에 따르면, 집을 위한 재료를 만들거나 물어 나르는 일에 노예개미와 주인개미가 함께 협력한다고 한다. 또한 진딧물을 보살피고 즙을 받아내는 일은 주로 노예개미가 담당하지만 주인개미도 함께 거든다. 결국 집단을 위한 식량 마련에 주인개미와 노예개미가 함께 협력하는 것이다. 영국의 경우 주인개미와 노예개미 그리고 유충의 먹이와 건축 재료를 구하러 집을 나서는 것은 주인개미들이다. 따라서 영국의 주인개미들은 스위스의 주인개미들에 견주어 그들의 노예개미들로부터 봉사를 덜 받는 것이다.

과연 어떤 단계에서 분개미의 본능이 시작되었는지 추측하지는 않겠다. 그러나 노예를 부리는 개미가 아니더라도 다른 종의 번데기를 그들의 집 근처에 두었을 때 이 번데기를 유괴하는 일을 관찰한 적이 있다.

따라서 식량으로 보관되었던 번데기가 부화했을 수도 있고, 의도한 바는 아니지만 이들과 함께 자란 개미들이 그들의 본능에 따라 그들이 할 수 있는 일을 수행하는 것이다. 이들의 존재가 이들을 포획한 종에게 유리하다는 것이 증명되고, 후손을 낳는 것보다 일꾼을 포획하는 것이 더욱 유리하다면, 번데기를 수집하는 습성은 원래 식량 포획의 목적이었겠지만 자연선택에 따라 노예를 부리는 전혀 다른 목적으로 영구화할 수 있는 것이다.

일단 본능이 획득되면 우리가 살펴본 영국 분개미의 본능보다 약하고 스위스의 사례처럼 같은 종의 개미보다 노예개미의 도움을 더 적게 받는다 해도 이러한 본능이 자연선택의 과정에서 변형되고 강화될 것이라는 사실을 의심하지 않는다. 무사개미의 사례처럼 노예개미에게 비참할 정도로 의지하는 개미가 형성되기 전까지 언제나 변형이 종에게 유리할 것이라고 가정한다면 말이다.

벌집을 만드는 꿀벌의 본능 여기에서는 이 주제를 세세히 논의하지 않고, 다만 내가 도달한 결론의 윤곽만 제시하도록 하겠다. 그 목적에 너무나 아름답게 적응되어 있는 벌집을 아무런 감탄도 없이 바라보는 사람은 재미없는 사람일 것이다. 수학자들의 말에 따르면 벌은 한 가지 심오한 문제를 현실적으로 해결했는데, 그것은 소중한 밀랍을 되도록이면 가장 적게 소모하면서 꿀을 가장 많이 저장할 수 있는 형태로 집을 지었다는 것이다. 자와 용구를 갖춘 숙련된 노동자도 밀랍으로 진짜 벌집을 만들기는 매우 어려울 것이라고 한다. 물론 이러한 벌집 만들기는 캄캄한 벌통 속에 모인 벌들에 의해 완벽하게 이루어진다.

여러분이 좋아하는 어떠한 본능을 주더라도, 처음에 필요한 모든 각도와 평면을 만든다는 것은 믿을 수 없을 정도로 대단하다. 또한 언제 집을 지어야 할지를 알아차리는 것도 대단하다. 그러나 그 어려움이 처음에 보이는 것처럼 그렇게 큰 것은 아니다. 이 모든 아름다운 작업이 서너 가지의 아주 단순한 본능으로부터 일어날 수 있다는 것을 보일 수 있다고 생각한다.

워터하우스 때문에 나는 이 주제를 조사한 적이 있는데, 그는 전에 인접한 밀랍방의 유무에 따라 새로 만들어지는 밀랍방의 모양이 달라진다는 것을 보고한 적이 있었다. 그런데 다음 사례를 보면 어쩌면 그가 자신의 견해를 바꾸어야 할지도 모르겠다. 점진적인 변화의 위대한 원리를 살펴보도록 하자. 그리고 자연이 자신의 작동 방법을 우리에게 보여주지 않는다는 것을 알아차리자.

마지막으로 살펴볼 것은 호박벌이다. 호박벌은 밀랍을 이용해 짧은 관을 만들기도 하고 매우 불규칙한 모양의 개별적인 둥근 집을 만들기도 한다. 또 다른 사례는 꿀벌의 벌집이다. 잘 알려진 대로 밀랍방은 두 층으로 구성되어 있으며 각각의 밀랍방은 육각기둥이다. 각각의 밀랍방은 세 개의 마름모로 이루어진 피라미드에 접촉하고자 집의 기저부 여섯 면이 경사를 이루고 있다. 이들 마름모는 일정한 각을 이루고 있다. 그리고 벌집 한쪽에 있는 방의 피라미드 모양 기저부를 이루는 세 개의 마름모는 반대쪽에 인접한 세 개의 밀랍방의 기저부 구조 속으로 들어간다.

꿀벌의 완벽한 벌집과 호박벌의 단순한 벌집을 연결하는 시리즈의 중간에는 위베르가 자세히 보고한 멕시코산 벌인 멜리포나 도메스티카의 밀랍방이 있다. 멜리포나는 꿀벌과 호박벌의 중간형 모습이지만 호박벌에 더 가깝다. 이들은 밀랍으로 거의 원통형의 집을 짓고 그 속에서 알들을 부화한다. 그리고 꿀을 저장해놓을 목적으로 조금 더 큰 방들을 만든다. 이 방들은 거의 구형이고 거의 같은 크기이며 불규칙한 덩어리 형태로 모여 있다. 그러나 중요한 것은, 서로 가까이에 만들어져서 구형의 방들이 완성되었을 때는 서로 교차하거나 서로의 방을 침범할 가능성이 있을 텐데도 실제로 그런 일은 일어나지 않는다는 점이다. 벌들이 둥근 방들 사이에 완벽한 평면의 밀랍벽을 만들어 둥근 방들의 교차를 막고 있는 것이다. 따라서 각각의 방은 바깥쪽의 둥근 부분과 안쪽으로는 방과 접촉하는 다른 방의 개수에 따라 두세 개 또는 그 이상의 완벽한 평면으로 이루어져 있다.

하나의 방이 다른 세 개의 방과 접촉하면 거의 같은 크기이며, 인접한 구형 때문에 이제 막 설명한 구조가 만들어진다. 세 개의 평평한 표면은 피라미드로 융합되며 이 피라미드는 위베르가 언급한 것처럼 꿀벌의 방 기저부에서 관찰되는 삼면 피라미드와 거의 비슷하다. 꿀벌의 방과 마찬가지로 이들의 방에서도 세 개의 평면은 이웃하는 세 개의 방을 건설하는 위치에 모인다. 멜리포나가 이런 방식으로 밀랍을 절약하는 것은 분명하다. 왜냐하면 이웃하는 방 사이의 평면은 두 층이 아니고 바깥쪽의 구형 부분과 같은 두께로 만들어지기 때문이다. 따라서 평면 부위는 이웃하는 두 방의 일부로 작용하는 것이다.

이러한 사례를 고려해보면서 나는 만약 멜리포나가 각각의 둥근 방들을 각각으로부터 주어진 거리를 유지하며 똑같은 크기로 만들어 이중층으로 대칭적으로 배치했다면 그들의 구조가 꿀벌의 집처럼 완벽했을 것이라는 생각이 들었다. 나는 케임브리지의 기하학자인 밀러 교수〔영국 케임브리지 대학교의 광물학 교수〕에게 편지를 보내 이 점을 문의했는데, 밀러 교수는 다음의 서술을 — 그가 알려준 정보에 따라 다시 작성했다 — 세밀하게 읽은 뒤 그것이 완전히 옳다고 내게 알려주었다.

만약 같은 크기의 둥근 방들을 두 층으로 배열해 둥근 방들의 중심이 평행한 두 층에 놓이게 하면서 같은 층에서 이웃하는 여섯 개의 둥근 방의 중심으로부터의 거리가 반지름×2의 제곱근, 즉 반지름×1.41421의 거리를 유지해 여러 둥근 방들이 서로 겹치게 한다면 각각의 둥근 방 사이에 평면이 만들어질 것이다. 결국 두 층의 육각기둥들이 서로 융합된 중간층에는 세 개의 마름모로 이루어진 피라미드가 만들어질 것이다. 또한 마름모와 육각기둥의 각 면이 이루는 각도는 꿀벌의 집에서 관찰되는 각도와 동일하게 나타난다.

따라서 만약 멜리포나가 이미 갖고 있던 본능을 약간 변형시킬 수 있다면 그 자체로서는 놀라울 것이 없겠지만, 이 벌들은 꿀벌의 집과 마찬가지로 놀라울 정도의 완벽한 구조를 건설할 수 있으리라고 결론을 내려도 될 것 같다. 우리는 멜리포나가 완벽한 구형이면서 동일한 크기로 집을 만든다고 가정해야 한다. 따라서 이들이 어느 정도 그렇게 하고 있다는 것을 보는 것은 그리 놀라운 일이 아니다. 또한 많은 곤충들과 마찬가지로 한 점을 기준으로 빙빙 돌면서 나무 속에 완벽한 원통형 굴을 파는 것도 놀라운 일은 아닐 것이다.

멜리포나가 원통형의 방들을 평평하게 건설했듯이 알들도 평평하게 배열할 것이라고 가정하는 것은 옳다. 더 나아가, 어렵기는 하지만 다음의 가정도 옳다. 즉 여러 마리의 일벌이 구형의 집을 만들고 있을 때 이들이 서로 정확하게 얼마만큼 떨어져 있어야 하는지를 어느 정도는 판단할 수 있다고 가정해야 한다. 그러나 여 벌들은 벌써 거리를 판단할 수 있기 때문에 둥근 방들이 가장 크게 겹치도록 만들어서 둥근 방의 교점들이 완전한 평면을 이루게 결합하는 것이다.

다음과 같은 상황은 큰 어려움 없이 가정할 수 있을 것이다. 즉 같은 층의 인접한 둥근 방들이 교차하면서 육각기둥들이 만들어진 다음 이들은 육각형을 길게 늘려 꿀을 저장할 공간으로 만들어낸다는 가정이다. 이것은 마치 기술이 조잡한 호박벌이 자기가 깨고 나온 번데기의 둥근 입구에 원통형 밀랍을 덧붙이는 것과 같은 방식이다. 이러한 본능의 변형 자체는 새들이 둥지를 트는 것과 비교하면 그리 놀라운 일이 아니지만, 나는 꿀벌들이 이러한 변형과 자연선택을 통해 아무도 흉내 낼 수 없는 건축기술을 획득하게 되었다고 믿는다.

그러나 이 이론은 실험으로 검증될 수 있을 것이다. 테겟마이어〔영국의 비둘기 사육가]가 관찰한 사례에 따라 나는 벌집 두 층을 분리한 뒤 그 사이에 길고 두꺼운 정사각형 모양의 밀랍을 끼워넣었다. 그러자 벌들은 즉시 밀랍에 작고 둥근 구멍을 파기 시작해 그 구멍을 점점 넓혀서 얕은 오목한 구조로 만들어, 지름이 기존의 밀랍방과 거의 완벽할 정도로 같은 밀랍방의 일부로 만들었다.

내가 놀랍게 생각한 것은 벌들이 어느 위치에서 구멍을 파든 이들은 서로 일정한 거리를 유지한 채 작업을 시작했고, 이 오목한 구조들이 원래의 밀랍방 크기 정도로 넓어지고 그 깊이는 둥근 방 지름의 약 6분의 1이 되었을 때 분지들의 테두리가 서로 엇갈리며 교차한다는 것이었다. 이러한 모양이 만들어지자마자 벌들은 구멍 파는 행위를 중단하고는, 오목한 구조들이 교차하는 부위에 판판한 밀랍벽을 건설해 각각의 육각기둥을 오목한 구조의 테두리 바로 위에 건설했다. 정상적인 벌집에서는 세 개의 면을 갖는 피라미드를 연결하는 일직선 테두리 위에 벽이 세워지는데, 이것과는 사뭇 달랐다.

이번에는 두꺼운 정사각형 모양의 밀랍 대신 폭이 좁고 납작하며 테두리가 칼날 같은 주홍색 밀랍을 넣어주었다. 벌들은 마찬가지로 즉시 양쪽에서 밀랍을 파고들어가 오목한 구조들을 만들기 시작했다. 그러나 밀랍의 테두리가 너무 얇아서, 이전처럼 이들이 구멍을 냈다면 서로 반대쪽 구멍들과 연결되고 말았을 것이다.

그렇지만 벌들은 이런 일이 일어나게 하지 않았다. 그들은 적당한 시기에 구멍 파기를 중단하고 옆으로 넓혀서 편평하게 만들었다. 주홍색 밀랍에 이렇게 만들어진 편평한 바닥은 파손되지 않은 채 밀랍 반대쪽에 있는 오목한 구조 사이의 가상적인 교차 면을 따라 완벽한 모습으로 형성되어 있었다. 극히 일부분에서는 양쪽의 오목한 구조 사이에 사다리꼴 판이 남아 있기도 했다. 그러나 인위적인 간섭에 의한 것이었기 때문에 이 모습이 완벽하게 이루어지지는 않았다. 주홍색 밀랍의 양쪽에서 벌들이 거의 같은 속도로 원통형 구멍을 내면서 점점 깊게 구멍을 내는 작업을 했어야만 한다. 그래야만 이들이 중간 위치에서 서로 작업을 멈추어 오목한 구조들 사이에 편평한 판이 남겨질 것이다.

밀랍의 두께가 다양하다는 사실을 고려해볼 때, 밀랍 조각의 양쪽에서 작업하면서 적당한 두께로 구멍을 뚫고 적당한 위치에서 작업을 멈추어야 하는 것을 알아야 하는 것이 꿀벌에게 그리 어려워 보이지는 않는다. 보통의 벌집에서 벌들이 양쪽에서 수행하는 작업의 속도가 언제나 똑같은 것은 아니다. 나는 이제 막 짓기 시작한 밀랍방의 기저부에서 절반쯤 완성된 마름모를 본 적이 있는데, 그것은 한쪽은 약간 오목하고 다른 쪽은 약간 볼록한 모양이었다. 나는 오목한 쪽의 벌들이 구멍을 너무 빨리 파들어갔고 볼록한 쪽의 벌들은 구멍을 너무 늦게 파들어갔다고 생각했다.

기억에 남는 실험에서 나는 벌통을 벌집 속에 밀어넣어 벌들이 잠시 동안 작업하게 한 다음 다시 밀랍방들을 조사했는데, 마름모 판들은 완성되어 있었고 완벽하게 편평했다. 작은 마름모 판들이 극히 얇았기 때문에 볼록한 부분을 새로 파고 들어가 이러한 모양을 만들기는 절대로 불가능한 상황이었다. 그래서 나는 이런 상황에서 벌들이 반대쪽 밀랍방으로 들어가 유연하고 따뜻한 밀랍을 밀어서 둥근 부분을 휘게 함으로써 (내가 실험해본 적이 있는데, 이런 작업은 쉽게 이루어졌다) 적당한 평면으로 편평하게 만드는 것이라고 생각했다.

주홍색 밀랍을 이용한 실험에서 우리는 만약 벌들이 그들 스스로의 힘으로 얇은 밀랍벽을 만들 수 있었다면 벌들은 각자의 위치를 일정하게 유지하면서 같은 속도로 구멍을 뚫고 동일한 크기의 오목한 구형 구조를 만들면서 이들 구형의 구조가 서로 맞붙어 서로 깨지는 일 없이 적당한 모양을 갖춘 밀랍방들을 만드는 것이 가능하다는 사실을 명백하게 보았다.

이제 벌들은 벌집의 테두리를 감싸는 벽을 만든다. 건설되고 있는 벌집의 테두리를 관찰하면 쉽게 알 수 있는 것이다. 그리고 벌들은 반대쪽에서 벽을 갉아 들어가기 시작한다. 이때 벌들은 항상 빙빙 돌면서 작업한다. 그들은 어떠한 방의 피라미드 기저부도 동시에 만들지 않으며, 빠르게 성장하는 테두리 위에 있는 마름모 판 하나를 만들거나 다른 두 개의 판을 먼저 만든다. 육각형 벽이 건설되기 전에 그들이 마름모 판의 위쪽 테두리를 먼저 완성하는 일은 절대 일어나지 않는다. 일부 관찰 내용은 저명한 위베르가 관찰한 것과는 다르지만, 내가 관찰한 내용이 정확하다고 나는 확신한다. 공간이 허락한다면 이들이 내 이론에 적합하다는 것을 보일 수 있었을 것이다.

위베르는 첫 번째 방이 약간 평행한 밀랍벽에서부터 만들어진다고 했다. 그러나 내가 관찰한 바에 따르면 이것이 반드시 옳은 것은 아니다. 첫 번째 작업은 언제나 약간의 밀랍 덮개에서 시작하지만 여기서 자세히 언급하지는 않겠다. 우리는 맨 처음 밀랍에 구멍을 내는 것이 밀랍방의 건설에 얼마나 중요한지 알고 있다. 그러나 벌들이 인접한 두 방 사이의 교차선을 따라 정확한 위치에 개략적인 벽을 만들지 못할 것이라고 생각하는 것은 큰 실수일 것 같다. 나는 이들이 이러한 작업을 할 수 있다는 사실을 명백하게 보여주는 여러 표본을 갖고 있다.

신장하는 벌집을 따라 건설되는 투박한 밀랍 테두리에서도 휘어진 구조가 발견되는 경우가 있다. 그 부위는 앞으로 건설될 밀랍방의 마름모형 기저판 부위에 해당한다. 그러나 투박한 밀랍벽은 밀랍의 양쪽을 갉아내 마무리가 되어야 한다. 벌들이 건축물을 세우는 양식은 기이하다. 이들이 만드는 밀랍방의 최종 두께는 아주 얇은데, 벌집 테두리에 세워진 벽은 10배에서 20배 정도 두꺼우며 이 구조는 사라지지 않고 남아 있다.

석공이 일하는 것을 생각해보면 우리는 이것이 어떻게 작동하는지 이해할 수 있을 것이다. 석공은 처음에 시멘트로 넓은 등성이를 만들어놓는다. 그런 다음 바닥 가까이의 양쪽에서 조금씩 잘라내기 시작한다. 그래서 결국에는 중앙에 아주 얇은 벽만 남는 것이다. 석공은 처음에 이와 같이 항상 잘라낸 시멘트를 쌓으며 등성이 위쪽에는 새로운 시멘트를 더하는 것이다. 이런 식으로 우리는 위로 늘어나는 얇은 벽을 갖게 되지만, 그 위에는 늘 커다란 갓돌이 관(冠)처럼 씌워져 있다.

이제 막 건설이 시작된 밀랍방이나 완성된 밀랍방에 커다란 밀랍 갓돌이 씌워져 있기 때문에 벌들은 여린 육각형의 벽을 손상시키지 않으면서 이리저리 모이기도 하고 기어다니기도 한다. 밀랍의 두께는 100분의 4인치에 해당하며, 피라미드 모양 기저부의 판 두께는 이것의 약 두 배에 해당한다. 이러한 특별한 건설양식에 의해 벌집은 밀랍을 가장 경제적으로 사용하면서도 꾸준히 견고함을 유지할 수 있는 것이다.

많은 벌들이 함께 일한다는 사실은 벌집의 방들이 어떻게 만들어지는지 이해하는 우리에게 처음에는 어려움을 안겨주는 것으로 보인다. 이들이 일하는 방식은 다음과 같다. 한 방에서 잠시 일한 벌은 다른 방으로 옮겨가는데, 위베르가 언급한 대로 방을 만드는 초기에는 20마리가 넘는 벌이 협력하는 것이다. 나는 아주 얇은 주홍색 밀랍으로 밀랍방의 육각형 벽의 테두리를 덮거나, 늘어나고 있는 벌집의 가장 바깥쪽 테두리를 덮어서 이러한 사실을 자세하게 보일 수 있었다. 나는 주홍색 밀랍이 벌들에 의해 곱게 확산된 것을 확인할 수 있었는데, 마치 화가가 붓을 이용해 색깔을 펼친 것처럼 곱게 나타났다. 즉 주홍색 밀랍은 처음에 있던 위치에서 건설 중인 방의 테두리로 옮겨져 나타났다.

건설 작업은 많은 벌들의 균형 잡힌 작업의 결과로 보였다. 모든 벌은 본능적으로 서로 일정한 간격을 유지한 채 동일한 방들을 치우고 만들며 방들 사이의 교차 면은 뚫리지 않게 유지한다. 두 조각의 벌집이 일정한 각도를 두고 만났을 때 벌들이 방들을 허물고 다른 방식으로 만드는 것은 정말로 기이하다. 때로는 처음에는 무시되었던 방식으로 되돌아가기도 한다.

벌들이 작업하기에 적당한 위치에 있을 때—나뭇가지의 한쪽 면을 덮으면서 아래쪽으로 지어지는 벌집의 중앙 아래쪽에 위치한 나뭇가지가 예가 될 수 있다—벌들은 새로운 육각형의 한쪽 벽의 기초를 이미 완성된 다른 방 위로 뻗어가게 적당한 위치로 재배치할 수 있다. 지금은 벌들이 서로 일정한 거리를 유지할 수 있으며, 이미 완성된 방으로부터도 일정한 거리를 유지할 수 있어서 놀랄 만한 상상의 둥근 방에 의지하며 인접한 둥근 방 사이의 중간 위치에 벽을 만들 수 있다고만 말해두자. 그러나 내가 지금까지 관찰한 바에 따르면, 지금 만드는 중인 방이나 인접한 방들의 대부분이 완성되기 전에 방을 갉아 없애는 일은 일어나지 않는다.

벌들이 특별한 상황에서 이제 막 짓기 시작한 두 방 사이의 적절한 위치에서 미완성의 벽을 제거하는 능력은 중요하다. 처음에 나는 이것이 앞으로 전개할 이론에 반대되는 것이라고 생각했다. 이것은 말벌집의 맨 가장자리에 놓인 방들이 간혹 완벽한 육각형을 유지한다는 사실을 설명할 수 있는 근거가 되지만, 여기에 자세하게 언급할 공간이 부족하다.

나는 여왕 말벌처럼 단 한 마리의 곤충이라도 두 개나 세 개의 방을 동시에 만들기 시작해 방의 각 부분으로부터 일정한 거리를 유지한 채 방의 안쪽과 바깥쪽에서 번갈아 작업하며 둥근 방과 원통을 제거하고 중간 평면을 세우면서 작업한다면 육각형의 방을 만드는 것이 그리 어려운 작업이라고는 생각하지 않는다. 또한 방을 만든 시작점을 고정한 채 밖으로 한 점을 향해 움직이고 중앙 점과 다른 점에서 일정한 간격을 유지하면서 또 다른 다섯 점을 향해 움직인다면 교차평면을 만나며 독립적인 하나의 방을 만드는 것도 가능할 것이다. 그러나 이러한 것을 보여주는 사례는 관찰되지 않았다. 게다가 단 하나의 육각형을 건설하는 것은 전혀 이득이 되지 않을 것이다. 왜냐하면 육각형 건설에는 원통형 건설보다 더 많은 재료가 들어가기 때문이다.

자연선택은 각각의 개체에게 유리한 구조와 본능의 미세한 변이들이 축적됨으로써 작용한다. 따라서 건축의 본능이 꿀벌의 후손들에게 이득을 주면서 현재의 완벽한 건축물을 향해 얼마나 길고 점진적으로 변형되었는지 궁금해하는 것은 당연하다.

대답이 어려운 것은 아니라고 생각한다. 벌들은 충분한 양의 화밀을 모으는 데 어려움을 겪는 것으로 알려져 있다. 테겟마이어가 내게 알려준 바에 따르면, 벌집에서 약 500그램의 밀랍을 만들려면 적어도 5~7킬로그램 정도의 설탕이 소모된다는 것이 실험적으로 밝혀졌다고 한다. 따라서 벌들이 그들의 집을 짓는 데 필요한 밀랍을 만들기 위해서는 엄청난 양의 액상 화밀을 모아야만 한다는 것이다. 더구나 벌들은 밀랍을 분비하는 동안에는 며칠을 빈둥거리며 일을 하지 않는다. 겨울에 많은 수의 벌들을 먹여 살리기 위해서는 반드시 꿀을 많이 저장해야만 할 필요가 있는 것이다. 그리고 벌의 수가 많을수록 벌집은 더 안전한 것으로 알려져 있다.

따라서 많은 꿀을 저장하고 이로 인해 많은 밀랍을 저장하는 것은 어떠한 벌 집단에서도 가장 중요한 요소임에 틀림없다. 물론 벌의 어떠한 종이라도 기생충이나 적에 따라 성공 여부가 갈릴 수도 있다. 또는 전혀 별개의 원인 때문에 성패가 갈릴 수도 있다. 그리고 이러한 것들은 벌들이 모을 수 있는 꿀의 양과는 관계가 없다.

그러나 이 마지막 상황이 한 나라에 서식하는 호박벌의 개체수를 결정했다고 가정해보자. 당연히 이런 일은 실제로 일어날 수 있다. 또한 이들이 겨울을 함께 보냈으며 그에 따라 꿀이 필요했다고 가정해보자. 그럴 경우 만약 호박벌의 본능이 약간 변형되어 밀랍방을 서로 인접하게 건설해 방 사이의 교차를 줄일 수 있었다면 벌의 생존에 유리했을 것이다. 왜냐하면 두 방을 인접하게 지어서 하나의 벽만 공유하더라도 약간의 밀랍을 절약하는 것이 가능하기 때문이다.

그러므로 호박벌이 멜리포나처럼 방들을 규칙적으로 서로 붙여서 한 곳에 모아 만드는 것은 더욱 이득이 되었을 것이다. 왜냐하면 각 방마다 둘레 표면의 대부분이 다른 방과의 경계에 사용되고 더 많은 밀랍을 절약할 수 있기 때문이다. 또한 마찬가지로 멜리포나가 현재 관찰되는 것과는 달리 방들을 서로 붙여서 만들고 모든 방향으로 더욱 규칙적으로 건설했다면 그들에게도 이득이 되었을 것이다. 만약 그랬다면 우리가 지금까지 살펴본 바와 같이 구형의 표면은 완전히 사라졌을 것이고 모두 편평한 면으로 대체되었을 것이다. 그리고 멜리포나는 결국 꿀벌처럼 완벽한 집을 만들었을 것이다. 이처럼 건축의 완벽한 단계를 넘어서는 다음의 과정은 자연선택의 작용이 아닐 것이다. 왜냐하면 꿀벌의 집은 우리가 아는 한 밀랍을 절약하는 가장 완벽한 구조물이기 때문이다.

따라서 나는 꿀벌의 알려진 모든 본능 중에서 가장 놀라운 것이 연속적이고 수없이 많은 단순한 본능의 변형을 이용하는 자연선택에 의해 설명될 수 있다고 믿는다. 나는 조금씩 더 완벽함을 추구하는 자연선택이 벌들로 하여금 두 층의 집으로부터 주어진 거리에 있는 동일한 구조의 구형 구조를 제거하고 교차 면을 따라 밀랍을 세운 후 구멍을 만들게 했다고 생각한다.

물론 벌들이 육각기둥과 기저부 마름모 판의 여러 각도에 대해 알고 있는 것보다 그들로부터 특정한 거리에 있는 구형을 제거했다는 것을 더 잘 알지는 못할 것이다. 자연선택이 밀랍을 절약하는 과정에 대한 원동력, 즉 밀랍 생산에 최소한의 꿀을 사용하는 벌들이 최고의 성공을 거두고 그렇게 얻어진 경제적인 본능을 새로운 벌들에게 유전에 의해 물려주고 그것은 다시 생존경쟁에서 성공할 최고의 기회를 부여했을 것이다.

설명하기 매우 어려운 많은 본능이 자연선택 이론과 대립될 수 있다는 것은 의심의 여지가 없다. 왜 그런 본능들이 생겨났는지 알기 힘든 경우도 있고, 중간 형태의 본능이 존재했는지 여부가 알려지지 않은 경우도 있으며, 아무짝에도 쓸모없는 본능도 있어서 이들을 자연선택으로써 설명하기가 어렵다. 어떤 본능은 유연관계가 상당히 먼 동물들에서 동일하게 나타나는데, 이들의 유사한 본능이 모두 공통조상으로부터 유래되었다고 보기가 어려우며 이때는 이들 본능이 자연선택에 의해 독자적으로 획득되었다고 여겨야 한다.

여기에서 이 여러 가지 사례를 논의하지는 않겠지만 특별히 어려운 한 가지 사례를 살펴보도록 하겠다. 나는 처음에 이것이 설명하기 매우 어려우며 내 전체 이론에 치명타를 입힐 것이라고 생각했다. 나는 곤충 집단의 불임성 암컷을 언급하고 있다. 왜냐하면 불임성 암컷들은 수컷이나 가임성 암컷들과 본능이나 구조가 크게 다를 때가 많고 자기 후손을 남기지 못하기 때문이다.

이 주제는 자세히 논의할 가치가 있지만 일개미, 즉 불임성 개미에 관한 사례만 설명하도록 하겠다. 일개미들이 어떻게 불임이 되었는지는 어려운 문제이다. 그러나 두드러진 구조 변형에 견주면 그리 어려운 것도 아니다. 왜냐하면 자연 상태의 일부 곤충이나 절지동물에게서 종종 불임 현상이 일어난다는 사실을 보일 수 있기 때문이다. 또한 이들이 사회성 곤충이고 일부 구성원이 출산능력이 없으면서 일만 하기 위해 태어나는 것이 집단에게 이득이 된다면 이것이 자연선택에 따라 효과를 발휘할 것이라는 생각이 그리 어려워 보이지는 않는다.

그러나 이 어려워 보이는 부분은 그냥 넘어가도록 하겠다. 더 큰 어려움은 일개미들의 구조가 수개미나 생식능력이 있는 암컷들과 크게 다르다는 사실이다. 흉부의 모양이 다르고 날개가 없으며 눈이 없는 경우도 있고 본능도 다르다. 본능만을 본다면 일꾼과 모든 기능을 갖춘 암컷들 사이의 더욱 큰 차이는 꿀벌에서 훨씬 잘 나타날 수도 있다. 일개미 또는 다른 중성 곤충들이 원래부터 그런 모습이었다면 그들이 자연선택을 통해 서서히 그 특징들을 획득했다고 망설임 없이 가정해야만 할 것이다. 즉 이익이 되는 약간의 구조 변화가 있는 개체들과 그것이 다시 자손에게 전달됨으로써 다시 변화가 일어나고 선택되는 과정이 반복된다는 것이다.

그러나 일개미의 경우 부모와는 크게 다르면서 완벽하게 불임이다. 따라서 이러한 특징이 구조와 본능이 획득되면서 자손에게 연속적으로 전달되는 일은 절대 일어나지 않을 것이다. 그러므로 이러한 사례를 자연선택의 이론에 따라 어떻게 조화롭게 설명할 수 있는지 질문이 나오는 것은 당연하다.

먼저, 세상에는 가축의 경우에도 자연 상태의 경우에도 연령대와 성에 따라 구조가 서로 다르게 나타나는 수많은 사례가 있다는 사실을 명심하자. 하나의 성에서만 나타나는 차이뿐 아니라 활발한 생식기간에만 나타나는 차이도 있다. 많은 종류의 새에게서 관찰되는 혼인색과 수컷 연어의 갈고리 턱이 그 예에 해당한다. 또한 인위적으로 거세한 수소의 품종들 사이에 나타나는 미세한 뿔의 차이도 있다. 어떤 품종의 수소는 거세하지 않은 수컷이나 암컷과 비교했을 때, 다른 품종보다 뿔의 길이가 조금 더 길게 나타나기도 한다. 따라서 나는 곤충 집단의 불임성과 관련된 형질을 설명하는 데 별로 어려움이 없다. 어려운 것은 이렇게 상호 연관된 구조가 어떻게 자연선택을 거쳐 서서히 축적되었는지를 이해하는 일이다.

비록 감당할 수 없어 보이기는 하지만, 자연선택이 원하는 목적을 이루기 위해서 개인뿐 아니라 가족에게도 적용된다는 사실을 기억한다면 이러한 어려움은 줄어든다. 아니, 나는 어려움이 아예 사라진다고 믿는다. 따라서 좋은 향기를 내는 식물이 요리되었을 때 한 개체의 식물은 파괴되지만, 원예가는 동일한 혈통의 씨앗을 뿌려서 거의 동일한 변종이 출현하기를 기대할 것이다. 소 육종가는 살과 지방이 함께 잘 섞여 있는 소를 원한다. 소는 도살되지만 육종가는 확신을 품고 그 가계를 계속 연구할 것이다. 나는 선택의 힘에 대해 이러한 확신이 있기 때문에, 어떤 수컷과 암컷이 교배했을 때 뿔이 조금 더 긴 새끼가 태어나는지를 세밀하게 관찰한다면 설사 거세된 수소가 자신의 형질을 다음 세대로 물려주지는 못하더라도 뿔이 길어지는 형질이 서서히 만들어질 수 있다는 사실을 의심하지 않는다.

따라서 나는 사회성 곤충에서도 이러한 일이 일어난다고 믿고 있다. 즉 집단의 일부 구성원들이 보이는 불임성과 관련된 구조나 본능의 미세한 차이가 집단 전체의 이득이 되었고, 그 결과 동일 집단의 가임성 수컷과 암컷들이 번성하게 되었으며, 그들의 가임성 후손들에게 동일한 변형의 불임성 구성원을 낳는 경향을 물려줄 수 있는 것이다. 또한 나는 이러한 과정이 반복되어 가임성 암컷과 불임성 암컷의 차이가 지금 보는 것처럼 아주 커질 때까지 일어날 수 있다고 믿는다.

그러나 우리는 아직 가장 어려운 부분에는 이르지도 못했다. 일부 개미들의 중성 개체들은 가임성 암컷이나 수컷들과 모양이 다를 뿐만 아니라, 중성 개체들 사이에서도 서로 다른 모양이 존재한다. 간혹 그 차이가 너무 커서 둘, 심지어는 세 계급으로 나뉘기도 한다. 게다가 이들 계급은 서로 점진적인 변화를 보이는 것이 아니라 한 속의 서로 다른 두 종처럼 서로 명백하게 구별되어 있다. 심지어 동일 과의 서로 다른 두 속인 것처럼 차이를 나타내기도 한다.

군대개미 집단에는 턱의 구조와 본능이 완전히 다른 일개미와 병정개미가 있다. 크립토체루스 개미의 경우에는 한 계급의 일개미들만이 머리에 특이한 방패구조가 있지만 그 용도와 관련해서는 전혀 알려진 바가 없다. 멕시코의 꿀단지개미의 경우 한 계급의 일개미들은 절대 둥지를 떠나는 법이 없으며 다른 계급의 일개미들이 주는 먹이를 받아먹고 살지만, 그들의 복부는 잘 발달되어 일종의 꿀을 분비한다. 진딧물의 분비물이 차지하는 부분을 보완하고 있는 것이다. 그렇게 부를 수만 있다면 나는 그들을 유럽의 젖소들이라고 하고 싶다. 유럽의 젖소들을 개미들에 해당하는 우리 유럽인들이 지키고 감금하고 있는 것과 마찬가지이다.

내 이론에 치명적일 수 있는 이러한 놀랍고도 잘 알려진 사실조차 내가 인정하지 않을 때, 사람들은 내가 자연선택 이론에 대해서 지나친 자신감을 갖고 있다고 생각할 것이다. 중성 곤충의 더욱 단순한 사례는 다음과 같을 것이다. 즉 한 계급의 모든 개체들이 자연선택에 따라 가임성 수컷이나 암컷과는 다르게 변화하는 경우로, 나는 이것이 정말로 가능하다고 믿는다.

이 경우 원래의 변이로부터 유추해보면 우리는 다음과 같은 결론을 내릴 수 있을 것이다. 즉 미세하지만 연속적이고 유리한 변형이 초기에 한 집에 사는 모든 개체에서 일어나지는 않았을 것이고 단지 일부에서만 일어났을 것이다. 그리고 유리하게 변형된 중성 개체를 많이 낳는 가임성 부모들이 오랫동안 선택됨으로써 모든 중성 개체들이 결국 바람직한 형질을 띠게 되었을 것이다.

이 견해에 따라 우리는 종종 한집에 살면서 점진적인 구조의 변형을 보이는 동일 종의 중성 곤충을 찾아야만 한다. 유럽에서 중성 곤충을 다룬 자세한 연구가 적었다는 점을 고려해보면 이러한 중성 곤충이 꽤나 자주 발견된 편이다. 스미스는 영국에 서식하는 여러 종의 개미 중성 개체들이 크기와 때로는 색깔에서도 크게 다르다는 것을 보여주었다. 또한 극단적인 형도 한 둥지에서 채집된 단계적인 개체들에 의해 완벽하게 연결된다는 것을 보였다. 나도 이러한 종류의 완벽한 단계적 변화를 비교해본 적이 있다.

가끔은 덩치가 커지거나 작아진 일개미가 대부분인 경우도 있다. 즉 덩치가 큰 일개미도 많고 덩치가 작은 일개미도 많은데 중간 크기의 일개미는 그 개체수가 적다는 것이다. 노랑가시방패개미에는 덩치가 큰 일개미와 덩치가 작은 일개미가 있으며 중간 크기의 일개미도 있다. 스미스가 관찰한 바에 따르면, 덩치가 큰 일개미는 크기가 작으며 명확하게 구분되는 홑눈이 있지만 덩치가 작은 일개미는 홑눈의 흔적만 있을 뿐이다.

이들 일개미의 여러 표본을 세밀하게 해부하면서 나는 작은 일개미의 홑눈이 그 덩치와 비례하는 작은 크기가 아니라 그보다 훨씬 더 작고 흔적으로만 관찰된다는 사실을 확인할 수 있었다. 비록 강력하게 주장하지는 못하겠지만, 중간 크기의 일개미들이 정확히 중간 상태의 홑눈을 갖고 있다고 나는 믿는다. 따라서 한 둥지 안에 크기와 시각기관이 다른 두 집단의 불임성 일개미가 존재하며 중간 상태를 보이는 일부 구성원이 이들 집단을 연결하고 있는 것이다.

새로운 사례를 들어 독자들을 혼란스럽게 한 것은 아닌지 모르겠다. 즉 이 집단에 작은 일개미가 가장 이득을 주었다면 더욱 작은 일개미를 낳는 암컷과 수컷이 계속 선택되어 결국에는 모든 일개미가 작은 크기가 되었을 것이고, 뿔개미의 경우처럼 모든 중성 개미가 거의 같은 조건을 갖추는 상태가 되었을 것이다. 뿔개미 수컷과 암컷의 홑눈은 아주 잘 발달해 있지만, 이들의 일개미는 홑눈의 흔적조차 없기 때문이다.

한 가지 사례를 더 들도록 하겠다. 한 종의 서로 다른 중성 개체 계급 사이에 중요한 구조의 단계적인 변화를 찾을 수 있다는 확신이 강했던 나는 스미스의 제안을 기꺼이 받아들여 서아프리카에 서식하는 운전사개미의 한 둥지에서 채집된 표본을 조사할 기회가 있었다. 독자들은 내가 제시하는 측정치보다는 정확한 도해를 바탕으로 이들 집단의 일개미들이 얼마다 다양한지 알 수 있을 것이다. 이들 일개미의 차이는 집을 짓는 현장에 키가 1미터 63센티미터인 노동자들과 4미터 88센티미터인 노동자들이 섞여 있는 것과 마찬가지이다. 아울러 키가 큰 노동자들은 작은 노동자들보다 머리가 3배를 넘어 4배나 크며 거의 5배에 해당하는 턱을 갖고 있다. 더구나 여러 크기의 일개미 턱은 그 크기, 턱에 돋아난 돌기의 형태와 크기가 놀라울 정도로 다양하다.

그러나 우리에게 중요한 것은 일개미들을 크기에 따라 여러 계급으로 나누더라도 그들의 크기는 거의 차이가 없는 점진적인 단계로 이어져 있으며, 그들의 턱도 매우 다양한 구조로 이루어져 있다는 점이다. 여러 가지 크기의 일개미를 해부해서 얻은 턱에 관한 그림을 러복이 실물 사생기를 이용해 그려주었는데, 나는 이 그림을 보면서 이 마지막 사례에 대한 확신이 강해졌다.

이러한 사실을 바탕으로 내가 믿는 것은 가임성 부모에게 작용하는 자연선택이 턱의 크기가 같은 덩치가 큰 일개미를 만들 수도 있고, 턱의 크기가 다양한 덩치가 작은 일개미를 만들 수도 있으며, 설명하기 가장 어려운 세 번째 상황, 즉 크기와 구조가 통일된 한 가지 형태의 일개미와 크기와 구조가 다양한 다른 형태의 일개미가 함께 공존하는 상황을 만들 수도 있다는 것이다. 운전사개미의 경우와 마찬가지로 처음에는 점진적인 변화를 보이는 일개미들이 형성되었으며, 나중에 자연선택의 영향으로 집단에 더욱 도움을 주는 극단적인 형태의 일개미들이 더 많이 만들어지게 된 것이다. 그리고 결국에는 중간형의 일개미들이 더는 만들어지지 않게 된 것이다.

이렇게 한 둥지에 부모와도 다르고 상호 간에도 뚜렷하게 다른 두 계급의 일개미들이 존재한다는 놀라운 사실이 설명될 수 있다고 나는 믿는다. 우리는 이들의 존재가 사회성 곤충 집단에 얼마나 유용한지 알 수 있는데, 이는 문명인에게 분업이 유용한 것과 같은 원리이다. 개미는 물려받은 본능과 도구와 무기를 이용해 임무를 수행하는 것이지 물려받은 지식과 제작된 도구를 이용해 임무를 수행하는 것이 아니다. 따라서 완벽한 분업은 일개미들이 불임이어야만 가능하다. 만약 일개미들이 생식력이 있었다면 교배가 일어났을 것이고 그들의 본능과 구조는 뒤섞였을 것이다. 나는 자연이 개미 집단의 놀라운 분업에 작용하는 것은 자연선택의 수단을 통해서 가능하다고 믿는다.

그러나 고백할 것이 한 가지 있다. 내가 이 원리에 대한 확신이 있다고 해서 자연선택의 효과가 높았으리라고 기대하면 안 되는 것을 알지만, 이 중성 곤충의 경우는 예외여서 나는 처음부터 확신이 있었다. 따라서 나는 자연선택의 힘을 보여줄 만큼 이 문제를 충분히 논의하지 않았다. 마찬가지로 내 이론이 맞닥뜨린 가장 특별한 어려움도 내가 충분히 논의하지 못한 이유가 될 것이다.

또한 이 사례는 매우 흥미롭다. 왜냐하면 이것은 식물에서와 마찬가지로 동물에서 구조의 변형이 아무리 작더라도 이득을 줄 수만 있다면, 수많은 우발적 변이들은 연습이나 습성이 작용하지 않더라도 축적되어 효과를 발휘할 수 있다는 것을 증명해주는 사례가 되기 때문이다. 왜냐하면 연습이나 습성 또는 의지 없이도 한 집단의 완벽한 불임 개체들이 그들을 낳는 가임성 구성원들의 구조와 본능에 영향을 줄 수 있기 때문이다. 잘 알려진 라마르크[프랑스의 생물학자이자 진화론자]의 원리에 반대하고자 이 중성 곤충의 실증적인 사례를 제기한 사람이 아무도 없다는 것이 놀랍다.

요약 나는 이번 장에서 가축의 지능이 다양하며 이러한 변이가 다음 세대로 전달된다는 것을 보이고자 간단한 설명을 했다. 자연 상태에서는 본능의 변이가 미세하다는 것을 더욱 간단하게 설명하려고 했다. 본능이 각각의 동물에게 매우 중요하다는 사실을 반대할 사람은 없을 것이다. 따라서 나는 생활조건이 변하면 본능의 작은 변형들이 자연선택에 따라 유익한 방향으로 무한정 축적될 것이라는 사실을 의심하지 않는다. 습성이나 용불용이 작용하는 경우도 있을 것이다.

이번 장에서 제시된 사례들이 내 이론을 크게 강화시킨다고는 감히 생각하지 않는다. 그러나 최선을 다해 판단하건대, 어떠한 어려운 사례도 내 이론을 꺾지는 못한다. 한편으로 본능이 절대적으로 완벽한 경우는 없으며 잘못 작용하는 경우는 있다는 사실과, 오로지 다른 동물들의 이익을 위해서만 생성된 본능은 없으며 각각의 동물이 다른 동물의 본능을 이용한다는 사실, 박물학의 규범인 '자연은 비약하지 않는다'는 사실이 신체적인 구조뿐만 아니라 본능에도 적용될 수 있다. 또한 앞으로 전개될 견해에 따라—다른 견해로는 설명되지 않는다—충분히 설명될 수 있을 것이다. 그리고 이 모든 것이 자연선택설을 뒷받침할 것이다.

이 밖에도 본능에 관한 여러 사실이 이 이론을 뒷받침하고 있다. 유연관계가 깊은 서로 다른 두 종은 생활조건이 매우 다른 두 곳에서 살면서도 거의 같은 본능을 계속 지니고 있는 것이 하나의 사례가 될 것이다. 우리는 유전의 법칙을 이해한다. 남아메리카의 개똥지빠귀가 진흙을 이용해 둥지를 짓는 독특한 양식은 영국의 개똥지빠귀가 둥지를 짓는 양식과 동일하다. 북아메리카의 굴뚝새 수컷은 암컷을 유혹하고 알을 품을 둥지를 짓는데, 그 양식이 영국의 고양이 굴뚝새 둥지와 같다. 물론 굴뚝새 수컷들이 이렇게 둥지를 트는 방식은 다른 새들의 습성과는 전혀 다르다.

마지막으로, 논리적인 추론은 아닐지 모르지만 내 생각에는 그러한 본능을 다음과 같은 것으로 보는 편이 더 나을 듯하다. 즉 젖형제를 둥지에서 밀어내는 어린 뻐꾸기의 본능, 노예를 부리는 개미의 본능, 살아 있는 애벌레의 몸속에서 살아가는 맵시벌 유충의 본능은 모두 특별하게 물려받거나 창조된 본능이 아니라, 번식하고 변화가 일어나고 강한 것은 살아남고 약한 것은 죽어서 궁극적으로 모든 개체의 진보를 이끄는 아주 일반적인 법칙의 작은 결과에 불과하다.

제8장 잡종 형성

종간 교잡의 불임성과 잡종의 불임성이 보이는 차이 – 보편적이지는 않지만 근친교배에 따라 생겨나고 가축화에 따라 사라진 불임성 – 종간 잡종의 불임성을 지배하는 법칙 – 특별하게 타고난 재능이 아니라 다른 차이 때문에 부차적으로 생긴 불임성 – 종간 1차 교배와 잡종이 보이는 불임성의 원인 – 생활환경의 변화로 인한 효과와 교잡의 효과 사이에 나타나는 평행현상 – 변종이 교잡되었을 때의 산출력과 변종 간 혼혈의 생식능력 – 종간 잡종과 변종 간 혼혈을 생식능력과 별도로 비교함 – 요약

일반적으로 박물학자들의 흥미를 끄는 주제는, 종들 사이에 이종교배가 일어나 태어나는 새끼는 모든 생물체 사이의 혼란을 막고자 불임이 된다는 것이다. 이 견해는 얼핏 그럴듯해 보인다. 왜냐하면 만약 종들 사이의 교잡이 자유롭게 일어났다면 한 지역의 종들이 서로 다른 특징을 유지하지 못했을 것이기 때문이다. 잡종이 일반적으로 불임이 된다는 사실의 중요성은 최근 일부 학자들에 의해 과소평가되는 경향이 있는 것 같다.

자연선택설에 따르면 이러한 사례는 매우 중요하다. 왜냐하면 잡종의 불임성은 그들에게 이득을 줄 일이 없기 때문이다. 따라서 연속적인 유리함에 의해 불임이 획득될 일은 없을 것이다. 그렇지만 나는 불임이 특별하게 획득되거나 부여된 자질이 아니고 다른 획득형질에 부차적으로 나타나는 것이기를 희망한다.

이 주제를 다룰 때 우리는 기본적으로 크게 다른 두 가지 사례를 혼동하고 있다. 즉 두 종이 처음으로 교잡되었을 때 일어나는 불임성과 그들에게서 태어난 잡종이 보이는 불임성이 그것이다.

순수한 종은 당연히 생식기관을 완벽한 상태로 보유하고 있다. 그러나 이종교배가 일어났을 때 그들은 후손을 낳지 못하거나 낳더라도 후손이 매우 적은 편이다. 한편으로 잡종은 생식기관이 제 기능을 발휘하지 못한다. 이들의 생식기관 구조는 완벽하지만 현미경으로 관찰한 바에 따르면 동식물 모두에서 수컷 요소[정자]가 제구실을 하지 못한다. 배아를 만드는 암수 요소가 완벽한 경우가 있고, 암수 요소가 전혀 발달하지 않거나 불완전하게 발달하는 경우도 있다. 이 두 가지 사례에서 아주 흔하게 나타나는 불임의 원인을 고려할 때 이 구별은 중요하다. 이 두 가지 사례의 불임은 특별하게 부모에게서 물려받은 것이고 우리 지식의 영역을 넘어서는 것으로 여겨져 이 구별을 가볍게 처리해온 것이 현실이다.

변종 간에 교잡이 일어났을 때 이들의 산출력은 공통부모에게서 물려받은 특징으로 알려져 있다. 내 이론에 따르면 그들의 혼혈 후손이 갖고 있는 생식능력은 종의 불임성만큼이나 중요한 사항이다. 왜냐하면 이것이 변종과 종을 구분하는 포괄적이고 명백한 기준이 되는 것으로 보이기 때문이다.

먼저, 두 종을 교잡하려 할 때 나타나는 불임성과 잡종 후손의 불임성에 관해서. 성실하고 훌륭한 두 학자 쾰로이터와 게르트너는 전 생애를 바쳐 이 주제를 연구했는데, 불임의 정도에 대한 일반 지식 없이 그들의 논문을 연구하는 것은 불가능하다. 쾰로이터는 아주 보편적인 규칙을 만들었으며, 그것을 설명하고자 다음과 같은 기준을 정했다. 그가 발견한 두 가지 형태에 관한 10가지 사례를 대부분의 학자들은 별개의 종이라고 했지만, 생식이 가능할 때 그는 망설이지 않고 그들을 변종으로 취급했다.

또한 게르트너도 마찬가지로 보편적인 규칙을 만들었는데, 그는 쾰로이터가 말한 10가지 생식능력에 이의를 제기했다. 그러나 이 사례뿐만 아니라 다른 사례에서도 게르트너는 씨앗의 개수를 조심스럽게 헤아려 약간의 불임성이라도 찾으려 했다. 그는 언제나 두 종 사이의 교잡으로 만들어진 씨앗의 최댓값과 그들의 잡종 후손에 의해 만들어진 씨앗의 최댓값을 자연 상태에서 양쪽의 순수한 부모종에서 얻어진 씨앗의 평균값과 비교했다.

그러나 여기에 소개하기에는 오류가 있어 보인다. 교잡을 일으키기 위해서는 식물의 꽃밥을 제거해야 하고, 이보다 더 중요한 것은 곤충에 의해 다른 식물에서 꽃가루가 전달되는 것을 막기 위해 이들을 격리하는 것이다. 게르트너가 실험한 거의 대부분의 식물은 화분에 심은 상태였으며 자기 집의 방에 두었음이 틀림없다. 이러한 과정이 종종 식물의 생식능력을 손상시킬 수 있다는 것은 의심의 여지가 없다. 게르트너는 꽃밥을 제거하고 인위적으로 자가수분을 시킨 약 20가지 사례를 표로 정리했다. 조작이 특히 어려운 콩과식물의 모든 사례를 제외한 뒤, 게르트너는 이 20가지 식물의 절반에서 생식능력이 어느 정도 손상된다는 것을 관찰했다.

더구나 게르트너는 수년간 흰앵초와 앵초를 반복적으로 교잡시켰다. 이 둘은 두 개의 변종으로 여길 만한 충분한 이유가 있는 식물로, 생식능력을 갖춘 씨앗은 단지 한두 번만 얻어졌다. 그는 흔하게 관찰되는 붉은 별봄맞이꽃과 푸른 별봄맞이꽃을 발견했는데, 최고의 식물학자들은 이들을 교잡이 전혀 불가능한 변종으로 취급했다. 그는 비슷한 다른 사례에 대해서도 동일한 결론을 내리게 되었다. 게르트너는 이 식물들이 교잡 때 정말로 불임을 보인다고 했는데, 우리는 다른 많은 종들이 진정으로 서로 다른 종이었는지 충분히 의심해볼 수 있을 것이다.

그러나 교잡 때 여러 종이 보이는 불임성의 정도가 워낙 다양하고 거의 느낄 수 없을 정도의 점진적인 단계로 이어져 있다는 것은 확실하다. 한 종의 생식능력은 여러 환경에 따라 아주 쉽게 영향을 받기 때문에 완벽한 생식능력이 어느 지점에서 끝나고 불임성은 어느 지점에서 시작되는지 말하기는 매우 어려운 일이다. 가장 경험이 풍부한 두 학자 쾰로이터와 게르트너가 똑같은 종을 대상으로 정반대의 결론에 도달한 것이야말로 이것에 대한 가장 훌륭한 증거라고 생각한다.

여기서 자세하게 논의할 수는 없지만 애매한 형태의 식물을 종으로 분류할 것인지 변종으로 분류할 것인지에 관한 질문에 대해 최고의 식물학자들이 제시한 증거들과 그들이 다른 시기에 연구한 결과들 또는 다른 여러 교배 연구자들에 의해 제시된 증거를 비교해보면 도움이 될 것이다. 따라서 불임성이나 가임성이 종과 변종에 대한 구별이 될 수는 없을 것 같다. 오히려 이것에서 얻어진 증거의 힘이 서서히 사라지고 체질적인 차이와 구조적인 차이에서 얻어진 증거들과 마찬가지로 불임성과 가임성은 증거로서 그 역할이 의심스럽다는 것을 보일 수 있다.

세대가 계속되면서 나타나는 잡종의 불임성에 대하여. 게르트너는 잡종이 순수 부모혈통과 교잡이 일어나지 않도록 관리하면서 일부 잡종을 6~7세대, 심지어 10세대까지 키울 수 있었지만 생식능력이 증가하는 일은 없으며 대부분의 경우 생식능력이 크게 줄어든다고 주장했다. 나는 이러한 현상이 보편적이며 처음 몇 세대에서 생식능력이 갑자기 감소한다는 사실을 믿어 의심치 않는다.

그렇지만 이 모든 실험 결과를 보고 나는 하나의 독자적인 원인, 즉 근친교배가 생식능력을 떨어뜨린다고 믿고 있다. 나는 근친교배가 생식능력을 떨어뜨린다는 것을 보여주는 방대한 양의 사례를 모았다. 반대로 서로 뚜렷하게 다른 개체나 변종 간에 일어나는 교잡이 생식능력을 높이는 것을 보여주는 사례도 있다. 따라서 나는 육종가들이 갖고 있는 보편적인 신념의 정확성을 의심할 수가 없다.

실험자가 많은 수의 잡종을 키우는 경우는 거의 없다. 또한 부모종이나 다른 친척 잡종들이 같은 정원에서 자랄 경우 꽃이 피는 계절에는 곤충의 접근을 조심스럽게 차단해야 한다. 따라서 잡종은 세대를 거듭하면서 대개 자신의 꽃가루로 수정되며, 이러한 상황은 이미 잡종 때문에 떨어진 그들의 생식능력을 더욱 떨어뜨린다고 생각한다.

게르트너가 여러 번 강조한 놀라운 언급을 접하며 나는 더욱 확신할 수 있었다. 즉 생식능력이 떨어진 잡종이 동일한 종류의 잡종 꽃가루에 인공수정되었을 때, 실험적인 조작이 종종 나쁜 영향을 끼치는데도 그들의 생식능력이 크게 증가하고 또 그 증가 상태가 지속되는 경향이 있다고 했다. 인공수정에서 자신의 꽃에 있는 꽃밥으로부터 꽃가루를 얻는 과정에서 다른 꽃의 꽃밥으로부터 우연히 꽃가루가 옮겨지는 경우가 흔하기 때문에—나 자신의 실험을 통해 나는 이 사실을 잘 알고 있다—, 비록 한 그루의 나무에서 서로 다른 꽃을 이용한 교배라 할지라도 그렇게 영향을 받을 수 있는 것이다.

더구나 복잡한 실험을 수행할 때, 게르트너처럼 잡종의 꽃밥을 제거하면 자기 나무의 꽃이나 성질이 비슷한 다른 나무에 핀 꽃에서 옮겨온 꽃가루와 수정이 일어날 수 있을 것이다. 그리고 인공수정으로 얻어진 잡종의 여러 세대에서 생식능력이 증가하는 기이한 사례는 근친교배를 피했다는 이유로써 설명될 수 있을 것 같다.

이제 세상에서 세 번째로 유명한 육종가인 허버트가 얻은 결과에 눈을 돌려보자. 쾰로이터와 게르트너가 별개 종 사이에서는 어느 정도의 불임성이 자연의 법칙이라고 주장하는 것처럼 허버트는 자기 결론에 대해 단호해서, 일부 잡종은 순수 혈통인 부모종만큼이나 완벽한 생식능력을 갖고 있다고 했다. 허버트는 게르트너가 그랬던 것처럼 동일종의 일부 개체들을 이용해서 실험했다. 그들이 얻은 결과의 차이는 허버트가 놀라운 원예기술과 자신의 온실을 갖고 있기에 웬만큼 설명될 수 있다고 생각한다.

그가 중요하게 언급한 것이 많지만 단 한 가지만 여기에 옮겨보자. 즉 크리눔 레볼루툼〔백합목 수선화과의 일종〕에 의해 수정된 크리눔 카펜

세〔백합목 수선화과의 일종〕의 꼬투리 속에 있는 모든 밑씨는 결국 하나의 식물체로 성장하는데, 그는 자연 상태의 교배에서는 이런 경우가 한 차례도 없었다고 했다. 따라서 우리는 별개의 종 사이에 일어난 1차 교잡에서 완벽한 생식능력의 사례를 보고 있는 것이다.

크리눔의 이러한 사례를 보면서 생각나는 아주 특별한 사실 하나가 있다. 로벨리아〔초롱꽃목 숫잔댓과의 한 종류〕의 일부 종과 히페아스트룸〔백합목 수선화과의 한 종류〕의 모든 종은 자기 종의 꽃가루보다 다른 종의 꽃가루에 의해 더 쉽게 수정이 일어난다. 이들 식물은 동종의 꽃가루에 대해서는 전혀 수정이 일어나지 않지만 다른 종의 꽃가루에 의해서는 씨앗을 생산하는 것으로 알려져 있다. 물론 이들의 꽃가루는 완벽하다. 왜냐하면 이들은 또 다른 종을 수정시키기 때문이다.

따라서 한 종의 일부 식물이나 한 종의 모든 식물은 자가수정보다 훨씬 더 쉽게 교잡이 일어나고 있는 것이 현실이다. 예를 들어 히페아스트룸 아울리쿰의 구근에서 네 송이의 꽃이 피어났는데, 허버트는 이 가운데 세 송이의 꽃을 자가수정시키고 네 번째 꽃은 세 개의 서로 다른 종에서 유래된 복합적인 잡종의 꽃가루를 이용해 수정시켰다. 결과는 다음과 같았다. 처음 세 송이의 꽃은 곧 성장을 멈추고 며칠이 지나자 완전히 말라버렸다. 그렇지만 잡종에 의해 수정된 꽃의 꼬투리는 아주 빠르게 성장해 좋은 씨앗을 맺었으며, 이 씨앗은 발아해서 식물로 잘 성장했다. 허버트는 1839년에 내게 보낸 편지에서 그 이후로 5년 동안 계속 실험했지만 언제나 똑같은 결과를 얻었다고 했다.

이러한 결과는 히페아스트룸의 여러 아속이나 로벨리아 · 시계꽃 · 베르바스쿰〔현삼과의 한 속명〕을 이용해 실험한 다른 학자들에 의해서도 뒷받침되었다. 이들 실험에서 식물들이 완벽하게 건강한 것으로 나타났으며 하나의 꽃에 들어 있는 밑씨와 꽃가루 모두 다른 종보다 완벽한 상태였지만, 자가수정이라는 기능 면에서는 불완전했던 것이다. 그러기에 우리는 이들 식물이 자연의 법칙을 따르지 않는다고 추측할 수 있다. 그럼에도 이러한 사실들은 자가수정과 비교해 교잡에 따라 감소하거나 증가하는 생식능력이 때로는 사소하면서도 신비스러운 원인에 의해 일어난다는 것을 보여준다.

원예가들이 경험을 토대로 수행하는 실험은 비록 과학적인 정확도가 있는 것은 아니지만 주목할 만하다. 양아숙 · 바늘꽃 · 주머니꽃 · 피투니아 · 철쭉 등, 식물의 교잡이 일어나는 양상은 아주 복잡하지만 이들 사이의 많은 잡종들이 씨앗을 잘 맺는다. 예를 들어 허버트는 일반적인 습성이 크게 다른 인테그리폴리아 주머니꽃과 플란타지니아 주머니꽃에서 얻어진 잡종이 마치 칠레의 산악지대에서 자라는 자연산 종인 것처럼 완벽한 씨앗을 맺는다고 주장했다.

철쭉의 복잡한 교잡에서 나타나는 번식력의 등급을 알아내는 데는 어려움이 있었지만 나는 이들 중 많은 종류가 완벽한 번식력이 있다고 확신한다. 예를 들어 노블〔영국의 종묘상〕은 내게 다음과 같은 사실을 알려주었다. 노블은 접목을 목적으로 폰티쿰 철쭉과 카타우비엔세 철쭉의 잡종을 재배했는데 이들 잡종은 우리가 상상할 수 있을 정도의 많은 씨앗을 만들었다. 게르트너가 생각했던 대로 이들은 잡종이기 때문에 어지간히 보살펴도 대를 거듭하면서 번식력이 떨어지는 것이 보통이며, 이것은 종묘상들에게는 꽤나 골치 아픈 일이 될 것이다.

원예가들은 한 종류의 잡종을 커다란 화단에 함께 키우는데, 이것은 그 자체로 아주 좋은 방법이다. 왜냐하면 곤충에 의해 동일 잡종의 개체들 사이에 자유로운 교배가 일어나 씨앗을 맺기 때문에 근친교배에 따른 악영향을 막을 수 있기 때문이다. 잡종 철쭉의 불임성 꽃을 조사하면 곤충에 의한 효과를 확신할 것이다. 이들 불임성 잡종은 꽃가루를 생산하지 못하는데도 암술머리에는 다른 꽃에서 운반되어온 꽃가루가 잔뜩 묻어 있다.

동물을 다룬 자세한 실험은 식물에 견주어 턱없이 부족하다. 만약 우리의 계통분류가 믿을 만하다고 해보자. 즉 동물의 속이 식물의 속만큼이나 서로 다르다면 우리는 자연 상태에서 동물이 식물의 경우보다 훨씬 더 격리되었을 것이라고 추측할 수 있을 것이다. 그러나 잡종들이 보이는 불임성은 식물의 경우보다 훨씬 더 심하다고 생각한다. 번식력이 완벽한 잡종 동물의 사례가 철저하게 검증되는 일은 일어날 것 같지 않다.

그렇지만 명심할 점이 있다. 가두어진 상태에서 자유롭게 번식할 수 있는 동물은 거의 없기 때문에 제대로 수행된 실험은 아주 드물었을 것이다. 예를 들어 카나리아를 9종의 방울새와 교배 실험을 했는데, 가둬 넣은 상태에서 자유롭게 번식한 경우는 한 번도 없었다. 따라서 우리는 방울새와 카나리아 사이의 교잡이나 그들의 잡종 사이의 교잡에 따라 완벽한 번식력이 유지되었을 것이라고 기대할 수 없다.

잡종의 번식력이 높았던 동물들이 세대를 거듭하면서 번식력에 어떤 변화가 생겼는지, 각각 다른 부모가 동일한 잡종으로 이루어진 각자의 가족을 동시에 키우면서 근친교배에 따른 악영향을 피했던 상황을 관찰했으면 좋았겠지만 나는 그러한 사례를 알지 못한다. 오히려 세대를 거치면서 형제자매 사이의 교잡이 일어나 모든 육종가들의 권고와는 반대로 가는 경우가 흔하다. 이때 잡종의 선천적인 불임성이 증가한다는 사실은 전혀 놀라운 일이 아니다. 만약 순수 혈통의 동물에서 형제자매가 쌍을 이루었는데 어떠한 이유에서건 불임성의 경향이 조금이라도 나타났다면, 이 품종은 얼마 지나지 않아 곧 사라질 것이 확실하다.

비록 완벽한 번식력을 유지한 잡종 동물에 관해 완벽하게 입증된 사례는 모르지만 일반 애기사슴과 중국애기사슴 사이의 잡종, 일반 꿩과 중국꿩 사이의 잡종 그리고 일반 꿩과 초록꿩 사이에 태어난 잡종의 생식능력은 완벽하다고 믿을 만한 근거가 있다. 일반 거위와 개리[중국거위라고도 한다]는 너무 달라 종종 서로 다른 속으로 분류되는데, 이들 사이의 잡종은 이 나라에서 순수혈통의 부모를 통해 번식하지만 이들 잡종이 자체적으로 번식했다는 보고도 하나 있다.

이것은 아이튼〔영국의 박물학자로 조류를 연구했다〕에 의해 밝혀졌다. 그는 동일 부모에게서 서로 다른 시기에 부화한 두 마리의 잡종을 키웠는데, 그는 이 두 마리의 잡종에게서 한배에 8마리나 되는 잡종(본디 순수혈통 거위의 손주)을 낳게 했다. 그렇지만 인도에서는 이렇게 교배된 거위가 훨씬 더 번식력이 있음이 틀림없다. 아주 저명한 감식가인 블라이드와 허턴 대위〔인도에 주둔했던 벵골 군의 대위〕는 내게 이러한 교잡으로 태어난 잡종이 인도 전역에서 사육되고 있다고 알려주었다. 이들 잡종이 부모종이 존재하지 않는 지역에서도 판매 목적으로 사육되고 있으므로 그들 스스로 번식력이 강해야만 할 것이다.

현대의 박물학자들은 팔라스〔독일의 동물학자〕에게서 비롯된 학설 하나를 받아들인다. 즉 대부분의 가축은 둘 이상의 원시종이 교배로 섞이면서 유래되었다는 것이다. 이 견해에 따르면 원시종들은 처음에 생식력이 완벽한 잡종을 낳았어야 한다. 또는 잡종이 가축화하면서 완벽한 생식능력을 서서히 갖추게 되었을 수도 있다. 나는 이 두 번째 견해가 더 그럴듯해 보인다. 직접적인 증거는 없지만 나는 이 두 번째 견해가 진실에 가깝다고 믿고 싶다.

예를 들어 나는 우리가 키우는 개가 여러 야생 혈통에서 유래되었다고 믿고 있다. 남아메리카가 원산인 몇몇 종류는 예외일 수도 있지만 모든 개들은 완벽한 생식능력을 갖추고 있다. 같은 이유에서 나는 몇몇 야생종이 처음에 서로 자유롭게 교배하며 생식능력이 완벽한 잡종을 만들게 되었다는 견해를 매우 의심스럽게 생각한다. 유럽산 소와 혹이 달린 인도의 소는 교배 때 완벽한 생식능력을 보인다. 그러나 블라이드가 내게 알려준 사례에 따라 나는 그들을 서로 다른 별개의 종으로 여겨야 한다고 생각한다. 많은 가축의 기원에 대한 이러한 견해를 따른다면 우리는 서로 다른 종의 동물이 교배했을 때 대부분 불임이 된다는 보편적인 믿음을 포기하거나, 불임을 지워지지 않는 형질이 아니라 가축화에 따라 사라질 수도 있는 형질로 봐야 할 것이다.

마지막으로 동식물의 교잡에 대해 알려진 모든 사례를 보면서 다음과 같은 결론을 내려도 될 것 같다. 즉 1차 교잡과 잡종에서 나타나는 어느 정도의 불임성은 극히 보편적인 결과이지만 현재의 지식이 허락하는 범위에서 볼 때 완벽하게 보편적이라고 생각해서는 안 될 것 같다.

1차 교잡과 잡종의 불임성을 지배하는 법칙들 이제부터 1차 교잡과 잡종에서 나타나는 불임성을 지배하는 상황과 법칙을 조금 더 자세하게 논의할 것이다. 우리의 주된 목적은 교잡과 섞임으로 우리 가축들이 엉망으로 섞이는 것을 막기 위해 종이 이러한 특징을 선천적으로 갖고 있는지 여부이다. 다음의 규칙과 결론들은 식물의 교배에 대해 놀라운 연구를 한 게르트너의 작품에서 인용한 것이다. 이 규칙들을 동물에게 어느 정도까지 적용할 수 있을지를 확신하는 것은 고통스러운 작업이었다. 동물의 잡종에 관한 우리의 지식이 형편없이 부족하다는 것을 인식하면서 나는 동물과 식물에서 모두 똑같은 규칙이 적용될 수 있다는 사실에 많이 놀랐다.

1차 교잡과 잡종에서 나타나는 번식력의 정도가 0부터 완벽한 번식력까지 점진적인 변화를 보인다는 사실은 앞에서 언급한 바 있다. 이러한 점진적인 변화가 존재한다는 사실을 아주 다양한 방법으로 보여줄 수 있다는 것이 놀랍지만, 여기에서는 아주 간단한 개요만 제시하도록 하겠다.

한 과 식물의 꽃가루가 다른 과 식물의 암술머리에 붙었을 때는 단순한 먼지가 붙은 것처럼 아무 변화도 일어나지 않는다. 이렇게 생식능력이 완전히 없는 상태가 있는가 하면, 한 종의 꽃가루를 같은 속의 다른 종 암술머리에 묻혔을 때 완벽하게 점진적인 단계의 씨앗들이 얻어져 완전한 생식능력을 갖춘 씨앗이 만들어지는 경우도 있었는데, 일부 비정상적인 경우에는 같은 종의 꽃가루가 수정을 일으킨 경우보다 더 뛰어난 생식능력이 나타나기도 했다.

두 종 사이에서 만들어지는 잡종의 상황을 살펴보자. 순수혈통의 부모 중 어느 쪽 꽃가루를 사용해도 생식능력을 갖춘 단 하나의 씨앗도 만들어내지 못하는 경우도 있고 수정이 일어나는 첫 번째 징후를 보이는 경우도 있었다. 즉 순수혈통의 부모 한쪽의 꽃가루가 수분되자마자 꽃이 바로 시드는 것으로, 이렇게 꽃이 빨리 시드는 것은 수정이 막 시작되었다는 것을 알려주는 표시로 잘 알려져 있다. 이러한 다양한 정도의 번식능력을 보여주는 개체를 이용한 자가수정을 통해 우리는 점점 더 많은 씨앗을 맺는 잡종을 얻을 수 있고 궁극적으로 생식능력이 완벽한 개체를 얻을 수 있다.

교배가 매우 힘들고 자손을 낳는 경우도 드문 두 종 사이의 잡종은 일반적으로 불임성이 강하다. 그러나 1차 교배의 어려움과 그렇게 태어난 잡종의 불임성은 종종 그 개념이 혼용되는 때가 있지만 그 상관성은 아주 약하다. 순수한 두 종이 아주 수월하게 결합해 많은 잡종 후손을 내는 경우는 많이 알려져 있지만 이 잡종들은 심한 불임성을 보인다. 반대로 교잡은 매우 드물거나 어렵게 일어나지만 그렇게 태어난 잡종은 생식능력이 강한 경우도 있다. 한 속 내에서 이러한 양극단이 존재하는 경우도 있는데, 패랭이속이 그 예가 될 수 있다.

1차 교잡의 번식력과 그 잡종의 번식력은 순수한 종의 번식력에 견주어 비우호적인 주위 상황의 영향을 쉽게 받는다. 그러나 번식력의 정도도 본질적으로 가변적이다. 왜냐하면 동일한 상황에서 두 종이 교잡을 일으켜도 그 결과가 항상 동일하지 않고 실험에 참가하는 각 개체의 체질에서 부분적인 영향을 받기 때문이다. 따라서 잡종들도 마찬가지이다.

왜냐하면 한 꼬투리에서 얻은 여러 씨앗을 정확하게 똑같은 상황에서 키워도 번식력의 정도는 개체 간에 큰 차이를 보이기 때문이다.

계통분류상의 유사성이라는 용어는 종들이 보이는 구조와 체질의 유사성을 뜻한다. 특히 생리적으로 중요하고 친척종에서 거의 차이를 보이지 않는 부위의 유사성이 특히 중요한 의미가 있다. 두 종 사이에서 일어난 첫 교잡과 그들에게서 태어난 잡종의 번식력은 그들의 계통분류적 유사성에 크게 영향을 받는다. 이것은 계통분류학자들에 의해 서로 다른 과로 분류된 두 종 사이에서 잡종이 만들어진 적이 없다는 사실로써 명백하다. 반면 아주 가까운 두 종도 전혀 교잡이 일어나지 않거나 아주 드물게 일어나기도 하고, 크게 다른 두 종이 아주 쉽게 교배되기도 한다. 한 과 내에 단 하나의 속이 있으며, 패랭이속처럼 쉽게 교잡이 이루어지는 많은 종들이 포함되어 있기도 하고, 끈끈이장구채속의 식물들처럼 아주 가까운 종들 사이에서 단 하나의 잡종도 얻지 못하는 경우도 있다.

한 속에서도 이러한 차이는 마찬가지로 나타난다. 예를 들어 담배속의 많은 종들은 다른 어떤 속의 종들보다도 많은 교잡이 이루어졌다. 그러나 케르트너는 아쿠미나타 담배가 특별히 색다른 종이 아닌데도 담배속의 다른 8종을 수정시키지도 않았고, 이들에 의해 수정되지도 않았다고 했다. 비슷한 사례는 얼마든지 제시할 수 있다.

두 종의 교잡이 일어나지 못할 만큼 충분한 형질의 종류와 차이 그리고 그 정도를 정확하게 지적할 수 있는 사람은 아무도 없다. 식물의 경우 습성과 일반적인 외양과 꽃의 모든 부위가 다르고, 심지어 꽃가루와 과일도 크게 다르며, 떡잎의 모양까지 다른 두 종 사이에 교잡이 일어나는 사례도 있다. 일년생 식물과 다년생 식물, 낙엽수와 상록수, 서로 다른 지역에 살며 극단적으로 다른 기후에 적응한 식물들이 쉽게 교잡을 일으키기도 한다.

두 종 사이의 상호교잡이라는 용어를 통해 나는 다음과 같은 의미를 표현하고자 했다. 예를 들어 수말과 암컷 당나귀의 교잡 그리고 수컷 당나귀와 암말의 교잡이 이루어지면, 이 두 종 사이에 상호교잡이 일어났다고 표현한다. 상호교잡이 얼마나 쉽게 이루어지는지를 측정한다면 그 정도가 아주 다양할 것이다. 이러한 사례는 매우 중요하다. 왜냐하면 이것은 두 종의 교잡능력이 계통분류상의 유사성이나 전체 생물의 눈에 띄는 차이와 전혀 상관이 없다는 것을 보여주기 때문이다.

한편으로 이러한 사례들은 교잡능력이 감지할 수 없는 체질상의 차이와 연결되어 있으며 생식계에 한정되어 있다는 것을 명백하게 보여준다. 쾰로이터는 동일한 두 종 사이의 상호교잡이 이렇게 차이를 보인다는 사실을 오래전에 관찰했다. 다음과 같은 사례가 있다. 일반 분꽃은 롱기플로라 분꽃의 꽃가루에 의해 쉽게 수정이 이루어지며 그렇게 만들어진 잡종도 충분히 생식능력을 갖추고 있다. 쾰로이터는 롱기플로라 분꽃을 일반 분꽃의 꽃가루로 수정시키고자 8년 동안 200번 넘게 실험했지만 한 번도 성공하지 못했다.

이와 비슷한 놀라운 사례들은 많다. 튀레[프랑스의 식물학자]는 해초류인 푸쿠스 갈조류에서 동일한 사실을 관찰했다. 더구나 게르트너는 상호교잡의 용이성이 이렇게 서로 다르게 나타나는 것이 아주 일반적인 현상이라고 했다. 그는 대부분의 식물학자들이 단지 변종 정도로 구분할 만큼 아주 가까운—안누아 꽃무와 글라브라 꽃무처럼—식물에서도 이러한 일이 일어나는 것을 관찰했다. 두 종이 부모의 역할을 바꾸어가며 만든 상호교잡의 잡종들이 생식능력에서 대부분 약간의 차이를 보이지만 큰 차이를 보이기도 한다는 사실이 놀랍다.

게르트너는 이 밖에도 몇 가지 기묘한 규칙을 제시했다. 예를 들어 어떤 종은 다른 종과의 교잡이 아주 잘 일어나며, 같은 속의 다른 종은 잡종으로 태어난 후손에게 자기와 닮은 모습을 전해주는 능력이 탁월하지만 이 두 가지 능력이 언제나 함께 가는 것은 아니라고 했다. 보통의 경우 잡종은 양쪽 부모의 중간적인 형질을 띠지만 항상 한쪽 부모의 형질만을 닮는 잡종도 있다. 이들의 외모는 양쪽 부모 가운데 한쪽의 형질과 매우 비슷했지만, 극히 일부의 예외를 제외하고는 철저한 불임성을 보였다.

반복하자면, 양쪽 부모의 중간 형질을 띠는 것이 대부분인 상황에서 예외적이고 비정상적인 개체들이 태어나는데, 이들은 양쪽 부모 중 어느 한쪽과 아주 닮았을 때 철저한 불임성을 보이는 것이다. 물론 같은 꼬투리에서 꺼낸 씨앗이 발아해서 자란 다른 잡종 개체가 상당한 생식능력을 보유하는 경우도 있는 것은 사실이다. 이러한 사실은 잡종의 생식능력이 그들 부모의 겉모습과 전혀 관계가 없다는 것을 보여준다.

여기에 제시한 여러 가지 규칙, 즉 1차 교잡의 산출력과 잡종의 생식능력을 결정하는 규칙을 고려해보면 우리는 다음과 같은 사실을 알 수 있다. 즉 서로 다른 두 종이 결합하게 되었을 때, 그들의 생식능력은 0부터 완벽한 생식능력까지 점진적인 단계를 보여주며, 특정 조건에서는 보통 이상의 번식력을 보여주기도 한다. 유리한 조건과 불리한 조건에 아주 민감하다는 사실 외에 그들의 생식능력은 본질적으로 변덕스럽다. 또한 1차 교잡의 산출력이나 그렇게 태어난 잡종의 번식력은 언제나 변화무쌍하다는 것을 알 수 있다. 잡종이 양쪽 부모와 닮았다고 해서 번식력이 증가하지도 않았다.

그리고 마지막으로, 두 종 사이에서 일어나는 1차 교잡의 용이성이 계통분류상의 유사성, 즉 부모의 닮음 정도에 따라 항상 결정되는 것은 아니다. 이 마지막 설명은 두 종 사이에서 부모의 역할이 바뀌어 일어나는 상호교잡에 의해 명백하게 증명된다. 왜냐하면 두 종 사이에서 상호 부모의 역할이 바뀌는 관계로 결합의 용이성이 어느 정도 차이를 보일 수 있으며 그 차이가 아주 큰 경우도 있기 때문이다. 더구나 이러한 상호교잡에 의해 태어난 잡종들은 종종 그 번식력이 서로 다르다.

이 복잡하고 특이한 규칙들을 보면서 자연에서 종들이 서로 섞이는 것을 막을 단순한 이유에서 이들에게 불임성이 부여되었다고 여겨야 하는가? 나는 그렇게 생각하지 않는다. 불임성이 혼합을 막기 위한 것이라면 그 중요성이 같았을 텐데, 여러 종들이 교잡되었을 때 불임성은 왜 그렇게 다양한 양상으로 나타나는가? 동일한 종에 속하는 개체들 사이에서도 불임성의 정도는 왜 선천적으로 다르게 나타나는 것인가? 왜 일부 종은 쉽게 교잡되면서 불임성이 강한 잡종을 낳고, 왜 어떤 종은 그 교잡이 매우 어렵지만 그렇게 해서 태어난 잡종은 어느 정도의 번식력이 있는 것인가? 두 종 사이에서 부모의 역할이 바뀌는 상호교잡의 결과는 왜 그렇게 자주 큰 차이를 보이는 것인가? 다음과 같은 질문도 가능할 것 같다. 잡종의 생산은 왜 허용되는 것인가? 두 종 사이의 1차 교잡을 처음부터 엄격하게 금지하는 것이 아니라, 종에게 잡종을 생산하는 특별한 능력을 부여하고 나서 더 이상의 확장은 여러 단계의 불임으로 막는 것이 꽤나 이상한 장치로 보인다.

나는 앞에서 설명한 규칙과 사실들이, 1차 교잡의 산출력 부족과 잡종의 불임성이 우발적이거나 두 종의 생식계에 관련된 알려지지 않은 차이를 나타내는 것이라고 생각한다. 부모의 역할이 바뀌는 상호교잡에서는 그 차이가 하도 기이하고 성질이 제한되어 있어서 한 종의 수컷 요소가 다른 종의 암컷 요소에 작용하기는 쉽지만 그 반대방향의 작용은 쉽지 않은 것이다.

불임이 다른 변화에 수반된 부차적인 것이며 종에 특별하게 부여된 특성이 아니라는 내 말에 대해서 사례를 들어 조금 자세히 설명하는 것이 현명할 듯하다. 한 종류의 식물이 다른 식물에게 이식되고 싹이 나는 것은 자연 상태에서 이들의 복지에 전혀 중요한 것이 아니다. 따라서 나는 누구도 이러한 능력이 그 종에게 특별하게 부여된 성질이라고 생각하지 않으며, 이것이 두 식물의 성장 법칙에서 오는 차이 때문에 부차적으로 생기는 것이라고 인정하리라 추정한다.

우리는 한 나무가 다른 나무에 쉽게 이식되지 않는 이유를 그들의 성장률, 목재의 튼실함, 수액이 흐르는 시기와 수액의 성질 등이 보이는 차이에서 찾을 수 있다. 그러나 그 이유를 제시하지 못하는 경우가 아주 많다. 두 식물의 크기가 아주 다른 경우, 목본과 초본인 경우, 상록수이고 낙엽수인 경우, 서로 크게 다른 기후에 적응한 경우라고 해서 언제나 이식이 불가능한 것은 아니다. 잡종형성의 경우와 마찬가지로 이식, 즉 접붙이기의 경우도 마찬가지이다. 이 능력은 계통분류상의 유사성에 크게 좌우된다. 완전히 서로 다른 과에 속하는 식물을 서로 이식한 경우는 없지만, 아주 밀접한 종이나 한 종의 변종들에서는 쉽게 이식이 일어나는 편이다.

그러나 이러한 능력이 잡종형성의 경우와 마찬가지로 계통분류상의 유사성으로만 결정되는 것은 절대 아니다. 한 과에 속하는 여러 속의 식물에 접붙이기가 가능한 경우도 많지만, 한 속에 속하는 두 종의 접붙이기가 불가능한 경우도 있다. 배는 같은 속에 속하는 사과보다 서로 다른 속에 속하는 퀸스〔모과와 비슷한 열매를 맺는 식물〕에 쉽게 이식된다. 심지어 배의 변종들마다 퀸스에 이식되는 수월함에서 차이를 보인다. 이것은 살구와 복숭아의 여러 변종이 자두의 여러 변종에 대해 이식의 차이를 보이는 것과 마찬가지이다.

게르트너는 교잡에 이용되는 두 종의 여러 개체가 종종 본질적으로 서로 차이가 있다는 사실을 발견했다. 따라서 사즈레〔프랑스의 식물학자〕는 식물의 두 종을 접붙일 때도 개체들 사이에 이러한 일이 일어난다고 믿고 있다. 부모가 역할이 바뀌는 상호교잡에서 융합이 잘 일어나는지 그렇지 않은지에 대한 용이성이 일정하지 않은 것처럼 접붙이기에서도 종종 마찬가지 현상이 일어난다. 예를 들어 일반적인 구스베리는 까치밥나무에 접붙지 않지만, 까치밥나무는 어렵기는 해도 구스베리에 접붙이기를 할 수 있다.

생식기관의 상태가 불완전한 잡종의 불임성과 생식기관이 완벽한 순수한 두 종을 결합시키는 어려움은 서로 다른 경우라는 것을 우리는 알고 있다. 그러나 이렇게 서로 다른 두 가지 사례가 어느 정도 비슷한 것은 사실이다. 접붙이기에서도 비슷한 상황은 나타난다. 투앵〔프랑스의 원예가〕은 아까시나무속의 세 종이 모두 열매를 잘 맺으며 이들 사이의 접붙이기도 비교적 잘 일어나는 편이지만, 그렇게 접붙이기가 된 나무는 열매를 맺지 못한다고 했다. 그렇지만 팔배나무속의 어떤 종은 다른 종에 접붙이기를 하면 자신의 뿌리에서보다 두 배나 더 많은 열매를 맺었다. 이 마지막 사실을 토대로 우리는 자신의 꽃가루에 의한 자가수정보다 다른 종의 꽃가루를 이용해 수정되었을 때 훨씬 더 많은 씨앗을 생산했던 히페아스트룸이나 로벨리아 등의 특별한 사례를 떠올리게 된다.

이식된 조각의 단순한 접붙이기와 생식 작용에서 일어나는 수컷 요소와 암컷 요소의 융합이 기본적으로는 명백하게 다르지만, 서로 다른 두 종의 접붙이기와 교잡을 통해 얻어지는 결과에는 어느 정도의 평행현상이 존재한다는 것을 우리는 알고 있다. 나무의 접붙이기에 대한 용이성을 지배하는 기이하고 복잡한 법칙은 우리가 모르는 식물계의 차이 때문에 일어나는 것이라고 생각해야만 한다. 따라서 나는 1차 교잡의 용이성을 지배하는 훨씬 더 복잡한 법칙이 주로 식물의 생식계에 존재하는 미지의 차이 때문에 파생적으로 일어나고 있다고 믿는다.

생물들 사이에 나타나는 모든 종류의 유사성과 차이를 계통분류상의 유사성에 따라 설명하려는 시도가 있다. 독자들이 미리 기대했을지 모르겠지만, 두 사례에서 이러한 차이는 계통분류상의 유사성을 어느 정도 따르고 있다. 접붙이기는 해당하는 종의 복지에 중요한 영향을 주지 않는다. 교잡이 잘 일어나지 않는 것은 한 종의 특별한 형태를 지속시키고 안정되게 유지하는 데 매우 중요한 것이 사실이지만, 나는 여러 종 사이의 접붙이기나 교잡이 쉽거나 어려운 것이 해당 종에게 특별히 부여된

능력이라고 절대 생각하지 않는다.

1차 교잡의 산출력 감소와 잡종의 불임성이 일어나는 원인 이제 우리는 1차 교잡의 산출력 감소와 잡종의 불임성이 일어나는 원인을 조금 더 자세하게 살펴볼 수 있을 것 같다. 이 두 사례는 기본적으로 서로 다르다. 이미 언급했듯이 순수혈통의 두 종이 결합하는 데서 수컷 요소와 암컷 요소는 완벽하지만 잡종의 수컷 요소와 암컷 요소는 완벽하지 않기 때문이다. 심지어 1차 교잡의 경우 두 요소의 결합에 영향을 주는 크고 작은 어려움은 서로 다른 여러 가지 원인에 달려 있다.

수컷 요소가 밑씨에 도달하는 것이 실제로 불가능한 경우가 있다. 암술이 너무 길어서 꽃가루관이 씨방에 도달할 수 없는 경우가 한 가지 사례가 될 것이다. 한 종의 꽃가루가 유연관계가 아주 먼 다른 종의 암술머리에 놓였을 때, 꽃가루관이 뻗어나오긴 하지만 암술머리의 표면을 뚫고 들어가지는 못하는 것이 관찰되기도 했다. 또한 수컷 요소가 암컷 요소에 도달하는 경우도 있지만 배(胚)의 발생을 일으키지는 못하기도 한다. 푸쿠스속〔녹갈색 갈조류의 한 속〕을 대상으로 한 튀레의 일부 실험에서 이러한 현상이 관찰되었다. 이러한 사실에 대해 할 수 있는 것은 왜 한 나무가 다른 나무에 이식되지 않는지 정도의 설명뿐이다.

마지막으로, 배가 발생을 시작할 수는 있지만 발생 초기에 죽어 사라지는 경우도 있다. 이 마지막 사례와 관련해서는 충분한 조사가 없지만 순계류의 교잡에 대한 경험이 방대한 휴잇〔영국의 육종가〕이 내게 보내준 내용에 따르면, 배의 초기 죽음이 1차 교잡의 불임에 대한 매우 빈번한 원인이라고 한다. 나는 처음에 이 견해를 믿고 싶지 않았다. 왜냐하면 노새의 경우에서 보듯이 잡종들은 일단 태어나기만 하면 일반적으로 건강하고 오래 살기 때문이다.

그렇지만 잡종들은 출생 전후에 서로 다른 방식으로 환경에 적응한다.

그들의 양쪽 부모가 살 수 있는 지역에서 태어나 살아갈 때, 그들은 일반적으로 최적의 생활환경에 놓여 있다고 여겨진다. 그러나 잡종은 암컷의 성질과 체질을 단지 절반만 갖고 있기 때문에, 잡종이 암컷의 자궁 속 또는 암컷이 만들어놓은 알이나 씨앗 속에서 영양분을 받는 한, 이들에게 어느 정도 적절하지 않은 조건에 놓여질 수 있는 탓에 초기에 죽어버리기 쉬운 것이다. 특히 모든 어린 새끼들은 유해하거나 비자연스러운 생활환경에 민감하기 때문에 더욱 그러하다.

성적 요소가 완전하게 발달하지 못하는 잡종의 불임과 관련한 사례는 매우 다르다. 그동안 수집했던 엄청나게 많은 사실들을 통해 나는 동식물이 자연 상태에서 인위적인 환경으로 옮겨지면 그들의 생식기관이 심하게 영향을 받는다는 것을 여러 번 언급한 적이 있다. 사실 이것은 동물의 가축화를 막는 큰 장애가 되고 있다. 이렇게 유도되는 산출력의 감소와 잡종의 번식력 감소 사이에는 유사점이 많다.

두 경우 모두 산출력 감소나 번식력 감소는 일반적인 건강 문제와는 무관하며, 종종 덩치가 커지거나 빠른 성장을 동반하는 경우가 흔하다. 두 경우 모두 번식력의 감소는 여러 가지 등급으로 나타난다. 대부분의 경우 수컷 요소가 가장 쉽게 영향을 받지만 간혹 암컷 요소가 더 큰 영향을 받기도 한다. 두 경우 모두 이러한 경향은 계통분류상의 유사성과 조화를 이룬다. 즉 모든 집단의 동식물은 자연스럽지 못한 조건 때문에 허약해지며, 모든 집단의 종들은 불임성 잡종을 낳는 경향이 있다.

반면, 한 집단에 포함된 한 종은 때로 번식력을 손상시키지 않으면서 생활조건의 큰 변화에 저항할 것이다. 집단 내의 다른 종은 매우 번식력이 강한 잡종을 낳을 것이다. 연구하지 않고 어떤 특정한 동물이 갇힌 상태에서 번식할 수 있는지 없는지 말할 수 있는 사람은 없다. 연구하지 않고 한 속에 들어 있는 두 종이 다소 번식력이 떨어지는 잡종을 생산할 수 있는지 없는지 말할 수 있는 사람은 없다.

마지막으로, 생물이 자연 그대로의 환경이 아닌 조건에 여러 세대 동안 놓이게 되면 생식계가 영향을 받아서—나는 그렇게 믿는다—, 불임이 되는 것보다는 정도가 약하지만 개체들이 변화를 일으키기가 아주 쉬워진다. 이러한 현상은 잡종에게서 일어난다. 모든 학자들이 실험을 통해 관찰했듯이, 연속적인 세대를 거친 잡종은 아주 쉽게 변하기 때문이다.

그러므로 우리는 생물이 낯설고 자연스럽지 않은 환경에 놓이고 두 종의 자연스럽지 않은 교잡에 따라 잡종이 태어날 때, 일반적인 건강상태와는 별개로 생식계가 아주 비슷한 방식으로 불임성에 의해 영향을 받는다는 것을 알 수 있다. 우리가 감지할 수 없을 만큼 정도가 미미할지라도 생활환경이 교란을 일으키는 사례가 있다. 다른 사례는 잡종의 경우로, 외부조건은 동일하게 유지되었지만 서로 다른 두 구조와 체질이 하나로 융합되면서 그 편성에 교란이 일어날 수도 있다.

두 개의 체계가 하나로 융합되는 과정이 아무런 문제 없이 완성되는 경우는 거의 없다. 발생과정에 뭔가 교란이 일어나거나 주기적인 활동에 교란이 일어나는 경우도 있다. 서로 다른 부위와 기관이 상호작용을 일으키는 경우도 있고 생활조건에 작용하는 경우도 있다. 잡종이 그들끼리만 번식할 때 그들은 자손들에게 대를 거듭하면서 동일한 혼합 체계를 물려주게 된다. 따라서 잡종의 불임성이 정도의 차이는 있지만 잘 소멸되지 않는다는 사실에 놀랄 필요는 없을 것 같다.

그렇지만 우리는 잡종의 불임성을 제대로 이해할 수가 없다. 우리에게는 막연한 가설만이 있을 뿐이다. 예를 들어 부모가 역할이 바뀌는 상호교잡을 통해서 생긴 잡종들의 번식력이 서로 다른 이유를 우리는 이해하지 못한다. 또한 순수한 양쪽 부모 중 어느 한쪽을 아주 특별하게 많이 닮은 잡종들의 불임성이 증가하는 이유를 우리는 이해하지 못한다. 전술한 내용을 문제의 핵심으로 여기지는 않겠다. 비자연스러운 조건에 놓인 생물이 왜 불임성을 보이는지 어떠한 설명도 제시하지 않았다. 내가 보이고자 한 모든 것은 두 사례에서 보편적으로 불임성이 나타난다는 것이다. 생활환경이 교란된 사례가 그 하나이고, 두 체계가 하나로 융합되면서 교란되는 사례가 두 번째이다.

뜬구름 잡는 소리 같지만, 이와 비슷하면서도 무척 다른 사례에 비슷한 비유를 적용할 수 있을 것 같다. 오래되었지만 아주 보편적인 믿음이 하나 있다. 그것은 생활환경의 미세한 변화가 모든 생물에게 유리하다는 믿음으로, 그것을 뒷받침하는 꽤 많은 증거가 있다고 생각한다. 농부와 원예가들이 씨앗이나 덩이줄기를 토양을 바꾸어가며 심고 서로 다른 기후에 재배하는 행위로 인해 이러한 일은 끊임없이 일어난다. 질병에서 회복기에 접어든 동물에게서 우리는 생활습성의 변화가 그들에게 이득을 준다는 사실을 잘 알고 있다.

게다가 동물과 식물 모두에서 같은 종이면서도 유연관계가 먼, 즉 서로 다른 혈통의 개체들을 교배시키면 항상 건강하고 번식력이 뛰어난 자손들이 생긴다는 사실을 뒷받침해주는 증거가 많다. 사실 나는 제4장에서 언급했던 사례를 토대로 자웅동체의 생물조차도 어느 정도의 교잡은 반드시 필요하다고 믿고 있다. 또한 유연관계가 가까운 개체들 사이에서 여러 세대에 걸쳐 근친교배가 일어나면—특히 동일한 생활환경에서 이러한 교배가 지속될 경우—자손들은 항상 약해지거나 불임이 일어난다고 믿고 있다.

따라서 한편으로는 생활환경의 미세한 변화가 모든 생물에게 이득을 주는 것처럼 보이며, 다른 한편으로는 같은 종이면서 약간 다른 두 개체의 교배는 강하고 번식력이 좋은 후손을 생산하는 것처럼 보인다. 그러나 우리는 특정한 자연의 변화가 생물을 어느 정도 불임으로 만든다는 사실을 살펴보았다. 그리고 서로 다른 종의 암수가 교잡을 통해 잡종을 만들면 그 잡종은 어느 정도 불임이 된다는 것도 논의했다. 나는 이러한 평행현상이 단지 우연이거나 환상이라고 나 자신을 설득시킬 수가 없다. 두 종류의 사례가 모두 기본적으로 삶의 원리에 관련되어 있지만 우리가 알지 못하는 미지의 묶음으로 연결되어 있는 것처럼 보인다.

변종 사이에 교잡이 일어났을 때의 산출력과 그렇게 태어난 혼혈 후손의 번식력 다음과 같은 주장이 강하게 제기될 수 있을 것 같다. 즉 변종이 아무리 겉모습이 다를지라도 아무 문제 없이 교잡이 이루어지고 완벽하게 생식능력을 갖춘 후손을 낳는 한, 종과 변종 사이에는 기본적으로 뚜렷한 차이가 있으며 전술한 모든 논의에는 약간의 오류가 있을 수밖에 없다는 것이다. 나는 이것이 거의 옳다는 사실을 충분히 인정한다.

그러나 만약 우리가 자연 상태에서 태어난 변종들을 살펴본다면 우리는 당장 모든 희망을 잃고 어려움에 직면할 것이다. 왜냐하면 어느 정도 불임성을 보이는 변종들이 발견되었다면 대부분의 박물학자들은 그들을 즉시 종으로 분류했을 것이기 때문이다. 예를 들면 대부분의 훌륭한 식물학자들은 푸른 봄달맞이꽃과 붉은 봄달맞이꽃, 흰앵초와 앵초를 변종으로 취급한다. 그러나 게르트너는 교잡 때 이들의 산출력이 떨어진다는 점을 근거로 이들을 의심할 여지없이 별개의 종으로 분류했다. 순환논법으로 말한다면 자연에서 태어난 모든 변종의 번식력은 반드시 존재해야만 한다는 것이다.

만약 우리가 가축화에 따라 만들어졌거나 만들어졌을 것으로 여겨지는 변종들에게 눈을 돌린다면 여전히 의문스러운 점이 많다. 예를 들어 독일산 스피츠는 다른 개에 비해 여우와 쉽게 교잡을 이룬다. 남아메리카의 개는 유럽의 개와 쉽게 교잡을 이루지 않는다. 아마도 이 개들이 여러 개별적인 종들에서 유래되었다는 설명이 가장 설득력 있는 것 같다. 그렇지만 가축으로 키우는 많은 변종들은 비둘기나 양배추처럼 외모가 크게 다른데도 교잡 때 완벽한 생식능력을 보여주는데, 이는 놀라운 일이다. 특히 외모가 매우 닮은 많은 종들이 전혀 교잡을 하지 못한다는 사실을 생각하면 더욱 놀랍다.

그러나 깊이 생각해보면 가축 변종들 간의 생식능력은 그리 놀라운 것도 아니다. 첫째로, 두 종의 단순한 외모 차이가 교잡 때 불임성의 정도를 결정하지 않는다는 사실은 쉽게 밝혀질 수 있다. 그리고 이와 동일한 규칙을 가축 변종들에게도 적용할 수 있다. 둘째로, 일부 탁월한 박물학자들은 오랜 시기에 걸친 가축화가 대를 거듭하면서 잡종의 불임성을 제거하는 경향을 띠었을 것이라고 믿는다. 이 잡종들은 초기에 약간의 불임성만을 보였으며, 생활환경이 거의 동일한 상태에서 불임성이 나타나거나 사라지는 현상을 발견할 기대는 하지 말아야 할 것이다. 마지막으로—내게는 이것이 훨씬 더 중요한 고려의 대상으로 보인다—, 가축화 과정에서 인간에게 유익하고 즐거움을 주는 개체를 조직적이고 무의식적으로 인위선택하는 작용을 거쳐 새로운 품종이 만들어지는 것이다. 인간은 생식계의 미세한 차이나 생식계와 관련된 체질적인 차이를 선택하려 하지도 않았고 선택할 수도 없었다.

인간은 여러 변종에게 동일한 먹이를 제공하고, 그들을 거의 동일한 방식으로 취급하며, 그들의 보편적인 생활습성을 변화시키려 하지도 않는다. 자연은 장구한 세월을 거치며 모든 체제에 균일하고 느리게 반응한다. 이 모든 것이 각 생물에게 유리하게 작용하면서 직접적으로 또는 좀 더 가능성이 있는 간접적인 방법으로 상관의 원리에 따라 한 종의 여러 후손에게 작용하면서 그들의 생식계를 변형시켰을 것이다. 선택의 과정에서 인간과 자연에 의해 수행되는 이러한 차이를 보면서 결과적으로 나타나는 차이에 놀랄 필요는 없다.

지금까지 나는 한 종의 여러 변종이 교잡 때 항상 산출력이 있다는 식으로 말했다. 그러나 아래에 언급할 일부 사례에서는 변종 간에도 불임성이 나타나는데, 나에게는 이러한 증거를 반박할 능력이 없다. 이러한 증거는 많은 종이 불임성을 보인다고 믿게끔 하기에 나름대로의 가치가 있다. 또한 이 증거는 번식력과 불임성이 종을 구별하는 믿을 수 있는 기준이라고 여기는 비판적인 목격자들에게서 얻은 것이다.

게르트너는 그의 정원에 노란 씨앗을 내는 키 작은 옥수수와 붉은 씨를 내는 키가 큰 변종을 서로 근접시켜서 여러 해 동안 키웠다. 비록 이들 식물의 성이 분리되어 있었지만 이들은 자연 상태에서 절대로 교잡하는 일이 없었다. 그는 한 종류의 꽃가루를 이용해 다른 종류의 꽃 13개를 수정시켰지만 단 하나의 옥수수를 얻을 수 있었을 뿐이며, 이 옥수수에도 알맹이는 겨우 5개에 불과했다. 이 경우 옥수수들의 성이 달랐으니 인위적인 조작이 해를 끼쳤을 이유는 없다. 나는 누구도 이들 옥수수 변종을 별개의 종으로 여긴다고 생각하지 않는다. 이 경우 잡종 식물의 번식력이 완벽하다는 사실은 주목할 만하다. 그렇기 때문에 게르트너도 이들 두 변종을 서로 다른 종으로 여기지 않은 것이다.

지루 드 뷔자랭〔프랑스의 농경가〕은 호리병박의 세 변종을 서로 교잡시켰는데, 호리병박은 옥수수와 마찬가지로 성이 구별되어 있는 식물이었다. 그는 그들의 차이가 클수록 교잡이 쉽지 않다고 주장했다. 나는 어느 정도까지 이들 실험을 신뢰할 수 있을지 모르겠다. 그러나 불임성 검사를 이용해 분류의 체계를 세운 사즈레는 실험에 사용된 생물들을 변종으로 분류했다.

다음의 사례는 더욱 놀라우며, 처음에는 믿을 수 없을 정도였다. 그러나 이것은 수 년 동안 베르바스쿰 9종의 엄청나게 많은 실험 결과를 토대로 얻은 결과이며, 게르트너처럼 훌륭한 관찰자이자 비판적인 목격자에 의해 수행되었다. 베르바스쿰의 한 종에 속하는 노란 변종과 흰 변종을 교잡했을 때는 같은 색깔끼리 교배했을 때보다 씨앗의 개수가 줄어들었다. 더구나 그는 한 종의 노란 변종과 흰 변종을 다른 종의 노란 변종과 흰 변종에 교잡하는 경우, 다른 색깔의 개체들끼리 교잡할 때보다 같은 색깔의 개체들끼리 교잡할 때 더 많은 씨앗을 얻을 수 있었다. 그러나 베르바스쿰의 이러한 변종들은 꽃의 색깔 말고는 다른 차이를 보이지 않았다. 그리고 간혹 한 색깔의 씨앗에서 다른 색깔의 개체가 생겨나기도 했다.

접시꽃의 한 변종을 관찰한 결과, 나는 이들도 비슷한 사실을 보이고 있다고 생각한다.

쾰로이터의 정확한 관찰 내용은 나중에 여러 학자들에 의해 확인되고 있는데, 그는 놀라운 사실 하나를 증명했다. 즉 담배의 한 변종은 다른 변종보다 완전히 다른 한 종과 교배되었을 때 산출력이 높았다. 그는 다섯 종류의 식물을 이용했는데, 이것들은 대부분 변종으로 취급받는 것들이었다. 그는 상호교잡을 통해 얻은 혼혈 후손들이 완벽한 생식능력을 갖추었다는 것을 보였다. 그러나 이들 다섯 변종 가운데 하나를 수컷이나 암컷의 역할로 글루티노사 담배와 교잡해서 얻은 잡종은 다른 네 개의 변종을 글루티노사 담배와 교잡해서 얻은 잡종보다 불임성이 심하지 않은 것으로 나타났다. 따라서 이 변종의 생식계는 어떤 방식으로든 어느 정도로든 변형되어 있음이 틀림없다.

이러한 사실로부터, 자연 상태에서 조금이라도 불임성을 보이는 가상의 변종을 종으로 분류하는 것처럼 변종들의 불임성을 확인하기 어려운 이유 때문에, 가장 뚜렷한 특징을 띠는 가축 품종만을 선택하는 사람들 때문에, 또 생식계의 심오하고 기능적인 차이를 만들기를 원하지도 않고 만들 수도 없기 때문에 그리고 이런 여러 가지 고려와 사례를 토대로 나는 변종들의 일반적인 번식력이 보편적인 현상이라고 생각하지 않는다. 또한 변종과 종을 가르는 기본적인 구별이 된다고도 생각하지 않는다. 변종들이 일반적으로 번식력을 갖추었다고 해서 이것이 내 신념, 즉 1차 교잡의 산출력과 잡종의 번식력이 감소하는 현상은 특별하게 타고난 특성이 아니라 서서히 얻어진 변형—특히 교잡에 관여하는 생물의 생식계에서 일어나는 변형—에 따른 부차적인 현상이라는 내 신념을 버릴 정도는 아니라고 생각한다.

번식력과는 별도로 종간 잡종과 변종 간 혼혈을 비교함 번식력의 문제와는 별도로 교잡을 일으킨 두 종이나 두 변종의 자손들은 다른 여러 관점에서 비교될 수 있다. 게르트너는 종과 변종의 명확한 기준선을 묘사하고 싶어 했지만 종간 잡종과 변종 간 혼혈 사이에서 아주 적은 차이만을 찾는 데 그쳤다. 내게는 이 차이들이 별로 중요해 보이지 않는다. 다른 한편으로는 그들은 아주 많은 중요한 점에서 매우 비슷하다.

이 주제를 아주 간단히 살펴보도록 하겠다. 가장 중요한 차이점은 첫 번째 세대에서 변종 간 혼혈은 종간 잡종보다 더욱 변이가 많다는 것이다. 그러나 게르트너는 오랫동안 재배한 종을 교배했을 때 나타나는 잡종은 첫 번째 세대에서도 종종 심한 변이를 보인다고 했으며 나도 이에 관한 놀랄 만한 사례를 직접 관찰한 적이 있다. 더욱이 게르트너는 매우 가까운 두 종 사이에서 태어난 잡종이 아주 먼 두 종 사이에서 태어난 잡종보다 더 심한 변이를 보인다고 했는데, 이것은 변이성의 정도가 점진적이라는 것을 보여준다.

혼혈이나 생식능력이 높은 잡종이 여러 세대에 걸쳐 널리 퍼진다면 엄청나게 다양한 변이성이 나타날 것은 주지의 사실이다. 그러나 드물기는 하지만 잡종과 혼혈이 일정한 형질을 오랫동안 지니고 있는 사례도 있다. 그렇지만 혼혈을 여러 세대 동안 관찰해보면 잡종에 견주어 더 다양한 변이성을 보인다.

잡종보다 혼혈의 변이성이 더 크다는 사실이 내게는 전혀 놀랍지 않다. 왜냐하면 혼혈의 부모는 변종으로서 (자연 상태의 변종을 대상으로 한 실험도 극히 일부는 존재하지만) 대부분 가축이나 작물이다. 따라서 변이는 비교적 최근에 일어난 것으로 여겨지기 때문에 오늘날에도 지속될 수 있으며 단순한 교배로 엄청난 변이가 일어날 수도 있는 것이다.

두 종이 처음으로 교배되었을 때 태어나는 잡종에서는 미세한 변이가 나타나지만 세대가 거듭될수록 그 변이성은 심해진다. 이것은 매우 기이한 현상으로서 주목할 만하다. 왜냐하면 이것은 통상의 변이성을 일으키는 원인에 대해서 내가 평소 취하고 있던 견해와 동일하며 이를 확인시켜주기 때문이다. 즉 이것은 생활조건의 작은 변화에도 아주 민감하게 반응하는 생식계 탓이다. 이제 생식계가 어떤 방식으로도 영향을 받지 않고 변이성이 없는 종으로부터—오랫동안 키워진 종은 제외한다—제1대 잡종이 만들어지는 경우, 이들 잡종은 생식계가 크게 영향을 받았기 때문에 그들에게서 유래된 후손들은 변이성이 높아지는 것이다.

그러나 혼혈과 잡종에 관한 비교로 돌아가보자. 게르트너는 가까운 두 종이 제3의 종과 교잡되었을 때 그들 사이의 잡종은 서로 크게 다르지만, 한 종에 속하며 크게 다른 두 변종이 또 다른 종과 교잡되었을 때 그들 사이의 잡종은 서로 크게 다르지 않다고 주장했다. 그러나 이러한 결론은, 내가 판단하건대 단 한 번의 실험에서 얻어진 결과이다. 또한 쾰로이터가 수행한 여러 실험 결과와 정반대인 것으로 보인다.

게르트너가 지적했듯이 이것 자체는 식물의 잡종과 혼혈 사이에서 그렇게 중요한 차이가 아니다. 게르트너는 혼혈이나 잡종—특히 아주 가까운 종에서 유래된 잡종—과 그들 각자의 부모 사이의 유사성이 이와 동일한 규칙을 따른다고 했다. 두 종이 교잡되었을 때 어느 한쪽의 종이 잡종에게 자신의 유사성을 전해주는 우세한 힘을 지닌 경우가 있는데, 나는 식물의 변종에서도 이러한 일이 벌어진다고 믿고 있다. 동물의 경우 한 변종이 다른 변종보다 이러한 힘을 더 가진 경우가 틀림없이 존재한다. 부모의 역할이 바뀌는 상호교잡으로 태어난 잡종 식물들은 일반적으로 서로 비슷한데, 이것은 같은 방식으로 태어난 변종 간 혼혈 식물들 사이에서도 마찬가지이다. 종간 잡종이나 변종 간 혼혈이 대를 거듭하면서 부모의 어느 한쪽 종류와 계속 교잡을 할 때, 그 후손들이 부모의 한쪽을 닮아가는 경우도 있다.

이러한 이야기는 틀림없이 동물에게도 적용할 수 있다. 그러나 이 주제는 여기에서 매우 복잡한데, 부분적으로는 이차성징이 그 이유가 될 수 있다. 그러나 이 주제를 더욱 복잡하게 만드는 특별한 이유는 부모 가운데 어느 한쪽의 형질이 다른 한쪽의 형질보다 더 잘 전달되기 때문이다. 이것은 두 종이 교잡을 이루거나 두 변종이 교잡을 이룰 때 일어나는 현상이다. 예를 들어 당나귀가 말보다 힘이 우세해서 노새나 버새가 말보다 당나귀를 닮는다고 주장하지만, 이러한 우세한 힘은 암말보다 수나귀가 강하기 때문에 수나귀와 암말의 잡종인 노새가 암나귀와 수말의 잡종인 버새보다 더욱 당나귀에 가깝다고 주장하는 학자들의 주장이 옳다고 나는 생각한다.

일부 학자들은 혼혈 동물이 그들의 부모 중 어느 한쪽을 닮게 태어난다고 강조한다. 그러나 이러한 현상이 때로 종간 잡종에서도 일어난다는 사실을 보일 수 있다. 그럼에도 나는 변종 간 혼혈보다 종간 잡종에서 이러한 현상의 빈도가 약하다고 생각한다. 나는 어느 한쪽을 많이 닮은 잡종 동물들을 수집했는데, 이러한 자료를 살펴보면 그 유사성은 자연 상태에서 거의 기괴하게 보이는 형질과 갑자기 나타나는 형질에—백색증, 흑색증, 꼬리나 뿔의 결손, 여분의 손가락이나 발가락 등과 같은—국한된 것처럼 보인다. 또한 선택에 의해 서서히 획득된 형질과는 관계가 없는 것 같다.

결과적으로 부모 어느 한쪽으로의 갑작스러운 형질복귀는, 느리고 자연스럽게 생성된 종 사이에서 만들어지는 잡종보다는 갑자기 만들어지고 어느 정도 기괴한 형질을 띠는 변종 간의 혼혈에서 더 자주 일어난다. 프로스페르 뤼카 박사는 동물에 관한 방대한 양의 자료를 정리한 뒤 한 가지 결론에 도달했는데, 그것은 아이가 부모를 닮는 법칙도 이와 똑같다는 것이었다. 즉 서로 많이 다르거나 조금만 다른 남녀의 결혼에서 비롯된 자손의 닮음 현상은 동일한 변종이나 서로 다른 변종, 또는 서로 다른 종 사이의 교잡에서 논의된 방식으로 설명할 수 있다는 것이다.

번식능력과 불임성 문제를 고려하지 않는다면 종이 교잡해서 얻어진 후손과 변종이 교잡해서 얻어진 후손에게는 보편적이고 밀접한 유사성이 있는 것 같다. 만약 종은 특별하게 창조된 것이고 변종은 2차 법칙에 따라 만들어진 것이라고 여긴다면 이 유사성은 놀라운 사실이 될 것이다. 그러나 이것은 종과 변종 사이에 근본적인 차이가 없다는 견해와 완벽하게 조화를 이룬다.

요약 종으로 분류될 만큼 충분히 다른 두 생물의 1차 교잡과 그렇게 얻어진 잡종은 보편적이지는 않지만 대개 불임이다. 이러한 불임의 정도는 여러 가지이고 종종은 너무 미세해서, 가장 주의 깊은 두 명의 실험자조차 이들의 분류에 정반대되는 결론을 내리기도 했다. 동일한 두 종 사이에서 태어난 잡종의 불임성은 본질적으로 가변적이어서 유리하거나 불리한 주변 조건에 크게 영향을 받는다. 불임성의 정도는 계통분류상의 유사성과 엄격하게 일치하지는 않지만 여러 가지 기이하고 복잡한 법칙에 따라 결정된다. 동일한 두 종 사이에서 일어나는 상호교잡의 결과는 대개 다르며, 크게 다른 경우도 있다. 1차 교잡의 결과와 그러한 교잡에서 태어난 잡종이 보이는 결과가 항상 똑같지는 않다.

나무를 접붙이는 경우에 한 종이나 변종이 다른 생물을 받아들이는 능력은 이들의 식물체계가 갖고 있는 미지의 차이 때문에 부차적인 것이다. 마찬가지로 두 종의 교잡이 잘 일어나거나 그렇지 않은 것은 그들의 생식계가 갖고 있는 미지의 차이 때문에 부차적으로 일어나는 것이다. 교잡을 막고 섞임을 방지하기 위해 종이 여러 등급의 불임성을 선천적으로 타고났다고 생각할 이유는 없다. 숲에서 서로 다른 종의 접붙이기를 저지하기 위해 접붙이기가 여러 등급으로 난점을 지니고 있다고 생각할 이유가 없는 것과 같은 원리이다.

생식계가 완벽한 두 순종 사이에서 일어나는 1차 교잡의 불임성은 여러 가지 조건에 달려 있는 것처럼 보인다. 초기 배가 죽는 것도 이러한 조건 가운데 하나이다. 생식계가 완벽하지 못하고 서로 다른 두 종의 결합으로 생식계와 모든 체계에 교란이 일어난 잡종의 불임성은 자연에서 생활환경이 교란되었을 때 순수한 종에서도 일어날 수 있는 불임성과 밀접하게 관련이 있는 듯하다.

이러한 견해는 유사한 다른 사례로써 뒷받침된다. 즉 아주 조금만 다른 생물들의 교잡은 힘과 생식능력 면에서 후손에게 유리하고, 생활환경이 약간 변했을 때 모든 생물의 힘과 생식능력에 유익한 영향을 주는 것이 확실하다는 견해와 견주어 생각할 수 있다. 두 종을 결합시키는 어려움의 정도와 잡종 후손의 불임성 정도는 서로 다른 원인 때문에 비롯되는 것이지만, 이들이 서로 조화를 이룬다는 사실은 그리 놀랄 만한 것이 아니다. 왜냐하면 두 경우 모두 교잡을 일으키는 두 종의 차이가 얼마나 큰지에 달려 있기 때문이다.

더구나 1차 교잡의 용이성, 잡종의 번식력, 접붙이기의 가능성은—물론 이 마지막 가능성은 전혀 다른 환경에 의해 결정되는 것이 분명하지만—모두 실험에 사용되는 생물의 인척관계와 밀접한 관련이 있을 것이다. 왜냐하면 인척관계는 모든 종들이 보이는 모든 종류의 유사성을 발현시키는 원인이기 때문이다.

변종으로 알려진 생물, 아주 비슷해서 변종으로 여겨지는 생물, 또는 그들의 혼혈 후손 사이의 교잡은 일반적으로 산출력이 높다. 그러나 자연 상태에서 변종과 관련해 우리가 얼마나 쉽게 순환논리에 빠져드는지를 기억해보자. 또 생식계의 차이가 아닌 단지 외모를 기준으로 우리가 가축을 선택하는 과정을 통해 가축들이 얼마나 많은 변종을 내고 있는지를 기억해보자. 그러면 이들의 번식력이 거의 완벽하다는 사실이 그리 놀라운 것도 아니다. 번식력을 고려하지 않는다면 종간 잡종과 변종 간 혼혈은 일반적으로 아주 많이 닮아 있다. 마지막으로, 나는 이번 장에서 제시한 사례들이 종과 변종들 사이에는 근본적인 차이가 존재하지 않는다는 견해에 대항하는 것이 아니라 오히려 그러한 견해를 지지한다고 생각한다.

제9장 지질학적 기록의 불완전성

오늘날 중간형 변종이 존재하지 않는 이유 – 절멸된 중간형 변종의 성질과 그들의 수 – 퇴적의 비율과 침식의 비율로 유추한 장구한 세월의 흐름 – 고생물학적 수집품의 불완전성 – 지질학적 층의 간헐성 – 어떠한 층에서도 중간형 변종이 나타나지 않는 이유 – 화석층에서 한 생물이 갑자기 출현하는 이유

제6장에서 나는 이 책의 주된 여러 가지 견해를 반대하는 주요 난점을 일일이 열거했다. 이제 대부분은 논의되었다. 그런데 종의 구분 그리고 수많은 연결에도 불구하고 그들이 섞이지 않는다는 사실은 분명 매우 어려운 주제임에 틀림없다.

나는 물리적 조건의 점진적인 변화를 보이는 광범위하고 연속적인 지역에서 그러한 연결이 유리할 것이 명백한데도 왜 그러한 연결이 보편적으로 나타나지 않는지 그 이유를 설명했다. 나는 종의 삶이 기후보다는 다른 종의 존재에 더 크게 영향을 받는다는 것을 보이고자 했다. 따라서 삶을 진정으로 지배하는 조건은 열이나 습기처럼 감지하지 못할 정도로 점진적인 변화를 나타내는 것이 아니라는 점을 보이고자 했다. 또한 중간형의 변종은 그들이 연결하는 생물들보다 수가 적은데, 이들이 꾸준한 변형과 개선의 과정을 거쳐 대부분 사라진다는 것을 보이고자 했다.

그렇지만 현재 자연의 모든 곳에서 수많은 중간 연결이 관찰되지 않는 주요 원인은 바로 자연선택 과정에 달려 있다. 자연선택을 통해 새로운

변종은 부모종의 위치를 빼앗고 그들을 절멸시키는 것이다. 그러나 이러한 절멸이 대규모로 작용하는 것을 생각해보면 지구상에 한때 존재했던 중간형의 변종은 실로 엄청나게 많았을 것이다.

그렇다면 모든 지질학적 층이 이렇게 방대한 중간 고리로 가득하지 않은 이유는 무엇인가? 지질학은 미세하고 점진적인 생물의 고리를 보여주지 못하고 있다. 아마 이것이야말로 내 이론을 반대하는 명확하고도 중대한 결함이다. 이에 관한 설명은 지질학적 기록이 극히 불완전하다는 사실에서 찾을 수 있으리라고 믿는다.

먼저 우리가 항상 명심해야 할 것은 내 이론에 따라 존재한 중간형이 어떤 모습이었는가이다. 어떤 두 종을 보면서 나는 늘 이들의 직접적인 중간형을 스스로 그려보곤 한다. 그러나 이것은 전적으로 잘못된 견해이다. 우리는 항상 각 종과 미지의 공통조상 사이의 중간형을 찾아야만 하는 것이다. 그리고 조상형은 그들의 변형된 후손들과 무언가 다를 것이다.

한 가지 단순한 사례를 들어보자. 공작비둘기와 파우터 집비둘기는 모두 양비둘기에서 유래된 것이다. 만약 이전에 존재했던 모든 중간형이 지금 존재한다면, 우리는 이 두 비둘기와 양비둘기를 연결하는 아주 세세한 시리즈를 갖고 있을 것이다. 그러나 공작비둘기와 파우터 집비둘기를 직접 연결하는 변종은 존재할 수 없는 것이다. 예를 들어 이 두 품종 각각의 특징인 어느 정도 신장된 꼬리와 어느 정도 부푼 모이주머니를 함께 갖춘 중간형은 존재하지 않는다. 더구나 이 두 품종은 너무 많이 변형되었기 때문에, 그들의 기원에 관한 역사적인 증거나 간접적인 증거가 없었다면 단순히 이들의 구조를 양비둘기와 비교하는 것만으로 이들이 양비둘기에서 유래되었는지 그 밖의 다른 친척종인 분홍가슴비둘기에서 유래되었는지 결정하기는 불가능했을 것이다.

자연의 종에 대해서도 마찬가지여서, 만약 우리가 말과 맥〔돼지와 비슷하며, 말레이 반도와 남아메리카에 서식한다〕처럼 전혀 별개의 생물을 고려한다면, 우리는 이 둘을 직접 연결하는 중간형이 존재했다고 상상할 이유가 전혀 없다. 다만 이들과 미지의 공통조상 사이를 연결하는 중간형을 찾고 싶은 것이다. 그 공통조상은 전체적인 체계에서 맥이나 말과 많이 비슷했을 것이다. 그러나 어떤 면으로는 이 둘과 많이 달라서 현재 이 둘의 차이보다 더 큰 차이를 보였을 수도 있다. 그런 이유 때문에 우리는 둘 이상 종의 부모형을 알아내지 못하는 것이다. 설사 우리가 부모의 구조와 변형된 후손의 구조를 아무리 자세하게 비교한다 해도 중간을 연결하는 완벽한 사슬이 없다면 부모형을 알아내기란 어렵다.

내 이론에 따르면 현존하는 두 가지 생물 가운데 하나가 다른 하나에서 유래되는 것이 가능해 보인다. 예를 들어 맥에서 말이 유래되는 식이다. 이 경우 이들을 직접 연결하는 중간형들은 존재한다. 그러나 이러한 사례는 다음과 같은 상황을 뜻하는 것일 수 있다. 즉 한 종류의 생물에서 유래된 후손은 엄청나게 많은 변화를 겪는 동안 원래의 종류는 오랫동안 변하지 않고 남아 있었다는 것이다. 그리고 개체와 개체의 경쟁 원리, 아이와 부모의 경쟁 원리에 따르면 이것은 매우 희귀한 사건에 해당한다. 왜냐하면 새롭고 개선된 생물이 구식의 개선되지 않은 생물을 밀어내는 것이 이치이기 때문이다.

자연선택설에 따르면 현존하는 모든 종은 해당하는 속의 부모종과 연결되어 있다. 한 종에 속하는 여러 변종이 보이는 차이보다 더 크지는 않은 차이로 연결되어 있다. 그리고 지금은 거의 절멸된 이 부모종들은 다시 더 먼 조상종과 비슷하게 연결되어 있다. 이런 식으로 각 단계의 공통조상으로 늘 수렴하고 있는 것이다. 따라서 모든 현생종과 절멸종을 잇는 중간형과 과도적인 형은 상상할 수 없을 정도로 많을 것이 틀림없다. 그러나 확신하건대, 이 이론이 옳다면 그들이 지구에 살았거나 살고 있어야만 한다.

시간의 경과에 관해 무수히 많은 연결고리를 보여주는 화석을 발견하지 못한 것과는 별도로 다음과 같은 반대가 있을 수 있다. 즉 자연선택을 통한 변화는 매우 느리기 때문에 생물의 엄청나게 많은 변화가 일어나기 위한 시간이 충분하지 않다는 것이다. 경험 있는 지질학자가 될 수 없는 독자들이 시간의 경과를 이해할 만한 사례들을 상기시킬 능력이 내게는 없다.

찰스 라이엘 경의 위대한 작품 『지질학원론』—미래의 역사학자들은 이 책이 자연사에 혁명을 일으켰다는 점을 인정할 것이다—을 읽을 수 있는 사람마저 과거의 시간이 그렇게 이해할 수 없을 정도로 무한하다는 사실을 여전히 받아들이지 않고 이 책을 덮어버릴지 모르겠다. 『지질학원론』을 공부하거나 지질층 형성에 관한 다른 학자들의 논문을 읽고 어떤 학자가 각 층이나 지층의 존속기간에 대해서 어떤 견해를 제시했는지 알아야 한다고 주장하는 것이 아니다. 우리가 주변에서 볼 수 있는 기념물에 해당하는 시간의 경과에 대해 조금이라도 알고자 하는 사람은 시간을 투자해서 엄청나게 쌓여 있는 지층을 조사하고, 바다가 오래된 바위를 부숴버리고 새로운 퇴적층을 만드는 광경을 관찰해야만 할 것이다.

적당히 단단한 암석들로 이루어진 바닷가를 거닐며 지층의 붕괴과정을 조사해보는 것도 좋을 것이다. 조수는 대부분 하루에 두 번 아주 짧은 시간 동안 절벽에 도달할 것이다. 파도에 모래나 자갈이 들어 있다면 파도는 조금씩 절벽을 먹어들어갈 것이다. 왜냐하면 아무것도 섞이지 않은 물은 바위의 침식에 거의 영향을 끼치지 않는다는 믿을 만한 근거가 있기 때문이다. 결국에는 절벽의 기저부가 드러나고 거대한 파편이 떨어져나간 후 다시 작은 조각으로 부서져 파도에 굴러다니며 자갈이 되고 모래가 되고 진흙이 될 것이다.

그러나 퇴각하는 절벽의 기저부를 따라 우리가 주로 보는 것은 바다생물로 덮여 있는 둥근 바위로, 이것은 이들의 침식이 극히 약하게 일어나고 바위들이 굴러다니는 일은 거의 없다는 것을 보여주는 것 아니겠는가! 게다가 만약 침식이 일어나고 있는 바위절벽을 몇 마일 따라간다면 우리는 짧거나 둥글게 형성되어 현재 변화를 겪고 있는 돌출부를 여기저기에서 볼 수 있을 것이다. 표면의 모습과 분포하는 식물을 보면 바위가 기저부를 깎아낸 뒤 시간이 얼마나 흘렀는지를 알 수 있다.

우리 해안에 미치는 바다의 작용을 세밀하게 연구한 사람이라면 바위해안이 얼마나 느리게 침식되는지를 충분히 알 수 있으리라고 나는 믿는다. 이 주제에 관한 휴 밀러〔스코틀랜드의 석공〕의 관찰과 조던힐의 탁월한 관찰자인 스미스〔스코틀랜드의 골동품 연구가〕의 관찰은 무척이나 감동적이다. 그렇게 감동받은 마음으로 두께가 수천 피트에 이르는 역암층을 조사한다고 가정하자. 역암층이 다른 퇴적층보다 더 빠르게 형성되었다고 가정하더라도, 역암이 시간의 흐름을 뜻하듯 마모되고 둥근 자갈들로 형성되어 있는 것을 생각한다면 이것이야말로 덩어리들이 얼마나 느리게 축적되는지를 보여주는 것이다.

라이엘의 다음과 같은 심오한 말을 명심하자. 즉 퇴적층의 두께와 넓이는 지각의 다른 표면이 침식작용을 받았다는 표시이며 침식작용의 규모에 대한 측정이 된다는 것이다. 많은 나라에서 퇴적층에 의해 밝혀진 침식작용은 대단한 것이 아닌가!

램지 교수〔스코틀랜드의 지질학자〕는 대영제국의 여러 지역에 형성되어 있는 지층의 최대 두께를 대부분의 실측과 약간의 추정을 토대로 내게 알려주었는데, 그 결과는 다음과 같다.

고생대층(화성암층 제외)	약 17킬로미터
제2기 지질층	약 4킬로미터
제3기 지질층	약 0.7킬로미터

모두 더해 거의 22킬로미터나 된다. 이들 지층의 일부는 영국에서는 얇은 층을 이루지만 대륙에서는 두께가 수천 피트에 달하기도 한다. 더구나 연속적인 두 지층 사이에 엄청나게 긴 공백기가 있다는 사실에 대부분의 지질학자가 동의하고 있다. 따라서 영국의 높이 솟은 퇴적암층은 그것이 형성될 때까지 걸린 시간에 대한 잘못된 견해를 주고 있는 셈이다. 과연 얼마의 시간이 걸린 것인가!

훌륭한 연구자들에 따르면 거대한 미시시피 강은 10만 년에 단지 약 200미터의 비율로 퇴적이 일어난다고 한다. 이 추정이 완전히 틀릴 수도 있지만, 아주 작은 퇴적물이 바닷물의 흐름을 따라 넓은 지역으로 퍼지는 것을 생각해본다면 축적의 과정은 어느 곳에서건 극단적으로 느릴 것이다.

그러나 여러 지역의 지층이 겪고 있는 침식의 양은 침식된 물질이 축적되는 비율과는 별개로 시간의 경과에 대한 가장 훌륭한 증거가 될 것이다. 나는 화산섬들을 둘러보면서 파도에 깎이고 벗겨져 높이가 200~300미터에 이르는 수직 절벽이 보여주는 침식의 증거에 놀랐던 것을 기억한다. 왜냐하면 용암이 액체 상태로 흐르면서 형성되는 완만한 경사를 생각해보면 딱딱한 바위층이 대양을 향해 얼마나 길게 뻗어나갔는지를 보여주기 때문이다.

동일한 상황을 단층〔지각변동으로 지층이 갈라져 어긋난 현상〕을 이용해 더 쉽게 설명할 수도 있다. 즉 거대하게 형성된 금을 따라 한쪽 지층이 올라가거나 다른 쪽 지층이 내려가서 그 높이나 깊이가 수천 피트에 달하는 단층이 형성되었고, 지각이 쪼개지면서 땅의 표면이 바다의 작용으로 편평하게 깎여나갔기 때문에 이 거대한 지층의 이동이 외관상으로는 관찰되지 않는다는 것이다.

예를 들어 크레이븐 단층〔영국의 페나인 산맥에서 발견되는 단층〕은 약 48킬로미터에 걸쳐져 있으며 이 선을 따라 지층은 200~900미터쯤 수직으로 이동되어 있다. 램지 교수는 앵글시 섬〔영국 웨일스 서부의 섬〕에서 700미터에 달하는 지반의 저하를 보고했다. 그는 나에게 메리오네스셔〔영국 웨일스 북부의 주〕에 3.7킬로미터에 달하는 지반 저하가 있었다는 사실을 확신한다고 알려주었다. 그러나 이러한 엄청난 움직임을 보여줄 만한 것은 표면에 아무것도 남아 있지 않았다. 양쪽의 바위 더미는 모두 부드럽게 마모되어 있었다. 이러한 사례들을 접하면서 나는 세월이 영원한 것이 아닐까 하는 허황된 생각을 하며 감명받았다.

한 가지 사례를 더 소개하고 싶다. 그것은 윌드 지방〔영국 남부의 지방〕에서 일어나는 침식작용에 관한 유명한 사례이다. 그러나 윌드 지방에서 일어나는 침식작용이 고생대 지층의 대규모 침식—이 주제를 다룬 램지 교수의 훌륭한 연구 보고에 따르면 그 두께가 3킬로미터에 이르는 곳도 있다고 한다—에 견주어 규모가 적은 것은 인정해야만 한다.

그렇지만 노스다운스〔영국 남동부 윌드 지방에 있는 초지성 구릉〕에서서 멀리 떨어져 있는 사우스다운스〔영국 남동부 윌드 지방에 있는 초지성 구릉으로, 노스다운스와 평행으로 놓여 있다〕를 바라보는 것은 감탄할 만한 공부가 될 것이다. 북쪽과 남쪽의 단층애〔단층 작용에 따라 생긴 급경사의 낭떠러지〕가 서쪽으로 아무리 멀리 뻗어도 서로 만나 닫히지 않는다는 사실을 기억한다면 우리는 백악 지층의 후반부 이후 제한된 시간 동안 윌드 지방을 덮고 있던 거대하고 둥근 바위 천장을 그려볼 수 있을 것이다.

램지 교수에게 들은 바에 따르면, 북쪽과 남쪽에 있는 구릉의 거리는 약 35킬로미터이고 여러 지층의 두께는 평균 300미터 정도이다. 그러나 일부 지질학자들이 상상하듯이 만약 오래된 바위들이 줄을 지어 윌드 지방 아래에 존재한다면 바위들의 옆구리 부분에는 다른 부분보다 퇴적물이 얇게 쌓였을 것이다. 물론 이 추정이 잘못될 수는 있다. 그러나 이러한 의혹의 원천이 이 지방 서쪽 끝의 모습을 추정하는 데 큰 영향을 주지는 않을 것이다.

만약 우리가 바다가 일정 높이의 절벽을 침식시키는 속도를 알았더라면 윌드 지방을 침식시켰던 기간을 측정할 수 있었을 것이다. 물론 이것은 불가능하다. 그러나 이 주제에 관한 어느 정도의 개념이라도 얻기 위해서 우리는 바다가 150미터 높이의 절벽을 100년에 2.5센티미터 정도 침식시킨다고 추정해도 될 것 같다. 처음에 이것은 너무 작은 값으로 보일 수도 있다. 그러나 이것은 우리가 90센티미터 높이의 절벽이 전체 바닷가에서 약 22년마다 90센티미터씩 뒤로 침식된다고 가정하는 것과 같은 것이다. 아주 잘 드러난 해안가를 제외한다면 어떠한 종류의 바위라도—설사 분필처럼 부드러운 것이라도—이 속도에서 형성될 수 있을지 의심스럽다. 물론 높은 절벽은 떨어지는 파편이 쉽게 부서지기 때문에 그 침식작용이 더 빨리 일어난다는 데에는 의심의 여지가 없다.

반면에 나는 길이가 16~32킬로미터에 이르는 어떠한 바닷가도 들쭉날쭉한 해안선을 따라 동시에 침식이 일어나리라고 생각하지 않는다. 또한 명심해야 할 것은 거의 모든 지층에는 주위보다 단단한 층, 즉 단괴〔퇴적암 속에 들어 있는 덩어리로, 주위 암석보다 단단한 암석〕가 들어 있는데, 이들은 그 견고함 덕분에 마모가 덜 일어나기 때문에 기저부에서 방파제 역할을 한다는 사실이다. 따라서 보통의 상황이라면, 높이가 150미터인 절벽의 전체 길이에 걸쳐 한 세기에 2.5센티미터의 침식이 일어난다고 말한 것은 크게 잡아준 것이다. 이 속도라면 위에서 논의한 윌드 지방의 침식에는 306,662,400년, 즉 3억 년 정도의 세월이 걸렸음이 틀림없다.

윌드 지방의 땅은 융기로 인해 약간 기울어져 있는데, 이곳에 미치는 민물의 작용이 엄청나지는 않았겠지만 이곳의 땅을 어느 정도 침식했을 것이다. 반면 우리는 과거 이 지역에 지각변동이 있었다는 사실을 알고 있는데, 이 지각변동의 시기에 표면은 수백만 년 동안 육지로 존재하면서 바다의 작용을 받지 않았을 수도 있었을 것이다. 이때 거의 같은 기간 동안 바다 깊숙이 들어가 있던 지역은 해안 파도의 영향을 받지 않았을 것이다. 따라서 모든 가능성을 고려한다면 중생대 후기 이후로 3억 년보다 훨씬 더 긴 세월이 흐른 것이다.

내가 이러한 점을 언급하는 이유는 불완전할지라도 시간의 경과에 대한 어느 정도의 개념을 얻기 위해서 매우 중요하기 때문이다. 긴 세월의 모든 순간에 전 세계의 땅과 물에는 수많은 생명체가 살고 있었다. 긴 세월을 거치면서 우리가 상상할 수 없을 정도로 무수히 많은 세대가 차례로 일어난 것이다! 자, 이제 우리의 풍부한 지질학 박물관과 우리 앞에 펼쳐진 하찮아 보이는 전시물로 눈을 돌려보자!

고생물학적 수집품의 빈약함에 관해 우리의 고생물학적 수집품이 매우 불완전하다는 사실은 누구나 인정하는 바이다. 작고한 저명한 고생물학자 에드워드 포브스의 말을 잊어서는 안 된다. 그에 따르면 화석종은 단 하나의 표본이나 한 지점에서 발견된 여러 부서진 표본을 통해 알려지고 이름이 붙여진다. 지구 표면의 극히 일부분만이 지질학적으로 탐사되었다. 해마다 유럽에서 중요한 발견들이 증명하듯이 충분하고도 조심스럽게 조사된 지역은 없었다. 몸 전체가 부드러운 생명체는 보존될 수 없다. 침전물이 쌓이지 않는 지역에서는 껍질과 뼈도 바다 밑바닥에 놓였을 때 부식되어 사라지게 된다.

우리가 바다의 모든 바닥에서 사체를 묻어 화석으로 남길 정도로 침전물이 꾸준히 퇴적된다고 암묵적으로 받아들일 때, 나는 우리가 가장 잘못된 견해를 받아들이는 것이라고 믿는다. 대부분의 대양에서 볼 수 있는 물의 빛나는 푸른 색조는 물이 청결하다는 증거이다. 아주 긴 세월을 거치며 지층이 닳거나 손상되지 않은 상태에서 다음 지층이 덮이면서 순서에 맞춰 형성되는 지층의 기록에 관한 많은 사례는 아래 지층이 변형되지 않은 상태로 남아 있다는 견해로만 설명될 수 있다. 만약 모래나 자갈에 파묻힌 유해라면 지층이 위로 솟아오를 때 대개 빗물의 침투로 인해 드러나게 될 것이다.

나는 해안가의 밀물과 썰물 중간 위치에 서식했던 수많은 동물들 가운데 극히 일부만이 보존되는 것이 아닌가 의심하고 있다. 예를 들어 조무래기따개비아과(고착성 만각류의 한 아과)는 전 세계의 바위를 엄청난 수로 덮고 있는데, 이들은 모두 연안지역에서 생활한다. 단 하나의 예외는 지중해 깊은 물속에 서식하는 종으로, 시칠리아 섬에서 화석으로 발견되기도 했다. 백악기에 조무래기따개비속이 살았던 것으로 알려져 있지만 시칠리아 섬의 제3기 지층에서는 지금까지 다른 종의 화석이 발견된 전례가 없다. 연체동물의 한 속인 다판류도 어느 정도 비슷한 사례를 제공한다.

중생대와 고생대에 살았던 육상생물들과 관련해, 화석기록에서 얻어진 우리의 증거들이 매우 단편적이라는 사실을 언급하는 것은 불필요할 것 같다. 예를 들어 육상 달팽이가 중생대와 고생대에 살았다는 증거는 없다. 예외가 하나 있다면 라이엘 경이 북아메리카의 석탄기 지층에서 발견한 표본 정도가 될 것이다.

포유류 화석에 관해서 라이엘 경의 『기본지질학 편람』 부록에 실린 유명한 목록을 간단히 살펴본다면, 화석의 보존이 얼마나 우연적이고 희귀한지 여러 페이지에 걸친 설명을 읽는 것보다 더 쉽게 알 수 있을 것이다. 제3기에 살았던 육상 포유류의 뼈가 동굴이나 호수 퇴적물 속에서 얼마의 비율로 발견되는지를 기억한다면 포유류 화석이 드문 것이 그리 놀라운 일은 아니다. 더욱이 어떤 동굴이나 호수 퇴적층도 중생대나 고생대 지층이 존재하던 시기의 것으로 알려진 것이 없다는 점을 기억한다면 더욱 그러하다.

그러나 지질학적 기록의 불완전성은 이제까지 언급한 것보다 더욱 중요한 다음과 같은 원인 때문에 주로 생긴다. 즉 여러 지층이 폭넓은 시간 간격으로 분리되어 있다는 것이다. 표에 실린 지층을 보거나 자연에서 지층을 추적하다 보면 그들이 연속적으로 형성되었다는 믿음을 피하기가 어렵다. 그러나 우리는 러시아 지층에 관한 머치슨 경〔영국의 지질학자〕의 위대한 작품을 토대로, 겹쳐진 두 지층 사이에 얼마나 긴 세월이 들어 있는지 안다. 이것은 북아메리카의 지층이나 다른 여러 지역의 지층에서도 마찬가지이다.

만약 이 저명한 지질학자가 이 거대한 지역만 연구했다면, 영국에서는 비어 있거나 빈약한 기록의 지층이 형성되었던 시기에 다른 곳에서는 새롭고 기이한 생명체를 포함한 엄청난 양의 퇴적층이 축적되었다는 사실에 의구심을 품지는 않았을 것이다. 만약 각각의 격리된 지역에서 연속적인 지층들 사이에 시간의 경과가 있었다는 견해를 얻기 힘들다면 다른 어떤 곳에서도 이것을 확인해줄 수는 없다고 해야 할 것이다.

연속적인 지층의 광물학적 구성의 비율이 자주 그리고 크게 변화한다는 것은 주변 육지의 지형이 크게 변화했다는 것을 뜻한다. 왜냐하면 퇴적물이라는 것은 그 주변 육지에서 유래되는 것이기 때문이다. 이것은 각각의 지층 사이에 엄청나게 긴 세월이 흘렀다는 믿음과 일치한다.

그러나 나는 각각의 지역에서 일어난 지층의 형성이 서로 가까운 시기에 일어난 것이 아니라 간헐적으로 일어난 이유가 파악될 수 있으리라고 생각한다. 나는 지질학적으로 가까운 시기에 수백 피트 정도 융기된 남아메리카의 수백 마일 해안가를 조사한 적이 있다. 이곳에서 최근의 지질학적 기록을 보여주는 화석이 전혀 없다는 사실만큼 나를 충격에 빠뜨린 것은 없었다. 전체 서부 해안에는 특이한 해양동물들이 서식하고 있었는데, 제3기 지층의 형성은 아주 빈약해서 연속적이고 특이한 해양동물상이 오랫동안 보존되었다는 것을 보여주는 기록이 없다.

조금만 생각해보면, 남아메리카의 융기하는 서부 해안을 따라 제3기에 해안가 바위가 침식되고 진흙을 함유한 강물이 바다로 유입되었음이 틀림없을 텐데 왜 이 시기의 화석이 많지 않은지 그 이유를 알 수 있을 것이다. 이에 대한 설명은 분명 다음과 같을 것이다. 즉 연안대나 아연안대의 퇴적층이 느리고 점진적으로 융기되면서 연안파의 분쇄작용이 이 층을 끊임없이 닳게 했다는 것이다.

지층이 처음에 융기된 후 계속 오르락내리락하면서 파도의 끊임없는 작용을 받았을 것이고, 이것을 버텨내기 위해서 퇴적은 몹시 두껍고 딱딱하게 형성되었음이 틀림없다고 결론을 내릴 수 있을 것 같다. 그렇게 두껍고 엄청난 양의 퇴적은 두 가지 방법으로 형성되었을 것이다. 첫째, 아주 깊은 바다에는—포브스의 연구 결과를 근거로 판단하건대—매우 적은 종류의 생명체가 살았을 것이기 때문에 이곳에서 융기된 지층은 가장 불완전한 생명체의 기록을 보일 것이다. 둘째, 얕은 바닥이 계속해서 침강되었다면 두께와 그 정도가 다양한 퇴적이 일어났을 수도 있다. 이 두 번째 사례에서 침강의 속도와 퇴적물 공급이 어느 정도 균형을 이룬다면 바다는 계속 얕은 상태를 유지하면서 생명체가 살아가기에 우호적인 환경을 제공하고, 지층이 융기되었을 때는 상당한 양의 침식을 버틸 만한 엄청나게 두꺼운 화석층의 형성이 가능했을 것이다.

나는 화석이 풍부한 모든 지층은 침강과 함께 이런 식으로 형성되었다고 확신한다. 1845년에 나는 이러한 견해를 발표했고 그 뒤로 지질학은 꾸준히 진보했다. 나는 여러 지층의 형성을 연구하는 학자들이 침강의 시기에 퇴적이 일어났다는 결론에 도달하는 것을 보면서 놀랐다. 남아메리카 서부 해안에 형성되어 있는 제3기 지층이 이제까지의 침식에서 살아남을 만큼 거대하기는 했지만 앞으로의 기나긴 지질학적 시간 동안 지속되기는 힘들 것이다. 그런데 이곳도 과거에 지면이 아래쪽으로 내려가면서 형성되어 상당한 두께의 지층을 형성했다고 말하고 싶다.

모든 지질학적 사례를 바탕으로 우리는 각각의 시대에 지면은 끊임없이 침강과 융기를 반복했으며 이러한 진동이 폭이 넓은 간격을 형성하는 데 영향을 주었다는 것을 안다. 결과적으로 화석이 풍부하고 침식을 감당할 만큼 두껍고 광대한 지층은 침강의 시기에 넓은 폭의 공간으로 만들어졌는데, 그것도 퇴적물의 공급이 바다를 얕게 만들며 사체가 부패하기 전에 덮어버릴 정도로 풍부한 곳에서만 만들어졌을 것이다. 반면 바다의 바닥이 정지되어 있었다면 생명이 살아가기에 적합한 얕은 바다에서 두꺼운 퇴적은 일어날 수 없었을 것이다. 바닥이 올라가는 시기에는 더더욱 퇴적이 일어나지 않았을 것이다. 아니, 조금 더 정확하게 표현한다면, 바닥이 올라가는 시기에는 연안의 작용 범주에 들어감으로써 오히려 이제까지 퇴적되었던 부분이 파괴되었을 것이다.

따라서 지질학적 기록은 거의 필연적으로 간헐적일 수밖에 없다. 나는 이러한 견해가 옳다고 확신한다. 왜냐하면 이러한 견해는 라이엘 경이 계속 주장했던 총괄적인 원리와 완전히 일치하며, 포브스도 독자적으로 비슷한 결론에 이르렀기 때문이다.

주목할 만한 한 가지 언급이 있다. 지각이 융기하는 시기에는 육지의 넓이와 육지에 인접한 얕은 바닥의 넓이가 증가하면서 새로운 서식지가 형성될 것이다. 앞에서 설명한 것처럼 이러한 변화는 새로운 변종이나 종의 형성에 우호적이지만 이 시기의 지질학적 기록은 보통 공백으로 남아 있는 것이다.

반면 지각이 침강하는 시기에는 서식지와 생명체의 수가 감소할 것이고—육지가 여러 개로 갈라지며 많은 섬들이 형성된다면 연안가의 생명체는 예외적으로 증가한다—, 결과적으로 이 침강의 시기에는 많은 종이 절멸되지만 새로운 변종이나 종의 출현은 거의 일어나지 않는다. 그리고 바로 이러한 침강의 시기에 화석이 풍부한 퇴적층이 형성되는 것이다. 자연은 둘을 연결하는 중간구조의 생명체 화석의 발견을 어렵게 하고 있다고 말해도 될 것 같다.

이러한 점들을 고려해보면 지질학적 기록이 전반적으로 아주 불완전하다는 것은 의심의 여지가 없다. 그러나 만약 우리가 어떤 하나의 지층만을 고려한다면 우리는 더 큰 어려움에 봉착한다. 왜 한 지층의 시작과 끝 부분에 살았던 친척종을 연결하는 점진적인 변종들이 바로 그 해당 지층에서 발견되지 않는 것인가? 한 지층의 아래위에서 한 종의 여러 변종이 발견되는 경우가 있기는 하다. 그러나 그것은 아주 희귀한 경우이니 여기서는 그냥 넘어가도록 하겠다. 비록 각각의 지층에 퇴적물이 쌓이기 위해서는 엄청나게 긴 세월이 필요한 것은 틀림없는 사실이지만, 나는 그 시절을 살았던 종과 종을 연결하는 점진적인 계열이 그곳에서 발견되지 않는 몇 가지 이유를 제시할 수 있다. 그러나 다음에 논의할 내용에 각각의 비례적인 가치를 부여할 생각은 전혀 없다.

비록 각 지층이 엄청나게 긴 시간을 나타내기는 하지만 한 종이 다른 종으로 변화하는 데 필요한 시간에 견주면 짧은 시간에 불과할 것이다. 고생물학자인 브론〔독일의 고생물학자〕과 우드워드〔영국의 고생물학자〕는 하나의 지층이 형성되는 시간은 하나의 종이 형성되는 시간보다 두세 배 정도 길다고 주장했다.

그러나 이 주제에 대해 그러한 결론을 내리기는 너무 어려워 보인다. 한 지층의 중간 정도에 처음으로 출현한 종을 볼 때, 그 종이 이전에 존재했던 다른 곳에서 발견되지 않는다고 추측하는 것은 아주 경솔한 결론이 될 것이다. 그러니 맨 위층이 퇴적되기 전에 사라지는 종을 보면서 그 종이 완전히 절멸했다고 상상하는 것도 마찬가지로 경솔할 것이다. 유럽의 일부 지역만이 세계의 다른 지역과 비교되었다는 사실을 우리는 잊고 있다. 또한 유럽의 도처에서 동일 지층의 여러 단계가 정확하게 일치하는 것도 아니다.

모든 종류의 해양동물에 대해서 우리는 기후나 다른 변화가 일어나는 동안 많은 수의 동물들이 이주했을 것이라고 추측할 수 있다. 우리가 어떤 지층에서 한 종이 처음으로 나타나는 것을 관찰할 때, 그 종이 그 지역에 처음으로 이주했을 가능성이 있다는 것이다. 예를 들어 일부 종들이 유럽 고생대 지층보다 더 이른 시기의 북아메리카 고생대 지층에서 나타나는 것은 꽤나 잘 알려진 사실이다. 이들이 아메리카의 바다에서 유럽의 바다로 이주하는 데 시간이 걸렸을 것은 명백하다.

이미 다른 곳에서도 언급한 내용이지만, 최근에 일어난 세계 여러 곳의 퇴적층을 조사해보면, 드물기는 해도 현존하는 종이 화석으로 발견되다가 인근 바다에서 즉시 사라지는 경우가 있다. 이와 반대로 지금은 인근 바다에 풍부하게 존재하지만 그 당시 퇴적층에서는 아주 드물거나 아예 존재하지 않는 경우도 있다. 지질학적 시대의 한 부분에 불과한 빙하기에 유럽에 서식하는 생명체들의 이주를 숙고하는 것은 아주 좋은 학습이 될 것이다. 마찬가지로 지각의 큰 변동, 기후의 엄청난 변화, 막대한 시간의 경과가 이러한 빙하기에 일어났는데, 이에 대한 고찰도 좋은 공부가 될 것이다.

그러나 세계의 모든 곳에서 화석을 포함하는 퇴적물이 빙하기에 동일한 지역에서 계속 축적되었다는 것은 의심스럽다. 예를 들어 미시시피 강 하구의 해양동물이 번성할 수 있는 깊이 내에서 빙하기에 계속 퇴적이 일어나지는 않았을 것이다. 왜냐하면 이 시기에 아메리카의 다른 지역에서 거대한 지리학적 변화가 일어났기 때문이다. 빙하기의 특정한 시기에 미시시피 강 하구의 얕은 물에 퇴적되었던 층이 융기했을 때, 생명체 화석들은 종의 이주와 지리학적 변화에 의해 형성된 여러 높이에 따라 노출되고 사라졌을 것이다. 그리고 먼 미래에 한 지질학자가 이들 지각을 조사하면서 화석으로 새겨진 생명체의 평균 존재기간이 빙하기의—빙하시대 이전부터 오늘날까지를 빙하기로 늘려 생각하면서—기간보다 훨씬 더 긴 것이 아니라 오히려 짧았다고 결론을 내리고 싶을 수도 있을 것이다.

한 지층의 위와 아래에 존재하는 두 생명체를 연결하는 완벽하게 점진적인 변화를 얻기 위해서는, 느리게 일어나는 변이의 진행에 충분한 시간을 줄 수 있도록 퇴적이 꽤 오랫동안 축적되어야만 한다. 그렇기 때문에 침전물은 대개 무척 두꺼우며 변화를 겪고 있는 종은 한 지역에서 전 시기 동안 생존했어야만 하는 것이다. 그러나 우리는 화석을 함유하는 두꺼운 지층이 침강의 시기에만 형성된다는 것을 벌써 살펴보았다. 그리고 동일 종이 동일 공간에서 살아가는 데 필요한 물의 깊이를 거의 동일한 깊이로 유지하기 위해서 퇴적물의 공급과 침강 속도가 거의 균형을 이루어야만 했을 것이다.

그러나 이러한 침강은 퇴적물의 공급원이 되는 지역도 마찬가지로 가라앉히는 경향이 있기 때문에, 아래쪽으로의 이동이 계속되면서 퇴적물의 공급량은 줄어들게 된다. 사실 퇴적물의 공급과 침강 사이에 이처럼 정확한 균형이 일어나기는 어려울 것이다. 왜냐하면 매우 두꺼운 지층의 시작 부분과 끝 부분을 제외하고는 생명체 화석이 거의 나타나지 않는다고 언급한 고생물학자들이 있기 때문이다.

한 지역의 전체 지층과 마찬가지로 각각의 지층도 그 축적과정에서 간헐성이 있는 것처럼 보인다. 각 지층의 광물학적 조성이 서로 다르다는 것은 일반적인 현상이다. 이런 것을 보면서 우리는 퇴적의 과정이 중단과 지속의 과정을 꽤 많이 반복했다고 추측할 수 있다. 해류의 흐름이 바뀌고 다른 자연에서 흘러드는 퇴적물의 공급이 변화되는 사건은 아주 긴 시간을 필요로 하는 지리학적 변화로 인해 일어나기 때문이다. 더구나 지층을 면밀하게 조사해봐도 퇴적이 모두 소멸되는 시간을 가늠할 수는 없을 것이다.

지층을 설명하면서 어느 한 지점에서는 두께가 불과 몇 피트인 지층이 다른 곳에서는 수천 피트에 달해 그 축적과정에 엄청난 시간이 필요한 경우가 있다. 이제껏 이 사실을 모르면서 얇은 지층이 형성되는 데 엄청난 시간이 필요할지도 모른다고 생각한 이는 없었을 것이다. 한 지층의 아랫부분이 융기된 후 침식되고 다시 물속에 잠긴 뒤, 퇴적에 의해 동일 지층의 윗부분이 만들어지는 사례는 많이 보고되었다. 이제까지 간과된 사실이지만 이런 식으로 퇴적에 커다란 시간차이가 일어날 수 있다.

자라는 것처럼 똑바로 서 있는 거대한 나무 화석의 사례에서 우리는 퇴적의 과정이 길고 간헐적인 시간으로 나뉘며 그 높이가 변해간다는 명백한 증거를 갖고 있다. 나무가 보존되지 않았더라면 생각하지도 못했을 일이다. 이런 식으로 라이엘과 도슨[캐나다의 지질학자]은 노바스코샤[캐나다의 남동부 지역]에서 400미터 두께의 석탄기층을 발견했는데, 거기에는 원시 뿌리 화석이 발견되는 지층이 포함되며 최소 68개의 수평선이 나타난다.

그러므로 층의 기저부, 중간 그리고 꼭대기에서 동일한 종이 발견될 때, 퇴적이 일어나는 전 시기에 걸쳐 그들이 한 지역에서 살았다기보다는 한 지질학적 시기에 사라지고 다시 나타나는 과정이 여러 번 반복되었다고 할 수 있다. 만약 그러한 종이 한 지질시대에 상당한 양의 변이를 겪었다면 지층의 한 부분이 모든 점진적인 변화를—내 이론에 따르면 그들 사이에는 모든 미세한 점진적인 중간 단계가 존재해야만 한다—전부 담아내지는 못했을 것이다. 오히려 매우 미세할지라도 갑작스러운 변화가 나타날 것이다.

박물학자에게는 종과 변종을 구별하는 황금률이 존재하지 않음을 기억하는 것은 아주 중요하다. 박물학자는 각각의 종에게 어느 정도의 변이성을 허용하지만, 두 생명체 사이의 차이가 어느 정도 이상으로 커지고 이 두 생명체가 매우 유사한 중간 연결고리로 이어지지 않을 때는 이 두 생명체를 별개의 종으로 분류한다. 이제 막 논의한 이유가 어떠한 지질학적 부위에 영향을 끼쳤을 것이라고 기대하기는 어려울 듯하다.

B와 C가 두 개의 종이라고 가정해보자. 세 번째 생명체인 A가 바로 아

래의 층에서 발견되었다. 설사 A가 B와 C의 완벽한 중간형이라고 할지라도 A가 동시대에 살면서 두 종을 전이적인 변종들로 밀접하게 연결하지 않는 한, A는 독자적인 제3의 종으로 분류될 것이다. 또 잊어서는 안 될 것이 있다. 앞에서 설명한 것처럼 A가 B와 C의 진짜 조상일 수도 있지만 신체 구조의 모든 면이 둘의 엄격한 중간형일 필요는 없다는 것이다. 따라서 우리는 위와 아래의 지층에서 부모종과 그것으로부터 유래된 여러 변형된 후손을 얻을 수는 있지만, 그들을 연결하는 수많은 점진적인 단계를 얻지 않는 한, 그것으로 그들의 관계를 단정하기는 어렵다. 그러므로 이 경우에 우리는 그들 모두를 별개의 종으로 분류할 수밖에 없을 것이다.

많은 고생물학자들이 종을 구별하고자 미세한 차이점을 얼마나 많이 이용하고 있는지는 유명하다. 만약 동일한 층의 여러 작은 단계에서 얻은 표본들을 분류한다면 더욱 그러할 것이다. 몇몇 저명한 패류학자들은 오늘날 도르비니〔프랑스 동물학자〕가 종으로 분류한 많은 종류의 패각류를 변종의 범주로 낮추어 분류하고 있다. 그리고 이러한 견해에 따라 우리는 내 이론에 따른 변화의 증거를 찾고 있는 것이다. 더구나 만약 우리가 더 넓은 간격, 즉 거대한 층에서 연속적이면서 별개의 단계들을 살펴본다면 그곳에 묻혀 있는 화석들이 서로 다른 종으로 분류되어 있을지라도 더 멀리 떨어진 층에서 발견된 종들보다 훨씬 더 가까운 유연관계를 보일 것이다. 이 주제는 다음 장에서 논의하기로 하겠다.

다음 사항도 고려할 만하다. 번식력이 빠르지만 이동성이 크지 않은 동물이나 식물에 대해서는 앞에서도 살펴보았지만 그들의 변종이 처음에는 지역에 국한되어 분포했으며, 그들이 상당한 정도로 변형되고 완벽해지기 전에는 넓게 퍼져서 부모종의 자리를 대신하지 못한다는 것이다. 이 견해에 따라 모든 지역의 모든 층에서 두 생명체의 초기 전이형태를 발견할 확률은 낮다. 왜냐하면 이후에 잇따라 일어나는 변화는 좁은 지역이나 한 지점에 국한되어 일어나기 때문이다.

대부분의 해양동물은 분포범위가 넓다. 우리는 분포지역이 넓은 식물이 변종도 더 많다는 사실을 알고 있다. 따라서 조개류를 비롯한 다른 해양동물의 경우 분포범위가 넓은 생명체들이 유럽 지질층의 범위를 넘어서며 국지성 변종을 많이 내는데, 이들이 궁극적으로 새로운 종이 되는 것이다. 이것 역시 우리가 지질층에서 전이적 단계의 화석을 발견할 기회를 크게 감소시킬 것이다.

잊어서는 안 될 것이 있다. 오늘날 우리는 조사를 위한 완벽한 표본들을 갖고 있지만, 많은 장소에서 수많은 표본이 수집되기 전까지는 두 생명체가 중간형의 변종으로 연결되어 결국 하나의 종으로 분류되는 경우가 거의 없다. 그리고 화석종의 경우 고생물학자들에 의해 이러한 일이 일어나는 경우는 아주 드물다.

종을 수많은 전이적 화석 고리로 연결하기가 쉽지 않다는 것은 다음과 같은 사실을 통해 쉽게 알 수 있을 것이다. 우리 스스로에게 물어보자. 예를 들어 미래의 지질학자들이 소 · 양 · 말 · 개와 같은 현재의 가축품종이 하나의 혈통이나 몇몇 토착 혈통에서 유래되었다는 것을 밝힐 수 있을까? 일부 패류학자들은 북아메리카의 바닷가에 서식하는 바닷조개를 유럽의 바닷조개와 다른 별개의 종으로 취급하지만, 단지 변종으로 취급하는 패류학자들도 있다. 이들이 정말 변종인지 아니면 서로 다른 종인지 미래의 지질학자들이 밝혀낼 수 있을까? 이것은 미래의 지질학자들이 점진적이고 중간단계에 있는 엄청난 수의 화석을 발견할 때만 가능한 얘기일 것이고, 내가 보기에 그것은 전혀 성공할 것 같지 않다.

지질학적 탐사를 통해 수많은 종들이 현재 존재하는 속에 포함되거나 절멸된 속에 더해졌으며 집단 사이의 간격이 실제보다 더 좁게 표현되기도 했다. 그러나 지질학적 탐사가 수많은 중간 변종들을 하나로 묶어서 종간의 구별을 없앨 것 같지는 않다. 만약 지질학적 탐사가 종간의 구별을 없애버린다면 이것이야말로 내 견해를 반대하는 모든 의견 중에서도 가장 중대하고 명백한 반대가 될 것이다. 따라서 지금까지 언급한 내용들을 가상적인 상황에서 요약해보는 것은 가치가 있을 것이다.

말레이 제도는 남북으로는 노스케이프〔노르웨이 북부에 위치한 지역〕에서 지중해 그리고 동서로는 영국에서 러시아에 이르는 유럽의 크기와 거의 맞먹는다. 따라서 미국의 지질층을 제외한다면 정확하게 조사된 모든 지질층이 이곳 말레이 제도에서도 나타난다. 고드윈-오스턴〔영국의 탐험가이자 지질학자〕은 넓고 얕은 바다에 의해 분리된 수많은 섬들로 이루어진 말레이 제도의 현재 상태가 대부분의 유럽 지층이 형성되던 옛날 유럽의 상태를 나타낸다고 했는데, 나는 그의 의견에 전적으로 동의한다. 말레이 제도는 이 세상에서 생명체가 아주 풍부한 지역 중의 하나인 것은 사실이지만, 그곳에서 이제까지 살았던 모든 종을 수집하더라도 전체 자연사를 나타내기에는 몹시 불완전할 것이다!

그러나 말레이 제도의 육상생물들은 그곳 지층이 형성되는 과정에서 아주 불완전한 상태로 보존되었을 것이라는 믿음에는 타당한 근거가 있다. 나는 연안지대, 즉 썰물 때 드러나는 바위에서 생활하는 동물의 일부만이 묻힌 것이 아닌가 생각하고 있다. 그리고 자갈이나 모래에 묻힌 동물들은 긴 세월을 견디지 못했을 것이다. 퇴적물이 바다의 바닥에 축적되지 않는 곳에서 보존은 일어날 수 없다. 또한 퇴적이 일어난다고 해도 사체가 부패되지 않을 정도로 빠르게 덮이지 않는다면 역시 이들이 보존될 수는 없다.

나는 제도(諸島)에서 화석층은 긴 세월을 견딜 만큼 충분히 두껍게 형성될 수 있었다고 믿는다. 침강 시기에 2차 지층의 형성이 아주 오래전에 일어났듯이 아주 먼 미래까지 버텨야 한다. 침강 시기는 엄청난 시차를 두고 간헐적으로 일어났을 것이다. 침강이 일어나지 않는 시기에 지역은 정지해 있거나 융기하고 있었을 것이다. 지각이 융기되는 동안 화석층은 퇴적이 일어나는 동시에 끊임없는 해안가 바닷물의 작용 때문에 바로 파괴되었을 텐데, 이는 우리가 오늘날 남아메리카 해안에서 보고 있는 광경이다. 침강의 시기에 생명체의 절멸은 더 많이 일어났을 것이다. 융기의 시기에는 많은 변이가 일어났을 것이다. 그러나 그 시기의 지질학적 기록은 아주 불완전하다.

제도 전체나 일부분에서 일어난 긴 침강의 시기가 동시에 일어난 퇴적 작용과 함께 종들의 평균 지속기간을 초과했는지는 확실하지 않지만, 이러한 사건은 둘 이상의 종을 연결하는 점진적 변화를 보존하는 데서 꼭 필요하다. 만약 이러한 점진적인 변화가 충분히 보존되지 않았다면 중간 변종들은 모두 서로 다른 종으로 보였을 것이다. 또한 침강이 일어나는 긴 시기 동안 지각이 오르락내리락하는 진동이 지속되었을 것이고 기후의 미세한 변화도 일어났을 것이다. 이에 따라 제도의 서식 동물들은 이주해야만 했을 것이다. 그러니 한 지층에서 생명체의 변화를 보여주는 일련의 기록을 찾기는 어려울 것이다.

말레이 제도에 사는 많은 해양생물은 해안선에서 수천 마일에 걸쳐 분포한다. 그리고 앞에서 살펴본 바와 같이, 이렇게 넓은 분포를 보이는 종들이 자주 새로운 변종을 만들었을 것이다. 변종들은 처음에 한 지역에만 국한되어 분포했을 것이다. 그러나 만약 결정적인 이점을 얻거나 변형과 개선이 이루어졌다면 그들은 서서히 퍼지면서 자기 부모종의 자리를 차지하게 되었을 것이다. 그러한 변종들이 아무리 작은 정도라도 모든 개체들이 옛날과는 달라진 상태로 옛 고향으로 되돌아왔을 때, 많은 고생물학자들이 제시하는 원리에 따라 그들은 이제 새로운 별개의 종으로 분류되었을 것이다.

이러한 논의가 어느 정도 사실이라면 지질층에서 무수히 많은 중간형을—내 이론에 따르면 이들 중간형은 동일 집단에 속하는 과거와 현재의 모든 종들을 길고 가지를 낸 생명의 고리로 연결하고 있어야 한다—

발견하리라는 기대는 버려야 한다. 우리가 볼 수 있는 것이라고는 일부의 연결뿐이다. 어떤 연결은 매우 촘촘하며 어떤 연결은 성글다. 매우 촘촘한 연결을 가정해보자. 만약 이러한 연결이 동일한 지층의 서로 다른 단계에서 발견되었다면 대부분의 고생물학자들은 이들을 서로 다른 별개의 종으로 분류했을 것이다.

그러나 가장 잘 보존된 지질 기록에 따르더라도 생명체의 변화와 관련된 기록은 너무 부실하다. 그렇지만 이것을 미리부터 알고 있었던 듯이 굴지는 않겠다. 각 지층의 초반부와 후반부에 나타나는 종을 이어주는 무수히 많은 연결을 발견하지 못하는 어려움이 없더라도 지질 기록의 부실은 내 이론에 큰 어려움이 되고 있다.

비슷한 종들의 갑작스러운 출현에 관해 어떤 지층에서 여러 종의 집단이 갑자기 출현하는 방식은 여러 고생물학자들에 의해 제기되었다. 예를 들어 아가시와 픽테트[스위스의 동물학자이자 고생물학자] 그리고 특히 세지윅 교수[영국의 지질학자]는 종이 서서히 변한다는 믿음에 결사적으로 반대했다. 동일한 속에 포함되는 수많은 종이 모두 동시에 생존하기 시작했다면 그것은 자연선택을 거쳐 서서히 변형되면서 새로운 종이 생긴다는 이론에 치명적일 것이다.

한 집단의 생명체들이 발달하려면 하나의 공통조상에서 유래된 이들이 모두 매우 느린 과정을 겪어야만 한다. 또한 그들의 조상은 이 변형된 후손들보다 훨씬 더 먼 옛날에 살았어야만 한다. 그러나 우리는 계속 지질 기록이 완벽하다고 과대평가하면서 그들이 화석을 남긴 시기 이전에는 존재하지 않았다고 잘못된 추측을 한다. 왜냐하면 특정한 속의 화석이 특정한 층 아래에서는 발견되지 않기 때문이다.

우리는 일부 지역의 지질층을 면밀히 조사했지만 조사 지역에 견주어 이 세상이 얼마나 큰지 잊고 있다. 우리는 여러 종이 다른 곳에서 오랫동안 생존하며 서서히 증식하다가 유럽과 미국의 원시 제도로 이주했다는 사실을 잊고 있다. 우리는 연속적인 지질층 사이에 존재했던 엄청난 시간의 간격을 인정하지 않고 있다. 각 지층이 축척되기 위해 필요한 시간보다도 그사이의 간격이 더 길었던 경우도 있었을 것이다. 이 시간의 간격은 종이 그들의 부모종으로부터 번식할 수 있는 시간을 제공했을 것이다. 그리고 다음에 형성되는 층에서 그들은 마치 갑자기 창조된 것처럼 나타날 것이다.

전에 언급했던 소견을 여기에서 다시 상기시켜야 할 것 같다. 즉 하나의 생명체가 공중을 나는 것처럼 새롭고 특이한 생활환경에 적응하기 위해서는 긴 시간이 필요할지도 모른다는 것이다. 그러나 이것이 성취되고 일부 종이 그 덕분에 다른 종보다 더 큰 이득을 얻게 되면, 그때부터 여러 다양한 생명체가 만들어지는 데에는 상대적으로 짧은 시간이면 충분할 것이다. 그리고 이들 다양한 생명체는 빠르고 넓게 온 세상으로 퍼져나갈 것이다.

이러한 소견을 예증하고 종들이 갑자기 출현했다고 상상하는 오류를 우리가 얼마나 쉽게 범하는지를 보여주는 몇 가지 사례를 들어보겠다. 비교적 최근에 발표된 지질학 논문에서 많이 언급되는 내용으로 포유동물의 많은 강(綱)이 제3기가 시작될 무렵 갑자기 출현했다고 회자되고 있다는 사실을 여기에서 상기시키고 싶다. 가장 풍부한 포유류 화석이 축적된 것으로 알려진 층의 하나가 제2기 중간층이다. 제2기 시작 부위의 적색 사암에서 진정한 포유류 화석이 발견되기도 했다. 퀴비에는 제3기 지층 어디에서도 원숭이 화석은 발견되지 않는다고 늘 주장했다. 그러나 지금은 사라진 일부 종의 화석이 인도 · 남아메리카 · 유럽의 에오세(世)에서도 발견되었다.

그러나 가장 놀라운 사례는 고랫과(科)이다. 고래는 전 세계의 바다에 분포하며 뼈가 엄청나게 큰 동물이기 때문에, 제2기 어느 곳에서도 고래

뼈가 단 하나도 발견되지 않았다는 사실은 이 거대하고 독특한 목(目)이 제2기 후반부에서 제3기 전반부 사이에 갑자기 출현했다는 믿음을 정당화하기에 충분한 것으로 보인다. 그러나 1858년에 라이엘이 발간한『기본지질학 편람』의 부록을 읽는 것이 좋을 것 같다. 거기에는 제2기가 끝나기 전에 형성된 녹색 사암층에서 고래의 존재가 명백하게 드러나고 있다.

한 가지 사례를 더 보태도 될 것 같다. 그것은 내가 직접 관찰한 것으로 나를 무척이나 놀라게 했다. 고착 만각류 화석에 관한 메모에서 나는 현존하거나 절멸한 제3기의 많은 종, 전 세계 많은 종들의 개체수가 엄청나게 많다는 사실, 북극에서 적도까지 밀물 높이의 수면부터 50길에 이르는 여러 깊이에 서식하는 생명체들, 가장 오래된 제3기 지층의 화석들이 완벽하게 보존되어 있는 방식, 조개껍질 하나도 쉽게 알아낼 수 있다는 사실들을 언급했다. 그리고 이 모든 상황을 토대로 나는 고착적 만각류가 제2기에 존재했다고 추정했었다. 이들의 화석은 반드시 보존되고 또 발견될 것이다. 그리고 이 시기의 지층에서 단 한 종의 만각류 화석도 발견되지 않았기 때문에 나는 이 거대한 집단이 제3기가 시작하면서 갑자기 발달되었다고 결론을 내렸다.

규모가 큰 종의 갑작스러운 출현을 보여주는 사례 한 가지를 더 추가하는 것이 내게는 큰 걱정거리였다. 그러나 내가 이러한 사실을 발표한 직후, 훌륭한 고생물학자인 보스케〔프랑스의 박물학자〕가 벨기에의 백악기 지층에서 발견한 고착성 만각류의 완벽한 표본 그림을 보내주었다. 사례를 더 극적으로 만들려고 한 것처럼 이 고착성 만각류는 일반적이고 넓은 분포를 보이는 조무래기따개비속(屬)이었다. 이 표본은 이제까지 제3기의 어떤 지층에서도 발견된 적이 없는 것이었다. 이제 우리는 고착성 만각류가 제2기에 서식했다는 사실을 확실히 알게 되었다. 이들 만각류는 제3기의 많은 만각류와 현존 만각류의 조상일 수도 있을 것이다.

고생물학자들이 종집단의 갑작스러운 출현으로 가장 많이 인용하는 사례는 백악기 지층 아래쪽에서 나타나는 경골어류이다. 이 집단은 현존하는 대부분의 어류를 포함하고 있다. 최근 픽테트 교수는 훨씬 더 이전에 경골어류가 서식했다고 보고했다. 일부 고생물학자들은 더 오래된 일부 어류들도—아직까지 그들의 유연관계는 완벽하게 밝혀지지 않았지만—진정한 경골어류라고 믿고 있다.

그렇지만 아가시의 말대로 이들 전체가 백악기 초기에 출현했다고 가정한다면 이것은 정말로 주목할 만한 일이다. 그러나 이 집단의 종들이 같은 시대에 전 세계에서 동시다발적으로 갑자기 출현했다는 것이 밝혀지지 않은 한, 이것이 내 이론을 억누르는 엄청난 어려움이라고 인정할 수는 없다. 남반구에서 어류 화석은 거의 알려진 것이 없다는 사실을 언급하는 것은 거의 불필요해 보인다. 픽테트의 『지질학』을 훑어보면 유럽의 여러 지층에 걸쳐 존재하는 종은 거의 없다는 점을 알 수 있다.

현재 일부 과의 어류는 좁은 지역에 국한되어 서식한다. 경골어류도 전에는 마찬가지로 좁은 영역에서만 서식하다가 어떤 한 바다에서 크게 발달한 뒤에 넓게 퍼져나갔을 것이다. 오늘날 바다들은 모두 서로 남북으로 연결되어 있지만 옛날에도 늘 그렇게 연결되어 있었다고 가정할 권리가 우리에게는 없다. 오늘날에도 만약 말레이 제도가 땅으로 전환된다면 인도양의 열대지역은 완벽하게 닫힌 거대한 물웅덩이가 될 것이고, 그곳에서는 어떠한 종도 크게 번식할 수 있겠지만 그들은 이곳에 갇혀 지내는 것이다. 물론 일부 종이 서늘한 기후에 적응한다면 아프리카나 오스트레일리아의 남단을 돌아 다른 먼 바다로 이주할 수는 있을 것이다.

이러한 고찰을 토대로, 그러나 더욱 중요한 것은 유럽과 미국 이외의 다른 나라에 대한 지질학적 지식이 없는 탓에, 또 여러 분야에서 일어난 고생물학적 지식의 혁명을—심지어 지난 10여 년의 발견도 큰 영향을 끼쳤다—토대로 전 세계 도처에서 일어난 생명체의 변화에 대한 이론을 세우는 것은 너무 경솔해 보인다. 마치 한 박물학자가 오스트레일리아의 황량한 벌판 한 지점을 5분간 둘러본 뒤 그곳 생명체의 수와 범위를 논하려는 것과 같을 것이다.

화석층의 가장 아래쪽에서 관찰되는 친척종들의 갑작스러운 출현에 대해 비슷하지만 훨씬 더 심각한 어려움이 한 가지 더 있다. 나는 동일 집단의 여러 종이 화석층의 가장 아래쪽 암석에서 갑자기 출현하는 방식을 말하고자 하는 것이다. 내게 동일한 집단에 속하는 모든 현생종은 하나의 조상에서 유래되었다는 확신을 주는 대부분의 논의는 과거에 살았던 종에 대해서도 마찬가지로 적용할 수 있다.

예를 들어 나는 실루리아기의 모든 삼엽충 종류가 실루리아기 훨씬 이전에 살면서 다른 동물들과는 크게 달랐을 한 갑각류에서 유래되었다는 사실을 의심하지 않는다. 아주 오래된 실루리아기의 동물 가운데 앵무조개·개맛〔갯벌에 살며 두 장의 타원형 껍질이 있는 완족동물〕 등과 같은 일부 종류는 현생종들과 크게 다르지 않다. 내 이론에 따르면 이 옛날 종들이 그들이 속하는 목(目)에 포함되는 모든 종의 조상이라고 추정할 수는 없다. 왜냐하면 그들에게는 모든 종의 중간형질이 조금도 없기 때문이다. 더구나 그들이 이들 목의 조상이라면 그들은 벌써 오래전에 개선되고 개체수도 많은 후손들에 의해 그 자리를 빼앗기고 몰살당했을 것이다.

결과적으로 만약 내 이론이 옳다면 초기 실루리아기 지층이 형성되기 전에 아마 실루리아기부터 오늘에 이르는 시간이나 그보다 더 긴 시간의 간격이 있었으며, 전혀 알려지지 않은 이 엄청나게 긴 시간 동안 세상은 생명체로 넘쳐났을 것이다.

이렇게 방대한 원시 시대에 대한 기록을 우리가 왜 찾지 못하느냐는 질문에 나는 만족스러운 답을 제시할 수 없다. 머치슨 경으로 대표되는 몇몇 저명한 지질학자들은 초기 실루리아기 지층에서 발견되는 화석에서 지구 생명의 시작을 볼 수 있다고 확신한다. 라이엘 경이나 작고한 포브스 같은 또 다른 저명한 학자들은 이 의견에 반대한다. 이 세상에서 정확하게 알려진 사실은 단지 일부에 불과하다는 점을 잊지 말아야 한다.

최근 바랑드〔프랑스 지질학자〕는 실루리아기의 초기 단계에 새롭고 기이한 종으로 충만한 새로운 시기 하나를 추가했다. 생명체의 흔적은 바랑드의 이른바 '원시지역' 아래에 위치한 롱민드 층에서 발견되고 있다. 무생물 시대에 형성된 암석의 일부에 작은 인산염 덩어리와 역청탄〔석탄의 일종〕이 존재하는 것은 아마 이 시기에도 생명체가 존재했다는 것을 나타낼 것이다.

내 이론에 따른다면 실루리아기 이전에 어디엔가 퇴적이 일어나야 하는데, 엄청난 양의 화석층이 존재하지 않으니 그 이유를 이해하기란 매우 어렵다. 만약 가장 원시적인 이 지층이 침식으로 모두 닳아 없어지거나 변성작용으로 그 흔적이 사라졌다면, 우리는 그 시기와 인접한 시기의 지층 이웃에서 아주 작은 자취만 찾을 것이고 이들은 일반적으로 변성암이 되었을 것이다. 그러나 러시아와 북아메리카의 광대한 지역에서 발견되는 실루리아기 퇴적층에 관한 우리의 설명이 오래된 지층일수록 침식과 변성작용을 심하게 받았다는 견해를 지지하는 것은 아니다.

현재 이러한 사례들은 설명이 불가능한 상태로 남아 있을 것이다. 그리고 여기에 소개한 견해를 반대하는 효과적인 논거로 이용될 것이다. 지금부터 이것에 어떤 해석이 있을 수 있다는 점을 보여주기 위해 다음과 같은 가설을 제시하겠다. 유럽과 미국에서 발견되는 지층의 아주 깊은 곳에서는 화석이 발견되지 않는다. 또 지층의 퇴적층이 수 마일에 이르기도 한다. 이러한 사실을 근거로 우리는 퇴적물을 공급하는 커다란 섬이나 땅이 처음부터 끝까지 현재 유럽과 북아메리카 대륙 근처에 있었다고 추정할 수 있다. 그러나 우리는 각 지층 사이의 간격에서 상황이 어떠했는지 모른다. 이사이에 유럽과 미국이 건조한 땅이었는지, 육지에서 가까운 바닷속으로 퇴적이 일어나지 않는 곳이었는지, 공해상의 아주 깊은 바닥이었는지 알지 못하는 것이다.

오늘날의 바다는 육지보다 세 배나 넓다. 이러한 바다를 보면 수많은 섬이 산재하는 것을 알 수 있다. 그러나 고생대나 제2기 지층의 흔적이 조금이라도 있는 섬은 단 하나도 알려지지 않았다. 따라서 우리는 고생대와 제2기에 어떤 대륙이나 대륙의 섬들도 지금 위치에 있지는 않았다고 추정해도 될 것 같다. 만약 그들이 그곳에 존재했다면 고생대와 제2기 지층은 모두 자신의 침식과 퇴적으로 축적된 것이어야 하기 때문이다. 그러면 지면의 오르내림 때문에 적어도 지층이 부분적으로 상승했을 것이며, 이러한 상승의 시기가 이 엄청나게 긴 기간에 끼어들어갈 수밖에 없었다고 결론을 내려야 할 것이다.

이러한 사실을 바탕으로 가능하다면 우리는 다음과 같이 추정할 수 있다. 즉 대양은 지질 기록이 알려진 그 먼 옛날부터 오늘날까지 계속 확장되었으며, 반면 현재의 대륙이 존재하는 곳에서 초기 실루리아기부터 거대한 땅이 존재하며 대규모 오르내림을 받았을 것이다. 나의 『산호초』〔1842년에 다윈이 저술한 책〕 부록에 실린 색별 지도를 보면 거대한 대양은 현재 침강이 일어나는 지역이고, 거대한 제도는 지면이 오르내리는 지역이며, 대륙은 융기가 일어나는 지역이라고 결론을 내릴 수 있다.

그러나 이러한 상황이 영원히 계속될 것이라고 가정할 권리가 우리에게 있는 것인가? 대륙은 지면의 오르내림에서 상승의 힘이 우세해 형성된 것으로 보인다. 그러나 오랜 세월 속에서 우세한 움직임의 방향은 변하지 않겠는가? 실루리아기보다 가늠할 수 없을 정도로 먼 시기에 대륙들은 지금의 대양 위치에 놓여 있었을 수도 있으며, 현재의 대양이 현재의 대륙 위치에 놓여 있었을 수도 있다.

만약 태평양 바닥이 지금 솟아올라 대륙으로 변했다고 가정할 때, 과거에 실제로 퇴적이 일어났다 하더라도 솟아오른 그곳에서 실루리아기 이전의 화석을 발견할 수 있으리라는 추정은 정당화될 수 없다. 왜냐하면 지구의 중심부를 향해 수 마일이나 되는 깊이에서 위쪽에 놓인 엄청난 물의 압력을 받았을 것이고, 수면에서 얕은 곳에 위치한 바닥보다 훨씬 더 큰 변성의 작용을 받았을 것이기 때문이다. 남아메리카의 변성암처럼 이 세상에는 거대한 변성암 지역이 존재하며, 이들은 과거에 엄청난 압력으로 가열되었을 텐데, 이 지역을 이해하기 위해서는 뭔가 특별한 설명이 필요할 것 같다. 아마도 우리는 이 넓은 지역에서 실루리아기보다 훨씬 더 오래된 지층이 완전한 변성암의 상태로 발견되리라고 믿어도 될 것 같다.

지금까지 우리는 여러 가지 난점을 논의했다. 즉 지금 존재하거나 이전에 존재했던 많은 종을 연결하는 무수히 많은 중간형을 간직하는 연속적인 지층이 부재한다는 점, 유사한 종들의 전체 집단이 유럽의 여러 지층에서 갑작스럽게 출현했다는 점, 실루리아기 이전 화석층이 현재까지 전혀 알려지지 않았다는 점이 의심할 바 없이 가장 큰 어려움이다. 퀴비에 · 오언 · 아가시 · 바랑드 · 팰커너 · 포브스 같은 저명한 고생물학자들과 라이엘 · 머치슨 · 세지윅 같은 위대한 지질학자들은 한결같이—종종 격렬하게—종의 불변을 주장한다는 사실에서 우리는 이 점을 명백하게 알 수 있다.

그러나 나는 위대한 라이엘 경이 더 깊은 고찰을 통해 이 주제에 중대한 의혹을 품고 있었다고 믿는다. 우리에게 모든 지식을 제공한 이 저명한 학자들의 견해와 상반되는 의견을 낸다는 것이 얼마나 성급한지 나는 알고 있다. 자연의 지질 기록이 조금이라도 완벽하다고 생각하는 사람들과 이 책에서 제시한 다른 종류의 논의와 사례가 중요하지 않다고 생각하는 사람들은 내 이론을 즉각적으로 반박할 것이 틀림없다.

라이엘의 은유를 이용하자면, 내가 바라보고 있는 지질 기록은 마치 완전하지 않은 기록을 세월에 따라 변하는 방언으로 기록한 역사책과 같다. 또한 우리가 갖고 있는 역사책은 단지 두세 나라를 언급한 마지막 한 권에 불과한 것이다. 이 역사책에는 여기저기 몇 개의 작은 장(章)만 보존되어 있으며, 각각의 페이지에는 여기저기 몇 줄만이 남아 있다. 서서히 변화하는 언어로 기록한 역사책의 각 단어는 끊어져 있는 각 장에서 쓰임이 다르고, 연속되어 있지만 엄청난 시차를 간직한 서로 다른 지층에서 갑작스럽게 변화된 생명체를 나타낼 수도 있다. 그렇게 본다면 지금까지 언급한 어려움들은 크게 감소하거나 사라질 것이다.

제10장 생명체의 지질학적 변천

느리고 연속적으로 일어나는 새로운 종의 출현 – 그들이 보이는 서로 다른 변화율 – 한 집단에 속하는 모든 종은 그들의 출현과 소멸에서 단 하나의 종이 겪고 있는 규칙과 동일하다 – 절멸 – 전 세계에서 거의 동시에 변화하는 생명체 – 절멸된 종들의 유연관계와 절멸된 종과 현생종의 유연관계 – 옛 생명체의 발달 상태 – 동일한 지역에서 일어나는 동일한 생명체의 변천 – 요약

그러면 이제 생명체의 지질학적 변천과 관련된 사례와 규칙들이 종은 변하지 않는다는 통상적인 견해와 들어맞는지, 아니면 유래와 자연선택을 통해 느리고 서서히 변한다는 견해와 조화를 이루는지 살펴보도록 하자.

새로운 종은 땅에서 물에서 하나씩 매우 느리게 출현하고 있다. 라이엘은 제3기 여러 층의 경우에는 이 주제에 대한 증거를 받아들이지 않을 수 없다는 것을 보여주었다. 그리고 여러 층 사이의 공백을 메워주는 시간이 존재하며, 새로 형성되는 생명체와 사라지는 생명체의 비율이 점진적으로 변한다고 했다. 가장 최근에 형성된 지층의 바닥에서—인간의 기준으로 본다면 아주 먼 시간이 될 것이 분명하지만—한두 종이 사라지면서 다시 한두 종이 새로 출현할 것이다. 새로운 종은 국한된 지역에서 출현하거나 아주 넓은 지역에서 출현했을 것이다. 시칠리아 섬에서 연구한 필리피〔독일의 식물학자이자 지질학자〕의 관찰을 신뢰할 수 있다면 시칠리아 섬의 해양 서식동물의 연속적인 변화는 몹시 점진적이었다고 할 수 있다. 제2기 지층은 훨씬 더 끊어져 있다. 그러나 브론이 언급

한 바와 같이 그 시절에 살았던 많은 종의 출현이나 소멸이 각각의 지층에서 동시에 이루어진 것은 아니다.

서로 다른 속이나 강에 속하는 종들은 같은 속도로 변하지 않았고 같은 정도로 변하지도 않았다. 가장 오래된 제3기 지층 바닥에서 발견되는 패류 화석은 현재 대부분 절멸된 종이지만 오늘날까지 서식하는 종들도 있다. 팰커너는 히말라야 산기슭에서 발견된 기이한 절멸 포유류와 파충류의 화석이 현생 악어와 유연관계가 있다는 놀라운 사례를 제시했다. 실루리아기의 연체동물과 갑각류는 크게 변했지만 실루리아기의 개맛은 현생종과 거의 비슷하다.

육상의 생물들은 바다의 생물들보다 훨씬 더 빠르게 변하는 것 같다. 이와 관련된 놀라운 사례는 최근 스위스에서 관찰되었다. 매우 고등한 것으로 여겨지는 생명체가 하등한 생명체보다 훨씬 더 빠르게 변한다는 믿음에는 예외가 있긴 하지만 나름대로 근거가 있다. 픽테트가 언급했듯이 생명체가 변화하는 정도는 지질층의 변화와 정확하게 일치하지 않는다. 따라서 연속되는 지층에서 발견되는 생명체가 항상 동일한 정도의 변화를 보이는 것은 아니다.

한 종이 지구 표면에서 사라졌을 때 동일한 생명체가 다시 나타나는 일은 절대 일어나지 않는다고 믿을 만한 근거가 있다. 이 마지막 규칙에 대한 명백한 예외는 바랑드가 언급한 이른바 '화석군'으로, 오래된 지층의 한가운데에서 이전에 존재했던 동물상이 다시 나타나는 것을 말한다. 그러나 라이엘은 꽤 멀리 떨어진 곳의 동물들이 일시적으로 이주했기 때문에 나타나는 현상이라고 했다. 내게는 라이엘의 설명이 더 적합해 보인다.

이러한 여러 가지 사례는 내 이론에 잘 들어맞는다. 나는 한 지역에 서식하는 생물을 갑작스럽게 변화시키거나, 동시에 변화시키거나, 또는 동일한 정도로 변화시키는 정해진 규칙은 없다고 믿고 있다. 변화의 과정은 극단적으로 느려야만 한다. 각 종의 변이성은 다른 종의 변이성과는 완전히 다른 별개의 문제이다. 그러한 변이성이 자연선택에 따라 이득이 되는지, 변이가 축적되어 변화하는 종에게 일정한 변형을 일으키는지의 여부는 복잡하고 수많은 우발적인 사건에—예를 들어 변이성이 유리한 성질이 있는지 여부, 교잡능력, 번식력, 서식처의 물리적 환경 변화 그리고 특히 변화하는 종과 경쟁하고 있는 다른 거주자들의 특징—달려 있다.

따라서 한 종이 다른 종보다 일정한 형태를 오랫동안 간직하거나 덜 변화하는 것이 전혀 놀라운 일이 아니다. 지리적인 분포에서 우리는 동일한 사실을 볼 수 있다. 예를 들어 마데이라 제도는 유럽 대륙과 아주 인접해 있지만 이곳에 서식하는 육상달팽이와 딱정벌레들은 유럽 대륙의 친척들과 매우 큰 차이를 보인다. 반면 두 지역의 바다달팽이와 새들은 차이를 보이지 않는다.

우리는 육상생물이 해양생물보다 더 빠른 변화를 보인다는 사실을 이해할 수 있다. 또한 이전에 설명했듯이 고등한 생물은 주변의 생물적 요소나 무생물적 요소와 훨씬 더 복잡한 관계를 맺으면서 하등한 생물보다 더 빠른 변화를 보인다는 사실을 우리는 이해할 수 있다. 한 지역의 많은 서식자들이 변형되고 개선되었을 때, 우리는 경쟁의 원리나 생명체 간의 수많은 중요한 관계에 따라 동일하게 변화하거나 개선되지 않은 생명체들은 쉽게 절멸될 수 있다는 사실을 이해할 수 있다. 따라서 만약 우리가 충분히 긴 시간을 두고 바라본다면 한 지역의 모든 종이 결국에는 변형되는 모습을 보게 될 것이다. 왜냐하면 변화하지 않는 것은 사라질 것이기 때문이다.

한 계급의 구성원들에게 긴 세월 동안 일어나는 변화의 양은 거의 같을 것이다. 그러나 내구성이 큰 화석층의 축적은 지역이 침강되면서 쌓이는 퇴적물의 양에 달려 있으므로 거의 모든 지층에서는 거대하고 불규칙적이며 간헐적인 간격으로 축적이 일어났을 것이다. 결과적으로 연속적인 지층에 묻힌 화석에 의해서 나타나는 생명체의 변화량이 똑같지 않은 것이다. 따라서 각각의 지층은 새롭고 완벽한 창조활동을 나타내는 것이 아니라 느리게 변하는 연극에서 거의 아무렇게나 골라낸 몇 장면에 불과하다.

한번 사라진 종이 절대로 다시 나타나지 않는 이유를 우리는 확실히 이해할 수 있다. 설사 생물적 생활조건이나 무생물적 생활조건이 아주 동일하더라도 마찬가지이다. 한 종의 후손이 환경에 적응해서—이런 일이 무수히 벌어진다는 사실은 의심의 여지가 없다—자연계의 질서에 따라 다른 종이 차지하고 있는 바로 그 자리를 차지하며 그 자리를 탈취하더라도, 오래된 생명체와 새 생명체가 동일하지는 않을 것이 거의 확실하다. 왜냐하면 이 둘 모두 서로 다른 조상에게서 서로 다른 형질을 물려받았기 때문이다.

예를 들어 다음과 같은 상황이 가능할 것이다. 만약 공작비둘기가 모두 죽었다면 품종 개량을 원하는 사육가들은 공작비둘기와 동일한 개체를 만들어내기 위해 긴 세월을 노력할 것이고, 현재의 공작비둘기와 거의 구별되지 않는 새로운 품종을 만들어낼지도 모른다. 그러나 부모종인 양비둘기 또한 모두 죽어버렸다고 해보자. 자연에서 부모종의 개선된 후손들이 부모종의 자리를 차지하고 부모종을 절멸시켰다고 믿는 것은 당연하다. 이 경우에 다른 비둘기나 가축화한 비둘기를 이용해 공작비둘기와 동일한 품종을 만들어낸다는 것은 거의 불가능할 것이다. 왜냐하면 새롭게 만들어진 '공작비둘기'는 그들의 새로운 조상에게서 약간의 형질적인 차이를 물려받았을 것이 거의 확실하기 때문이다.

종의 집단, 즉 속이나 과도 그들의 출현과 소멸에서 단일 종과 마찬가지의 규칙을 따른다. 빠르게 변할 수도 있고 느리게 변할 수도 있으며 크게 변할 수도 있고 약간 변할 수도 있다. 한 집단이 사라진 뒤에 다시 출현하는 일은 없다. 한 집단이 지속되는 한 그 집단의 존재는 계속되는 것이다. 나는 이 규칙에 명백한 예외가 있다는 사실을 잘 알고 있다. 그러나 그 예외가 너무 적다는 사실은 포브스 · 픽테트 · 우드워드도—이들은 모두 내가 주장하는 견해에 강하게 반대하고 있지만—모두 인정한다. 그리고 이 규칙은 내 이론과 철저하게 일치하는 것이다.

한 집단의 모든 종이 하나의 종에서 유래되었기 때문에 이 집단의 한 종이 긴 세월 동안 존재한다면 이 집단의 다른 종들도 새롭고 변형된 생명체의 형태든 변형되지 않은 그대로의 생명체든 계속 존재했을 것이 확실하다. 예를 들어 개맛속(屬)의 종들은 실루리아기 아래층부터 오늘날까지 세대의 중단 없이 계속 존재했던 것이 확실하다.

우리는 지난 장에서 한 집단의 종들이 갑자기 출현한 것처럼 보이는 상황을 논의했다. 나는 왜 이러한 갑작스러운 출현이 나타나는지 그 이유를 설명했다. 만약 갑작스러운 출현이 사실이라면 내 견해에는 치명적인 상황이다. 그러나 그러한 상황은 예외적인 것이 확실하다. 집단의 크기가 최댓값에 이를 때까지 구성원의 수가 서서히 늘어나는 것이 보편적이며, 그 이후에는 다소간의 시차는 있겠지만 다시 서서히 감소할 것이다.

한 속에 포함되는 종의 수, 또는 한 과에 포함되는 속의 수를 종이 발견되는 연속적인 지층을 가로지르는 가변적 두께의 수직선으로 표현한다면, 이 선은 때로 아래쪽에서 뾰족한 끝이 아닌 갑자기 나타나는 것으로 잘못 표시될 수 있을 것이다. 그 후 선은 위로 올라가면서 점점 두꺼워지다가 다시 가늘어지고 후기 층에서 사라지면서 그 감소와 절멸을 표시하게 될 것이다.

한 집단의 종의 개수가 이렇게 점진적으로 늘어나는 것은 내 이론과 완벽하게 일치하는 것이다. 한 속에 포함되는 종과 한 과에 포함되는 속은 느리고 점진적인 과정을 통해서만 증가할 수 있기 때문이다. 변형의 과정, 유사한 구성원이 만들어지는 과정은 느리고 점진적이어야만 한다.

한 종이 먼저 두세 개의 변종을 만들어내고, 이들이 서서히 종으로 분화하며, 이들은 다시 똑같은 느린 과정을 거쳐 다른 종들을 만들어낼 것이고, 이러한 과정은 반복될 것이다. 마치 단 하나의 나무줄기에서 가지를 내는 과정이 반복되어 커다란 나무가 형성되는 것과 같은 원리이다.

절멸에 관해 우리는 이제까지 하나의 종이나 종 집단의 소멸을 우연히 일어나는 사건으로 설명했다. 자연선택설에서 오래된 종의 절멸과 새롭고 개선된 종의 출현은 서로 밀접하게 연결되어 있다. 지구상의 모든 서식자가 연속적인 대격변에 의해 모두 사라졌다는 오래된 개념은, 엘리 드 보몽[프랑스의 지질학자], 머치슨, 바랑드 등과 같은 지질학자들의 일반적인 견해에 의해서도 사라질 수 있다.

반대로 제3기 지층의 연구를 통해 우리는 하나의 종이나 종의 집단이 한 지역에서 그리고 또 다른 지역에서 차례대로 서서히 사라졌다고 믿을 만한 모든 근거를 얻게 되었다. 단 하나의 종이나 종의 집단이 이 지구상에 살았던 기간은 아주 달랐다. 일부 집단은 생명이 생기기 시작한 여명기부터 오늘날까지 계속해서 존재하지만, 일부 집단은 고생대가 끝나기도 전에 사라졌다. 하나의 종이나 하나의 속이 지속되는 시간의 길이를 결정하는 정해진 규칙은 없다.

한 집단의 모든 종이 완전히 사라지는 것이 그들의 출현보다 더 느리게 일어나는 과정이라는 믿음에는 근거가 있다. 만약 종의 출현과 소멸을 전처럼 두께가 다른 수직선으로 나타낸다면 이 선들은 소멸을 나타내는 위쪽 끝이, 종의 출현과 수를 나타내는 아래쪽 끝보다 더 느리게 가늘어질 것이다. 그렇지만 제2기 마지막에 사라진 암모나이트처럼 전체 집단의 절멸이 아주 갑작스럽게 일어나는 경우도 있다.

종의 절멸을 다루는 모든 주제는 가장 설명하기 힘든 신비로운 영역이다. 일부 학자들은 한 개체의 삶이 유한하듯이 종의 삶 또한 유한하다고 말하기도 한다. 종의 절멸에 대해서 나보다 더 기이하게 생각하는 사람은 없을 것이다. 나는 라플라타에서 마스토돈〔거대한 화석 코끼리〕, 메가테리움〔거대한 화석 늘보〕, 톡소돈〔하마와 코뿔소의 형상을 갖춘 거대한 화석 포유류〕 그리고 그 밖의 괴물 화석과 함께 말의 이빨 화석을 발견했다. 이들은 모두 오늘날의 패류와 함께 생존했던 동물들이다. 그때 나는 몹시 놀랐다. 말은 에스파냐 사람들에 의해 남아메리카로 전달되었다. 그러니 말이 전 세계를 달리고 개체수가 엄청나게 늘었다는 것을 알았기 때문에 나는 스스로에게 물어볼 수밖에 없었다. 도대체 아주 우호적인 생활환경에서 살고 있던 과거의 말을 절멸시킨 이유는 무엇이란 말인가?

그러나 내가 느끼는 이러한 경이로움은 전혀 근거가 없는 것이었다! 오언 교수는 화석 이빨이 현생 말과 비슷하지만 절멸된 종의 이빨이라는 사실을 곧 알아차렸다. 만약 이 말이 낮은 빈도로 아직까지 살고 있었다면 그들이 희귀하다고 해서 놀랄 박물학자는 없을 것이다. 왜냐하면 희박함은 지구상에 사는 아주 많은 종의 특징이기 때문이다. 만약 우리가 어떤 종이 왜 희귀하냐고 우리 스스로에게 묻는다면 우리는 뭔가 생활환경이 그 종에게 불리해졌다고 대답할 것이다. 그러나 그것이 무엇인지에 대해서는 거의 모른다.

화석 말이 희귀한 종으로 오늘날까지 살고 있다는 가정에 대해서 모든 포유류로부터—심지어 번식이 아주 느리게 일어나는 코끼리로부터—미루어 짐작해보자. 또 남아메리카의 가축 말이 자연으로 되돌아간 귀화의 역사를 토대로 우리는 우호적인 환경에서는 아주 짧은 시간에 전 대륙이 말들로 뒤덮일 것이라고 확신할 수 있다.

그러나 우리는 개체수 증가를 억제하는 불리한 환경이 과연 무엇인지 알 수가 없다. 우연적인 사건 하나가 일어난 것인지 여러 개가 일어난 것인지, 불리한 환경이 말의 어느 생애에 어느 정도로 일어난 것인지 알 수가 없다. 만약 생활환경이 아무리 느리더라도 점점 더 불리하게 변한다면 우리는 화석 말이 점점 더 희귀해지다가 마침내 절멸된다는 사실을 틀림없이 인식하지 못할 것이다. 그들의 자리는 훨씬 성공적인 경쟁자들이 차지하게 될 것이다.

모든 생명체의 증가가 눈에 띄지 않는 유해한 작용에 따라 끊임없이 저지되고 있다는 것을 생각하기란 가장 어려운 일이다. 마찬가지로 이렇게 동일하지만 눈에 띄지 않는 작용이 종의 개체수를 줄이고 결국에는 절멸시킨다는 생각을 하기도 어렵기는 마찬가지이다. 비교적 최근에 형성된 제3기 지층의 많은 사례를 통해 우리는 종이 절멸하기 전에는 개체수가 줄어든다는 것을 알고 있다. 그리고 우리는 인간의 작용으로 한 지역이나 전 세계에서 절멸된 동물의 경우에도 이와 동일한 과정이 일어난다는 것을 알고 있다.

내가 1845년에 책을 쓰면서 발표했던 내용을 여기에 다시 언급해야겠다. 우리는 종이 절멸되기 전 대개 그 개체수가 감소한다는 점을 인정하고 한 종의 개체수가 줄어드는 점에 놀라지도 않지만 종이 절멸하면 그것을 기이하게 여긴다. 이것은 마치 우리가 사람이 죽기 전에 병에 걸린다는 것을 인정하고 병에 대해서 놀라지도 않지만, 병에 걸린 사람이 죽었을 때는 그 사람이 어떤 미지의 폭력 행위에 의해 죽은 것이 아닌가 하고 의심하는 것과 같다.

자연선택설은 모든 새로운 변종과 더 나아가 새로운 종들은 그들의 경쟁자에 견주어 이점이 있고 그것을 유지했기 때문에 만들어진다는 믿음을 바탕으로 하고 있다. 물론 덜 유리한 생명체의 절멸이 필연적으로 수반된다. 가축에게도 똑같은 일이 일어난다. 새롭고 조금이라도 유리한 변종이 사육되면 이들은 덜 개선된 이웃 변종들의 자리를 차지한다. 개선이 많이 이루어졌을 때, 이들은 뿔이 짧은 소와 마찬가지로 여기저기로 이동되어 다른 지역에 있는 다른 품종들의 자리를 차지하게 된다.

그러므로 새로운 생명체의 출현과 오래된 생명체의 소멸은 자연적으로든 인위적으로든 함께 묶여 일어나는 현상이다. 번성하는 일부 집단에서 주어진 시간에 생겨난 새로운 종의 개수는 절멸되는 종의 개수보다 클 것이다. 그러나 우리는 적어도 최근의 지질 기록을 토대로 종의 개수가 무한히 증가할 수는 없다는 것을 알고 있다. 따라서 앞으로도 새로운 종의 출현은 대략적으로 같은 수의 종이 사라지는 원인이 된다고 생각할 수 있다.

전에 사례를 들어 설명했듯이 모든 면에서 가장 비슷한 생명체들 사이의 경쟁이 일반적으로 가장 심하다. 그러므로 한 종의 후손이 개선되고 변형되면 부모종의 절멸이 일어날 것이다. 그리고 한 종에서 여러 새로운 생명체가 발달하면 가장 가까운 친척, 즉 해당 속에 포함되는 종이 가장 쉽게 절멸될 것이다. 따라서 한 종에서 유래된 새로운 종의 집단, 즉 새로운 속은 같은 과의 오래된 속을 밀어낼 것이다.

그렇지만 한 집단의 새로운 종이 전혀 다른 집단의 종이 차지하고 있던 자리를 빼앗아 절멸에 이르게 하는 경우도 있다. 이렇게 남의 영역에 들어온 침입자로부터 발달하는 유사한 종류가 많아진다면 그들의 자리를 빼앗기는 서식자들도 당연히 많아질 것이다. 또한 이렇게 자리를 빼앗기는 생물들은 우수하지 못한 형질을 공통으로 갖고 있는 비슷한 종류들일 것이다.

그러나 변형되고 개선된 다른 종에게 자리를 빼앗기는 종들이 동일한 집단의 종이든 아니면 다른 집단에 속하는 종이든, 이들의 일부는 특이한 생활방식에 적응하거나 심한 경쟁을 피해 격리된 지역에 거주하면서 오랫동안 유지될 수도 있을 것이다. 예를 들어 삼각패[쥐라기와 백악기에 번성했던 조개류]는 제2기 지층에서 발견되는 거대한 속인데, 이들의 구성원인 한 종은 오스트레일리아의 바다에서 서식하고 있다. 경린어[비늘이 단단한 물고기]는 현재 거의 절멸한 거대한 집단의 물고기인데,

오늘날에도 민물에 서식하는 소수의 경린어가 존재한다. 그러므로 지금까지 논의한 바와 같이 한 집단의 완전한 절멸은 집단의 출현보다 일반적으로 더 느린 과정을 밟는다.

고생대 마지막에 삼엽충이 갑자기 사라지고 제2기가 끝나면서 암모나이트가 갑자기 자취를 감추는 것처럼 전체 과나 목이 갑자기 절멸하는 것이 확실한 경우에 대해서, 우리는 이미 언급했듯이 연속된 지층 사이에 엄청나게 긴 시간 간격이 들어 있다는 사실을 기억해야 한다. 이처럼 지층에 기록을 남기지 않는 시간에 훨씬 더 느린 절멸의 과정이 있었을 수도 있다. 더구나 갑작스러운 이주나 아주 빠른 개체수의 증가 때문에 새로운 집단의 많은 종이 새로운 지역을 점령하게 되었을 때, 그들은 역시 빠른 속도로 오래된 서식자를 절멸시킬 것이다. 그리고 이렇게 자리를 내준 생물들은 우수하지 못한 형질을 공통으로 갖고 있는 친척들일 것이다.

따라서 나는 한 종이나 한 집단의 종 전체가 사라지는 방식이 자연선택설과 잘 들어맞는다고 생각한다. 절멸을 경이로운 눈으로 바라볼 필요는 없다. 우리가 진정으로 놀라야만 할 것은 종의 존재에 영향을 끼치는 수많은 우연성을 우리가 이해하고 있다고 잠깐 동안 상상하는 것이다. 만약 우리가 각각의 종이 엄청나게 개체수를 늘린다는 사실과 이것을 억제하는 저지작용이—우리는 거의 인식하지도 못하겠지만—항상 존재한다는 사실을 잠깐 동안 잊는다면 모든 자연의 질서는 정말로 모호한 것이 될 것이다. 왜 어떤 종은 다른 종보다 더 풍부한지, 왜 어떤 종은 다른 종과 달리 주어진 지역에 적응하는지 우리가 정확히 그 이유를 알게 되면 그제야 우리는 왜 특정한 종이나 종의 집단이 절멸된 이유를 설명할 수 없는지 놀랄 것이다.

전 세계에서 거의 동시에 변화되는 생명체에 관해 드물게 이루어지는 고

생물학적 발견은 생명체가 전 세계에서 거의 동시에 변화한다는 사실보다도 놀라운 것이다. 유럽에서 멀리 떨어져 있고 기후가 아주 다르며 백악이 전혀 발견되지 않는 다른 많은 지역에서도 유럽의 백악기 지층에 상응하는 지층이 발견되고 있다. 즉 북아메리카나 적도 부근의 남아메리카, 티에라델푸에고 제도, 희망봉 그리고 인도 반도 등에서 백악기에 상응하는 지층이 발견되는 것이다.

이렇게 멀리 떨어진 지역의 특정한 지층에서 발견되는 화석은 백악기 지층에서 발견되는 화석과 놀라울 정도로 닮아 있다. 한 종이 모두 똑같지 않은 경우도 있으니 이들이 비슷하다고 모두 같은 종으로 취급할 수는 없다. 다만 이들은 같은 과나 속, 또는 같은 아속에 포함되어서 겉모습과 같은 사소한 것들이 비슷할 수 있는 것이다. 더구나 유럽의 백악기 지층의 위와 아래에서는 발견되지만 백악기 지층 내에서는 발견되지 않는 생물들은 멀리 떨어진 다른 곳의 해당 지층에서도 발견되지 않는다.

러시아 · 서유럽 · 북아메리카의 여러 연속적인 고생대 지층의 생물 화석에서 나타나는 비슷한 현상은 여러 학자들이 관찰했다. 라이엘에 따르면 유럽과 북아메리카의 여러 제3기 지층에서도 마찬가지 현상이 관찰된다고 한다. 구세계와 신세계에서 공통으로 나타나는 화석종은 매우 희귀하고 잘 관찰되지 않지만, 크게 격리된 고생대와 제3기에서 연속으로 나타나는 생명체의 평행 현상은 여전히 명백하다. 또한 여러 지층이 서로 관련되어 있다는 것은 쉽게 보일 수 있다.

그렇지만 이러한 관찰은 서로 멀리 떨어진 곳에 서식하는 해양생물들과 관련되어 있다. 우리에게는 육지와 민물에 사는 생물들의 출현이 동일한 평행 현상에 따라 아주 먼 곳에서도 변화를 겪는지 판단할 충분한 증거가 없다. 그들이 그런 식으로 변화했는지 의심스러울 수도 있다. 만약 메가테리움 · 밀로돈〔남아메리카에서 발견되는 나무늘보 화석〕 · 마크라우케니아〔라마를 닮은 거대한 화석〕 · 톡소돈이 그들의 지질학적 위치에 대한 아무런 정보도 없이 라플라타에서 유럽으로 유입되었다면 그들이 현생 바다 패류와 공존했다고 생각하는 사람은 전혀 없었을 것이다. 그러나 이 기이한 괴물들이 마스토돈 그리고 말과 공존했기 때문에 우리는 적어도 그들이 제3기의 후반부에 살았으리라고 추측해도 될 것 같다.

해양생명체가 전 세계에 걸쳐 동시에 변화했다고 말할 때, 이 표현이 몇천 년이나 몇십만 년 단위에서 같다고 가정해서는 안 된다. 심지어 매우 엄격한 지질학적 의미가 있다고 가정해서도 안 된다. 만약 오늘날 유럽에 살고 있는 모든 해양동물과 홍적세(인간의 연도 개념으로는 엄청나게 멀리 떨어져 있으며 전체 빙하기를 포함하는 시기이다)에 유럽에서 살았던 모든 해양생물 그리고 오늘날 남아메리카나 오스트레일리아에 살고 있는 해양생물을 비교한다면, 아주 저명한 박물학자도 유럽에 살고 있는 현재의 동물과 홍적세에 서식했던 동물이 남반구의 동물과 많이 닮았다고 말하기는 어려웠을 것이다.

다시 언급하건대, 아주 저명한 학자 몇 분은 미국의 현생 생물들이 오늘날 유럽에서 살고 있는 생물들보다는 제3기 후반에 유럽에서 살았던 생물들과 더 많은 공통점이 있다고 믿고 있다. 만약 이것이 사실이라면 현재 북아메리카 해안에서 퇴적된 화석층은 먼 훗날 더 오래된 유럽의 지층과 함께 같은 집단으로 취급될 것이 명백하다. 그럼에도 아주 먼 미래를 바라보면 모든 현생 해양 지층들, 즉 유럽 · 북아메리카 · 남아메리카 · 오스트레일리아의 홍적세 후기, 홍적세 그리고 그 이후에 형성된 현대 지층은 모두 비슷한 유연관계를 보이는 화석을 갖고 있으며, 아주 오래된 지층에서 나타나는 화석을 포함하고 있지 않다는 공통점 때문에 지질학적인 개념에서 모두 동시대에 형성되었다고 옳게 묘사될 것이다.

전 세계의 생명체들이 '동시'에 ―위에서 설명한 넓은 의미에서― 변한다는 사실은 베르뇌유〔프랑스의 고생물학자〕와 다르시아크〔프랑스의 고생물학자] 같은 훌륭한 학자들에게 충격을 주었다. 유럽 여러 지역의 고생대 화석에서 나타나는 평행 현상을 접한 후 그들은 다음과 같이 말했다. "만약 우리가 이 이상한 결론에 충격을 받아서 북아메리카로 우리의 주의를 돌려 그곳에서 일련의 비슷한 현상을 발견한다면, 종의 변형과 절멸 그리고 새로운 종의 출현에 관한 모든 것이 해류의 흐름이 바뀌거나 다소 지역적이고 일시적인 변화 때문에 일어나는 것이 아니라 전체 동물계를 지배하는 보편적인 법칙에 달려 있다는 것이 확실하게 밝혀질 것이다."

바랑드는 동일한 결과를 정확하고 강한 어조로 언급했다. 사실 아주 다양한 기후를 보이는 전 세계에서 생명체들이 보이는 이 거대한 변화의 원인으로서 해류의 변화나 기후의 변화, 또는 그 밖의 물리적 조건의 변화를 언급하는 것은 정말 무의미하다. 생명체들의 현재 분포를 살펴보면서 세계 각국의 물리적 조건과 서식 동물들이 별로 상관성이 없다는 점을 알게 된다면 이 사실이 더욱 명확해질 것이다.

전 세계에 걸쳐 평행 현상이 일어난다는 위대한 사실은 자연선택설에 따라 설명할 수 있다. 새로운 변종은 기존의 생명체보다 유리한 점이 있으며 이들 변종에 의해 새로운 종이 형성된다. 이렇게 만들어진 종은 같은 지역에 사는 다른 생명체보다 이미 우수하며 이점이 있기 때문에 이들로부터 새로운 변종이나 초기 종이 더 많이 형성된다는 것은 지극히 자연스럽다. 왜냐하면 이들 변종은 그들을 보존하고 생존하는 데서 여전히 성공적이기 때문이다.

우리는 우세한 식물에서 이 주제에 대한 뚜렷한 증거를 갖고 있다. 즉 이 식물들은 해당 지역에 흔하게 분포하며 많은 수의 변종을 만들어내 그 분포를 쉽게 넓혀나간다. 또한 우세하고 변화가 많으며 널리 퍼지는 종들은 벌써 다른 지역으로 널리 침투해 들어갔으며 더욱 자신들을 퍼뜨릴 최상의 기회를 잡을 것이며 새로운 지역에서 새로운 변종과 새로운 종을 만들어낼 것이다.

이러한 확산의 과정은 매우 느린 것이 보통이고, 기후나 지리적인 변화에 대해 독립적이며, 우발적인 사건에도 영향을 받지 않는다. 결국 우세한 생명체는 대개 널리 확산될 것이다. 이러한 확산은 연결된 바다의 서식자보다 분리된 대륙의 서식자에게서 더 느리게 일어났을 것이다. 그러므로 우리는 바다의 서식자보다는 육지의 서식자들에게서 덜 엄격한 평행 현상을 발견할 것이고 실제로 발견하고 있다.

어떠한 지역으로부터 퍼져나가는 우세한 종은 더 우세한 종을 만날 수도 있으며, 그렇게 되면 그들의 승리과정이 끝나거나 심한 경우 그들의 존재 자체가 사라질 수도 있다. 우리는 새롭고 우세한 종의 증가에 가장 우호적인 조건이 무엇인지 정확하게 아는 바가 없다. 그러나 우리는 많은 수의 개체가 우호적인 변이를 내고 기존의 생명체들과 치열한 경쟁을 거치며 새로운 영역으로 진출할 만큼 아주 유리하게 변할 수 있다는 사실을 알 수 있다.

긴 시간 간격을 두고 되풀이되는 어느 정도의 격리는 전에도 설명했듯이 우호적일 수도 있었을 것이다. 어떤 지역은 새로운 육상생명체의 출현에 아주 우호적일 수 있으며 다른 지역은 바다생명체의 출현에 우호적일 수 있다. 만약 광대한 두 지역이 오랫동안 비슷하게 우호적인 환경을 제공했더라면, 그곳에 사는 생명체들은 늘 길고도 치열한 전투를 벌였을 것이다. 한 생명체는 이곳에서, 다른 생명체는 저곳에서 각각 승리를 거두었을 것이다.

그러나 아주 우세한 생명체는 출현한 장소와 상관없이 시간의 흐름에 따라 모든 곳으로 퍼져나갔을 것이다. 그들이 퍼져나가면서 열등한 생명체들은 절멸되었을 것이고, 이 열등한 생명체들이 유전에 의해 인척관계를 유지했을 것이므로, 비록 여기저기에서 한 종이 오랫동안 생존할 수는 있었겠지만 이들 전체는 전반적으로 서서히 사라졌을 것이다.

그러므로 전 세계에서 동시에—넓은 의미에서—비슷하게 일어나는 생물의 변화는 우세한 종이 넓고 다양한 환경으로 퍼져나가면서 새로운 종이 형성된다는 견해와 잘 들어맞는다. 그렇게 형성된 새로운 종은 자신의 형질을 후손에게 물려줌으로써 우세한 집단이 되고, 부모종이나 다른 종보다 더 이득을 취하고, 다시 퍼지고, 변화하며, 또 새로운 종을 만들게 된다. 새롭고 성공을 거둔 종에게 패배해 그들의 자리를 내준 생물들은 그들의 열등함을 함께 물려받은 인척들이 있었을 것이다. 따라서 새롭고 향상된 집단이 세계로 뻗어나가면서 오래된 집단은 이 세상에서 사라졌을 것이다. 그리고 생물의 변화는 어느 곳에서건 이렇게 맞물려 일어나는 경향이 있었을 것이다.

이 주제와 연결해 언급할 만한 가치가 있는 것이 하나 있다. 나는 거대한 화석층이 모두 침강의 시기에 퇴적이 이루어져 형성되었다고 믿는 증거들을 제시한 적이 있다. 또한 바다의 바닥이 정지해 있거나 융기하는 시기, 또 유기물이 보존될 정도로 퇴적작용이 빠르게 일어나지 않는 시기도 꽤 오랫동안 지속되어 지질층의 공백으로 남아 있다고도 했다. 이 긴 공백의 시기에 각 지역의 생물들은 상당한 정도의 변형과 절멸을 겪고 이주도 많이 했을 것이다.

꽤 넓은 지역이 동일한 지각운동의 영향을 받았다고 믿을 만한 근거가 있으므로 같은 시기에 형성된 것이 확실한 지층이 꽤 넓은 지역에 걸쳐 형성되었을 가능성이 있다. 그러나 이것이 예외 없이 일어나는 현상이며 넓은 지역이 반드시 동일한 지각운동의 영향을 받았다고 결론을 내리기는 어려울 것 같다. 두 개의 지층이 서로 다른 곳에서 정확하지는 않지만 비슷한 시기에 형성될 때, 우리는 앞의 문단에서 설명한 원인으로부터 두 지층에서 생물의 동일한 변화를 관찰할 수 있어야 한다. 그러나 종들이 정확하게 상응하지는 않을 것이다. 왜냐하면 번영과 절멸 그리고 이주를 위한 시간이 두 지층에서 약간 다를 수 있기 때문이다.

나는 이런 종류의 사례가 유럽에서 일어나지 않았을까 생각하고 있다. 프레스트위치〔영국의 지질학자〕는 영국과 프랑스의 에오세 퇴적층에 관한 훌륭한 논문집에서 두 나라의 연속적 시기에 일어나는 매우 비슷한 상황을 이끌어낼 수 있었다. 그러나 영국과 프랑스의 특정한 시기를 비교하면서 같은 속에 포함되는 종의 수가 기이하게도 일치한다는 것을 알아냈지만, 종들 자체는 두 지역의 근접성을 고려해볼 때—좁고 긴 땅이 있어서 같은 시대에 살면서도 서로 다른 동물들을 격리하는 경우는 예외이겠지만—설명하기 어려운 방식으로 서로 차이를 보였다. 라이엘도 제3기 후기 지층 일부에서 비슷한 관찰을 했다. 또한 바랑드는 보헤미아와 스칸디나비아에 형성되어 있는 연속적 실루리아기 퇴적층이 놀랄 만한 유사성이 있다는 점을 보였다. 그럼에도 그곳에서 발견되는 종들은 아주 큰 차이를 나타냈다.

만약 이 두 지역의 여러 지층이 정확하게 동일한 시기에 퇴적되지 않았고—한 지역의 지층은 다른 지역에서 공백기로 나타날 수 있다—또 이 두 지역에서 여러 지층과 각 지층 사이의 긴 공백기에 모두 서서히 변화했다면, 이 두 지역의 여러 지층은 생명체의 일반적인 변화에 맞춰 동일한 순서로 배열될 수 있을 것이고 그 순서는 정확하게 유사한 것으로 잘못 나타날 수도 있다. 그럼에도 이 두 지역의 명백하게 상응하는 지층에서 나타나는 종들은 동일하지 않을 것이다.

절멸된 종들의 유연관계와 절멸된 종과 현생종의 유연관계에 관해 이제 절멸종과 현생종의 상호 유연관계를 논의해보자. 그들 모두는 하나의 커다란 자연 분류체계에 들어간다. 이것은 전에 유래의 원리를 다루는 주제에서 설명한 적이 있다. 일반적으로 오래된 생물은 현재의 생물과 다르다. 그러나 버클랜드〔영국의 지질학자〕가 오래전에 언급했듯이, 모든 화석은 현생 집단 속으로 분류되거나 이들 사이의 어느 위치로 분류된다.

절멸된 생명체가 현존하는 속·과·목 사이의 넓은 공백을 채우는 데 도움이 된다는 견해는 논란의 여지가 없다. 왜냐하면 만약 우리가 우리의 관심을 현생종이나 절멸종의 어느 하나로 제한한다면, 이 둘을 하나의 체계로 묶는 것보다 훨씬 더 불완전한 계열이 될 것이기 때문이다. 척추동물에 대해서는 위대한 고생물학자인 오언이 그린 멋진 그림으로 모든 페이지를 채울 수도 있다. 그의 그림은 절멸된 동물들이 현생 집단 사이에 어떻게 위치하고 있는지를 보여준다.

퀴비에는 반추동물과 후피동물을 포유류 중에서 가장 멀리 떨어진 목으로 분류했다. 그러나 오언이 이들을 연결하는 많은 화석 고리를 발견하면서 퀴비에는 이 두 목에 대한 전체 분류를 변경할 수밖에 없었고 일부 후피동물을 반추동물과 동일한 아목에 포함시켰다. 예컨대 그는 돼지와 낙타 사이의 매우 큰 차이를 점진적인 단계로 연결했다. 무척추동물에 대해서 바랑드와 이름을 알 수 없던 저명한 학자 한 분은 주장하기를, 그들은 오늘날 살아가고 있는 생물들과 동일한 목·과·속에 포함될지라도 고생대의 생물들은 오늘날과 같이 뚜렷한 집단으로 분류될 수 없다고 했다.

일부 학자들은 절멸된 종이나 집단이 현생 종이나 집단 사이의 중간 위치로 여겨지는 것에 반대한다. 만약 절멸된 생명체가 현존하는 두 생명체의 모든 형질에 대한 직접적인 중간형이라고 액면 그대로 받아들인다면 위의 반대는 타당할 수도 있다. 그러나 나는 완벽한 자연 분류에서 많은 화석종이 현생종들 사이에 위치하고 일부 절멸된 속은 현생속 사이에 위치하며 서로 다른 과의 구성원인 두 속 사이에 위치하는 경우도 있다는 사실을 알고 있다.

어류와 파충류처럼 아주 다른 집단에 관한 가장 일반적인 사례는 다음과 같다. 예를 들어 열서너 개 정도의 형질에서 서로 차이를 보인다고 사료되는 현생의 두 생명체가 있다고 하자. 이 두 생명체가 각각 포함되어 있는 두 집단의 옛 조상들은 형질의 차이가 다소 적었을 것이다. 따라서 이 두 집단은 서로 완전히 다르기는 했지만 그 시절에는 닮은 점이 조금은 있었다는 것이다.

우리의 보편적인 믿음은 옛날 생물일수록 오늘날 널리 퍼져 있는 생물과 일부 형질을 통해 더 많이 연결되어 있다는 것이다. 이 언급은 지질학적인 세월을 거치며 많은 변화를 겪은 집단에 국한해 적용되어야만 한다. 이 진술의 진위를 가리기는 매우 어려울 것이다. 왜냐하면 폐어처럼 모든 종은 아주 먼 집단과 직접적인 유연성이 있는 것으로 종종 밝혀지기 때문이다. 그러나 우리가 오래된 파충류와 양서류, 오래된 어류와 오래된 두족류〔오징어와 문어 등〕 그리고 에오세의 포유류를 더욱 최근의 동일 집단 개체들과 비교한다면, 우리는 이 언급이 옳다는 것을 인정하지 않을 수 없을 것이다.

이러한 여러 가지 사실과 추론이 '변이 수반 유래설'〔이것이 바로 다윈의 진화론이다〕과 얼마나 잘 들어맞는지 살펴보도록 하자. 이 주제는 조금 복잡하므로 독자들이 제4장에 실린 그림을 다시 살펴보기 바란다. 그림에서 번호가 매겨진 글자는 속을 나타내고 그들로부터 퍼져나가는 점선은 각 속의 종을 나타낸다고 가정할 수 있다. 이 그림은 지나치게 단순해서 너무 적은 속과 너무 적은 종만 표시되었지만 중요한 것은 그게 아니다.

수평선은 연속적인 지질층을 나타낸다고 볼 수 있으며 가장 위쪽의 선 아래에 있는 모든 생물은 모두 절멸되었다고 볼 수 있다. 현존하는 세 개의 속 a^{14}, q^{14}, p^{14}는 작은 과를 형성할 것이고, b^{14}와 f^{14}는 매우 밀접한 과 또는 아과를 형성할 것이며, o^{14}, e^{14}, m^{14}가 세 번째 과를 형성할 것이다. 이 세 개의 과는 조상형 A에서 갈라져 나온 많은 계열의 절멸한 속과 함께 하나의 목을 이룰 것이다. 왜냐하면 이들은 모두 그들의 공통 옛 조상에게서 무엇인가를 물려받았기 때문이다.

형질의 분기는 계속된다는 원리는 이전에 이 그림으로 설명한 바 있다. 이 원리에 따르면 더욱 최근의 생물일수록 그들의 옛 조상과는 많이 다른 것이 보통이다. 이런 이유에서 우리는 가장 오래된 화석이 현생종과 가장 많이 다르다는 규칙을 이해할 수 있는 것이다. 그렇지만 형질의 분기가 필연적으로 우연한 사건이라고 가정해서는 안 된다. 형질의 분기는 자연의 질서 속에서, 서로 다른 많은 장소에 적응한 종의 후손들에게 전적으로 달려 있는 것이다. 따라서 실루리아기 생명체에서 보았듯이, 한 종이 변화한 생활조건에 따라 약간 변하기는 하지만 아주 오랫동안 동일한 일반 형질을 유지할 수 있는 것이다. 이것은 그림에서 F^{14}로 나타난다.

절멸종이건 현생종이건 A에서 유래된 많은 생명체는 전에 언급했듯이 하나의 목을 형성한다. 그리고 이 목은 계속되는 절멸과 형질의 분기에 따라 여러 아과와 과로 나뉘고, 이들 후손의 일부는 서로 다른 시기에 절멸될 수도 있고 또 다른 일부 집단은 오늘날까지 살아남을 수도 있는 것이다.

그림을 보면서 우리는 다음과 같은 사실을 알 수 있다. 만약 많은 절멸종이 연속적인 지층에 묻혀 있다고 가정한다면 이들은 여러 지점에서 발견되었을 것이고 위쪽 선에 보이는 현존하는 세 개의 과(科)는 서로 크게 다르지 않았을 것이다. 예를 들어 만약 a^1, a^5, a^{10}, f^8, m^3, m^6, m^9와 같은 속(屬)이 발굴된다면 이들 세 개의 과는 아주 가까운 것으로 하나의 커다란 과로 묶여야만 할 수도 있다. 반추동물과 후피동물에서 논의되었던 것과 거의 같은 방식이다.

그러나 서로 다른 세 과의 현생속을 연결하는 절멸된 여러 속이 중간 형질을 띤다는 주장을 반대했던 사람의 견해도, 이들이 직접적인 중간형이 아니고 크게 다른 수많은 생명을 길고 우회적으로 연결한다는 의미에서 중간형이라고 본다면 정당화될 수 있다. 만약 많은 절멸 생명체가 중간의 수평선, 예를 들어 VI와 같은 지질층의 위쪽에서는 발견되지만 그 아래쪽에서는 발견되지 않는다면, 왼쪽에 있는 두 개의 과(즉 a^{14} 따위와 b^{14} 따위)만이 하나의 과로 묶여야 했을 것이다. 그래서 이제는 두 개의 과(즉 a^{14}부터 f^{14}까지가 그 하나로 이제 5개의 속을 갖고, 다른 하나의 과는 o^{14}부터 m^{14}까지이다)로 구별되었을 것이다.

그렇지만 이 두 개의 과는 화석이 발견되기 전의 그들보다 차이가 덜할 것이다. 예를 들어 만약 두 과의 현생속이 열댓 개의 형질에서 서로 다르다고 가정한다면 VI로 표시된 이른 시기에 이들은 두 속으로서 차이가 크지 않았을 것이다. 왜냐하면 이렇게 이른 시기에 그들은 해당 목의 공통조상으로부터 그 형질이 크게 분기하지 않았을 것이기 때문이다. 따라서 옛날에 절멸된 속은 그들의 변형된 후손이나 방계 친척들 사이에서 어느 정도 중간적인 형질을 띠게 된다.

실제로 자연에서는 그림에서 보는 것보다 훨씬 더 복잡한 상황이 벌어질 것이다. 왜냐하면 집단의 개수가 훨씬 더 많을 테고, 이들은 극단적으로 다양한 길이의 세월을 지나오면서 다양하게 변형되었을 것이기 때문이다. 우리는 지질 기록을 나타내는 책 중에서 아주 많이 손상된 마지막 책 한 권만 갖고 있기 때문에, 극히 드문 예외가 있기는 하지만 자연 분류체계의 넓은 공백을 채워 서로 다른 과와 목을 묶어줄 만한 권한이 우리에게는 없다.

우리가 정당하게 기대할 수 있는 모든 것은 잘 알려진 지질 기록 내에서 이들 집단에게 아주 큰 변화가 일어났으며 오래된 지층에서는 서로 많이 유사했다는 것이다. 따라서 한 집단의 옛 구성원들은 오늘날의 구성원들보다 상호 간의 차이가 적었을 것이다. 이것은 우리의 최고 고생물학자들이 제시하는 공통적인 증거에서 보듯이 아주 보편적인 현상인 듯하다.

그러므로 나는 변이 수반 유래설에 따라, 절멸된 생명체가 다른 절멸

생명체나 현생 생명체와 상호 유연관계가 있다는 주요 사실을 만족스럽게 설명한 것 같다. 다른 견해로 이들을 설명하기란 아주 불가능하다.

이 이론에 따르면 지구 역사에서 모든 시기에 존재했던 동물상은 그 일반적인 형질에서 그들 이전에 존재했던 동물상과 이후에 존재하는 동물상의 중간이 된다는 것은 명백하다. 그러므로 그림에서 유래의 제6단계에 살았던 종은 제5단계에서 살았던 종의 변형된 후손이자 제7단계에서 더욱 변형되는 종의 조상이 되는 것이다. 따라서 그들은 그림의 위와 아래에 있는 생명체의 중간적인 형질을 띨 수밖에 없는 것이다.

그러나 우리는 이미 설명한 일부 생명체의 완전한 절멸, 이주에 따른 전혀 새로운 생명의 출현, 연속적인 지층 사이에 존재하는 긴 공백의 시기에 상당한 변형이 일어날 수 있다는 사실을 인정해야만 한다. 이러한 것들을 가정한다면 각 지질시대의 동물상은 그 이전 동물상과 그 이후 동물상의 중간 형질을 띠는 것이 확실하다. 단 하나의 사례만 제시해도 될 것 같다. 데본계가 처음 발견되었을 때 고생물학자들은 데본계의 화석들이 그 위쪽에 놓인 카본계와 아래쪽에 놓인 실루리아계 화석의 중간 형질을 띠고 있다는 사실을 즉시 알아차렸다. 그러나 연속적인 지층 사이에 똑같은 시간의 공백이 끼워져 있는 것이 아니므로 각각의 동물상이 정확하게 중간일 필요는 없다.

이 규칙에 예외를 보이는 속도 있다. 그러나 이러한 예외가 각 시기의 동물상이 일반적으로 앞과 뒤의 동물상 사이의 거의 중간 형질을 보인다는 언급의 진실성에 대한 진정한 반대는 아니다. 예를 들어 팰커너 박사가 두 가지 기준에 따라 여러 종류의 마스토돈과 코끼리를 배열했을 때, 그 배열이 일치하지 않았다. 첫 번째 기준은 그들의 상호 유연관계〔절멸한 종들 사이의 유연관계와 절멸종과 현생종 사이의 유연관계를 함께 고려한 유연관계〕였고, 두 번째는 그들의 생존 시기에 따른 기준이었다.

극단적인 형질을 보이는 종들은 오래된 종도 아니고 최근의 종도 아니다. 물론 형질의 중간을 보이는 종도 아니고 시기적으로 중간에 위치한 종도 아니다. 그러나 종의 첫 출현과 소멸에 관한 기록이 완벽했다고 가정할 때, 연속적으로 출현한 종들이 이에 상응하는 시간을 견뎌냈을 것이라고 믿을 필요는 없다. 아주 오래된 종이 다른 곳에서 나중에 출현한 종보다 훨씬 더 오래 살았을 수도 있다. 특히 서로 격리된 지역에 사는 육상생물이 그러하다.

작은 것을 큰 것에 견주어보자. 인간이 키우는 비둘기의 주요 현생 품종과 절멸된 품종을 유연관계에 따라 배열한다면 이것은 그들이 처음으로 출현한 시기의 순서와 일치하지 않으며 그들이 절멸된 시기와는 더더욱 일치하지 않을 것이다. 왜냐하면 모든 비둘기의 조상 격인 양비둘기가 여전히 살고 있고 양비둘기와 전서구의 많은 중간 변종은 절멸되었기 때문이다. 또한 긴 부리가 특징인 전서구는 이 계열의 반대쪽에 있는 짧은 부리의 공중제비 비둘기보다 더 이른 시기에 출현했다.

중간 지층에서 발견되는 화석은 어느 정도 중간 형질을 보인다는 언급과 밀접하게 관련된 사실은 다음과 같다. 많은 고생물학자들이 주장하듯이 인접한 두 지층에서 발견되는 화석들은 멀리 떨어진 지층에서 발견되는 화석들보다 아주 밀접하게 관련되어 있다는 것이다.

픽테트는 매우 잘 알려진 사례 한 가지를 제공했다. 그는 백악기 지층의 여러 층에서 서로 다른 종들이 발견되지만 이들이 모두 유사점이 있다고 했다. 종의 불변에 대한 믿음이 굳건했던 픽테트 교수는 이 사실에서 얻어진 일반론에 의해 아주 많이 흔들렸던 것 같다. 절멸종의 세계적인 분포에 정통한 사람이라면 매우 인접한 지층에서 발견된 두 종이 아주 비슷한 이유를 그 시절의 물리적 조건이 거의 같았기 때문이라고 설명하지는 않을 것이다.

적어도 바다에 서식하는 생명체들은 전 세계에 걸쳐 거의 동시에 변화했다는 사실을 기억하자. 이것은 매우 다른 기후와 조건에서 동일한 변화가 일어났다는 뜻이다. 홍적세에 엄청난 기후변화가 있었다는 사실을 생각해보자. 모든 빙하기가 이 시기에 들어가지만 바다에 서식하는 동물에게서 일어난 변화는 극히 적었다는 사실을 주목하자.

유래설에 따르면 매우 인접한 지층의 화석들이 담고 있는 진정한 의미, 즉 이들이 서로 다른 종일지라도 유연관계가 매우 가깝다는 것은 명백하다. 각 지층의 퇴적은 중단되기도 하고 연속 지층 사이에 꽤나 긴 공백의 시간이 끼어들어가기도 한다. 따라서 내가 앞 장에서 보이고자 했듯이 처음에는 아주 비슷했지만 서로 다르게 갈라진 두 종을 연결하는 모든 중간 변종을 지층에서 찾기를 기대해서는 안 된다. 그 대신 우리는 공백의—우리의 개념으로는 매우 길지만 지질학적으로는 적당히 긴 —시간이 지나 형성된 지층에서 매우 유사한 생명체들, 즉 일부 학자들이 대표종이라고 부르는 화석을 발견할 수 있어야만 한다. 실제로 이러한 화석은 확실히 발견되고 있다. 요약하자면, 우리는 종이 매우 느리고 감지할 수 없을 정도의 변화를 겪고 있다는 증거를 예상대로 발견하고 있다.

옛 생명체의 발달 상태에 관해 오늘날의 생명체가 옛 생명체보다 더 고등하게 발달되었는지에 관한 논의는 많았다. 이 주제를 여기에서 다루지는 않겠다. 왜냐하면 박물학자들은 아직도 고등한 생물과 하등한 생물에 대한 만족스러운 정의를 내리지 못하고 있기 때문이다. 그러나 내 이론에 따른다면, 한 가지 특별한 의미에서 더욱 최근의 생명체가 옛날의 생명체보다 더 고등해야 한다. 왜냐하면 옛 생명체를 누르며 생존경쟁에서 뭔가 이점을 갖고 있는 생명체가 새로운 종으로 형성되었기 때문이다.

거의 유사한 기후 아래 만약 에오세의 한 지역에서 일어난 생명체가 같은 지역이나 다른 지역에 살고 있는 기존의 생명체와 경쟁하게 되었다면 에오세의 동물상이나 식물상은 패배해서 몰살되었을 것이다. 제2기 동물상의 출현으로 고생대의 동물상이 사라지고, 에오세 동물상의 출현으로 제2기 동물상이 절멸된 것과 마찬가지이다. 나는 이러한 개선의 과정이, 비교적 최근에 출현해 과거의 생명체를 몰락시키며 성공한 생명체의 체계에 뚜렷하고 가시적인 영향을 끼쳤다는 사실을 의심하지 않는다. 예를 들어 그들의 집단에서 가장 고등한 종류가 아닌 갑각류가 가장 고등한 연체류를 몰아냈을 수도 있다.

유럽의 생명체들이 최근 뉴질랜드로 퍼져나가 다른 생명체들이 차지했던 장소를 탈취하는 독특한 방식을 보면서 우리는 다음과 같은 생각을 하게 된다. 만약 대영제국의 모든 동물과 식물을 뉴질랜드에 풀어놓는다면 시간이 흐르면서 영국의 많은 생물들이 그곳에 완벽하게 귀화되어 그곳의 많은 토착종들을 절멸시킬 것이다.

반대로 현재 뉴질랜드에서 우리가 보는 것으로부터, 또 남반구의 어떠한 생명체 하나가 유럽의 어느 곳에서도 야생으로 변하기 힘들다는 사실로부터 우리가 품고 있는 의문은 다음과 같다. 만약 뉴질랜드의 모든 생명체를 대영제국에 풀어놓는다면 기존의 토착 동식물이 차지하고 있는 자리를 과연 얼마나 많은 생명체가 탈취할 수 있을지 의심스럽다. 이러한 관점에서 본다면 대영제국의 생명체들이 뉴질랜드의 생명체들보다 더 고등하다고 말해도 될 것 같다. 그러나 두 나라의 종들을 조사한 아무리 실력 있는 박물학자라고 해도 이러한 결과가 실제로 일어나는지는 예측할 수 없다.

아가시는 옛날 동물들이 같은 강에 속하는 동물들의 배(胚)와 어느 정도 닮았다고 주장한다. 즉 지질 기록에 나타나는 절멸종의 변화는 현생종의 배가 발생하는 과정과 어느 정도 비슷하다는 것이다. 나는 이러한 주장의 진위 여부는 정말로 증명하기 어렵다는 픽테트와 헉슬리의 의견에 동의한다. 나는 이것이 비교적 최근에 분기된 그 하위 집단에서 나중에 확인될 것이라고 기대한다. 아가시의 이러한 이론은 자연선택설과 아주 잘 들어맞는다. 앞으로 나는 어리지 않은 나이에 해당하는 나이에서 일어나는 변이로 인해 성체와 배(胚)가 다르다는 것을 보이도록 하겠다. 이 과정은 배를 거의 변화시키지 않으면서도 대를 거듭하면서 성체에게 계속 차이를 누적시켰다.

그러므로 그림을 그린다면 배는 왼쪽에 위치하며 각 동물의 원시적이고 덜 변형된 조건을 보존하고 있는 것이다. 이 견해가 옳을 수는 있지만 충분히 증명되기는 어려울 것이다. 예를 들어, 알려진 가장 오래된 포유류 · 파충류 · 어류가 자신들의 집단에 엄격하게 포함되어 있다는 사실을 생각해보자. 비록 오늘날의 집단과 비교해 옛 생명체들의 구분이 다소 덜 뚜렷한 면은 있지만, 척추동물 배의 공통적인 특징을 띠고 있는 동물을 찾기란 어려울 것이다. 실루리아기 지층보다 훨씬 더 아래쪽의 층이 발견된다면 모르겠지만, 이러한 층이 발견될 가능성은 매우 낮다.

제3기 후기에 동일한 지역에서 일어나는 동일한 생명체의 변화에 관해 클리프트〔영국의 박물학자〕는 오래전 오스트레일리아의 동굴에서 발견된 포유류 화석이 오스트레일리아 대륙의 현생 유대류와 밀접한 유연관계를 나타낸다는 것을 보여주었다. 아르마딜로의 갑옷과 같은 구조이며 무척 거대한 갑옷 조각들이 남아메리카 라플라타의 여러 곳에서 발견되는데, 이것은 전문적인 지식이 없는 사람에게도 그 유사한 관계가 명백하게 나타난다. 오언 교수는 아주 놀라운 방법으로 그곳에 묻힌 대부분의 화석 포유류가 남아메리카의 생명체들과 관련되어 있다는 것을 보였다.

이러한 관계는 브라질의 여러 동굴에서 룬드〔덴마크의 고생물학자〕와 클라우센〔덴마크의 박물학자〕이 발견한 놀라운 화석 뼈를 통해 아주 명백하게 알 수 있다. 나는 이 사실에 크게 감명받아 1839년과 1845년에 '생물 변화의 법칙'과 '한 대륙의 절멸종과 현생종 사이의 놀라운 관계'를 강하게 주장했다. 오언 교수는 나중에 이러한 일반론을 구세계의 포유류로 확장했다. 이 저자는 뉴질랜드의 절멸한 거대 조류를 복원했는데, 우리는 이 복원에서도 동일한 법칙을 볼 수 있다. 우리는 또한 브라질의 동굴에서 발견된 조류 화석에서도 동일한 법칙을 볼 수 있다.

우드워드는 바닷조개에서도 동일한 법칙이 적용된다는 것을 보여주었다. 그러나 연체동물 대부분의 속이 폭넓은 분포를 보이는 것으로 보아 이들이 이 법칙을 잘 드러내는 것 같지는 않다. 마데이라 제도의 육상 달팽이 절멸종과 현생종 사이의 관계나 아랄 해〔중앙아시아에 있는 염호〕와 카스피 해〔중앙아시아에 있는 세계에서 가장 큰 내해〕의 염호 조가비 절멸종과 현생종 사이의 관계 같은 사례들이 더 추가될 수도 있다.

그렇다면 이렇게 동일한 지역에서 동일한 생명체가 보이는 변화의 놀라운 법칙이 의미하는 바는 무엇인가? 만약 우리가 위도가 같은 오스트레일리아와 남아메리카 지역의 현재 기후를 비교하면서 한편으로 이 두 대륙의 기후가 다르기 때문에 이곳에 서식하는 동물들이 서로 다르다는 주장을 펼치고, 다른 한편으로는 제3기에 이 지역의 조건이 비슷해서 각 대륙의 생명체들이 동일했다는 주장을 펼친다면 지나친 자신감일 것이다.

유대류가 오스트레일리아에서만 출현했고 빈치류가 남아메리카에서만 출현했다는 주장을 불변의 법칙으로 받아들일 수는 없다. 왜냐하면 우리는 옛날에 유럽에 많은 유대류가 살았다는 사실을 벌써 알고 있기 때문이다. 또한 나는 이전의 간행물들에서 옛날 아메리카의 육상 포유류 분포가 지금의 분포와 서로 다르다는 것을 보인 바 있다.

이전의 북아메리카에는 현재의 남아메리카 흔적이 강하게 존재했다. 그리고 남아메리카는 지금보다 옛날에 북아메리카와 더욱 밀접한 관계를 맺고 있었다. 비슷한 방식으로 우리는, 팰커너와 코틀리〔영국의 고생물학자〕의 발견을 통해, 북부 인도의 포유류가 현재보다 과거에 아프리카와 더욱 밀접하게 관련되어 있었다는 것을 알고 있다. 해양동물의 분포에 관해서도 비슷한 사례를 제시할 수 있다.

한 지역에 서식하는 한 생물이 오랫동안 조금씩 변화했다는 이 위대한 법칙은 변이 수반 유래설에 따라 즉각적으로 설명이 가능하다. 왜냐하면 세계 각 지역에 서식하는 동물들은 시간이 지나면서 어느 정도 변형되기는 하겠지만, 여전히 매우 가까운 후손의 형태로 자기 지역을 떠날 것이 확실하기 때문이다. 만약 옛날에 한 대륙의 거주자들이 다른 대륙의 거주자들과 크게 달랐다면, 그들의 변형된 후손들도 거의 동일한 방식과 정도로 서로 다를 것이다. 그러나 긴 공백기와 지리적으로 큰 변화를 겪는 가운데 이 두 지역 간의 상호 이주가 일어나면서 약한 생명체는 우세한 생명체로 대체되었을 것이다. 과거와 현재의 생물 분포에 관한 법칙에서 변하지 않는 것은 아무것도 없다.

사람들은 내게 다음과 같이 조롱 섞인 질문을 던질 수 있을 것이다. 즉 메가테리움이나 이들의 친척인 거대한 괴물들이 그들의 퇴화한 후손으로 여겨질 수도 있는 나무늘보 · 아르마딜로 · 개미핥기를 남아메리카에 남겼다는 것이 내 생각이냐고 말이다. 이것은 인정할 수 없다. 이 거대한 동물들은 완전히 절멸되었으며 전혀 후손을 남기지 않았다. 그러나 브라질의 여러 동굴에서 발견된 많은 절멸종은 크기와 형질에서 현재 남아메리카에 살고 있는 종들과 밀접한 유연관계를 보인다. 이들 화석의 일부는 현생종의 실제 조상일 수도 있을 것이다.

내 이론에 따른다면 잊어서는 안 될 것이 있다. 즉 한 속의 모든 종은 하나의 종에서 유래되었다는 것이다. 만약 각각 8개의 종을 둔 6개의 속이 하나의 지층에서 발견되었고, 바로 다음 지층에서 역시 8개의 종을 둔 6개의 속이 발견되었다고 하자. 이때 우리는 오래된 6개의 속에서 단지 하나씩의 종이 변형된 후손을 남김으로써 새로운 6개의 속을 형성하게 되었다고 결론을 내릴 수 있을 것이다. 오래된 속에 들어 있던 나머지

7개의 종은 모두 절멸해서 후손을 전혀 남기지 않은 것이다.

훨씬 더 가능성이 높은 사례는 다음과 같다. 이전의 6개 속 가운데 단지 2~3개 속의 2~3종만이 6개 새로운 속의 부모가 되었을 수도 있다. 그리고 나머지 모든 종과 모든 속은 완전히 절멸되었다는 것이다. 남아메리카의 빈치류처럼 속과 종의 개수가 줄어드는 실패 집단에서도 몇몇 속과 종은 변형된 후손을 여전히 남기고 있다.

요약 나는 다음과 같이 지질 기록이 아주 불완전하다는 것을 보이고자 했다. 지질학적으로 면밀하게 탐험이 이루어진 지역은 전 세계에서 극히 일부에 불과하다. 화석으로 남아 있는 것은 극히 일부 집단의 생명체에 불과하다. 박물관에 보관되어 있는 표본과 종의 개수는 한 지층의 시기에 그곳을 거쳐간 무수히 많은 세대에 견주어 비교도 되지 않을 만큼 미약하다.

화석층이 침식의 시간을 버텨내려면 두꺼운 퇴적층이 필요하기 때문에 지각의 침강이 필요하고, 각각의 지층 사이에는 엄청난 시간의 공백기가 있었다. 지각이 침강되는 시기에는 더 많은 절멸이 일어났으며, 지각이 융기하는 시기에는 더 많은 변이가 출현했으며, 이 융기의 시기에 지질 기록은 가장 불완전하다. 하나의 지층도 계속해서 퇴적된 것은 아니다. 각 지층이 지속되었던 시간은 생명체의 평균 지속기간보다 짧았다. 한 지역의 지층에서 새로운 생명체가 출현하는 데에는 이주가 중요한 역할을 한다. 분포지역이 넓은 종이 다양한 형질을 띠며 새로운 종을 형성할 확률이 높다. 그리고 변종은 처음에는 한 지역에 국한되어 일어난다는 것이 모두 내가 보이고자 했던 지질 기록의 불완전성이다. 이러한 모든 원인을 함께 묶어 생각하면 지질 기록이 극히 불완전하다는 것을 알 수 있으며, 왜 우리가 모든 절멸종과 현생종을 미세한 단계로 연결하는 중간 변종을 찾지 못하는지 설명할 수 있게 된다.

지질 기록의 성질에 관한 이러한 견해를 거절하는 사람들은 내 이론 전체를 받아들이지 못하는 것이다. 왜냐하면 그들은 과거에 아주 가까운 친척종들을 이어주었던 수많은 연결고리를 한 지층의 어느 단계에서 발견할 수 있느냐는 헛된 질문을 던질 것이기 때문이다. 그들은 연속하는 두 지층 사이의 엄청난 공백을 믿지 못할 것이다. 그들은 예컨대 유럽처럼 단 하나의 거대한 지역에 형성된 지층만을 고려할 때 이주가 얼마나 중요한 역할을 했는지 간과할 것이다. 그들은 전체 종의 집단이 갑자기 출현했다고—이것은 종종 잘못되었다—주장할 것이다.

그들은 실루리아기의 첫 번째 층이 퇴적되기 훨씬 더 오래전에 존재했어야만 하는 무수히 많은 생명체의 잔해가 어디에 있는지 질문할 것이다. 이 마지막 질문에 나는 단지 가설적인 대답을 할 수 있을 뿐이다. 즉 우리가 아는 한 실루리아기 이래 대양은 아주 오랫동안 현재 위치에 있었으며 침강과 융기가 반복되는 대륙도 현재 위치에 놓여 있었지만, 실루리아기 훨씬 이전에는 전 세계가 전혀 다른 모습이었을 수 있다. 우리가 아는 것보다 더 오래전에 형성된 오래된 대륙은 지금 모두 변성의 상태에 있을 수도 있고 대양의 바닥 아래에 묻혀 있을 수도 있는 것이다.

이러한 어려움을 떠나 고생물학에서 얻어지는 모든 위대한 사실은 단지 자연선택을 통한 변이 수반 유래설을 따르는 것으로 보인다. 이 점을 인정한다면 우리는 느리고 연속적인 과정을 거쳐 새로운 종이 어떻게 형성되는지, 서로 다른 집단에 속하는 종들이 함께 변화할 필요가 없다는 사실과 모든 생명체는 장기적으로 어느 정도 변화한다는 사실을 이해할 수 있게 된다.

오래된 생명체의 절멸은 새로운 생명체의 출현에 따른 필연적인 결과이다. 우리는 한 종이 절멸된 후에 왜 절대로 다시 나타나지 않는지 이해할 수 있다. 한 집단에 속하는 종의 개수는 느리게 증가하며 길이가 다른 여러 시간을 견뎌낸다. 왜냐하면 변형의 과정은 느릴 수밖에 없으며 많은 복합적인 우연성이 함께 어우러져 만들어내기 때문이다. 거대한 우세 집단의 우세한 종은 변형된 자손을 많이 남기는 경향이 있어서 새로운 소집단들이 형성된다. 이러한 소집단이 형성되면 경쟁력이 약한 집단의 종들은 모두 그들의 공통조상에게서 열등한 형질을 물려받았기 때문에 함께 절멸하는 경향이 있어서 지구상에 그들의 변형된 후손을 전혀 남기지 못하는 것이다.

그러나 전체 집단이 완전히 사라지는 절멸은 매우 느린 과정일 수 있다. 왜냐하면 보호받을 수 있는 격리된 상황에서 약간의 후손들이 꽤 오랫동안 살아남을 수 있기 때문이다. 한 집단이 완전히 사라지면 다시 출현하는 일은 없다. 왜냐하면 세대 간의 연결이 끊어졌기 때문이다.

우리는 우세한 생명체가 퍼져나가는 과정을 이해할 수 있다. 많은 변화가 일어나는 생물의 변형된 후손이 결국에는 이 세상을 채울 것이고, 이들은 일반적으로 생존경쟁에서 열등한 다른 집단의 자리를 차지하게 된다. 따라서 아주 많은 시간이 지난 뒤에 관찰하면 이 세상의 생물들이 동시에 변한 것처럼 보일 것이다.

우리는 과거의 생명체든 현재의 생명체든 모두 하나의 커다란 체계를 이룬다는 것을 이해할 수 있다. 왜냐하면 이들은 세대를 통해 모두 연결되어 있기 때문이다. 우리는 형질이 계속해서 분기하려는 경향이 있다는 사실을 바탕으로 오래된 생명체일수록 현재의 생명체와 더 많이 다르다는 것을 이해할 수 있다.

서로 다른 집단으로 분류되다가 그들 사이의 빈틈이 과거에 절멸된 생물들로 채워져 결국 하나의 집단으로 인정받는 경우도 있다. 물론 두 집단이 조금 더 가까운 집단이라고 밝혀지는 경우가 더 흔하다. 오래된 생명체일수록 서로 다른 현생 집단의 어느 정도 중간 형질을 나타내는 경우가 자주 있다. 왜냐하면 오래된 생명체일수록 그때부터 지금까지 분기가 폭넓게 일어났기 때문에 이들과 유연관계가 있는 생명체도 많고 닮은 생명체도 많아진다.

절멸된 생명체가 살아 있는 생명체 사이의 직접적인 중간형일 경우는 드물다. 그들은 절멸되고 매우 다른 생명체를 통해 길고 우회적인 방법으로 그 사이를 채우고 있는 것이다. 우리는 연속적인 지층의 생물 화석들이 멀리 떨어진 지층의 생물들보다 서로 아주 가까운 이유를 분명하게 알 수 있다. 왜냐하면 가까운 지층의 생물들은 세대에 의해 훨씬 더 가깝게 연결되었기 때문이다. 우리는 중간 지층의 화석들이 왜 중간 형질을 띠는지 명백하게 알 수 있다.

이 세상에서 연속하는 시기에 살았던 생물들은 삶을 위한 경주에서 그들의 선임자를 몰락시켰으며 자연의 척도에서 고등한 위치를 차지하고 있다. 많은 고생물학자들은 생물이 전반적으로 진보하고 있다고 하는데, 이러한 개념은 이 모호하고 정의하기 쉽지 않은 생각을 설명할 수 있을 것이다. 앞으로 고대의 생물이 같은 집단에 있는 최근 동물의 배(胚)를 어느 정도 닮았다는 사실이 증명된다면 이 사실들이 이해될 것이다. 지질학적 후반기에 동일 지역에 사는 동일 형의 생물들이 변해가는 과정은 신비로운 것이 아니라 상속의 과정으로써 간단하게 설명된다.

만약 지질학적 기록이 내가 믿는 것처럼 불완전하며 완벽할 수 없다는 점이 증명된다면 자연선택설을 반대하는 장애물은 크게 줄어들거나 사라질 것이다. 한편 고생물학의 거의 모든 법칙은 종들이 통상적인 방법으로 만들어지며, 오래된 생명체는 새롭고 개선된 생명체, 즉 우리 주변에서 여전히 작용하고 있는 변이의 법칙에 따라 만들어지고 자연선택에 의해 보존된 생명체에게 그들의 자리를 내주는 것을 보여주고 있으며, 이것은 내 생각과 같다.

제11장 지리적 분포

현재의 생물 분포는 물리적 조건의 차이로 설명될 수 없다 –
장벽의 중요성 – 동일 대륙에 사는 생물들의 유사성 – 창조의 중심 –
기후와 땅 높이의 변화로 인해 일어나는 분산의 수단과 우연히 일어나는
분산의 수단 – 빙하기에 맞춰 일어났던 분산

지구 전체의 생명체 분포를 생각해볼 때 우리에게 감명을 주는 위대한 사실은 생명체의 지역별 분포가 기후나 여러 물리적 조건으로 설명될 수 없다는 것이다. 최근 이 주제를 연구한 거의 대부분의 학자들은 이러한 결론에 도달하고 있다. 아메리카의 사례만으로도 진실성은 충분히 밝혀질 것이다. 만약 육지가 동그랗게 연결된 북반구를 제외한다면 대부분의 학자들은 지리적 분포의 가장 기본적인 경계 중의 하나가 신세계와 구세계 사이에 있다는 사실에 동의하기 때문이다. 그러나 미국의 중심부에서 남쪽 끝까지 거대한 아메리카 대륙을 여행한다면 우리는 가장 다양한 환경을 만나게 된다. 즉 가장 습한 지역, 건조한 사막, 높은 산, 초원, 숲, 습지, 호수, 거대한 강이 거의 모든 온도에 걸쳐 분포하고 있다.

구세계의 기후나 환경이 신세계의 기후나 환경과 비슷하지 않은 경우는 거의 없다. 적어도 동일한 종이 보통 필요로 하는 기후나 환경을 고려한다면 아주 비슷하다. 왜냐하면 환경이 조금이라도 특이한 매우 좁은 지역에 갇혀 살아가는 생물들의 사례는 아주 희귀하기 때문이다. 예를 들어 구세계의 작은 지역들이 신세계의 어느 지역보다도 고온지역이 될

수는 있다. 그러나 그 지역에 특별한 동물상이나 식물상이 존재하지는 않는다. 구세계와 신세계 환경이 이렇게 유사한데도, 그곳에 사는 생물들은 서로 얼마나 다른가!

만약 남반구에서 오스트레일리아, 남아프리카, 남아메리카 서부의 위도 25도와 35도 사이에 놓인 거대한 띠의 육지를 비교해본다면 우리는 그들의 환경이 매우 비슷하다는 점을 알게 될 것이다. 게다가 동물상과 식물상이 크게 다른 지역을 찾기란 불가능할 것이다. 우리는 남아메리카 위도 35도 남쪽과 위도 25도 북쪽의 생물들을 비교할 수도 있다. 이곳의 생물들은 서로 무척 다른 기후에 서식하고 있지만 이들은 비슷한 기후에 살고 있는 오스트레일리아나 아프리카의 생물들과 비교하면 아주 많이 흡사하다. 바다에 서식하는 생물들에 대해서도 비슷한 사례를 제시할 수 있다.

우리를 놀라게 하는 두 번째 사례는 자유로운 이주를 막는 어떠한 장벽이 여러 지역에 사는 생물들 사이의 차이에 대한 중요한 방식과 관련되어 있다는 것이다. 신세계와 구세계의 모든 육상생물들이 보이는 거대한 차이에서 우리는 이것을 본다. 예외가 있다면 북반구인데, 북반구의 육지는 거의 연결되어 있기 때문에 기후의 차이가 적은 상태에서 북쪽 온도에 적응한 생물들은 자유롭게 이주했을 것이다. 현재 북극에서 살아가는 생물들이 자유롭게 이주하는 것과 같다.

마찬가지로 오스트레일리아 · 아프리카 · 남아메리카의 동일 위도에서 살아가는 생물들도 큰 차이를 보인다. 왜냐하면 이들 지역은 서로 완벽하게 격리되어 있기 때문이다. 각각의 대륙에서도 비슷한 사례가 나타난다. 높고 길게 연결된 산맥의 반대편이나 커다란 사막의 반대편 그리고 때로는 아주 큰 강의 반대편에서 서로 다른 생물들이 발견되기 때문이다. 물론 산맥이나 사막 같은 지역을 가로지르는 것이 불가능한 일도 아니고 대륙을 나누는 대양처럼 그렇게 오랫동안 지속된 것이 아니었기 때문에 양쪽의 생물들이 보이는 차이가 서로 다른 대륙의 생물들이 보이는 차이보다 매우 적은 것은 사실이다.

바다에서도 우리는 동일한 법칙을 발견한다. 남아메리카와 중앙아메리카의 동쪽 해안과 서쪽 해안만큼 색다른 동물상을 보이는 바다는 없다. 단 한 마리의 물고기나 조개 또는 게도 똑같은 것이 없다. 이 거대한 동물상은 아주 좁지만 건널 수 없는 파나마 지협으로 분리되어 있다. 아메리카 서쪽 해안으로는 거대한 대양이 뻗어 있다. 이주자를 위한 휴게소가 될 수 있는 섬은 단 하나도 없다. 이것은 또 다른 종류의 장벽이며, 이러한 사실을 인정하자마자 우리는 태평양의 동쪽 섬들에서 완전히 다른 동물상을 만나게 된다.

따라서 이곳에는 남북으로 길게 뻗은 세 개의 동물상이 그리 멀지 않은 세 개의 평행선을 그리며 비슷한 기후에 놓인 채 존재한다. 그러나 이들은 육지건 광활한 바다건 넘을 수 없는 장벽에 의해 격리되어 있는 관계로 그들의 동물상은 완전히 다르다. 반대로 태평양의 동쪽 열대지역에 위치한 섬에서 훨씬 더 서쪽으로 이동하면 넘지 못할 장벽은 없다. 아프리카 해안까지 이를 정도로 먼 여정에 휴게소로 작용할 수많은 섬도 있다. 그리고 이렇게 광활한 지역에는 주변과 뚜렷하게 다른 어떠한 동물상도 존재하지 않는다.

앞에서 언급한 세 개의 대략적인 동물상, 즉 아메리카의 동쪽 바다와 서쪽 바다 그리고 태평양 동쪽 섬의 동물상에 거의 단 하나의 조개나 게 또는 물고기도 서로 공통점이 없지만 많은 물고기들이 태평양에서 인도양에 걸쳐 분포한다. 태평양의 동쪽 섬에 많은 조개류는 지구의 정반대쪽에 위치한 아프리카의 동쪽 해안에서도 발견된다.

앞에서 부분적으로 언급하긴 했지만 세 번째로 설명할 중요한 사례는 동일한 대륙이나 바다에 사는 생물들이 서로 다른 종인데도 매우 비슷하다는 것이다. 이것은 아주 보편적인 법칙으로, 이와 같은 사례는 모든 대륙에서 수도 없이 발견된다. 그럼에도 박물학자가 만약 북쪽에서 남쪽으로 여행을 한다면 그들은, 하나의 생물 집단이 매우 비슷하면서도 서로 다른 종으로 이루어진 생물 집단에 의해서 계속 대체되어간다는 사실을 반드시 만나게 될 것이다. 박물학자는 서로 다르지만 유연관계가 있는 새들의 매우 비슷한 노랫소리를 듣게 될 것이다. 아주 똑같지는 않지만 매우 비슷하게 만들어진 둥지와 그 속에 있는 매우 비슷한 색깔의 알을 보게 될 것이다.

마젤란 해협〔남아메리카 남단과 티에라델푸에고 제도 사이에 있는 해협으로, 태평양과 대서양을 이어준다〕 근처의 평야에는 아메리카산 타조인 레아 한 종이 살고 있다. 그리고 북쪽에 위치한 라플라타의 평야에는 같은 속의 다른 레아 한 종이 살고 있다. 아프리카나 오스트레일리아의 동일 위도에서 발견되는 타조나 에뮤는 이곳에 살지 않는다. 라플라타의 같은 평야에서 우리는 산토끼나 집토끼와 같은 설치목에 속하며 습성도 거의 같은 아구티〔남아메리카의 설치류〕와 비스카차〔남아메리카의 설치류〕를 본다. 그러나 그들은 명백히 아메리카 특유의 구조를 보인다.

안데스 산맥의 높은 봉우리에 오르면 우리는 비스카차의 고산종을 만나게 된다. 물을 들여다보면 비버나 사향뒤쥐를 발견할 수는 없지만 아메리카 특유의 코이푸〔남아메리카의 물쥐〕와 카피바라〔남아메리카의 강가에 사는 설치류〕를 발견하게 된다. 무수히 많은 사례가 추가될 수도 있다. 만약 우리가 아메리카 해안에서 멀리 떨어져 있는 섬들로 눈을 돌리면, 그곳의 지질 기록이 아무리 다를지라도, 그곳에 사는 생물들은 모두 특이하긴 하지만 기본적으로 아메리카의 생물들이다.

우리는 지난 장에서 보인 것처럼 과거로 눈을 돌릴 수도 있다. 그 시절에도 아메리카 대륙과 바다에는 아메리카 특유의 생물들이 살고 있었다. 우리는 이러한 사례에서 시간과 공간을 뛰어넘어 동일한 지역의 땅이나 바다에 사는 생물들이 물리적 조건과는 별개로 깊은 유기적 관계로 연결되어 있다는 것을 보게 된다. 이러한 연결이 무엇인지 묻지 않는 박물학자라면 호기심을 품지도 않을 것이다.

내 이론에 따르면, 이 연결은 어떤 생물이 자기와 아주 똑같거나 변종처럼 거의 비슷한 생물을 만들어내는 상속의 개념에 불과하다. 서로 다른 지역에 사는 생물들이 서로 다른 이유는 자연선택을 통한 변형과 그에 따라 달라진 물리적 환경의 직접적인 영향 때문이다. 그 상이함의 정도는 한 지역에서 우세한 생물이 다른 지역의 열등한 생물에게 영향을 끼치는 이주, 이전에 살았던 생물들의 수와 성질, 그들의 생존경쟁에서 일어나는 작용과 반작용 그리고 전에도 언급했듯이 모든 관계 중에서 가장 중요한 생물들 사이의 관계에 따라 결정된다.

그러므로 이주가 일어나지 못하는 사건은 아주 중요한 장벽으로 작용하게 된다. 자연선택을 통한 느린 변화에 시간이 중요한 장벽인 것과 마찬가지이다. 개체수가 많고 분포지역이 넓으며 그 넓은 지역에서 많은 경쟁자들을 물리치고 이미 승리를 거둔 종은 다른 지역으로 퍼질 때 새로운 장소를 차지할 최고의 기회를 얻게 된다. 새로운 고향에서 그들은 새로운 조건에 노출될 것이고 변형과 개선은 꾸준히 일어날 것이다. 그래서 그들은 더욱더 승리를 얻게 될 것이고 변형된 후손 집단을 만들게 될 것이다. 이러한 변이 수반 유래설에 따라 우리는 왜 속의 일부, 전체 속 또는 전체 과가 한 지역에만 분포하는지 그 이유를 이해할 수 있다.

바로 앞 장에서 언급한 바와 같이 나는 생물의 발달에는 아무런 법칙도 필요하지 않다고 믿는다. 각 종의 변이성이 독자적인 특징이고 이 때문에 자연선택이 일어나며, 복잡한 생존경쟁의 세계에서 이것이 한 개체에게 이득을 주기 때문에 서로 다른 종에서 일어나는 변형의 정도는 결코 동일한 것이 아니다. 예를 들어 서로 경쟁관계에 놓여 있는 많은 종의 한 무리가 새로운 지역으로 이주하고, 나중에 그 지역이 다른 지역과 격리된다면 그들에게 변형이 일어날 것 같지는 않다. 왜냐하면 이주나 격리 모두 그들에게 아무런 작용도 하지 못하기 때문이다.

이러한 원리는 생물들을 옮김으로써 다른 생물들과 새로운 관계가 형성되고 주변의 물리적 조건들과의 관계는 아주 적을 때에만 일어난다. 바로 이전 장에서 우리는 일부 생물이 엄청난 지질 시기를 거치면서 동일한 형질을 유지하는 경우가 있다는 것을 살펴보았다. 마찬가지로 일부 종은 엄청난 공간을 이동하면서도 큰 변화를 겪지 않는 경우가 있다.

이 견해에 따르면 한 속의 여러 종은 비록 아주 멀리 떨어져 살더라도 그들이 하나의 조상에서 갈라져 나왔듯이 모두 한곳에서 퍼져나간 것이 명백하다. 전체 지질 시기를 거치면서 거의 변하지 않은 종의 경우, 그들이 모두 한 지역에서 이주했다고 믿는 것은 어려운 일이 아니다. 왜냐하면 옛날부터 일어난 지리학적 변화와 기후의 변화를 거치면서 모든 형태의 이주가 가능했기 때문이다.

그러나 그 밖의 많은 경우에 한 속의 종들이 비교적 최근에 생성되었다고 믿을 만한 근거가 있으며 이 주제를 적용하기에는 어려운 점이 많다. 또한 한 종의 여러 개체가 지금 꽤 멀리 떨어진 격리된 지역에 살고 있더라도 그들은 모두 그들의 부모가 태어난 한 장소에서 퍼져나갔다는 사실은 명백하다. 왜냐하면 이전 장에서도 설명했듯이 서로 다른 종의 부모에게서 태어난 후손이 자연선택을 통해 아주 동일한 형질을 지니게 되는 것은 믿을 수 없기 때문이다.

이제 우리는 박물학자들이 수도 없이 논의했던 문제를 보고 있다. 즉 종들이 지구의 한곳에서 만들어졌는지 아니면 여러 곳에서 만들어졌는지에 관한 것이다. 한 종이 한 지역에서 일어나 멀리 떨어지고 격리된 현재 발견되는 여러 지역으로 어떻게 퍼졌는지 이해하기에는 매우 어려운 사례가 많다는 것은 의심의 여지가 없다. 그럼에도 각각의 종이 한 지역에서 일어났다는 견해의 단순성이 우리의 마음을 사로잡았다. 이것을 받아들이지 않는 사람은 원래의 세대와 차후의 이주가 이루는 '조화로운 원인'의 개념을 받아들이지 않고 이것을 기적의 힘으로 간주한다.

대부분의 경우 한 종이 살아가는 지역이 연속적이라는 사실은 보편적으로 받아들여지고 있다. 따라서 식물이나 동물이 아주 멀리 떨어진 두 지역에서 발견되는 경우, 즉 이주에 의해 쉽게 이주하기 어려운 간격을 두고 양쪽에 존재하는 경우는 정말 놀랍고 특별한 것으로 간주할 수 있다. 다른 생물들과 비교해 육상 포유류에게는 바다를 건너 이주하는 능력이 아주 제한적일 수밖에 없다. 따라서 우리는 멀리 떨어진 두 지역에 서식하는 동일한 포유류의 사례를 설명할 수 있게 된다.

대영제국이 과거에 유럽과 연결되어 있었고 똑같은 네발짐승이 서식했다는 개념을 부정하는 지질학자는 없다. 그러나 만약 동일한 종이 서로 다른 두 지역에서 만들어졌다면 유럽과 오스트레일리아 그리고 남아메리카에서 동일한 포유류를 단 한 종이라도 발견해야 되는 것 아닐까?

생활조건이 거의 비슷한 유럽의 많은 동식물들이 아메리카와 오스트레일리아에 귀화했다. 북반구와 남반구의 아주 먼 두 지역의 일부 토착식물들은 아주 똑같은 경우도 있다. 이에 대한 설명은 다음과 같다고 생각한다. 즉 포유류는 이주가 불가능한 경우에도 일부 식물은 여러 가지 분산의 경로를 통해 아주 멀리 격리된 곳까지 퍼질 수 있는 것이다.

대부분의 종이 한 지역에서 생겨났으며 다른 지역으로 이주할 수 없었다는 견해를 갖고 있을 때에만 우리는 동식물의 분포에 갖가지 장벽으로 작용하는 엄청나고 놀랄 만한 영향력을 이해할 수 있다. 일부 과, 많은 아과, 매우 많은 속 그리고 이보다 훨씬 더 많은 아속은 특정한 지역에만 국한되어 있다. 많은 박물학자들이 관찰한 바에 따르면 가장 자연적인 속, 즉 해당 종이 아주 밀접한 친척관계를 보이는 속은 대부분 한 지역에만 국한되어 분포한다. 한 계단 아래로 내려가 한 종에 속하는 개체들을 보자. 만약 이들에게 정반대의 규칙이 퍼져 있고 종은 한 지역에 국한되어 있지 않아 여러 곳에서 만들어지는 상황을 생각해본다면 정말로 이상할 것이다.

다른 많은 박물학자들과 마찬가지로 나는 각각의 종이 한 지역에서 일어난 후 다른 지역으로 이주하게 되었는데, 과거와 현재의 조건이 허용하는 범위에서 이주와 생존의 능력에 따라 그 거리가 결정되었다고 생각하는 것이 가장 합당해 보인다. 동일한 종이 한 지역에서 다른 지역으로 어떻게 이주했는지 설명할 수 없는 경우가 있다는 사실은 의심의 여지가 없다. 그러나 지질학적으로 최근에 일어난 것이 확실한 지리적 변화나 기후변화가 많은 종에게 연속적이었던 환경을 가로막고 불연속적으로 만든 것이 틀림없다.

우리는 각각의 종이 한 지역에서 일어나 가능한 한 멀리 이주하게 되었다는 믿음을 갖고 있다. 그러나 자연에는 지역의 불연속성이 너무 흔하고 규모가 커서 우리는 이러한 믿음을 계속 갖고 있어야 할지 아니면 포기해야 할지를 고려할 수밖에 없다. 한 종의 개체들이 멀리 떨어진 격리된 지역에 살고 있는 모든 예외적인 사례를 논의한다는 것은 아주 지루할 것이다. 나 또한 이러한 많은 사례를 설명하려는 의도는 조금도 없다.

그러나 나는 예비적인 몇 마디를 하고 나서 아주 유명한 몇 가지 사례를 논의하도록 하겠다. 첫째, 멀리 떨어진 산맥의 두 정상에 동일한 종이 존재하고, 아주 멀리 떨어진 남극과 북극에도 동일한 종이 존재하는 경우를 논의하도록 하겠다. 둘째(다음 장에서), 담수 생물의 폭넓은 분포에 대해서 논의하고, 셋째로 공해상에 몇백 마일이나 떨어진 본토와 섬에 존재하는 육상생물에 대해서 논의하도록 하겠다. 멀리 떨어지고 격리된 지역에서 관찰되는 동일한 종에 관한 많은 사례가 종이 처음으로 일어난 지역에서 다른 지역으로 이주되었다는 견해로 설명될 수 있다면, 과거의 기후변화와 지리적 변화 그리고 여러 가지 이동의 수단에 대해 우리가 아는 것이 미천하기에, 이러한 믿음을 보편적인 법칙으로 여기는 것이 가장 나을 듯하다.

이 주제를 논의하면서 우리는 중요한 주제 하나를 함께 고려할 수 있을 것이다. 즉 내 이론에 따라 하나의 공통조상에게서 유래된 한 속의 종들이 그들의 조상이 살았던 지역에서 다른 지역으로 모두 이주(이 과정에서 변형이 일어나면서)되었는지의 여부이다. 대부분의 서식자가 아주 가까운 친척으로 구성되어 있는 지역, 즉 대부분의 종이 동일한 속에 포함되는 지역은 이전에 다른 지역에서 이주해온 생물을 맞아들이는 사건이 보편적인 상황이라면 내 이론은 강화될 것이다. 왜냐하면 우리는 변형의 원리에 따라 왜 한 지역의 생물들은 그들이 처음으로 일어난 다른 지역의 생물들과 유연관계가 있는지를 분명하게 이해할 수 있기 때문이다.

예를 들어 대륙에서 수백 마일 떨어진 곳에 솟아올라 형성된 화산섬은 시간이 지나면서 대륙으로부터 약간의 이주자를 받아들이는 상황이 있었을 것이다. 그리고 어느 정도 변형이 일어나겠지만 그들의 후손은 대륙의 거주자들과 여전히 유연관계를 맺고 있다는 것은 틀림없는 사실이다. 이러한 특징을 띠는 사례들은 매우 흔하게 발견되며, 앞으로 살펴보겠지만 개별적 창조론으로는 설명할 수 없는 것이다.

두 지역의 종들이 서로 관련되어 있다는 이러한 견해는 종이라는 용어 대신 변종이라는 용어를 사용함으로써 최근 월리스〔영국의 박물학자로 자연선택설의 공동 발견자로 여겨진다〕가 그의 독창적인 논문에서 밝힌 견해와 크게 다르지 않다. 월리스는 그의 논문에서 "모든 종은 이미 존재하는 친척종과 같은 공간, 같은 시간에 존재한다"고 결론을 내렸다. 교신을 통해 나는 월리스가 변형을 수반하는 세대 때문에 이러한 동시성이 일어난다고 생각한다는 것을 알았다.

'창조의 단일 중심지와 다중 중심지'에 대한 과거의 소견들이 다음과 같은 여러 가지 질문을 직접적으로 제공하는 것은 아니다. 즉 한 종의 모든 개체가 단 하나의 쌍에서 일어났는지, 단 하나의 자웅동체에서 일어났는지, 아니면 일부 학자들이 주장하듯이 동시에 창조된 여러 개체들에서 일어났는지에 대한 질문들을 촉발하는 것은 아니다. 내 이론에 따르면, 절대로 이종교배가 일어나지 않는—만약 그런 일이 가능하다면—생명체들에게서 종은 개선된 변종으로부터 유래된 것이 틀림없다. 이들 변종은 다른 집단의 개체나 변종들과는 절대로 섞이지 않으며, 상대를 몰아내고 영역을 차지할 것이다. 그렇기 때문에 변형과 개선이 일어나는 각각의 연속적인 단계에서 각 변종의 모든 개체는 단 한 쌍의 부모에게서 유래되었을 것이다.

그러나 출생을 위해 결합하거나 이종교배가 이루어지는 대부분의 경우, 나는 느린 변형의 과정에서 상호교배를 통해 종 내의 모든 개체가 거의 균일한 형질을 띨 것이라고 믿는다. 따라서 많은 개체들이 동시에 변하는 것이며, 전체 변형의 양은 각 단계에서 단 한 쌍의 부모에게서 유래된다고 볼 수 없는 것이다. 내가 말하고자 하는 상황은 다음과 같이 나타낼 수 있다. 영국의 경주마들은 품종마다 조금씩 다르다. 그러나 그들의 차이와 우수성은 단 한 쌍의 부모에게서 물려받은 것이 아니라, 여러 세대에 걸쳐 많은 개체들을 선택하고 훈련하며 끊임없이 돌본 결과이다.

나는 '창조의 단일 중심지' 이론에 가장 큰 난제가 될 것으로 여겨지는 세 가지 사례를 논의할 텐데, 그전에 먼저 분산의 수단과 관련해 몇 마디 보태야 할 것 같다.

분산의 수단 라이엘 경과 여러 학자들이 이 주제를 훌륭하게 다루었다. 나는 여기에 아주 중요한 몇 가지 사항만 간단히 언급하도록 하겠다. 기후변화는 이주에 막강한 영향력을 발휘했을 것이다. 기후가 다른 지역은 옛날에 최적의 이주지였을지는 모르지만 지금은 건널 수 없는 지역이다. 여기에서는 이 문제를 조금 자세히 논의하도록 하겠다. 땅의 높이 변화도 크게 영향을 끼쳤을 것이다. 바다의 동물상을 두 개로 나누고 있는 좁은 지협이 현재에든 과거에든 가라앉으면서 바다가 확장되어 두 동물상이 섞였다고 해보자. 과거에 육지는 섬들을 연결하거나 대륙을 연결하는 경우도 있었을 것이고 그 당시 육상생물들의 이주가 허용되었을 것이다.

현재의 생물이 출현한 이후 지각의 오르내림이 많이 일어났다는 사실을 문제 삼는 지질학자는 없다. 에드워드 포브스는 대서양의 모든 섬들이 바로 얼마 전에 유럽이나 아프리카와 이어져 있었고 유럽은 아메리카와 이어져 있었다고 주장했다. 또 다른 학자들도 이런 식으로 모든 대양에 다리를 놓아 거의 모든 섬들을 대륙과 연결하고 있다. 만약 포브스의 주장이 신뢰할 만하다면 모든 섬들이 바로 얼마 전에 대륙과 연결되어 있었다는 사실을 인정해야만 할 것이다.

이 견해는 동일 종이 매우 멀리 떨어진 지역으로 이주했다는 고르디우스 매듭〔영원히 풀지 못하는 것으로 알려진 매듭으로, 아주 힘든 일을 뜻한다〕을 끊고 많은 어려움을 없애준다. 그러나 아무리 최선의 판단을 내린다 해도 우리에게는 현재의 생물이 출현한 뒤로 엄청난 지리적 변화가 일어났다고 주장할 자격이 없다. 우리는 대륙들이 엄청나게 오르내렸다는 방대한 증거를 갖고 있다고 생각하지만, 그들의 위치나 이동에 관한 큰 변화가 그들을 서로 연결하거나 대양의 섬들과 연결했다고 사료되는 증거는 아닌 것 같다.

나는 과거에 존재하던 많은 섬들이 현재 바닷속으로 가라앉아 많은 동식물의 이주를 막는 장벽으로 작용하고 있다고 기꺼이 인정한다. 산호를 만들어내는 대양에서 그와 같이 가라앉은 섬은 지금 커다란 고리 모양의 산호초인 환초를 형성하고 있다고 생각한다. 각각의 종이 하나의 출생지에서 일어나 시간이 흐르면서 다른 곳으로 확산되었다는 사실이 충분히 인정될 때—언젠가는 그렇게 되리라고 믿는다—우리는 과거에 일어난 육지의 확장에 대해서 안심하고 사색할 수 있을 것이다. 그러나 현재 완벽하게 분리되어 있는 대륙들이 계속 이동해서 대양의 많은 섬들과 함께 융합되는 일이 가까운 미래에 증명될 것 같지는 않다.

생물 분포에 관한 몇 가지 사례를 들어보면 다음과 같다. 거의 모든 대륙의 양쪽 바다에 형성된 동물상은 크게 다르다. 바다와 육지에 살았던 제3기 생물들이 현생종과 아주 밀접한 유연관계를 보인다. 포유류의 분포와 바다의 깊이는 어느 정도 관련되어 있다(나중에 살펴볼 것이다). 이러한 사실이나 그 밖의 사실들은 내게 비교적 최근에 대규모의 지리적 변혁이 일어났다는 견해에 반하는 것으로 보이지만, 포브스가 제안하고 그의 많은 추종자들이 인정한 견해에는 꼭 필요한 것이다.

대양의 섬들에 살고 있는 생물의 성질과 상대적인 비율을 보면 옛날에 이 섬들이 대륙과 연속적인 구조였다는 믿음에 의심이 든다. 대부분의 섬들에 보편적으로 화산 성분이 있는 것으로 보아, 대륙이 가라앉으면서 그 파편으로 섬이 형성되었다는 견해는 바람직하지 않은 것 같다. 만약 섬들이 원래부터 산맥의 형태로 존재했다면 적어도 일부 섬들은 구멍 뚫린 화산 암석 대신 대륙의 산 정상들처럼 화강암, 편암, 오래된 화석층이나 이와 비슷한 암석으로 구성되어 있어야 한다.

이제 이른바 우발적 분산이라는 말이 무엇을 뜻하는지 몇 마디 보태야겠다. 그러나 사실은 우발적이라는 말보다는 간혹 일어난 분산의 수단이라는 표현이 적절할지도 모르겠다. 여기에서는 식물에 대해서만 논의하도록 하겠다. 식물에 관한 연구에서 몇몇 식물이 씨앗의 폭넓은 확산에 잘못 적응했다는 언급은 있었지만, 바다를 건너기 위한 장치에 관한 것은 거의 알려진 바가 없다고 말해야 할 것 같다.

버클리의 도움으로 몇 가지 실험을 시도할 때까지는 씨앗이 어떻게 바닷물의 유해한 작용을 버티는지에 대해 전혀 알려진 것이 없었다. 놀랍게도 바닷물에 28일간 담가놓았던 87가지 씨앗 가운데 64종류의 씨앗이 발아했으며, 137일 후에 발아하는 씨앗도 일부 있었다. 편리함을 위해 나는 꼬투리나 과일 부분을 제거한 작은 씨앗을 주로 사용했다. 그런데 이 모든 씨앗이 며칠 만에 바닷물에 가라앉았다. 따라서 바닷물에 해를 입든 아니든 물에 떠서 넓은 바다를 건널 수는 없었다.

나중에 나는 커다란 꼬투리나 과일 부분을 없애지 않고 시도해봤는데 일부가 오랫동안 바닷물에 떠 있었다. 젖은 목재와 마른 목재의 부력에 차이가 있다는 것은 잘 알려진 사실이다. 나는 홍수가 나무나 그 가지들을 강둑까지 옮긴 뒤, 그곳에서 건조가 일어나고 나중에 강물이 다시 범람하면서 마른 나무와 가지를 바다로 옮길 수도 있었다고 생각한다. 그래서 나는 잘 익은 과일이 달린 줄기나 가지 94종류를 말린 다음 바닷물에 띄워보았다.

대부분은 바로 가라앉았다. 그러나 덜 마른 나무는 아주 짧은 시간만 떠 있었지만 잘 마른 나무는 훨씬 오랫동안 떠 있었다. 예를 들어 잘 익은 개암은 바닷물에 바로 가라앉았지만, 건조된 개암은 바닷물에 90일 동안 떠 있었고 그 후 땅에 심었을 때 발아했다. 잘 익은 열매가 달린 아스파라거스 식물은 23일간 떠 있을 수 있었지만, 건조되었을 때는 85일간 떠 있을 수 있었고 그 이후에 발아했다. 헬로스키아디움〔미나리과의 식물〕의 익은 씨앗은 이틀 만에 가라앉았지만 건조되었을 때는 90일 이상 떠 있었으며 나중에 발아했다. 모두 94가지의 건조된 식물들 중에서 18가지가 28일 이상 떠 있었다. 그리고 이들 중 일부는 훨씬 더 오랫동안 가라앉지 않고 떠 있었다.

결국 87개 가운데 64개의 씨앗이 28일 동안 바닷물에 잠겨 있다가 발아했으며, 익은 과일(전의 실험에서와 마찬가지로 모두 동일 종은 아니다)이 달린 94개의 식물 가운데 18개가 건조된 이후 바닷물에 28일 이상 떠 있었다. 부족하긴 하지만 이런 사례를 토대로 우리는 모든 지역의 식물들은 100개 중에서 14개꼴로 발아 능력을 보유한 채 해류에 28일간 떠다닐 수 있다고 추측할 수 있다.

존스턴의 『자연도감』에 따르면 대서양 여러 해류의 평균 속도가 하루에 53킬로미터라고 한다(일부 해류는 하루에 96킬로미터를 흐르기도 한다). 따라서 평균적으로 100개 중 14개의 식물은 한 지역에서 약 1,490킬로미터나 떨어진 다른 나라로 이동할 수 있다는 말이 된다. 그리고 물가에 닿았을 때 세찬 바람이 불어 이들 식물이 좋은 자리로 옮겨진다면 그곳에서 발아할 것이다.

내 실험이 끝나고 마르텐스[벨기에의 식물학자]가 나보다 훨씬 더 좋은 방식으로 비슷한 실험들을 수행했다. 그는 씨앗들을 상자에 넣어 실제 바다에 띄워서 물에 젖은 상태와 공기 중에 노출되는 상태가 반복되었는데, 실제 바닷물에 식물이 떠 있는 상황과 비슷한 것이다.

그는 98가지의 씨앗을 이용했으며, 대부분 내가 이용한 씨앗들과는 다른 것이었다. 그는 큰 과일을 많이 선택했으며 씨앗도 바닷가 근처에 서식하는 식물에서 얻은 것을 이용했다. 이것은 식물이 물에 떠 있는 평균 시간을 늘렸을 것이고 바닷물로 인한 손상에도 저항성이 있었을 것이다. 그러나 그는 과일이 달린 식물이나 가지를 미리 건조시키지 않았다. 만약 건조시켰더라면 우리가 전에 살펴본 대로 이 식물들은 훨씬 더 오랫동안 떠 있었을 것이다. 그는 98개의 씨앗 중에서 18개가 42일 동안 떠 있었으며, 그 후에 발아할 수 있었다는 결과를 보고했다.

우리의 실험에서는 파도의 격렬한 움직임을 차단하고 있지만 실제 상황에서는 식물이 파도에 노출될 것이고, 이 경우 물에 떠 있는 시간은 줄어들 것이다. 그러므로 한 식물상의 식물들 100개 가운데 약 10개가 건조된 후 바닷물에 띄워졌을 때 약 1,450킬로미터의 거리를 지나 새로운 지역에 도착한 다음 그곳에서 발아했을 것이다. 큰 과일이 작은 과일보다 더 오랫동안 떠 있을 수 있다는 사실은 흥미롭다. 씨앗이나 과일이 큰 식물은 다른 수단에 의해 이동하기 어렵다. 알퐁스 캉돌은 이러한 식물들이 일반적으로 좁은 영역에만 분포한다고 했다.

그러나 씨앗은 종종 다른 수단으로 이동될 수도 있다. 표류하는 목재는 어느 섬에든 도착할 수 있어서 넓은 대양의 중간에 있는 섬까지 다다를 수 있다. 태평양 산호섬에 사는 원주민들은 그들의 도구에 사용할 돌을 오직 표류하는 나무의 뿌리에서 얻는데, 이 돌들은 매우 귀한 것으로 여겨진다.

조사를 통해 나는 불규칙한 돌들이 나무뿌리에 박혀 있을 때, 돌 사이나 돌 뒤쪽으로 작은 흙더미가 뭉쳐 있을 수 있다는 것을 알았다. 따라서 작은 입자들이 긴 여정에 떨어져나가지 않고 붙어 있을 수 있는 완벽한 조건이 만들어지는 것이다. 50년 된 참나무 목재에 완벽하게 둘러싸인 자그마한 흙더미에서 쌍떡잎식물 세 개가 발아한 적이 있다. 나는 이 관찰이 매우 정확했다고 확신할 수 있다.

종종은 바다에 떠 있는 죽은 새가 누군가에게 먹히지 않았을 때, 모이주머니 속의 여러 씨앗은 오랫동안 발아력을 간직한다. 예를 들어 완두콩이나 살갈퀴〔두해살이 콩과 식물〕는 바닷물에 며칠만 담가두어도 발아력을 잃지만, 인공적인 소금물에 30일 동안 떠 있었던 죽은 비둘기의 모이주머니에서 꺼낸 씨앗은 놀랍게도 거의 모두 발아했다.

살아 있는 새가 씨앗을 수송하는 효과적인 원인이 되지 않는 경우는 거의 없다. 많은 종류의 새들이 강풍에 날려서 대양을 건너 종종 엄청난 거리를 이동한다는 많은 사례를 제시할 수 있다. 이런 상황에서 그들은 한 시간에 56킬로미터 정도를 날 수 있으며 일부 학자들은 이보다 더 큰 수치를 제시하기도 한다.

영양가 있는 씨앗이 새의 소화기를 통과하는 사례를 본 적은 없지만, 과일의 딱딱한 씨앗은 손상받지 않고 칠면조의 소화기를 통과할 것이다. 두 달 동안 나는 정원에서 작은 새들의 배설물 속에서 12종류의 씨앗을 수거했다. 씨앗의 모양은 완벽했으며 땅속에 심은 씨앗들 중 몇 개가 발아했다. 그러나 다음의 사실이 더 중요하다. 새의 모이주머니는 소화액을 분비하지 않기 때문에, 내가 관찰한 바에 따르면 씨앗의 발아력을 손상하지 않는다. 먹이를 발견한 새가 다량의 먹이를 먹은 후, 그 먹이가 12시간, 심지어는 18시간까지도 모래주머니로 넘어가지 않기도 한다는 주장이 있다.

이 정도 시간에 새는 800킬로미터쯤은 쉽게 날아갈 수 있다. 매는 힘이 떨어진 새들을 찾는 것으로 알려져 있다. 매에게 잡힌 새의 모이주머니가 찢겨지면서 그 내용물이 주변으로 분산될 수도 있다. 브렌트가 내게 알려준 바에 따르면 그의 친구가 프랑스에서 영국으로 전서구를 보내는 일을 포기해야만 했는데, 그 이유가 영국 해안에 서식하는 매들이 도착하는 전서구를 너무 많이 잡아먹기 때문이라고 했다.

일부 매와 올빼미는 먹이 전체를 찢지도 않고 그냥 삼키는 경우가 있다. 12~24시간 뒤에 토해낸 소화되지 않은 덩어리를 동물원에서 관찰한 적이 있는데, 이런 덩어리 속에서 나온 씨앗이 발아하기도 했다. 귀리·밀·조·갈풀·대마·토끼풀·비트〔명아줏과의 두해살이풀〕의 일부 씨앗은 잡아먹힌 새의 위에서 12~21시간 동안 머문 뒤에도 발아했다. 그리고 비트의 몇몇 씨앗은 2일하고 14시간이 지난 후에도 발아력을 간직했다.

민물고기는 육지나 물에 사는 많은 식물의 씨앗을 먹는다. 이런 물고기가 새에게 잡아먹히면 씨앗은 다시 여기저기로 수송될 수도 있다. 나는 죽은 물고기의 위에 여러 종류의 씨앗을 집어넣은 다음, 이것을 물수리, 황새, 펠리컨에게 먹이로 주었다. 서너 시간 후에 이 새들이 토해내는 덩어리나 배설물에 씨앗이 있었으며, 이 씨앗들 가운데 일부는 발아력을 간직하고 있었다. 그렇지만 이러한 과정에서 항상 발아력을 잃는 씨앗들도 있었다.

비록 새들의 부리와 발은 대개 아주 깨끗하지만 간혹 흙이 발에 묻어 있을 수 있다. 나는 자고새의 한쪽 발에서 건조된 점토 알갱이 22개를 제거한 적이 있는데, 이 점토 속에서 살갈퀴의 씨앗과 그 크기가 아주 비슷한 조약돌이 하나 발견되었다. 따라서 씨앗이 아주 먼 거리를 이동하는 경우도 있을 수 있다. 왜냐하면 거의 모든 흙에는 씨앗이 들어 있다는 것을 보일 수 있기 때문이다. 해마다 수백만의 메추라기가 지중해를 건넌다는 사실을 잠시 생각해보자. 이들 발에 붙어 있는 흙에 아주 작은 씨앗 몇 개가 들어 있다는 사실을 의심할 수 있는가? 그러나 여기서 본래 주제로 되돌아가야겠다.

빙산은 때로 흙과 돌, 심지어는 작은 나뭇가지, 뼈, 새둥지를 실어 나르는 일도 있기 때문에 나는 라이엘이 제안한 것처럼 북극지역이나 남극지역에서 빙산이 씨앗을 수송하는 경우가 있었다는 사실을 의심하지 않는다. 오늘날은 온대지역인 두 지역에서도 빙하기에는 이런 식으로 씨앗이 수송되었을 것이다. 유럽 본토에 가까운 대양의 섬들과 비교할 때 아조레스 제도에는 유럽에 존재하는 많은 식물 종이 분포한다. (왓슨이 알려준 바에 따르면) 이곳의 식물상에서는 그 위도에 견주어 다소 북방계의 특징들이 나타난다. 이러한 현상을 보면서 나는 이들 섬에서는 빙하기에 얼음에 의해 운반된 씨앗들이 식물상의 일부를 형성한 것으로 생각했다.

라이엘 경은 내 부탁으로 하르퉁〔독일의 지질학자〕에게 편지를 보내 이들 섬에서 기이한 둥근 돌을 발견한 적이 있는지 문의했다. 하르퉁은 이들 섬에서 잘 발견되지 않는 화강암이나 그 외 다른 종류의 암석 파편을 발견한 적이 있다는 답장을 보내왔다. 따라서 우리는 과거에 빙산이 대양 한가운데에 있는 이들 섬의 해안가로 바위들을 실어 날랐다고 하는 편이 안전할 것 같다. 그리고 그 빙산이 북방계 식물의 씨앗을 옮겼을 가능성이 있을 것이다.

위에서 언급한 여러 수송수단과 그 밖에 앞으로 발견될 다른 수단들이 해를 거듭하면서 수백 년에서 수만 년에 걸쳐 있었다는 사실을 고려해보면, 많은 식물들이 이러한 방식으로 넓게 퍼져나가지 않았다는 것이 오히려 놀라울 정도이다. 이러한 수송수단은 때로 우연적인 것이라고 불리지만 엄밀한 의미에서 옳다고 할 수 없다. 왜냐하면 바닷물의 흐름도 우발적인 것이 아니고, 대규모 바람의 방향도 우발적으로 결정되는 것이 아니기 때문이다.

사실 어떠한 수송수단도 씨앗을 아주 먼 거리까지 이동시키기는 힘들다는 사실을 언급해야 할 것 같다. 왜냐하면 바닷물에 아주 오랫동안 노출된 씨앗은 발아력을 간직하지 못하며 새들의 모이주머니나 내장 속에서도 그렇게 오래 머무르는 것은 아니기 때문이다. 그렇지만 폭이 수백 마일 정도인 바다를 건너거나 한 섬에서 다른 섬으로 이동하거나 대륙에 인접한 섬으로 이동하는 정도는 위에 언급한 수송수단이면 충분할 것이다. 물론 이러한 수단이 한 대륙에서 멀리 떨어진 다른 대륙으로의 이동을 설명하는 것은 아니다. 멀리 떨어진 대륙의 식물상이 위에서 언급한 수송수단으로 섞이지는 않을 것이다. 대신 우리가 지금 보는 것처럼 각 대륙은 독특한 식물상을 간직하고 있는 것이다.

바닷물의 흐름이 그 경로를 따라 북아메리카에서 대영제국으로 씨앗을 수송하는 경우는 절대로 없을 것이다. 물론 서인도제도에서 대영제국의 서쪽 해안가로 씨앗이 수송될 수는 있으며, 실제로 이러한 수송은 일어나고 있다. 그러나 바닷물에 오랫동안 잠겨 있는 탓에 발아력을 잃지는 않는다 하더라도 영국의 기후에 적응하지 못하는 것이다. 거의 해마다 한두 마리의 육지 조류가 북아메리카에서 대서양을 건너 아일랜드나 영국의 서부 해안에 도달하는 경우가 있다. 그러나 씨앗의 경우는 새 발의 진흙에 붙어서만 수송이 가능하겠지만 이것은 워낙 희귀한 사건이 될 것이다.

설사 이런 일이 일어났다 해도 씨앗이 적당한 토양에 떨어져 자랄 기회는 너무나 적었을 것이다. 그러나 대영제국처럼 생물상이 풍부한 섬이, 지금까지 알려진 바에 따르면—이것을 증명하기는 매우 어려울 것이다—지난 몇 세기 동안 때때로 일어나는 수송의 수단을 통해 유럽이나 다른 대륙으로부터 이주자를 받아들이지 않았다고 해서, 대륙에서 더 멀리 떨어져 있으며 생물상이 빈약한 섬이 이와 비슷한 수단으로 이주자를 받지 않을 것이라고 주장하는 것은 크나큰 오류가 될 것이다.

나는 만약 대영제국보다 생물상이 풍부하지 않은 섬으로 옮겨진 20개의 씨앗이나 동물 중에서 새로운 고향에 적응해 귀화하는 생물이 하나 이상은 될 것이라는 사실을 의심하지 않는다. 그러나 이것은 기나긴 지질학적 시기를 거치면서 하나의 섬이 솟아올라 형성되고 생물상이 풍부해지기 전에 이따금 일어나는 수송으로 일어난 결과에 대한 효과적인 주장은 아닌 것 같다. 거의 아무것도 없는 황량한 땅에 식물에게 해를 끼치는 곤충이나 새가 아주 적거나 거의 없을 경우, 이곳에 우연히 도착한 거의 모든 씨앗은 발아해서 생존할 수 있을 것이다.

빙하기에 일어난 분산 두 개의 산이 수백 마일의 평야로 분리되어 있으며 이 평야에는 산 정상의 생물들이 살아가기 힘든 조건을 생각해보자. 이때 그 양쪽에 솟은 두 산의 정상에 서식하는 많은 동식물이 동일한 경우는 한 종이 아주 멀리 떨어져 서식하는 대표적인 사례이다. 물론 한 지점에서 다른 지점으로 이주했을 명백한 가능성은 없는 상황이다.

사실 알프스 산맥이나 피레네 산맥의 눈 덮인 지역과 유럽 최북단에 동일 종의 많은 식물이 살아간다는 것은 놀라운 일이다. 그러나 더욱 놀라운 것은 미국의 화이트 마운틴에 서식하는 식물이 래브라도〔캐나다 동부의 지역〕에 서식하는 식물들과 모두 똑같으며, 아사 그레이 박사에게 들은 바에 따르면, 이들이 또한 유럽의 아주 높은 산에 서식하는 식물들과도 거의 같다는 사실이다.

오래전인 1747년에도 그러한 사실을 발견한 그멜린〔독일의 박물학자〕은 동일한 종이 서로 다른 여러 장소에서 독자적으로 창조되었다고 했다. 아가시와 여러 학자들의 빙하기에 관한 생생한 설명 덕분에 오늘날 우리는 이러한 일들에 관한 간단한 설명을 즉시 이해할 수 있다. 만약 그들이 없었다면 오늘날의 우리는 여전히 독자적 창조에 대한 믿음을 품고 있을 수도 있다.

우리는 지질학적으로 아주 최근에 유럽 중부와 북아메리카가 북극의 기후에 놓여 있었다는 거의 모든 종류의 생물 증거와 무생물 증거를 갖고 있다. 화재로 불타버린 집의 잔해도 집의 이야기를 해줄 수는 있지만 스코틀랜드와 웨일스의 산들이 들려주는 이야기보다 더 자세할 수는 없을 것이다. 이들 산에서는 줄이 새겨진 산허리, 마모된 표면, 높은 곳에서 둥근 돌 따위가 발견되는데, 이것은 옛날에 그곳 계곡들이 빙하로 채워져 있었다는 사실을 알려준다.

유럽의 기후가 너무 많이 변해서, 북부 이탈리아에서는 오래된 빙하가 남긴 빙퇴석〔빙하가 녹으며 그 속에 있던 암석들이 쌓인 구조〕이 오늘날에는 포도와 옥수수로 뒤덮여 있다. 미국의 아주 다양한 지역에서 기이한 둥근 돌과 떠다니는 빙산이나 얼음 테두리에 긁힌 바위가 발견되는데, 이것은 옛날에 이곳이 추운 지역이었다는 것을 명백하게 보여준다.

유럽의 생물들에 대한 이 추웠던 기후의 영향은 에드워드 포브스에 의해 아주 명쾌하게 설명되었는데, 그 핵심은 다음과 같다. 그러나 우리는 새로운 빙하기가 전에도 그랬듯이 서서히 왔다가 물러간다고 가정함으로써 변화를 더욱 쉽게 추적할 수 있을 것이다.

추위가 다가옴에 따라 남쪽 지역은 추운 지방의 서식자들에게는 적합한 지역이 되었지만, 전부터 살고 있던 온대성 서식자들에게 적합하지 않은 지역이 되면서 이들은 자리를 빼앗기고 추운 지방의 서식자들이 그 자지를 차지하게 되었을 것이다. 더 따뜻한 지역의 서식자들은 더 남쪽으로 이주했을 것이다. 만약 이들의 이주가 장벽에 가로막혔다면 그들은 그곳에서 멸망했을 것이다. 산은 눈과 얼음으로 뒤덮이고 고산지대에 살던 서식자들은 평야로 내려왔을 것이다.

그러나 추위가 최고조에 달했을 때 북극권과 동일한 동물상과 식물상이 유럽의 중앙부를 덮어 그 경계가 남쪽으로 알프스 산맥과 피레네 산맥에 이르렀을 것이고, 심지어 에스파냐에까지 세력을 떨쳤을 것이다. 오늘날 미국의 온대지역도 북극권 동식물들로 덮였을 것이고 상황이 유럽과 거의 똑같았을 것이다. 왜냐하면 오늘날에도 극 주위의 서식자들은 지구를 빙 둘러 놀라울 정도로 균일한데, 이것은 이 서식자들이 남쪽으로 사방팔방 퍼졌기 때문일 것이다. 아마도 북아메리카의 빙하기는 유럽의 빙하기보다 조금 더 일찍 또는 늦게 찾아왔을 것이다. 따라서 남쪽으로의 이동도 약간의 시차는 있었겠지만 결과적으로는 큰 차이를 보이지 않는다.

따뜻한 시기가 되돌아오면서 더 온화한 지역이 생겨나고 그에 따라 추운 지역에 적응된 생물들은 북쪽으로 물러갔을 것이다. 그리고 산 아래쪽부터 눈이 녹기 시작하면서 추운 지역에 적응된 생물들은 결국 갇히는 꼴이 되었고, 날씨가 더욱 따뜻해지면서 그들의 형제들이 북쪽으로 밀려갈 때 일부는 산의 높은 쪽으로 밀려 올라갔을 것이다. 따라서 구세계와 신세계의 저지대에서 함께 살았던 동일한 종의 개체들은 충분히 다시 따뜻해졌을 때는 높은 산 정상에 갇히거나—고도가 낮은 산에 갇힌 개체는 모두 절멸하고 말았다—남극이나 북극에 고립되는 결과가 온 것이다.

따라서 우리는 미국과 유럽의 산처럼 아주 멀리 떨어진 두 지점에서 똑같은 식물이 많이 발견되는 이유를 이해할 수 있다. 마찬가지로 우리는 각 산맥에 존재하는 고산식물이 이보다 훨씬 더 북쪽에 살고 있는 북극권 식물과 유연관계를 보이는 이유를 이해할 수 있다. 왜냐하면 추위가 왔을 때 일어난 이주와 따뜻함이 돌아왔을 때 다시 일어난 이주가 일반적으로 남쪽과 북쪽으로 일어났기 때문이다.

예를 들어 왓슨이 언급한 스코틀랜드의 고산식물과 라몽〔프랑스의 식물학자〕이 언급한 피레네의 고산식물은 북부 스칸디나비아의 식물과 유연관계가 깊다. 마찬가지로 미국 고산식물은 래브라도와 유연관계가 있고, 시베리아 고산식물은 그 나라 북극권의 식물과 유연관계가 있다. 과거의 빙하기 출현과 완벽하게 조화를 이루는 이러한 견해는 현재 유럽과 아메리카의 고산생물과 북극권 생물의 분포를 아주 잘 설명해준다. 따라서 만약 다른 지역에서 멀리 떨어진 두 산의 정상에서 동일한 종이 발견되었을 때, 우리는 다른 증거 없이도 다음과 같은 결론을 내릴 것이다. 즉 과거의 추운 기후가, 따뜻했을 때는 도저히 살 수 없었던 낮은 지역을 이용한 이주를 일으켰다는 것이다.

빙하기 이후로 기후가 오늘날보다 조금이라도 더 따뜻했더라면—미국의 일부 지질학자들은 주로 그나토돈〔기수역에 서식하는 이패류〕의 분포를 근거로 이것을 믿고 있다—북극권의 생물과 온대의 생물이 북쪽으로 조금 더 행진했다가 현재 위치로 퇴각했을 것이다. 그러나 나는 빙하기 이후에 이렇게 조금 따뜻한 시기가 존재했는지에 대한 만족할 만한 증거를 만나지 못했다.

남쪽으로 장기간에 걸쳐 이주하고 다시 북쪽으로 되돌아가는 동안 북극권 생물들은 거의 동일한 기후에 노출되었을 것이다. 특히 주목해야 할 점은 그들이 한 집단으로 행동했다는 것이다. 결과적으로 그들의 상호관계는 크게 교란을 받지 않았으며, 이 책에서 거듭 강조하고 있는 원리에 따라 그들에게 많은 변형이 일어나지는 않았을 것이다.

그러나 날씨가 따뜻해지고 고립되면서, 처음에는 산의 기저부에서 결국은 산의 꼭대기로 밀려난 고산생물의 경우에는 상황이 조금 다르다. 왜냐하면 북극권의 동일한 종들이 서로 멀리 떨어진 산악지대에 고립되어 계속 생존한 것 같지는 않기 때문이다. 그들은 또한 빙하기 이전부터 고산지대에 생존하던 생물들과 섞일 확률이 컸을 것이다. 그리고 이들은 가장 추워진 시기에 일시적으로 평지로 내려오게 되었을 것이고 그곳에서 조금 다른 기후의 영향을 받았을 것이다.

따라서 그들의 상호작용에는 어느 정도 교란이 일어나 생물이 변하게 되었을 것이다. 이것이 바로 우리가 발견한 것이다. 만약 오늘날 유럽의 여러 산악지대에서 나타나는 고산 동식물을 비교해보면 아주 많은 종이 동일하기는 하지만 변종이 존재하기도 하고, 일부는 그 분류상의 위치가 애매하기도 하며, 극히 일부는 유연관계가 있지만 서로 다른 종이 나타나기도 하는 것이다.

실제로 빙하기에 무슨 일이 일어났는지 내가 생각하는 대로 그려보면서 나는 다음과 같은 가정을 한다. 즉 빙하기가 시작되면서 북극권의 생물들은 오늘날과 마찬가지로 극지방의 둥근 테두리를 따라 균일하게 분포하고 있었다. 그러나 분포와 관련해 일전에 제시한 언급은 북극지방에만 국한해 살아가는 생물들에게 적용될 뿐만 아니라 조금 위도가 낮은 지역과 북반구 온대지역에 서식하는 약간의 생물들에게도 적용된다. 왜냐하면 이들 가운데 일부는 북아메리카와 유럽의 낮은 산이나 평지에서 동일하기 때문이다. 빙하기가 시작되면서 지구를 둘러싸고 아(亞)북극과 북반구 온대지역에 사는 생물들이 아주 비슷했다는 사실을 내가 어떻게 설명할지 질문하는 것은 이치에 닿는다.

오늘날 구세계와 신세계의 아북극과 북반구 온대 생물들은 대서양과 태평양의 북쪽 끝 부분에 의해 분리되어 있다. 빙하기에 구세계와 신세계의 생물들이 오늘날보다 훨씬 더 남쪽에서 살았을 때도 그들은 더 넓은 대양에 의해 여전히 완벽하게 차단되었을 것이다. 나는 그 이전에 일어난 전혀 반대 방향의 기후변화를 고려한다면 이러한 어려움이 극복될 수 있을 것으로 믿는다. 빙하기 이전 플라이오세의 생물은 대부분 오늘날의 생물과 거의 동일했다.

우리는 이 시기에 기후가 오늘날보다 더 따뜻했다고 믿을 만한 충분한 근거가 있다. 따라서 우리는 오늘날 위도 60도 아래에서 살고 있는 생물들이 플라이오세에는 훨씬 더 북쪽인 위도 66~67도의 극권 아래쪽까지 분포했을 것이라고 상상할 수 있다. 또한 철저하게 북극권에서만 살아가는 생물들은 그 당시 지금보다 더 북극에 근접한 여러 땅에서 생활했을 것이다. 지금 지구를 살펴보면 우리는 극권 아래쪽으로 서부 유럽에서 시베리아를 거쳐 아메리카 동부까지 거의 연속적인 땅을 보게 될 것이다. 나는 북극권 주변에 연결된 땅으로 온화한 계절에 생물들이 자유롭게 서로 이주했기 때문에 빙하기가 오기 전 아북극과 구세계와 신세계의 북부 온대지역의 생물들이 비슷했다고 생각한다.

전에 넌지시 언급했던 이유로 우리의 대륙들이 부분적인 상하운동은 크게 일어났지만 오랫동안 상대적으로 동일한 위치에서 움직이지 않고 있었다는 사실을 믿으면서 나는 위에 언급한 견해를 확장하려는 경향이 강해졌다. 또한 나는 오래된 플라이오세처럼 따뜻했던 옛날에 동식물 여러 종의 많은 개체가 구세계와 신세계에서 거의 연속적인 땅으로 이어진 북극 둘레 지역에 살다가 기후가 덜 따뜻해지면서 빙하기가 오기 훨씬 이전에 서서히 남쪽으로 이주했다고 추측한다.

우리는 유럽 중앙부와 미국에서 대부분 변형된 그들의 후손을 보고 있다. 이 견해에 따라 우리는 북아메리카와 유럽의 생물들 사이의 관계를—거의 동일하지는 않지만—이해할 수 있다. 두 지역의 거리와 대서양으로 갈라져 있다는 사실을 고려해볼 때, 이 관계는 실로 놀라운 것이다. 더 나아가 우리는 여러 관찰자들이 언급한 아주 기묘한 사실, 즉 유럽과 아메리카의 생물들이 오늘날보다 제3기 후반부에 아주 긴밀한 유연관계를 보였다는 사실을 이해할 수 있다. 왜냐하면 이렇게 더욱 따뜻한 시기에 구세계와 신세계의 북쪽 지역은 육지로 거의 연결되어 있어서, 추운 시기에는 통행할 수 없었던 서식자들의 상호 이주를 위한 가

교가 되었을 것이기 때문이다.

플라이오세의 따뜻함이 서서히 줄어들면서 신세계와 구세계 양쪽에 거주하던 공통의 종들이 북극권에서 남쪽으로 이주하기 시작하면서 그들은 이제 완전히 상호 고립된 것이다. 온대성 생물들의 이러한 격리는 아주 오래전에 일어난 일이다. 그리고 동식물들이 남쪽으로 이주하면서 그들은 아메리카에 원래부터 서식하던 동식물들과 상당히 뒤섞였을 것이고, 그들과 경쟁도 하게 되었을 것이다. 그리고 다른 광대한 지역에서는 구세계의 생물들과 경쟁했을 것이다.

결과적으로 우리는 이제 변형에 유리한 모든 것을 갖고 있다. 왜냐하면 아주 최근에 몇몇 산악지대와 두 세계의 북극지역에 격리된 채 남아 있는 생물들보다 훨씬 더 많은 변형이 일어날 것이기 때문이다. 따라서 오늘날의 신세계와 구세계의 온대지역에 서식하는 생물들을 비교할 때 우리는 동일한 종을 거의 발견하지 못한다(물론 최근 아사 그레이 박사는 과거에 생각했던 것보다 훨씬 더 많은 식물들이 동일하다고 말했다). 그러나 우리는 거의 모든 거대한 강에서 일부 박물학자들이 지리적 품종이라고 말하기도 하고 일부는 별개의 종이라고 말하기도 하는 생물을 찾을 수 있으며, 모든 박물학자가 뚜렷한 종이라고 분류하는 유연관계가 높은 많은 생물을 발견할 수 있다.

육지와 마찬가지로 바닷속에서도 해양동물상은 서서히 남쪽으로 이주했다. 플라이오세나 그 이전에 일어난 이러한 이주는 북극권의 해안을 따라 거의 균일하게 일어났는데, 변형의 이론에 따라 이러한 이주는 완전히 분리된 지역에 매우 유사한 생물들이 서식하는 이유를 설명할 수 있을 것이다. 우리는 이제 제3기의 대표적인 많은 생물이 북아메리카의 동부 해안과 서부 해안에 여전히 서식하는 이유를 이해할 수 있다. 또한 지중해와 일본 근처의 바다처럼 대륙으로 나뉘고 지구의 거의 반대쪽에 있는 두 지역에서 유연관계가 아주 큰 갑각류—데이나의 놀라운 작품에서 잘 묘사되고 있다—나 일부 어류 그리고 그 밖의 다른 해양동물들이 발견된다는 더욱 놀라운 사실을 이제는 이해할 수 있다고 생각한다.

현재 분리되어 있는 바다의 생물들이 동일하지는 않아도 유연관계를 보이고 북아메리카와 유럽의 온대지역에 살았던 옛날 생물들과 오늘날의 생물들이 보이는 유사성을 창조의 이론으로 설명할 수는 없다. 물리적인 환경이 비슷하면 비슷한 생물들이 창조된다고 말할 수는 없다. 예를 들어 남아메리카의 일부 지역을 구세계의 남쪽에 위치한 대륙들과 비교해보면, 물리적 환경이 매우 비슷한 나라의 생물 분포가 완전히 다른 상황을 볼 수 있기 때문이다.

그러나 여기서 우리의 더욱 화급한 주제인 빙하기로 되돌아가야겠다. 나는 포브스의 견해를 크게 확장할 수 있다고 확신한다. 유럽에서 빙하기의 증거는 명백한데, 대영제국의 서부 해안에서 우랄 산맥까지 그리고 남쪽으로는 피레네 산맥까지의 지역에서 빙하기의 증거가 뚜렷하게 남아 있다. 시베리아에서 발견된 냉동 포유류와 산악 식생의 성질을 토대로 우리는 시베리아도 이와 비슷했다고 추측할 수 있다. 히말라야 산맥에는 약 1,450킬로미터 떨어진 지점에서 빙하가 남겨놓은 흔적이 발견된다. 시킴〔네팔과 부탄 사이에 있는 지역〕에서 후커 박사는 거대한 고대 빙퇴석에서 자라는 옥수수를 관찰했다.

적도 남쪽을 살펴보자. 우리는 뉴질랜드에도 옛날에 빙하기가 존재했다는 몇몇 직접적인 증거를 갖고 있다. 뉴질랜드에서 멀리 떨어진 산악지대에서 동일한 식물이 발견되는 것도 우리에게 같은 이야기를 하고 있는 것이다. 발간된 많은 내용 중에서 단 하나만이라도 신뢰할 수 있다면, 우리는 오스트레일리아의 남동부 끝자락에 빙하의 흔적이 있었다는 직접적인 증거를 갖게 될 것이다.

아메리카를 살펴보자. 북아메리카에는 북위 36~37도에 걸쳐 동쪽과 남쪽에서 얼음 때문에 생겨난 파편들이 관찰된다. 그리고 태평양 쪽에도 지금과는 기후가 매우 달랐던 시절 남쪽으로 북위 46도에 이르는 해안가에서 얼음으로 인한 파편들이 관찰된다. 로키 산맥에서도 기이한 둥근 돌들이 발견된다. 중앙아메리카 적도 부근의 큰 산맥에는 빙하가 지금 수준보다 훨씬 더 아래까지 확장한 적이 있었다. 칠레 중앙부에서 안데스 산맥을 가로지르는 약 200미터 크기의 거대한 암석 파편을 보고 놀란 적이 있다. 지금 생각해보니 그것은 현존하는 빙하에서 한참 떨어진 아래쪽에 놓인 거대한 빙퇴석이었다. 남아메리카 대륙 양쪽을 따라 더욱 남쪽으로 내려가면 위도 41도부터 대륙의 남쪽 끝에 걸쳐 원래 장소에서 멀리 이동한 거대한 둥근 돌들이 발견되는데, 이것은 과거 이곳에 빙하가 있었다는 명백한 증거가 된다.

우리는 빙하기가 지구 반대편에 있는 여러 지점에서 정확하게 동시에 일어났는지 알지 못한다. 그러나 우리에게는 빙하기가 가장 최근의 지질학적 시대에 일어났다는 좋은 증거가 있다. 또한 우리는 빙하기가 우리의 시간 개념으로 볼 때 꽤 오랫동안 지속되었다는 훌륭한 증거를 갖고 있다. 빙하기는 지역에 따라 그 시작과 끝이 달랐겠지만, 모든 곳에서 오랫동안 지속되고 지질학적으로 동시대에 일어났다는 것을 보면서 나는 적어도 빙하기의 어느 한 부분에서는 빙하기가 실제 시간으로도 전 세계에서 동시에 일어났다고 생각한다.

반대 의견에 대한 뚜렷한 증거가 있는 것은 아니지만 우리는 적어도 다음과 같은 사실, 즉 빙하기가 북아메리카의 동부 해안과 서부 해안에서 동시에 일어났고, 안데스 산맥의 적도 아래쪽 지역과 따뜻한 온대지역에서도 동시에 일어났으며, 남아메리카 남단의 양쪽에서도 동시에 일어났을 가능성이 높다는 점을 인정해야 할 것 같다. 만약 이것을 인정한다면 이 시기에 전 세계의 온도가 동시에 내려갔다는 믿음을 피하기가 어렵다. 그러나 만약 동일 위도의 넓은 띠를 따라 온도가 동시에 내려갔다면, 이것으로 내 목적에는 충분할 것이다.

적어도 동일 위도를 따라 형성된 넓은 띠가 북쪽에서 남쪽으로 향하며 동시에 추워졌다는 이러한 견해를 토대로 우리는 동일하거나 유연관계가 있는 종들이 보이는 오늘날의 분포에 대한 이해를 넓힐 수 있다. 아메리카 대륙에서 티에라델푸에고 제도의 식물상은 매우 빈약한 편인데, 후커 박사가 그곳의 식물상 대부분을 조사해 그곳에서 자라는 현화식물 40~50종이 아주 멀리 떨어진 유럽에서도 서식한다고 했으며 유연관계가 깊은 종도 무척 많다고 했다.

아메리카의 적도 지대에 있는 높은 산에서는 유럽에 서식하는 식물 속에 포함되는 많은 기이한 종들이 관찰된다. 브라질의 아주 높은 고산지대에서는 일부 유럽 속의 식물들이 가드너〔스코틀랜드의 박물학자〕에 의해 발견되었다. 중간의 다른 더운 지방에서는 발견되지 않는 식물들이다. 저명한 훔볼트〔독일의 박물학자〕가 오래전 실라 산〔베네수엘라 카라카스의 산 이름〕에서 발견한 종은 안데스 산맥에 서식하는 특징적인 속에 포함되는 것이었다.

아비시니아〔에티오피아의 옛 이름〕의 산악지대에서는 여러 유럽 종과 희망봉에서 발견되는 특이한 식물상이 나타난다. 희망봉에서는 아주 약간의 유럽 종이 발견되는데, 사람에 의해 이동되지는 않은 것 같다. 또한 여러 산악지대에서도 일부 유럽 종이 발견되는데 모두 아프리카의 열대지방에서는 발견되지 않는 것들이다.

히말라야 산맥과 인도 반도의 격리된 산악지대 그리고 실론 섬의 고지대와 자바 섬의 화구구〔화산 분출물이 화구 주변에 쌓여서 형성된 산〕에서 동일한 종들이 발견되는데, 이들 지역의 대표종이기도 한 이들은 유럽의 대표종이기도 하다. 이들은 중간 지역의 무더운 저지에서는 발견되지 않는다. 자바 섬의 높은 산봉우리에서 채집된 속의 목록을 보면 마치 유럽의 산에서 채집된 목록을 보는 것 같다!

더욱 놀라운 것은 오스트레일리아 남부에서 발견되는 종들이 보르네오 섬의 산 정상에서 자라는 식물과 명백하게 동일하다는 사실이다. 후커 박사에게 들은 바에 따르면 이들 오스트레일리아의 일부 종은 말레이 반도의 고산지대를 따라 확산되었으며, 드물기는 하지만 인도와 일본에도 산재되어 있다.

오스트레일리아의 남쪽 산악지대에서 폰 뮐러 박사〔독일의 식물학자〕는 몇몇 유럽 종을 발견했다. 저지대에는 사람이 옮기지 않은 종도 있었다. 후커 박사에게 얻은 자료에 따르면 유럽의 많은 속이 오스트레일리아에서 발견되지만 중간의 더운 지역에서는 발견되지 않는다. 후커 박사가 쓴 훌륭한 『뉴질랜드 식물상 소개』에서도 오스트레일리아에서 발견되는 식물과 아주 비슷한 사례를 발견할 수 있다. 따라서 우리는 전 세계에 걸쳐 아주 높은 산에서 자라는 식물과 북반구와 남반구의 온대성 저지대에서 자라는 식물이 아주 유사하다는 사실을 보고 있다. 비록 이들이 별개의 종인 경우도 많지만 서로 유연관계가 아주 깊다.

이 간단한 요약은 식물만 다루었지만, 육상동물의 분포와 관련해서도 아주 흡사한 사례가 많다. 해양생물에 대해서도 유사한 사례가 있다. 이에 대한 일례로 저명한 데이나 교수의 주장을 인용해도 될 것 같다. "뉴질랜드의 갑각류가 다른 어떤 곳보다도 지구 반대편에 있는 대영제국의 갑각류와 밀접한 유연관계를 보인다는 것은 실로 놀랍다." 또한 리처드슨 경은 뉴질랜드와 태즈메이니아〔오스트레일리아 남동쪽의 섬〕 등지의 해안에서 지구 북반구의 물고기들이 발견된다고 했다. 후커 박사가 내게 알려준 바에 따르면, 뉴질랜드와 유럽에 서식하는 조류〔藻類: 물속에 사는 하등식물의 한 무리〕 가운데 25종이 동일하지만 이들은 중간 지점의 열대 바다에서는 발견되지 않는다고 한다.

남반구의 남부와 열대지방의 산악지대에서 발견되는 북반구의 종과 생명체들이 북극권의 종이 아니라 북반구 온대지방의 종이라는 사실은 결국 관찰될 것이다. 왓슨이 최근에 언급한 것처럼 "북극에서 적도 지대로 이주하면서 산악지역의 식물상은 사실 점점 북극종의 성질을 잃어갔다." 지구의 따뜻한 지역에 위치한 산과 남반구에 살고 있는 많은 생물은 의심스러운 점이 있다. 일부 박물학자들은 이들을 서로 다른 종으로 분류했으며 다른 박물학자들은 변종으로 분류했다. 그러나 일부는 동일하고 또 많은 종이 북반구의 종과 밀접한 유연관계를 보이지만, 별개의 종으로 분류되어야만 한다.

그러면 이제 전술한 사례와, 전 세계 또는 그 일부가 빙하기에 전체적으로 지금보다 훨씬 더 추워졌다는 것을 보여주는 수많은 지질 증거가 무엇을 뜻하는지 살펴보자. 빙하기를 인간의 시간으로 측정하면 매우 긴 세월임에 틀림없다. 일부 동식물이 겨우 몇 세기 만에 꽤 넓은 지역으로 퍼지며 귀화한다는 사실을 기억해보면, 빙하기는 어떠한 이주도 일어날 수 있을 만큼 장구한 세월이다.

추위가 서서히 다가오면서 열대의 식물뿐만 아니라 다른 모든 생물이 대륙의 양쪽에서 적도 쪽으로 물러났고, 그 뒤를 따라 온대성 생물이 이주했으며, 극지방의 생물이 다시 그 뒤를 따랐을 것이다. 그러나 뒤따라 일어난 이주에 대해서는 여기서 논의하지 않겠다.

열대의 식물들은 아마 많이 절멸되었을 것이다. 그 규모가 얼마나 되는지 아무도 알 수 없지만, 희망봉이나 오스트레일리아 온대지방을 채우고 있는 현재의 생물만큼 많은 종이 열대지방에 살고 있었을 것이다. 열대지방의 많은 동식물이 상당한 정도의 추위에 버틸 수 있다는 사실을 우리는 알고 있다. 이들 가운데 많은 생물이 적당히 추웠을 때 좀 더 따뜻한 지역으로 탈출함으로써 절멸을 피했을 수도 있다. 그러나 명심해야 할 중요한 사실은 모든 열대의 생물이 어느 정도는 영향을 받았다는 것이다.

반면 온대의 생물들은 적도 근처로 이주하면서 다소 새로운 환경에 노출된 것은 사실이지만 이들이 받는 영향은 적었을 것이다. 많은 온대 식물들이 경쟁자들의 침입에서 보호받을 수만 있었다면 그들 고향보다 훨씬 더 따뜻한 기후를 견뎌낼 수 있었을 것이다. 그러므로 열대 생물들이 고통을 받으며 침입자들을 방어할 수 없었다는 것을 생각한다면, 활력이 넘치고 우세한 일부 온대 생물들이 열대지방에 성공적으로 귀화했으며 적도를 넘어서까지 진출하는 생물도 가능한 것으로 보인다. 물론 이러한 침범은 고지대에서 크게 유리했으며 건조한 기후도 유리하게 작용했을 것이다. 팰커너 박사가 알려준 바에 따르면, 온대기후에서 이주한 다년생 식물에게 열대의 고온을 간직한 습도는 치명적이라고 한다.

반면에 습하고 더운 지역은 열대 식물들의 도피처가 되었을 것이다. 히말라야 북서쪽의 산맥들과 길게 늘어선 안데스 산맥은 생물의 침범을 위한 두 개의 거대한 경로를 제공한 것으로 보인다. 최근 후커 박사에게 들은 바에 따르면, 티에라델푸에고 제도와 유럽에 흔한 약 46종의 현화식물이 그들이 이동하는 경로에 해당하는 북아메리카에서도 발견된다고 한다. 놀라운 사실이다.

그러나 나는 일부 온대 생물이 추위가 기승을 부릴 때 열대의 저지대로도 내려가 번식했다는 사실을 의심하지 않는다. 그 시기는 북극권의 생물이 위도 25도쯤까지 내려와 피레네 산맥이 있는 지역의 저지대를 덮고 있을 때였다. 나는 매우 추웠던 이 시기에 적도 부근의 해수면 정도 높이의 기후는 오늘날 약 2천 미터 상공에서 느끼는 온도와 비슷했을 것이라고 믿는다. 가장 추웠던 이 시기에 열대 저지대 대부분의 땅에는 열대 식물과 온대 식물이 함께 뒤섞여서 덮여 있었을 것이다. 후커가 멋지게 묘사한 것처럼 오늘날 히말라야 산맥 기저부에 기이한 식물들이 뒤섞여 자라고 있는 것과 비슷했을 것이다.

그러므로 나는 상당수의 식물과 약간의 육상동물 그리고 일부 해양생물이 빙하기에 북쪽과 남쪽의 온대지방에서 열대지방으로 이주했으며, 일부는 적도를 넘었을 수도 있다고 믿는다. 기후가 다시 원래대로 돌아오면서 이들 온대 생물은 저지대에서는 절멸되면서 높은 산으로 올라가는 것이 자연스러웠을 것이다. 적도까지 도달하지 못한 생물들은 그들의 이전 고향을 향해 북쪽이나 남쪽으로 다시 이주했을 것이다.

그러나 적도를 넘어섰던 생물들은—북쪽에서 남쪽으로 넘은 것이 대부분이었다—온대성 위도를 찾아 더욱 반대쪽으로 이주했을 것이다. 비록 우리가 지질 기록을 토대로 북극권의 조개류가 남쪽으로 오랫동안 이동하고 다시 북쪽으로 이동하면서 거의 변형되지 않았다고 믿고 있지만, 이것은 열대나 남반구의 산악지대로 침범해 그곳에 정착한 생물들과는 전혀 다른 이야기가 된다. 낯선 생물들에게 둘러싸인 이들은 새로운 많은 생물과 경쟁을 벌여야만 했을 것이다. 그리고 이 과정에서 구조·습성·체질에서 변형을 일으킨 개체들이 선택되었다면 이들이 유리해졌을 가능성이 있다. 이렇게 해서 북반구와 남반구의 많은 친척들과 여전히 밀접한 유연관계를 보이는 많은 방랑자들은 새로운 고향에서 이제 뚜렷한 변종이나 별개의 종으로 생활하게 된 것이다.

아메리카 대륙을 대상으로 연구한 후커와 오스트레일리아를 대상으로 연구한 알퐁스 캉돌은 다음과 같은 놀라운 사실을 강력하게 주장했다. 즉 동일하거나 유연관계가 있는 식물의 이주를 보면 남쪽에서 북쪽으로 이주한 경우보다 북쪽에서 남쪽으로 이주한 경우가 훨씬 더 많다는 것이다.

그렇지만 우리는 보르네오와 아비시니아에서 남반구의 식물들을 발견할 수 있다. 나는 이와 같이 북쪽에서 남쪽으로의 이주가 훨씬 더 많았던 까닭은 북반구에 훨씬 더 많은 육지가 있었기 때문이 아닌가 생각한다. 또한 북쪽의 생물이 남쪽의 생물보다 훨씬 더 많아서 결과적으로 자연선택과 경쟁을 거쳐 점점 더 완벽해지며 우세한 힘을 갖췄기 때문이었을 것이다. 따라서 빙하기에 그들이 뒤섞였을 때, 북쪽의 생물들은 힘이 약한 남쪽의 생물들에게 승리를 거둘 수 있었다.

오늘날 많은 유럽 생물이 아르헨티나의 라플라타 평원을 뒤덮고 오스트레일리아에서도 관찰되며, 어느 정도 토착생물들을 몰아내는 것이 관찰된다. 그러나 남쪽의 생물들이 유럽에 귀화한 사례는 거의 찾아보기 어렵다. 물론 지난 200~300년 전부터 라플라타에서 그리고 지난 40~50년 전부터 오스트레일리아에서 짐승가죽이나 양털 등과 같은 물건이 대량으로 수입되면서 씨앗들이 함께 옮겨오는 경우는 있었다.

열대의 산악지대에서도 이와 비슷한 일이 일어났을 것이다. 빙하기 이전에 이들 지역은 고산 토착생물들로 채워져 있었을 것이다. 그러나 이들은 넓고 효과적인 북쪽의 무대에서 탄생한 우세한 생물들에게 거의 모든 자리를 내주고 말았다. 많은 섬에서 원래의 토착종은 귀화종과 비슷하거나 적었다. 토착종이 절멸되지 않았다면 개체수가 크게 줄었다. 사실 이것은 절멸로 가는 첫 단계이다.

산은 육지의 섬에 해당한다. 빙하기 이전 열대의 섬들은 완벽하게 고립되었음이 틀림없다. 나는 진짜 섬의 생물들이 인간에 의해 귀화된 대륙의 생물들에게 자리를 빼앗긴 것과 마찬가지로 이들 육지 섬의 생물들이 북쪽의 넓은 지역에서 태어난 생물들에게 자리를 빼앗겼다고 믿고 있다.

나는 여기에서 제시한 견해, 즉 북반구와 남반구의 온대지역과 열대 산악지대에 살고 있는 비슷한 종들의 범위와 유연관계에 관한 어려움이 제거될 것이라고 상상하지는 않는다. 해결되기를 기다리는 문제들은 매우 많다. 나는 이주의 정확한 경로와 수단을 주제넘게 나타내지는 않겠다. 왜 어떤 종은 이주하고 어떤 종은 이주하지 않았는지 그 이유를 말하려 하지도 않겠다. 왜 어떤 종은 변형되면서 새로운 생물집단으로 일어났고, 또 다른 어떤 종은 변형되지 않고 그대로 유지되었는지 나타내려 하지도 않겠다. 인간에 의해 외국으로 유입된 어떤 종은 귀화했고 또 다른 어떤 종은 귀화하지 않았는지, 왜 어떤 종은 두세 배 넓은 곳까지 퍼져나가면서 두세 배 더 보편적이 되었지만 또 다른 종은 자신의 고향에만 국한되어 존재하는지 그 이유를 말하기 전까지 우리는 이러한 사례를 설명할 수 있기를 바랄 수가 없다.

나는 늘 많은 어려움이 해결되어야 한다고 말했다. 아주 놀라운 사례 가운데 일부는 남극지방의 식물을 소개한 후커 박사에 의해 명료하게 밝혀졌다. 이것을 여기에서 논의할 수는 없다. 나는 케르겔렌〔인도양 남동쪽의 섬〕, 뉴질랜드, 티에라델푸에고 제도처럼 아주 멀리 떨어진 지점에 동일한 종이 출현하는 것과 관련해 라이엘이 제안했듯이 빙하기가 끝나가면서 빙하가 이 생물들의 분산에 관여했다고 믿고 있다.

그러나 남쪽에만 국한된 속에 포함된 정말 뚜렷한 몇몇 종이 남반구의 여러 지역에 존재하는 것은 나의 변이 수반 유래설로 설명하기에는 아주 어려운 사례가 된다. 왜냐하면 이들 종은 너무 뚜렷하기 때문에, 빙하기의 시작부터 그들의 이주가 일어나면서 필요한 변형이 일어나기에 충분한 시간이 있었다고 상상하기 어렵다. 이러한 사실들을 보면 매우 특이하고 뚜렷한 종이 한 중심에서 방사형으로 퍼져나간 것 같다. 그리고 북반구와 마찬가지로 남반구에서도 지금은 얼음에 덮여 있는 남극대륙이 빙하기가 오기 전의 따뜻했던 시기에 매우 특이한 식물상이 격리된 채 형성되어 있었던 것 같다.

나는 빙하기가 도래해 이러한 식물상이 절멸되기 전에 일부 식물이 간혹 있었던 수송수단을 이용해 남반구의 여러 지역으로 넓게 퍼져나갔다고 생각한다. 지금은 가라앉았지만 그때는 존재했던 섬들이 휴게소 역할을 했을 것이며 빙하기 초기에는 빙산도 생물의 확산에 한몫을 담당했을 것이다. 나는 이러한 수단을 통해 남아메리카 · 오스트레일리아 · 뉴질랜드의 해안에는 기이하고 동일한 식물들이 약간의 차이만을 보이며 분포하게 된 것이라고 믿고 있다.

라이엘 경은 그의 놀라운 문장에서 나와 거의 비슷한 언어로 생물의 지리적 분포에는 엄청난 기후변화가 큰 영향을 주었다고 추측했다. 나는 이 세상이 최근에 큰 변화를 겪었다고 믿고 있다. 또한 이러한 견해와 자연선택을 바탕으로 변화의 원리가 결합해 동일하거나 유연관계가 큰 생물들이 현재 보이는 분포를 설명할 수 있으리라고 생각한다.

물은 잠깐 동안 북쪽과 남쪽에서 흘러 적도에서 교차되었다고 말할 수 있다. 그러나 북쪽에서부터 흐른 물은 엄청난 힘으로 남쪽으로 밀어닥쳤을 것이다. 밀물이 높은 해안까지 이르는 곳도 있지만 조수의 흐름은 수평선에서 일어난다. 따라서 물은 그들의 활발한 흐름을 북극권의 저지에서 적도 부근의 매우 높은 산 정상까지 올려놓았다. 그렇게 남은 여러 생물은 야만 인종에 비유될 수 있을 것이다. 이들은 거의 모든 지역의 산악지대에서 생존하고 있다. 이것은 매우 흥미롭게도 주변 저지의 이전 서식자에 관한 기록을 보여준다.

제12장 지리적 분포—계속

민물 생물의 분포 – 대양의 섬에 서식하는 생물 – 양서류와 육상 포유류의 부재 – 섬의 생물과 인근 대륙의 생물이 보이는 연관성 – 가까운 근원지에서 변형되면서 퍼져나감 – 지난 장과 이번 장에 관한 요약

호수와 강이 육지로 인해 서로 분리되기 때문에 민물의 생물은 한 나라에서도 넓게 분포하기는 힘들었을 것이다. 바다는 더욱 건너기 어려운 장벽이 되므로 생물이 먼 나라까지 확장되는 일은 거의 일어나지 않았을 것이다. 그러나 상황은 정반대이다. 완전히 다른 강(綱)에 속하는 다양하고 유연관계가 있는 많은 민물의 생물이 실로 놀라운 방식으로 전 세계에 걸쳐 분포하고 있다. 내가 브라질에서 처음으로 민물의 생물을 채집했을 때, 민물 곤충이나 민물 달팽이가 영국의 민물 곤충이나 민물 달팽이와 비슷했지만 민물 주변의 육상생물은 영국의 육상생물과 서로 달랐다는 사실을 잘 기억하고 있다.

그러나 민물의 생물이 이렇게 넓은 분포를 보이는 현상은 비록 예상치 못한 것이었지만 대부분의 경우에 설명될 수 있다고 생각한다. 즉 그들은 연못에서 연못으로 그리고 하천에서 하천으로 자주 이주하면서 그들에게 크게 유용한 방식으로 적응했으며 이러한 능력 덕분에 그들은 필연적으로 넓은 분포를 보였을 것이다. 여기에서는 몇 가지 사례만 논의하도록 하겠다.

나는 멀리 떨어진 두 대륙에서 동일 종의 물고기가 발견되는 일은 절대 없다고 믿는다. 그러나 한 대륙 내에서 물고기는 종종 매우 폭넓거나 변칙적인 분포를 보인다. 즉 두 강에서 동일한 물고기가 발견되는 경우도 있고 그렇지 않은 경우도 있다. 우연적인 수단으로 그들이 종종 이동되었을 가능성을 시사하는 사례도 몇 가지 있다. 인도에서는 회오리바람에 물고기가 산 채로 옮겨지는 일이 간혹 벌어진다. 물에서 건져낸 알의 생명력이 유지되기도 한다.

그러나 나는 민물고기의 확산이 주로 최근에 육지의 높이가 약간 변하면서 강이 서로 교차되었기 때문이라고 생각한다. 높이의 변화 없이 홍수만 져도 이러한 일은 벌어질 수 있다. 지질학적으로 아주 최근에 육지 높이의 변화를 겪고 있는 라인 강의 황토 표면에서 발견되는 현존 육상 패각류와 해상 패각류에게서 이러한 증거가 발견된다. 길게 이어진 산맥은 과거에 강을 나누고 서로의 교통을 완전히 차단했을 것이다. 그 결과 산맥 양쪽의 물고기 분포는 크게 다른데, 이러한 사례 역시 우리가 동일한 결론에 이르게 한다.

아주 먼 지역에 살고 있는 같은 종류의 물고기에 대해서 지금까지 설명할 수 없는 경우가 많은 것은 의심의 여지가 없다. 그러나 아주 먼 고대의 형태를 간직한 일부 민물고기는 엄청난 지질 변화를 겪을 정도의 장구한 세월을 살아오면서 멀리 이동할 수 있는 시간과 수단이 있었을 것이다. 둘째로, 바다에 사는 물고기가 서서히 민물에 적응할 수 있다. 발랑시엔〔프랑스의 동물학자〕에 따르면 민물에서만 살아가는 물고기의 분류 집단은 거의 존재하지 않는다고 한다. 따라서 우리는 민물고기의 한 집단 가운데 바다에서 온 물고기가 민물에 적응할 때까지 해안가를 따라 아주 긴 거리를 여행했다고 상상할 수 있다.

민물 패각류의 일부 종은 매우 넓게 분포되어 있는데, 내 이론에 따르면 이들 친척종은 모두 하나의 공통조상에서 유래되었으며, 한 지역에서 출발해 전 세계로 퍼져나간 것이다. 이들의 분포를 보면서 나는 처음에 매우 혼란스러웠다. 왜냐하면 그들의 알이 새에 의해 옮겨진다는 것이 가능하지 않아 보였기 때문이다. 그리고 바닷물에 노출되면 알도 성체도 모두 즉시 죽어버렸기 때문이다. 나는 일부 귀화한 종이 한 지역에서 빠르게 퍼져나간 현상도 이해할 수 없었다.

그러나 내가 관찰한 두 가지 사례는—앞으로도 틀림없이 많은 사례가 관찰될 것이다—이 주제에 등불을 비춰줄 것이다. 좀개구리밥으로 덮인 연못에 있던 오리가 날아왔을 때 오리 등에 붙어 있던 이 작은 식물들을 나는 두 번이나 관찰한 적이 있다. 또한 나는 한 수족관의 좀개구리밥을 다른 수족관으로 옮기면서 전혀 의도하지는 않았지만 민물 패각류를 함께 옮겼던 경험이 있다.

더욱 효과적인 요소도 있을 것 같다. 나는 자연의 호수에서 잠을 자는 새의 발을 대표할 수 있는 오리의 발을 수족관에 담아둔 적이 있는데, 그곳에서 많은 민물 달팽이의 알이 부화했다. 그리고 나는 극히 작은 일부 달팽이가 부화해서 오리의 발 위로 기어다니는 것을 발견했다. 그들은 오리의 발에 단단히 달라붙어 있어 물에서 꺼내도 오리의 발에서 떨어지지 않았다. 물론 조금 더 큰 달팽이들은 이런 상황에서 의도적으로 떨어져나갔다.

오리의 발에서 연체동물이 부화하는 경우도 있었다. 자연 상태에서 이들은 물속에서 살아가지만 습한 공기 중에서는 오리의 발에서도 12시간에서 20시간까지 생존할 수 있었다. 그리고 이렇게 긴 시간 동안 오리나 왜가리는 적어도 965~1,120킬로미터를 날아 물웅덩이나 개울가에 내려앉을 것이다. 만약 바다를 건너고 있다면 대양의 섬이나 아주 먼 곳까지 다다를 수 있을 것이다. 찰스 라이엘 경이 내게 알려준 바에 따르면, 물방개붙이의 다리에 꽃양산조개 같은 민물조개가 아주 단단하게 붙은 적이 있었다고 한다. 또한 같은 과에 포함된 민물 딱정벌레인 콜림베테스가 비글호에 내려앉은 적이 있는데, 그때 비글호는 가장 가까운 육지와 72킬로미터쯤 떨어져 있었다. 이들 딱정벌레가 어떻게 유리한 돌풍을 타고 왔는지는 아무도 알 수가 없다.

식물과 관련해서도 민물이나 습지에 서식하는 많은 식물들이 여러 대륙에 걸치거나 먼 해양의 섬에 이르기까지 아주 넓은 분포를 보인다는 것은 잘 알려져 있다. 알퐁스 캉돌이 언급했듯이 수서생활을 하는 구성원이 극히 일부에 불과한 큰 육상식물 집단에서 이러한 현상은 잘 나타난다. 왜냐하면 이들은 넓은 지역으로 아주 빠르게 퍼져나가는 것 같기 때문이다. 나는 이들이 확산되는 데 유리한 수단을 갖추고 있기 때문이라고 생각한다.

나는 전에 새의 발이나 부리에 흙이 들러붙는 상황이 드물기는 하지만 간혹 일어난다고 말한 적이 있다. 종종 연못의 진흙 가장자리를 걸어다니는 섭금류의 발에는 십중팔구 진흙이 묻어 있다. 내가 아는 한 이 집단의 새들은 방랑생활을 하며, 가끔 아주 멀리 떨어진 황량한 바다의 섬에서 발견되기도 한다. 이동하는 도중 이들은 바다에 내려앉지 않았을 것이기에 발에 붙어 있는 진흙은 중간에 씻기지 않았을 것이다. 그리고 섬에 착륙하면서 그들은 당연히 민물을 찾았을 것이다.

연못가의 진흙에 씨앗들이 들어 있다는 사실을 식물학자들은 잘 알고 있다고 생각한다. 나는 몇 가지 작은 실험을 했지만 여기에서는 아주 놀라운 사례 한 가지만 소개하도록 하겠다. 나는 2월에 작은 연못에서 물 밑의 서로 다른 세 지점에서 세 숟가락 정도의 진흙을 수집했다. 이 진흙은 건조되었을 때 무게가 약 190그램에 불과했다. 나는 연구 목적으로 이 흙을 6개월 동안 뚜껑으로 덮어두고 식물의 싹이 돋을 때마다 뽑아내면서 그 수를 세었다. 식물의 종류는 아주 다양했으며 전체 개수는 537개에 달했다. 그리고 컵에는 여전히 진흙이 채워져 있었다.

이러한 사실을 고려해보면, 물새들이 민물에 서식하는 식물들을 다양한 지점으로 실어 나르지 않고 그 결과 이 식물들의 분포가 넓어질 수 없었다면 도저히 설명되지 않는 상황이라고 생각한다. 민물에 사는 작은 동물의 알도 이러한 힘에 의해 옮겨질 수 있을 것이다.

알려지지 않은 다른 힘도 작용했을 것이다. 나는 민물고기가 많은 종류의 씨앗을 삼켰다가 뱉어내긴 하지만 일부 씨앗을 먹는다는 사실을 언급한 바 있다. 작은 물고기도 노란 꽃 수련이나 가래〔다년생 침수식물〕의 씨앗처럼 제법 큰 씨앗을 삼키는 경우도 있다. 왜가리와 그 밖의 새들은 긴 세월을 물고기를 식량으로 삼고 여기저기를 날아다니며 바다를 건너기도 한다. 이 새들의 펠릿〔새들이 소화시키지 못하고 뱉은 덩어리〕이나 배설물에 들어 있는 씨앗은 여러 시간 동안 발아력을 보유한다는 사실을 우리는 살펴본 바 있다.

연꽃의 아주 큰 씨앗을 보았을 때, 또 이 식물에 대해 알퐁스 캉돌이 한 말을 떠올리면서 나는 이 식물의 분포를 설명하기가 정말 어렵다고 생각했었다. 그러나 오듀본은 남부 지방의 거대한 연꽃(후커 박사에 따르면 아마도 루테움 연꽃일 것이다) 씨앗을 왜가리의 위에서 발견했다. 비록 사실을 알 수는 없지만 유사성으로 미루어 짐작하건대, 나는 한 연못에서 물고기로 배를 채운 왜가리가 다른 연못에서 펠릿을 뱉어낼 때 그 속에 소화되지 않은 연꽃의 씨앗이 들어 있었다고 믿는다. 또는 새들이 새끼들에게 먹이를 주는 과정에서 떨어졌을 수도 있다. 먹이를 게워낼 때 물고기가 떨어지는 경우가 있는 것과 마찬가지이다.

이와 같은 여러 가지 확산의 수단을 생각해보면서 명심할 것이 있다. 예를 들어 섬이 솟아오르면서 연못이나 시내가 처음으로 형성될 때는 그 연못에 아무것도 살지 않았을 것이고, 유입된 단 하나의 씨앗이나 알은 성공할 기회가 컸을 것이다. 한 연못을 점유한 종의 개체들은 아무리 수가 적어도 생존경쟁이 있겠지만, 육지에 견주어 생물의 종류가 많지 않기 때문에 육상생물보다 수서생물들의 생존경쟁은 덜 치열했을 것이다. 결과적으로 다른 지역의 물에서 온 침입자는 육상생물보다 더 쉽게 자리를 차지했을 것이다. 또한 우리가 기억해야 할 것은 민물에 사는 일부—어쩌면 많은—생물이 자연에서 하위에 위치한다는 것이다. 이렇게 하위에 있는 생물은 상위에 있는 생물보다 변화나 변형이 빠르지 않다고 여길 만한 근거가 있다. 따라서 수서생물들의 이동에는 평균보다 더 오랜 시간이 걸릴 것이다. 우리가 잊지 말아야 할 것은 과거의 많은 종이 현재 민물에 사는 생물과 비슷하게 넓은 분포와 연속성을 지녔을 가능성이 높으며, 그들이 나중에 중간 지역에서 절멸되었다는 사실이다.

그러나 민물에 사는 식물과 하등한 동물이 동일한 형태이든 어느 정도 변형된 형태이든 넓게 분포한다는 사실은 그들의 씨앗이나 알이 주로 동물에 의해 넓게 확산되었기 때문이라고 나는 믿고 있다. 특히 비행 능력이 뛰어나고 한 지역에서 꽤 멀리 떨어진 지역으로 본능적으로 이동하며 민물을 근거로 살아가는 새들이 주된 역할을 담당했을 것이다. 꼼꼼한 정원사처럼 자연은 특별한 성질을 보이는 화단에서 씨앗을 얻어 적절한 다른 화단으로 옮겨 심을 것이다.

대양의 섬에 서식하는 생물들에 관해 나는 한 종이나 유사한 종의 모든 개체가 하나의 조상에서 유래되었다는 견해를 피력했으며, 이 견해에 따라 그들이 아무리 넓은 분포를 보이더라도 모두 공통의 출생지를 갖고 있을 수밖에 없다고 했다. 그리고 이러한 견해로 설명하기 아주 어려운 세 가지 경우가 있다고 했다. 이제 우리는 세 가지 사실의 마지막에 도달했다.

나는 대륙이 확장된다는 포브스의 견해를 인정할 수 없다고 언급한 바 있다. 만약 그의 견해가 옳다면, 현존하는 모든 섬은 가까운 미래에 일부 대륙에 아주 가까워지거나 완전히 붙을 것이라는 믿음을 갖게 된다. 이러한 견해는 모든 어려움을 제거하겠지만 섬에 사는 생물에 관한 모든 사실을 설명해줄 것이라고는 생각하지 않는다. 나는 앞으로의 논의를 확산의 문제에만 국한하지 않고 개별적 창조론과 변이 수반 유래설의 진실성을 보여줄 다른 사실들도 고려하도록 하겠다.

대양의 섬에 사는 종들은 동일한 넓이의 대륙에 사는 종들보다 그 수가 적다. 알퐁스 캉돌도 식물에 대해서 이 사실을 인정하며, 울러스턴은 곤충에 대해서 이 사실을 인정한다.

위도를 따라 1,255킬로미터에 걸친 광대한 크기와 다양한 서식지를 갖춘 뉴질랜드에는 불과 750종의 현화식물들이 살고 있다. 이 수를 희망봉이나 오스트레일리아의 동일 넓이에 서식하는 종의 수와 비교한다면 물리적 조건의 모든 차이와는 완전히 다른 무엇인가가 이러한 수치의 차이를 만들었다고 인정할 수밖에 없다고 생각한다. 물리적 조건이 일정한 케임브리지에도 847종의 식물이 서식하며, 작은 크기의 앵글시 섬에도 764종의 식물이 서식한다. 물론 이 수치에는 약간의 양치류와 외래종이 포함되어 있다. 또 다른 관점에서의 비교는 공평하지 않을 것이다.

황량한 어센션 섬〔대서양 적도 아래쪽에 있는 화산섬〕에는 원래 6종 미만의 토착 현화식물이 살고 있었지만 나중에 많은 종들이 그곳에 귀화했다는 증거가 있다. 뉴질랜드나 우리가 알고 있는 모든 대양의 섬에서 벌어지는 일과 똑같은 것이다. 세인트헬레나 섬〔남대서양에 있는 화산섬〕에 귀화한 동식물들이 원래의 토착종 대부분, 또는 거의 전부를 절멸시켰다고 믿을 만한 근거가 있다.

개별적 창조의 원리를 인정하는 사람도 잘 적응된 많은 수의 동식물이 대양의 섬에서 창조되었다고 생각하지는 않을 것이다. 왜냐하면 인간은 여러 가지 기원으로부터 의식하지도 않으면서 생물들을 골라내는 능력이 자연보다 뛰어나기 때문이다.

비록 대양의 섬에 서식하는 동식물의 종류가 빈약할지라도 다른 지역에서 발견되지 않고 해당 섬에만 서식하는 고유종의 비율은 아주 높다.

예를 들어 만약 우리가 마데이라 제도 고유의 육상 달팽이나 갈라파고스 제도에 고유한 종의 개수를 같은 종류가 서식하는 대륙의 동일한 넓이에서 발견되는 종의 개수와 비교하면, 우리는 이것이 진실이라는 것을 알 수 있을 것이다. 이러한 사실은 내 이론에서도 기대되는 것이다. 이미 설명했듯이, 긴 세월이 지나 새롭고 격리된 지역에 도달한 종은 유사한 집단과 경쟁하면서 변하기 쉬울 것이며 변형된 후손을 만들어낼 것이다.

그러나 어떤 섬에서는 생물 집단의 거의 모든 종이 특이하다고 해서 다른 집단의 종도 모두 특이해야 한다는 법은 절대로 없다. 이러한 차이는 쉽게 이주하면서 그들의 상호관계가 크게 교란을 받지 않도록 신체의 변형이 일어나지 않는 종 때문인 것 같다. 그러므로 갈라파고스 제도에서는 거의 모든 육상조류가 특이하지만, 해양조류 11종 중에서는 단지 2종만이 특이하다. 해양조류가 육상조류보다 이 섬들에 더 쉽게 도착할 수 있음은 물론이다.

반면, 갈라파고스 제도와 남아메리카 사이의 거리만큼 북아메리카에서 떨어져 있는 버뮤다 제도에는 매우 특이한 토양이 있으며 육상조류 고유종은 단 한 종도 존재하지 않는다. 우리는 버뮤다 제도를 훌륭하게 조사한 존스〔캐나다의 동물학자이자 군인〕의 연구를 통해 북아메리카의 많은 새들이 연중 이주시기에 주기적으로 또는 간혹 이 섬을 방문한다는 사실을 알고 있다. 마데이라 제도에도 조류 고유종은 존재하지 않으며, 유럽이나 아프리카에서 많은 새들이 해마다 이곳으로 날아든다고 하커트〔옥스퍼드 주의 하원 의원〕가 내게 알려주었다. 따라서 버뮤다 제도와 마데이라 제도에는 새들이 유입되었으며 이들은 이전 고향에서 오랫동안 경쟁하며 서로 적응되었던 상태인지라 새로운 거주지에 정착하면서 그들의 적당한 장소와 습성에 따라 각자의 자리를 쉽게 차지한 것이고, 그렇기 때문에 변형은 거의 일어나지 않은 것이다.

마데이라 제도에는 특이한 모양의 육상 달팽이가 다양하게 분포하지만 해변에서만 발견되는 바다 패각류는 단 한 종도 없다. 현재 우리가 바다 패각류의 확산에 대해서 아는 바는 없지만, 그들의 알이나 유생이 해초나 바다를 떠다니는 목재, 또는 섭금류의 발에 붙어 공해상의 480~640킬로미터 거리를 육상 달팽이보다 훨씬 쉽게 이동할 수는 있을 것이다. 마데이라 제도에 서식하는 곤충 집단도 비슷한 사실을 보이고 있다.

대양의 섬에 특정한 집단의 생물이 아예 존재하지 않는 경우가 있다. 그리고 그들의 자리는 물론 다른 서식자들이 차지하고 있다. 갈라파고스 제도에서는 파충류가 포유류의 자리를 차지하고 있으며, 뉴질랜드에서는 날지 못하는 거대한 새들이 포유류의 자리를 차지하고 있다. 갈라파고스 제도의 식물을 조사한 후커 박사는 집단 간의 비율이 다른 지역의 해당 비율과 크게 다르다는 것을 보여주었다. 이러한 사례는 일반적으로 섬의 물리적인 환경에 의해 설명되지만 내게는 의심쩍은 부분이 적지 않다. 이러한 상황이 형성된 데에는 적어도 이주의 재능이 중요한 역할을 했으리라고 나는 믿는다.

멀리 떨어진 섬에 서식하는 생물들에 관한 소소하지만 놀랄 만한 사실은 많다. 예를 들어 포유류가 살지 않는 어떤 섬에 서식하는 고유종 식물은 씨앗에 갈고리가 예쁘게 달려 있는데, 보통 갈고리 씨앗의 형성이 이들의 수송을 도와주는 네발짐승의 털과 밀접한 관련이 있는 것을 생각해보면 포유류가 없는 이곳에 서식하는 식물에 갈고리 씨앗이 있다는 것은 이상한 일이다.

그러나 이것은 내 이론에 어려움을 주지 않는다. 왜냐하면 갈고리 씨앗이 다른 수단에 의해 섬으로 수송되었을 수 있기 때문이다. 그 후 식물은 약간 변형되었지만 갈고리 씨앗의 성질을 꾸준히 간직하면서 섬의 고유종이 되었을 수 있는 것이니, 별 소용이 없는 흔적기관을 계속 간직하고 있는 셈이다. 예를 들어 섬에 서식하는 많은 딱정벌레들의 딱딱한 겉날개 속에 주름지어 접혀 있는 속날개가 그 예가 될 수 있다.

그리고 대부분의 지역에서는 초본류가 대부분인 목(目)이 한 섬에서 발견될 때는 나무나 관목의 구성원을 내는 경우가 있다. 알퐁스 캉돌이 보여주었듯이 나무들은 그 원인이 무엇이든 분포지역이 매우 제한되어 있다. 나무들이 먼 대양의 섬에 도달하기란 어려울 것이다. 그리고 초본류의 식물이 다 자란 나무와 그 길이에서 경쟁하기란 어렵겠지만, 섬에 정착해 다른 초본류와 경쟁한다면 크게 자라면서 다른 식물들을 덮어 이득을 취할 수도 있을 것이다. 이러한 일이 일어난다면 자연선택은 초본류의 식물이 어떤 목에 포함되어 있든 섬에서 자랄 때 큰 키를 갖도록 작용할 수 있을 것이다. 그래서 이들 초본류는 관목으로 변하고 궁극적으로는 나무로 변할 수 있을 것이다.

대양의 섬에 한 목의 전체 구성원이 전혀 존재하지 않는 경우가 있는데, 이러한 상황과 관련해 뱅상〔프랑스의 박물학자〕은 오래전 개구리 · 두꺼비 · 영원〔도롱뇽의 한 종류〕이 속한 양서류가 대양의 한가운데에 있는 많은 섬에서 전혀 존재하지 않는다는 사실을 발견했다. 이 주장을 확인하기까지는 시간이 꽤 걸렸지만 나는 이제 이것이 절대적으로 옳다는 사실을 알았다. 그렇지만 나는 뉴질랜드의 산악지대에 개구리가 서식하고 있다고 확신한다. 그러나 만약 이 정보가 옳다면 이러한 예외적인 상황은 빙하의 작용에 의해 설명될 수 있다고 생각한다.

수많은 대양의 섬에 개구리 · 두꺼비 · 영원이 존재하지 않는 이유를 물리적 조건만으로 설명할 수는 없다. 사실 이 섬들은 이 동물들이 살기에 아주 적합한 환경인 것처럼 보인다. 왜냐하면 마데이라 제도, 아조레스 제도, 모리셔스 섬〔아프리카 동쪽의 섬〕에 유입된 개구리가 너무 많이 번식해 골칫거리가 되었기 때문이다. 그러나 이 동물들과 그들의 알은 바닷물에 노출되면 즉시 죽어버리기 때문에 그들이 바다를 건너 이동한다는 것은 아주 어려워 보인다. 그래서 대양의 섬에 그 동물들이 존재하지 않는 이유가 된다. 그러나 창조론에 따른다면 왜 그 동물들이 그곳 섬에서 창조되지 않았는지 설명하기가 아주 어려워질 것이다.

포유류는 또 다른 유사한 경우가 된다. 나는 오래된 항해 기록을 뒤지고 있지만 아직도 육상 포유류가 (원주민이 가축으로 키우는 경우를 제외하고는) 대륙이나 대륙의 거대한 섬에서 약 480킬로미터 이상 떨어진 섬에 서식하는 경우를 찾지 못했다. 약 480킬로미터가 안 되는 거리에 위치한 섬도 포유류의 분포가 빈약하기는 마찬가지였다. 늑대를 닮은 여우가 서식하는 포클랜드 제도는 거의 예외에 해당하지만, 이들 섬은 대양의 섬으로 여겨지지 않는다. 왜냐하면 이들 섬은 대륙과 연결되는 지형 위에 놓여 있기 때문이다. 더구나 옛날에 빙하가 둥근 돌들을 이들 섬의 서쪽 해안으로 실어 날랐으며 현재 극지방에서 종종 발견되는 여우들이 이때 함께 유입되었을 것이다.

그러나 작은 섬이 작은 포유류에게 삶에 필요한 공간을 제공하지 못한다고 말할 수는 없다. 왜냐하면 대륙과 인접한 세계의 여러 작은 섬에는 작은 포유류가 서식하고 있기 때문이다. 작은 네발짐승이 귀화해서 크게 번식하지 않은 섬을 찾기가 어려울 정도이다. 창조의 견해에 따른다면 포유류가 창조될 시간이 없었다고 말할 수는 없다. 많은 화산섬이 제3기 지층을 갖고 있으며 엄청난 침식의 흔적이 나타나는 것으로 보아 이 섬들은 충분히 오래되었으며, 이는 다른 집단에 속하는 고유종을 만들 만큼 충분한 시간이다. 대륙에서는 포유류가 다른 하등 동물보다 훨씬 더 빠른 속도로 출현했다가 사라지곤 한다.

비록 대양의 섬에 육상 포유류는 나타나지 않지만 하늘을 나는 포유류는 거의 모든 섬에서 관찰된다. 뉴질랜드에는 세계 다른 곳에서 발견되지 않는 박쥐가 두 종 존재한다. 노퍽 섬[오스트레일리아와 뉴질랜드 사이에 있는 섬], 비티 제도[피지 제도의 다른 이름], 보닌 제도[일본 남쪽에 위치한 제도], 캐롤라인 제도[필리핀 동쪽 바다의 제도], 마리아나 제도[필리핀 동쪽 바다의 제도], 모리셔스 섬에는 모두 특이한 박쥐들이 서식한다. 이렇게 대륙에서 멀리 떨어진 섬에서 박쥐를 창조하는 힘이 왜 다른 포유류를 창조하지 못했는지 묻고 싶다.

내 견해에 따르면 이 질문에 대한 답은 쉽게 얻어진다. 왜냐하면 육상 포유류는 광활한 바다를 건널 수 없었지만 박쥐는 쉽게 날아갈 수 있었기 때문이다. 대서양 먼바다에서 한낮에 헤매는 박쥐들이 관찰되는 경우가 있다. 북아메리카의 박쥐 두 종은 규칙적으로 또는 간혹이라도 본토에서 965킬로미터나 떨어진 버뮤다 지역을 방문한다. 박쥐를 연구한 톰스〔영국 글로스터셔 주의 농부이자 동물학자〕에게 들은 바에 따르면, 동일 종의 박쥐가 꽤나 넓은 지역에 분포하고, 대륙에서 발견되는 박쥐가 아주 멀리 떨어진 섬에서도 발견된다고 한다. 따라서 우리는 이렇게 여러 곳을 돌아다니는 종들은 그들의 새로운 고향에서 자연선택을 통해 변형되었다고 상상할 수 있다. 그래서 우리는 각 섬에 육상 포유류는 없으면서 박쥐 고유종들이 존재하는 이유를 이해할 수 있다.

대륙에서 멀리 떨어진 정도에 따라 육상 포유류가 존재하지 않는 것 말고도 거리와는 별로 관계없지만 대륙과 섬 사이의 바다의 깊이와 포유류나 이와 비슷한 종류의 생물의 변형 사이에는 상관관계가 있다. 이 주제에 대해 윈저 얼〔영국의 항해가〕은 거대한 말레이 제도에서 놀라운 사실을 관찰했다. 말레이 제도는 셀레베스〔인도네시아의 섬〕와 인접해 있지만 이 사이에는 매우 깊은 바다가 있으며 이 두 지역에 분포하는 포유류는 크게 다르다고 했다.

이들 섬의 양쪽에는 적당히 깊은 해저 제방이 자리 잡고 있는데 이곳 섬에는 유사하거나 동일한 네발짐승들이 서식하고 있다. 이 거대한 제도에 몇몇 비정상적인 생물들이 살아간다는 것은 의심의 여지가 없다. 그런데 인간의 힘으로 귀화된 포유류가 있는 경우에는 판단을 내리기가 아주 어려워진다. 그러나 우리는 윌리스의 놀라운 열정과 연구를 바탕으로 이들 제도의 박물학을 곧 이해하게 될 것이다. 나는 아직 전 세계의 모든 곳을 대상으로 이 주제에 대해 연구할 시간을 갖지 못했다. 그러나 내가 방문한 곳은 모두 비슷한 관계를 보여준다.

우리는 영국이 얕은 해협으로 유럽과 분리되어 있으며 양쪽의 포유류가 동일하다는 것을 안다. 비슷한 해협으로 분리되어 있는 오스트레일리아의 여러 섬에서도 비슷한 현상이 관찰된다. 인도 서쪽의 섬들은 천 길 정도로 깊은 지형 위에 놓여 있는데, 이곳에서는 아메리카에 서식하는 생물과 비슷하지만 독특한 생물들이 발견된다.

모든 사례에서 나타나는 변형의 정도가 시간의 흐름과 어느 정도 관련되어 있으며, 지형이 솟아오르거나 가라앉는 과정을 거쳐 얕은 해협으로 분리된 섬은 깊은 해협으로 분리된 섬보다 비교적 최근까지 본토와 더 자주 연결되었을 것이므로, 우리는 섬과 본토에 서식하는 포유류의 유연관계가 종종 바다의 깊이와 관련되어 있다는 사실을 이해할 수 있다. 이것이야말로 독자적인 창조론의 견해로는 설명될 수 없는 것이다.

대양의 섬에 사는 생물들에 관한 전술한 내용들, 즉 종류가 다양하지 못하며, 특정한 집단에서 고유종이 풍부하게 나타나며, 개구리가 없으며, 공중을 나는 박쥐는 존재하지만 육상 포유류는 관찰되지 않으며, 특정한 집단의 식물에서 나타나는 특이한 비율, 초본 식물이 나무로 발달하는 과정을 보면서 나는 대양의 모든 섬이 옛날에는 인근 대륙에 모두 연결되어 있었다고 생각하기보다는 오랜 시간에 걸쳐 섬으로 간혹 수송이 일어나면서 이루어진 것이라고 생각하고 싶다. 왜냐하면 과거에 모든 섬이 육지와 연결되어 있었다면 이동은 훨씬 완벽하게 이루어졌을 것이고, 변형을 인정한다면 생물들 사이의 관계가 아주 중요함에 따라 모든 생물이 동일하게 변형되었을 것이기 때문이다.

멀리 떨어진 섬에 살고 있는 여러 생물이 섬에 처음 도착한 뒤 어떤 경우에 종 고유의 형태를 유지하고 어떤 경우에 변형되었는지를 이해하는 것은 너무 어렵다는 사실을 부인하지는 않겠다. 그러나 많은 섬들이 불완전한 장소이면서도 파멸의 흔적이 남아 있지 않다는 사실을 간과해서는 안 될 것이다.

나는 여기에서 아주 어려운 사례 한 가지를 소개하도록 하겠다. 아무리 멀리 떨어져 있고 또 아무리 작더라도 거의 모든 대양의 섬에는 육상 달팽이가 살고 있으며, 일반적으로 고유종이 존재하지만 다른 지역에서 발견되는 종이 존재하는 경우도 있다. 오거스터스 굴드 박사[미국의 무척추동물학자]는 태평양의 섬에 서식하는 육상 달팽이에 관한 흥미로운 사례 몇 가지를 내게 보내주었다. 육상 달팽이가 바닷물에 너무 쉽게 죽는다는 것은 아주 잘 알려진 사실이다. 또한 적어도 내가 관찰한 바에 따르면 이들의 알은 바닷물에 가라앉으며 그대로 죽고 만다.

그러나 내 견해에 따르면 그들을 수송하는 매우 효과적인 미지의 수단이 존재함에 틀림없다. 막 부화한 어린 달팽이가 바닥에 앉아 있는 새의 발로 기어올라 옮겨졌을까? 육상 달팽이가 동면 중일 때는 껍질의 입구가 막으로 막히는데, 이때는 목재에 실려 어느 정도 먼 곳까지 이동할 수 있다고 생각한다.

나는 일부 종이 이 시기에는 바닷물에 7일간 잠겨도 손상받지 않고 버틸 수 있다는 사실을 알았다. 예를 들어 헬릭스 포마티아[프랑스 요리에 사용하는 식용 달팽이]가 이에 해당하는데, 동면에 들어간 이 달팽이를 바닷물에 20일간 넣어두었는데도 이 달팽이는 다시 깨어났다. 이 종에게는 두꺼운 석회질 덮개가 있다. 이 덮개를 제거한 뒤 부드러운 막성 덮개가 형성되었을 때 이 달팽이를 바닷물에 14일간 담갔다가 꺼냈을 때도 이 달팽이는 움직일 수 있었다. 그러나 이 주제에 대해서는 더욱 많은 실험이 필요할 것이다.

섬의 생물에 관한 가장 놀랍고 중요한 사실은 이들이 가까운 본토의 종들과 동일하지는 않으면서 유연관계를 보인다는 사실이다. 이것에 대해서는 수많은 사례를 제시할 수 있을 것이다. 여기에서는 한 가지 사례만 제시할 텐데, 그것은 남아메리카 해안에서 800~970킬로미터쯤 떨어진 적도 바로 아래 놓여 있는 갈라파고스 제도에 관한 이야기이다.

이곳의 육지와 바다에 사는 생물들은 아메리카 대륙의 생물들과 아주 많이 닮았다. 26종의 육상 조류가 있는데, 존 굴드는 이 가운데 25종을 이곳 제도에서 만들어진 독특한 종으로 여겼다. 그러나 이들 대부분의 조류가 모든 형질이나 습성 · 자세 · 울음소리 등에서 아메리카 본토의 조류들과 유연관계를 보인다는 것은 명백했다. 이것은 다른 동물들에서도 마찬가지이며, 이 제도의 식물상에 대해 놀라운 연구를 수행한 후커 박사가 보여주었듯이 거의 모든 식물에서도 동일한 현상이 관찰된다.

대륙과 몇백 마일 떨어져 있는 태평양에 자리 잡은 이 화산 제도의 생물들을 보면서 박물학자들은 아메리카 대륙에 서 있다는 생각을 하게 된다. 이런 일은 왜 벌어질까? 다른 곳이 아닌 갈라파고스 제도에서 생성된 것으로 여겨지는 종들이 아메리카에서 생성된 종들과 그렇게 명백한 유연관계를 보이는 이유는 무엇일까?

사실 고도나 기후 그리고 다른 생물들과의 비율 같은 삶의 조건을 따져볼 때 제도가 남아메리카의 해안가와 아주 비슷한 것은 없다. 사실은 상당할 정도로 차이를 보이고 있다. 반면 갈라파고스 제도와 카보베르데 제도[아프리카 서쪽 바다의 제도]는 모두 화산섬으로 토양이 비슷하고 섬의 기후 · 고도 · 크기 등이 무척 비슷하지만, 서식하는 생물들은 완전히 다르다. 카보베르데 제도의 생물은 아프리카 대륙의 생물과 유연관계가 있는데, 이것은 갈라파고스 제도의 생물이 아메리카 대륙의 생물과 유연관계가 있는 것과 비슷하다.

나는 이 위대한 사실이 개별적 창조론으로는 도저히 설명되지 않는다고 믿고 있다. 그렇지만 여기에서 주장하고 있는 견해를 따르면, 갈라파고스 제도에 생물들이 간혹 일어나는 수단 때문에 또는 과거에 땅이 연결되어 있었기 때문에 아메리카 대륙으로부터 이주가 일어났을 것이다.

그리고 카보베르데 제도의 생물도 아프리카 대륙에서 흘러들었을 것이다. 또한 이렇게 유입된 생물은 변형이 일어나기 쉬웠을 것이다. 대를 이어 형질이 전달되는 원리는 여전히 그들의 원래 출생지에 대한 정보를 무심코 드러내고 있는 것이다.

이와 비슷한 사례들은 많다. 사실 섬의 고유종이 가까운 대륙이나 인접한 섬의 생물과 유연관계를 보인다는 것은 거의 보편적인 법칙에 해당한다. 예외는 드물며, 이들 예외도 모두 설명이 가능한 것들이다. 그러므로 케르겔렌 섬의 식물은 위치상 아메리카 대륙보다는 아프리카 대륙에 더 가깝지만 아메리카의 식물과 매우 흡사하다는 것이 후커 박사의 설명이다. 그러나 이 섬의 식물 대부분이 빙산과 함께 운반된 흙이나 돌과 함께 유입되었으며 이 빙산은 해류에 실려 이동된다는 사실을 생각해보면 이러한 상황의 변칙성은 사라지게 된다.

뉴질랜드의 고유 식물을 고려해보면, 뉴질랜드는 우리가 예상했던 대로 다른 어떤 지역보다도 가장 가까운 본토인 오스트레일리아와 매우 밀접하게 관련되었다는 것을 알 수 있다. 그러나 뉴질랜드는 다음으로 가까운 대륙인 남아메리카와도 역시 관련되어 있음이 틀림없다. 그렇지만 남아메리카는 너무 멀리 떨어져 있기 때문에 유연관계를 보인다는 사실 자체가 비정상적으로 여겨진다. 그러나 뉴질랜드, 남아메리카 그리고 그 밖의 남쪽 섬들이 오래전 남극의 섬과 같은 중간적인 지역에서 빙하기가 오기 전 식물이 덮여 있던 시기에 생물을 공급받았다고 생각하면 이러한 어려움은 거의 사라진다.

후커 박사에게 들은 바에 따르면 오스트레일리아 남서쪽 끝 부분의 식물상과 희망봉의 식물상 사이의 유연성은 약하기는 하지만 사실이며, 훨씬 더 놀라운 사례이다. 지금 이것을 설명할 수는 없지만, 이러한 유연성은 식물에서만 나타나며 언젠가는 그 원인이 밝혀질 수 있다고 믿는다.

제도의 생물과 인접한 대륙의 생물이 서로 다른 종이면서도 밀접한 유연성을 나타내는 경우, 그 원인이 되는 법칙이 작은 규모이지만 제도의 일부 지역에서 아주 흥미로운 방식으로 나타날 수 있다. 따라서 다른 곳에서도 설명했듯이 갈라파고스 제도의 일부 섬에는 매우 유연관계가 깊은 생물이 놀라운 방식으로 살고 있으며, 멀리 떨어져 있는 섬의 생물이 다른 지역의 생물과 비교해 놀라울 정도로 가까운 유연관계를 유지하고 있다. 이것이야말로 내 이론에 따라 예상되는 것이다. 왜냐하면 섬들은 서로 가까이 위치하기 때문에 다른 곳에서 이주한 생물들이 동시에 이 섬들에 도착하거나 섬들 사이에 이주가 있을 수 있기 때문이다.

그러나 각각의 섬에 서식하는 고유종이 보이는 불일치는 내 이론을 반대하는 것으로 이용될 수도 있을 것이다. 왜냐하면 가까이에 보이며 지질학적 성질, 고도, 기후 등이 동일한 섬에서 생물들이 아무리 작은 정도라도 어떻게 서로 다르게 변형되었는지 질문이 제기될 수 있기 때문이다. 이것은 오랫동안 내게 큰 어려움이었다. 그러나 생물에게 가장 중요한 물리적 조건을 고려하는 데서 큰 과오가 있었고 그로 인해 빚어진 어려움이었다. 한 지역에서 생물의 성공을 결정짓는 요소로서 이들이 경쟁해야하는 다른 생물의 성질은 물리적 조건과 마찬가지로 중요하거나, 더욱더 중요할 수 있다는 것은 논란의 여지가 없다고 생각한다.

만약 우리가 세상의 다른 곳에서도 발견되면서 갈라파고스 제도에도 서식하는 생물을 조사한다면(우리는 생물이 갈라파고스 제도에 도착한 이후 어떻게 변화했는지를 고려하는 것이므로 토착종은 여기서 제외했다), 섬에 따라 이 생물들이 아주 큰 차이를 보인다는 점을 알게 될 것이다. 섬들이 간혹 일어나는 수송의 수단을 통해서 생물을 공급받고 있다는 견해에 따르면 이러한 차이는 예상되는 것이다. 예들 들어 한 식물의 씨앗 하나가 한 섬에 도착하고 다른 식물의 씨앗은 다른 섬에 도착하는 식이다.

그러므로 과거에 이주자가 하나의 섬이나 여러 개의 섬에 정착하고 나중에 한 섬에서 다른 섬으로 퍼져나갔을 때, 이들은 다른 섬에서 틀림없이 삶의 다른 조건에 직면했을 것이다. 왜냐하면 이들은 일련의 다른 생물과 생존경쟁을 했을 것이기 때문이다. 예를 들어 식물은 이미 분포하는 다른 식물의 종류에 따라 최적의 조건이 결정될 것이다. 그리고 이들은 조금은 다른 적에게 노출될 것이다. 만약 이때 이들이 변하게 된다면 자연선택은 서로 다른 섬에서 서로 다른 변종을 선택할 수 있었을 것이다. 그렇지만 일부 종은 확산되면서도 동일한 특징을 간직했을 것이다. 마치 대륙에서 일부 종이 넓게 퍼져나가면서도 동일한 특징을 간직하는 것과 마찬가지이다.

다른 비슷한 사례에서는 그 규모가 덜하지만, 갈라파고스 제도에서 나타나는 정말 놀라운 사실은 분리된 한 섬에서 형성된 새로운 종이 다른 섬으로 빠르게 확산되지 않았다는 것이다. 그러나 이 섬들은 비록 서로 보이는 곳에 위치해 있지만 꽤 깊은 바다로 분리되어 있다. 대부분의 경우 영국 해협보다 더 깊어서, 과거 어느 한때도 서로 연결되어 있었다고 가정할 이유가 없다.

해류는 빠르게 제도를 휩쓸고 지나가지만 강풍은 아주 드물다. 따라서 섬들은 지도에 나타나는 것보다 훨씬 더 멀리 떨어져 있는 것과 마찬가지이다. 그럼에도 많은 종이—세상의 다른 곳에서 발견되는 종과 제도에서만 발견되는 종을 포함해—여러 섬에서 함께 관찰된다. 그리고 이들이 한 섬에서 다른 섬으로 확산되었다는 것을 보여주는 사례들이 일부 관찰된다. 그러나 매우 유사한 종이 서로 교류할 수 있는 상태에서 상대의 영역을 침범할 확률에 대해 우리는 종종 잘못된 견해를 갖고 있다고 나는 생각한다.

의심할 것도 없이 한 종이 다른 종보다 우세한 점이 있으면 다른 종의 자리를 일부분이든 전체든 빼앗는 데는 아주 짧은 시간밖에 걸리지 않는다. 그러나 만약 두 종 모두 자신들의 자리에서 아주 잘 적응하고 있는 상태라면 이 두 종은 자신들의 지역을 지키며 아주 오랫동안이라도 분리되어 존재할 수 있을 것이다. 인간에 의해 귀화된 많은 종이 놀라운 속도로 새로운 지역으로 확산되었다는 사실을 잘 알고 있는 우리는 대부분의 종이 이렇게 확산될 것이라고 생각하는 경향이 있다. 그러나 새로운 지역에 귀화된 생물은 대부분 그곳의 토착 생물과 밀접한 유연관계가 없으며, 알퐁스 캉돌이 보였듯이 서로 다른 속에 포함되는 완전히 서로 다른 종이라는 사실을 명심해야 한다.

갈라파고스 제도에서는 섬과 섬을 날아다닐 수 있도록 적응된 새들도 서로 별개의 종을 유지하고 있다. 그곳에는 매우 가까운 유연관계를 보이는 세 종의 흉내지빠귀가 있는데, 각각은 자기만의 섬에서만 생활한다. 자, 이제 채텀 섬〔갈라파고스 제도의 한 섬〕의 흉내지빠귀가 바람에 날려서 이미 다른 흉내지빠귀 종이 살고 있는 찰스 섬〔갈라파고스 제도의 한 섬〕으로 밀려갔다고 생각해보자. 왜 이들이 새로운 섬에서 자리를 잡아야만 하는가? 찰스 섬에는 그들이 키울 수 있는 새끼보다 더 많은 알을 낳는 고유 종이 이미 자리를 잡고 있다고 추측할 수 있을 것이다. 또한 채텀 섬에 서식하는 독특한 흉내지빠귀가 채텀 섬을 고향으로 삼고 있는 것처럼 찰스 섬의 흉내지빠귀도 그곳에 최적으로 적응된 상태일 것이라고 추측할 수 있다.

라이엘 경과 울러스턴은 이 주제와 연관된 놀라운 사실 한 가지를 내게 알려주었다. 즉 마데이라 섬과 그곳에 인접한 포르투산투 섬에는 많은 육상 달팽이가 서식하고 있는데, 이들 중 일부는 바위틈에 서식한다. 해마다 많은 양의 바위가 포르투산투 섬에서 마데이라 섬으로 수송되지만, 포르투산투 섬의 달팽이가 마데이라 섬에 뿌리내리는 일은 일어나지 않는다. 그럼에도 이들 섬에는 유럽산 육상 달팽이가 서식하고 있는데, 이 외래종은 이들 섬의 토착종보다 더 우세한 자리를 차지하고 있음이 틀림없다.

이러한 사실로부터, 갈라파고스 제도의 여러 섬에 각각 살고 있는 고유종과 대표종이 다른 모든 섬으로 퍼져나가지 않았다는 사실에 크게 놀랄 것이 없다고 생각한다. 한 대륙의 여러 지역에서 그러하듯이 한 지역을 한 종이 선점하고 있으면 같은 조건에서 종의 섞임이 저지되는 중요한 효과가 있는 것 같다. 그러므로 오스트레일리아의 남동쪽과 남서쪽 모서리는 거의 동일한 물리적 조건을 갖추고 연속적인 땅으로 이어져 있지만 포유류, 조류 그리고 식물의 분포는 상당히 다르다.

대양에 위치한 섬의 동물상과 식물상의 일반적인 특징을 결정하는 원리, 즉 한 지역의 생물이 동일하지는 않지만 매우 밀접한 생물이 살고 있는 다른 지역으로 얼마든지 쉽게 퍼지고 변형되면서 새로운 지역에 더 잘 적응할 수도 있었다는 원리는 자연에서 꽤나 넓게 적용할 수 있는 것이다. 우리는 모든 산과 호수 그리고 습지에서 이러한 현상을 볼 수 있다.

일부 동일한 생물은 예외이겠지만 고산지대의 생물, 특히 식물은 최근의 빙하기에 넓은 세상으로 확산되었기 때문에 주변 저지대의 생물과 친척관계를 보인다. 그러므로 남아메리카 고산지대의 벌새, 설치류 그리고 식물들은 틀림없이 아메리카 대륙의 생물이고, 산이 서서히 솟아오르면서 주변 저지대의 생물들로 자연스럽게 군집을 이루게 된 것이다. 편리한 수송수단으로 일부 생물이 전체 세상으로 퍼진 경우는 예외로 하고, 호수와 습지에 사는 생물에게도 이러한 일이 일어났을 것이다. 우리는 아메리카 대륙이나 유럽의 동굴에 살고 있는 장님 물고기에게서도 똑같은 원리를 볼 수 있다. 다른 비슷한 사례를 더 보탤 수도 있다.

아주 멀리 떨어진 두 지역에 많은 친척종이나 전형적인 종이 존재하는 경우 동일한 종도 함께 존재하는 경우가 일반적인데, 이것은 전술한 대로 두 지역 사이에 상호 교류, 즉 이주가 있었음을 보여주는 것이라고 나는 믿는다. 그리고 매우 유사한 종이 많이 일어나는 곳에서는 박물학자에 따라 종이나 변종으로 취급하는 생물이 많이 발견될 것이다. 우리는 이렇게 분류가 모호한 생물들을 보면서 변형과정에서 나타나는 여러 단계를 보는 것이다.

이처럼 한 종이 현재든 물리적 조건이 달랐던 과거에든 그들이 갖고 있던 이주의 능력과 범위 그리고 다른 지역에 거주하는 친척종들의 존재는 더욱 일반적인 별개의 방식으로 나타난다. 오래전에 존 굴드는 내게 조류의 한 속이 전 세계에 걸쳐 분포하는 경우 그 안의 많은 종이 매우 넓은 분포를 보인다고 알려주었다. 물론 이것을 증명하기는 어렵지만, 이 규칙이 상당히 보편성이 있다는 사실을 나는 거의 의심하지 않는다.

포유류 중에서는 박쥐에게서 이 규칙이 아주 잘 나타난다. 그리고 고양잇과와 갯과에서도 웬만큼 이 규칙이 들어맞는다. 만약 나비와 딱정벌레의 분포를 비교한다면 같은 결과가 나타난다. 이것은 대부분의 민물 생물에게서도 나타난다. 이 생물들의 속 중에는 전 세계적인 분포를 보이는 경우가 많으며 개별적인 종도 꽤나 넓은 분포를 보이는 경우가 많다.

그렇다고 세계적인 분포를 보이는 속의 모든 종이 넓은 분포를 보인다는 것은 아니다. 또한 **평균적으로** 넓은 분포를 보인다는 것도 아니다. 다만 일부 종이 넓은 분포를 보인다는 것이다. 왜냐하면 넓은 분포를 보이는 종을 변화시키고 새로운 생물로 발전시키는 장치가 그들의 평균적인 분포를 결정지을 것이기 때문이다. 예를 들어 한 종에 속하는 두 변종이 아메리카 대륙과 유럽에 살고 있다면 이 종의 분포는 꽤 넓다고 해야 한다. 그러나 만약 변이가 조금 더 커져서 이 두 변종이 별개의 종으로 분류된다면, 이들이 함께 만들었던 분포지역은 크게 줄어드는 것이다.

강한 날개를 갖고 있는 새처럼 장벽을 넘고 넓은 분포를 보일 능력이 확실한 종이 반드시 분포가 넓은 것은 아니다. 왜냐하면 분포가 넓다는 것은 장벽을 넘는 능력이 있다는 것을 뜻할 뿐만 아니라 이국땅에서 유사한 종들과의 생존경쟁에서 승리를 거두는 능력이 더욱 중요하다는 것을 뜻하기 때문이다. 이 점을 잊어서는 안 된다.

그러나 한 속의 모든 종이 한 부모에게서 유래되었다는 견해에 따라, 지금 비록 아주 멀리 떨어져 분포할지라도 우리는 최소한 일부 종이 매우 넓은 분포를 보이는 것을 발견해야만 하며, 또 발견할 수 있을 것이다. 왜냐하면 변형되지 않은 부모종은 넓은 분포를 보여야만 하며, 확산 과정에서 변형을 일으키면서 후손에게 유리한 다양한 환경 속에 자신을 두어야 하기 때문이다. 이 과정에서 후손들은 새로운 변종으로 변화하고 결국에는 새로운 종으로 변화할 것이다.

일부 속(屬)이 아주 넓은 분포를 보인다는 사실을 생각하면서 우리가 명심해야 할 것은 일부는 아주 오래전에 공통조상으로부터 갈라져 나왔다는 것이다. 즉 이런 경우에는 기후나 지리학적으로 큰 변화를 일으키고 우연적인 수송의 사건이 일어날 만큼 매우 긴 시간이 흘렀기 때문에 일부 개체가 세계로 퍼졌을 것이고, 이들은 그곳에서 새로운 조건에 맞춰 조금씩 변형되었을 것이다. 또한 지질학적 증거로부터 각각의 거대한 강(綱)에 포함된 하등한 생물이 고등한 생물보다 느리게 변화한다고 믿는 데에는 나름대로의 근거가 있다. 따라서 하등한 생물은 종의 특징을 유지하면서도 넓은 분포를 보일 확률이 높을 것이다.

이러한 사실은 아주 작고 장거리 이동에 더 잘 적응되어 있는 많은 하등 생물의 씨앗이나 알들과 함께 아주 오랫동안 지켜진 법칙을 설명해 줄 수 있을 것이다. 알퐁스 캉돌은 식물이 하등할수록 더욱 넓은 분포를 보이는 경향이 있다는 이 법칙을 훌륭하게 논의했다.

우리는 지금까지 하등하고 느리게 변화하는 생물이 고등한 생물보다 더욱 넓게 분포한다고 했다. 분포가 넓은 속에 포함되는 일부 종은 넓은 분포를 보인다. 또한 고산지대, 호수 그리고 습지의 생물은 (전에 언급한 일부 예외는 있지만) 환경이 매우 다른 주변의 저지대와 건조한 땅에 서식하는 생물과 유연관계가 있다. 그리고 제도의 여러 섬에 살고 있는 별개의 종이 매우 밀접한 유연관계를 보이기도 하며 제도의 각 섬에 서식하는 생물이 가까운 본토의 생물과 아주 밀접한 관계를 보이기도 한다. 나는 이 모든 것이 각 종이 개별적으로 창조되었다는 견해로는 도저히 설명되지 않지만, 다른 지역에서 생물이 이주했으며 새로운 지역에 적응하면서 살기 위해 더욱 변형이 일어났다는 견해로는 설명될 수 있다고 생각한다.

지난 장과 이번 장의 요약 지난 두 장에서 나는 비교적 최근에 일어났던 기후변화와 지각변동에 대한 우리의 무지와, 같은 시기에 일어났을지도 모르는 비슷한 여러 변화에 대해 우리가 아는 것이 너무 없다는 것을 보이고자 했다. 우리는 다양하고 기묘한 방식으로 일어나는 수송에—이것은 제대로 실험하기 어려운 주제이다—대해서 별로 아는 바가 없다는 점을 기억하자. 또한 한 종이 상당히 넓은 지역에 걸쳐 연속적으로 분포할 수 있으며 중간 지역에서 이들 생물이 사라질 수 있다는 사실을 명심하자. 그렇다면 한 종의 모든 개체가 어디에 존재하든 모두 동일한 부모에게서 유래되었다는 사실이 믿기는 쉽지 않지만 그렇게 극복하기 어려운 상황은 아니라고 생각한다.

결국 우리는 창조의 단일 중심지 개념에 따라 많은 박물학자들이 보편적인 사고를 거쳐 도달한 결론에 이르게 된다. 박물학자들은 생물의 확산을 막는 장벽의 중요성과 아속·속·과의 유사한 분포를 토대로 이러한 결론에 도달한 것이다.

내 이론에 따르면 한 속의 서로 다른 종은 한 부모에게서 퍼져나가야만 한다. 우리의 지식이 짧기는 해도 일부 생물이 매우 느리게 변하며 이주에 엄청나게 오랜 세월이 필요하다는 사실을 인정하고 기억한다면, 이와 같은 사례와 한 종의 개체들을 다루는 어려움이 매우 큰 것은 사실이지만 이것이 극복할 수 없을 정도는 아니라고 생각한다.

기후변화가 생물의 분포에 어떤 영향을 주는지 알고자 나는 최근의 빙하기가 얼마나 중요한 영향을 끼쳤는지 보여주고자 했다. 나는 빙하기가 전 세계에 걸쳐, 적어도 남북 방향으로 영양을 끼쳤다고 확신한다. 간혹 일어나는 수송의 수단이 아주 다양하다는 것을 보여주고자 나는 민물에 사는 생물이 확산되는 수단에 대해서도 웬만큼 논의했다.

긴 세월을 거치며 한 종의 개체나 비슷한 종의 개체가 한 지역에서 다른 지역으로 확산되었다는 것을 인정하면서, 우리가 안고 있는 어려움이 극복할 수 없는 것이 아니라면 나는 일반적으로 더 우세한 생물들이 이주되면서 변형되어 새로운 생물이 만들어진다는 이론에 따라 지리적 분포의 모든 거대한 사실이 설명될 수 있다고 생각한다. 따라서 우리는 땅이든 물이든 동물과 식물의 분포를 갈라놓은 장벽이 매우 중요하다는 사실을 이해할 수 있다.

또한 우리는 아속 · 속 · 과의 지역 분포와 연관된 원리를 이해할 수 있다. 예를 들어 남아메리카의 서로 다른 위도에 걸쳐 평지, 산악지대, 숲, 습지 그리고 사막에 서식하는 생물이 아주 신비스러운 방식으로 서로 유연성을 보이고 아주 오래전 같은 지역에 살았던 절멸된 생물과 어떻게 연결되어 있는지 이해하게 된다.

우리는 개체들의 상호관계가 매우 중요하다는 사실을 이해한다. 따라서 우리는 매우 비슷한 물리적 환경을 보유한 두 지역에 종종 아주 다른 생물들이 살고 있다는 사실을 알 수 있다. 왜냐하면 한 생물이 새로운 지역으로 유입된 후 경과된 시간에 따라, 또 개체수를 떠나 어떤 생물의 유입은 허용되고 어떤 생물의 유입은 허용되지 않는 상호관계의 본질에 따라, 또 유입된 생물이 기존의 생물과 어느 정도 경쟁관계를 보이는지에 따라 그리고 이주자들이 어느 정도 빠르게 변화되는지에 따라 이들은 서로 다른 지역에서 물리적 조건과는 관계없이 다양한 생활조건에서 살아남기 때문이다. 생물들 사이의 작용과 반작용은 거의 무한할 것이다. 우리는 일부 생물이 많이 변형되고 일부 생물은 조금 변형된다는 것을 발견할 수 있으며 이러한 발견은 실제로 이루어지고 있다. 세계 곳곳에서 일부 생물은 엄청나게 발달하고 일부 생물의 개체수는 아주 적다.

내가 보이려 했던 대로 이러한 동일한 원리에 따라 우리는 대양의 섬에 서식하는 생물이 적을 수밖에 없는 이유와 이들 가운데 상당수는 섬 고유의 종이고 매우 특이하다는 것을 이해할 수 있다. 그리고 우리는 이주수단과 관련해 왜 어떤 생물은 한 집단에서 고유한 종을 가질 수 있으며, 또 어떤 집단은 이 세상 모든 곳에서 발견되는 종을 가질 수 있는지 이해할 수 있다. 우리는 대양의 섬에 양서류와 육상 포유류처럼 일부 집단의 생물이 전혀 존재하지 않는 이유와, 아주 멀리 격리된 대부분의 섬에 비행할 수 있는 포유류인 박쥐가 독특한 종의 모습으로 존재하는 이유를 이해할 수 있다. 우리는 다소 변형된 상태로 존재하는 섬의 포유류와 주변 바다 깊이 사이에 왜 특정한 관계가 있는지 그 이유를 알게 되었다. 우리는 제도의 모든 생물이 일부 섬에서 서로 다른 종으로 존재하지만 서로 아주 비슷한 이유와, 이들이 가까운 대륙이나 자신의 원래 고향 지역 생물들과도 비슷하긴 하지만 그 정도는 약한 이유를 알게 되었다. 우리는 아무리 멀리 떨어진 두 지역이라도 동일한 종이나 변종, 또는 구분이 모호한 종이나 서로 다른 대표종의 존재에 상관성이 있는 이유를 알게 되었다.

작고한 포브스가 종종 주장했듯이 시간과 공간을 떠나 삶의 법칙에는 놀랄 만한 평행 현상이 존재한다. 과거 생물분포의 변화를 지배했던 법칙들은 현재 서로 다른 지역에서 생물의 차이를 이끄는 법칙과 거의 똑같다. 우리는 많은 사례에서 이러한 현상을 본다.

한 종이나 종집단이 지속되는 것은 세월이 흐르면서 연속적으로 일어나는 사건이다. 이 규칙에 예외는 거의 없어서, 위와 아래의 퇴적층에서 발견되는 생물이 중간 퇴적층에서 아직 발견되지 않는 이유가 되기도 한다. 따라서 공간적으로 한 종이나 종집단이 서식하는 지역이 연속적이라는 것은 일반적인 사실이다. 그리고 전에도 언급했듯이 과거에 다른 조건에서 일어난 이주나 간혹 일어난 수송의 수단이나 중간 과정에서 절멸된 종에 의해 예외적인 일부 상황은 설명될 수 있다.

시간적 · 공간적으로 종이나 종집단이 최고로 발달하는 시기나 지점이 있다. 특정한 시기에 속하거나 특정한 장소에 속한 종집단은 무늬나 색깔처럼 종종 아주 하찮은 특성을 공유하는 것이 특징이다. 장구한 세월을 생각해보고 아주 멀리 떨어진 현재의 지역을 생각해보면서 어떤 생물이 거의 차이를 보이지 않으면서 서로 다른 강이나 서로 다른 목에 포함되는 종, 심지어는 같은 목의 서로 다른 과에 포함되는 종이 아주 크게 다른 경우가 있다는 것을 우리는 알고 있다. 시간적 · 공간적으로 각 강의 하등한 구성원은 고등한 구성원보다 변화를 덜 겪는다. 그러나 이 규칙에는 시간적으로든 공간적으로든 뚜렷한 예외가 존재한다.

이렇게 시간과 공간에서 일어나는 여러 관계는 내 이론에 따라 설명될 수 있다. 왜냐하면 우리가 한 지역에서 세대를 거치며 변형되는 생물을 보든, 멀리 다른 지역으로 이주한 뒤에 변형되는 생물을 보든, 각각의 집단에 포함된 생물은 원래 세대에 걸친 유연관계를 통해 서로 연결되어 있기 때문이다. 어떠한 두 생물도 혈연관계로 연결되면서 시간과 공간에서 각자의 자리를 차지하고 있는 것이다. 어떤 경우건 변이의 법칙은 동일하게 적용되며, 변형은 자연선택의 작용에 따라 축적되었던 것이다.

제13장 생물체의 유사성·형태학·발생학·흔적기관

분류, 집단 안에 작은 집단을 둠 – 자연 분류체계 – 분류의 규칙과 어려움을 변이 수반 유래설에 따라 설명함 – 변종의 분류 – 분류에 항상 이용되는 유래의 개념 – 보편적이고 복잡하며 분기하는 유연관계에 대해 – 절멸에 의해 집단이 나뉘고 정의된다 – 형태학, 동일 집단 구성원의 형태학과 동일 개체 부위별 형태학 – 발생학의 법칙들, 어린 시기에는 나타나지 않고 해당하는 나이에서 나타나는 변이 – 흔적기관의 기원 – 요약

지구상에 생명이 처음으로 출현한 이래, 모든 생물은 그 유래의 정도에 따라 서로 비슷하게 나타난다. 따라서 그들은 집단 아래에 작은 집단으로 나뉠 수 있다. 이러한 분류법이 별자리의 별들을 분류하는 것처럼 인위적이지 않다는 것은 확실하다. 만약 한 집단은 육지에 서식하고 다른 집단은 물에 서식하거나, 한 집단은 육식을 하고 다른 집단은 채식을 하는 것과 같은 상황만 있다면 집단의 존재가 지니는 중요성은 별로 없을 것이다. 그러나 자연에서 나타나는 상황은 무척 다양하다. 왜냐하면 작은 집단에 속하는 비슷한 구성원들도 서식처가 다양한 것은 아주 잘 알려진 사실이기 때문이다.

변이와 자연선택을 다룬 제2장과 제4장에서 나는 변이가 많이 일어나는 종은 큰 속에 포함되는 우세종이라는 사실을 보이고자 했다. 그렇게 형성된 변종, 즉 초기 종은 결국 새로운 별개의 종이 된다는 것이 내 믿음이다. 그리고 이들은 유전의 법칙에 따라 새롭고 우세한 또 다른 종을 만들어내는 경향이 있다. 결과적으로 현재 많은 우세한 종을 포함하고 있는 큰 집단은 그 크기가 무한히 증가하려는 경향을 띤다.

나는 각각의 종에서 유래되어 자연계의 질서에 따라 가능한 한 많은 장소를 차지하려는 다양한 후손들로부터 생물에게는 형질이 여러 갈래로 갈라지는 경향이 있다는 점을 보이고자 했다. 어떤 작은 지역에서도 아주 다양한 생물들이 치열한 경쟁을 벌인다는 사실과 귀화의 일부 사례에 의해 이러한 결론은 지지를 받고 있다.

나는 또한 개체수가 늘어나고 형질이 다양해지는 생물은 덜 다양하고 개선의 정도가 약한 전임자를 절멸시키고 그 자리를 차지한다는 것을 보이고자 했다. 나는 독자들에게 전에 설명한 대로 이러한 여러 원리의 작용을 보여주는 그림을 참조하라고 요구하고 싶다. 독자들은 한 조상에서 유래한 변형된 후손이 하위 집단 속으로 침투하는 필연적인 결과를 보게 될 것이다.

그림에서 가장 위쪽의 각 문자는 여러 종을 구성원으로 가진 속으로 간주될 수 있다. 그리고 이 선에 놓인 모든 속은 함께 하나의 강을 이룬다. 왜냐하면 모든 생물은 현재 볼 수는 없지만 과거의 한 부모에서 유래되었고, 그 결과 모두 공통적인 무엇인가를 물려받았기 때문이다. 그러나 왼쪽에 있는 세 개의 속은 동일한 원리에 따라 공통점이 많으며 하나의 아과를 이루어, 두 개의 속을 갖고 있는 바로 오른쪽의 아과와는 구별된다. 그리고 이 두 개의 아과는 모두 하나의 공통조상에서 갈라져 나와 다섯 단계를 지난 상태인 것이다.

이 다섯 개의 속은 조금 덜하기는 하지만 여전히 공통점이 많으며 하나의 과를 이룬다. 그리고 그 오른쪽으로 다시 세 개의 속을 포함하는 별개의 과가 있는데, 이 두 개의 과는 더 이전에 하나의 공통조상에서 갈라져 나온 것이다. 그리고 A에서 유래된 이 모든 속들은 하나의 목을 이루고 I에서 유래된 속들과는 구분된다.

따라서 하나의 공통조상에서 유래된 많은 종이 속을 이루고, 속이 모여서 아과, 과 그리고 목을 이루며, 결국에는 하나의 강으로 모이게 된다. 집단을 모아 다른 큰 집단에 넣는 박물학의 거대한 사실은 친숙함 탓에 항상 우리의 주의를 끄는 것은 아니지만, 이런 식으로 충분히 설명이 되었다고 생각한다.

박물학자들은 종·속·과를 순서대로 강에 넣으려 하는데 우리는 이것을 자연 분류체계라고 일컫는다. 그런데 이 체계가 의미하는 것은 무엇인가? 일부 학자들은 이러한 체계를 단지 아주 비슷한 생물들을 함께 모아놓고 비슷하지 않은 생물을 분리하는 체계라고 여기기도 하고, 보편적인 명제를 되도록 간략하게 선언하는 인위적인 수단이라고 여기기도 한다. 예를 들어 모든 포유류가 갖고 있는 공통적인 형질을 나타내기 위해 하나의 문장을 사용하고, 육식동물, 개속(屬) 그리고 개의 각각의 종류에게도 이들의 형질을 묘사하는 하나의 문장을 사용하려는 것이다.

이 체계의 현명함과 효용성은 명백하다. 그러나 많은 박물학자들은 자연 분류체계가 뭔가 더 많은 것을 뜻하고 있다고 생각한다. 그들은 이 체계가 창조자의 계획을 드러낸다고 믿는다. 그러나 창조자의 계획에 따라 시간과 공간의 질서나 그 밖의 것이 구체화되지 않는다면 우리의 지식에 보탬이 되는 것은 없다고 생각한다. 다소 은유적인 표현으로 만나기는 하지만 린네의 유명한 표현, 즉 형질이 속을 만드는 것이 아니라 속이 형질을 만든다는 표현은 우리의 분류체계가 단순히 유사성을 넘어서는 무언가를 함축하고 있는 것으로 보인다.

나는 무엇인가 더 많은 것이 함축되어 있다고 생각한다. 생물들이 보이는 유사성을 일으키는 단 한 가지 알려진 원인은 그들이 한 공통조상에서 유래되었기 때문인데, 이러한 유연관계는 갖가지 변형 때문에 숨겨져 있지만 우리의 분류체계로 인해 부분적으로 드러나고 있는 것이다.

이제 분류에 이용되는 몇 가지 규칙을 생각해보자. 또한 분류가 창조와 관련해 우리가 알지 못하는 계획을 드러내거나 가장 닮은 생물들을 모아놓은 보편적인 명제를 선언하기 위한 계획이라는 견해를 주장하면서 겪게 되는 어려움도 논의해보자.

생활습성을 결정짓는 구조와 자연계의 질서에 따른 각 생물의 위치는 분류에서 아주 중요할 것이라고 생각될 수 있으며, 실제로 옛날에는 그렇게 여겨졌다. 이것은 완전히 틀린 것이다. 생쥐와 뒤쥐, 듀공과 고래 그리고 고래와 물고기가 보이는 외형적인 유사성을 중요하게 생각하는 사람은 없다. 이러한 유사성은 이들 생물의 전체 삶에 아주 밀접하게 관련되어 있지만 단지 '적응을 위한 상사형질'로 여겨진다. 이러한 유사성은 나중에 다시 논의하도록 하겠다.

생물의 어떤 부위가 특별한 습성에 덜 관련되어 있을수록 분류에서는 더 중요하게 여겨진다는 것이 보편적인 규칙이라고 말할 수도 있다. 한 예로서 오언은 듀공을 언급하며 다음과 같이 말했다. "나는 생활습성이나 섭식과 아주 관계가 적은 생식기관이야말로 이들의 진정한 유연관계를 보이는 가장 명백한 표시라고 항상 여기고 있다. 우리는 이들 기관의 변형이 중요한 형질을 위한 단순한 적응이라는 그릇된 생각을 할 것 같지는 않다." 식물도 마찬가지여서, 식물의 영양기관은 식물의 전체 생활을 결정하지만 분류의 첫 단계인 문(門) 외에서는 중요하게 여겨지지 않는다. 반면 생식기관은 씨앗과 함께 정말로 중요하게 다루어진다!

그러므로 생물들이 보이는 유사성이 외부 세계에서 생물의 복지를 얻는 데 아무리 중요하게 작용하더라도 분류에서 유사성을 신뢰해서는 안 된다. 그래서 거의 모든 박물학자들이 아주 필수적이고 생리학적으로 중요한 기관의 유사성을 크게 강조하는지도 모르겠다. 중요한 기관이 분류학적으로 중요하다는 이러한 견해는 항상 그런 것은 아니지만 일반적으로 옳다.

그러나 나는 분류에서 이들 기관의 중요성은 여러 종이 포함된 큰 집단에서 이들 기관이 보이는 불변성에 달려 있다고 믿는다. 그리고 이 불변성은 종이 생활에 적응하기 위한 변화를 적게 받은 기관에서 나타난다. 생리적으로 중요하다고 해서 분류학적인 가치가 결정되는 것이 아니라는 사실은 다음과 같은 한 가지 사례에서 잘 나타난다. 즉 유연관계가 있는 집단에서 동일한 기관이 우리가 상상할 수 있는 모든 면에서 동일한 생리적 가치가 있다고 해도 이 기관에 대한 분류학적 가치는 아주 다양한 것이다.

이러한 사실에 영향을 받지 않고 집단을 연구하는 박물학자는 없을 것이며, 거의 모든 학자의 저술에서 이러한 사실은 잘 나타난다. 저명한 로버트 브라운〔스코틀랜드의 식물학자〕은 프로테아과〔남반구에 분포하는 현화식물의 한 과〕의 특정 기관을 언급하면서 속의 특징을 나타내는 중요성을 "다른 모든 부분과 마찬가지로 이 과와, 내가 이해하는 대로라면 자연에 존재하는 모든 과에서 생물의 기관에 대한 중요성은 매우 다양하여, 중요성이 전혀 존재하지 않는 경우도 있다"고 했는데, 이 정도를 언급하는 것으로 충분할 듯하다.

다른 저술에서 로버트 브라운은 콘나루스과〔열대지방에 분포하는 식물의 한 과〕의 여러 속은 그들이 갖고 있는 씨방의 수, 배젖의 유무가 다르며 잎이 펼쳐지는 방식도 비늘이나 판막으로 서로 다를 수 있다고 했다. 또한 이러한 특징을 전부 모아도 크네스티스속〔콘나루스과의 한 속인 현화식물〕과 콘나루스속〔콘나루스과의 한 속인 현화식물〕을 구분하기에는 충분하지 않지만, 하나하나가 속의 특징보다 더 중요할 때가 종종 있다고 했다.

벌목의 한 과에서는 웨스트우드가 언급했듯 더듬이의 구조가 아주 일정하게 나타난다. 다른 과에서는 더듬이가 크게 다르게 나타나지만 이런 차이는 분류에서 아주 하찮게 취급된다. 그러나 어느 누구도 같은 목에 속하는 두 과의 더듬이가 생리학적으로 중요성에 차이가 있다고 말하지는 않을 것이다. 한 집단에서 동일하게 중요한 기관이 분류에서는 그 중요성이 다양하게 취급되는 수많은 사례를 여기에 보탤 수도 있다.

아무도 흔적기관, 즉 발육이 이루어지지 않는 기관이 생리학적으로나 생명에 중요한 역할을 할 것이라고 말하지는 않을 것이다. 그러나 이러한 기관들이 분류에 아주 중요하다는 것은 의심의 여지가 없다. 어린 반추동물 위턱에 흔적으로 남아 있는 이빨들과 다리에 흔적으로 남아 있는 일부 뼈는 반추동물과 후피동물이 밀접한 유연관계가 있다는 것을 보여주는 중요한 근거가 된다. 로버트 브라운은 흔적으로 남아 있는 작은 꽃들이 볏과의 분류에 극히 중요하다고 열심히 강조했다.

생리학적 중요성은 아주 미미한 것으로 여겨질 수밖에 없지만 이러한 기관을 갖춘 전체 집단을 정의하는 데는 아주 중요하다고 보편적으로 인정되는 수많은 사례를 제시할 수 있다. 예를 들면, 오언은 콧구멍에서 입으로 연결되는 통로의 유무는 어류와 파충류를 완벽하게 구분하는 단 한 가지 특징이 된다고 주장했다. 마찬가지로 유대류의 턱에서 관찰되는 만곡, 곤충의 날개가 접히는 방식, 일부 조류(藻類)의 색깔, 풀의 꽃에 돋은 솜털, 털과 깃털과 마찬가지로 척추동물의 피부는 분류에서 매우 중요하게 다루어진다. 만약 오리너구리가 털이 아닌 깃털로 덮여 있다면 이 외부의 하찮은 특징은 박물학자에게 아주 중요한 것으로 여겨졌을 것이고, 이 기괴한 생물이 조류나 파충류와 어느 정도 유연관계가 있는지 결정하는 특징으로 이용되었을 것이다. 마치 내부의 중요한 기관을 다루는 것과 같았을 것이다.

하찮은 형질이 분류에 이용되는 중요성은 그것이 어느 정도 중요한 다른 여러 형질과 어떠한 상관관계를 보이느냐에 달려 있다. 박물학 연구에서 여러 형질이 함께 연합해서 지니는 가치는 매우 명백하다. 그러므로 자주 언급된 바와 같이 종은 친척과 여러 형질에서 서로 차이를 보일 수 있는데, 이 형질은 생리학적으로 매우 중요할 수 있으며 거의 모든 생물에 보편적으로 나타나는 것일 수도 있다. 이들을 어떤 단계에서 분류에 이용할지는 우리의 몫이다. 또한 아무리 중요하더라도 단일 형질에 기초한 분류는 언제나 실패한다는 것이 알려졌다. 왜냐하면 생물의 어떤 기관도 변치 않는 항구성은 없기 때문이다.

하나하나의 형질이 중요하지 않을 때라도 여러 형질을 함께 고려하는 것의 중요성은 린네가 말했듯이 형질이 속을 만드는 것이 아니라 속이 형질을 만든다는 사실을 잘 설명하고 있다고 생각한다. 왜냐하면 너무 미약해서 정의하기도 어려운 하찮은 여러 유사점을 제대로 인정했기에 이러한 언급이 가능한 것으로 여겨지기 때문이다.

말피기과(科)〔열대와 아열대에 사는 현화식물〕에 속하는 일부 식물은 양성화가 퇴화한 상태로 나타난다. 쥐시외〔프랑스의 식물학자〕가 언급했듯이 "상당히 많은 형질들이 종·속·과 그리고 목의 특징이지만 지금은 사라지고 없어서 우리의 분류체계를 비웃는 듯하다."

그러나 몇 해 동안 프랑스에서 아스피카르파속의 식물들은 해당 목의 식물들이 보여주는 전형적이고 중요한 많은 구조적 특징과는 놀랄 만큼 서로 다른 모습을 보이며 퇴화한 꽃만을 만드는 것으로 보고되었지만, 쥐시외와 마찬가지로 리샤르〔프랑스의 식물학자〕는 이들 속이 여전히 말피기과의 특징을 간직하고 있다는 사실을 예리하게 관찰했다. 나는 우리의 분류체계가 반드시 간직해야 할 정신이 이 사례에 잘 나타나고 있다고 생각한다.

사실 박물학자가 한 집단을 정의하거나 한 종의 특징이 되는 형질의 생리학적인 가치를 평가하는 데 어려움을 겪지는 않는다. 만약 박물학자들이 많은 생물에 일정하게 나타나면서 다른 생물에는 나타나지 않는 형질을 발견하게 되면, 그들은 그 형질에 높은 가치를 부여하고 이용할 것이다. 만약 더 작은 집단에서만 나타나는 형질에는 조금 더 낮은 등급의 가치를 부여하고 분류에 이용할 것이다.

많은 박물학자들이 이 원리가 옳다고 했지만 가장 명백하게 인정한 사람은 훌륭한 식물학자인 오귀스탱 생틸레르〔프랑스의 식물학자〕였다.

만약 특정한 형질이 언제나 다른 생물들과 관련되는 것으로 나타난다면 비록 이들을 이어주는 명백한 연결이 발견되지 않더라도 특별한 가치가 부여된다. 대부분의 동물에서 피를 순환시키고 박동을 조절하거나 종족을 퍼뜨리는 기관처럼 중요한 장기는 모든 동물에서 거의 변치 않고 유지된다. 따라서 이들 기관은 분류에서 아주 중요하게 다루어진다. 그러나 일부 동물 집단에서는 중요하고 필수적인 이 모든 기관들이 분류에서 덜 중요하게 취급되기도 한다.

배(胚)에서 유래된 형질을 왜 성체에서 유래된 형질과 같은 정도로 중요하게 다루어야 하는지 우리는 그 이유를 알 수 있다. 왜냐하면 우리의 분류체계는 종의 모든 연령층을 당연히 모두 고려하기 때문이다. 그러나 원래 견해에서는 배의 구조가 성체의 구조보다 이 목적에 왜 더 중요한지 확실하지 않다. 성체의 구조가 자연계의 질서에 따라 모든 역할을 다하고 있는데도 말이다.

그러나 밀네드와르스나 아가시 같은 위대한 박물학자은 배의 형질이 동물의 분류에 가장 중요하다고 주장했다. 이들의 주장은 매우 보편적인 진리로 인정받고 있다. 현화식물에서도 같은 원리가 적용된다. 식물의 주요한 두 문(門)은 배에서 유래된 형질에 기초해 분류된 것이다. 즉 배의 잎인 떡잎의 개수와 위치 그리고 어린 싹과 어린 뿌리의 발달 양식에 따라 분류된 것이다. 발생학을 논의하면서 우리는 유래의 의미를 은연중에 담고 있는 분류학의 견지에서 왜 그러한 형질이 그렇게 중요한지 이해하게 될 것이다.

우리의 분류법은 일련의 유사성에 의해 영향을 받는 것이 틀림없다. 모든 새들에게 공통적인 여러 형질을 정의하는 것보다 쉬운 일은 없을 것이다. 그러나 갑각류의 경우에는 이러한 정의가 아직까지는 거의 불가능한 것으로 여겨진다. 갑각류에는 도저히 공통의 형질을 띤다고 하기 어려울 만큼 양극단에 위치한 종류들이 있다. 그러나 이 양극단의 생물들도 틀림없이 서로 친척관계를 유지하고 있기 때문에 다른 강이 아닌 오로지 갑각강에 포함되어 있는 것이다.

비록 전혀 논리적이지는 않을지라도 지리적 분포가 분류에 이용되기도 하는데, 특히 밀접한 유연관계를 보이는 아주 큰 집단에 자주 이용된다. 테밍크[네덜란드의 동물학자]는 일부 집단의 새에게 이러한 방법이 꽤나 유용하고 필요하다고 주장했다. 여러 곤충학자와 식물학자들도 이 주장에 동의하고 있다.

결국 종의 여러 집단, 예를 들면 목·아목·과·아과·속에 대한 이들의 상대적인 가치는 적어도 지금까지는 거의 인위적인 것으로 보인다. 벤담 같은 최고의 식물학자들은 인위적인 가치를 강하게 주장했다. 식물과 곤충 집단에서도 비슷한 사례가 나타난다. 숙련된 박물학자들은 처음에 단지 속으로 분류하다가 아과나 과로 등급을 올리는데, 이것은 이후의 연구가 처음에 하찮게 여겼던 중요한 구조적 차이를 찾아서가 아니라, 약간의 차이를 점진적으로 나타내는 수많은 친척종이 나중에 발견되었기 때문이다.

자연 분류체계는 변형을 수반하는 유래에 기반을 두고 있다는 견해에 따라 전술했던 규칙과 지지 그리고 분류의 어려운 점은 모두 설명되었다고 해도 크게 잘못된 것은 없을 것 같다. 박물학자들이 여러 종의 진정한 유연관계를 보여주는 것으로 여기는 형질은 하나의 공통조상에서 유래된 것들이다. 결국 모든 분류는 계통에 근거를 두는 것이다. 후손 집단은 결국 박물학자들이 무의식적으로 찾고자 하는 숨겨진 유연관계이지, 우리가 알지 못하는 창조의 계획도 아니고 보편적인 명제를 선언하거나 다소 비슷한 대상을 묶기도 하고 분리하기도 하는 작업이 아니다.

내가 뜻하고자 하는 바를 좀 더 자세히 설명해야겠다. 나는 집단을 다른 집단과의 관계와 하위관계에 따라 각각의 강(綱)으로 배열하는 과정이 자연체계를 보여주기 위해서는 철저하게 계통적이어야 한다고 믿고 있다. 그러나 혈연관계로 볼 때 그들의 공통조상과 같은 정도로 떨어져 있는 여러 집단 사이에서 나타나는 차이의 양은 그들이 겪었던 변형의 정도에 따라 크게 다를 수 있다. 그리고 이것은 서로 다른 속 · 과 · 목에 따라 등급이 정해지는 것이다. 수고스럽겠지만 독자들이 제4장에 실린 그림을 참조한다면 그 의미를 잘 이해할 수 있을 것이다.

A에서 L까지의 문자를 실루리아기에 살았던 유연관계가 있는 속으로 가정해보자. 이들은 모두 미지의 과거에 살았던 하나의 종에서 유래된 것들이다. 이 세 개의 속(A, F, I)에 포함된 종은 맨 위쪽 수평선상에 나타나는 15개의 속(a^{14}부터 z^{14}까지)으로 대표되는 변형된 후손들을 만들었다. 이제 단일 종에서 출발한 이 모든 변형된 후손들은 모두 동일한 정도의 혈연관계로 묶여 있는 것이다. 그들은 은유적으로 촌수가 수백만은 되는 형제라고 불릴 수 있겠지만 서로 크게 다르며 그 차이도 다양하다.

A에서 유래된 후손들은 현재 두세 개의 과로 나뉘어 있으며 이들은 모두 하나의 목을 이루고 있다. 또한 I에서 유래된 후손들은 현재 두 개의 과를 이루고 있으며 이들도 역시 하나의 목을 이루고 있다. A에서 유래된 현생종은 부모 A와 같은 속에 포함될 수 없으며 I에서 유래된 현생종도 부모 I와 같은 속에 포함될 수는 없다. 그러나 현생속(屬)인 F^{14}는 아주 조금만 변형되었으며 부모 F와 같은 속에 포함될 수 있을 것이다. 마치 현재종 일부가 실루리아기의 속에 포함되는 것처럼 말이다. 따라서 같은 정도의 혈연관계를 보이는 생물들이 보이는 차이의 양과 가치는 크게 다른 것이 되었다.

그럼에도 지금이나 유래의 연속적인 각 시기에서나 계통에 따른 배열은 엄격한 진실이다. A에서 유래되어 변형된 모든 후손은 그들의 공통조상에게서 무엇인가를 공통으로 물려받았을 것이다. I에서 유래된 모든 후손들도 마찬가지이다. 그리고 연속하는 시기에서 각각의 하위 단계 후손들에 대해서도 마찬가지이다. 그렇지만 만약 우리가 A나 I에서 유래된 후손이 부모 형질의 흔적을 어느 정도 완전히 잃어버리게 되었다면 자연 분류에서 그들의 위치를 어느 정도 완전히 잃게 될 것이다. 이러한 일은 현존하는 생물에서도 간혹 나타난다.

속 F의 모든 후손은 그 모든 계열을 따라 거의 변형되지 않은 것으로 보이며 그들 모두 하나의 속을 이룬다. 그러나 이 속은 많이 고립되어 있긴 하지만 여전히 중간 위치를 차지하고 있다. 왜냐하면 F는 형질 면에서 A와 I의 중간에 위치했기 때문이다. A와 I에서 유래된 여러 속은 그들의 형질을 웬만큼 간직하고 있을 것이기 때문이다.

이러한 자연 분류를 지면에 표시할 수 있는 만큼만 그림으로 보였지만 너무 간단했던 것 같다. 만약 가지를 친 그림을 사용하지 않고 단지 집단의 이름만 연속해서 나열했다면 자연 분류의 개념을 설명하기가 거의 불가능했을 것이다. 그리고 우리가 자연에서 관찰하는 한 집단 내 여러 생명들 사이의 인척관계를 평평한 표면 위에 일련의 과정으로 나타내는 것은 잘 알려진 것처럼 가능하지 않다. 그러므로 내 견해에서 자연 분류는 그 배열이 가계도와 마찬가지로 계통을 나타내는 것이다. 그러나 각각의 집단이 겪고 있는 변형의 정도에 따라 그들은 이른바 속 · 아과 · 과 · 목 · 강 등의 등급을 받게 된다.

분류의 이러한 견해를 언어의 사례를 들어 도해하는 것은 가치 있을 것이다. 만약 우리에게 완벽한 인류의 계통도가 있다면 인종을 계통에 따라 배열하는 것은 현재 전 세계에서 사용되고 있는 여러 언어에 대한 최상의 분류를 제공할 것이다. 그리고 만약 모든 사멸한 언어, 중간 언어 그리고 느리게 변하는 방언들이 포함된다면 그러한 배열이야말로 유일하게 가능한 것이라고 생각한다.

그러나 아주 오래된 일부 언어는 거의 변하지 않고 거의 새로운 언어를 만들어내지 않았지만, 다른 언어들은 확산되고 고립되며 하나의 공통 인종에서 유래된 여러 인종이 문명화하는 과정에서 많이 변형되고 많은 새로운 언어와 방언을 만들었다. 하나의 기원을 갖고 있는 언어들의 차이가 서로 다른 것은 하위 집단의 개념으로 표현되어야만 한다. 그러나 적절하고도 유일하게 가능한 배열은 역시 계통에 따른 배열이 될 것이다. 이것은 사멸한 언어와 현대의 모든 언어를 유연관계에 따라 연결할 만큼 아주 자연스러운 것으로, 모든 언어의 파생관계와 기원을 제공할 것이다.

이러한 견해를 확인하는 의미에서 하나의 종에서 유래된 것으로 알려진 변종의 분류로 잠깐 눈을 돌려보자. 이들은 모두 종 아래에서 집단을 이루며, 아변종은 다시 변종 아래에서 집단을 이룬다. 가축들의 경우에는 비둘기에서 보듯이 다시 여러 개의 등급이 필요하다. 하위 집단의 존재에 대한 근거는 종의 경우나 변종의 경우나 마찬가지여서, 유래된 집단이 보이는 변형의 정도에 따라 친밀성이 정해진다.

인위 분류 대신 자연 분류에 따르는 변종의 분류에도 거의 동일한 규칙이 강조되고 있다. 예를 들어 파인애플의 두 변종을 분류하면서 열매가—물론 가장 중요한 부분이지만—거의 똑같다고 해서 이들을 함께 묶지 않도록 주의해야 한다. 아무도 스웨덴 순무와 일반 순무가 먹을 수 있는 두꺼운 줄기가 아주 비슷하다고 해서 함께 묶지는 않는다.

어떠한 부위라도 항구성을 보이기만 한다면 변종의 분류에 이용된다. 따라서 위대한 농학자 마셜은 소의 뿔이 이 목적에 매우 유용하다고 했다. 왜냐하면 뿔은 체형이나 색깔 따위보다 변이가 심하지 않기 때문이다. 반면 양의 경우에는 뿔의 기여도가 낮은 편인데, 그 이유는 양의 뿔은 변이가 심하기 때문이다.

변종을 분류하면서 나는 다음과 같은 사실을 알게 되었다. 즉 만약 우리에게 진짜 가계도가 있다면 모든 사람들이 계통적 분류를 선호할 것이다. 실제로 일부 학자들은 이러한 시도를 해본 적이 있다. 변형의 유무를 떠나 그 점을 확신하고 있기 때문에 우리는 유전의 원리에 따라 많은 점에서 인척관계를 보이는 생물들을 함께 묶을 것이다. 공중제비 비둘기의 경우 긴 부리를 갖는 것이 중요한 특징인데 일부 아변종은 그렇지 못하다. 그러나 이들은 모두 공중제비를 한다는 특징이 있기에 하나로 묶이는 것이다. 그러나 짧은 얼굴 품종은 거의 이 습성을 잃어버렸다. 그런데도 이 주제에 대한 논의나 생각도 없이 이 공중제비 비둘기들은 모두 한 집단에 들어가 있다. 왜냐하면 이들은 모두 혈통으로 묶여 있고 그 밖의 점에서 서로 비슷하기 때문이다. 만약 호텐토트 사람〔남아프리카의 원주민〕이 흑인에서 유래되었다면, 그들이 피부색이나 다른 중요한 특징에서 흑인과 아무리 다르더라도 그들을 흑인 집단 아래에 두어야 한다고 생각한다.

자연 상태의 종을 분류할 때 모든 박물학자는 사실 유래의 개념을 도입한다. 왜냐하면 그들은 하위의 단계, 즉 종의 단계에 두 성(性)을 포함시킬 것이기 때문이다. 때로 암컷과 수컷은 아주 중요한 형질에서 큰 차이를 보인다는 것은 박물학자들에게 잘 알려진 사실이다. 일부 만각류의 성체 수컷과 암수한몸이 공통으로 지니는 공통의 형질을 예상하기란 불가능하다. 그렇지만 아무도 이들을 서로 다른 집단으로 분리하는 꿈조차 꾸지 않았다.

박물학자는 한 개체가 겪는 여러 유생 단계가 성체와 아무리 다르더라도 이들을 모두 하나의 종으로 취급한다. 이른바 세대교번은 엄밀한 의미에서만 동일한 개체로 여겨질 수 있지만 스틴스트룹〔덴마크의 동물학자〕은 이들 세대교번도 모두 하나로 취급했다. 박물학자는 기형 동물이나 변종도 모두 포함시키는데, 그들이 부모 생물과 닮아서가 아니라 부모 생물에게서 유래되었기 때문이다. 앵초가 흰앵초에서 유래되었거나 그 반대로 흰앵초가 앵초에서 유래되었다고 믿는 사람은 이들을 모두 한 종으로 취급하며, 하나의 정의로 이들을 설명한다. 예전에는 세 종류의 난초(모노찬투스 · 미안투스 · 카타세툼)를 서로 다른 세 개의 속으로 여겼지만, 때로 한 줄기에서 돋아나는 것으로 알려지면서 모두 하나의 종으로 취급했다.

그러나 다음과 같은 질문이 제기될 수 있는데 이것은 사실 우리가 꼭 숙고해야 할 사항이다. 즉 변형의 긴 과정을 거치며 곰에서 한 종의 캥거루가 만들어졌다는 사실을 증명할 수 있겠는가의 문제이다. 우리가 이 한 종을 곰의 부류에 넣어야만 한다면 다른 종에 대해서는 어떻게 해야 하는가? 물론 이러한 상상은 터무니없는 것이며, 나는 대인논증〔상대방의 말을 논거로 이용하는 토론〕을 이용해 완벽한 캥거루가 곰의 자궁에서 나오는 것이 관찰되었다면 어떻겠느냐고 묻겠다. 유사한 모든 성질을 들어 캥거루를 곰에 포함시킬 수도 있을 것이다. 그러나 그렇게 된다면 캥거루과의 다른 모든 종이 곰속(屬)에 포함되어야만 할 것이다. 이 모든 사례는 터무니없는 것이다. 왜냐하면 공통의 조상에서 유래되었다면 모두 밀접한 유사성과 유연관계가 있을 것이 확실하기 때문이다.

때로는 암컷과 수컷 그리고 유생이 매우 다르지만, 혈통은 한 종의 개체들을 하나로 분류하는 데 사용된다. 또한 일정한 양의 변형을 겪고 있거나 아주 많은 변화를 겪은 변종을 분류하는 데에도 혈통의 개념이 이용된다. 따라서 동일한 혈통의 개념이 종을 묶어 속을 만들고 속을 묶어 그 상위의 집단을 만드는 것이 아닌가? 물론 이 경우 변형은 더 크고, 변형이 일어나는 데 시간도 더 오래 걸렸을 것이다.

나는 이러한 개념이 무의식적으로 사용되고 있다고 믿는다. 그리고 나는 이것을 통해서만 우리 시대 최고의 계통분류학자들이 사용하는 여러 가지 규칙과 지침을 이해할 수 있다. 우리에게는 기록된 계통도가 없다. 우리는 어떤 종류의 생물에서든 유사성을 근거로 혈통의 집단을 만들어야만 한다. 그러므로 우리는 우리가 판단할 수 있는 범위에서 각각의 종이 최근에 노출된 생활조건에 따라 가능한 한 최소로 변형된 형질을 선택해야만 한다.

이 견해에 따르면 흔적구조는 훌륭한 기준이 된다. 아니, 때로는 일반 구조보다 훨씬 더 중요하게 다루어진다. 우리는 형질이 아무리 사소하더라도 상관하지 않는다. 턱 각도의 휘어짐, 곤충의 날개가 접히는 방식, 피부가 털에 덮여 있는지 깃털에 덮여 있는지의 여부 등이 아무리 사소한 형질이라도 만약 그것이 많은 여러 종에 퍼져 있는 형질이라면, 특히 생활습성이 매우 다른 종에 공통으로 나타나는 형질이라면 매우 가치가 높은 것으로 여겨진다. 왜냐하면 우리는 생활습성이 다른 많은 생물에서 이러한 형질이 출현하는 이유를 공통조상에게서 물려받았다는 이유만으로 설명할 수 있기 때문이다.

만약 우리가 단 한 가지 구조만 고려한다면 실수를 할 수 있다. 그러나 여러 형질이 서로 다른 생활습성을 지닌 큰 집단에서 공통적으로 나타난다면 그것들이 아무리 사소한 것이라 해도 우리는 유래설에 따라 이 모든 형질이 하나의 공통조상에게서 전달된 것이라고 거의 확실하게 말할 수 있다. 이제 우리는 이렇게 상관되거나 함께 나타나는 형질이 분류에 더욱 특별한 가치를 부여한다는 사실을 이해할 수 있다.

우리는 왜 한 종이나 종의 집단이 가장 중요한 몇 가지 형질에서 그들의 친척과 서로 차이를 보이면서도 모두 함께 묶이는지 이해할 수 있게 되었다. 따라서 충분히 많은 형질이—이 형질들이 전혀 중요한 것이 아니라고 하자—유래에 관한 집단 간의 숨겨진 연결을 은연중에 드러내는 일은 틀림없이 일어날 것이며 실제로 종종 일어나고 있다.

서로 다른 두 생물이 단 하나의 공통점도 없다고 하자. 그러나 만약 이 양극단의 두 생물이 일련의 중간 집단으로 구성된 고리로 연결되어 있다고 한다면, 우리는 그들의 혈통을 추측할 것이고 이들을 하나의 강(綱)에 묶어 넣을 것이다. 생리학적으로 아주 중요한 역할을 수행하면서, 다양한 생활조건에서 생물을 보전할 수 있도록 도움을 주는 기관들이 대부분 아주 일정하다는 것을 알고 있기 때문에 우리는 그들에게 특별한 가치를 부여하는 것이다. 그러나 만약 이들 동일한 기관이 다른 집단에서 서로 크게 다르다는 점이 발견된다면 우리는 그 형질을 우리의 분류에서 덜 중요하게 다룰 것이다.

이제 우리는 배(胚)의 형질이 분류학적으로 왜 그렇게 매우 중요한지 분명하게 알 수 있으리라 생각한다. 크고 분포가 넓은 속의 분류에 지리적 분포가 때로 유용하게 이용되는 경우가 있다. 왜냐하면 격리된 지역에 서식하는 한 속의 모든 종은 전부 동일한 부모에게서 유래되었을 확률이 높기 때문이다.

이러한 견해에 따라 우리는 진정한 유연관계와 상사형질—적응하면서 생긴 유사성—사이의 차이를 이해할 수 있게 된다. 라마르크는 이 구분에 최초로 주의를 환기시켰다. 라마르크의 뒤를 이어 매클레이〔영국의 곤충학자〕와 그 밖의 다른 학자들이 이 구분을 인식했다. 후피동물인 듀공과 고래가 보이는 유사성, 즉 신체의 체형과 앞지느러미처럼 생긴 앞발의 닮은꼴이나, 이들 포유류와 물고기가 보이는 유사성은 모두 상사형질로, 계통이 아니라 적응에 의한 것이다.

곤충에서 이러한 사례는 헤아릴 수 없을 만큼 많다. 그래서 린네는 외양을 근거로 세워 매미류의 곤충을 나방으로 분류하는 오류를 범했다. 인간이 재배하는 변종에서는 일반 무와 스웨덴 순무의 두툼한 줄기 같은 사례를 볼 수 있다. 그레이하운드와 경주마의 유사성도 대단하지만 일부 학자들이 제시한 매우 다른 동물들의 유사성은 더욱 대단하다.

형질이 분류에 정말 중요하다는 내 견해에 따라, 형질이 그들의 혈통을 드러내는 한 우리는 상사형질, 즉 적응형질이 해당 생물의 번영에 가장 중요하더라도 계통분류학자에게는 거의 가치가 없는 이유를 명백하게 알 수 있을 것이다. 한 혈통의 가장 뚜렷한 두 계열에 속한 동물은 실제로 비슷한 환경에 적응할 수 있으며 이에 따라 비슷한 외양을 띨 수 있지만, 이러한 유사성은 그들의 혈통을 드러내는 것이 아니라 오히려 그 혈통을 숨길 것이다.

또한 하나의 강이나 목을 다른 집단과 비교할 때는 상사형질이 다른 강이나 목의 비교에서는 진정한 유연관계를 제공할 수 있다는 역설을 이해할 수 있게 된다. 그러므로 고래와 물고기를 비교할 때는 체형과 지느러미 같은 발이 두 강 모두 물에서 헤엄치기 위해 적응된 상사구조이지만, 체형과 지느러미 같은 발은 여러 고랫과(科)의 유연관계를 나타내는 형질로 작용한다. 왜냐하면 이 고래류는 크고 작은 수많은 형질에서 통일성을 보이기 때문에 그들의 보편적인 체형과 다리의 모습이 하나의 조상에서 갈라져 나왔다는 사실을 의심할 수 없는 것이다. 물고기의 경우도 마찬가지이다.

강(綱)의 구성원은 종종 땅, 공기, 물 등 거의 비슷한 환경에서 살기 위해 연속적인 약간의 변형을 거쳐 적응했을 것이므로 우리는 서로 다른 강의 집단 내에서 간혹 수치상의 평행 현상〔다윈은 집단을 다시 집단으로 묶는 과정에서 특정한 수학적 양식이 나타나는 것처럼 보이는 상황을 설명하고자 이 말을 사용했다〕이 어떻게 나타나는지 이해할 수 있을 것이다. 어떤 강(綱)에서 이러한 성질의 평행 현상에 사로잡힌 박물학자는 다른 강에 포함된 집단의 가치를 인위적으로 올리거나 내림으로써—우리의 경험을 바탕으로 볼 때 이러한 가치매김은 지금까지 모두 인위적인 것이었다—평행 현상을 더 넓은 범위로 쉽게 확장할 수 있었다. 따라서 7, 5, 4 또는 3의 숫자를 이용한 분류도 있었을 것이다.

덩치가 큰 속에 포함된 우세 종의 변형된 후손들은 자신들의 이점을—이러한 이점이 있어서 집단의 크기는 더욱 커지며 그들의 부모를 우세하게 만드는 것이다—물려받을 가능성이 높으므로, 그들은 더 널리 퍼질 것이고 자연계의 질서에 따라 더 많은 지역을 차지하게 될 것이다. 더 크고 더 우세한 집단이 그 크기를 더욱 키울 것이고 결과적으로 작고 약한 다른 집단의 자리를 차지하게 될 것이다.

따라서 우리는 현재 살아 있든 절멸했든 모든 생물이 모두 몇 개의 커다란 목에 포함되는 이유를 설명할 수 있다. 강의 개수는 더 적을 것이며, 이 모든 것이 하나로 묶여 하나의 자연 분류체계가 만들어지는 것이다. 계급이 높은 집단일수록 개수가 적고 세상에 널리 퍼져 있기에, 오스트레일리아가 발견된 이후 오스트레일리아에서 새로운 목의 곤충이 단 하나도 추가되지 않았다는 사실은 놀랄 만하다. 그리고 후커 박사에게 들은 바에 따르면, 식물계에서도 오스트레일리아의 발견은 단지 덩치가 작은 두세 개의 목만 추가했을 뿐이다.

나는 지질학적 천이를 다룬 장에서 각 집단은 오랫동안 지속되는 변형 과정에서 그들의 형질이 일반적으로 점점 분기된다는 원리에 따라 오래된 생물이 현생 집단들 사이의 어느 정도 중간 형질을 띠고 있다는 것을 보이고자 했다. 중간 형질을 보이는 일부 오래된 중간형이 거의 변형되지 않은 오늘날의 후손을 남겨 간혹 기이한 집단을 만들 수도 있을 것이다. 내 이론에 따르면 한 생물이 기이하면 할수록 이들과 연결되어 있으면서 절멸된 생물의 수는 많을 것이다.

우리에게는 기이한 생물일수록 절멸의 위험이 높다는 것을 보여주는 증거가 있다. 왜냐하면 그들은 규모가 아주 작은 종에서 나타나는 것이 보통이며 이러한 종들은 서로 매우 다르고 이것은 절멸의 의미를 내포하는 것이기 때문이다. 예를 들어 오리너구리와 폐어는 하나의 종이 아닌 많은 종과 연결되어 있으므로 기이하다고 할 수 있다. 그러나 그러한 종이 많다는 것이 기이한 속이 많다는 것을 뜻하는 것은 아니다. 기이한 집단은 성공적인 경쟁자들에 의해 정복된 실패한 집단이라고 여겨야 한다고 나는 생각한다. 다만 매우 우호적인 환경에 놓이는 우연의 일치로 극히 일부 구성원들만이 보존된 것이다.

워터하우스는 한 집단에 속하는 구성원이 그 밖의 집단과 비슷한 형질을 띠고 있을 때, 대부분의 경우 이러한 친척관계는 특별한 것이 아니라 일반적인 것이라고 했다. 따라서 워터하우스에 따르면 모든 설치류 가운데 비스카차가 유대류와 가장 가까운 유연관계를 보인다고 한다. 그러나 유대류와의 연결은 일반적인 것이어서, 유대류의 특별한 종이 다른 종보다 이들과 더 가까운 것은 아니다.

비스카차가 유대류와 유사한 점은 적응에 의한 것이 아닌 실제의 것이므로, 내 이론에 따르면 이들 형질을 공통으로 물려받은 것이다. 그러므로 우리는 비스카차를 포함하는 모든 설치류가 현존하는 모든 유대류의 중간 형질을 보유했을 고대 유대류에서 갈라져 나왔거나, 설치류와 유대류가 모두 하나의 공통조상에서 갈라져 나온 뒤 두 집단 모두 많은 변형을 거치며 분기되었다고 추정해야 한다.

이 두 가지 견해에 따르면 비스카차가 다른 설치류보다 옛 선조의 형질을 더 많이 보유하고 있다고 생각할 수 있다. 따라서 이들은 현존 유대류의 어떤 특정한 한 종과 유연관계가 있는 것이 아니라 공통조상이나 유대류 조상의 형질을 일부 보유함으로써 유대류 전체와 간접적인 유연관계를 나타내는 것이다.

반면 워터하우스가 언급했듯이 모든 유대류 중에서 웜뱃〔오스트레일리아에 서식하는 유대류의 한 종류〕이 설치류를 닮았는데, 그것도 특별한 어느 한 종을 닮은 것이 아니라 설치류 전체의 일반적인 특징을 닮았다. 그렇지만 이 경우에 웜뱃이 보이는 유사성은 단지 상사(相以)적인 것으로, 설치류가 환경에 적응하면서 생긴 유사성이다. 오귀스탱 캉돌은 식물의 서로 다른 목에서 나타나는 유연관계의 성질과 관련해 거의 비슷한 관찰을 했다.

공통조상에서 유래된 종들이 유전에 의해 일부 형질을 공유하면서도 각각의 형질이 배가되고 점진적으로 분기하는 원리에 따라 우리는 과(科) 또는 그 상위 집단의 모든 구성원을 연결해주는 극도로 복잡하고 분기하는 유연관계를 이해할 수 있다. 절멸에 의해 갈라지고 여러 집단으로 나누어진 한 과의 공통조상이 자기 형질의 일부를 전달하고, 그것이 여러 가지 방식과 정도로 변형되었기 때문에, 몇몇 종은 여러 길이의 유연관계로 서로 연결될 것이다. 이러한 상황은 많은 학자들이 인용하는 그림에서도 잘 나타난다.

옛 귀족 가문의 수많은 친척 간 혈연관계는 가계도의 도움을 받아도 나타내기가 쉽지 않다. 사실 가계도가 없으면 파악 자체가 거의 불가능하다. 마찬가지로 박물학자가 그림의 도움을 받지 않으면 자연계의 커다란 강(綱)에 포함된 많은 현생종과 절멸종 사이의 다양한 유연관계를 묘사하기가 매우 어려울 것이라는 사실을 우리는 충분히 이해할 수 있다.

제4장에서 살펴보았듯이 각 강의 여러 집단 사이의 간극을 정의하고 넓히는 데 절멸은 큰 역할을 수행했다. 우리는 그런 식으로 모든 강의 차이를—예를 들어, 조류는 다른 모든 척추동물과 무엇이 다른가—설명할 수 있다. 이것이 가능한 근거는 많은 조상형이 완전히 사라졌다는 믿음이 있기 때문이다. 이러한 절멸을 통해 조류의 초기 조상은 다른 포유동물 여러 강의 초기 조상들과 연결되어 있었던 것이다.

어류와 양서류를 연결했던 생물들의 절멸은 정도가 덜한 편이었다. 다른 강에서는 그 정도가 훨씬 덜하다. 갑각류의 경우 놀라울 정도로 다양한 생물이 유연관계를 나타내는 길고 끊어진 사슬로 여전히 묶여 있다. 절멸은 다만 집단들을 분리했을 뿐, 절멸로 집단이 만들어진 것이 결코 아니다. 만약 이 지구상에 지금까지 살았던 모든 생물이 갑자기 다시 나타난다면 각 집단을 다른 집단과 구별할 수 있도록 각 집단을 정의한다는 것은 절대로 불가능할 것이다. 여전히 자연 분류, 적어도 자연스럽게 이들을 배열하는 것이야 가능하겠지만 이들은 현존하는 미세한 변종 사이의 차이만큼이나 미세한 단계로 서로 연결될 것이다.

다시 그림으로 돌아가서, A에서 L까지의 문자가 실루리아기의 11개 속을 나타낸다고 해보자. 이들 가운데 일부는 변형된 후손으로 이루어진 큰 집단을 만들었다. 이들 11개 속과 그들의 조상을 연결하는 모든 중간 단계 그리고 이들과 이들의 후손을 연결하는 모든 중간 단계가 여전히 생존하고 있다고 가정해보자. 그러면 이 연결은 미세한 변종 사이의 거리만큼이나 미세해질 것이다. 이 경우 여러 집단의 많은 구성원을 그들의 좀 더 중간적인 부모형과 구별하거나 이 부모형을 더 먼 미지의 조상과 구별할 수 있도록 정의하기란 불가능할 것이다.

그렇지만 그림에서 나타나는 자연 배열은 여전히 유효할 것이다. 그리고 유전의 원리에 따라 A 또는 I에서 유래된 모든 생물은 뭔가 공통적인 형질을 띠고 있을 것이다. 실제로는 두 가지가 다시 융합되는 일이 일어나겠지만 그림에서 우리는 각각의 가지를 구체적으로 구분할 수 있다. 전에도 말했듯이 우리는 여러 집단을 정의할 수는 없지만 크거나 작은 각 집단의 형질을 대표하는 기준 유형을 고를 수는 있다. 그리고 이 집단들이 보이는 차이에 대한 가치의 보편적인 개념을 제시할 수 있을 것이다.

만약 우리가 모든 시간과 모든 장소에서 이제껏 살았던 특정한 강(綱)의 모든 생물을 수집할 수 있다면 이러한 보편적인 개념을 제시하는 것이야말로 우리가 추구해야 할 길이다. 완벽하게 모든 것을 수집하기란 절대 불가능할 것이다. 그럼에도 일부 강(綱)의 경우에 우리는 이 방향으로 나아가는 경향이 있다. 최근 밀네드와르스는 저명한 학술지에서 기준 유형을 언급하면서, 기준 유형이 포함되는 집단을 분리하고 정의할 수 있는지 없는지를 떠나 기준 유형을 찾는 것이 아주 중요하다고 주장했다.

드디어 우리는 자연선택이 생존경쟁 때문에 일어나며 우세한 부모종에서 유래된 많은 후손의 절멸과 분기가 자연선택에 따라 필연적으로 일어난다는 사실을 알게 되었다. 또한 모든 생물의 유연관계, 즉 집단이 모여서 새로운 집단을 이루는 중요하고 보편적인 특징이 모두 자연선택으로 설명될 수 있다는 것을 보았다.

암컷과 수컷 그리고 모든 연령층의 개체들이 공통으로 보이는 형질이 거의 없어도 우리는 이들을 분류하는 과정에서 유래의 개념을 사용한다. 잘 알려진 변종을 분류하는 과정에서 이들이 부모종과 다를지라도 우리는 유래의 개념을 사용한다. 나는 이러한 유래의 개념이야말로 박물학자들이 자연 분류체계 아래에서 추구하는 숨겨진 연결고리라고 믿는다.

자연 분류체계가 완벽하다고 할 때 이러한 체계가 공통조상에서 갈라진 자손들 사이의 차이를 속·과·목 등의 용어로 표현하면서 그들의 혈통을 보여준다는 견해에 따라 우리는 우리의 분류에서 따라야만 하는 규칙을 이해하게 된다. 우리는 왜 어떤 유사점은 다른 유사점보다 더 중요하게 다루어지는지 이해할 수 있다. 우리는 왜 흔적기관이나 쓸모없는 기관, 또는 생리학적으로 하찮은 기능만 수행하는 기관을 분류에 이용하는지 그 이유를 이해할 수 있다. 우리는 한 집단을 별개의 다른 집단과 비교하면서 상사기관이나 적응형질을 배제한다. 적응형질은 동일 집단의 범주 안에서만 이용한다.

우리는 현존하는 모든 생물과 절멸한 모든 생물이 모두 하나의 거대한 계로 어떻게 묶일 수 있는지 잘 이해할 수 있다. 각 강(綱)의 여러 구성원이 매우 복잡하고 다양한 친척관계에 의해 어떻게 서로 연결되어 있는지 우리는 알고 있다. 한 계급의 구성원들 사이에 뒤엉켜 있는 유연관계는 절대로 풀리지 않을 것 같다. 그러나 우리가 명백한 견해를 갖고, 알지도 못하는 창조의 계획을 찾아 헤매지 않는다면, 적어도 느리게 일어나는 진보에 대한 확신을 품을 수는 있을 것이다.

형태학 우리는 한 집단의 구성원들이 그들의 생활습성에 관계없이 신체구성의 보편적인 계획에서 서로 닮았다는 것을 알고 있다. 이러한 유사성은 '기준 유형의 통일성'이라는 말로 표현되기도 한다. 또는 서로 다른 종의 여러 부위와 기관이 상동적이라는 말로 이러한 유사성을 나타내기도 한다. 이 모든 주제는 형태학이라는 보편적인 이름에 모두 포함될 수 있다. 이 분야는 박물학에서 가장 흥미로운 분야이며 나름대로의 독특한 영혼이 있다.

물건을 움켜잡는 사람의 손, 땅을 파는 두더지의 앞발, 말의 앞발, 돌고래의 앞지느러미, 박쥐의 날개는 모두 동일한 유형으로 만들어진 것으로서 상대적으로 동일한 위치에서 동일한 뼈로 구성되어 있는데, 이것보다 더 기이한 사례는 없을 것이다. 에티엔 제프루아 생틸레르는 상동기관의 상대적인 연결이 아주 중요하다고 단호하게 주장했다. 이 상동기관은 그 형태와 크기에서 상당히 큰 변형이 일어날 수 있지만 언제나 같은 순서로 연결되어 있다. 예를 들어 팔과 팔뚝의 뼈들이 뒤바뀌거나 허벅지와 종아리의 뼈들이 뒤바뀌는 경우는 절대로 존재하지 않는다. 따라서 아주 다른 동물에서 나타나는 상동성 뼈에 동일한 이름이 사용될 수 있는 것이다.

곤충의 입을 형성하는 구조에서도 이 놀라운 법칙은 똑같이 나타난다. 박각시나방의 긴 나선형 주둥이, 꿀벌이나 빈대의 구부러진 주둥이 그리고 딱정벌레의 거대한 턱보다 독특한 것은 없을 것이다. 이 기관들은 서로 다른 목적에 기여하지만, 윗입술, 위턱 그리고 두 쌍의 아래턱이 무수히 많은 변형을 거치며 만들어진 것이다. 갑각류의 입과 다리의 형성도 유사한 법칙이 지배하고 있다. 식물의 꽃도 마찬가지이다.

한 집단의 구성원들 사이에서 나타나는 유형의 유사성을 유용성이나 궁극적인 원인에 관한 원리로써 설명하는 것보다 어려운 일은 없을 것이다. 오언은 '다리의 성질'에 관한 그의 아주 흥미로운 저서에서 이러한 절망스러운 시도를 명백하게 인정하고 있다. 각각의 생물이 개별적으로 창조되었다는 통상의 견해를 따른다면, 우리는 창조자가 각각의 동물과 식물을 만들어서 기쁘기에 그렇게 했다고 말할 수 있을 뿐이다.

미세하고 연속적인 변형에 관한 자연선택설의 설명은 명백하다. 각각의 변형은 어떤 방식으로든 그 변형을 일으킨 개체에게 유익하지만 가끔은 성장의 상관원리에 따라 다른 신체 부위에도 영향을 끼친다. 이 본질이 변하면 원래의 유형을 변형시키거나 신체 부위를 변화시키는 경향이 줄어들거나 완전히 사라질 것이다.

팔다리의 뼈들은 한없이 짧아지고 넓어지다가 결국에는 두꺼운 막 속에 갇혀서 지느러미의 기능을 수행할 것이다. 발가락 사이에 막이 형성된 발은 모든 기본적인 뼈를 갖고 있으며, 전부 또는 일부 뼈들이 한없이 길어지고 이들 뼈를 연결하는 막도 한없이 늘어나 날개의 기능을 수행할 수 있다. 그렇지만 이렇게 엄청난 변형이 일어나면서도 뼈의 기본 설계와 신체부위의 상대적인 연결을 변형시키는 일은 일어나지 않는다.

과거에 살았던 모든 포유류의 조상이—원형이라고 불릴 수 있을 것 같다—갖고 있던 팔다리가 그때 존재하던 기준 유형에 따라 만들어졌다고 가정하자. 그러면 우리는 초기의 팔다리가 어떤 목적을 수행했는지를 떠나 집단 전체에 걸쳐 팔다리의 상동적 구조에 담긴 명백한 의미를 즉시 알아차릴 수 있다. 곤충의 입에 대해서도 우리는 그들의 공통조상이 윗입술, 위턱 그리고 두 쌍의 아래턱을 갖고 있었고 그 구조는 매우 단순했다고 가정해야 한다. 그 뒤에 일어난 곤충 입의 다양한 구조와 기능에 관해서는 자연선택이 모두 설명해줄 것이다.

그럼에도 불구하고 한 기관의 보편적 유형이 너무 불명료해서 특정 기관의 발육이 느려지고 결국은 완전한 발육부전으로 인해 여러 부위가 융합되거나 또는 다른 부위가 커짐으로써 마침내 사라졌을 수도 있다. 우리가 아는 변종들이 제한적이나마 그럴 가능성이 있다. 절멸한 거대 바다도마뱀의 물갈퀴, 또는 빨판이 있는 일부 갑각류의 입에서 보편적인 유형은 어느 정도 불명료하게 변했다.

이 주제 가운데 마찬가지로 기이한 분야가 있다. 즉 한 계급의 서로 다른 구성원의 동일 구조를 비교하는 것이 아니라 한 개체의 서로 다른 부위나 기관을 비교하는 것이다. 대부분의 생리학자들은 두개골을 이루는 뼈들이 그 수나 상대적인 연결구조로 보아 일부 척추골의 기본 구조와 상동성을 보인다고 믿고 있다. 척추동물과 관절동물의 각 구성원이 갖고 있는 앞발과 뒷발은 분명히 상동기관이다. 갑각류의 놀라울 정도로 복잡한 턱과 다리를 비교하면서 우리는 동일한 법칙을 본다.

꽃의 구성 요소 중에서 꽃받침 · 꽃잎 · 수술 · 암술의 본질적인 구조와 그들이 변형된 잎을 갖고 있다는 것뿐만 아니라 이들의 상대적인 위치가 원추형으로 배열되어 있다는 것은 잘 알려진 사실이다. 기형식물에서 우리는 종종 한 기관이 다른 기관으로 변화할 가능성이 있다는 직접적인 증거를 보게 된다. 사실 갑각류 유생이나 그 밖의 다른 동물들 그리고 식물에서 성숙하면 완전히 달라지는 기관들이 성장의 초기 단계에서는 완전히 똑같이 나타나는 사례를 관찰할 수 있다.

창조의 원래 견해에 따른다면 이것은 정말로 설명할 수 없는 것이다! 왜 뇌는 그렇게 많고 독특한 모양의 뼈로 이루어진 상자 속에 들어 있어야만 하는가? 오언이 언급했듯이 포유류의 분만에서 뼈가 분리되어 있을 때 생기는 이점을 근거로 동일한 설계로 이루어진 조류의 두개골을 설명하기란 절대로 불가능하다. 새의 날개와 박쥐의 다리를 이루기 위해 왜 비슷한 뼈들이 창조되어야 하는가? 그들이 완전하게 다른 목적을 수행하면서 말이다. 매우 복잡한 여러 세부 구조로 이루어진 입을 갖고 있는 갑각류는 왜 항상 다리의 개수가 적은가? 반대로 다리가 많은 갑각류는 왜 항상 단순한 입을 갖고 있는가? 어떤 꽃에서든 꽃받침 · 꽃잎 · 수술 · 암술은 아주 다양한 목적에 적응되어 있으면서도 왜 동일한 유형으로 만들어지는가?

자연선택설을 따른다면 우리는 이러한 질문에 만족스럽게 대답할 수 있다. 척추동물의 경우 우리는 척추골의 특정한 돌기와 가지가 동물에 따라 다양하다는 것을 알고 있다. 체절동물은 몸이 일련의 마디로 이루어져 있으며 마디마다 부속지가 뻗어 있다. 현화식물은 식물에 따라 잎의 나선상 배열이 다양하다는 점을 알 수 있다. 신체의 일부 구조가 반복적으로 나타나는 것은 오언이 말했듯이 변형이 적은 하등동물에서 보편적으로 나타나는 특징이다. 따라서 미지의 척추동물 조상이 많은 척추골을 갖고 있었고, 미지의 체절동물 조상이 많은 체절을 갖고 있었으며, 미지의 현화식물 조상이 나선형으로 배열된 많은 잎을 갖고 있었다고 상상하는 것은 자연스러운 일이다.

우리는 전에, 많이 반복되는 구조는 그 수와 구조가 쉽게 변할 수 있다는 사실을 살펴본 적이 있다. 따라서 오랫동안 지속된 변형과정에서 자연선택의 작용으로 특정한 개수의 원시적인 요소가 반복되며 아주 다양한 목적에 적응했을 가능성은 충분히 있다. 모든 변형은 미세한 연속 단계에 따라 일어나는 것이므로, 그러한 부위나 기관에서 강한 유전의 원리에 의해 보존되는 근본적인 유사성을 발견한다고 해서 놀랄 것은 없다.

거대한 연체동물강에서 한 종의 특정 부위와 상동구조인 다른 종의 구조를 찾아낼 수는 있지만, 우리가 보일 수 있는 일련의 상동성은 많지 않다. 즉 동일 개체에서 서로 다른 두 부위가 서로 상동구조라고 말할 수 있는 경우는 극히 드물다. 우리는 그 이유를 알고 있다. 왜냐하면 일반적인 동물계와 식물계에서는 반복구조가 흔하게 나타나지만, 연체동물의 경우 하등한 구성원조차도 신체의 어떤 부분이 많이 반복되는 경우는 거의 나타나지 않기 때문이다.

박물학자들은 종종 두개골이 척추골의 변형으로 형성된 것이라고 말한다. 마찬가지로 게의 집게발은 다리가 변형된 것이고 꽃의 수술과 암술은 잎이 변형된 것이라고 말한다. 그러나 헉슬리 교수가 언급했듯이 두개골과 척추골, 집게발과 다리 등의 경우에는 어느 하나의 구조가 변형되어 다른 구조가 만들어진 것이 아니라 이들이 모두 미지의 공통 요소에서 변형되어 만들어진 것이라고 하는 편이 더 옳을 듯하다.

그렇지만 박물학자들은 이러한 표현을 은유적인 의미로만 사용한다. 장구한 세월 동안 척추골이나 다리 같은 원시 기관이 실제로 변형되어 두개골이 되고 턱이 되었다는 의미와는 거리가 멀다. 그러나 이러한 성질의 변형이 너무 강하기 때문에 박물학자들은 이렇게 의미가 명백한 표현을 피하기 어려운 것이다. 내 견해에 따르면 이들 용어는 글자 그대로 사용될 수도 있다. 예를 들어 우리는 게의 집게발 같은 훌륭한 사례를 논의했다. 게의 집게발이 기나긴 세월을 거치면서 진짜 다리나 단순한 부속지로부터 변형되었다면 그들의 수많은 형질은 유전에 따라 유지되었을 것이다.

발생학 성숙해졌을 때 다양한 모양과 다양한 목적으로 사용되는 일부 기관이 배(胚) 시기에 아주 똑같다는 사실은 벌써 여러 번 언급되었다. 한 계급 내의 서로 다른 동물들의 배도 아주 비슷한 경우가 많다. 이 점과 관련해서는 아가시가 언급한 상황보다 더 훌륭한 증거는 없을 것이다. 아가시는 일부 척추동물의 배에 인식표 붙이는 것을 잊으면 그것이 포유류의 배인지, 조류의 배인지, 아니면 파충류의 배인지 구별할 수 없다고 했다. 나방이나 파리, 또는 딱정벌레 등의 길고 가는 유충은 성충에 견주어 훨씬 더 비슷하다. 그러나 이 유충들은 매우 활동적이며 나름대로의 특별한 생활방식에 적응되어 있다.

서로 닮은 배의 흔적은 때로 아주 오랫동안 지속된다. 따라서 같은 속의 새나 서로 다른 속이지만 유연관계가 깊은 경우 각각의 속에 포함된 새는 개똥지빠귀 집단의 점박이 깃털에서 보듯이 첫 번째 깃털이나 두 번째 깃털이 돋아날 때까지도 서로 비슷할 때가 많다. 고양잇과 동물들은 대부분 줄무늬가 있거나 점들이 줄을 지어 배열되어 있다. 어린 사자에게서도 줄무늬가 뚜렷하게 나타난다. 드물기는 하지만 식물에서도 비슷한 사례가 나타난다. 가시금작화의 어린 잎이나 헛잎이 있는 아카시아의 첫 번째 잎은 깃 모양이거나 콩과식물의 잎처럼 갈라져 있다.

한 계급 내에서 서로 다른 여러 동물의 배가 서로 닮은 모습을 보인다는 사실에서 중요한 것은 그들이 생활조건과 직접적인 관련이 없다는 것이다. 예를 들어 척추동물의 배에서 아가미 틈새 근처에 있는 특이한 고리 모양의 동맥은 어미의 자궁에서 영양을 받고 자라는 어린 포유류나 둥지에서 부화하는 조류의 알에서나 물에서 산란한 개구리의 알에서나 모두 비슷한 구조를 보이는데, 이들이 모두 비슷한 생활환경과 관련이 있다고 말할 수는 없다.

이러한 관계를 논하는 데서 사람의 팔뼈, 박쥐의 날개 그리고 돌고래의 지느러미 속에 존재하는 동일한 뼈가 비슷한 생활조건과 관련이 있다고 믿어야만 한다면 이것보다 더 어색한 일은 없을 것이다. 어린 사자에게 나타나는 줄무늬나 어린 지빠귀에게 나타나는 반점이 이 동물에게 어떤 기여를 한다거나 이들이 살고 있는 환경과 관련되어 있다고 상상할 사람은 아무도 없을 것이다.

그렇지만 배 발생의 어떤 단계가 활성화하고 스스로 이러한 형질이 나타났다면 얘기는 달라진다. 활성화의 시기는 삶의 초기에 올 수도 있고 후기에 올 수도 있다. 그러나 일단 활성화가 일어나면 생활조건에 대한 유충의 적응은 성체의 적응만큼이나 완벽하고 아름답게 일어난다. 이렇게 특별한 적응의 관점에서 보면 서로 다른 곤충의 유충이 비슷하고 유연관계가 있는 동물들의 배가 비슷하다는 사실이 매우 불명료할 때가 있다. 일부 종이나 집단은 그들의 유충이 너무 달라서, 심지어는 성체들이 보이는 차이보다 유충들의 차이가 더 큰 경우도 있다.

그렇지만 대부분의 경우 유충이 아무리 활발하다고 해도 배 발생 단계는 비슷하다는 보편적인 법칙을 어느 정도 따르고 있다. 만각류는 아주 훌륭한 사례가 된다. 저명한 퀴비에도 따개비가 갑각류라는 사실을 알아차리지 못했다. 그러나 따개비의 유생을 관찰한다면 이것은 틀림없는 사실이다. 만각류의 주요한 두 집단인 자루형과 착생형은 외부 구조가 크게 다르지만 이들의 유생은 그 발달 단계를 따라 거의 구별되지 않는다.

조직화가 많이 이루어졌는지 적게 이루어졌는지 그 높낮이를 명쾌하게 정의하기가 거의 불가능하다는 사실을 잘 알지만, 발생 과정에서 배는 대부분 조직화가 증가한다. 나비가 애벌레보다 더 높은 조직화를 보인다는 사실을 문제 삼을 사람은 없을 것이다. 그렇지만 일부 기생 갑각류처럼 성체가 유생보다 더 낮은 조직화를 보이는 경우도 있다.

만각류의 제1단계 유생은 세 쌍의 다리, 매우 단순한 하나의 눈, 길게 돌출된 입을 갖고 있다. 이 시기의 유생은 크기가 많이 커지기 때문에 꽤 많은 양의 먹이를 섭취한다. 나비의 번데기 시기와 마찬가지인 제2단계에 들어서면 만각류 유생들은 헤엄치기에 적합하도록 아름답게 만들어진 여섯 쌍의 다리, 한 쌍의 거대한 겹눈, 극도로 복잡한 더듬이를 갖게 되지만, 입은 닫히고 불완전해지며 먹이를 먹을 수 없게 된다. 이 시기 유생들은 기능이 잘 발달된 감각기관을 갖추고 탐색 기능과 활발한 헤엄치기 능력을 이용해 적당한 장소를 찾는 것이다. 적당한 장소를 찾으면 이들은 그곳에 부착되어 모습을 마지막으로 변화시킨다.

이러한 과정이 끝나면 그들은 평생을 고착된 상태로 살아간다. 그들의 다리는 물건을 잡을 수 있는 기관으로 변형되고 입은 다시 잘 발달된 상태로 활성화한다. 그러나 더듬이는 사라지고 두 개의 겹눈은 작고 간단한 하나의 안점으로 변형된다. 이 마지막 완성의 단계에서 만각류는 유생 단계와 비교하면 조직화가 더 높아졌다고 할 수도 있을 것 같고 더 낮아졌다고 할 수도 있을 것 같다.

그러나 일부 속은 유생이 원래 구조를 그대로 갖춘 암수한몸으로 변형되기도 하고 상호보완적인 수컷으로 변형된다고 말한 적이 있다. 이 나중의 경우 발생과정은 틀림없이 퇴보를 일으킨 것이 확실하다. 왜냐하면 이 수컷은 단순한 자루에 불과하고 수명도 짧으며, 생식기관을 제외한 입이나 위 또는 그 밖의 중요한 기관이 모두 사라지기 때문이다.

우리는 배와 성체의 구조적 차이를 보는 데 너무 익숙해져 있다. 마찬가지로 동일한 강의 서로 다른 여러 동물의 배가 너무 비슷하다는 사실도 잘 알려져 있다. 따라서 우리는 이러한 사실이 발생과정에서 반드시 일어나는 우발적인 일이라고 여길지도 모르겠다. 그러나 박쥐나 돌고래의 배가 발생하는 시기에 날개나 지느러미 같은 구조가 나타나자마자 신체의 다른 부위와 그 비율이 달라지는 이유를 우리는 뚜렷이 댈 수가 없다.

그리고 배의 구조가 성체와 크게 다르지 않은 경우도 일부 동물 집단에서 관찰된다. 오언은 오징어에 대해서 다음과 같이 말했다. "변태는 일어나지 않는다. 두족류 고유의 형질은 배의 여러 부위가 완성되기 이미 오래전에 뚜렷하게 나타난다. 거미의 경우에도 변태라고 불릴 만한 과정은 일어나지 않는다." 곤충의 유충은 아주 다양하고 활동적인 습성에 적응했든 아니면 완전히 영양 섭취만을 추구하든 모두 벌레 같은 발생 단계를 거친다. 그러나 드물기는 하지만 예외도 있다. 헉슬리 교수는 진디의 발생과정을 아주 훌륭하게 묘사했는데, 벌레 같은 단계는 전혀 관찰되지 않는다.

우리는 지금까지 배와 성체의 구조가 일반적으로 차이를 보인다는 사실을 살펴보았다. 성체에서는 구조도 다르고 기능도 다른 부위가 배 발생 시기에는 구조가 아주 비슷하다는 사실도 논의했다. 또한 동일한 강에 속하는 서로 다른 종들의 배가 활동하는 경우를 제외하고는 일반적으로 서로 닮았다고 했다. 그리고 성체보다 배가 더 높은 조직화를 보이는 경우도 살펴보았다. 그렇다면 이 모든 것을 우리는 어떻게 설명해야 하는가? 나는 이러한 모든 사실들이 변이 수반 유래설로 설명될 수 있다고 믿는다.

발생 초기 단계의 기형은 배에 영향을 주듯이 발생의 초기 단계에서는 미세한 변이가 필연적으로 나타난다. 그러나 이 주제에 대한 증거는 부족하다. 사실 증거들은 다른 방향을 가리키고 있다. 왜냐하면 소, 말 그리고 여러 애완동물 육종가들도 동물이 태어나고 일정한 시간이 지나기 전까지는 어떤 장점이 나타날지 전혀 알 수 없기 때문이다.

아이들을 보면 이러한 사실을 명백하게 알 수 있다. 우리는 아이들이 나중에 키가 클지 아닐지 항상 알지는 못한다. 체형이 어떻게 만들어질지 알 수가 없다. 삶의 어느 시기에 특정한 변이가 원인이 되었는지가 문제가 아니라 어느 시기에 충분히 발현되었는지가 문제이다. 이 원인은 배가 형성되기 전에도 작용했을 것이다. 변이는 암컷이나 수컷 또는 그들의 조상이 노출되었던 환경에서 영향을 받는 암컷과 수컷의 성적 요소 때문에 일어날 것이다.

그럼에도 배에서 일어난 변화의 효과가 삶의 늦은 시기에 나타날 수 있다. 예를 들어 부모 한쪽의 생식 요소로부터 후손에게 전달된 유전질환이 삶의 늦은 시기에 발현되는 경우를 생각해볼 수 있다. 또는 두 품종의 교잡으로 태어난 소의 뿔은 양쪽 부모의 뿔 모습에서 영향을 받는다. 어미의 자궁 속에 머무르거나 알 속에 있거나 또는 부모의 보살핌을 받으며 영양을 제공받는 한, 어린 동물의 삶을 위해 대부분의 형질이 매우 어린 시기에 충분히 발현되는 것은 전혀 중요하지 않다. 예를 들어 부리가 길어서 먹이를 잘 얻는 새의 경우, 그 부모가 제공하는 먹이로 살아가는 어린 새끼에게 부리의 길이는 중요한 의미가 없을 것이다.

그러므로 각각의 종을 오늘에 이르게 한 많은 연속적 변이가 삶의 아주 이른 초기가 아닌 시기에 일어났을 가능성이 충분히 있다고 결론을 내리고 싶다. 가축에게서 직접 관찰되는 일부 증거가 이 견해를 지지하고 있다. 그러나 또 다른 사례에서는 연속적인 변형이 발생의 아주 이른 시기에 나타나기도 한다.

나는 제1장에서 부모의 특정 시기에 처음으로 나타나는 형질은 후손에게서도 해당 시기에 나타나기 쉽다는 것을 보여주는 증거가 있다고 했다. 일부 변이는 반드시 해당하는 시기에만 나타난다. 예를 들어 누에의 애벌레, 번데기 그리고 성충이 보여주는 특이한 형질이나 거의 다 자란 소의 뿔의 특이한 형질은 해당하는 시기에만 나타난다. 그러나 중요한 것은 어린 시기에 나타나는 변이나 늦은 시기에 나타나는 변이는 모두 부모와 후손에게서 대부분 동일한 시기에 나타난다는 사실이다. 이것이 절대불변의 법칙이라는 의미는 절대 아니다. 부모에게서 일어났던 시기와 비교해 자손에게서는 더 이른 시기에 일어나는 변이와 관련된 수많은 사례를 제시할 수 있다.

이 두 가지 원리가 옳다고 가정한다면 이들은 위에서 언급한 배 발생의 모든 사례를 설명할 수 있을 것이라고 나는 믿는다. 그러나 먼저 가축 변종에서 나타나는 몇 가지 유사한 사례를 살펴보도록 하자. 개를 연구한 일부 학자들은 그레이하운드와 불독이 외양은 다르지만 아주 가까운 변종이며 한 야생 조상에게서 유래되었다고 주장한다. 그래서 나는 그 두 변종의 강아지들이 어떻게 그렇게 다를 수 있는지 의아해했다.

육종가들은 강아지들이 다 자란 개들이 보이는 차이만큼 차이를 보인다고 했다. 육안으로 보면 이것은 거의 옳은 언급인 듯하다. 그러나 다 자란 개와 생후 6일 된 강아지를 실측해본 결과 강아지에게서 다 자란 개의 비율이 관찰되지는 않았다. 나는 마차를 끄는 말과 경주마 새끼들이 성체들과 비슷한 정도의 차이를 보인다는 말을 듣고는 많이 놀랐다. 왜냐하면 나는 이 두 품종의 차이가 모두 인위선택의 결과라고 생각했기 때문이다. 그러나 경주마와 마차를 끄는 말의 어미와 생후 3일 된 망아지를 실측해본 결과 망아지에게서는 어미의 비율이 절대로 나오지 않는다는 사실을 알았다.

여러 품종의 가축 비둘기가 하나의 야생종에서 유래되었다는 증거가 내게는 확실해 보인다. 그래서 나는 부화한 지 12시간이 지나지 않은 여러 품종의 어린 비둘기들을 비교했다. 여기에 자세한 자료를 제시하지는 않겠지만 나는 야생종, 파우터 집비둘기, 공작비둘기, 집비둘기, 수염 비둘기, 용비둘기, 전서구, 공중제비 비둘기를 대상으로 그들의 부리, 입의 폭, 콧구멍과 눈꺼풀의 길이, 발바닥의 크기와 발의 길이 등 여러 비율을 조심스럽게 측정했다. 이들 비둘기 가운데 일부는 다 성장했을 때 부리의 길이와 모양이 아주 달랐기 때문에, 그들이 모두 자연에서 만들어진 종이었다면 나는 그들을 서로 다른 속에 포함시켰을 것이다.

그러나 이들 품종의 갓 깬 어린 새들을 한 줄로 세워놓는다면 비록 서로 차이를 보이기는 하지만 위에서 언급한 여러 부위의 비율은 다 자란 성체에서 측정되는 비율보다 비교가 되지 않을 만큼 적었다. 입의 넓이 같은 특징적인 구조는 어린 새끼에게서 거의 차이를 보이지 않았다. 그러나 이 규칙에 놀랄 만한 예외가 한 가지 있다. 예를 들어 짧은 얼굴 공중제비 비둘기의 어린 새끼는 야생의 양비둘기나 그 밖의 다른 품종의 어린 새끼와 모든 비율에서 차이를 보이는데, 성체를 비교했을 때 나타나는 비율 정도로 그 차이가 뚜렷했다.

위에서 제시한 두 가지 원리로 가축들의 배 발생 후기 단계에 대한 여러 가지 사실을 설명할 수 있을 것으로 보인다. 육종가는 교배용 말, 개, 비둘기를 그들이 다 자랐을 때 고른다. 육종가는 다 자란 성체가 자신이 원하는 형질을 띠고 있기만 하다면 그 형질이 삶의 이른 시기에 얻어진 것인지 늦은 시기에 얻어진 것인지 신경 쓰지 않는다.

이제 막 언급한 사례들, 특히 비둘기의 사례는 각 품종의 고유한 특징과 이러한 특징이 인간의 선택에 따라 축적됨을 잘 보여주는 것 같다. 이러한 특징은 보통 삶의 어린 시기에는 잘 나타나지 않으며, 그렇게 이르지 않은 해당 시기의 자손에게 유전되는 것이다. 그러나 부화한 지 12시간 만에 제 비율을 갖추는 짧은 얼굴 공중제비 비둘기의 사례는 이것이 보편적인 규칙은 아니라는 것을 보여준다. 왜냐하면 이 경우 형질의 차이가 보통보다 이른 시기에 나타나거나, 그것이 아니라면 차이가 이른 시기로 유전되었음이 틀림없기 때문이다.

자, 이제 이러한 사례들과 전술한 두 가지 원리를—증명된 것은 아니지만 어느 정도 가능성이 있다—자연 상태의 종에게 적용해보자. 조류 한 속을 생각해보자. 내 이론에 따르면 이 집단의 새들은 모두 하나의 부모종에게서 유래되었으며 다양한 조건에서 살아가며 자연선택을 통해 변형된 집단이다. 삶의 비교적 늦은 시기에 일어나고 해당하는 나이에서 발현되는 연속적 단계의 수많은 변이로부터 새로운 종의 어린 새끼들은 부모보다는 다른 종의 어린 개체들과 더욱 많이 닮았다. 이미 살펴본 비둘기의 사례와 비슷하다.

이러한 견해는 전체 과나 심지어 전체 강으로 확장할 수 있을 것이다. 예를 들어 다리로 작용하던 조상의 앞다리는 긴 변형과정을 거치면서 어떤 한 자손은 손, 어떤 자손은 지느러미 발, 또 다른 어떤 자손의 경우에는 날개의 기능을 수행하도록 적응되었을 수 있다. 앞의 두 가지 원리, 즉 비교적 늦은 나이에 일어나는 연속적인 변형이 해당하는 늦은 나이로 유전된다는 원리에 따르면 부모종에게서 유래된 여러 후손의 배에서 관찰되는 앞다리가 아직은 변하지 않았기에 매우 닮은 모습을 보일 것이다.

그러나 각각의 종에서 배의 앞다리는 다 자란 성체의 앞다리와는 크게 다를 것이다. 성체의 사지는 자라면서 더욱 변형되어 손, 앞지느러미 또는 날개로 변한 것이다. 오랫동안 지속된 연습이나 한 손의 사용과 다른 손의 비사용이 한 기관의 변형에 끼치는 영향이 무엇이든 주로 다 자란 성체에 영향을 끼친다. 즉 성체가 되어야 충분한 효과가 나타나며, 그렇게 만들어진 효과는 해당하는 나이의 후손에게 전달되는 것이다. 반면 어린 개체들은 용불용의 효과 때문에 변형되지 않거나 약간만 변형된 채 남아 있게 될 것이다.

때로는 우리가 전혀 모르는 원인에 의해서 연속적인 단계의 변이가 매우 이른 시기에 나타나기도 한다. 즉 각각의 단계가 그 형질이 처음으로 나타났던 시기보다 더 이른 시기에 나타날 수도 있는 것이다. 어떤 경우건 (짧은 얼굴 공중제비 비둘기의 경우처럼) 배가 다 자란 성체와 아주 비슷할 때도 있다. 일부 동물의 경우에는 전체 집단이 모두 이 규칙으로 발생이 이루어진다는 것을 우리는 알고 있다. 오징어와 거미에서 이러한 규칙이 나타나고, 진디와 같은 거대 곤충강의 일부 구성원도 이 규칙을 따르고 있다.

변태가 일어나지 않거나 초기 발생 단계부터 성체 시기까지 매우 유사한 모습을 띠는 결정적인 원인에 대해 우리는 다음과 같은 우발적인 두 가지 사건이 작용했음을 알 수 있다. 여러 세대 동안 변형의 과정에 있는 어린 개체에서 일어나는 것이 첫째인데, 이들은 발생의 이른 시기에 그들의 요구를 나타내야만 한다. 둘째는 부모들과 정확하게 동일한 습성에서 나타나는 것이다. 이것은 종의 생존에 절대 필요한 것이어서 생활조건이 비슷한 어린 시기에 성체의 모습이 미리 갖춰져야 하는 것이다.

변태과정을 겪지 않는 배에 관한 설명도 필요할 것 같다. 만약 어린 개체가 성체와는 조금이라도 다른 환경에서 생활하는 것이 도움이 되어 구조가 조금 달라졌다면, 해당하는 나이로 전달되는 유전의 원리에 따라 활동적인 어린 개체나 유충은 자연선택을 통해 성체와는 조금이라도 차이를 보였을 것이다. 또한 그러한 차이는 연속적인 발생 단계와 상관되어 있을 것이다. 따라서 첫 번째 단계의 유충은 두 번째 단계의 유충과 크게 달랐을 것이다. 이것은 만각류에서 잘 나타난다. 성체가 특정한 장소나 환경에 적응되면서 이동기관이나 감각기관 또는 그 밖의 다른 기관이 쓸모없어졌을 수도 있다. 이 경우 마지막 변태과정은 반대 방향으로 향하는 역행의 과정을 보여준다.

절멸한 종이든 현존하는 종이든 이 지구상에 살았거나 살고 있는 모든 생물은 하나로 묶을 수 있다. 생물은 미세한 단계적 변화로 모두 연결되어 있기 때문에 만약 우리가 모든 생물의 표본을 얻을 수만 있다면 최상의 배열, 아니, 유일한 배열은 혈통을 고려한 배열이 되어야 할 것이다. 자연 분류체계를 따르는 박물학자들이 찾고 있는 숨겨진 연결고리는 바로 이 혈통을 의미한다고 생각한다. 대부분의 박물학자들 시각에서 배의 구조가 성체의 구조보다 왜 중요한지 우리는 이 견해를 바탕으로 이해할 수 있다. 배는 덜 변형된 상태에 있는 동물이자 그들의 조상이 취하고 있던 구조를 알려주기 때문이다.

두 집단의 동물이 현재 구조나 습성에서 아무리 큰 차이를 보이더라도 배의 시기로 되돌리면 이들이 모두 동일하거나 아주 비슷한 부모에게서 유래되었다는 확신을 얻게 된다. 즉 매우 밀접한 유연관계를 보이는 것이다. 그러므로 배의 구조에 따른 공동체는 혈통의 공동체를 드러낸다. 성체의 구조가 아무리 많이 변형되고 애매하게 변했을지라도 배의 구조는 혈통의 공동체를 보여주는 것이다. 예를 들어 우리는 만각류의 유생을 통해 이들 만각류가 거대한 갑각강에 속해 있다는 것을 알 수 있다. 각각의 종이나 종집단에서 관찰되는 배의 상태가 덜 변형된 조상의 구조를 부분적으로 보여주기 때문에, 우리는 절멸된 조상의 모습이 그 후손인 현생종의 배와 비슷해야만 하는 이유를 이해할 수 있다.

아가시는 이것이 자연의 법칙이라고 믿고 있다. 그러나 내 유일한 소망은 미래에 이 법칙이 옳다는 것이 밝혀지는 것이라고 고백해야 할 것 같다. 이러한 사례를 토대로 지금은 배에서 나타나는 것으로 여겨지는 과거의 상태가 매우 어린 시기에 일어난 긴 변형의 과정에서도, 또 처음으로 출현한 시기보다 더 어린 시기로 유전되는 변이를 겪으면서도 사라지지 않았다는 것을 증명할 수 있다. 또 명심해야 할 점은 과거 조상의 모습과 현재 배의 모습이 닮았다는 이 가상의 법칙은 옳을 수도 있지만 혈통의 기록들이 아주 먼 옛날로 확장될 수 없기 때문에 아주 오랫동안 밝혀지지 않을 수도 있다는 것이다. 어쩌면 영원히 밝혀지지 않을지도 모르겠다.

그러므로 박물학에서 둘째가라면 서러울 발생학의 주요한 사례들은 하나의 공통조상에서 유래된 수많은 후손들에게서 매우 어린 시기에 원인이 되어 해당하는 나이로 전달되는 미세한 변형의 원리로 설명되었다고 생각한다. 우리가 배의 모습에서 다소 모호하긴 하지만 각 집단의 공통조상의 모습을 추구할 때, 발생학에 대한 관심은 크게 증가할 것이다.

흔적기관, 발육이 부실하거나 멈춘 기관 이 기이한 상태의 기관이나 부위는 무용지물의 표시이며 자연계에서 아주 흔하게 관찰되는 현상이다. 예를 들어, 포유류 수컷의 흔적 유방은 매우 보편적으로 관찰된다. 나는 조류의 날개 앞쪽에서 관찰되는 '작은 날개'는 손가락 하나가 흔적으로 보이는 것이라고 생각한다. 많은 종류의 뱀들에서는 허파의 한쪽 엽이 흔적으로 남아 있다. 또 다른 일부 뱀들에서는 골반과 뒷다리가 흔적으로 남아 있다.

일부 흔적기관은 정말로 기이하다. 예를 들어 고래의 태아는 이빨을 갖고 있는데, 성장하면서 이빨이 사라진다. 태어나기 전 송아지의 위턱에는 잇몸 속에 이빨이 자리 잡고 있다. 일부 조류는 배 시기에 부리에 이빨의 흔적이 나타난다는 보고도 있다. 날개가 비행을 위해 형성된다는 것보다 더 명백한 사실은 없을 것이다. 그러나 우리는 아주 많은 곤충에서 날개의 크기가 줄어들어 전혀 비행에 이용되지 못하고 겉날개 속에 자리 잡고 있지도 않으며 함께 결합되어 있는 경우를 알고 있다.

흔적기관의 의미는 종종 아주 명백하다. 예를 들어 한 속, 또는 한 종의 두 딱정벌레가 대부분의 특징에서 많이 닮았지만 하나는 충분히 큰 날개를 갖고 있고 다른 하나에서는 막의 흔적만이 나타날 때, 그 흔적 부위가 날개를 나타낸다는 사실을 의심하기는 어려울 것 같다. 흔적기관도 때로는 잠재력을 갖고 있는 경우가 있다. 그저 발달하지 않았을 뿐이다. 수컷 포유류의 유방이 예가 될 것 같다. 왜냐하면 다 자란 수컷에서 젖을 분비하는 잘 발달된 유방이 여러 차례 보고되었기 때문이다. 일반적으로 소속(屬)의 동물들은 네 개의 발달된 젖꼭지와 두 개의 흔적 젖꼭지를 갖고 있지만, 우리가 가축으로 키우는 소는 그 두 개의 젖꼭지까지 발달해서 우유를 분비하는 경우가 있다.

한 종의 식물에서 개체에 따라 꽃잎이 흔적으로 나타나는 경우도 있고 잘 발달되는 경우도 있다. 암수가 분리된 식물에서는 수꽃의 암술이 흔적으로 남아 있는 경우가 있다. 쾰로이터는 그러한 수꽃 식물을 자웅동체 종과 교배해서 얻은 자손을 조사해 암술의 크기가 길어진 것을 관찰했다. 이것은 흔적 암술이든 완벽한 암술이든 본질은 똑같다는 것을 보여준다.

두 가지 목적으로 사용되는 기관이 더욱 중요할 수도 있는 한 가지 기능을 완전히 잃고, 다른 한 가지 기능에서는 충분히 역할을 하는 경우가 있다. 식물에서 암술의 임무는 꽃가루관이 아래쪽 씨방 속의 밑씨에 잘 도달할 수 있도록 통로를 제공하는 것이다. 암술의 암술대 위에는 암술머리가 있다. 그런데 국화과 일부에서 수컷 통꽃은 암술 흔적을 갖고 있지만 암술머리가 없어서 수분이 일어나지는 않는다. 그러나 암술대는 잘 발달되어 있고 다른 국화과 식물과 마찬가지로 솜털로 덮여 있다. 이 솜털은 주변의 꽃밥에서 꽃가루를 털어내는 목적을 갖고 있다.

한편, 기관이 퇴화하면서 본래의 목적을 수행하는 대신 전혀 다른 별개의 목적을 위해 사용되는 경우도 있다. 물고기의 부레는 부력을 제공하는 것이 본래 목적이었지만, 일부 물고기에서는 미성숙한 호흡기관, 즉 허파로 작용하기도 한다. 비슷한 사례들을 더 제시할 수도 있다.

한 종의 여러 개체에서 나타나는 흔적기관은 발달의 정도나 그 밖의 점에서 아주 변이가 심하다. 더구나 매우 가까운 유연관계를 보이는 종에서 동일한 기관이 흔적기관으로 나타나는 정도는 종종 크게 다르다. 이 마지막 사례는 일부 집단의 나방 암컷 날개에서 잘 나타난다.

흔적기관이 전혀 발육되지 않는 경우도 있다. 그리고 이것은 우리가 동식물에서 한 기관의 흔적을 전혀 찾을 수 없다는 것을 뜻한다. 우리는 이러한 상황을 유추해서 기형인 개체를 찾고자 할 수도 있으며 실제로 이러한 기형의 생물이 종종 발견되기도 한다. 따라서 금어초에서 다섯 번째 수술의 흔적이 보통은 발견되지 않지만 때로는 나타나기도 한다. 한 강에 속하는 여러 구성원의 동일한 부위가 어떠한 상동성을 보이는지 조사하는 과정에서 흔적기관의 사용과 그 발견만큼 더 일반적이고 필요한 것은 없을 것이다. 이것은 말과 소와 코뿔소의 다리뼈를 그린 오언의 그림에서 잘 나타난다.

고래와 반추동물의 위턱에서 나타나는 이빨과 같은 흔적기관이 배에서는 나타나지만 나중에 완전히 사라진다는 것은 매우 중요한 사실이다. 나는 배에서 관찰되는 흔적기관이 성체의 흔적기관에 견주어 주변 부위보다 상대적으로 크다는 사실은 상당히 보편성이 있다고 믿는다. 따라서 이러한 배의 기관은 상대적으로 흔적의 정도가 덜하거나 흔적기관이라고 여길 수 없을 수도 있을 것이다. 또한 성체의 흔적기관은 배에서 보였던 상태를 그대로 간직하고 있다고 볼 수도 있을 것이다.

나는 흔적기관에 관해 잘 알려진 사례들을 제시했다. 그 사례들을 곰곰이 생각해보면 하나하나가 모두 깜짝 놀랄 만하다. 왜냐하면 대부분의 기관이 특별한 목적에 절묘하게 적응되었다는 것을 알려주는 우리의 사고력은 이들 흔적기관, 즉 발육이 일어나지 않은 기관들이 불완전하고 쓸모없다는 것을 마찬가지로 알려주기 때문이다.

박물학 연구에서 흔적기관은 대개 '균형을 위해서' 또는 '자연의 계획을 완성하기 위해서' 만들어졌다고 언급된다. 그러나 이것은 아무런 설명도 되지 않는 것 같다. 이러한 말은 사실을 그저 고쳐 말하고 있을 뿐이다. 행성이 태양의 둘레를 타원을 그리며 돌기 때문에 균형을 맞추고 자연의 계획을 완성하기 위해 위성도 행성의 둘레를 같은 방식으로 돌고 있다고 설명하는 것이 충분하다고 생각해야 하는가?

탁월한 생리학자 한 분이 흔적기관의 존재를 다음과 같이 설명했다. 즉 이들 기관이 물질을 과도하게 분비하거나 해로울 정도로 분비한다고 가정하자는 것이다. 그러나 종종 수꽃에 존재하는 암술로 비유되기도 하는 간단한 세포 조직인 수컷 포유류의 미세한 젖꼭지가 그러한 작용을 한다고 가정할 수 있는 것인가? 소의 배에서 나타나는 흔적 치아는 나중에 흡수되어 사라지는데, 이 흔적 치아가 인산석회를 분비해 송아지의 빠른 성장에 도움을 준다고 가정해야 하는 것인가?

인간의 손가락이 절단되었을 때 잘라진 자리에서 불완전하게 생긴 손톱이 나타나는 경우가 있다. 나는 이렇게 손톱의 흔적이 나타나는 것은 미지의 성장 원리에서가 아니라 각질의 물질을 분비하기 위해서라고 믿는다. 바다소의 지느러미에 나타나는 손톱의 흔적이 이 목적으로 형성되는 것과 같은 원리이다.

나의 변이 수반 유래설에 따르면 흔적기관의 기원은 아주 간단하다. 가축에서 흔적기관의 사례는 엄청나게 많다. 꼬리가 없는 품종에서 꼬리의 그루터기가 나타나고, 귀가 없는 품종에서 귀의 흔적이 나타나고, 뿔이 없는 소의 품종에서 작고 매달린 듯한 뿔이 나타나는 경우도 있다. 유아트에 따르면 어린 소의 경우에 이런 현상이 잘 나타난다고 한다. 콜리플라워〔양귀비목 겨자과의 한두해살이풀〕의 전체 꽃도 흔적의 상태에 해당한다. 기형 동물의 여러 부위도 흔적인 경우가 있다. 그러나 나는 이 가운데 어떠한 사례도 자연 상태에서 흔적기관이 형성되는 것을 보여주는 것 외에 흔적기관의 기원에 대한 실마리를 준다고는 생각하지 않는다. 왜냐하면 나는 종이 자연에서 갑작스러운 변화를 겪는다고는 생각하지 않기 때문이다.

나는 기관의 쓰이지 않음이 주요한 작용을 한다고 생각한다. 즉 불용(不用)은 세대를 거치면서 여러 기관의 점진적인 퇴화를 일으켜 흔적기관으로 변화시킨다. 어두운 동굴에서 사는 동물의 눈, 대양의 섬에 살면서 거의 날 필요가 없어 결국에는 비행능력을 잃는 새의 날개가 그 사례가 될 것이다. 특정한 조건에서 유용한 기관은 다른 조건에서 해가 되기도 한다. 작고 노출된 섬에 사는 딱정벌레의 날개가 그 예가 될 것이다. 이때 자연선택은 기관을 계속 퇴화시켜서 결국에는 아무런 해가 없는 흔적기관으로 만들 것이다.

극히 작은 단계에 의해 만들어진 기능의 변화는 모두 자연선택의 영향을 받는다. 따라서 생활습성이 변하면서 한 가지 목적에 쓸모가 없거나 해를 끼치게 된 기관은 쉽게 변형되어 다른 목적에 사용될 것이다. 또는 한 기관이 이전 기능을 유지할 수도 있을 것이다. 쓸모없어진 기관은 쉽게 변할 것이다. 왜냐하면 이러한 기관에 일어난 변이는 자연선택에 의해 저지되지 않기 때문이다.

불용과 선택이 기관을 축소시키는 시기가 언제이건 대부분 개체가 성숙해서 그 기능이 최고조에 달했을 때이다. 해당하는 나이로 유전되는 원리에 따라 동일한 나이에 축소된 기관이 만들어질 것이다. 결과적으로 배 시기에는 기관 축소의 영향을 덜 받는 것이다. 따라서 우리는 배에서 흔적기관의 상대적인 크기가 클수록 성체에서는 그들의 상대적인 크기가 작다는 것을 이해할 수 있다.

그러나 축소가 일어나는 과정의 각 단계가 해당하는 나이로 유전되는 것이 아니라 아주 이른 시기로 유전된다면(이것이 가능하다는 것을 보여주는 훌륭한 근거들이 있다) 흔적기관은 완전히 사라지는 경향을 띨 수도 있으며 이것은 전혀 발육이 일어나지 않는 사례가 될 것이다. 이전 장에서 설명한 효율성에 관한 원리는, 한 구조가 그 소유자에게 필요 없어질 경우 그 구조를 이루는 물질이 사용되지 않고 절약된다는 것이다.

그 결과 흔적기관이 완전히 사라지는 경향이 생겨날 것이다.

흔적기관이 존재하는 이유는 이렇게 오랫동안 존재했던 부위의 유전 과정에서 일어나므로 우리는 분류의 계통적 견해에 따라 왜 계통분류학자들이 흔적기관을 생리학적으로 아주 중요한 기관으로 취급하며, 간혹 더욱더 중요하게 취급하는지 그 이유를 이해할 수 있게 된다. 흔적기관은 단어에 여전히 쓰이지만 발음에는 기여하지 않는 철자, 그렇지만 단어의 유래를 찾는 데는 중요한 단서가 되는 철자에 견줄 수 있을 것이다. 흔적적이고 불완전하며 쓸모없는, 또는 완전히 발육이 멈춘 기관의 존재를 원래의 창조설로 해석하기는 어렵다. 그러나 만약 우리가 변이 수반 유래설을 따른다면 이들 기관의 존재는 기이한 어려움을 주기는커녕 오히려 당연히 예견되는 상황이며 유전의 법칙에 따라 설명될 수 있는 것이다.

요약 이 장에서 나는 모든 생물에게 항상 적용할 수 있는 개념, 즉 집단 아래에 집단을 두는 상황을 설명했다. 또한 모든 현생 생물과 절멸된 생물이 복잡한 형질의 분기 그리고 이리저리 연결되는 유연관계를 통해 하나의 커다란 계로 통합될 수 있다는 관계의 본질을 보였다. 박물학자가 분류 과정에서 겪게 되는 규칙과 어려움에 대해서도 논의했다. 하나의 형질이 생리학적으로 중요한 기능을 수행하든 중요한 기능을 수행하지 않든, 아니면 흔적기관처럼 전혀 기능이 없는 것이든, 일정하게 많은 생물에게 퍼져 있으면 가치가 있다는 점을 강조했다. 상사형질, 즉 적응에 의해 생긴 형질은 분류에서 별로 가치가 없다는 것도 얘기했다. 그 밖에 참된 유연관계를 보여주는 형질이 무엇인지 논의했으며 그 외의 규칙들도 설명했다. 이 모든 것은 박물학자들이 유연관계가 있다고 생각하는 생물들이 공통의 조상에서 유래되었고 자연선택을 거쳐 변형되었으며 절멸과 형질의 분기가 수반되었다는 견해에 따르면 모두 자연스러운 것들이다.

이러한 분류의 견해를 고려하면서 명심해야 할 점은 유래의 원리가 한 종의 암컷과 수컷, 여러 연령층의 개체 그리고 변종이 아무리 상이한 구조를 보이더라도 이들을 하나의 집단으로 묶는 과정에서 보편적으로 사용되어야 한다는 것이다. 만약 우리가 생물들이 유사성을 보이는 유일한 이유가 이들이 모두 공통조상에서 유래되었기 때문이라는 이 원리를 좀 더 폭넓게 사용한다면 우리는 자연 분류체계가 뜻하는 바를 이해할 수 있을 것이다. 즉 변종·종·속·과·목·강이라는 용어로 나타내는 차이의 등급에 따라 생물을 나열하는 것이 바로 계통이라는 것이다.

변이 수반 유래설에 따르면 형태학에서 얻어진 모든 위대한 사실이 명백하게 이해된다. 서로 다른 종의 모든 상동기관에서 나타나는 동일한 유형도, 각각의 동식물에서 동일한 유형에 따라 상동기관이 만들어지는 것도 모두 알기 쉬워진다.

변이가 반드시 삶의 아주 이른 시기에 일어나 해당하는 나이로 유전될 필요는 없지만 이러한 미세한 변이가 연속된다는 원리에 따라 우리는 발생학에서 얻어진 중요한 사실들을 이해할 수 있다. 즉 한 개체의 상동적인 부위는 성체에서 그 구조와 기능이 크게 다르지만 배 시기에는 매우 비슷하며, 서로 다른 종의 경우에도 성체가 되면 나름대로의 목적을 수행하기 위해 아주 다양하게 적응하는 구조 또한 배 시기에는 아주 비슷하다는 사실이다. 유충은 해당하는 나이로 유전된다는 변이의 원리를 통해 그들의 생활조건에 맞춰 특별하게 변형된 활동적인 배의 일종이다.

동일한 원리에 따르면, 기관이 사용되지 않거나 자연선택에 따라 크기가 줄어들 때 유전의 작용이 아주 강하다는 사실을 상기한다면 그러한 현상은 원하는 시기에 일어나야 하는 것이 일반적일 것이다. 흔적기관이 생기고 결국 발육이 일어나지 않는 상황은 우리에게 아무런 어려움도 주지 않는다. 아니, 오히려 그들의 출현은 예상할 수 있는 것이다.

분류에서 생물을 계통에 따라 나열하는 것이 가장 자연스럽다는 견해에 의하면 배의 형질이나 흔적기관이 분류에서 중요한 것은 명백한 사실이다.

마지막으로, 이번 장에서 논의한 몇 가지 사례는 이 세계를 채우고 있는 수많은 종·속·과들이 모두 그들을 포함하는 강이나 집단 속에서 공통조상으로부터 유래되었으며 세월이 흐르면서 변형되었다는 것을 확실하게 선언하는 것 같다. 물론 일부 주장은 이러한 견해를 지지하지 않는 것이 사실이지만, 나는 추호의 망설임도 없이 이 견해를 받아들일 것이다.

제14장 요약과 결론

자연선택설의 어려움에 대한 요약 – 자연선택설이 잘 적용되는 일반 상황과 특수 상황에 대한 요약 – 종은 변하지 않는다는 믿음이 보편적인 이유 – 박물학 연구에 자연선택설을 적용한 효과 – 자연선택설은 얼마나 확장될 수 있는가 – 결론

이 책의 전체 내용은 단 한 가지 주장을 길게 논의한 것이다. 따라서 주요한 주제와 논리를 간단하게 요약하는 것이 독자들에게 도움이 될 것 같다.

자연선택을 통한 변이 수반 유래설에 대한 여러 가지 반대가 있다는 사실을 부인하지는 않겠다. 나는 그 반대 의견들이 충분히 설득력이 있다고 했다. 복잡한 기관이나 본능이 인간의 이성을 넘어서는 수단에 의해 완벽해진 것이 아니라 해당 기관을 갖춘 개체에게 무엇인가 이득을 주는 수많은 작은 변이가 축적됨으로써 이루어졌다고 믿는 것보다 더 어려운 일은 없었다. 비록 이것이 우리의 상상을 넘어설 만큼 큰 어려움인 것은 사실이지만, 우리가 다음과 같은 가정을 따른다면 극복할 수 없을 정도의 어려움은 아니다. 즉 어떠한 기관이든 본능이든 완벽함으로 이어지는 각각의 단계가 무엇인가 이득이 되고 생존경쟁을 통해 각각의 이득이 되는 구조나 본능의 변이를 보존하게 되었다면 얼마든지 가능한 일이 될 것이다. 이 주장의 진실성은 논쟁거리가 되지 않는다고 생각한다.

생물체의 여러 구조가 어떤 단계를 거쳐 완벽해졌는지를 추측하는 것도 아주 어려운 일이라는 점에는 의심의 여지가 없다. 절멸한 집단의 경우에는 이러한 추측이 더욱 어려워진다. 그러나 '자연은 비약하지 않는다'는 격언처럼 자연계에는 기이한 등급이 아주 많아서, 어떤 기관이나 본능 또는 전체 생물이 많은 점진적인 단계를 거쳐 오늘날에 이를 수 없다고 주장하려면 매우 주의를 기울여야 할 것이다. 자연선택설에서도 특별하게 어려운 사례가 있다는 점을 인정해야만 한다. 기이한 사례 가운데 하나는 한 개미 집단 내에 두세 등급의 일개미, 즉 불임성 암컷이 존재한다는 사실이다. 그러나 나는 이 어려움이 어떻게 극복될 수 있는지 이미 보였다.

서로 다른 종의 교배에는 거의 보편적으로 불임이 나타난다. 변종 사이에 거의 보편적인 가임성이 나타나는 것과는 놀라운 대조를 이루는 것이다. 나는 독자들에게 제8장 마지막에 언급한 사례를 요약해서 설명해야 할 것 같다. 나는 이러한 불임성이 서로 다른 두 종의 나무가 접목되지 않는 것 이상의 특별한 재능이 아니라고 생각한다. 이것은 단지 서로 교배를 하려는 종의 생식계에서 나타나는 부수적이고 체질적인 차이에 불과한 것이다. 우리는 동일한 두 종을 부모의 역할을 바꾸어 상호교잡, 즉 한 종이 한 번은 부계로 작용되고 다른 한 번은 모계로 작용되는 교잡에서 얻어지는 아주 다양한 결과를 토대로 이러한 결론의 진실성을 확인할 수 있다.

변종 간의 생식능력이나 이렇게 태어난 혼혈후손 간의 생식능력이 언제나 가능한 것은 아니다. 그렇지만 그들의 체질이나 생식계가 크게 변형된 것이 아니라는 사실을 기억한다면 이들 사이의 생식능력이 대부분 가능하다는 사실도 그렇게 놀라운 것은 아니다. 더구나 대부분의 변종은 가축화 과정을 거쳐 만들어졌으며 가축화는 불임성을 제거하는 경향이 있는 것이 확실하므로, 이 과정에서 불임성이 형성될 것으로 기대해서는 안 된다.

잡종이 보이는 불임성은 1차 교잡〔서로 다른 두 종 사이의 교잡〕의 불임성과는 매우 다르다. 왜냐하면 1차 교잡에서는 양쪽의 생식기관이 완벽한 상태인 데 견주어 잡종의 생식기관은 다소 기능이 떨어지기 때문이다. 우리는 모든 종류의 생물이 약간 새롭고 다른 환경에 의해 체질에 교란이 일어나면서 어느 정도 불임이 되는 사례를 자주 접한다. 그러므로 서로 다른 두 종류의 개체가 만나면서 체질의 교란이 일어나는 것이 거의 확실하기 때문에 잡종이 어느 정도 불임이 된다는 사실이 그리 놀라울 것은 없다.

이러한 유사성은 비슷하면서도 정반대인 또 다른 종류의 사례로써 지지될 수 있다. 즉 모든 생물의 활력과 번식력은 그들의 생활조건에 약간의 변화를 줌으로써 향상될 수 있으며, 약간 변형된 생물이나 변종의 후손들은 교잡에 의해 활력과 번식력을 획득할 수 있다는 것이다. 따라서 생활조건이 많이 변하고 크게 변형된 생물들 사이의 교잡은 번식력을 감소시키지만, 생활조건의 작은 변화와 덜 변형된 생물들 사이의 교잡은 번식력을 증가시킬 수 있다는 것이다.

지리적인 분포로 눈을 돌려보면 변이 수반 유래설이 겪게 되는 어려움은 훨씬 더 커진다. 한 종의 모든 개체나 한 속의 모든 종, 심지어는 그 이상의 집단의 경우도 모두 공통조상에서 유래되었어야 한다. 따라서 발견되는 곳이 아무리 멀고 서로 떨어져 있어도 연속적인 세대의 어디에선가 그들은 한 지역에서 다른 지역으로 옮겨졌어야만 한다.

우리는 이러한 일이 어떻게 성취되었는지 짐작조차 할 수 없을 때가 많다. 그러나 몇몇 종은 동일한 형태를 아주 오랫동안 간직했다고 믿을 만한 근거가 우리에게는 있다. 따라서 한 종의 분포가 아주 넓은 경우가 있다고 해서 그 점을 너무 강조해서는 안 될 것 같다. 왜냐하면 아주 긴 시간을 거치면서 생물이 갖가지 수단으로 넓게 확산될 적당한 기회는 항상 존재하기 때문이다.

분포의 중간지역이 사라지고 끊기는 이유는 그 지역에 살았던 종의 개체들이 절멸되었기 때문이라고 설명할 수 있을 때가 많다. 우리는 지구에 영향을 주었던 갖가지 기후변화나 지리적 변화에 대해서 매우 무지하다는 것을 부인할 수 없다. 그러한 변화는 틀림없이 생물의 이주를 크게 촉진했을 것이다. 그 예로서 나는 빙하기가 동일종의 분포와 대표종의 분포에 얼마나 강력한 힘을 행사했는지 보이고자 했다.

우리는 수많은 수송수단에 관한 지식이 절대적으로 부족하다. 한 속에 포함되면서 매우 멀리 떨어진 별개의 지역에 서식하는 서로 다른 종에 대해서 변형의 과정이 느릴 수밖에 없다는 점을 생각한다면 긴 세월을 거치며 모든 수송의 수단이 일어날 수밖에 없다. 그렇다면 한 속의 종들이 꽤나 폭넓게 분포하는 상황과 관련한 어려움은 어느 정도 줄어들게 된다.

자연선택설에 따르면 이 세상에 존재하는 각 집단을 현재의 변종이 보이는 차이처럼 미세한 차이로 연결하는 무수히 많은 중간 생물이 존재해야만 한다. 따라서 다음과 같은 질문이 나올 수 있다. 왜 우리는 이 세상에서 이러한 생물 고리들을 볼 수 없는 것인가? 왜 모든 생물은 서로 섞이면서 혼돈 속에 빠지지 않는 것인가? 현생종에 대해 우리가 기억해야 할 것은, 일부 특별한 경우를 제외하고 두 종을 직접 연결하는 고리를 발견하기를 기대할 권리가 우리에게는 없다는 것이다. 다만 다른 종에 의해 절멸된 종 사이의 고리만이 발견될 수 있을 것이다.

아주 오랫동안 서로 연결되어 있었으며 양극단에 매우 비슷한 종이 서식할 정도로 기후나 생활조건의 변화가 미미한 넓은 지역에서도 우리에게는 중간지역에서 중간형의 변종을 발견할 권리를 갖고 있지 못하다. 왜냐하면 극히 일부의 종만이 주어진 시기에 변화를 겪으며 모든 변화는 매우 느리게 이루어지기 때문이다. 또한 처음에는 중간지역에 살았을 중간형의 변종이 어느 한쪽의 친척종에 의해 그 자리를 빼앗겼을 것이다. 자리를 차지한 종은 개체수가 많은 덕분에 개체수가 적은 중간형의 변종보다는 더 빠르게 변형되고 개선될 것이다. 따라서 중간형의 변종은 결국 자리를 빼앗기고 절멸되고 말 것이다.

이 세상에 살고 있거나 또는 옛날에 살았던 생물 사이의 무수히 많은 연결고리가 세월을 거치며 모두 절멸되었다는 이 원리를 따른다면 왜 모든 지층에 그러한 연결고리가 나타나지 않는 것인가? 발견된 모든 화석을 모아도 생물의 변화와 점진적인 변화를 보여주는 명백한 증거가 되지 못하는 이유는 무엇인가? 우리에게는 그런 증거가 없다. 그리고 이것이야말로 내 이론을 압박하는 수많은 반대 의견 중에서 가장 명백하고 강력한 것이다. 드물게 예외가 있기는 하지만 유사한 종의 집단이 여러 지층에서 갑자기 출현하는 이유는 무엇인가? 왜 우리는 실루리아계의 화석이 들어 있는 엄청난 지층을 발견하지 못하는 것인가? 내 이론에 따르면 이들 지층은 이 세상의 역사에서 알려지지도 않은 멀고 먼 옛날에 어디에선가 형성되었어야만 한다.

지질학적 기록은 대부분의 지질학자들이 믿는 것보다 훨씬 더 불완전하다고 가정하는 것만이 이러한 질문과 엄청난 반대에 대답할 수 있는 유일한 방법이다. 생물이 변화하기에 시간이 충분하지 않았다는 주장을 반박할 수는 없다. 왜냐하면 인간의 지성으로는 절대로 느낄 수 없을 만큼 시간이 엄청나게 흘렀기 때문이다. 모든 박물관에 보관된 표본의 개수는 이 세상에 살았던 엄청나게 많은 종의 셀 수 없이 많은 세대와 전혀 비교가 되지 않을 정도로 미미하다.

우리가 여러 종을 면밀히 조사하는 과정에서 과거의 상태와 현재의 상태를 연결하는 수많은 중간 고리를 발견하지 않는 한, 한 종을 다른 종의 조상으로 인식해서는 안 될 것이다. 물론 지질 기록의 불완전함 탓에 많은 중간 고리를 발견하리라고 기대하기는 어렵다. 의심스러운 점은 있지만 수많은 현생종이 변종으로 분류될 수 있을 것이다. 그러나 미래에 정말로 많은 화석이 발견되어 박물학자들이 공통적으로 이 미심쩍은 생물들을 변종으로 다룰 수 있을지 그렇지 않을지 누가 알 수 있겠는가? 두 종을 연결하는 고리의 대부분이 미지의 상태로 있기 때문에 중간형의 변종이 발견되어도 이것은 단순히 새로운 종으로 분류될 것이다.

이 세상의 극히 일부분만이 지질학적으로 탐사되었다. 화석이 제법 많이 발견된 종류는 특정한 강의 일부 생물뿐이다. 넓은 분포를 보이는 종은 아주 잘 변하며, 변종은 처음 나타났을 때 아주 좁은 분포를 보인다. 이 모든 것은 중간 고리가 발견될 가능성을 낮추는 것이다. 지역적인 변종은 크게 변형되고 개선되지 않는 한 멀리 떨어진 다른 지역으로 퍼져나가지 못할 것이다. 그들이 일단 퍼지고 지층에서 발견되면 그들은 그곳에서 갑자기 만들어진 것처럼 나타날 것이고 새로운 종으로 취급받을 것이다.

대부분의 지층은 그 축적과정이 간헐적으로 이루어진다. 그리고 나는 각 지층이 지속되는 시간은 종이 평균적으로 지속되는 시간보다 짧다고 생각한다. 연속적으로 형성된 지층도 사실은 엄청나게 긴 시간으로 갈라져 있는 것이다. 왜냐하면 침식을 이겨낼 만큼 두꺼운 화석층은 바다에서 지층이 침하하면서 많은 침전물이 퇴적되어야만 형성될 수 있기 때문이다. 지반이 융기되는 시기와 정지되어 있는 시기에는 아무런 화석 기록도 만들어지지 않는다. 이처럼 지반이 융기하거나 정지해 있는 시기에 생물은 아주 많이 변화할 수 있으며, 지반이 침하하는 시기에는 많은 생물의 절멸이 일어날 것이다.

실루리아기 지층 아래쪽에서 화석층이 발견되지 않는 상황과 관련해 내가 거듭 말할 수 있는 것은 제9장에서 제시한 가설뿐이다. 지질 기록이 불완전하다는 사실은 모두 인정하겠지만 내가 생각하는 정도로 불완전하다는 사실을 받아들일 사람은 거의 없을 것이다. 만약 우리가 충분히 긴 시간에 대해서 생각한다면 지질학은 모든 종이 변화했다는 것을 분명히 알려줄 것이다. 그들은 내 이론이 요구하는 방식대로 느리고 점진적인 방식으로 변화했다. 연속적인 지층에서 발견되는 화석들이 멀리 떨어진 지층에서 발견되는 화석들보다 항상 더 가까운 유연관계를 보이는 것으로 미루어 우리는 이러한 사실을 명백히 알 수 있다.

이러한 사실들은 내 이론을 반대할 수 있는 주된 반론이자 어려움이 된다. 나는 이러한 사실에 대한 해결책과 설명을 간단하게 요약했다. 오랫동안 이들의 의미를 고민하면서 나는 아주 큰 어려움을 느꼈다. 그러나 특별히 주의를 기울여야 할 것은, 더욱 중요한 반론들이 우리가 얼마나 무지한지 알지도 못할 정도로 알 수 없는 질문과 관련되어 있다는 사실이다.

우리는 가장 단순한 기관에서 출발해 가장 완벽한 기관에 이르는 가능한 모든 점진적인 단계를 알지 못한다. 장구한 세월에 걸쳐 일어난 생물 확산의 다양한 수단을 우리가 파악하고 있다고 생각할 수 없으며, 심지어 우리는 지질 기록이 어느 정도 불완전한지 알고 있다고 말할 수도 없다. 이러한 여러 가지 어려움이 너무 크다 해도 이것들이 변이 수반 유래설을 뒤집을 것이라고 생각하지는 않는다.

이제 논점의 다른 측면으로 주의를 돌려보자. 우리는 가축이나 작물에서 많은 변이를 본다. 이것은 생활조건의 변화에 극도로 민감한 생식계 때문인 것으로 여겨진다. 따라서 완전한 불임이 되지 않은 상태에서도 생식계는 부모형과 아주 똑같은 후손을 만들어내지 못한다. 변이성은 복잡한 법칙들의 지배, 즉 성장의 상호관계, 용불용 그리고 물리적 생활조건의 직접적인 작용을 받는다.

가축이나 작물에게 얼마나 많은 변형이 있었는지 확신하기는 몹시 어렵다. 그러나 그 변화가 매우 크고 변형된 구조는 오랫동안 세대를 통해 유전될 수 있다는 추측은 충분히 가능할 것이다. 생활조건이 동일하게 유지된다면 벌써 여러 세대에 걸쳐 전달된 변형이 거의 무한하게 유전될 수 있으리라는 믿음에는 근거가 있다. 반면 일단 작용하게 된 변이성은 완전히 사라지지 않는다는 증거가 있다. 왜냐하면 아주 오래전에 길들여진 가축이나 작물에서 여전히 새로운 변종이 만들어지고 있기 때문이다.

인간이 실제로 변이성을 만드는 것은 아니다. 우리는 단지 계획된 의도 없이 생물을 새로운 생활조건에 노출시키게 되고 자연이 생물에게 작용해 변이성을 일으키는 것이다. 그러나 인간은 자연이 준 변이를 선택할 수 있고 원하는 방식으로 변이를 축적시킬 수 있다. 결국 인간은 자신의 이익이나 즐거움을 위해 동물과 식물을 변형하는 것이다. 인간은 이러한 작업을 조직적으로 행할 수도 있으며 뚜렷한 의도를 갖지 않은 상태에서 품종을 변형하려는 생각 없이 그저 인간에게 가장 유용한 개체를 보존하는 과정을 거쳐 이러한 작업이 이루어지기도 한다.

인간이 세대를 거듭하며 평범한 사람의 눈에는 거의 나타나지도 않을 정도로 미세한 차이를 선택하면서 한 품종의 형질에 큰 영향을 끼친다는 것은 확실하다. 이러한 선택의 과정은 가장 뚜렷하고 유용한 가축이나 작물의 형성에 가장 큰 힘으로 작용했다. 인간에 의해 만들어진 많은 품종이 자연에서 발견되는 종의 특징을 상당 부분 공유한다는 사실은 아주 많은 품종이 변종인지 토착종인지 복잡하게 엉켜진 불확실성에 의해 잘 나타난다.

가축이나 작물에게는 효과적으로 작용하는 원리들이 왜 자연에서는 작용하지 않는지 뚜렷한 이유는 없다. 꾸준히 반복되는 생존경쟁 속에서 우세한 개체와 품종이 보존되는 과정을 통해 우리는 가장 강력하고 지속적인 선택의 수단을 보게 된다. 모든 생물은 보통 기하급수적으로 증가한다. 이러한 상황에서 생존경쟁은 필연적으로 일어날 수밖에 없다.

이렇게 높은 증가율은 제3장에서 논의했듯이 계산으로 증명될 수 있으며 특이한 계절에 계속되는 효과와 귀화의 결과로도 증명될 수 있다. 생존할 수 있는 개체보다 더 많은 개체가 태어난다. 균형을 맞춘 상태에서는 극히 미세한 사건 하나가 한 개체를 살릴 수도 있고 죽일 수도 있으며, 특정 변종이나 종을 증가시킬 수도 있고 감소시키거나 절멸시킬 수도 있다. 모든 면에서 가장 치열한 경쟁은 같은 종의 개체들 사이에서 일어난다.

일반적으로 한 종 내에서 가장 치열한 전투가 벌어진다. 한 종의 변종들 사이에서도 마찬가지로 경쟁이 엄청나다. 그리고 다음으로 한 속에 포함되는 종들 사이의 경쟁이 그에 버금간다. 그러나 유연관계가 가장 멀리 떨어진 생물들 사이에서 치열한 전투가 벌어질 때도 종종 있다. 삶의 어떠한 시기에서 일어나든 두 경쟁자 중 어느 한쪽에서 미세한 우수함이 나타나거나 약간이라도 생활조건에 잘 적응하면 균형은 깨지게 된다.

암수가 분리된 동물의 경우에는 대부분 암컷을 차지하기 위한 수컷들의 경쟁이 일어난다. 가장 활발한 개체나 주어진 생활조건에서 가장 성공적으로 경쟁한 개체는 대부분 많은 후손을 남길 것이다. 그러나 특별한 무기, 방어의 수단 또는 수컷의 매력이 성공을 결정하는 일이 흔하다. 아주 약간의 우세함도 성공으로 유도할 수 있다.

지질학적 기록은 모든 땅이 엄청난 물리적 변화를 겪었다는 것을 보여준다. 따라서 우리는 인간에 의해 길들여지면서 생활조건의 변화 때문에 생물이 변형된 것과 똑같은 방식으로 자연에서도 변화를 겪었다고 예상할 수 있다. 만약 자연에서 변이가 일어났는데 자연선택이 작용하지 않는다면 그것이 오히려 이상할 것이다. 증명할 수는 없지만 자연 상태에서 변이의 양은 철저하게 제한되어 있다. 인간은 가축이나 작물에 대해서 외부 형질을 기준으로 종종 아주 변덕스럽게 선택의 힘을 작용시키는데, 그럼으로써 비교적 짧은 시간에 각 개체 간의 차이만을 더해 아주 큰 결과를 얻는다. 그리고 자연 상태에서 한 종의 모든 개체가 어느 정도 차이를 보인다는 것은 모두 인정하는 사실이다.

그러나 이러한 차이 외에도 모든 박물학자는 분류 작업에서 충분히 기록할 가치가 있는 것으로 여겨지는 변종의 존재를 인정한다. 개체 간의 차이와 미세한 변종이 보이는 차이를 명확하게 구분할 수 있는 사람은 없다. 뚜렷한 변종과 아종 그리고 종 사이의 명백한 구분도 힘들기는 마찬가지이다. 박물학자들이 유럽과 북아메리카의 대표적인 많은 생물들을 분류한 내용을 보면 얼마나 차이가 나는지를 알 수 있다.

만약 자연 상태에서 변이성이 존재하고 언제라도 작용하고 선택할 수 있는 강력한 힘이 있다면, 뭔가 유용한 변이가 극도로 복잡한 삶의 관계에서 보존되고 축적되어 유전될 수 있다는 것을 어찌 믿지 않을 수 있겠는가? 만약 인간이 인내력을 가지고 자신에게 유용한 변이를 선택할 수 있다면, 자연도 변화하는 생활조건에서 자연의 여러 생물에게 유용한 변이를 선택하지 못할 것이 없지 않은가? 오랜 시간에 걸쳐 전체 구성을 철저하게 조사하며 좋은 것을 선택하고 나쁜 것을 배척하는 이 힘을 어떻게 억누를 수 있겠는가?

각각의 생물이 아주 느리고 아름답게 아주 복잡한 삶의 관계로 적응되어가는 과정에서 나는 이 힘에 제한이 없음을 알 수 있다. 비록 우리가 자연선택설 너머의 의미를 볼 수는 없지만 자연선택설 그 자체로 개연성이 있어 보인다. 나는 이미 반대쪽에 위치한 어려움과 반대 의견들을 가능한 한 공정하게 요약했다. 이제 내 이론을 뒷받침해주는 특별한 사례와 논거를 들어보도록 하겠다.

특별한 창조활동의 견해에서 보면 종과 종 사이에는 뚜렷한 경계선이 존재하는 것으로 알려져 있다. 그렇지만 종이 뚜렷한 특징을 띠는 영구적인 변종이며 각각의 종은 처음에 변종으로 시작했다는 견해에 따라 우리는 종과 종을 가르는 경계선이 그려질 수 없으며, 2차적인 법칙으로 만들어진 것으로 알려진 변종들을 가르는 경계선도 그려질 수 없다는 이유를 이해할 수 있다.

바로 이러한 견해에 따라 우리는 한 속의 많은 종이 출현했으며, 현재 번성하고 있는 지역에서 이 종들이 지금도 많은 변종을 만들어내고 있다는 사실을 이해할 수 있다. 왜냐하면 종의 생성이 활발한 지역에서 우리는 그들이 여전히 활동적일 것으로 기대하기 때문이다. 만약 변종이 초기 종으로 관찰된다면 이것이 바로 그러한 사례에 해당될 것이다. 더구나 많은 수의 변종과 초기 종이 관찰되는 커다란 속의 종은 어느 정도 변종의 특징을 간직하고 있다. 왜냐하면 그들은 규모가 작은 속의 종이 보이는 차이보다 더 작은 차이만을 보이기 때문이다.

규모가 큰 속에 포함되어 있으면서 유연관계가 가까운 친척종들은 분포가 제한적임이 틀림없다. 그리고 이들은 다른 종의 주변에서 작은 집단을 형성하며 밀집해 있다. 이 점에서 그들은 변종의 특징을 닮았다. 각각의 종이 개별적으로 창조되었다는 견해에 따르면 이러한 사례는 아주 이상한 것이 된다. 그러나 모든 종이 처음에 변종 상태로 존재했다면 이러한 사례는 충분히 이해될 수 있는 것이다.

모든 종은 개체수가 기하급수적으로 증가하는 경향이 있으며, 모든 종의 변형된 후손은 습성과 구조가 다양해지면서 더욱 빠르게 증가할 수 있다. 따라서 자연계의 질서에 따라 다양하고 수많은 장소를 차지하기 위해 한 종 내에서도 가장 분기하는 성향이 강한 후손이 보존되는 것이 자연선택의 변치 않는 경향이 될 것이다. 그러므로 장시간에 걸친 변형의 과정에서 한 종의 서로 다른 변종들이 나타내는 미세한 차이는 증폭되어 한 속의 종들이 나타내는 특징만큼이나 커질 것이다.

새롭고 개선된 변종은 필연적으로 오래되고 덜 개선되었으며 중간적인 변종의 자리를 차지하고 그들을 멸망시킬 것이다. 이렇게 해서 종이 정의되고 별개의 객체가 되는 것이다. 큰 집단에 속하는 우점종은 다시 새롭고 우세한 생물을 만들어내는 경향이 있다. 따라서 큰 집단은 더욱 크게 변해가며 동시에 그 형질도 더욱 다양하게 분기한다.

그러나 이 세상의 크기가 제한되어 있으니 모든 집단이 그런 식으로 크기를 키울 수는 없다. 따라서 더 우세한 집단이 덜 우세한 집단을 멸망시키는 것이다. 큰 집단이 더욱 커지고 형질도 다양하게 변해가며 필연적으로 더 많은 절멸이 수반될 수밖에 없는 이러한 경향은 세상의 모든 생물을 집단으로 묶고 그 집단을 다시 더 큰 집단 아래에 두는 배열을 설명한다. 이러한 개념은 우리 주변의 모든 곳에서 볼 수 있으며 널리 유행하고 있다. 나는 모든 생물을 집단으로 묶을 수 있다는 이 거대한 개념이야말로 창조론으로는 도저히 설명될 수 없는 개념이라고 생각한다.

자연선택은 미세하고 연속적이며 우세한 변이를 축적하는 과정을 거침으로써만 작용하므로 자연선택을 통해서 거대하고 갑작스러운 변형이 만들어질 수는 없다. 자연선택은 매우 짧고 느린 과정을 통해서만 작용한다. 따라서 새로운 지식이 생길 때마다 그 진실성이 더욱 강해지는 '자연은 비약하지 않는다'는 규범은 자연선택설에 따르면 아주 쉽게 이해할 수 있는 것이다. 우리는 왜 자연이 혁신에는 인색하면서도 수많은 변종을 만들어내는지 그 이유를 알 수 있다. 그러나 만약 각각의 종이 개별적으로 창조되었다면 이것이 왜 자연의 법칙이 되어야 하는지는 아무도 설명할 수가 없다.

그 밖의 많은 사례가 이 이론에 따라 설명될 수 있다고 나는 생각한다. 딱따구리가 사는 나무의 아래쪽에서 바닥의 벌레를 잡아먹도록 적응될 수밖에 없었던 새는 얼마나 기이한가? 고산지대의 거위는 평생 거의 헤엄을 치지 않지만 물갈퀴를 갖고 있는 것도 기이하다. 개똥지빠귀가 물속으로 잠수해 물속의 곤충을 잡아먹게끔 만들어졌다는 것도 기이하기는 마찬가지이다. 바다쇠오리나 논병아리의 생활습성에 적합한 습성과 구조가 바다제비에게 있는 것처럼 기이한 사례는 사실 끝도 없이 많다.

그러나 각각의 종은 끊임없이 개체수를 늘리려고 하며, 자연선택은 항상 느리게 변화하는 후손들을 아무도 차지하지 않은 장소 또는 잘못 차지된 장소로 인도해 그곳에 정착시킨다. 이러한 견해에 따르면 이 같은 사례는 더 이상 기이한 것이 아니며 아마도 예견되었던 것이었을 수도 있다.

자연선택은 개체 간의 경쟁을 통해 작용하므로 자연선택은 생물이 동료들보다 완벽함을 갖추었을 때에만 그들을 선택한다. 따라서 비록 생물이 개별적 창조론에 따라 한 지역에 맞게 특별하게 형성되고 적응했다 하더라도 이들이 다른 지역에서 유입되어 귀화한 생물과의 경쟁에 패해서 그 자리를 내주는 것이 그리 놀라운 사건은 아니다. 또한 자연의 여러 발명품이 완전무결하지 않고 우리가 생각하는 타당성에서 벗어난다고 판단되어도 놀랄 일이 아니다.

한 번 쓰고 나면 자신을 죽게 만드는 꿀벌의 침도 놀랄 일은 아니다. 마찬가지로 단지 하나의 목적을 위해서 만들어진 많은 수벌과 나중에 불임성 자매들에게 죽임을 당하는 이들의 상황도 경이로운 일이 아니다. 전나무가 엄청나게 많은 꽃가루를 생산해내는 일도, 여왕벌이 가임성 딸들을 본능적으로 미워하는 것도, 다른 곤충의 애벌레 몸속에 알을 낳아 새끼를 키우는 맵시벌의 행위와 그 밖의 많은 일들을 경이롭다고만 볼 수는 없다. 자연선택설에서 사실 진짜로 경이로운 일은, 완벽하다고 여겨지지 않는 사례가 한 번도 관찰되지 않았다는 것이다.

변이에 관한 법칙은 복잡하고 거의 알려져 있지도 않지만, 우리가 아는 한 이른바 종의 형성에 관여하는 법칙과 동일하다. 두 경우 모두 물리적 조건이 영향을 끼치는 것은 사실이지만 그 영향은 극히 미미하다. 그러나 변종들은 그들이 진출한 지역에서 그 지역에 적절한 종의 일부 형질을 갖는 것으로 여겨지는 경우가 있다. 변종에서건 종에서건 용불용이 어느 정도의 영향을 끼친 것으로 보인다. 왜냐하면 집오리처럼 날개는 있지만 날지 못하는 흰가슴오리를 관찰하면서 얻은 결론을 받아들이지 않기는 어렵기 때문이다. 마찬가지로 투코투코가 종종 장님이며 일부 두더지도 장님으로 아예 눈이 피부로 덮여 있는 경우를 관찰하면서, 또는 아메리카와 유럽의 어두운 동굴에 살고 있는 장님 동물들을 관찰하면서 우리가 얻은 결론을 받아들이지 않기는 어렵다.

변종과 종에서는 성장의 상호관계가 가장 중요한 역할을 하는 것 같다. 즉 한 부위가 변형되면 다른 부위가 필연적으로 변형되는 것이다. 변종과 종에서 오랫동안 잃었던 형질이 다시 나타날 수도 있다. 말속(屬)의 일부 종이나 종간잡종에서 가끔 어깨와 다리에 줄무늬가 나타나는 현상은 창조론으로 설명되지 않는다. 만약 우리가 이들 종이 줄무늬가 있는 조상에서 유래되었다고 믿는다면 이러한 사례는 얼마나 쉽게 설명되는가! 우리가 키우는 일부 비둘기가 푸르고 줄무늬가 있는 양비둘기에서 유래되었다고 믿는 것과 마찬가지이다.

각각의 종이 개별적으로 창조되었다는 통상적인 견해에 따른다면 종의 형질, 즉 한 속의 여러 종을 서로 구별하는 형질이 속의 형질보다 왜 변이가 더 잘 일어나야 하는가? 모든 종이 개별적으로 창조되었다고 가정한다면, 한 속의 모든 종이 같은 색깔의 꽃을 갖고 있는 경우보다 서로 다른 색깔의 꽃을 갖는 경우에 꽃의 색깔에 더 쉽게 변이가 일어나는 이유는 무엇인가?

만약 종이 영구적인 형질을 갖춘 뚜렷한 변종이라고 한다면 이러한 사례는 이해가 된다. 왜냐하면 그들은 특정한 형질을 띠는 공통조상에서 이미 갈라져 나온 이후에 변화를 겪고 있으며, 그로 인해 다른 종과 구별되며, 바로 이러한 형질들은 오랫동안 변형되지 않고 전달된 속의 형질보다 더욱 변이가 심할 것이기 때문이다.

어느 한 종에서만 특이하게 발달해 그 종의 분류에 중요한 역할을 하는 부위에서 변이가 심한 이유를 창조론으로는 설명할 수 없다. 그렇지만 내 이론에 따르면 여러 종이 공통조상에서 갈라져 나온 뒤 이 부위는 비정상적인 변이와 변형을 겪는 중이기 때문에 우리는 이 부위가 더욱 변이를 보일 것이라고 기대할 수 있는 것이다. 그러나 박쥐의 날개처럼 어떤 부위는 아주 유별나게 발달할 수 있지만 그 부위가 집단 내의 모든 구성원이 공통적으로 띠고 있는 형질, 즉 꽤 오래전에 전달된 형질이라면 다른 구조보다 변이성이 크다고 말할 수 없다. 왜냐하면 이 구조는 자연선택의 영향을 오랫동안 받았기 때문이다.

경이로운 본능에 대해서 살펴보자. 본능도 신체의 일반적인 구조와 마찬가지로 미세하고 연속적이며 이득을 주는 변형이 자연선택설에 따라 형성된다는 사실을 어렵지 않게 생각할 수 있다. 우리는 왜 자연이 점진적인 단계에 따라 동일한 집단의 서로 다른 동물들에게 여러 가지 본능을 주게 되었는지 이해할 수 있다. 나는 꿀벌이 단계적인 변화에 따라 놀라운 건축능력을 얻게 된 과정을 보이고자 했다. 습성이 본능을 변화시키는 경우가 있다는 것은 의심의 여지가 없다. 그러나 오랜 습성의 효과를 전달할 후손을 남기지 못하는 중성 곤충의 경우는 예외가 될 것이다.

동일 속의 종들이 모두 하나의 공통조상에서 유래되었으며 많은 것을 공유하고 있다는 견해에 따라 우리는 몹시 다른 생활환경에 놓인 친척 종들이 여전히 똑같은 본능에 따라 행동하는 이유를 이해할 수 있다. 예를 들어 우리는 남아메리카의 개똥지빠귀가 영국의 개똥지빠귀처럼 진흙으로 둥지의 윤곽을 잡는 이유를 이해할 수 있다. 본능이 자연선택에 의해 서서히 획득되었다는 견해를 따른다면 일부 본능은 완전하지도 않고 실수할 수도 있으며 본능 때문에 고통을 겪는 동물도 있다는 사실이 놀라운 일은 아닐 것이다.

만약 종이 뚜렷하고 영구적인 변종이라면 종간 잡종이 그들의 부모를 닮은 정도를 나타내는 법칙이 잘 알려진 변종 사이에 태어난 후손에게서 나타나는 법칙과 동일한 이유를 바로 이해할 수 있다. 반면에 만약 종이 개별적으로 창조되었고 변종이 2차 법칙에 따라 창조되었다면 이러한 상황은 정말로 기이한 사례가 될 것이다.

만약 우리가 지질학적 기록이 극히 불완전하다는 사실을 받아들인다면 기록이 제공하는 그러한 사례들은 변이 수반 유래설을 지지하는 것이 된다. 새로운 종들은 느리고 연속하는 간격으로 무대에 오르며, 일정한 시간이 흐르면 변화의 정도는 집단에 따라 크게 달라진다. 종의 절멸이나 여러 종이 포함된 집단의 절멸은 생물의 역사에서 자연선택설에 따라 필연적으로 아주 뚜렷한 역할을 하게 된다. 왜냐하면 오래된 생물은 새롭고 개선된 생물로 대체될 것이기 때문이다.

원래 세대의 사슬이 일단 끊기면 종이나 종의 집단이 다시 나타나는 일은 일어나지 않는다. 우세한 생물의 후손이 느린 변화를 겪으며 서서히 확산되기 때문에 긴 세월이 지나서 보면 생물들이 전 세계에서 동시에 변화한 것처럼 출현하는 것이다.

한 지층의 화석이 그 위와 아래에 있는 화석의 어느 정도 중간적인 형질을 보인다는 사실은 그들이 유래과정에서 중간 단계에 있다는 사실로써 간단히 설명될 수 있다. 모든 절멸된 생물이 최근의 생물과 같은 집단 또는 중간적인 집단에 포함되면서 결국은 모두 동일한 계에 속해 있다는 이 중요한 사실은 현재의 모든 생물과 절멸된 생물이 모두 공통조상의 후손이라는 사실에 따른 것이다.

과거의 조상에서 유래된 집단은 형질이 분기하는 경향이 있으므로, 그들의 조상과 그들로부터 유래된 초기의 후손은 나중에 유래된 후손과 형질을 비교해보았을 때 그 형질이 중간형일 것이다. 따라서 우리는 왜 오래된 화석일수록 현존하는 친척 집단 사이에서 어느 정도 중간 형질을 띠는지 이해할 수 있다. 조금 모호하긴 하지만 최근의 생물일수록 과거의 절멸된 생물보다 더욱 고등한 것으로 보인다. 그것은 나중에 출현한 좀 더 개선된 생물이 생존경쟁 속에서 오래되고 덜 개선된 생물을 정복했기 때문일 것이다.

마지막으로, 오스트레일리아의 유대류나 아메리카 대륙의 빈치류처럼 한 대륙에서 서로 닮은 친척종들이 오랫동안 지속된다는 법칙은 충분히 납득할 수 있다. 왜냐하면 좁은 지역에서는 최근의 생물과 절멸된 생물이 모두 계통에 의해 자연스럽게 연결되어 있기 때문이다.

생물들의 지리적 분포를 보자. 만약 장구한 세월을 거치며 기후변화나 지리의 변화, 그 밖에도 알려지지 않은 많은 확산수단을 통해 한 지역에서 다른 지역으로 생물이 많이 이동했다는 사실을 받아들인다면 우리는 변이 수반 유래설을 토대로 확산에 관한 대부분의 사실을 이해할 수 있다.

우리는 전 세계에 걸친 생물의 분포와 긴 세월을 거치며 일어나는 그들의 지질학적 천이에 놀라운 유사성이 존재하는 이유를 알 수 있다. 왜냐하면 두 경우 모두에서 생물은 원래 세대의 결속으로 서로 연결되어 있으며 변형이 일어나는 수단도 동일하기 때문이다. 우리는 모든 여행자들에게 충격을 주었을 놀라운 사례들, 즉 같은 대륙의 몹시 다양한 조건들, 덥거나 춥거나, 산에서나 평지에서나, 사막에서나 습지에서나, 각각의 강(綱)에 포함된 생물들은 틀림없이 서로 관련되어 있다는 사실의 충분한 의미를 이해할 수 있다. 왜냐하면 그들은 모두 먼 옛날의 공통조상에서 유래된 후손들이기 때문이다.

과거에 이동이 있었으며 대부분의 이동은 변형을 수반했다는 원리에 따라 우리는 빙하기에서 얻어진 정보를 토대로 기후도 다르고 거리도 멀리 떨어진 산악지대에 사는 식물들이 똑같은 경우가 있으며 친척관계인 식물도 많이 존재한다는 사실을 이해할 수 있다. 마찬가지로 북반구의 열대 바다에 사는 생물의 일부가 보이는 매우 밀접한 친척관계도 이해할 수 있다.

비록 두 지역의 물리적인 생활조건이 똑같더라도 두 지역의 생물들이 오랫동안 완벽하게 격리되어 있었다면 두 지역에 서로 크게 다른 생물들이 산다는 사실에 놀라워할 필요가 없다. 왜냐하면 생물과 생물의 관계가 가장 중요한 관계이고 두 지역은 서로 다른 시기에 서로 다른 비율로 제3의 지역에서 각각 이주자를 받아들이거나 일부 이주자가 서로 교환되었을 터이니, 두 지역에서 일어난 변형의 과정은 필연적으로 다를 수밖에 없었을 것이다.

이주가 일어난 후 변형이 수반되었다는 이러한 견해에 따라 우리는 왜 대양의 섬에 서식하는 종의 수는 적지만 대부분 특이한지 이해할 수 있다. 우리는 개구리나 육상 포유류처럼 넓은 바다를 건널 수 없는 동물이 대양의 섬에 살지 않는다는 사실을 이해할 수 있다. 그렇지만 대양을 건널 수 있는 새롭고 특이한 종의 박쥐는 대륙에서 아주 멀리 떨어진 섬에서 자주 관찰된다는 사실도 이해할 수 있다. 대양의 섬에 특이한 박쥐 종류는 존재하지만 다른 포유류는 살고 있지 않다는 사실은 개별적 창조론으로는 도저히 설명되지 않는다.

유연관계가 매우 깊은 종들이 서로 다른 지역에 존재한다는 사실은 변이 수반 유래설의 관점에서 보면 옛날에 동일한 조상이 양쪽에서 모두 살았다는 것을 뜻한다. 실제로 두 지역에 유연관계가 깊은 많은 종이 공존할 때는 양쪽 지역에서 동일한 종이 발견되는 경우가 흔하다. 한 지역에 사는 생물이 그곳으로 생물을 유입시켰을 것으로 여겨지는 인접 지역의 생물과 유연관계를 보인다는 것은 아주 보편적인 사실이다.

우리는 갈라파고스 제도, 후안페르난데스 제도〔칠레 남쪽 바다의 제도〕 그리고 그 밖에 아메리카 대륙의 여러 섬에 사는 거의 모든 동식물이 인접한 아메리카 본토의 동식물과 매우 놀라운 방식으로 유연관계를 보인다는 사실을 알고 있다. 마찬가지로 아프리카의 카보베르데를 비롯한 여러 섬의 동식물도 아프리카 대륙의 동식물과 유연관계를 보인다. 창조론으로는 이와 같은 상황을 설명할 수 없다는 것을 인정해야만 할 것이다.

이미 살펴보았듯이 과거와 현재의 모든 생물이 집단과 하위 집단의 개념으로 하나의 거대한 자연 분류체계를 이루고 있으며 절멸한 집단은 현재 집단의 사이에 놓일 수 있다는 사실은 절멸과 형질의 분기를 고려하는 자연선택설에 따라 쉽게 납득할 수 있다. 이 동일한 원리에 따라 우리는 각 집단의 종이나 속이 보이는 상호 유연관계가 얼마나 복잡하게 이리저리 얽혀 있는지 알 수 있다.

우리는 분류에서 일부 형질이 다른 형질보다 왜 더 중요하게 다루어지는지 그 이유를 살펴보았다. 적응형질들은 해당 생물에게 절대적으로 중요하게 작용할지라도 분류에서 거의 중요하게 다루어지지 않는 이유도 알아보았다. 또한 흔적기관에서 관찰되는 형질은 해당 생물에게 아무런 기여를 하지 않지만 종종 매우 높은 분류학적 가치가 있다는 사실도 알게 되었다. 그리고 발생학적 형질이 왜 가장 중요하게 취급되는지 우리는 이미 논의했다.

모든 생물이 보이는 진정한 유연관계는 그들이 모두 공통조상에서 유래되었기 때문에 생기는 것이다. 자연 분류체계는 계통학적 배열이다. 이를 토대로 우리는 비록 해당 생물에게 기여하는 바가 미미하더라도 가장 영구적인 형질을 이용해 조상에게서 후손으로 이어지는 계열을 발견해야만 한다.

인간의 손, 박쥐의 날개, 돌고래의 지느러미 그리고 말의 발에서 나타나는 뼈의 설계가 같고 기린의 목과 코끼리의 목을 이루는 척추골의 개수가 같다는 사실 그리고 그 밖의 많은 사실은 이들이 모두 느리고 미세하며 연속적인 변형을 거쳐 유래되었다는 이론에 따라 바로 설명된다. 박쥐의 날개와 다리가 서로 다른 목적으로 사용되고 있지만 이들에게서 나타나는 기본 설계와 게의 집게발과 일반 다리의 원형 그리고 식물의 꽃잎 · 수술 · 암술의 기본 설계가 비슷하다는 사실도 각 집단의 초기 조상들에게서는 비슷했던 기관이나 구조가 점진적으로 변형되었다는 이론에 따라 설명될 수 있다.

연속적인 변이가 항상 어린 시기에 일어나는 것도 아니고 항상 해당 시기로 유전되는 것도 아니라는 원리에 따라 우리는 포유류, 조류, 파충류 그리고 어류의 배가 그렇게 유사하지만 성체가 되고 나면 크게 달라지는 이유를 이해할 수 있다. 공기 호흡을 하는 포유류나 조류의 배에서 아가미 새틈이 나타나고 아가미의 도움을 받아 물속에 녹아 있는 공기로 호흡하는 어류에게서나 나타나는 고리형의 동맥이 이들 배에서도 관찰된다고 해도 이제 그리 놀랄 것은 없을 것이다.

생활습성이 변하거나 생활조건이 변해서 기관이 쓸모없게 되어 사용하지 않으면 종종 자연선택의 도움을 받아 해당 기관이 축소되는 경향이 있다. 우리는 이 견해에 따라 흔적기관의 의미를 명확하게 이해할 수 있다. 그러나 생물이 충분히 자라고 생존경쟁을 위해 모든 기능을 수행할 때가 되어서야 기관의 비사용과 이에 따른 자연선택이 작용할 수 있다. 어린 시기의 개체에게는 거의 영향을 주지 않고, 그래서 어린 시기에는 기관이 크게 축소되지 않으며 흔적으로 불리기도 어려운 것이다.

예를 들어 송아지에게는 위턱의 잇몸을 뚫고 나오지 못하는 이빨이 있는데, 이것은 이빨이 잘 발달되었던 먼 조상에게서 물려받은 것이다. 그리고 세대를 거치면서 불용(不用)의 효과가 일어나고 혀와 입천장이 이빨의 도움 없이도 자연선택을 통해 먹이를 먹는 과정에 적응함으로써 성체의 이빨이 축소되었다고 생각할 수 있을 것 같다. 그렇지만 어린 송아지의 경우에는 이빨이 자연선택이나 불용의 영향을 받지 않았으며 유전 원리에 따라 해당하는 나이에서 먼 옛날부터 지금까지 유전되고 있는 것이다.

각 개체와 각 기관이 특별하게 창조되었다는 견해에 따른다면, 송아지의 배 발생 단계에서 나타나는 별 소용이 없는 것이 확실한 이빨이나 일부 딱정벌레의 결합된 겉날개 속에서 관찰되는 주름진 속날개를 설명할 길이 전혀 없다. 사람들은 자연이 흔적기관과 상동기관에 의해 생물 변형에 관한 자신의 계획이 드러나는 것을 고통스러워할지도 모른다고 말하지만, 내가 보기에는 우리가 그 계획을 의도적으로 이해하지 않으려고 하는 것 같다.

나는 종은 연속적이고 미세해서 유익한 변이를 축적하고 보존하는 과정을 거쳐 변해왔으며, 지금도 이러한 변화가 느리게 진행되고 있다는 확신을 준 주요 사례와 논의를 요약했다. 대부분의 위대한 박물학자와 지질학자들이 이렇게 종이 변할 수 있다는 견해에 반대하는 이유가 무엇이냐는 질문이 제기될 수 있다. 자연 상태에서 생물이 전혀 변화를 겪지 않는다고 주장할 수는 없다. 장구한 세월에 걸쳐 일어나는 변화의 양이 제한적이라는 것을 증명할 수도 없으며 종과 뚜렷한 변종을 구별하는 뚜렷한 기준을 세울 수도 없다. 서로 다른 두 종간의 교배가 전혀 불가능하다고 주장할 수 없으며 변종 간의 교배가 반드시 가능하다고 주장할 수도 없다. 불임성이 타고난 자질이자 창조의 표시라고 주장할 수도 없다.

우리가 이 세상의 역사가 짧다고 생각한다면 종이 변하지 않는다는 믿음은 피할 수 없을 것 같다. 자, 이제 우리는 시간의 경과에 대한 어느 정도의 개념을 얻었다. 우리는 종이 변했다면 지질학적 기록이 완전해서 종의 변화에 관한 명백한 증거를 얻을 수 있으리라고 증거도 없이 가정하려는 경향이 있다.

그러나 한 종에서 별개의 다른 종이 생겨날 수 있다는 개념을 받아들이기 어려워하는 당연한 거부감의 주된 원인은 중간 단계를 모르는 상태에서 우리가 큰 변화를 수용하기에는 항상 시간이 걸리기 때문이다. 이러한 어려움은 라이엘이 해안에 밀려드는 파도의 느린 작용에 따라 엄청나게 긴 내륙 절벽의 선(線)이 만들어지고 거대한 계곡이 형성된다고 처음으로 주장했을 때 많은 지질학자들이 느꼈던 어려움과 동일하다. 수억 년이라는 시간의 충분한 의미는 인간의 머리로 파악할 수 있는 개념이 아니다. 미세한 변이가 거의 무한한 세대를 거치며 축적되었을 때 일어나는 효과를 충분히 파악할 수는 없다.

나는 이 책에서 추상적인 개념으로 제시한 견해가 옳다고 충분히 확신하지만, 오랫동안 내 의견에 정면으로 반대되는 견해에 따라 오랜 시기에 걸쳐 판단된 수많은 사례로 무장한 경험 많은 박물학자들을 납득시킬 수 있으리라고는 결코 기대하지 않는다. '창조의 계획' '설계의 통일성' 등과 같은 표현으로 우리의 무지를 감추고, 한 가지 사실을 다른 표현으로 언급하는 것만으로 설명을 했다고 생각하기는 쉽다. 밝혀진 사실보다는 밝혀지기 어려운 사실에 더 큰 무게를 두는 성향이 있는 사람은 반드시 내 이론을 배척할 것이다.

사고가 유연해서 종의 불변성을 벌써 의심하기 시작한 소수의 박물학자만이 이 책에서 영향을 받을 것이다. 그러나 확신하건대, 미래에는 젊은 신진 박물학자들이 문제의 양면을 공평하게 볼 수 있을 것이다. 종의 가변성을 믿게 된 사람이라면 누구나 자신의 확신을 양심적으로 표현함으로써 좋은 기여를 할 수 있다. 왜냐하면 이 주제를 압도하는 편견의 짐은 그런 식으로만 제거할 수 있기 때문이다.

최근 일부 저명한 박물학자들은 각 속의 잘 알려진 많은 종이 진짜 종이 아니며 개별적으로 창조된 종이야말로 진짜 종이라는 그들의 믿음을 발표하고 있다. 나에게 이것은 참으로 이상한 결론으로 보인다. 그들은 종으로 창조되었고, 대다수의 박물학자도 그렇게 여기고 있으며, 그렇기 때문에 진짜 종의 외부 형질을 띠는 것이라고 최근까지 생각했던 많은 생물이 사실은 변이에 따라 만들어진 것이라는 사실을 인정한다. 그러나 그들은 자신들의 견해를 아주 조금 다른 생물들로 확장하는 것을 거부하고 있다〔다윈은 이 문장에서 일부 생물은 종으로 창조되었고 다른 일부 생물은 자연의 법칙에 따라 형성되었다는 개념이 이치에 맞지 않는다고 지적하고 있다〕.

그럼에도 그들은 어떤 생물이 창조된 것이고 어떤 생물이 2차적인 법칙에 따라 형성되었는지 정의하지도 않았고 추측하지도 않았다. 그들은 상황에 따라 어떤 때는 변이가 이미 알려진 원인과 조화를 이루기 위해 일어나는 것이라고 말하면서도 다른 상황에 대해서는 이러한 설명을 거부한다. 두 가지 상황에 대한 구분을 제시하지도 않으면서 말이다. 언젠가 이것은 기이한 맹목적 선입견 때문이라고 밝혀질 날이 올 것이다. 이 저자들은 원래의 출생보다 창조의 불가사의한 작용에 대해서 더 이상 놀라워하는 것 같지도 않다.

그렇지만 이 사람들은 세상 역사의 엄청난 세월에서 특정한 원소가 갑작스럽게 살아 있는 조직을 만들었다고 진짜로 믿는 것인가? 그들은 각각의 이른바 창조활동에서 한 개체나 많은 개체가 만들어졌다고 믿는 것인가? 무수히 많은 동물과 식물이 알이나 씨앗으로 창조된 것인가, 아니면 다 자란 형태로 창조된 것인가? 포유동물의 경우 어미의 자궁에서 영양을 공급받았던 거짓 표시가 함께 창조된 것인가? 종의 가변성을 믿는 사람들은 박물학자들에게 종의 출현에 관한 여러 가지 어려움을 자세히 설명해달라고 적절하게 요구하고 있지만, 박물학자들은 종의 출현에 관한 주제 일체를 무시하면서 자신들의 행동을 경건한 침묵으로 여기고 있다.

사람들은 내게 종의 변형에 관한 이론을 어느 정도 확장할 수 있는지 묻곤 한다. 이 질문은 대답하기 어렵다. 왜냐하면 우리가 고려하는 생물이 서로 다르면 다를수록 논의는 유효성이 줄어들 수밖에 없기 때문이다. 그러나 아주 중요한 몇 가지 논의는 매우 멀리까지 확장할 수 있다. 전체 강(綱)의 모든 구성원은 유연성의 사슬로 서로 연결될 수 있으며 모든 생물은 한 가지 동일한 원리에 따라 집단과 하위집단으로 분류될 수 있다. 현존하는 목(目) 사이의 매우 큰 공간은 때로 화석에 의해 채워지기도 한다.

흔적 상태의 기관은 초기 조상이 그 기관을 충분히 발달된 상태로 갖고 있었다는 사실을 명백하게 보여준다. 그리고 이것은 필연적으로 후손에게 엄청난 변형이 있었다는 것을 의미한다. 전체 강(綱)에서 동일한 유형으로 형성되는 기관이 많다. 그리고 배 시기의 종들은 서로 매우 닮아 있다. 그러므로 나는 변이 수반 유래설이 동일 집단의 모든 구성원을 아우르는 것이라고 믿어 의심치 않는다. 나는 동물이 기껏해야 4~5개의 조상에서 유래되었으며, 식물은 이와 같거나 더 적은 개수의 조상에서 유래되었다고 믿고 있다.

유추해보면 한 단계 더 나아갈 수도 있을 것 같다. 즉 모든 동물과 식물이 한 가지 원형에서 출발했다고 생각할 수도 있을 것 같다. 그러나 유추는 오해를 불러일으키는 안내자가 될 수도 있다. 그럼에도 불구하고 모든 생물에게는 화학적 조성이나 난핵포, 세포의 구조 그리고 성장과 생식의 법칙에서 공통점이 많다. 이러한 상황은 사소하긴 하지만 동일한 독소가 종종 동물과 식물에게 비슷한 효과를 일으키는 상황에서도 나타난다. 어리상수리혹벌이 분비하는 독소가 들장미와 떡갈나무에서 기형적인 성장을 일으키는 경우도 있다. 그러므로 나는 유추를 바탕으로 지금까지 지구상에 살았던 모든 생물이 하나의 원시 형태에서 유래되었으며, 이 원시 형태에서 최초로 생명이 시작되었다고 추측해야 할 것 같다.

이 책에서 종의 기원에 관한 견해들이 생겨나고 비슷한 견해들이 일반적으로 받아들여질 때, 우리는 박물학에 상당한 혁명이 있으리라고 어렴풋하게나마 예견할 수 있다. 계통분류학자들은 지금처럼 그들의 일을 추구할 수 있을 것이다. 그러나 그들은 본질적으로 이 형태가 종인지 저 형태가 종인지에 대한 공허한 의심에 끊임없이 괴로워하지는 않을 것이다. 경험에 비추어보건대, 이것이 어떠한 위안도 되지 않으리라는 것은 확실하게 느낄 수 있다.

영국에 존재하는 약 50종의 가시나무가 진짜 종인지에 대한 끊임없는 논쟁은 사라질 것이다. 계통분류학자들은 이제 (물론 쉽지는 않겠지만) 하나의 형태가 다른 형태에 견주어 충분히 균일하며 서로 다른지에 대한 결정만 내릴 수 있으면 된다. 만약 가능하다면 이러한 차이가 하나의 종명을 부여하기에 충분히 중요한 것인지에 대한 정의만 내릴 수 있으면 된다.

이 마지막 관점은 지금보다 앞으로 더욱 중요한 고려사항이 될 것이다. 왜냐하면 어떤 두 가지 형태의 차이는 그것이 아무리 사소할지라도 중간적인 단계에서 섞이지만 않는다면 대부분의 박물학자들에 의해 두 형태 모두 종의 계급을 주기에 충분하다고 여겨질 것이기 때문이다. 종과 변종을 구분하는 유일한 방법은, 단계적 변화에 의해 현재 서로 연결되어 있는 것이 뚜렷한 변종이고 과거에 그렇게 연결되어 있었던 것이 종이라는 사실을 우리는 이제 인정해야만 할 것이다. 그러므로 어떤 두 가지 형태 사이에 중간 단계가 지금 존재한다는 사실을 완전히 배척하지 않고 그들 사이에 존재하는 차이의 정도를 좀 더 세밀하게 평가해 높은 가치를 부여하게 될 것이다.

현재 단지 변종이라고 인정되는 형태가 나중에는 종명을 부여하기에 충분한 것으로 여겨지는 상황은 흰앵초와 앵초에서 보듯이 얼마든지 가능하다. 그렇게 되면 과학적 언어와 일반 언어가 일치될 것이다. 간단히 말해 우리는 박물학자들이 속을 취급하는 것과 같은 방식으로 종을 취급해야 할 것이다. 박물학자들은 속이 그저 편의를 위해 인위적으로 만들어진 개념이라는 사실을 인정한다. 이것은 단지 격려 차원의 예상은 아닐 것이다. 다만 우리는 찾아진 적도 없고 찾아질 수도 없는 종이라는 용어의 본질을 찾아 헤매는 헛된 수고에서 적어도 자유로워질 것이다.

박물학의 더욱 보편적인 부문이 크게 관심을 받게 될 것이다. 박물학자들이 사용하는 유연관계, 상관성, 유형의 집합, 기원, 형태학, 적응형질, 발육이 일어나지 않고 흔적으로 남은 기관 따위의 용어는 더 이상 은유적인 표현이 아니고 명백한 의미를 띠게 될 것이다. 야만인들이 돛배처럼 자기가 이해할 수 있는 범위 너머의 무엇인가를 보는 것처럼 우리가 생물을 바라보는 일을 멈추고, 자연에 존재하는 모든 생물이 나름대로의 역사를 갖고 있는 것으로 여기며, 모든 복잡한 구조와 본능을 소유자에게 유리한 많은 장치가 모여서 이루어진 것으로 받아들인다면—위대한 기계 발명을 노동력, 경험, 이유, 심지어 수많은 일꾼들의 실수까지도 함께 고려하면서 바라보는 것과 마찬가지이다—, 이 세상의 생물을 그렇게 본다면, 내 경험에서 말하건대 박물학 연구는 얼마나 흥미로운 일이 될 것인가!

변이의 원인과 법칙, 성장의 상관관계, 기관의 용불용에 관한 효과, 외부 조건이 미치는 직접적인 작용 등 아직 밝혀지지 않은 엄청난 분야가 열릴 것이다. 가축이나 작물에 관한 굉장한 가치의 연구가 생겨날 것이다. 이미 기록된 수많은 종의 목록에 하나의 종을 보태는 것보다 인간이 만들어낸 새로운 변종은 훨씬 더 중요하고 흥미로운 연구 주제가 될 것이다. 우리의 분류학은 생물의 계통을 연구하는 계통학이 될 것이고, 창조의 계획이라고 불릴 수도 있는 그 무엇인가를 우리에게 진짜로 제공할 것이다.

우리 견해의 명백한 목적이 있다면 분류에 이용되는 규칙들은 의심할 바도 없이 단순해질 것이다. 우리에게는 가계도도 없고 문장(紋章)도 없다. 우리는 자연계에 존재하는 계통에서 오랫동안 유전되는 모든 형질을 이용해 유래의 수많은 갈래를 발견하고 추적해야만 한다. 흔적

기관은 오랫동안 잃었던 구조의 성질에 대한 이야기를 반드시 들려줄 것이다. 정도에서 벗어났다고 표현되기도 하고 살아 있는 화석이라는 기발한 표현으로도 불릴 수 있는 종이나 종의 집단은 우리에게 옛날의 생물 모습과 관련한 단초를 제공할 수도 있을 것이다. 발생학은 우리에게 조금 모호하기는 하지만 거대한 강(綱)의 원형 구조를 보여줄 것이다.

우리가 한 종에 포함되는 모든 개체나 대부분 속에 포함되는 긴밀한 친척종이 그렇게 멀지 않은 옛날에 하나의 부모에게서 유래되었으며 처음으로 출현한 지역에서 다른 곳으로 이동했다고 확신하고 이주의 여러 가지 수단에 대해 더 많은 것을 알게 될 때, 우리는 지질학이 지금 우리에게 제공하고 있으며 앞으로도 제공할 등불을 이용해 세상의 모든 거주자들이 옛날에 이동한 경로를 매우 놀라운 방식으로 반드시 추적할 수 있을 것이다. 지금도 대륙의 양쪽 바다에 서식하는 생물들을 비교하고 대륙에 사는 여러 생물의 특징을 명백한 이주의 수단과 관련지어 비교한다면 과거의 지리에 등불이 밝혀질 것이다.

고상한 지질학은 기록이 너무 불완전해서 그 명성을 잃고 있다. 화석들이 박혀 있는 지각을 수집품이 멋지게 채워진 박물관으로 여겨서는 안 되며, 우연적이고 희귀한 간격을 두고 얻어진 형편없는 수집품으로 봐야 할 것이다. 엄청나게 많은 화석이 축적되어 있다는 것은 유별난 환경이 있었기에 가능했다고 인식될 것이다. 화석이 연속된 두 지층에서 발견되더라도 두 지층 사이에는 실로 엄청나게 긴 시간이 깃들여 있다는 사실을 알아야 할 것이다. 그러나 우리는 연속하는 지층의 두 생물을 비교함으로써 이들 사이에 경과된 시간을 측정해볼 수도 있을 것이다. 우리는 동일한 종을 거의 포함하지 않는 두 지층을 연구할 때, 생물 사이에서 일어나는 일반적인 천이의 개념과 이들을 연결하는 데에는 특별한 주의가 필요하다.

종이 생성되고 사라지는 것은 현존하는 느린 원인 때문에 일어나는 것이지 불가사의한 창조의 작용과 큰 재해 때문에 일어나는 것이 아니다. 그리고 생물을 변화시키는 가장 중요한 원인은 갑작스럽게 변하는 물리적 조건과는 거의 무관한 생물 상호 간의 관계이다. 즉 한 생명의 개선은 다른 생명의 개선을 도와주거나 절멸로 이끈다. 그러므로 연속적인 지층의 화석에서 관찰되는 생물 변화의 정도는 실제 시간의 경과를 측정하는 가장 정직한 수단이 될 것이다.

그렇지만 많은 수의 종은 한 지역에 정착하면서 오랫동안 변하지 않고 남아 있을 수 있다. 반면 같은 기간에 새로운 지역으로 이주해 그곳의 생물과 경쟁했던 생물은 변형되었을 수 있다. 따라서 생물의 변화로 시간을 측정하는 정확성을 너무 과신해서는 안 될 것이다.

지구 역사의 초기에 생명체가 적고 단순했을 때는 아마도 변화율이 매우 느렸을 것이다. 생명체가 처음으로 출현했을 때는 생명체의 수가 매우 적고 구조도 가장 간단해서 변화율이 극도로 낮았을 것이다. 지금까지 알려진 세계의 전체 역사는 비록 우리가 전혀 상상할 수 없을 정도로 긴 세월임에 틀림없지만, 절멸되었거나 현존하는 무수한 후손의 조상인 최초의 생명체가 출현한 다음부터 경과된 시간에 견주면 단지 시간의 한 파편처럼 짧게 인식될 것이다.

먼 미래에는 훨씬 더 중요한 연구를 위한 많은 분야가 열릴 것이다. 심리학은 모든 지적 능력과 재능이 점진적인 과정을 거쳐 획득되었다는 사실에 기초를 두어야 할 것이다. 인간의 기원과 역사에도 등불이 비칠 것이다.

저명한 학자들은 각각의 종이 개별적으로 창조되었다는 견해에 아주 만족하고 있는 것으로 보인다. 내 생각에는 창조자에 의해 부여되었다고 알려진 법칙과 더 훌륭한 조화를 이루는 것은, 과거와 현재의 생물에게 생성과 절멸이 일어난 까닭이 한 개체의 탄생과 죽음을 결정하는 것과 같은 부차적인 원인 때문이라고 여기는 것이다. 내가 모든 생물을 특별한 창조물이 아닌 실루리아기의 첫 번째 지층보다 훨씬 더 오래전에 살았던 일부 생물에서 직계로 유래된 후손이라고 여길 때 그들은 내게 더 고귀해 보이는 것 같았다.

과거로부터 판단하건대, 자신의 형질을 먼 미래까지 변화시키지 않고 전달할 종은 없다고 추리할 수 있을 것 같다. 그리고 현재 살고 있는 생물 중에서도 아주 먼 미래까지 후손을 남길 종은 거의 없을 것이다. 왜냐하면 모든 생물을 집단으로 나누어 묶어보면 한 속의 대부분의 종, 또는 일부 속의 경우에는 모든 종이 전혀 후손을 남기지 않고 절멸되었다는 것을 보여주기 때문이다. 지금까지의 견해로 미래를 예견해보면 결국 번성해서 새롭고 우세한 종을 남길 종은 크고 우세한 집단에 속해 있으며 넓게 분포하는 보편적인 종이라는 것이다.

생명의 모든 형태가 실루리아기 이전에 살았던 생물의 직계 후손이기 때문에 세대를 통해 내려오는 천이는 한 번도 끊긴 적이 없으며 온 세상을 황폐화한 대변혁은 없었다고 확신할 수 있다. 따라서 우리는 미래도 마찬가지로 길게 지속되리라는 확신을 품을 수 있을 것이다. 자연선택은 각 생물에 의해서만 이루어지고 각 생물의 이익을 위해서만 일어나므로, 모든 육체적이고 정신적인 재주는 완벽을 향해 진보할 것이다.

많은 종류의 식물이 뒤엉켜 있고 덤불에서는 새들이 노래하며 갖가지 곤충이 날아다니고 축축한 땅에는 벌레들이 기어다니는 강기슭을 찬찬히 관찰하는 것은 흥미로운 일이다. 이렇게 정교하게 만들어진 생물들이 서로 몹시 다르면서도 우리 주변에서 작용하는 법칙들에 따라 만들어진 복잡한 방식으로 서로 종속되어 있다는 사실을 곰곰이 생각해보는 것 또한 매우 흥미로운 일이다.

가장 광범위한 의미에서 생각해보면 이러한 법칙들은 번식을 수반한 성장, 번식을 통한 유전, 생활조건의 직간접적인 작용이나 용불용(用不用) 때문에 야기되는 변이성, 생존경쟁을 일으킬 수밖에 없을 만큼 높은 증가율 그리고 자연선택의 결과로 생기는 형질의 분기와 덜 개선된 생물의 절멸에 관한 것이다. 따라서 자연에서 벌어지는 전투, 기근과 죽음이 있는 곳에서 고등한 동물이 생겨나는 가장 고상한 목적이 바로 뒤따르는 것이다.

생명에 관한 이러한 견해에는 여러 가지 능력이 깃든 장엄함이 있다. 이러한 능력은 처음에는 불과 몇 가지 생물, 어쩌면 단 하나의 생물에게 생기를 불어넣었겠지만, 중력의 법칙에 따라 이 행성이 회전하는 동안에 너무나 단순했던 시작이 가장 아름답고 경이로운 무수히 많은 생물들로 과거에도 현재에도 꾸준히 진화하고 있는 것이다.

용어 해설

각질 인편: 새의 다리에 형성되어 있는 딱딱한 판상구조.

갑각류: 체절동물의 한 강으로 딱딱한 껍질을 갖추었으며 아가미를 통해 호흡. 게·가재·새우 등이 포함됨.

갯과: 개·늑대·여우·재칼 등을 포함하는 포유동물의 한 과.

겉날개: 딱정벌레의 딱딱한 앞날개. 부드러운 막성 뒷날개를 보호하는 역할을 함.

경골어류: 뼈가 완전히 골화한 어류로, 오늘날 우리에게 익숙한 물고기.

경린어: 비늘이 딱딱한 물고기로 대부분 절멸.

고생대: 가장 오래된 화석층을 갖는 지질학적 시기.

골반: 척추동물의 뒷다리가 관절을 이루는 둥근 뼈 구조.

국화과: 수많은 작은 꽃이 달리는 식물. 데이지·민들레 등이 포함됨.

균류: 버섯·곰팡이를 포함하는 분류군.

기생: 동물이나 식물이 다른 생물의 몸속이나 표면에 붙어서 숙주의 영양분을 이용해 살아감.

꽃가루: 현화식물의 수컷 요소로 꽃밥에서 만들어지며 크기가 아주 작음.

꽃받침: 꽃의 가장 바깥쪽을 이루는 부위. 대부분 초록색이지만 다른 색깔을 띠는 경우도 있음.

꽃밥: 꽃의 수술 끝 부분으로 꽃가루가 만들어지는 곳.

나비목: 동심원으로 말린 주둥이와 비늘로 덮인 네 개의 날개를 갖고 있음. 나비와 나방이 해당.

난핵포: 동물의 알 속에 존재하는 소포로, 배(胚)의 발생이 일어나는 곳.

다형성: 여러 가지 형태를 띠는 것.
데본기: 고생대의 한 시기.
두족류: 연체동물의 한 집단으로 몸이 부드럽고 여러 개의 다리 중앙에 입이 있음. 오징어·앵무조개가 해당.
딱정벌레: 곤충의 한 목으로, 물어뜯을 수 있는 입이 있으며, 앞날개가 각질화해서 뒷날개를 보호하는 역할을 함.
떡잎: 씨앗에서 돋아나는 첫 번째 잎.
만각류: 따개비 등을 말하며, 어린 유생은 갑각류의 특징을 띠지만 성장하면서 바위 등 다른 물체에 붙어서 생활.
맵시벌과: 벌목의 한 과로 다른 곤충의 몸이나 알 속에 알을 낳음.
무척추동물: 척추가 없는 동물.
밑씨: 식물의 생식기관 중 자라서 씨앗이 되는 부분.
바구미: 딱정벌레의 한 종류.
반추동물: 네발짐승의 한 집단으로 되새김질을 하는 동물. 소·양·사슴 등이 해당.
발라누스: 해안가 바위 표면에 붙어사는 따개비의 한 속.
발목마디: 곤충의 관절 다리 말단부의 마디.
발생학: 배(胚)의 발달을 연구하는 학문.
발육부전: 어린 시기에 기관의 발달이 저해되어 일어나지 않음.
배(胚): 알이나 자궁 속에서 발생하고 있는 어린 동물을 일컫는 말.
백색증: 흑색증의 반대 개념으로, 동물의 피부나 사지에 색소가 발달하지 못한 상태.
변성암: 퇴적암이 열과 압력을 받아서 그 성질이 변해 만들어진 암석.
분화: 생물이 성장하면서 신체구조가 특별한 구조와 기능을 갖추어가는 현상.
빈치류: 이빨의 발달이 빈약한 포유동물. 아르마딜로·개미핥기 등이 포함됨.
빙퇴석: 빙하가 녹으면서 그 속에 있던 암석들이 쌓인 구조.
산형화 식물: 꽃대의 꼭대기 끝에 여러 개의 꽃이 방사형으로 달리는 식물. 파슬리·당근이 포함됨.
삼엽충: 절멸된 갑각류의 하나로 고생대 암석층에서 화석이 발견됨. 실루리아기에 번성했음.
상동: 서로 다른 동물이지만 배의 동일한 부위에서 발달되었음을 뜻하는 말. 사람의 팔, 네발짐승의 앞발, 새의 날개 등이 해당.

상사: 생물체의 두 기관이 기능적인 면에서 닮은 것을 말함. 예를 들어 곤충의 날개와 새의 날개는 비행 목적으로 사용되는 상사기관임.

샘: 동물과 식물의 특수화한 조직으로 물질을 분비.

석탄기: 고생대의 한 시기. 이 시기의 지층에는 많은 석탄이 함유됨.

설치류: 쥐·토끼·다람쥐 등을 포함하는 포유동물. 끌과 같은 앞니가 특징적으로 발달.

섭금류: 물갈퀴가 없고 깃털이 없는 긴 다리를 가진 조류. 얕은 물을 걸어 다니며 먹이활동을 함. 황새나 두루미가 해당.

성문: 후두부에 있는 발성장치.

세대교번: 하등한 동물에게서 나타나는 생식의 한 방법. 세포 내의 염색체 개수가 n인 상태와 2n인 상태가 번갈아 나타남.

소대: 피부에 형성된 띠 또는 주름.

수술: 현화식물의 수컷 생식기관. 꽃잎 안쪽에 원형으로 배치되어 있으며 끝에 꽃밥이 달려 있음.

수차: 빛이 볼록렌즈를 통과해 초점에 다다를 때 각 빛이 이동한 거리는 조금씩 다른데, 이것을 구면수차(spherical aberration)라고 함. 동시에 렌즈의 프리즘 효과에 따라 각 색깔의 빛들이 조금씩 다른 거리에서 초점을 맺는 것은 색수차(chromatic aberration)라고 함.

순계류: 보통의 가금류로 닭·메추라기·꿩·칠면조·공작이 포함됨.

시맥: 곤충 날개에 형성되어 있는 맥상 구조.

식충 조류: 곤충을 먹이로 삼는 조류.

신경절: 하등한 동물의 신경계에서 염주 모양으로 부풀어진 부위. 여기에서 여러 신경이 뻗어나옴.

실루리아기: 고생대 초기로 화석을 포함하는 지층이 있음.

쌍떡잎식물: 떡잎이 두 장인 식물로 쌍자엽식물이라고도 함.

씨방: 꽃의 암술 아래에 있으며, 꽃이 떨어진 뒤 과일로 발달.

아래턱: 곤충의 두 번째 턱으로 여러 개의 관절로 이루어지며 감각기능을 수행함.

암모나이트: 나선형 외투가 있는 화석종. 현생종인 앵무조개와 유연관계가 있음.

암술: 꽃의 암컷 생식기관.

암술대: 암술의 중간 부분.

암술머리: 현화식물 암술의 끝 부분.

양서류: 파충류와 유연관계가 있지만 특이한 변태과정을 겪음. 어린 개체는 대부분 물속에서 아가미로 호흡. 개구리·두꺼비·영원 등이 해당.

에오세: 제3기의 초기. 이 시기의 지층에는 현생 조개류와 똑같은 화석이 나타남.

여우원숭이: 곤충을 잡아먹고 사는 원숭이의 한 종류.

역암: 바위 조각이나 자갈이 다른 물질에 의해 서로 융합된 모습을 띠는 암석.

연지벌레: 곤충의 한 속. 수컷은 작고 날개가 있지만 암컷은 열매와 같은 모습으로 대개 움직이지 못함.

연체동물: 조개·오징어·달팽이·굴·홍합 등을 포함하는 동물군.

완족동물: 해양 연체동물. 두 장의 패각을 갖추고 다른 물체에 붙어서 생활.

위턱: 곤충의 첫 번째 턱. 대개 딱딱하고 물어뜯는 기능을 함.

유대류: 포유강의 한 목. 어린 새끼는 매우 불완전한 상태로 태어나 어미의 주머니에서 젖을 먹으며 성장함. 캥거루가 대표적임.

유충: 알에서 깨어난 곤충.

자웅동체: 암컷과 수컷의 생식기관을 함께 갖고 있는 동물. 암수한몸이라고도 함.

정화: 본래는 부정형의 꽃이 정형으로 피는 현상.

제3기: 지질학적으로 신생대의 전반부를 말함.

조류: 물속에 사는 하등 식물의 한 무리.

종간 잡종: 서로 다른 두 종 사이에서 태어난 후손.

중성 개체: 개미나 벌 같은 사회성 곤충에서 발육이 불완전한 암컷을 일컫는 말. 일개미나 일벌을 말함.

창사골: 새의 가슴뼈 앞쪽에 있는 Y자 또는 V자 형의 뼈.

척행동물: 발바닥 전체를 땅에 대고 걷는 동물. 사람이나 곰이 해당.

천추골: 척추 중에서 골반에 맞붙는 부위.

체절동물: 몸의 표면이 체절이라 불리는 고리 구조로 나뉘며, 각 마디에 관절로 된 다리가 있음. 곤충과 갑각류가 포함됨.

침식: 물에 의해 지표면이 닳아 없어지는 현상.

탁엽: 식물 잎의 기저부에 형성된 작은 기관.

통꽃: 꽃의 발달이 완벽하지 않으며 국화과에서 나타남.

포유강: 털로 덮인 네발짐승, 고래, 사람이 포함됨. 새끼를 낳은 뒤 젖으로 키우며, 태

반의 유무에 따라 태반류와 무태반류로 나뉨.

하악지: 아래턱 양쪽에 있는 사각형 모양의 부위.

헛잎: 식물에서 납작하고 잎 모양으로 생긴 가지.

홍적세: 제3기 지질시기 중에서 가장 최근의 시기.

홑눈: 곤충의 두 겹눈 사이인 정수리 부분에 있는 작은 눈.

화관: 식물의 꽃을 구성하는 요소.

환형동물: 몸이 고리나 체절로 나뉜 동물로, 이동을 위한 부속지와 아가미가 있음. 지렁이가 대표적임.

후피동물: 포유류의 한 집단으로 피부가 두껍다는 의미. 코끼리·코뿔소·하마 등이 포함됨.

흑색증: 백색증의 반대 개념으로, 동물의 피부나 사지에 색소물질이 지나치게 많이 나타나는 상태.

흔적기관: 매우 불완전하게 발달한 기관.

찰스 다윈 연보

1809년 2월 12일, 슈루즈베리에서 태어남. 아버지는 의사였던 로버트 와링 다윈, 어머니는 수산나 웨지우드 다윈.

1817년(8세) 어머니 사망.

1818년(9세) 슈루즈베리에 있는 학교에서 기숙생활을 시작함. 다윈은 이 시기를 행복했지만 열정이 없었다고 회고.

1825년(16세) 9월, 의학을 공부하러 에든버러로 보내짐. 다윈은 의학공부를 지루해하며 수술을 야만적이라고 생각함. 해양생물을 다루는 박물학에 관심을 기울이기 시작하며 박물학과 관련된 학생활동에 참여. 이곳에서 생물은 변한다고 주장한 프랑스의 박물학자 라마르크에게 심취한 로버트 그랜트를 만남. 그러나 다윈이 라마르크 연구에 관심을 기울였다는 증거는 없음.

1827년(18세) 4월, 학위를 받지 못한 채 에든버러를 떠남.

1828년(19세) 1월, 성직자가 되기 위해 케임브리지 크리스트 칼리지에 입학. 다윈은 평범한 학생이었지만 동료 · 교직원들과 사귀며 박물학을 향한 열정을 이어감. 이곳에서 헨슬로 교수, 세지윅 교수와 친하게 지내며 딱정벌레를 채집하고, 식물학과 지질학에 대한 지식을 넓혀감.

1831년(22세) 1월, 케임브리지에서 학사학위를 받고 그해 여름 세지윅 교수와 웨일스 지방으로 지질학 탐험을 떠남. 한편 박물학자로 비글호 탐험을 초청받은 헨슬로 교수가 그 자리를 다윈에게 권함. 다윈의 아버지는 아들이 이 제안을 수락하는 데 반대했지만 외삼촌 조사이어 웨지우드의 설득으로 항해를 허락함. 이 사건은 다윈 생애의 큰 전환점이 됨.

1831~36년(22~27세) 1831년 12월부터 1836년 10월까지 비글호를 집으로 삼은 다윈은 남아메리카의 해안가를 집중적으로 탐험. 그의 관찰능력은 탁월하게 발달해 지질학 · 고생물학 · 식물학 · 동물학에 걸쳐 수많은 표본을 수집. 항해 도중 라이엘 교수의 『지질학 원론』(1830~33)을 읽으며 지질학적 식견을 넓혀감. 항해가 끝날 무렵 탁월한 박물학자가 되어 있었음.

1837년(28세) 종의 가변성에 집중한 『노트 B』를 시작. 할아버지인 이래즈머스 다윈의 『동물생태학』(1794~96)을 회상하면서 시작한 개인적인 저술 『노트 B』는 1844년까지 계속됨.

1838년(29세) 맬서스의 『인구론』(1798)을 읽음. 이 책은 다윈에게 자연선택의 개념을 제공. 다윈의 『노트』는 점점 이 주제로 집중됨.

1839년(30세) 왕립학회의 특별회원으로 선출됨. 1월 29일, 에마 웨지우드와 결혼. 다윈의 첫 번째 책 『연구 여행기』가 비글호 조사서의 일부로 출간됐으며, 나중에 단행본으로 출간됨.

1842년(33세) 켄트에 있는 다운하우스로 이사. 나머지 생애를 이 집에서 보냄. 자연선택에 따른 진화론에 관한 초안을 저술. 또한 산호초를 다룬 책을 출간. 이 책 덕분에 더욱 유명해짐.

1844년(35세) 자기 이론에 대한 전체 평론을 저술하는데, 여기에 『종의 기원』에 대한 개요가 나타남. 비글호 탐험을 바탕으로 하는 또 하나의 책을 출간.

1846년(37세) 비글호 연구논문 마지막 편인 『남아메리카의 지질학적 관찰』을 출간. 이후 따개비 연구에 몰두.

1851년(42세) 사랑스러운 딸 애니가 10세에 죽음. 따개비에 관한 첫 번째 연구논문이 나옴. 따개비에 관한 연구논문은 모두 네 편으로 1851~54년에 출간.

1856년(47세) 지질학자 라이엘과 식물학자 후커의 재촉으로 자연선택에 관한 방대한 저술을 시작.

1858년(49세) 『자연선택』을 절반 정도 썼을 때 자연선택에 대한 월리스의 짧은 평론 하나를 받음. 몇 주 뒤 월리스의 평론은 다윈의 견해가 덧붙여져 린네 학회에서 발표되지만 사람들의 관심을 별로 끌지는 못함.

1859년(50세) 월리스의 평론에 자극을 받은 다윈은 박차를 가해 그의 사상의 '요약'에 해당하는 『종의 기원』을 저술, 11월 14일 출간.

1860년(51세) 『종의 기원』 초판이 출간된 날 모두 팔려나가자 약간 수정해서 1월에

2판을 출간. 6월 말, 영국과학진흥회 옥스퍼드 회합에서 헉슬리와 윌버포스가 『종의 기원』을 놓고 공개토론회를 벌임. 이 자리에 다윈은 참석하지 않음.

1861년(52세) 『종의 기원』 제3판 출간. 세상의 비판에 대한 반응으로 책의 내용 일부를 수정.

1862년(53세) 식물학에 관한 첫 번째 연구논문인 『곤충에 의해 수정이 일어나는 난초에서 수정을 도와주는 여러 장치들에 관해』 출간. 제2판은 1877년 출간.

1863년(54세) 헉슬리의 『자연에서 인간의 위치』와 라이엘의 『인간의 흔적』이 출간됨. 이것은 다윈이 인간을 연구 대상으로 삼았다는 사실을 알려주는 것임. 다윈은 라이엘이 진화의 틀에서 인간을 제외한 것에 실망함.

1866년(57세) 『종의 기원』 제4판 출간.

1868년(59세) 인위선택에 관한 모든 자료를 모아 두 권으로 된 『가축과 작물의 변이』 출간. 제2판은 1875년 출간.

1869년(60세) 『종의 기원』 제5판 출간.

1871년(62세) 인간의 진화와 성선택에 대한 사상을 묶어 『인간의 유래』 출간. 제2판은 1874년에 출간.

1872년(63세) 『종의 기원』 마지막 판인 제6판 출간. 또한 『인간과 동물의 감정표현』을 출간.

1875년(66세) 『식충식물』 『덩굴식물』 출간.

1876년(67세) 『식물계에서 교차수정과 자가수정의 효과』 출간.

1877년(68세) 『동일종의 식물에서 꽃의 다양한 형태』 출간.

1879년(69세) 에른스트 크라우제가 독일어로 쓴 다윈 자서전에 대한 영어번역본 서문에 할아버지 이래즈머스 다윈에 관한 장문의 평론을 실음.

1880년(70세) 아들 프랜시스 다윈과 함께 더욱 많은 연구를 수행. 『식물의 이동능력』 출간.

1881년(71세) 마지막 책인 『서식지를 관찰해서 얻은 벌레의 작용과 곰팡이의 생성』 출간.

1882년(72세) 4월 19일, 사망. 3, 4년 전부터 시작된 협심증이 사인으로 여겨짐. 웨스트민스터 사원에 묻힘.

옮긴이의 말

2009년 겨울, 미국생활 7년 만에 처음으로 귀국했다. 이것저것 계획된 일들 사이에 시간을 내어 한길사를 방문했다. 반갑게 맞아주는 한길사 가족들과 따뜻한 차 한 잔을 나누며 한길사와의 두 번째 인연이 시작되었다.

첫 번째 인연은 다시 몇 해 전으로 거슬러 올라간다. 그때 한국의 한 지방대학에서 교편을 잡고 있던 나는 한국학술진흥재단(현 한국연구재단)에서 지원하는 동서양학술명저 번역지원사업에 선정되어 찰스 다윈의 1871년 작품 『인간의 유래』를 번역했다. 그 출판 작업이 한길사에서 이루어졌는데, 당시 작업은 모두 우편으로 주고받으며 이루어졌기에 서로 얼굴을 볼 일은 없었다. 그러나 원고가 오가는 과정에서 한길사 가족의 여러 이름은 무척이나 익숙해진 터라 한길사로 향하는 내 마음은 옛 지인을 만나는 듯한 설렘으로 가득했다.

그렇게 우연히 방문한 한길사에서 우리는 다시 의기투합해 다윈의 『종의 기원』을 번역하기로 의견을 모았다. 『종의 기원』은 이미 국내에 여러 훌륭한 학자들의 번역본이 나온 것으로 알고 있었기 때문에 한길사의 제안은 다소 의아했지만, 긴 얘기를 나눈 끝에 『종의 기원』 초판(1859)을 번역하기로 한 것이다.

『종의 기원』은 다윈 생전에 모두 6개의 판이 출간되었다. 대부분의 연구서는 판을 거듭할수록 새로운 내용이 첨가되거나 이전 내용에 수정이 가해지게 마련이다. 그런데 『종의 기원』은 당시 워낙 논란의 중심에 있었기 때문에 다윈은 판을 거듭하면서 자신의 견해를 조금 더 부드럽게 표현하려고 했고, 일부 내용은 삭제했다. 그런 의미에서 『종의 기원』은 오히려 초판이 다윈의 의견을 가장 잘 반영하고 있는 것으로 여겨진다. 이런 설명에 한길사도 흔쾌히 동의해주어 초판을 번역하기로 한 것이었다.

『인간의 유래』를 번역했던 경험이 『종의 기원』을 번역하면서 크게 도움이 된 것은 사실이었지만 번역은 여전히 쉽지 않은 작업이었다. 단어와 단어, 문장과 문장을 하나씩 옮기는 작업이야 어려울 것이 없겠지만 번역은 그렇게 단순한 일이 아니었다. 150년도 더 지난 옛날에 쓰인 글인 만큼 당시의 시대 상황과 학문적 배경이 지금과 달랐음은 분명하다. 생물의 분류군 이름이 세월이 흐르면서 정정되고 변경되는 경우도 흔했다. 옛글을 살리자니 후학도로서 이 글을 읽은 독자들에게 혼란을 줄 가능성도 있었고, 모두 현재의 글로 옮기자니 그때도 이렇게 분류했는지 의구심을 줄 수 있다는 사실이 이 책을 번역하는 과정에서 나를 계속 괴롭힌 딜레마였다. 일부 용어는 절충하고 일부 용어에는 주석을 달아 뜻은 살리면서도 되도록 원본의 맛을 살리고자 했다.

또한 글의 가장 중요한 부분은 저자의 의도임에 틀림없지만, 의도만을 살리고자 하면 원문이 적잖이 손상되는 경우가 있었고, 원문의 맛을 살리려면 저자의 의도가 모호해지는 경우도 있었던 게 사실이다. 그러나 이 모든 어려움은 결국 내 학문이 짧고 글 솜씨가 미천해서 벌어진 것이 분명함을 알기에 다윈의 위대한 사상을 한 권의 번역서로 세상에 내놓기가 부끄럽다.

무엇보다 1차 번역된 원고를 꼼꼼하게 읽어가며 좋은 우리글을 제안해주고 모호한 부분을 지적해준 한길사 편집진의 노고에 고마운 마음을 전한다. 모든 것이 디지털로 변해가는 세상에서도 인간의 영원한 양식은 고전에 있다는 생각에 꾸준히 양서를 내고 있는 한길사의 노력은 오래도록 그 가치를 인정받을 것이다.

한 집안의 가장이면서도 밤마다 지하 서재로 향할 수밖에 없는 내게 늘 따뜻한 차 한 잔과 격려를 주었던 아내 신미아 님이 눈물겹고 감사하다. 또한 먼 이국땅에서도 잘 자라 어엿한 사회인이 된 두 아들 현수와 은수는 언제나 내게 큰 힘이 되었다. 그 외에도 어려운 이민생활에 항상 큰 힘을 주는 처남 가족, 수민, 주래 등 실로 고마운 분들이 많지만, 이들에게는 직접 인사말을 건네야 할 것 같다. 특히 이곳에서 나와 같은 학교에 근무하던 영국인 제임스 존스 선생은 옛날의 영국 상황을 내게 설명해주어 큰 힘이 되었다.

"너는 사격과 개 경주, 쥐잡기 말고 좋아하는 것이 없으니, 너 자신과 가족에게 불명예스러운 사람이 될 것이다."

다윈의 아버지가 어린 다윈을 훈계하며 했던 말이다. 우리는 세상을 살아가면서 자기가 세워놓은 교육철학을 따라오지 못한다고 부모로서, 선생으로서, 또는 사회의 선배로서 자식에게, 제자에게 또는 후학에게 얼마나 많은 모순을 범하고 있는지 가슴에 새겨보고 싶다.

끝으로, 150년 전 현재보다 훨씬 사상이 엄격하고 유연하지 못했던 시절에 평생 한길을 걸으며 철저한 과학적 사고와 증거를 토대로 '좋은 자연선택을 거쳐 변하며 진화한다'는 단 하나의 신념을 남기고자 했던 다윈 할아버지에게 머리 숙여 존경과 감사의 인사를 올린다.

2014년 11월

김관선

찾아보기

|ㅅ|

|ㅇ|

|ㅈ|

|ㅊ|

|ㅋ|

|ㅌ|

|ㅍ|

|ㅎ|

지은이 찰스 다윈

찰스 다윈(Charles Robert Darwin, 1809~82)은 영국의 박물학자로서
지구상의 모든 생물이 자연선택을 통해 공통조상에서 유래되었다는 진화론을 주장했다.
젊은 시절 라이엘의 『지질학 원론』에 크게 영향을 받은 다윈은 1831년부터 5년간
영국의 과학탐험선인 비글호를 타고 세계를 탐험한다.
남아메리카에서 많은 화석을 발견한 다윈은 과거에 멸종한 생물이
현재 살아 있는 종과 유사하고, 특히 태평양의 갈라파고스 제도에 서식하는 동식물이
기후 조건이 비슷한 남아메리카 대륙에 존재하는 동식물과 크게 다르다는 것을 관찰한다.
그러면서 생물이 지역에 따라 서로 다르게 변할 수 있다고 생각하게 된다.
런던으로 돌아온 다윈은 표본에 대한 깊은 고찰과 지속적인 연구를 통해 진화가
일어났으며, 이러한 변화는 서서히 일어났고, 오랜 세월이 필요했으며,
현존하는 모든 종은 결국 하나의 생명체에서 기원했다는 이론을 세우게 된다.
다윈은 종 내의 변이가 무작위하게 일어났고 이렇게 다양한 변이를 갖춘 개체들은
환경의 적응능력에 따라 선택되거나 소멸된다고 했다.
다윈은 그의 이론을 『종의 기원』(1859)에 담아 출판한다.
다윈의 이론은 일부 학자에게는 열렬한 지지를 받았지만 종교계에 엄청난 파문을
던졌고, 많은 사람에게 맹렬한 비난을 받았다. 다윈 자신은 신학과 사회학에 관한
언급을 극도로 꺼려했지만, 많은 학자가 자신들의 이론을 지지하는 수단으로
다윈의 이론을 이용하면서 과학계뿐만 아니라 사회 전반에 걸쳐 큰 영향을 미치게 된다.
다윈은 평생을 묵묵하게 자신의 연구에 정진한 학자로서 『비글호 탐험』(1839)과
『종의 기원』에 이어, 『가축과 재배작물의 변이』(1868), 『인간의 유래』(1871),
『인간과 동물의 감정표현』(1872) 등의 책을 저술했다. 『인간의 유래』에서
다윈은 『종의 기원』에서 펼친 자신의 이론을 인간에게 적용하는 한편,
성(性)선택에 대해 자세하게 논의한다.

옮긴이 김관선

김관선은 1960년생으로 고려대학교 생물학과를 졸업하고 같은 학교 대학원에서
곤충의 신경발생에 관한 연구로 이학 석·박사학위를 받았다.
서남대학교 생명과학과 교수로 있다가 미국으로 건너가 컴퓨터 사이언스 대학원 과정으로
다시 이학 석사학위를 받았다. 지금은 뉴저지 오클랜드에 있는 고등학교에서
수학과 과학을 가르치고 있으며 페어리디킨슨 대학교에도 출강하고 있다.
저서로는 『대학생물학』 『세포생물학』 『세포의 미세구조』 『생물통계학』 등이 있으며
역서로는 한길사에서 펴낸 『인간의 유래』를 비롯해 『How To Read 다윈』 등이 있다.

HANGIL GREAT BOOKS 133

종의 기원

지은이 • 찰스 다윈
옮긴이 • 김관선
펴낸이 • 김언호
펴낸곳 • (주)도서출판 한길사

등록 • 1976년 12월 24일 제74호
주소 • (413-120) 경기도 파주시 광인사길 37
www.hangilsa.co.kr
E-mail: hangilsa@hangilsa.co.kr
전화 • 031-955-2000~3
팩스 • 031-955-2005

인쇄 · 오색프린팅 | 제본 · 경일제책사

제1판 제1쇄 2014년 12월 1일
제1판 제4쇄 2020년 11월 5일

값 30,000원

ISBN 978-89-356-6436-8 94470
ISBN 978-89-356-6427-6 (세트)

• 잘못 만들어진 책은 구입하신 서점에서 바꿔드립니다.

• 이 도서의 국립중앙도서관 출판시도서목록(CIP)은
e-CIP 홈페이지(http://www.nl.go.kr/ecip)에서 이용하실 수 있습니다.
(CIP제어번호: CIP2014033165)

한길그레이트북스 인류의 위대한 지적 유산을 집대성한다

1 관념의 모험
앨프레드 노스 화이트헤드 | 오영환

2 종교형태론
미르치아 엘리아데 | 이은봉

3·4·5·6 인도철학사
라다크리슈난 | 이거룡
2005 『타임스』 선정 세상을 움직인 100권의 책
『출판저널』 선정 21세기에도 남을 20세기의 빛나는 책들

7 야생의 사고
클로드 레비-스트로스 | 안정남
2005 『타임스』 선정 세상을 움직인 100권의 책
2008 『중앙일보』 선정 신고전 50선

8 성서의 구조인류학
에드먼드 리치 | 신인철

9 문명화과정 1
노르베르트 엘리아스 | 박미애
2005 연세대학교 권장도서 200선
2012 인터넷 교보문고 명사 추천도서
2012 알라딘 명사 추천도서

10 역사를 위한 변명
마르크 블로크 | 고봉만
2008 『한국일보』 오늘의 책
2009 『동아일보』 대학신입생 추천도서
2013 yes24 역사서 고전

11 인간의 조건
한나 아렌트 | 이진우
2012 인터넷 교보문고 MD의 선택
2012 네이버 지식인의 서재

12 혁명의 시대
에릭 홉스봄 | 정도영·차명수
2005 서울대학교 권장도서 100선
2005 『타임스』 선정 세상을 움직인 100권의 책
2005 연세대학교 권장도서 200선
1999 『출판저널』 선정 21세기에도 남을 20세기의 빛나는 책들
2012 알라딘 블로거 베스트셀러
2013 『조선일보』 불멸의 저자들

13 자본의 시대
에릭 홉스봄 | 정도영
2005 서울대학교 권장도서 100선
1999 『출판저널』 선정 21세기에도 남을 20세기의 빛나는 책들
2012 알라딘 블로거 베스트셀러
2013 『조선일보』 불멸의 저자들

14 제국의 시대
에릭 홉스봄 | 김동택
2005 서울대학교 권장도서 100선
1999 『출판저널』 선정 21세기에도 남을 20세기의 빛나는 책들
2012 알라딘 블로거 베스트셀러
2013 『조선일보』 불멸의 저자들

15·16·17 경세유표
정약용 | 이익성
2012 인터넷 교보문고 필독고전 100선

18 바가바드 기타
함석헌 주석 | 이거룡 해제
2007 서울대학교 추천도서

19 시간의식
에드문트 후설 | 이종훈

20·21 우파니샤드
이재숙
2005 서울대학교 권장도서 100선

22 현대정치의 사상과 행동
마루야마 마사오 | 김석근
2005 『타임스』 선정 세상을 움직인 100권의 책
2007 도쿄대학교 권장도서

23 인간현상
테야르 드 샤르댕 | 양명수
2007 서울대학교 추천도서

24·25 미국의 민주주의
알렉시스 드 토크빌 | 임효선·박지동
2005 서울대학교 권장도서 100선
2012 인터넷 교보문고 MD의 선택
2012 인터넷 교보문고 MD의 선택
2013 문명비평가 기 소르망 추천도서

26 유럽학문의 위기와 선험적 현상학
에드문트 후설 | 이종훈
2005 서울대학교 논술출제

27·28 삼국사기
김부식 | 이강래
2005 연세대학교 권장도서 200선
2012 인터넷 교보문고 필독고전 100선
2013 yes24 다시 읽는 고전

29 원본 삼국사기
김부식 | 이강래 교감

30 성과 속
미르치아 엘리아데 | 이은봉
2005 『타임스』 선정 세상을 움직인 100권의 책
2012 인터넷 교보문고 명사 추천도서
『출판저널』 선정 21세기에도 남을 20세기의 빛나는 책들

31 슬픈 열대
클로드 레비-스트로스 | 박옥줄
2005 서울대학교 권장도서 100선
2005 연세대학교 권장도서 200선
2008 홍익대학교 논술출제
2012 인터넷 교보문고 명사 추천도서
2013 yes24 역사서 고전
『출판저널』 선정 21세기에도 남을 20세기의 빛나는 책들

32 증여론
마르셀 모스 | 이상률
2003 문화관광부 우수학술도서
2012 네이버 지식인의 서재

33 부정변증법
테오도르 아도르노 | 홍승용

34 문명화과정 2
노르베르트 엘리아스 | 박미애
2005 연세대학교 권장도서 200선
2012 인터넷 교보문고 명사 추천도서
2012 알라딘 명사 추천도서

35 불안의 개념
쇠렌 키르케고르 | 임규정
2012 인터넷 교보문고 필독고전 100선

36 마누법전
이재숙·이광수

37 사회주의의 전제와 사민당의 과제
에두아르트 베른슈타인 | 강신준

38 의미의 논리
질 들뢰즈 | 이정우
2000 교보문고 선정 대학생 권장도서

39 성호사설
이익 | 최석기
2005 연세대학교 권장도서 200선
2008 서울대학교 논술출제
2012 인터넷 교보문고 필독고전 100선

40 종교적 경험의 다양성
윌리엄 제임스 | 김재영
2000 대한민국학술원 우수학술도서

41 명이대방록
황종희 | 김덕균
2000 한국출판문화상

42 소피스테스
플라톤 | 김태경

43 정치가
플라톤 | 김태경

44 지식과 사회의 상
데이비드 블루어 | 김경만
2002 대한민국학술원 우수학술도서

45 비평의 해부
노스럽 프라이 | 임철규
2001 『교수신문』 우리 시대의 고전

46 인간적 자유의 본질·철학과 종교
프리드리히 W.J. 셸링 | 최신한

47 무한자와 우주와 세계·원인과 원리와 일자
조르다노 브루노 | 강영계
2001 한국출판인회의 이달의 책

48 후기 마르크스주의
프레드릭 제임슨 | 김유동
2001 한국출판인회의 이달의 책

49·50 봉건사회
마르크 블로크 | 한정숙
2002 대한민국학술원 우수학술도서
2012 『한국일보』 다시 읽고 싶은 책

51 칸트와 형이상학의 문제
마르틴 하이데거 | 이선일
2003 대한민국학술원 우수학술도서

52 남명집
조식 | 경상대 남명학연구소
2012 인터넷 교보문고 필독고전 100선

53 낭만적 거짓과 소설적 진실
르네 지라르 | 김치수·송의경
2002 대한민국학술원 우수학술도서
2013 『한국경제』 한 문장의 교양

54·55 한비자
한비 | 이운구
한국간행물윤리위원회 추천도서
2007 서울대학교 추천도서
2012 인터넷 교보문고 필독고전 100선

56 궁정사회
노르베르트 엘리아스 | 박여성

57 에밀
장 자크 루소 | 김중현
2005 서울대학교 권장도서 100선
2000·2006 서울대학교 논술출제

58 이탈리아 르네상스의 문화
야코프 부르크하르트 | 이기숙
2004 한국간행물윤리위원회 추천도서
2005 연세대학교 권장도서 200선
2009 『동아일보』 대학신입생 추천도서

59·60 분서
이지 | 김혜경
2004 문화관광부 우수학술도서
2012 인터넷 교보문고 필독고전 100선

61 혁명론
한나 아렌트 | 홍원표
2005 대한민국학술원 우수학술도서

62 표해록
최부 | 서인범·주성지
2005 대한민국학술원 우수학술도서

63·64 정신현상학
G.W.F. 헤겔 | 임석진
2006 대한민국학술원 우수학술도서
2005 연세대학교 권장도서 200선
2005 프랑크푸르트도서전 한국의 아름다운 책100
2008 서우철학상
2012 인터넷 교보문고 필독고전 100선

65·66 이정표
마르틴 하이데거 | 신상희·이선일

67 왕필의 노자주
왕필 | 임채우
2006 문화관광부 우수학술도서

68 신화학 1
클로드 레비-스트로스 | 임봉길
2007 대한민국학술원 우수학술도서
2008 『동아일보』 인문과 자연의 경계를 넘어 30선

69 유랑시인
타라스 셰브첸코 | 한정숙

70 중국고대사상사론
리쩌허우 | 정병석
2005 『한겨레』 올해의 책
2006 문화관광부 우수학술도서

71 중국근대사상사론
리쩌허우 | 임춘성
2005 『한겨레』 올해의 책
2006 문화관광부 우수학술도서

72 중국현대사상사론
리쩌허우 | 김형종
2005 『한겨레』 올해의 책
2006 문화관광부 우수학술도서

73 자유주의적 평등
로널드 드워킨 | 염수균
2006 문화관광부 우수학술도서
2010 동아일보 '정의에 관하여' 20선

74·75·76 춘추좌전
좌구명 | 신동준

77 종교의 본질에 대하여
루트비히 포이어바흐 | 강대석

78 삼국유사
일연 | 이가원·허경진
2007 서울대학교 추천도서

79·80 순자
순자 | 이운구
2007 서울대학교 추천도서

81 예루살렘의 아이히만
한나 아렌트 | 김선욱
2006 『한겨레』 올해의 책
2006 한국간행물윤리위원회 추천도서
2007 『한국일보』 오늘의 책
2007 대한민국학술원 우수학술도서
2012 yes24 리뷰 영웅대전

82 기독교 신앙
프리드리히 슐라이어마허 | 최신한
2008 대한민국학술원 우수학술도서

83·84 전체주의의 기원
한나 아렌트 | 이진우·박미애
2005 『타임스』 선정 세상을 움직인 책
『출판저널』 선정 21세기에도 남을 20세기의 빛나는 책들

85 소피스트적 논박
아리스토텔레스 | 김재홍

86·87 사회체계이론
니클라스 루만 | 박여성
2008 문화체육관광부 우수학술도서

88 헤겔의 체계 1
비토리오 회슬레 | 권대중

89 속분서
이지 | 김혜경
2008 대한민국학술원 우수학술도서

90 죽음에 이르는 병
쇠렌 키르케고르 | 임규정
『한겨레』 고전 다시 읽기 선정
2006 서강대학교 논술출제

91 고독한 산책자의 몽상
장 자크 루소 | 김중현

92 학문과 예술에 대하여·산에서 쓴 편지
장 자크 루소 | 김중현

93 사모아의 청소년
마거릿 미드 | 박자영
20세기 미국대학생 필독 교양도서

94 자본주의와 현대사회이론
앤서니 기든스 | 박노영·임영일
1999 서울대학교 논술출제
2009 대한민국학술원 우수학술도서

95 인간과 자연
조지 마시 | 홍금수

96 법철학
G.W.F. 헤겔 | 임석진

97 문명과 질병
헨리 지거리스트 | 황상익
2009 대한민국학술원 우수학술도서

98 기독교의 본질
루트비히 포이어바흐 | 강대석

99 신화학 2
클로드 레비-스트로스 | 임봉길
2008 『동아일보』 인문과 자연의 경계를 넘어 30선
2009 대한민국학술원 우수학술도서

100 일상적인 것의 변용
아서 단토 | 김혜련
2009 대한민국학술원 우수학술도서

101 독일 비애극의 원천
발터 벤야민 | 최성만·김유동

102·103·104 순수현상학과 현상학적 철학의 이념들
에드문트 후설 | 이종훈
2010 대한민국학술원 우수학술도서

105 수사고신록
최술 | 이재하 외
2010 대한민국학술원 우수학술도서

106 수사고신여록
최술 | 이재하
2010 대한민국학술원 우수학술도서

107 국가권력의 이념사
프리드리히 마이네케 | 이광주

108 법과 권리
로널드 드워킨 | 염수균

109·110·111·112 고야
홋타 요시에 | 김석희
2010 12월 한국간행물윤리위원회 추천도서

113 왕양명실기
박은식 | 이종란

114 신화와 현실
미르치아 엘리아데 | 이은봉

115 사회변동과 사회학
레이몽 부동 | 민문홍

116 자본주의·사회주의·민주주의
조지프 슘페터 | 변상진
2012 대한민국학술원 우수학술도서
2012 인터파크 이 시대 교양 명저

117 공화국의 위기
한나 아렌트 | 김선욱

118 차라투스트라는 이렇게 말했다
프리드리히 니체 | 강대석

119 지중해의 기억
페르낭 브로델 | 강주헌

120 해석의 갈등
폴 리쾨르 | 양명수

121 로마제국의 위기
램지 맥멀렌 | 김창성
2012 인터파크 추천도서

122·123 윌리엄 모리스
에드워드 파머 톰슨 | 윤효녕 외
2012 인터파크 추천도서

124 공제격치
알폰소 바뇨니 | 이종란

125 현상학적 심리학
에드문트 후설 | 이종훈
2013 인터넷 교보문고 눈에 띄는 새 책
2014 대한민국학술원 우수학술도서

126 시각예술의 의미
에르빈 파노프스키 | 임산

127·128 시민사회와 정치이론
진 L. 코헨·앤드루 아라토 | 박형신·이혜경

129 운화측험
최한기 | 이종란
2015 대한민국학술원 우수학술도서

130 예술체계이론
니클라스 루만 | 박여성·이철

131 대학
주희 | 최석기

132 중용
주희 | 최석기

133 종의 기원
찰스 다윈 | 김관선

134 기적을 행하는 왕
마르크 블로크 | 박용진

135 키루스의 교육
크세노폰 | 이동수

136 정당론
로베르트 미헬스 | 김학이
2003 기담학술상 번역상
2004 대한민국학술원 우수학술도서

137 법사회학
니클라스 루만 | 강희원
2016 세종도서 우수학술도서

138 중국사유
마르셀 그라네 | 유병태
2011 대한민국학술원 우수학술도서

139 자연법
G.W.F 헤겔 | 김준수
2004 기담학술상 번역상

140 기독교와 자본주의의 발흥
R.H. 토니 | 고세훈

141 고딕건축과 스콜라철학
에르빈 파노프스키 | 김율
2016 세종도서 우수학술도서

142 도덕감정론
애덤스미스 | 김광수

143 신기관
프랜시스 베이컨 | 진석용
2001 9월 한국출판인회의 이달의 책
2005 서울대학교 권장도서 100선

144 관용론
볼테르 | 송기형·임미경

145 교양과 무질서
매슈 아널드 | 윤지관

146 명등도고록
이지 | 김혜경

147 데카르트적 성찰
에드문트 후설·오이겐 핑크 | 이종훈
2003 대한민국학술원 우수학술도서

148·149·150 함석헌선집 1·2·3
함석헌 | 함석헌편집위원회
2017 대한민국학술원 우수학술도서

151 프랑스혁명에 관한 성찰
에드먼드 버크 | 이태숙

152 사회사상사
루이스 코저 | 신용하·박명규

153 수동적 종합
에드문트 후설 | 이종훈
2019 대한민국학술원 우수학술도서

154 로마사 논고
니콜로 마키아벨리 | 강정인·김경희
2005 대한민국학술원 우수학술도서

155 르네상스 미술가평전 1
조르조 바사리 | 이근배

156 르네상스 미술가평전 2
조르조 바사리 | 이근배

157 르네상스 미술가평전 3
조르조 바사리 | 이근배

158 르네상스 미술가평전 4
조르조 바사리 | 이근배

159 르네상스 미술가평전 5
조르조 바사리 | 이근배

160 르네상스 미술가평전 6
조르조 바사리 | 이근배

161 어두운 시대의 사람들
한나 아렌트 | 홍원표

162 형식논리학과 선험논리학
에드문트 후설 | 이종훈
2011 대한민국학술원 우수학술도서

163 러일전쟁 1
와다 하루키 | 이웅현

164 러일전쟁 2
와다 하루키 | 이웅현

165 종교생활의 원초적 형태
에밀 뒤르켐 | 민혜숙 · 노치준

166 서양의 장원제
마르크 블로크 | 이기영

167 제일철학 1
에드문트 후설 | 이종훈

168 제일철학 2
에드문트 후설 | 이종훈

169 사회적 체계들
니클라스 루만 | 이철 · 박여성

● 한길그레이트북스는 계속 간행됩니다.